이산 랜덤변수

베르누이 PMF

$$\mathrm{f}_K[k] = \begin{cases} p & k=1 \\ 1-p & k=0 \end{cases}$$

$$\mathcal{E}\{K\} = p; \quad \mathrm{Var}[K] = p(1-p)$$

$$G_K(z) = (1-p) + pz$$

이항 PMF

$$\mathrm{f}_K[k] = \binom{N}{k} p^k (1-p)^{(N-k)} \qquad 0 \le k \le N$$

$$\mathcal{E}\{K\} = Np; \quad \mathrm{Var}[K] = Np(1-p)$$

$$G_K(z) = ((1-p) + pz)^N$$

기하 PMF (type 1)

$$\mathrm{f}_K[k] = p(1-p)^{(k-1)} \qquad 1 \le k < \infty$$

$$\mathcal{E}\{K\} = 1/p; \quad \mathrm{Var}[K] = (1-p)/p^2$$

$$G_K(z) = \frac{pz}{1-(1-p)z}$$

기하 PMF (type 0)

$$\mathrm{f}_K[k] = p(1-p)^k \qquad 0 \le k < \infty$$

$$\mathcal{E}\{K\} = (1-p)/p; \quad \mathrm{Var}[K] = (1-p)/p^2$$

$$G_K(z) = \frac{p}{1-(1-p)z}$$

파스칼 PMF

$$\mathrm{f}_K[k] = \binom{k-1}{n-1} p^n (1-p)^{(k-n)} \qquad k \ge n$$

$$\mathcal{E}\{K\} = n/p; \quad \mathrm{Var}[K] = n(1-p)/p^2$$

$$G_K(z) = \frac{p^n z^n}{[1-(1-p)z]^n}$$

푸아송 PMF

$$\mathrm{f}_K[k] = \frac{\alpha^k}{k!} e^{-\alpha} \qquad 0 \le k < \infty$$

$$\mathcal{E}\{K\} = \alpha; \quad \mathrm{Var}[K] = \alpha$$

$$G_K(z) = e^{\alpha(z-1)}$$

이산균일 PMF

$$\mathrm{f}_K[k] = \frac{1}{n-m+1} \qquad m \le k \le n$$

$$\mathcal{E}\{K\} = (n+m)/2; \quad \mathrm{Var}[K] = [(n-m+1)^2 - 1]/12$$

$$G_K(z) = \frac{1}{n-m+1} \frac{z^m - z^{n+1}}{1-z}$$

연속 랜덤변수

카이제곱 PDF

$$f_X(x) = \frac{x^{(n-2)/2}e^{-x/2}}{2^{n/2}\Gamma(n/2)} \qquad x > 0$$

$$\mathcal{E}\{X\} = n\,; \quad \mathrm{Var}[X] = 2n$$

$$M_X(s) = \frac{1}{(1-2s)^{n/2}}$$

지수 PDF

$$f_X(x) = \lambda e^{-\lambda x} \qquad x \geq 0$$

$$\mathcal{E}\{X\} = 1/\lambda\,; \quad \mathrm{Var}[X] = 1/\lambda^2$$

$$M_X(s) = \frac{\lambda}{\lambda - s}$$

감마 & 얼랑 PDF

$$f_X(x) = \frac{\lambda^a x^{a-1}}{\Gamma(a)}e^{-\lambda x} \qquad x \geq 0$$

$$\mathcal{E}\{X\} = a/\lambda\,; \quad \mathrm{Var}[X] = a/\lambda^2$$

$$M_X(s) = \frac{\lambda^a}{(\lambda - s)^a}$$

$a = n$ (양의 정수)일 때 얼랑 분포라 한다. 이때 $\Gamma(n) = (n-1)!$

가우스 PDF

$$f_X(x) = \frac{1}{\sqrt{2\pi\sigma^2}}e^{-(x-\mu)^2/2\sigma^2}$$

$$\mathcal{E}\{X\} = \mu\,; \quad \mathrm{Var}[X] = \sigma^2$$

$$M_X(s) = e^{\mu s + \sigma^2 s^2/2}$$

라플라스 PDF

$$f_X(x) = \frac{\alpha}{2}e^{-\alpha|x-\mu|}$$

$$\mathcal{E}\{X\} = \mu\,; \quad \mathrm{Var}[X] = 2/\alpha^2$$

$$M_X(s) = \frac{\alpha^2}{\alpha^2 - s^2}\,e^{\mu s}$$

레일리 PDF

$$f_X(x) = \alpha^2 x e^{-\alpha^2 x^2/2}; \qquad x \geq 0$$

$$\mathcal{E}\{X\} = \sqrt{\pi/2}\Big/\alpha\,; \quad \mathrm{Var}[X] = (2 - \pi/2)/\alpha^2$$

$M_X(s)$ 는 존재하지 않는다.

균일 PDF

$$f_X(x) = \frac{1}{b-a} \qquad a \leq x \leq b$$

$$\mathcal{E}\{X\} = \frac{b+a}{2}\,; \quad \mathrm{Var}[X] = \frac{(b-a)^2}{12}$$

$$M_X(s) = \frac{e^{bs} - e^{as}}{(b-a)s}$$

PROBABILITY AND RANDOM PROCESSES FOR ELECTRICAL AND COMPUTER ENGINEERS

SECOND EDITION

전기전자 컴퓨터공학을 위한

확률과 랜덤과정 수정판

2판

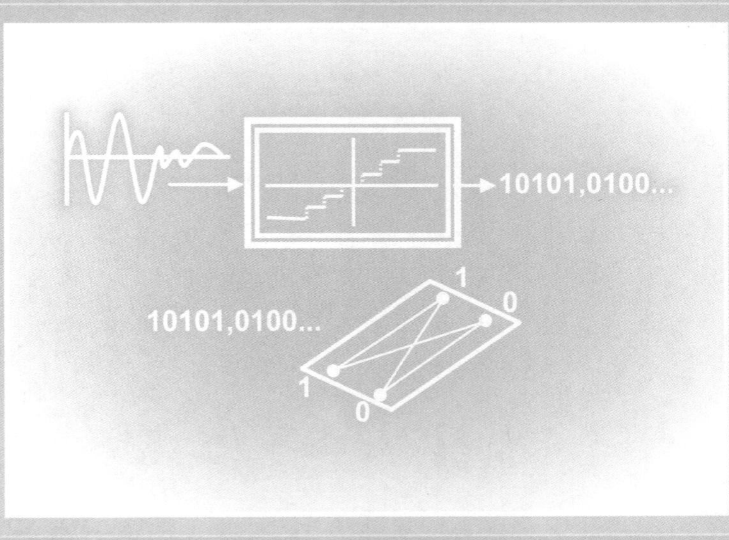

Charles W. Therrien • Murali Tummala 지음

윤복식 • 변윤식 • 윤동원 • 조위덕
최윤식 • 최종필 • 황승훈 옮김

CRC Press
Taylor & Francis Group
an informa business

도서출판 학산미디어

역자 서문

필요는 발명의 어머니라는 말이 있다. 필요성을 절실히 느끼고 대학 과목을 듣는다면 얼마나 열심히 공부하겠는가? 더욱이, 그것이 어렵고 따분한 확률과목이라면? 이런 의도를 강조하며 쓰인 책이 이 **전기전자, 컴퓨터공학을 위한 확률과 랜덤과정**(역서 제목)이다.

이 책은 저자들이 주장하는 대로 **응용에 초점을 맞춘 확률과 랜덤과정의 입문서**이다. 응용은 주로 전자공학과 컴퓨터공학에 맞춰져 있다. 7장까지의 1부에서는 랜덤변수, 여러 개의 랜덤변수와 벡터, 기댓값, 극한이론 및 추정 등 기초 확률이론이 소개되어 있고 8-11장은 응용에 초점을 맞춘 랜덤과정과 분석기법이 소개되어 있다. 시작부터 응용을 강조하여 요소요소마다 신호검출, 분류, 음성 및 패턴인식, 코딩과 데이터 전송 및 정보이론, 컴퓨터 망 등의 분야에 대한 확률의 응용이 기초적이지만 실용적으로 알기 쉽게 설명되어 있다. 군더더기 없는 간결한 설명으로 책의 분량이 400쪽 정도로 압축되어 있어 책 두께가 주는 중압감에서 해방될 수 있다. 수학적인 일관성과 세밀함이 부족한 게 조금 아쉽지만, 필요한 개념은 적절한 그림을 곁들여 충분히 이해되도록 친절하게 설명하고 있다. 책을 따라가다보면 응용을 통해 학습동기를 살리려는 저자들의 의도가 잘 녹아있음을 알게 될 것이다. 물론, 이 책의 주 대상인 전자 컴퓨터 분야 이외의 학생들도, 풍부하게 제시된 이 분야에서의 성공적인 응용 예를 바탕으로 자신의 분야에서의 응용의 직관을 얻을 수 있다.

이 책은 공학, 특히 전기전자, 통신, 컴퓨터 분야의 2, 3학년 과정의 확률입문 과정의 교재로 적합하다. 한 학기 과정이라면 I부를 과목 주안점에 따라 발췌하여 다루면 학기가 다 찰 것이다. II부의 랜덤과정을 포함한다면 두 학기 과정의 교재로도 충분하다. 매 장마다 많은 양의 연습문제가 붙어있어 복습과 이론 과제로 유용하게 사용될 수 있다.(물론 강의자는 출판사로부터 강의매뉴얼을 받을 수 있다.) 컴퓨터 실습 과제가 또한 각 장 끝에 주어져 있고, 필요한 데이터와 매틀랩 함수, 힌트도 첨부되어 있다. 시간이 허락하는 대로 필요에 따라 과제를 부과하면, 체험을 통한 개념의 체득에 긴요한 도구가 될 수 있을 것이다.

이 책의 번역에는 국내 유수 대학의 실제 이 분야의 강의자들이 참여하여 원서의 의도를 충분히 살리면서 매끄러운 번역이 되도록 노력하였다. 용어는 되도록 수학과 확률, 통계 분야에서 확립된 용어를 사용하여 학생들에게 불필요한 혼란을 주지 않도록 하였다. 감수 과정에서 오타를 잡아내고 통일성, 일관성을 유지하도록 노력하였으나 당연히 완벽에 미치지 못한다. 강호제현의 지적과 제안은 언제라도 환영하며 추후 수정에 반영할 것이다.(출판사 이메일: sorgento2000@hanmail.net 로 보내주기 바란다.)

끝으로, 연구와 강의로 분주한 가운데 시간을 쪼개 참여한 모든 번역진과 이 책을 기획하고 교정, 출판하는 전 과정에서 수고를 아끼지 않은 학산미디어 이덕선대표 및 편집자께 마음 깊이 감사드린다.

2017. 여름. 臥牛山頂에서
역자를 대표하여
윤 복 식

2판에 대한 머릿말

수년 전 향후의 전공 수업에서 맞닥뜨리게 될 주제에 초점을 맞춘 공대 학생들을 위한 확률 및 랜덤벡터에 관한 과목을 개설하려는 생각을 가졌었다. 전기공학자로서, 디지털 이동통신이나 컴퓨터그래픽, 음악과 음성 응용, 멀티미디어, 항공우주, 제어 등등의 분야에 곧바로 응용되는 것을 보게 된다면 강한 학습동기가 생길 것임을 알았다.

개설된 과목은 매우 성공적이었다. 일 년에 두 번(쿼터제에서) 개설되었는데 전기공학 뿐 아니라 다른 공학 분야와 컴퓨터과학의 학생들로 넘쳐났다. 통신, 제어, 신호처리의 전공과목 강의자들도 이 새 시스템에 매우 감사했는데, 복습에 긴 시간을 소모하거나 랜덤변수 관련 주제를 다룰 때의 멍한 표정을 더 이상 대면할 필요가 없었기 때문이다. .

"신호와 시스템의 확률적 분석"으로 명명되었던 그 과목은 주로 강의노트를 사용하였고, 그 몇 년 후에 이 책의 첫판을 쓰기로 의견이 모아졌다. 첫 판은 성공적이었고 곧 CRC 출판사에서 2판에 대한 요청이 있었다. 예상 했겠지만, 아직도 초판을 쓸 때의 고통에서 회복 중이어서 계약서에 사인을 할 때까지 시간이 걸렸고, 종이에 새로 첫 단어를 쓰기까지 더 많은 시간이 걸렸다. 좋은 소식은, 우리의 원래의 의도에 변함이 없어서, 적절한 개선을 추가하여 초판의 대부분을 사용할 수 있었다는 점이다. 신뢰구간과 같은 새로운 주제를 추가했고, 랜덤과정의 장을 재생하여 그 자체로 보다 고등한 주제들에 대한 입문서의 역할을 할 수 있도록 하였다.

이 변화와 더불어, 2판에서 책 제목을 **"전기전자 컴퓨터공학을 위한 확률과 랜덤과정"**으로 바꾸고 책을 두 부분으로 나누어 2부에서는 랜덤과정에 초점을 맞추었다. 새로운 노력 덕택에 초판의 300여 쪽에서 2판은 400여 쪽으로 늘어났다. 이 쪽수의 증가에는 새로운 내용과 더불어 추가된 연습문제와 컴퓨터과제가 기여를 하였다. 2판에는 쪽 수 만큼의 연습문제가 있고, 각 장은 적어도 두 개 이상의 컴퓨터 과제를 가지고 있어서 학생들이 매틀랩과 같은 고급수준의 언어를 사용하여 작업하도록 하였다.

2판에서의 변화 몇 가지를 강조한다.

- 랜덤벡터에 관한 짧은 장을 다중 랜덤변수 뒤에 포함시켰다. 이 장에는 새로운 고급 내용이 추가되었음은 물론 특히 이산 랜덤과정과 관련된 몇 가지 주제들이 포함되었다.
- 1판의 랜덤과정에 관한 7장과 8장을 재생하여 좀 더 알기 쉽게 만들었다. 구체적으로, 이 부분은 랜덤과정의 이론과 본성을 소개하는 장과 시간영역에서 일차와 이차모멘트를 사용하여 랜덤과정을 분석하는 장, 주파수영역에서의 분석에 관한 장, 마지막으로 (1판에 나왔던 주제인) 마르코프과정과 푸아송 랜덤과정의 장으로 구성된다.
- 앞서 언급한 바와 같이, 많은 수의 새로운 연습문제와 컴퓨터과제를 포함시켰다. 강의자들은 이 새로운 내용을 사용할 뿐 아니라, 이것에 영감을 받아 새로운 문제와 컴퓨터 기반 과제들을 만들어 부과할 수 있을 것이다.

이 교재 전체에서 초판의 스타일을 유지하여, 설명이 간단하고 직관적이 되도록 노력하였지만 이것이 어려운 부분에서는 보다 고급스런 설명을 찾을 수 있는 적절한 참고문헌을 제시하였다. 또한 학생, 강의자, 기타 독자들로부터의 지적을 기초로 수정 및 개선을 하려고 노력하였다. 이 2판은 해군대학원의 우리의 강의에서 사용될 예정인 바, 수강자들이 공학과 컴퓨터 과학의 현대적 방법에 필수적인 이 주제에 대한 학습 열정을 계속 보여주기를 기대한다.

매틀랩은 MathWorks, Inc.의 등록상표이다. 이 제품에 대한 문의는 다음 주소를 이용하기 바란다. MathWorks, Inc, 3 Apple Hill Drive, Natick, MA 01760-2098 USA. Tel:508-647-7000. Fax:508-647-7001, email:info@mathworks.com, Web: www.mathwoks.com

Charles W. Therrien
Murali Tummala
Monterey, California

머릿말

시작하며

10년 전 쯤 전기공학과 학생들을 위한 확률과목을 개설하려고 마음먹었다. 그 이전까지, 해군대학원에서 통신, 제어, 신호처리를 전공하는 전기공학과 대학원생들은 다른 학과의 기초확률 과목을 이수한 후 전기컴퓨터공학과(ECE) 내의 랜덤과정 과목을 수강하였다. ECE의 강의자들은 너무 많은 시간을 확률과 랜덤변수를 복습하는데 소모하게 되어, 랜덤과정을 강의하는데 필요한 시간을 확보할 수 없다는 걸 깨달았다.

교과 과정의 매 단계마다 탁월한 강의자들을 보유하고 있기 때문에, 이 모든 문제가 강의자에게 있다고 볼 수는 없었다. 공대 학생들이 미래에 관심을 갖고 공부할 공학문제들에 확률이 직접적으로 어떻게 응용되는지를 알 수 없기 때문에, 확률과목의 내용에 응용을 관련 짓는데 어려움을 느낄 것이라고 우리는 추측하였는 바, 이는 옳은 것으로 드러났다.

ECE 학과에서 "신호와 시스템의 확률적 분석" 과목을 개설했을 때 이는 즉각적인 성공으로 드러났다. 학생들이 확률에 관심을 갖고 흥미를 보였고, 확률적 신호와 선형시스템 관련 후속 과목에 대한 (두려움이 아니라) 기대감에 찼다. 우리는 곧 기본 큐잉이론과 같은 컴퓨터 공학에 관련된 다른 주제들도 포함할 필요성을 느꼈다. 요즘에는 해군대학원의 전기 및 컴퓨터공학 전공의 거의 모든 학생들이 자신의 대학원 과정의 선행과목으로 이 과목을 수강한다. 이전에 확률과 랜덤변수에 노출이 되었던 학생들도 훨씬 높은 이해도를 보이고 보람을 느끼면서 학기를 마치는 것을 보았다.

이 책의 의도

이미 오래 전에 이 책을 쓰기로 계획했지만 상황이 여의치 않아 3년 전에서야 비로소 진지한 저술 작업을 시작하였는데, 그때도 우리가 이 과목을 강의하는 쿼터동안에 거의 대부분의 작업을 수행하였다. 그 중간에는 강의에서 사용되고 또한 이 교재의 뼈대가 된 방대한 파워포인트 슬라이드를 개발하였다. 이 기간 동안 담당했던 많은 강의의 경험으로부터 이득을 보긴 했지만 우리의 애초의 의도는 변함없었다. 그 의도는 이 주제를 흥미롭게(심지어 재미있게까지) 만들고, 전기 및 컴퓨터공학 학생들에게 적합하게 하는 것이다. 이에 맞춰, 교재를 일 년 정도의 미적분학의 배경을 가진 정도면 누구나 바로 읽을 수 있도록 만들려고 노력하였고, 많은 응용 주제와 연습문제를 포함시켰다.

이 책을 훑어보면, 예컨대 통신이론의 기초에서 배우는 이진 통신채널과 같은 주제가 확률모델에 관한 2장에 포함되어 있음을 알게 될 것이다. 코딩이론의 기초(섀넌-파노, 허프먼)도 2장과 4장에 소개되어 있다. 검출와 분류에 대한 간단한 소개도 이 교재의 앞부분인 3장에 제시되어 있다. 이 주제들은 숙제 문제와 매틀랩과 같은 고급언어로 수행될 수 있는 컴퓨터 과제로도 제공된다.(몇 가지 특수한 매틀랩 함수들을 CRC 웹사이트에서 얻을 수 있다.)

이 책은 일차적으로 확률의 주제에 초점을 맞추려고 의도 되었지만, 공학에 적합한 다른 주제들도 포함되어 있다. 이론적 주제에 대한 입문으로 랜덤과정에 대한 짧은 장을 포함시켰다(완전하지는 않지만). 랜덤과정의 보다 고급 과목을 수강하지 않을 학생들을 위해서는 이 정도로 충분할 것이다. 랜덤과정의 정의와 의미는 대기행렬 이론에 대한 기본개념을 개발하는 8장을 위해서도 중요하다. 대기행렬은 컴퓨터망을 계속 공부할 학생들에게는 중요한 주제이다. 매개변수 추정과 그것의 통신이론에의 응용은 6장에서 제시된다.

이 교재를 숙독하고, 공학응용이 어떻게 다루어지고 어떻게 가능한 한 앞부분에 나타나게 되는 지를 특별히 관찰해 볼 것을 권한다. 저자들은 이것이 학생들의 학습동기를 계속 유지하게 하는 것을 발견하였다.

이 책의 사용

이 책의 주제들이 가능하면 이른 수준에서 가르쳐져야 한다고 우리는 믿는다. 대부분의 대학에서 3학년이나 4학년의 수준이 될 것이다. 물론 더 이른 시기(2학년)에도 가능하다. 이 경우 학생들이 응용에 별로 흥미를 못 가질 수 있으므로, 강의자는 이론에 보다 초점을 맞추어 1장에서 6장까지를 강의할 수 있다.

이상적으로는 이 책을 교재로 하는 과목은, 우리가 해군대학원에서 하듯이, 통신과 랜덤과정의 보다 고급과정 직전에, 그것을 공부할 학생들을 대상으로 개설되면 좋을 것이다. 물론, 랜덤과정과 시스템의 보다 고급 측면에 치중하는 몇몇 공학 책들이 확률에 대한 복습내용을 포함하고는 있지만, 공학도를 대상으로 하여 공학응용이 포함된 확률에 초점을 맞춘 책이 이미 오래 전에 나왔어야 한다고 생각한다.

비록 이 책을 전기 및 컴퓨터공학 학생들을 위해 썼지만, 다른 분야의 공학이나 물리학을 공부하는 학생들을 배제하는 것은 아니다. 실제로 이 이론은 다른 분야의 학생들에게도 적합하고, 응용 예나 연습문제는 비록 우리 자신의 전공분야에서 뽑아냈지만, 다른 분야에도 고루 적용될 수 있다. 또한, 예제들을 다른 분야로 확장하는 제안들을 환영한다.

이 책의 구성

서론에 이어 2장의 사건과 확률의 대수학으로 이 교재를 시작한다. 여러 유형의 문제에 대한 표본공간의 표현이 상당히 강조된다. 3장에서는 랜덤변수로 옮아가서 랜덤변수, 이산과 연속, 랜덤변수의 변환을 다룬다. 기댓값은 매우 중요하기 때문에 4장으로 분리하여 다룬다. 이 장에서는 모멘트 생성함수도 다루고 있다. 5장은 두 개와 그 이상의 랜덤변수를 다루고, 선형대수에 대한 충분한 지식을 가지고 있는 학생들을 위해 랜덤벡터에 대한 (보다 고급의) 소개를 포함한다. 6장에서는 수렴과 극한 정리, 매개변수 추정의 주제를 모아 놓았다. 이들 중 몇몇은 보다 고급과정에서 다루어지지만, 여기서는 되도록 기본적인 수준에서 소개하고 교재 앞부분의 주제들과 관련지음으로써, 학생들로 하여금 실용적인 공학응용을 위해서는 토대가 되는 강력한 이론적 기초가 필요함을 실감하도록 할 것이다.

7장은 랜덤과정과 선형시스템에 대한 간략한 소개이고 8장은 이산과 연속 마르코프과정을 다루고 대기행렬 이론을 소개한다. 이 장들 중 어떤 것이나 확률의 기초과정에서는 생략될 수 있다. 그러나 나중에 랜덤과정 관련 고급 과목을 수강할 학생들에게는 둘 다 유용할 것이다.

감사의 말

여러 해 동안 배움에 대한 욕망과 열정을 보여준 학생들에게 가장 먼저 그리고 가장 많이 감사하고 싶다. 미국 뿐 아니라 많은 다른 나라로부터 온 해군대학원의 대학원생들은 저자들을 항상 학문적으로 긴장하게 하였고 강의를 현실에 근접하게 만들도록 하였다. 또한, 우리들을 가르쳐주시고 우리의 진로에 방향설정을 해 준, 이 주제에 관련된 우리의 은사들께 감사한다. 이 은사들에는 Alvin Drake(이 책이 부분적으로 이분께 헌정된다)와 Wilbur Davenport 및 기타 많은 분들이 포함된다.

많은 토의를 통해 우리의 강의와 이 주제에 대한 설명방식에 많은 도움을 준 해군대학원의 전, 현직 동료들께도 감사한다. 이 동료들에는 John M ("Jack") Wozencraft, Clark Robertson, Tri Ha, Roberto Cristi, (작고한) Richard Hamming, Bruno Shubert, Donald Gaver, Peter A.W. Lewis가 포함된다.

이 책을 출판하는데 도움을 준 CRC의 많은 직원들에게 감사한다. 특히 원고검토 편집자인 Nora Konopka에 감사한다. Nora는 착수단계부터 이 프로젝트에 열정적이었고 원고작성과 출판기간 내내 우리의 많은 질문에 바쁘다고 응대하지 않은 적이 없는 특별한 사람이었다. 또한 수년 동안 우리의 기술편집자였던 Jim Allen의 도움 없이는 이 단계에 도달하지 못했을 것이다. Jim은 LaTeX와 다른 출판 소프트웨어의 전문가이고, 이 책의 첫 글자가 컴퓨터에 입력되기 훨씬 전부터 우리의 "신호와 시스템의 확률적 분석" 과목과 연관을 맺어왔다.

마지막으로, 항상 정신적인 지원과 격려를 보내주고 이 프로젝트에 대한 긴 시간의 작업을 참아준 가족들에게 감사하며, 사랑을 표한다.

Charles W. Therrien
Murali Tummala
Monterey, California

차례

PART 1 확률과 랜덤변수

PART 2 랜덤과정 입문

부 록

PART

1

확률과 랜덤변수

1 서론

현실 세계의 많은 상황에서 결과는 불확실하다. 예를 들어, 봄의 특정 날짜에 뉴욕에 비가 오는 사건을 생각해보자. 우산을 가지고 나오는 것을 잊어버린 경우에 이 사건의 가능성이 증가한다고 주장하는 사람도 있겠지만 아무도 이 사건이 불확실하다는 전제에 대해 토를 달지는 않을 것이다.

일상생활에서처럼 공학 문제에서도 그 발생이 불확실하거나 결과가 정확한 값이나 식으로 정해질 수 없는 사건들에 둘러싸여 있다. 여름의 고활성기간에 전선의 전압의 정확한 값, 우주선이 대기로 다시 진입할 때의 정확한 경로, 및 선박이 바다 폭풍 동안 경험할 수 있는 난류들이 모두 결정론적인 방식으로 설명 될 수 없는 사건의 예이다. 통신 (컴퓨터 통신뿐만 아니라 셀룰러 폰과 같은 개인 통신을 포함)에서, 사건들은 종종 이진수 (0과 1)의 열로 표현될 수 있다. 그러나 불확실하면서 정보를 보유하고 있는 것이 바로 이 이진수의 열이다. 만약 특정 메시지가 완전한 확실성을 가지고 발생하는 사건을 나타낸다면, 그런 메시지를 전달할 필요가 있을까?

불확실성에 대처하기 위한 현재까지 가장 성공적인 방법은 확률과 확률의 자매이론인 통계 및 랜덤과정을 통한 방법인데 바로 이것이 이 책의 주제이다. 이 장에서는 확률 방법이 근본적인 역할을 하는 몇 가지 공학 응용예를 소개한다.

1.1 랜덤 실험의 분석

랜덤 실험의 분석을 위한 모델이 그림 1.1.에 그려져 있다.

이것을 기본적인 확률모델이라고 부르자. 분석은 결과가 불확실한 실험 즉 "랜덤 실험"으로 시작한다. 실험의 가능한 모든 결과는 (명시적으로 또는 개념적으로) 나열될 수 있고 모든 결과들의 모임은 이른바 **표본공간**(sample space)을 이룬다. 관심대상인 사건은 시험분석에 도움이 되는 방식으로 사용자가 정의한다. 그러나, 사건들은 항상 표본공간에서 표현가능해야 한다. **사건**(event)은 항상 표본공간으로부터의 단일결과이거나 또는 여러 결과들의 모임이다.

확률은 사건의 가능성을 나타내는 0에서 1사이의 실수이다. 일상 대화에서 우리는 종종 가능성을 나타내는 비율을 사용한다. 예를 들어, 아침 날씨예보에서는 "비가 올 60%의 가능성이 있다."고 할 수 있다. 확률모델에서는 비의 확률이 0.6이라고 말할 것이다. 0에 가까운 숫자는 더 가능성이 없는 사건을 표시하며, 반면에 1에 가까운 숫자는 더욱 가능성이 큰 사건을 나타낸다(음의 확률은 없다!). 표본공간에서 각 결과에 할당되는 확률은 실험에 대한 우리의 직관을 만족하고 의미가 있어야 한다. (종종 결과는 동일한 발생 가능성을 가지고 있다) 문제에 직결되는 다른 사건들의 확률은 2장에서 다뤄질 규칙에 의해 계산된다.

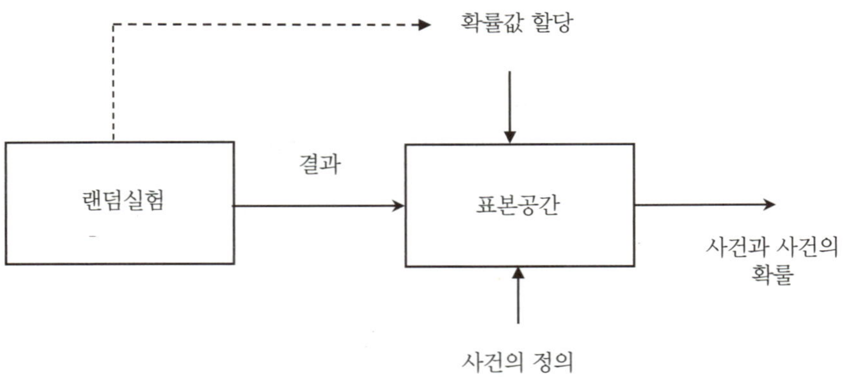

그림 1.1 확률 모델

확률 분석의 추가 요소는 랜덤변수와 랜덤과정이다. 많은 경우에 랜덤 실험 수행의 결과에서 얻어지는 중요한 수치가 있다. 그 수치를 실험 결과로 간주할 수 있는데 이 경우 표본공간은 정수의 집합 또는 실수 직선이 된다. 그러나 종종 실험은 보다 기본적이며, 수치는 중요하지만 파생된 결과로 생각 될 수 있다. 표본공간이 기본적인 사건의 집합으로된 선택되었다면, 관심대상인 수치는 표본공간에서 실선으로의 **사상**(mapping)에 의해 표현된다. 이러한 사상을 **랜덤변수**(random variable)라고 한다. 사상이 n-차원 유클리드 공간으로 간다면 그 사상을 흔히 **랜덤벡터**(random vector)라고 한다. 랜덤벡터는 랜덤변수들의 정렬된 집합으로 간주될 수 있기 때문에, 일반적으로 스칼라 사상을 다루는 것으로 충분하다. **랜덤과정**(random process)은 표본공간에서 각 결과가 시간의 함수로 사상된다는 점을 제외하면 랜덤변수와 같다(그림 1.2. 참조). 랜덤과정은 많은 제어 및 통신 신호뿐만 아니라 우리가 잡음으로 생각하는 간섭에 대한 적절한 모델을 제공한다. 또한 랜덤과정은 통신 망에서 발생하는 트래픽이나 변화를 표현하는데 유용하다. 따라서 확률, 랜덤변수 및 랜덤과정의 연구는 공학 교육의 중요한 구성 요소이다.

다음의 예는 랜덤변수의 개념을 설명한다.

예제 1.1

주사위의 한 쌍을 던진다고 생각하자. 표본공간은 주사위 윗면에 나타난 숫자 쌍들의 목록으로 표현될 수 있다.

$$(1, 1), (1, 2), \ldots, (6, 6)$$

각각의 쌍은 실험의 결과를 나타낸다. 결과가 별개임을 주목하라. 즉, 결과 중 하나가 발생하면 다른 것들은 발생하지 않는다. 이 실험과 관련된 중요한 수치 값을 두 개의 주사위에 나온 눈의 합이라고 하면 이것은 랜덤변수 N으로 나타낼 수 있다. N 값은 표본공간내의 각 결과에 대해 계산 될 수 있기 때문에, 표본공간에서 실선으로의 사상이 된다.

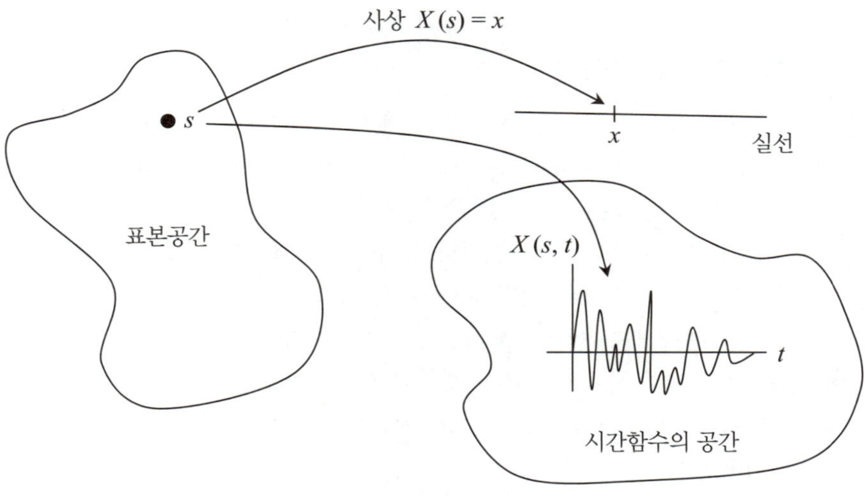

그림 1.2 랜덤변수와 랜덤과정

이 사상의 예를 들면 다음과 같다.

결과		N
$(1,2)$	$\longrightarrow$	3
$(2,3)$	$\longrightarrow$	5
$(4,1)$	$\longrightarrow$	5

이 실험을 위해 선택된 표본공간은 숫자 N보다 더 많은 정보를 포함한다. 예를 들어, 만약 중복된 수가 나온다면, 어떤 게임에서는 중요할 수가 있다.

랜덤변수를 포함하는 실험을 모델링하는 또 다른 이유는 필요한 확률이 보다 쉽게 선택 될 수 있다는 것이다. 주사위 게임에서, 결과 (1,1), (1,2), . . . , (6,6)는 각각 동일한 확률을 (사람이 부정 행위를 하지 않는 한)를 가져야 한다. 반면에 하나 이상의 결과가 N의 값에 사상될 (위의 예 참조) 수 있기 때문에, N의 값들은 동일 가능성을 가지지 않는다. N을 랜덤변수로 모델링함으로써, 그 확률을 계산하기 위해 잘 개발된 절차를 이용할 수 있다.

1.2 전기 및 컴퓨터 공학에서 확률

이 절에서는, 전기 및 컴퓨터 공학의 분야와 관련된 몇 가지 예를 들어 확률 모델이 얼마나 적절한지를 설명하고자 한다. 독자들은 요즈음 신속하게 발전하는 전자 및 정보 기술의 더 많은 응용을 생각해낼 수 있을 것이다.

1.2.1 신호 검출 및 분류

전기 공학자에게 상당한 관심이 되는 문제는 신호 검출일 것이다. 이동 전화로 통화를 처리하든, 컴퓨터 선으로 데이터를 처리하든, 또는 레이더 목표물로부터 산란되든, 신호를 검출하고 적절히 해석하는 것은 중요하다.

이 문제의 가장 단순한 형태 중 하나로, 비트별로 메시지를 복호화 하는 무선 또는 전화로 송신된 디지털 데이터 형태의 메시지를 들 수 있다. 이 경우, 송신기는 논리 0 또는 1을 송신하고, 수신기는 0 또는 1이 전송되었는지 여부를 결정해야한다. 비트를 나타내는 파형은 송신을 위한 아날로그 무선 주파수 (RF) 반송파 신호에 변조된다. 송신 과정에서 잡음 및 다른 형태의 왜곡이 신호에 첨가될 수 있다. 그래서 수신기에 도착하는 파형은 전송된 것의 정확한 복제가 아니다.

수신기는 RF 신호를 처리하는 복조기와 복조기의 아날로그 출력을 관찰하고 0 또는 1로 판단하는 복호기로 구성된다(그림 1.3. 참조). 도시 된 바와 같이 복조기는 두 가지를 수행한다: 첫째, 수신된 파형에서 RF 반송파를 제거하고, 둘째, "정합 필터링"로 알려진 과정을 통해 남아있는 신호를 원형 신호와 비교한다. 이 비교의 결과는 X값으로 복호기에 제공된다.

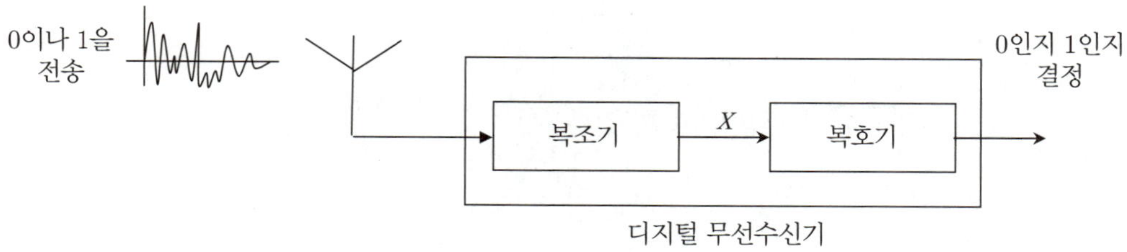

그림 1.3 디지털 신호의 수신

이 문제에 있어서 확률의 몇 가지 요소가 이 분명하다. 첫째, 수신기 관점에서 0 또는 1의 전송은 랜덤 사건이다. (수신기가 전송될 예정의 것을 확실히 아는 경우, 전혀 송신 할 필요가 없을 것이다!) 둘째, 수신기에 도달한 잡음 파형은 랜덤과정이다. 왜냐하면 그것은 랜덤하게 사건들에 대응하는 시간 함수를 나타 내기 때문이다. 복조기의 출력 값은 불확실한 사건들에 의해 결정되는 실수이다. 따라서, 이는 랜덤변수로 표현 될 수 있다. 마지막으로, 그 나머지 상황에서의 불확실성 때문에 출력 결정 (0 또는 1) 자체는 랜덤 사건이다.

또한 수신기의 성능이 확률적으로 측정될 필요가 있다. 수신기가 사용하는 결정 규칙은 오류 발생 확률을 최소화 하는 것이 최선일 것이다.

이 문제의 요소들은 지난 세기 초반 이후 알려져 왔고 3장과 5장에서 다뤄진다. 결과의 핵심은 통계적 통신이론[1]으로 알려져 있는 분야에 들어있다.

1.2.2 음성 모델링 및 인식

인간 음성의 공학적 분석은 수십 년 동안 계속되어왔다. 최근에 작고 강력한 컴퓨터의 등장 및 신호 처리 방법의 진보 발전에 힘입어 상당한 진전이 이루어졌다. 문제의 복잡성을 파악하기 위해 그림 1.4.에 보여진대로 "Hello"와 같은 하나의 영어 단어를 말하는 사건에 대해 알아보자.

일부 영역에서 파형은 분명한 구조를 갖고 있지만, 단어의 반복마다 세부적으로 상당한 변화가 있는 것은 분명하다. 별개의 소리나 "음소"를 나타내는 파형의 부분은 통상적으로 랜덤과정에 의해 모델링된다. 또한 의미있는 대화를 하도록 하는 소리 및 단어의 연결은 확률 모델을 따른다. 합성 대화 생성은 상당히 좋을 정도로 연구를 통해 기술이 발전해왔다. 그러나, 상업적으로 성공한 자동 전화응답 시스템이나 자동차 네비게이션 시스템과 같은 한정된 어휘를 갖는 경우를 제외하면, 음성 인식은 여전히 상대적으로 초기 단계에 있다. 그러나, 문제의 어려움에도 불구하고, 음성은 궁극적으로 오늘날의 컴퓨터의 마우스와 키보드를 대체하여 인간/기계 상호 작용을 위한 기본 인터페이스가 될 수 있을 것이다[2]. 미래 연구가 어떤 형태로 수행되든지 확률적 방법은 중추적인 역할이 아닐지라도 중요한 역할을 할 것임은 확실하다.

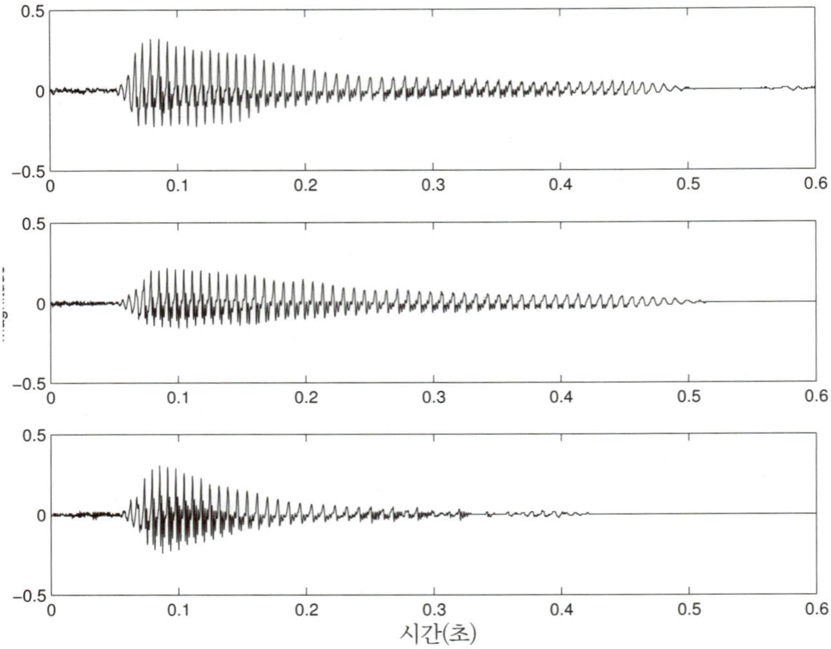

그림 1.4 단어 "Hello"(세번 반복, 동일한 발성자)에 해당하는 파형

1.2.3 코딩 및 데이터 전송

저장 및 전송을 위한 디지털 데이터와 같은 정보의 표현은 빠르게 이전의 아날로그 방식을 대체하고 있다. 이 기술은 데이터를 음성, 음악, 비디오, 원격 측정, 또는 이들의 조합 (멀티미디어)등 어느 것을 나타내든 동일하다. ASCII 표준 같은 간단한 고정 길이 부호는 비효율적인데, 이는 실제적 관심사가 되는 대부분의 정보에 존재하는 상당한 중복성 때문이다 .

1940년대 후반에 클로드 섀넌은 [3, 4] 정보의 표현과 전송과 관련된 근본적인 방법을 연구했다. 추후 정보 이론으로 알려진 이 분야는 확률적 방법에 기초한다. 섀넌은 주어진 일련의 기호들과 (예 : 알파벳 문자) 메시지내에서 그것들이 발생 확률로 누구나 메시지를 생성하는 소스에 대해 "정보"를 확률적으로 계산할 수 있다는 것을 보여 주었다.

그는 "비트"로 측정되고 엔트로피 H로 알려진 정보의 이러한 측정이 메시지를 부호화하는데 필요한 이진수의 평균 개수에 대한 하한을 제공하는 것을 보였다. 데이비드 허프만과 같은 다른 사람들은 하한에 접근하는 이진 비트로 메시지를 코딩하는 알고리즘을 개발했다.[1] 이러한 방법 중 일부는 제 2장에 소개 된다.

또한 섀넌은 메시지가 송신되어야하는 통신 채널에 관한 기본 결과를 개발했다. 전송될 메시지는 간섭, 소음, 인접 심볼 사이의 자기 간섭, 그리고 많은 다른 효과로 인해 만들어지는 오류의 적용을 받는다. 이러한 모든 세부사항에 무관하게 섀넌은 채널이 **채널 용량**으로 알려진 수 C에 의해 확률적 의미에서 특성화되고, 비트 단위로 측정 될 수 있음을 보였다. 소스가

1) 허프만은 MIT의 박사과정 수업에서 학기말보고서로 이 방법을 개발했다.

Ts 초마다 기호를 생성하고 그 기호가 Tc 초 동안 채널을 통해 전송되는 경우, 소스 발생율과 채널 발생율은 각각 H/Ts 및 C/Tc로 정의된다. 섀넌은 소스 및 채널 발생율이 다음 조건

$$\frac{H}{T_s} \leq \frac{C}{T_c}$$

을 만족하면 메시지가 임의의 낮은 오류 확률로 송신될 수 있다는 것을 보였다. 반면에, 이 조건이 만족되지 않는 경우, 채널의 낮은 오류율을 달성하는 방법은 없다. 섀넌에 의해 개발된 이 혁신적인 결과는 현대 디지털 통신 이론의 발전에 기초가 되었고, 이 영역에 대한 확률 및 통계적 틀의 중요성을 보여주었다.

1.2.4 컴퓨터 망

컴퓨터 망이 상당히 복잡해지고 있다. 오늘의 컴퓨터 망은 1960년대 후반 미국국방부의 ARPAnet 연구 프로젝트의 후손이며 거기서 개발된 저장 및 전달 기술을 기반으로 한다. 사용자 데이터는 작은 단위 또는 패킷들로 분할되어, 주소와 계층정보와 함께 한 노드 또는 중간 노드들 (컴퓨터)을 통해 한 컴퓨터에서 다른 컴퓨터로 전송된다. 노드가 최종 목적지로의 경로를 제공한다. 어떤 경우에는 하나의 메시지의 패킷들이 다른 경로를 통해 도달 할 수 있는데, 최종 목적지에서 메시지를 생성하기 위해 재조립된다. 확률 및 통계 개념의 적용을 요구하는, 패킷 손실, 패킷 지연 및 패킷 버퍼 사이즈를 포함하는 컴퓨터 망에서의 다양한 문제들이 있다. 특히, 컴퓨터 망의 발전을 선도한 대기행렬(큐잉) 시스템의 개념은 Kleinrock [5,6] 같은 초기 연구자에 의해 망 시스템에 적절히 적용되었다. 오늘날, 전기 및 컴퓨터 공학자는 일상적으로 이러한 원리를 연구한다.

컴퓨터 망의 분석은 본질적으로 이산적 랜덤과정을 다룬다. 즉, 랜덤과정이 시간의 함수인 유한 이산 값에 대해 수행된다. 예로 (시간의 함수로서) 시스템 내의 패킷 수, 대기행렬의 길이, 또는 어떤 주어진 시간에 도착한 패킷의 수를 들 수 있다. 또한, 대기행렬의 평균 길이, 출발에서 도착까지 패킷의 지연시간, 사용율, 시스템 부하 등을 다루기 이해 다양한 랜덤변수와 통계량이 필요하다..

대기행렬의 주제는 이책에서 제공하는 많은 확률 아이디어를 함께 사용하므로 마지막 장에서 다루어진다. 이 주제는 전기 및 컴퓨터 공학의 현대 교육 과정의 거의 모든 분야에서 확률과 통계에 대한 지식이 필요함을 드러내 줄 것이다.

1.3 책의 개요

이 장은 확률 모델의 연구영역에 적합한 일반적인 사고의 틀을 기술하고 개념을 개괄적으로 설명하기 위한 것이다. 수학이 많이 들어간 이러한 주제가 공학도들에게 매우 중요하다는 것

을 보여주기 위해 예들이 주어졌다.

다음 장들은 공학 응용의 중요성을 계속 강조하면서 확률을 공부해 갈 것이다. 앞에서 언급된 응용들은 각 장에서 명시적으로 설명된다. 우리의 목표는 실제 문제의 상당한 단순화를 통해서라도 가능한 한 빨리 응용에 들어가는 것이다. 친절한 논의를 계속 시도하겠지만, 완전히 엄밀성을 배제하지는 않겠고 때때로 (특히 문제에서) 가벼운 유머를 섞을 것이다.

이 책은 두 부분으로 구성되어 있다. 첫 번째 부분은 확률과 랜덤변수를 다루고 두 번째 부분은 랜덤과정을 다루고 있다.

I 부의 첫 번째 장인 2장은 확률 모델, 사건, 확률 측정에 대한 논의로 시작한다. 3장은 연속 및 이산 랜덤변수의 논의로 이어진다. 통계적 기대값으로 불리는 평균은 이론의 중요한 부분을 형성하는데 비교적 짧은 4장에서 논의된다. 5장에서는 다중 랜덤변수, 결합 및 조건부 분포, 기댓값, 그리고 랜덤변수의 합을 다룬다.

정리들, 범위한정 및 추정의 주제는 상당히 늦게 6장에 두었다. 이러한 주제도 중요하지만, 먼저 더 많은 응용에 편향된 내용을 제시하기로 결정했다. 7장에서 랜덤과정의 고급 주제에 유용한 랜덤벡터에 대한 몇 가지 기본적인 내용을 제공하면서 I부를 마친다.

II부는 8장에서 시작하고 랜덤과정의 개념을 소개한다. 연속 시간 과정 및 이산 시간 과정이 예제와 함께 설명된다. 9장 및 10장은 시간 영역 및 주파수 영역 각각에서 랜덤 신호의 분석을 논의한다. 신호 처리 및 통신에서의 전형적인 응용을 위한 상관 및 전력스펙트럼 밀도의 사용이 강조된다.

11장은 망 트래픽, 서비스 및 관련 주제의 모델에서 나타나는 특별한 마르코프와 푸아송 확률 과정을 다룬다. 이 장은 이러한 응용에서 사용되는 대기행렬 모델의 논의를 위한 수학적 도구를 제공한다.

참고문헌

[1] David Middleton. *An Introduction to Statistical Communication Theory.* McGraw-Hill, New York, 1960.

[2] Michael L. Dertouzos. *What WILL be.* HarperCollins, San Francisco, 1997.

[3] Claude E. Shannon. A mathematical theory of communication. *Bell System Technical Journal*, 27(3):379–422, July 1948. (See also [7].).

[4] Claude E. Shannon. A mathematical theory of communication (concluded). *Bell System Technical Journal*, 27(4):623–656, October 1948. (See also [7].).

[5] Leonard Kleinrock. *Queueing Systems - Volume I: Theory.* John Wiley & Sons, New York, 1975.

[6] Leonard Kleinrock. *Queueing Systems - Volume II: Computer Applications.* John Wiley & Sons, New York, 1976.

[7] Claude E. Shannon and Warren Weaver. *The Mathematical Theory of Communication.* University of Illinois Press, Urbana, IL, 1963.

2 확률 모델

이 장에서는 **확률 모델**으로 알려진, 랜덤 실험의 분석을 위해 잘 구비된 모델에 대해 설명한다. 또한 사건들의 집합을 설명하기에 적합한 대수를 정의하고, 가능성의 측도, 즉 **확률**이 이 사건들에 어떻게 할당되는지를 보인다. 확률은 사건의 발생 가능성에 정량적 수치 값을 제공한다.

사건은 항상 독립적으로 발생하지 않는다. 실제로, 하나의 사실을 다른 것으로부터 추론하는 것이 가능한 것은 독립성이 결여되기 때문이다. 이 장에서 독립의 개념에 수학적 의미가 부여되고, 사건이 독립이거나 아닐 때 확률을 다루는 방법이 개발된다.

기본 확률에 관한 여러 그림과 예제가 이 장 전체에서 제공된다. 또한, 기본적인 전기공학 문제에 대한 많은 응용들이 이 주제의 추가 연구를 위한 동기 부여를 위해 주어진다.

2.1 사건의 대수

1장에서 랜덤 실험의 모든 가능한 결과의 모음이 **표본공간**(sample space)을 구성하는 것을 보았다. 결과는 표본공간의 구성원이고 관심있는 사건들은 집합으로 나타난다 (그림. 2.1 참조). 이러한 사건들을 기술하고 일관된 방식으로 그들의 확률을 계산하기 위해 이 사건과 관련된 연산에 대한 형식적인 표현이 필요하다. 2.1.2절에서 표본공간에 대해 더 많은 논의가 주어지는데, 지금은 사건 사이의 관계를 나타내기 위한 방법에 초점을 맞추겠다.

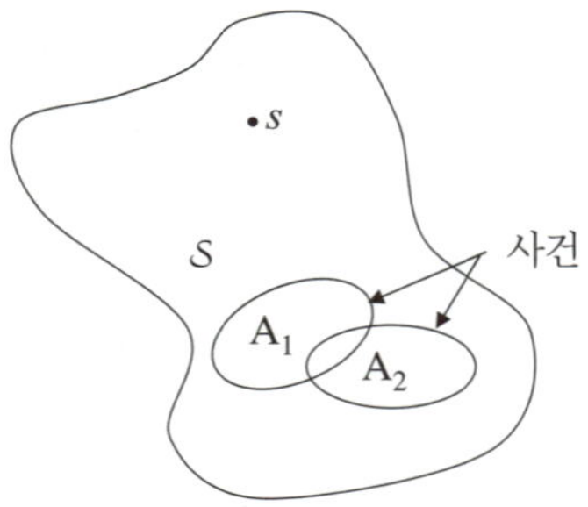

그림 2.1 원소 s와 사건을 나타내는 집합 A_1 및 A_2를 포함하는 표본공간 S의 개략적인 표현

2.1.1 기본 연산

임의의 실험의 결과를 분석함에 있어 다른 사건으로부터 유도된 사건을 다루는 것이 보통 필요하다. 예를 들어, A가 사건인 경우, A의 여사건(complement)이라고 알려진 A^c는 "A가 발생하지 않은." 사건을 나타낸다. 표본공간의 여사건은 공(null) 사건, $\emptyset = \mathcal{S}^c$이다. 곱셈과 덧셈의 연산은 사건의 조합을 나타내는 데 사용된다 (집합이론에서 교집합과 합집합이라고 알려짐). "$A_1 \cdot A_2$" 또는 간단히 "A_1A_2"는 사건 A_1와 A_2 모두 발생한다는 것을 의미한다 (교집합). 반면에, "A_1+A2"는 A_1 또는 A_2, 또는 A_1과 A_2가 둘 다 발생하는 사건을 의미한다(합집합).[1)]

사건들의 여사건과 조합이 그 자체로 사건이 되기 때문에, 사건과 유도된 사건을 나타내는 형식적인 구조가 필요하다. 이 형식적인 구조는 사실 수학에서 대수 또는 필드로 알려진 집합의 집합이며 여기에서는 **사건의 대수**(algebra of events)라고 한다 [1]. 표 2.1는 대수 $\mathcal{A}$를 정의하는 두 개의 공준을 보여준다.

1. $A \in \mathcal{A}$ 이면 $A^c \in \mathcal{A}$.
2. $A_1 \in \mathcal{A}$ 이고 $A_2 \in \mathcal{A}$ 이면, $A_1 + A_2 \in \mathcal{A}$.

[표 2.1] 사건의 대수에 대한 공준

1) 곱셈과 덧셈으로 표현된 연산은 일반적으로 교집합 ∩ 및 합집합 ∪ 기호로 표시된다. 다중 연산의 경우를 제외하고는 위에서 소개한 표기법을 준수한다.

표 2.2는 연산의 속성을 정의하는 일곱가지 공리를 보여준다. 이 두 표는 사건의 대수의 모든 속성을 표시하는 데 사용할 수 있다. 예를 들어, 공준은 사건 A_1+A_2가 대수에 포함된다는 것을 명시한다. 마지막 공리(드모르강의 법칙)와 공준을 함께 적용하면 사건 "A_1A_2" 또한 대수에 포함되어 있음을 보여준다. 표 2.3은 공준에서 파생될 수 있는 몇 가지 간단한 상등관계를 보여준다. 표 2.2과 2.3에 있는 많은 결과들이 암시적으로 또는 명시적으로 사건과 확률을 포함하는 문제를 해결하는데 사용될 수 있음을 알게 될 것이다. 특히 두 가지 분배 법칙을 주목하라. 합의 곱셈에 대한 분배법칙 (표 2.3)과 그 반대 (표 2.2)가 그것이다.

$A_1{A_1}^c = \emptyset$	상호배타적
$A_1\mathcal{S} = A_1$	포함
$({A_1}^c)^c = A_1$	이중여집합
$A_1 + A_2 = A_2 + A_1$	교환법칙
$A_1 + (A_2 + A_3) = (A_1 + A_2) + A_3$	결합법칙
$A_1(A_2 + A_3) = A_1A_2 + A_1A_3$	분배법칙
$(A_1A_2)^c = {A_1}^c + {A_2}^c$	드모르강의 법칙

[표 2.2] 사건에 대한 연산의 공리

사건 "A_1+A_2"과 "A_1A_2"가 대수에 포함되어 있기 때문에, 유한 개의 사건 A_i, $i = 1, 2, \ldots,$ N에 대해 다음 사건들이 대수에 포함된다는 것을 보이는 것은 쉽다.

$$\bigcup_{i=1}^{N} A_i = A_1 + A_2 + \cdots + A_N$$

$$\bigcap_{i=1}^{N} A_i = A_1A_2\cdots A_N$$

많은 경우에 셀수 있는 무한 개의 사건들의 합과 곱이 대수 표현을 갖는다는 것이 중요하다. 예를 들어, 랜덤 전압을 측정하는 실험을 가정하자. 사건 A_i는 "$i-1 \leq$전압 $< i$, i=1, 2, ..."로 정의된다. 그러면 이러한 사건들의 (무한한) 합으로 표현되는 "전압≥0"인 사건은 대수에 존재해야한다. 다음과 같은 무한 개수의 사건들의 합과 곱을 포함하는 대수는 시그마-대수 또는 시그마-필드라고 불린다.

$$\bigcup_{i=1}^{\infty} A_i = A_1 + A_2 + A_3 + \cdots$$

$$\bigcap_{i=1}^{\infty} A_i = A_1A_2A_3\cdots$$

사건의 대수는 이러한 대수로 정의된다.

$\mathcal{S}^c = \emptyset$	
$A_1 + \emptyset = A_1$	포함
$A_1A_2 = A_2A_1$	교환법칙
$A_1(A_2A_3) = (A_1A_2)A_3$	결합법칙
$A_1 + (A_2A_3) = (A_1 + A_2)(A_1 + A_3)$	분배법칙
$(A_1 + A_2)^c = {A_1}^c{A_2}^c$	드모르강의 법칙

[표 2.3] 사건의 대수에서 추가적인 상등관계

사건의 대수가 집합의 대수로 간주 될 수 있기 때문에, 사건들은 종종 벤 다이어그램으로 표현된다. 그림 2.2은 표본공간과 그 사건들에 대한 몇 가지 전형적인 벤 다이어그램을 보여준다. 부호 '⊂'는 하나의 사건이 다른 것에 "포함된"다는 것을 의미하고 다음과 같이 정의된다.

$$A_1 \subset A_2 \Longleftrightarrow A_1{A_2}^c = \emptyset \tag{2.1}$$

2.1.2 표본공간의 표현

확률을 배울 때 종종 실험에 대한 적절한 표본공간을 정의하는데 어려움을 느끼기 때문에, 이 개념에 대해 좀 더 많은 시간을 투자한다.

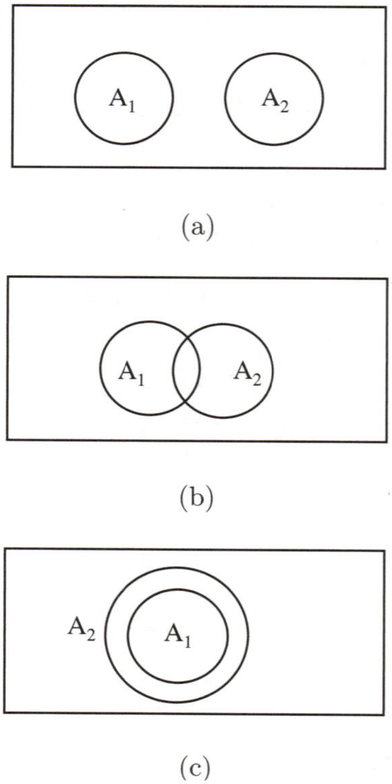

그림 2.2 사건들에 대한 벤 다이어그램
(a) 공통점이 없는 사건들
($A_1A_2 = \emptyset$).
(b) 어느정도 공통점이 있는 사건들
($A_1A_2 \neq \emptyset$).
(다) 다른 사건에 포함되는 사건
($A_1 \subset A_2$).

사건의 대수로부터의 두 가지 추가 개념으로 생각해보자. A_1, A_2, A_3 ...을 다음과 같은 속성을 가지는 사건들의 유한하거나 셀 수 있는 무한 집합이라고 두자:

1. 사건들은 **상호 배타적**(mutually exclusive)이다. 이것은 한번에 단지 하나의 사건이 발생할 수 있다는 것을 의미한다, 즉 하나의 사건의 발생이 다른 사건의 발생을 배제한다. 즉,

$$A_i A_j = \emptyset \quad \text{for } i \neq j$$

2. 사건은 **전체 집합**(collectively exhaustive)이다. 다시 말하면, 사건들 중 하나의 A_i가 항상 발생해야 한다. 즉,

$$A_1 + A_2 + A_3 + \cdots = \mathcal{S}$$

이 두 특성을 모두 갖는 사건의 집합을 **분할**(partition)이라 한다.

이제 표본공간을 정의함에 있어서 실험의 결과가 이 두 가지 특성을 만족해야한다고 가정한다. 하지만 한 가지가 더 있다. 이산 (셀수 있는) 결과를 가지는 실험에 대해, 다음은 표본공간의 실용적인 정의이다[1].

표본공간은 실험에 대한 결과의 가장 작은 알갱이들의, 상호 배타적이고 전체 집합으로 표시된다.

독자는 표본공간의 구성 요소가 분할의 특성을 갖는 것을 알 수 있을 것이다. 그러나, 표본공간을 정의하는 결과는 또한 "가장 작은 알갱이(finest-grain)"이어야 한다. 가장 작은 알갱이란 표현의 선택은 실험과 대답될 질문따라 다르지만, 이 성질은 매우 중요하다. 이 성질이 없으면 실험에서 관심있는 모든 사건들을 표현하는 것이 가능하지 않을 수도 있다. 표현은 보통 더욱 명확해야 할 필요가 있기 때문에, 단순한 벤 다이어그램은 일반적으로 문제를 해결함에 있어 표본공간을 표현하기에 충분하지 않다.

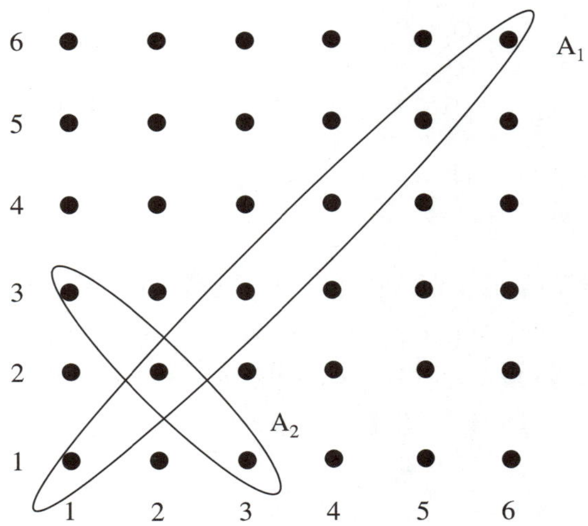

그림 2.3 주사위 굴리기에 해당하는 표본공간. A_1은 "중복수가 나오는" 사건이다; A_2는 "합이 4인" 사건이다.

이산 표본공간은 예제 1.1에서와 같이 가능한 실험적 결과의 단순한 나열이 될 수도 있고 또는 그림 형태를 취할 수 있다. 예를 들어, 주사위 한 쌍 굴리기에 있어서 표본공간은 그림 2.3처럼 그려질 수 있다. 여기서 숫자 1에서 6까지는 각각의 개별 주사위 상에 나온 점의 수를 나타낸다. 검은 점은 상호 배타적이고 전체 집합인 실험의 결과를 나타낸다. "중복수 나옴"과 같은 일부 복잡한 사건이 또한 그려져있다. 이러한 보다 복잡한 사건의 확률은 단순히 그것이 포함하는 실험 결과들의 확률을 더함으로써 계산될 수 있음을 나중에 알게 될 것이다.

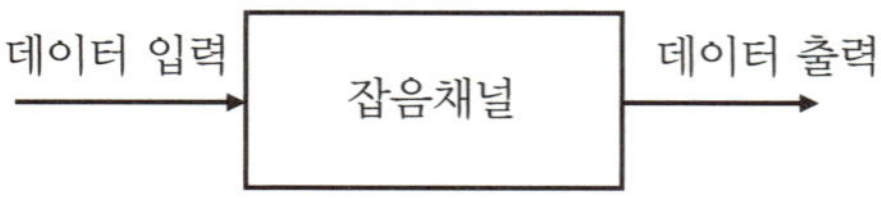

그림 2.4 잡음 영향하의 이진 전송.

전자 및 컴퓨터 공학에 관한 예로서, 잡음이 존재하는 통신 채널을 통해 N개의 연속적인 이진 비트의 송신을 고려해보자(그림 2.4 참조). 잡음 때문에 입력과 출력 비트 열은 동일하지 않을 수 있다. N=2개의 연속된 비트를 가지고 QPSK 및 QFSK[2)]라고 알려진 디지털 변조 방식에 필요한 네 가지 기호를 나타낼 수 있다.

그림 2.5는 이 경우의 표본공간을 보여준다. 입력 기호는 가로 축에 나타나고 출력 기호는 세로 축에 나타난다. 흰 원과 사각형으로 표시된 점은 각각 하나와 둘의 오류 결과를 나타내는 반면, 검은 색 점은 오류없는 결과를 나타낸다. 앞의 예에서와 같이, 관심대상 사건들은 표본공간에서 점의 집합으로 표시된다. 중요한 사건인 "오류없음"은 그림에서 검은 점들을 둘러싼 집합으로 표시된다.

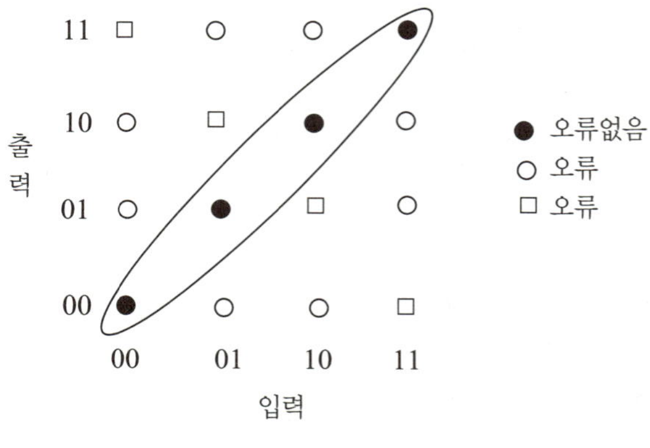

그림 2.5 잡음 채널을 통한 두 개의 연속된 이진 비트의 전송에 해당하는 표본공간. 표본공간의 각 점은 실험의 결과를 나타낸다. 검은 점들의 집합은 "오류 없음" 사건을 나타낸다.

또한 실험에 대한 표본공간은 연속적일 수 있다. 즉, 셀 수 없이 무한한 결과의 집합으로 구성 될 수 있다. 예를 들어, 통신 시스템에서 정현파 반송파의 위상은 랜덤일 수 있고, 구간 $[0, \pi)$의 값을 취할 수 있다. 이 반 폐구간은 수신된 신호의 위상을 측정하는 실험의 표본공간을 나타내는 것이다. 그러나, 연속표본공간에서의 결과에 확률을 할당하는 것은 이산 공간처

2) 직교 위상 편이 변조 (Quadrature Phase Shift Keying) 및 직교 주파수 편이 변조(Quadrature Frequency Shift Keying).

럼 그렇게 직접적이지 않다. 따라서 결과가 실수인 대부분의 문제는 문제해결을 위한 도구와 방법이 완비된 랜덤변수의 사용을 통해 다뤄진다. 이러한 도구 및 방법은 3장에서 설명된다.

2.2 사건의 확률

2.2.1 확률의 정의

확률은 사건의 발생의 가능성을 나타내는 것임을 이미 알고있다. 적절히 형식화한 확률 모델을 사용하여, 많은 수의 반복된 실험에서 사건 발생에 대한 다음의 **상대빈도**(relative frequency)가 사건의 확률에 수렴한다는 것을 보일 수 있다.

$$\text{상대빈도} = \frac{\text{사건발생 횟수}}{\text{실험의 반복 횟수}}$$

확률이 이와 같이 상대빈도를 사용하여 정의 될 수도 있지만, 아래에 주어질 공리적 접근을 사용하는 것이 더 일반적이다.

확률의 측도로 사건이 차지하는 넓이를 사용한다면, 확률이 벤 다이어그램으로 표현될 수 있다. 예를 들어, 표본공간 $\mathcal{S}$의 넓이가 1로 정규화된다면, 그림 2.2.(b)에서 사건 A_1과 A_2의 겹치는 부분의 넓이가 사건 A_1A_2의 확률을 나타내는 것으로 간주 될 수 있다. 이 결합 사건의 확률이 더 커지면, 사건은 큰 겹침으로 그려질 수 있다.

확률은 다음의 공리에 의해 정식으로 정의될 수 있다 :

(I) 임의의 사건의 확률은 음이 아니다.

$$\Pr[A] \geq 0 \tag{2.2}$$

(II) 전체 사건 (즉, 전체 표본공간)의 확률은 1이다.

$$\Pr[\mathcal{S}] = 1 \tag{2.3}$$

(III) A_1 과 A_2가 상호 배타적인 경우,

$$\Pr[A_1 + A_2] = \Pr[A_1] + \Pr[A_2] \quad (A_1A_2 = \emptyset) \text{ 일 때} \tag{2.4}$$

(IV)$\{A_i\}$가 상호 배타적인 사건들의 셀수 있는 무한개의 집합을 의미한다면

$$\Pr\left[\bigcup_{i=1}^{\infty} A_i\right] = \sum_{i=1}^{\infty} \Pr[A_i] \quad (A_iA_j = \emptyset,\ i \neq j) \text{ 일 때} \tag{2.5}$$

유한 개의 분리된 사건의 집합에 대한 확률의 합의 성질은 (III)로부터 얻어질 수 있지만, 무

한개의 집합에 대한 성질 (IV)는 명시적으로 언급되어야 한다. 이러한 공리와 사건의 대수는 후술되는 많은 다른 속성들을 증명하는데 사용될 수있다.

공리 (II) 및 (III)으로부터, 여사건의 확률은

$$\Pr[A^c] = 1 - \Pr[A] \tag{2.6}$$

이 된다. (I)에 의해 어떠한 사건의 확률도 0보다 크거나 같기 때문에, 식 (2.6)으로부터 $\Pr[A] \leq 1$이 성립하고, 그러므로 임의의 사건 A에 대해

$$0 \leq \Pr[A] \leq 1 \tag{2.7}$$

이 성립한다. A_1이 A_2에 포함되는 경우($A_1 \subset A_2$), $A_2 = A_1 + A_1^c A_2$ (그림 2.2 (c) 참조)로 표현될 수 있다. 사건 A_1과 $A_1^c A_2$는 상호 배타적이므로, (III) 및 (I)로부터 다음을 얻는다.

$$\Pr[A_2] \geq \Pr[A_1]$$

(2.6)과 공리 (II)에서, 공 사건의 확률은 0이다 :

$$\Pr[\emptyset] = 0 \tag{2.8}$$

따라서 또한 A_1, A_2가 상호 배타적인 경우, $A_1 A_2 = \emptyset$ 이고 따라서

$$\Pr[A_1 A_2] = 0$$

이다. 사건 A_1 및 A_2가 상호 배타적이 아닌 경우, 즉 함께 발생할 수 있는 경우, 다음의 일반관계가 적용된다.

$$\Pr[A_1 + A_2] = \Pr[A_1] + \Pr[A_2] - \Pr[A_1 A_2] \tag{2.9}$$

이것은 합의 성질이 아니고 오히려 공리 (I)부터 (IV)까지와 사건의 대수를 이용하여 유도되어져야 한다. 이는 사건 A_1과 사건 A_2 확률을 합할 때, 결합 사건 "A_1A_2"를 두 번 계산하게 하는 것을 관찰하여 직관적으로 설명할 수 있다(그림 2.2 (b) 참조). 즉, 사건 "A_1+A_2"의 확률을 구하기 위해 "A_1A_2"의 확률을 빼야한다.

$\Pr[A^c] = 1 - \Pr[A]$
$0 \leq \Pr[A] \leq 1$
$A_1 \subseteq A_2$ 이면, $\Pr[A_1] \leq \Pr[A_2]$]
$\Pr[\emptyset] = 0$
$A_1 A_2 = \emptyset$ 이면, $\Pr[A_1 A_2] = 0$
$\Pr[A_1 + A_2] = \Pr[A_1] + \Pr[A_2] - \Pr[A_1 A_2]$

[표 2.4] 확률의 공리에서 파생된 따름 결과들

여러 유도된 성질들을 표 2.4에 나타내었다. 이런 속성 (그리고 공리 또한)들을 벤 다이어그램으로 그려보는 것도 유용한 연습이 된다.

최종 고려 사항으로, A_1, A_2, A_3, · · · 을 상호 배타적인 사건들이고 전체가 다 포함되는 유한하거나 셀 수 있는 무한 집합이라고 두자.[3] 이러한 사건의 집합은 분할이라 부르는데, 사건들은 퍼즐 조각 처럼 표본공간을 차지한다(그림. 2.6 참조). 분할에서 사건의 확률은 다음 관계를 만족한다.

$$\sum_i \Pr[A_i] = 1 \tag{2.10}$$

그리고, B가 임의의 다른 사건이라면

$$\boxed{\sum_i \Pr[A_i B] = \Pr[B]} \tag{2.11}$$

이 된다. 후자의 결과를 **총 확률의 원리**(principle of total probability)라고 한다; 이는 종종 문제 해결에 유용하게 사용된다. 식 (2.11)는 그림 2.6의 벤 다이어그램으로 도시된다. 사건 B는 사건 A_i와 사건 B의 교집합 또는 중첩을 나타내는 모든 조각들로 구성된다.

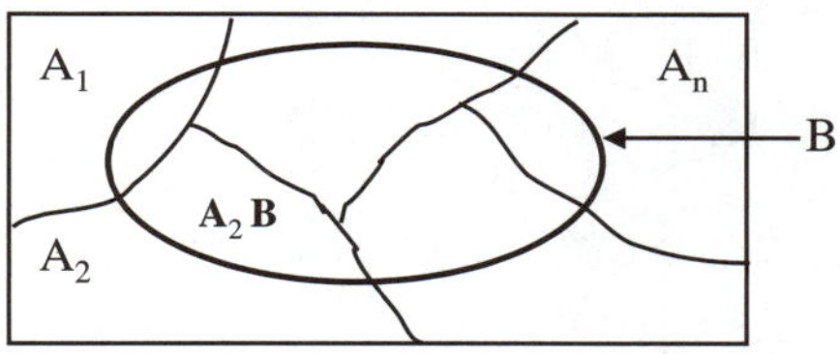

그림 2.6 총 확률의 원리를 설명하는 벤 다이어그램

이 절의 공식들을 설명하기 위해 다음 예제를 살펴보자.

예제 2.1

시몬의 창고매장은 고객이 한움큼 또는 파운드로 살 수 있는 많은 뒤섞인 전자 부품들을 통속에 보유하고 있다. 개별적으로 부품을 선택 할 수는 없다. 이전의 경험을 바탕으로, 한 통에서 부품의 29%는 불량, 3%는 나쁜 저항, 12%는 좋은 저항, 5%는 나쁜 축전기, 그리고 32%는 다이오드이다. 이러한 비율에 따라 확률을 할당하기로 결정하고 다음과 같이 사건을 정의하자.

사건	심볼
나쁜 (불량) 부품	F
좋은 부품	G
저항	R
축전기	C
다이오드	D

3) 2.1.2절을 참조하시오.

이 상황을 나타내는 벤 다이어그램와 다양한 사건의 확률은 다음과 같다:

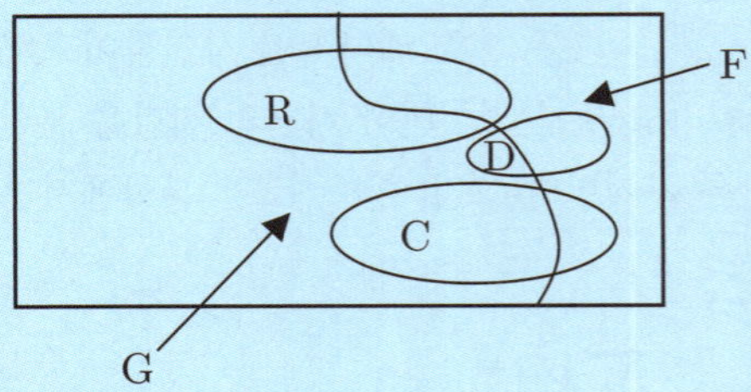

$$\Pr[F] = 0.29$$
$$\Pr[FR] = 0.03$$
$$\Pr[GR] = 0.12$$
$$\Pr[FC] = 0.05$$
$$\Pr[D] = 0.32$$

이제 많은 질문에 대답 할 수 있다.

1. 부품이 (좋은 또는 나쁜) 저항일 확률은 얼마인가?
   사건 F 및 G가 표본공간의 분할을 형성하기 때문에, 총 확률의 원리 (2.11)를 사용할 수 있다.

$$\Pr[R] = \Pr[GR] + \Pr[FR] = 0.12 + 0.03 = 0.15$$

2. 당신에게 결함이 있는 부품이나 저항은 필요없다고 가정하자. 부품이 결함이 있거나 저항일 확률은 얼마인가?
   앞의 결과와 식 (2.9)를 사용하여 다음과 같이 쓸 수 있다.

$$\Pr[F + R] = \Pr[F] + \Pr[R] - \Pr[FR] = 0.29 + 0.15 - 0.03 = 0.41$$

3. 당신에게 부품이 유용할 확률은 얼마인가?
   U를 부품이 유용할 사건이라고 둔다. 그러면 (식 (2.6) 참조)

$$\Pr[U] = 1 - \Pr[U^c] = 1 - 0.41 = 0.59$$

4. 불량 다이오드의 확률은 얼마인가?
   부품은 오직 하나의 유형이 되어야 하기 때문에, 사건 R, C 및 D는 분할을 형성하는 것을 관찰하라. 그런 다음 식 (2.11)을 사용하여 다음과 같이 쓴다.

$$\Pr[F] = \Pr[FR] + \Pr[FC] + \Pr[FD]$$

   알려진 수치를 대입하고 풀면

$$0.29 = 0.03 + 0.05 + \Pr[FD] \quad \text{즉,} \quad \Pr[FD] = 0.21$$

이 예제를 위한 표본공간의 적절한 표현에 대해 생각해보는 것은 가치있는 일이다. 위에서 벤 다이어그램는 추상적인 방법으로 표본공간을 나타내지만, 좀 더 명시적인 표현이 더욱 유용하다. 이 경우, 부품이 불량 저항, 양호한 저항, 불량 축전기, 등등일 수 있으므로, 적절한 표현은 다음과 같다.

$$\text{표본공간:} \ \{\, FR \quad GR \quad FC \quad GC \quad FD \quad GD \,\}$$

(이것이 2.1.2절에서 논의된 요건을 만족하는지 점검해 보라.)

이 장의 후반부에서, 이 여섯 결과의 확률이 규정되거나 계산될 수 있는 경우, 이 예제의 네 가지 질문에 대한 답이 쉽게 얻어짐을 알 수 있을 것이다. 그러나, 이 예제에서는 실험 결과의 모든 확률이 알려져 있지 않다, 즉, 부분적인 정보만이 주어져있다.

2.2.2 통계적 독립

확률의 기본적인 문제를 풀 때 자주 사용되는 또 하나의 개념이 있는데, 이는 사건의 대수나 공리 중 하나에서 파생 될 수 없다. 문제 해결에서의 실용적인 중요성 때문에, 이 개념을 초기에 소개한다:

> 두 사건 A_1와 A_2가 통계적으로 독립일 필요충분 조건은 다음과 같다.
> $$\Pr[A_1A_2] = \Pr[A_1] \cdot \Pr[A_2] \tag{2.12}$$

즉, 두 사건이 독립이면 두 사건이 모두 발생하는 확률은 각 사건의 확률의 곱이 된다. 사건의 독립은 일반적으로 증명할 것은 아니다(그럴 수도 있지만). 많은 경우에 문제의 조건이 독립성을 보장 할 때 취해지는 가정이다. 독립의 개념은 여러 사건으로 확장 될 수 있다. 예를 들어, 두 사건의 조합이 모두 독립이고 다음이 성립할때 A_1, A_2 및 A_3는 상호 독립이라고 말할 수 있다.

$$\Pr[A_1A_2A_3] = \Pr[A_1]\,\Pr[A_2]\,\Pr[A_3]$$

또한, 독립적인 사건들에 대해, 식 (2.9)는 다음과 같이 된다

$$\Pr[A_1 + A_2] = \Pr[A_1] + \Pr[A_2] - \Pr[A_1]\,\Pr[A_2]$$

그래서 두 사건의 합에 대한 확률의 계산도 단순화된다.

언급된 바와 같이, 통계적 독립의 개념은 지금까지 제시된 어떤 것으로부터 유도 될 수 없고, 벤 다이어그램의 관점에서 편리하게 해석되지 않는다. 그러나, 확률의 상대 빈도 해석 관점으로는 정당화 될 수 있다. 두 가지 사건들이 서로 상관없는 두 개의 서로 다른 실험에서 일어났다는 점에서 "독립적"이라고 가정하자. 또한 첫 번째 실험의 N_1번 반복에서 사건 A_1가 k_1회 발생하고 두 번째 실험의 N_2번 반복에서 사건 A_2가 k_2회 발생했다고 가정하자. N_1 및 N_2가 충분히 큰 경우, 상대 빈도 k_i / N_i는 N_1 및 N_2가 증가함에 따라 근사적으로 상수로 된다. 이제 두 실험이 총 N_1N_2회 함께 수행된다고 하자. 사건 A_1을 고려해보자. 실험의 N_1 반복에서 k_1 회 발생하기 때문에 이는 실험의 N_1N_2회 반복에서 N_2k_1회 발생한다. 이제 A_1이 발생하는 N_2k_1번의 경우들을 고려해보자. 사건 A_2는 N_2 반복에서 k_2회 발생하기 때문에 A_1이 발생하는 N_2k_1번의 경우에 k_1k_2회 발생한다. 즉, 두 가지 사건은 실험이 N_1N_2회 반복될 때 동시에 k_1k_2회 발생한다. 결국 두 사건이 함께 발생할 상대 빈도는

$$\frac{k_1k_2}{N_1N_2} = \frac{k_1}{N_1} \cdot \frac{k_2}{N_2}$$

이 되는데 이는 개별 사건의 상대 빈도의 곱이다. 따라서 확률의 상대 빈도 해석이 주어질 때, 정의 (2.12)는 의미가 있다.

2.3 응용 예

이 절에서는 지금까지 논의된 많은 개념에 대한 예제들을 계속 논의한다.

2.3.1 반복 독립시행

많은 문제는 독립적인 사건의 반복을 포함한다. 전형적인 예로서, 연속적으로 동전을 세 번 던지는 실험을 고려해 보자. 두 번째 던지기의 결과는 첫 번째 던지기 결과에 독립이다. 마찬가지로 세 번째 던지기의 결과는 처음 두 번의 던지기 결과에 독립적이다. 던져서 "앞면" (H)이 나올 확률을 p로 "뒷면" (T)이 나올 확률이 $q=1-p$라고 하자. (공정한 동전에 대해, $p=q=1/2$이지만 더 일반적으로 나타낸 것이다.) 던지기의 결과가 독립이기 때문에, HHT 같은 실험 결과의 확률은 단순히 확률의 곱 $p \cdot p \cdot q=p^2q$이 된다. HTH도 동일한 확률 $p \cdot q \cdot p= p^2q$를 가진다. 이런 형태의 실험을 **반복 독립시행**을 포함한다고 말한다.

전기 및 컴퓨터 공학자에게 익숙한 응용은 통신 채널을 통해 이진 수열을 송신하는 것이다. 많은 실제적인 경우에 비트의 발생 (1 또는 0)은 독립 사건으로 모델링 될 수 있다. 따라서, 어떤 1 0 1 1 0 1. . .의 비트 열의 확률은 단순히 확률의 곱 $p \cdot q \cdot p \cdot p \cdot q \cdot p \cdot \cdot \cdot \cdot$과 동일하다. 이는 이러한 시스템의 분석을 상당히 단순화시킨다.

아래에서 결과가 반복 독립시행에 기초하여 나타나는 예를 설명한다. 표본공간과 결과의 확률이 결정되고 나면, 다수의 확률적 질문에 대한 답을 얻을 수 있다.

예제 2.2

시몬의 창고매장에 있는 통 속에서 선택된 CD는 이 동일한 가능성으로 양호하거나 불량이라고 예상된다. 세 장의 CD가 독립적으로 랜덤하게 선택된 경우, 정확히 세 개의 양호한 CD를 얻을 수 있는 확률은 얼마인가? 정확히 두개의 양호한 CD일 확률은? 한개의 양호한 CD의 확률은?

분명히 시몬의 가게에서 CD를 구입하는 것은 동전을 던지는 것과 같다. 표본공간은 다음과 같은 결과의 목록으로 표시된다. 여기서 G가 양호한 CD와 B가 불량인 CD를 나타낸다.

BBB	BBG	BGB	BGG	GBB	GBG	GGB	GGG
A_1	A_2	A_3	A_4	A_5	A_6	A_7	A_8

각각의 결과를 사건 A_i로 나타내면 사건 A_i는 상호 배타적이고 전체 집합인 점을 주목하라.

세개의 양호한 CD는 표본공간의 마지막 사건 (A_8)로 표시된다. 양호한 CD를 선택할 확률과 불량인 CD를 선택할 확률은 동일하게 1/2이며, 각 선택은 독립적이기 때문에 다음과 같이 쓸수 있다 (2.2.2절 참조).

$$\Pr[3 \text{ good CDs}] = \Pr[A_8] = \Pr[G]\Pr[G]\Pr[G] = \left(\tfrac{1}{2}\right)^3 = \tfrac{1}{8}$$

두개의 양호한 CD의 결과는 사건 A_4, A_6, A_7에 의해 표현된다. 위와 같은 방법으로, 이 사건의 각각의 확률은 1/8이 된다. 이 세 사건들이 상호 배타적이기 때문에, 각 확률을 더한다(2.2.1절 참조). 즉,

$$\Pr[2 \text{ good CDs}] = \Pr[A_4 + A_6 + A_7] = \Pr[A_4] + \Pr[A_6] + \Pr[A_7] = \tfrac{1}{8} + \tfrac{1}{8} + \tfrac{1}{8} = \tfrac{3}{8}$$

마지막으로, 하나의 양호한 CD는 사건 A2, A3 및 A5로 표시된다. 동일한 방법으로 이 결과는 확률 3/8으로 발생함을 알 수 있다.

이 예제의 각 단계를 이해하기 위해서는, 양호한 CD를 선택할 확률이 5/8로 증가되는 경우에 대해 반복해야한다. 이 경우 사건 A_i의 모든 확률이 동일하지 않다. 예를 들어, 사건 A_6의 확률은 $\Pr[G]\Pr[B]\Pr[G] = (5/8)(5/3)(5/8) = 75/512$이다. 계속 계산하면 한개의 양호한 CD의 확률은 135/512로 감소하는 반면, 세개와 두개의 양호한 CD의 확률은 각각 125/512와 225/512로 증가하는 것을 발견할 것이다.

2.3.2 세는 것을 포함하는 문제

많은 중요한 문제가 동일한 가능성이 있는 많은 사건의 확률을 더하는 과정을 포함한다. 이들 문제는 가능한 사건이나 구조 또는 실험의 결과의 수를 세는 기본적인 조합 분석을 필요로 한다.

조합 방법의 논의는 부록 A에 제공된다. 이는 원소들의 쌍, 세 쌍, 또는 k-쌍의 개수를 세는 문제들을 다루는데 다양한 조건 하에서 형성 될 수 있다. 여기에서는 주요 결과를 요약한다.

곱의 규칙. i^{th} 번째 요소에 N_i개의 선택이 있는, k개의 원소로 이루어진 k-쌍을 만들때 가능한 k-쌍의 수는 $\prod_{i=1}^{k} N_i$ 이다. 각 요소에 대해 선택방법이 동일한 수 N개 있을 때가 중요한 특별한 경우인데, 이때 k-쌍의 수는 간단히 N^k이다.

순열. 순열은 각 요소가 한 번씩만 선택 될 수 있는 N개의 다른 요소의 집합으로부터 만들어지는 k-쌍이다. (각 문자를 한 번만 사용하여, 유한한 알파벳으로부터 단어를 형성하는 것을 생각하라.) 첫 번째 요소에 대해 N개의 선택이 있다. 두 번째 요소에 대해 $N-1$개의 선택이 있고, . . . k번째 요소에 대해 $N-k+1$개의 선택이 있다. 이러한 순열의 개수는 다음과 같이 주어진다.

$$N \cdot (N-1) \cdots (N-k+1) = \frac{N!}{(N-k)!}$$

k=N에 대해, 결과는 단순히 N 팩토리얼이다.

조합. 조합은 N개의 다른 요소들의 집합으로부터 순서에 상관없이 선택하여 형성된 k–쌍이다. 예를 들어, 순열 ACBED와 ABDEC는 두 개의 다른 순열을 나타내지만, 문자 A로부터 E까지의 단일 조합이다. N개 요소의 집합으로부터 k개를 선택하는 조합의 수는 다음과 같이 이항 계수에 의해 주어진다.

$$\binom{N}{k} = \frac{N!}{k!(N-k)!}$$

이는 자주 "N choose k"라고 읽혀지는데 이는 해석이 편리한 연상기호이다.

세는 원리는 많은 경우에 확률을 계산하거나 할당하는 방법을 제공한다. 이것은 다음의 여러 예제에 제시되어있다.

다음 예제는 기본적인 세는 방법을 사용하는 것을 예시한다.

예제 2.3

k 개의 이진수의 수열에서 1과 0이 똑같이 가능할 때. 하나가 1 (임의의 위치)이 되고 다른 모든 숫자가 0이 될 확률은 얼마인가?

모든 가능한 수열로 이루어지는 이 실험의 표본공간을 상상하라. 곱의 법칙을 사용하여 표본공간에 2^k 사건이 있음을 확인하고 이들이 모든 동일한 확률로 발생함을 관찰하라. 따라서 표본공간의 각 결과에 확률 $1/2^k$를 할당한다.

그런데 정확히 하나의 1을 가지는 k개의 수열이 존재한다. 따라서 이 사건의 확률은 $k/2^k$ 이다.

다음 예제는 순열의 사용을 예시한다.

예제 2.4

IT 기술자 Chip Gizmo는 네개의 사무실에서 서비스 함으로 가는 네개의 동축선을 연결해야 하는데 어느 사무실에 어느 선이 가는지 잊었다. 임의로 네개의 전화 회선의 각각에 한 선을 연결하는 경우, 첫번째 시도에서 올바르게 연결될 확률은 얼마인가?

네개의 동축선이 네 전화선에 할당될 수 있는 방법의 수는 4! = 24이다. 각 배치가 동일한 가능성이 있다고 가정하면, 첫번째 시도에서 올바르게 연결될 확률은 1/24 = 0.0417이다.

다음의 예는 조합 대비 순열의 사용을 보여준다.

예제 2.5

다섯개의 여분 컴퓨터가 사용 가능하다. 하나는 IBM (실제로 레노버)이다; 다른 하나는 HP(중국산)이고 나머지는 정체를 알 수 없다. 당신은 여분 컴퓨터 중 두 대를 요청할 수 있지만, 어떤 것을 특정할 수는 없다. IBM과 HP를 얻을 확률은 얼마인가?

첫번째 랜덤으로 두 대의 컴퓨터를 선택하는 실험을 생각해보자. 컴퓨터를 A, B, C, D, E라고 부르자. 표본공간은 다음과 같이 선택된 컴퓨터의 쌍의 목록으로 표시된다.

$$\mathrm{A,B} \quad \mathrm{B,A} \quad \mathrm{A,C} \quad \mathrm{C,A} \quad \cdots$$

각 쌍은 순열이고, 5!/(5−2)!= 5 • 4 =20개의 순열이 표본공간에서의 결과를 나타낸다. 따라서 각각의 결과는 1/20의 확률을 가지고 있다. 우리는 이 결과들 중 2가지, 즉 IBM, HP 또는 HP, IBM에 관심이 있다. 따라서 확률은 2/20 또는 1/10이다.

또 다른 간단한 방법이 가능하다. 우리는 한 쌍의 요소의 순서를 구별할 필요가 없기 때문에, 표본공간을 다음과 같이 선택할 수 있다.

$$\mathrm{A,B} \quad \mathrm{A,C} \quad \mathrm{A,D} \quad \mathrm{A,E} \quad \cdots$$

여기서 A, B와 A, C와 동일하기 때문에 B, A와 C, A 같은 사건은 나열되지 않았다. 새로운 표본공간에서 쌍의 수는 5개체 중에서 2개를 취하는 조합의 수이다. 즉,

$$\binom{5}{2} = \frac{5!}{2!(5-2)!} = 10$$

따라서 이 표본공간에서 각 결과는 1/10의 확률을 가진다. 오직 하나의 결과 IBM, HP가 관심대상이므로 이 확률은 다시 1/10이다.

이 절의 마지막 예는 조합을 수준높게 사용하는 방법을 보여준다.

예제 2.6

DEAL 컴퓨터 회사는 미국에서 컴퓨터 일부를 생산하고 나머지는 Lower Slobbovia에서 생산한다. 지역 DEAL 공장 상점에는 미국에서 만든 10대의 컴퓨터와 외국에서 만든 15대가 있다. 랜덤로 이 재고에서 선택하여 DEAL 상점에서 5대의 컴퓨터를 주문할때, 두 개 이상이 미국산이 될 확률은 얼마인가?

재고 25개 중에 5개의 컴퓨터를 선택할 방법의 수는

$$\binom{25}{5} = \frac{25!}{5!(25-5)!} = 53130$$

이것이 표본공간에서 가능한 결과의 총 개수이다.

이제 5개의 선택에 정확히 2개의 미국산 컴퓨터가 존재할 결과의 수를 생각해보자. 2개의 미국산 컴퓨터는 $\binom{10}{2}$가지의 가능한 방법으로 10개의 재고로부터 선택되어질 수 있다. 각 선택에 대해 3개의 미국산이 아닌 컴퓨터는 $\binom{15}{3}$의 가능한 방법으로 선택될 수 있다. 따라서 정확히 2개의 미국산 컴퓨터가 존재하는 결과의 수는 다음과 같다.

$$\binom{10}{2} \cdot \binom{15}{3}$$

문제가 "두개 이상"에 대해 묻는다면 정확히 3개, 4개, 정확히 5개가 5대의 컴퓨터로부터 선택되는 방법의 수를 계속 계산할 수 있다. 따라서 2개 이상 미국산 컴퓨터를 선택할 방법의 수는

$$\binom{10}{2}\binom{15}{3} + \binom{10}{3}\binom{15}{2} + \binom{10}{4}\binom{15}{1} + \binom{10}{5} = 36477$$

이고, 따라서 둘 이상이 미국산 컴퓨터가 될 확률은 36477/53130 = 0.687이다.

2.3.3 망 신뢰도

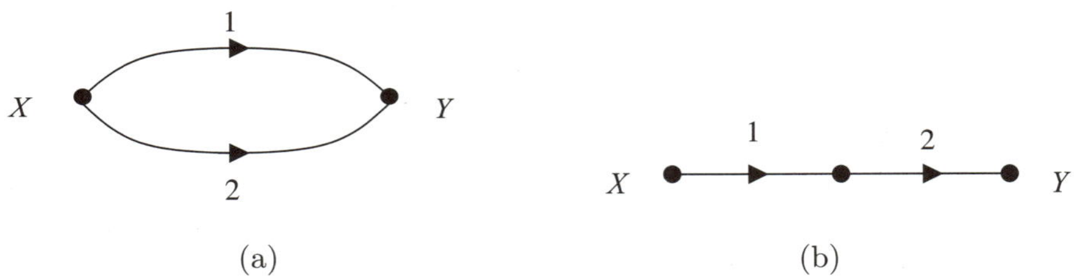

그림 2.7 통신 링크의 연결 (a) 병렬 (b) 직렬

그림 2.7 (a)와 (b)에 도시된 통신 링크들을 살펴보자. 두 경우 모두 점 X와 Y 사이의 통신을 하고자한다. A_i는 링크 i가 실패하는 사건을 말하며, F는 X와 Y 사이의 통신에 장애가 존재하는 사건을 나타낸다고 하자. 또한 링크 실패는 독립 사건으로 가정한다. 그러면 병렬 연결 (그림. 2.7의 (a))에 대해서

$$\Pr[\mathrm{F}] = \Pr[\mathrm{A}_1\mathrm{A}_2] = \Pr[\mathrm{A}_1]\Pr[\mathrm{A}_2]$$

가 된다. 여기서 마지막 등호는 사건 A_1와 A_2가 독립이라는 사실로부터 온다. 직렬 연결에 대해 (그림 2.7 (b))

$$\Pr[\mathrm{F}] = \Pr[\mathrm{A}_1 + \mathrm{A}_2] = \Pr[\mathrm{A}_1] + \Pr[\mathrm{A}_2] - \Pr[\mathrm{A}_1\mathrm{A}_2] = \Pr[\mathrm{A}_1] + \Pr[\mathrm{A}_2] - \Pr[\mathrm{A}_1]\Pr[\mathrm{A}_2]$$

을 얻는다. 여기서 (2.9)를 적용하고, 다시 사건들이 독립이라는 사실을 사용했다.

사건의 대수와 확률의 규칙은 다음 예제와 같은 간단한 추가 문제를 해결하기 위해 사용될 수 있다.

예제 2.7

아래의 간단한 통신 망에서, 링크 실패는 확률 p로 독립적으로 발생한다. X와 Y 사이의 통신 실패의 총 확률이 10^{-3}보다 작게 유지될 수 있는 p의 가장 큰 값은 얼마인가?

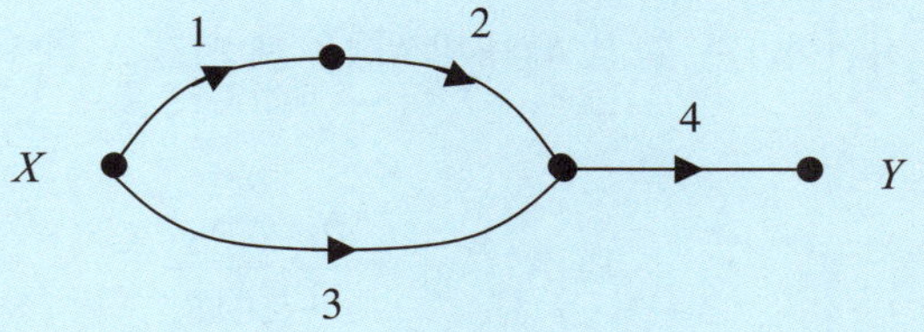

F가 통신의 실패를 표현한다고 하자; 이 사건은 $\mathrm{F} = (\mathrm{A}_1 + \mathrm{A}_2)\mathrm{A}_3 + \mathrm{A}_4$로 표현 될 수 있다. 이제 이 사건의 확률은 다음과 같이 계산 될 수 있다:

$$\begin{aligned}
\Pr[\mathrm{F}] &= \Pr[(\mathrm{A}_1 + \mathrm{A}_2)\mathrm{A}_3 + \mathrm{A}_4] \\
&= \Pr[\mathrm{A}_1\mathrm{A}_3 + \mathrm{A}_2\mathrm{A}_3] + \Pr[\mathrm{A}_4] - \Pr[\mathrm{A}_1\mathrm{A}_3\mathrm{A}_4 + \mathrm{A}_2\mathrm{A}_3\mathrm{A}_4] \\
&= \Pr[\mathrm{A}_4] + \Pr[\mathrm{A}_1\mathrm{A}_3] + \Pr[\mathrm{A}_2\mathrm{A}_3] - \Pr[\mathrm{A}_1\mathrm{A}_2\mathrm{A}_3] \\
&\qquad - \Pr[\mathrm{A}_1\mathrm{A}_3\mathrm{A}_4] - \Pr[\mathrm{A}_2\mathrm{A}_3\mathrm{A}_4] + \Pr[\mathrm{A}_1\mathrm{A}_2\mathrm{A}_3\mathrm{A}_4] \\
&= p + 2p^2 - 3p^3 + p^4
\end{aligned}$$

p의 원하는 값은 마지막 식을 0.001와 동일하다고 설정하고 다음 다항식의 근을 탐색하여 찾을 수 있다

$$p^4 - 3p^3 + 2p^2 + p - 0.001$$

MATLAB 같은 컴퓨터 프로그램을 사용하면, 이 다항식은 두 개의 공액복소수 근, 하나의 음의 실근 및 하나의 양의 실근을 갖는데, 그중에서 근 $p = 0.001$이 원하는 값임을 알 수 있다.

위 예제에서 실패 확률을 계산하는데 다른 방법을 사용할 수 있다. 아래 표와 같이 가능한 결과 (표본공간)과 그 확률을 나열하고 통신에 실패하는 결과 옆에 체크 (✓)를 넣는다.

결과	확률	F
$\mathrm{A}_1\mathrm{A}_2\mathrm{A}_3\mathrm{A}_4$	p^4	✓
$\mathrm{A}_1\mathrm{A}_2\mathrm{A}_3{\mathrm{A}_4}^c$	$p^3(1-p)$	✓
$\mathrm{A}_1\mathrm{A}_2{\mathrm{A}_3}^c\mathrm{A}_4$	$p^3(1-p)$	✓
$\mathrm{A}_1\mathrm{A}_2{\mathrm{A}_3}^c{\mathrm{A}_4}^c$	$p^2(1-p)^2$	
⋮	⋮	
${\mathrm{A}_1}^c{\mathrm{A}_2}^c{\mathrm{A}_3}^c{\mathrm{A}_4}^c$	$(1-p)^4$	

다음 간단히 사건 F를 구성하는 결과들의 확률을 더한다. 절차는 간단하지만 답에 도달하기까지 대수적인 단순화가 요구되기 때문에 약간 지루하다(연습문제 2.23 참조).

2.4 조건부 확률과 베이즈 규칙

2.4.1 조건부 확률

A_1 및 A_2가 두 사건이라면, 사건 A_2가 발생했을 때 사건 A_1의 확률은 다음 관계에 의해 정의된다.

$$\Pr[A_1|A_2] = \frac{\Pr[A_1A_2]}{\Pr[A_2]} \tag{2.13}$$

$\Pr[A_1|A_2]$는 "A_2의 조건하에서 A_1"의 확률 또는 단순히 "A_2가 주어질 때 A_1"의 확률이라고 불린다. A_1 및 A_2가 통계적으로 독립인 특별한 경우에는 (2.13)과 (2.12)로부터 $\Pr[A_1|A_2] = \Pr[A_1]$이라는 점을 주목하라. 즉, 두 사건이 독립인 경우 하나로 다른 하나에 조건을 주어도 효과가 없다.

조건부 확률의 사용은 다음의 간단한 예로 설명된다.

예제 2.8

시몬의 창고매장과 CD를 기억 하는가? 시몬매장에서 구매 한 CD는 양호하거나 불량일 가능성이 동일하다. 시몬은 그것들을 두개로 묶어 판매하기로 했다. 각 묶음은 적어도 하나가 양호한 것임을 보장한다. 하나의 패키지를 구입할 때, 두개의 양호한 CD를 얻을 확률은 얼마인가?

다음 사건을 정의한다 :

A_1 : 두 개의 CD가 양호하다.

A_2 : 적어도 하나의 CD가 양호하다.

표본공간과 각 사건은 아래에 설명되어 있다 :

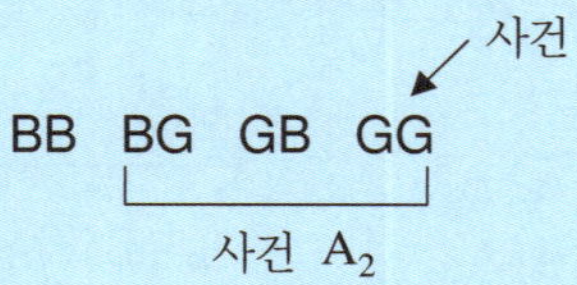

원하는 확률은

$$\Pr[A_1|A_2] = \frac{\Pr[A_1A_2]}{\Pr[A_2]}$$

표본공간에서 모든 사건들은 가능성이 동일하므로, A_2의 확률이 3/4임을 상기하자. 또 A_1은 A_2에 포함되기 때문에 $\Pr[A_1A_2] = \Pr[A_1]$이고, 그 확률은 1/4이 된다. 따라서

$$\Pr[A_1|A_2] = \frac{1/4}{3/4} = \frac{1}{3}$$

그림 2.8의 벤 다이어그램으로 조건부 확률을 해석하는 것은 의미가 있다. 사건 A_2가 주어질 때, A_1에서 관심대상이 되는 유일한 부분은 A_1과 A_2의 교집합 부분이다. 그것은 A_2가 새로운 표본공간이 되는것과 같다. 조건부 확률 $\Pr[A_1|A_2]$를 정의할 때, 사건 A_1A_2의 확률을 A_2의 확률로 나눔으로써 "재정규화"된다.

다시 정의 (2.13)으로 돌아가 다음과 같이 쓸 수 있다.

$$\Pr[A_1A_2] = \Pr[A_1|A_2]\Pr[A_2] = \Pr[A_2|A_1]\Pr[A_1] \tag{2.14}$$

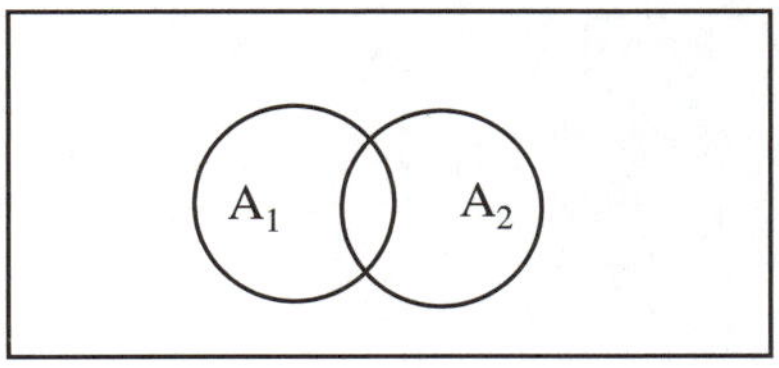

그림 2.8 조건부 확률을 나타내는 벤 다이어그램

여기서 두 번째 등호는 $\Pr[A_1A_2] = \Pr[A_2A_1]$라는 사실로부터 온다. 따라서 **두 사건의 결합 확률은 항상 조건부 확률과 비조건 확률의 곱으로 쓸 수 있다.** $\{A_i\}$를 상호 배타적 집합 사건들의 (유한 또는 셀 수 있는 무한) 집합(분할)이라고 하자. B는 관심대상인 다른 사건이라 두자. 2.2 절에서 소개되고 식 (2.11)으로 표현된 **총 확률의 원리**는 식 (2.14)을 사용하여 다음과 같이 다시 작성 될 수 있다.

$$\boxed{\Pr[B] = \sum_i \Pr[B|A_i]\Pr[A_i]} \tag{2.15}$$

두 형태가 동등하지만, 식 (2.15)이 더욱 유용하므로 기억해 두자. 이는 문제에 주어진 정보가 결합 확률보다는 조건부 확률의 관점에서 더 자주 주어지기 때문이다. (그 차이를 인식 할 수 있어야 한다!)

마지막으로 조건부 확률에 대한 또 하나의 사실을 생각해 보자. 다시 $\{A_i\}$가 표본공간의 분할이라고 두자. 그러면 임의의 사건 B의 조건하에서 A_i의 확률의 합은 항상 1이 된다. 즉,

$$\sum_i \Pr[A_i|B] = 1 \tag{2.16}$$

이 사실의 증명은 정의 (2.13)를 사용하면 명확하다 :

$$\sum_i \Pr[A_i|B] = \sum_i \frac{\Pr[A_iB]}{\Pr[B]} = \frac{\sum_i \Pr[A_iB]}{\Pr[B]} = \frac{\Pr[B]}{\Pr[B]} = 1$$

여기서 마지막 전단계에서 식 (2.11) 형태의 총 확률의 원리가 사용되었다.

이 결과의 예시로, 다음과 같은 간단한 예제를 고려하자.

예제 2.9

예제 2.8의 상황을 고려하자. 두개의 CD로 된 묶음 구입할 때, 단지 하나가 양호할 확률은 얼마인가?

사이먼은 각 패키지에 적어도 하나의 양호한 CD가 있는 것을 보장하기 때문에, 예제 2.8에 정의된 사건 A_2가 이미 발생해 있다. A_3가 시건의 집합 {BG GB} (단지 하나가 양호한 CD)를 나타낸다고 하면 이 사건은 확률 1/2을 갖는다. 사건 A_2가 주어질 때 하나의 양호한 CD의 확률은 다음과 같다.

$$\Pr[A_3|A_2] = \frac{\Pr[A_3A_2]}{\Pr[A_2]} = \frac{\Pr[A_3]}{\Pr[A_2]} = \frac{1/2}{3/4} = \frac{2}{3}$$

사건 A_3와 A_1은 상호 배타적이고 사건 A_2가 주어질 때 전체 집합이다. 따라서 각각의 확률, 2/3와 1/3의 합계는 1이다.

2.4.2 사건 나무

전술 한 바와 같이, 확률 문제를 위한 정보는 자주 조건부 확률로 언급된다. 이러한 문제를 해결하기 위한 중요한 기법은 종속 사건의 나무를 구성하여 표본공간을 그리고, 복합 사건의 확률을 결정하기 위해 문제의 정보를 사용하는 것이다.

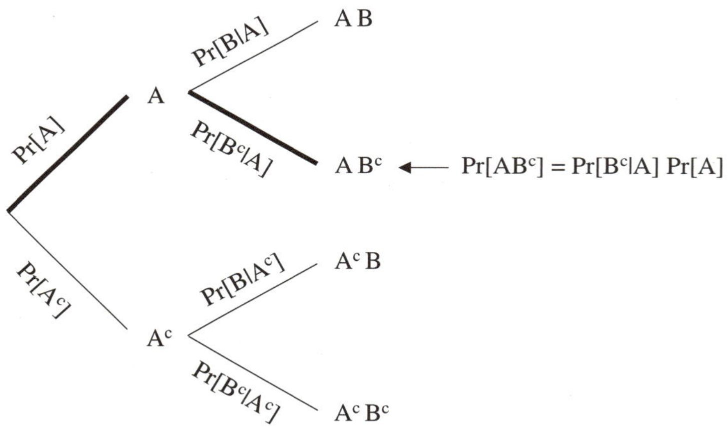

그림 2.9 사건 나무를 이용하여 구성된 표본공간

사건 나무의 예인 그림 2.9에서, A는 확률이 알려져 있고, 임의의 다른 사건에 의존하지 않는 사건이라고 가정한다. 그러나, 사건 B의 확률은 A가 발생하는지 여부에 따라 달라진다. 이 조건부 확률은 나무의 가지에 기록된다. 나무의 단말들이 문제에 대한 표본공간을 구성한다. 즉, 이들은 실험의 결과를 나타내는 최소 알갱이 사건의 분할을 형성한다. 단말 사건의 확률은 식 (2.14)를 사용하여 계산되는데, 이는 사건의 해당 경로를 구성하는 나무의 가지를 따라 확률을 곱하는 것과 동등하다 (그림. 2.9 참조). 일단 이러한 기본 사건의 확률이 결정되면, 다른 복합 사건의 확률은 적절한 확률을 더해서 구할 수 있다. 이 기법은 다음 예에서 잘 설명된다.

예제 2.10

아침 일기 예보에서 기상통보관이 비를 예상한다면, 비가 올 확률은 0.75이다. 기상 예보가 "비 없음"이면 비 올 확률은 0.15이다. 이제 1년 넘도록 예보를 듣는 동안에 기상통보관이 계절에 관계없이 5일중 1일에 비를 예측하는 것으로 확인되었다. 일기 예보가 잘못될 확률은 얼마인가? 일기 예보가 비를 예상하는 경우에만 우산을 지참한다고 가정해 보자. 비가 오는데 우산없이 비를 맞을 확률은 얼마인가?

이 문제를 해결하기 위해서, 다음 사건을 정의한다.

F = "비가 예상된다" R = "실제로 비가 온다"

문제에서 다음의 정보를 제공한다.

$$\Pr[R|F] = 0.75 \quad \Pr[R|F^c] = 0.15$$
$$\Pr[F] = 1/5 \quad \Pr[F^c] = 4/5$$

사건 및 조건부 확률은 아래의 사건 나무에 나타나 있다.

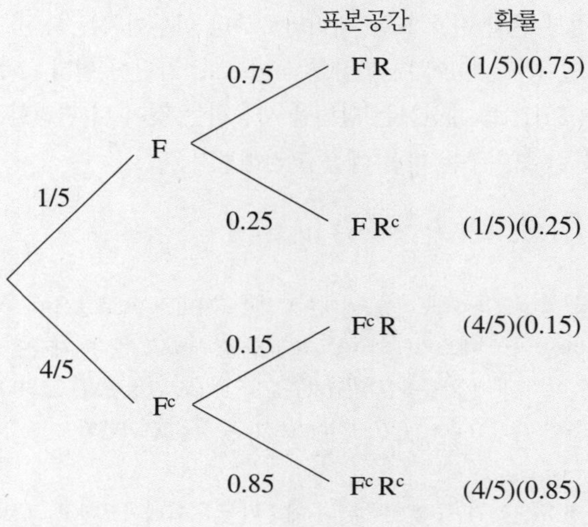

날씨 예보가 잘못된 사건은 두 가지 기본 사건 FR^c 와 F^cR로 표현된다. 이러한 사건은 상호 배타적이기 때문에, 그 확률들을 더해서 다음이 얻어진다.

$$\Pr\,[\text{잘못된 예보}] = \tfrac{1}{5}(0.25) + \tfrac{4}{5}(0.15) = 0.17$$

비가 오는데 우산없이 비 맞을 사건은 F^cR이다. 이 사건의 확률은 $\frac{4}{5}(0.15) = 0.12$이다.

2.4.3 베이즈 규칙

조건부 확률의 가장 중요한 용도 중 하나는 1800년대 후반 베이즈(Bayes)에 의해 개발되었다. (2.14)를 다시 쓰면

$$\Pr[A_1|A_2] = \frac{\Pr[A_2|A_1]\cdot \Pr[A_1]}{\Pr[A_2]} \tag{2.17}$$

인데 이 식은 하나의 조건부 확률이 다른 것으로부터 계산 될 수 있게한다. $\{A_j\}$가 분할이고 B가 관심대상인 다른 사건일 때가 특히 중요하다. (2.17)로부터 B의 조건하에서 이 사건들 중 하나의 확률은 다음과 같이 주어진다.

$$\Pr[A_i|B] = \frac{\Pr[B|A_i]\cdot \Pr[A_i]}{\Pr[B]} \tag{2.18}$$

그러나 $\{A_j\}$는 상호 배타적인 전체 집합 사건들의 집합이므로, 총 확률의 원칙을 사용하여 사건 B의 확률을 표현할 수 있다. 위식에 식 (2.15)를 대입하면

$$\boxed{\Pr[A_i|B] = \frac{\Pr[B|A_i]\cdot \Pr[A_i]}{\sum_j \Pr[B|A_j]\Pr[A_j]}} \tag{2.19}$$

를 얻는다. 이 결과는 **베이즈 정리** 또는 **베이즈 규칙**으로 알려져 있다. 이것은 일반적으로 결정이나 추론이 일부 관찰 신호 또는 데이터로부터 이루어지는 통신 또는 다른 영역의 많은 문제에 적용될 수 있다. (2.19)이 더 복잡한 식이므로, 간단한 결과 (2.18)를 기억하고 총 확률의 원리를 이용하여 Pr[B]를 계산하는 방법을 사용하는 것이 더 편리할 수 있다

베이즈 규칙을 잘 보여주는 다음 예를 고려해보자.

예제 2.11

미 해군 이 선상 컴퓨터의 메모리를 업데이트하는 서비스 프로그램에 참여하고 있다. 해군은 A_1, A_2 및 A_3로 알려진 미국 제조업체의 메모리 모듈을 사려고 한다. 해군은 정부 조달 과정을 연구하여 A_1, A_2 및 A_3에서 구매 확률을 각각 1/6, 1/3, 1/2로 결정했다. 그러나, 해군은 A_1, A_2 및 A_3의 모듈의 고장 확률이 각각 0.006, 0.015, 0.02이라는 것을 간과했다.

함대에 있는 사병 기술자가 특정 컴퓨터의 메모리를 업그레이드하고 그것이 고장이라고 한다. 실패 모듈이 A_1에서 왔을 확률은 얼마인가? 이것이 A_3에서 왔을 확률은 얼마인가?

F는 메모리 모듈이 실패일 사건을 표현하면, (2.18)과 (2.19)을 사용하여 다음과 같이 쓸 수 있다

$$\Pr[A_1|F] = \frac{\Pr[F|A_1]\cdot \Pr[A_1]}{\Pr[F]} = \frac{\Pr[F|A_1]\cdot \Pr[A_1]}{\sum_{j=1}^{3}\Pr[F|A_j]\Pr[A_j]}$$

그런 다음 알려진 확률을 대입하여

$$\Pr[\mathrm{A_1}|\mathrm{F}] = \frac{(0.006)1/6}{(0.006)1/6 + (0.015)1/3 + (0.02)1/2} = \frac{0.001}{0.016} = 0.0625$$

를 얻고, 마찬가지로

$$\Pr[\mathrm{A_3}|\mathrm{F}] = \frac{(0.02)1/2}{(0.006)1/6 + (0.015)1/3 + (0.02)1/2} = \frac{0.01}{0.016} = 0.625$$

을 얻는다. 따라서 고장 모듈은 $\mathrm{A_1}$에서보다 $\mathrm{A_3}$에서 왔을 가능성이 10배 높다. 사실, $\mathrm{A_3}$는 모든 실패 모듈의 약 2/3를 차지한다.

2.5 추가 응용

이 절은 디지털 통신과 관련된 두 가지 문제에서 확률의 사용을 예시한다. 기본적인 디지털 통신 시스템이 그림 2.10에 도시되어있다. 이 시스템은 세 가지 기본 부분을 가진다. 메시지를 이진 데이터로 부호화하는 송신기와 이진 데이터가 전송되는 채널과 0 또는 1이 전송되었는지 여부를 결정하고, 데이터를 복호화하는 수신기가 그것이다. 2.5.1 절에서 설명하는 간단한 이진 통신 채널은 이진 통신 시스템을 위한 확률 모델으로, 한 번에 하나의 비트를 송신하는 상황을 모델링한다. 2.5.2 절은 확률적 아이디어인 "정보"의 형식적인 개념을 사용하는 디지털 통신 시스템을 설명한다.

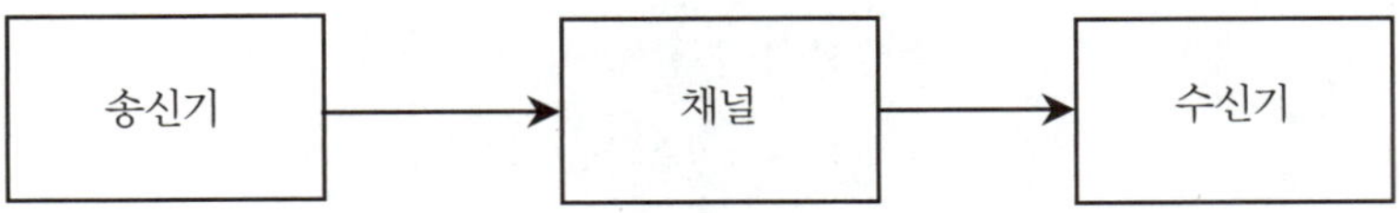

그림 2.10 디지털 통신 시스템

2.5.1 이진 통신 채널

많은 문제들이 자연스럽게 조건부 확률 및 베이즈 규칙의 사용을 포함한다. 이진 데이터를 포함하는 통신 시스템을 추상화한 이진 통신 채널은 개념을 광범위하게 사용한다. 다음 예를 보자.

예제 2.12

이진 통신 채널을 통해 비트의 전송이 아래 그림에 표시된다. 여기서 기호 0_S, 0_R, · · · 은 "0 전송", "0 수신" 등을 의미하기 위해 사용된다.

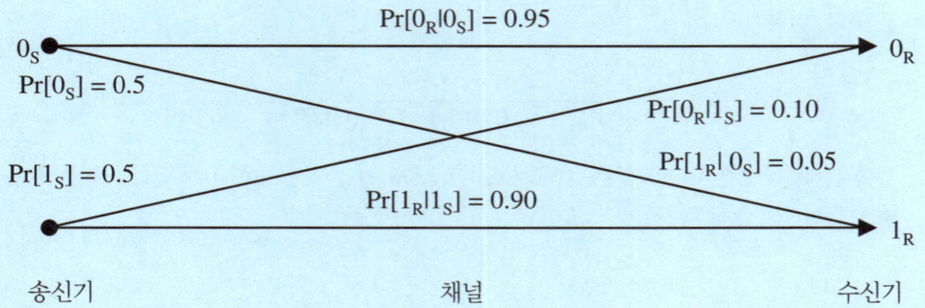

0이 전송 될 때, 확률 0.95로 제대로 수신되거나 확률 0.05로 잘못 수신된다. 즉 $\Pr[0_R|0_S] = 0.95$ 이고 $\Pr[1_R|0_S] = 0.05$이다. 1 전송 시 확률 0.90로 올바르게 수신되고 확률 0.10로 잘못 수신된다. 0 또는 1 전송의 확률을 $\Pr[0_S]$와 $\Pr[1_S]$로 표시되고 **사전**(prior) 확률이라고 한다. 시스템의 **오류 확률**을 계산하려고 한다.

이것은 총 확률의 원리에 대한 응용이다. 두 사건 A_1과 A_2가 분할을 형성하는 경우, 식 (2.15)는 다음과 같이 쓸 수있다

$$\Pr[B] = \Pr[B|A_1]\Pr[A_1] + \Pr[B|A_2]\Pr[A_2]$$

두 사건 0_S와 1_S는 상호 배타적이고 전체 집합이기 때문에, 이들은 사건 A_1과 A_2로 간주될 수 있고 사건 B를 오류가 발생하는 경우로 놓으면 확률이 다음과 같이 얻어진다.

$$\begin{aligned}\Pr[\text{error}] &= \Pr[\text{error}|0_S]\Pr[0_S] + \Pr[\text{error}|1_S]\Pr[1_S] \\ &= \Pr[1_R|0_S]\Pr[0_S] + \Pr[0_R|1_S]\Pr[1_S] \\ &= (0.05)(0.5) + (0.10)(0.5) = 0.075\end{aligned}$$

오류 확률은 종종 통신 시스템에 사용되는 성능을 전반적으로 측정한다. 단지 조건부 오류 확률 $\Pr[1_R|0_S]$와 $\Pr[0_R|1_S]$ 뿐만 아니라 0과 1의 전송에 대한 사전 확률 $\Pr[0_S]$와 $\Pr[1_S]$을 포함함을 주목하라. 통신 시스템을 최적화하기위한 하나의 기준은 오류 확률을 최소화하는 것이다.

만약 통신 시스템이 정확하게 설계 되었다면, 1이 수신된 경우 1이 전송되었을 확률은 1이 수신된 경우 0이 전송되었을 확률보다 커야한다. 교재의 뒷부분에 증명되는 바와 같이 실제로 0과 1 둘 다에 이러한 조건을 적용하면 오류 확률을 최소화할 수 있다. 이러한 "역(inverse)" 확률의 계산은 다음 예에서 설명된다.

예제 2.13

앞의 예에 주어진 통신 시스템에서 1이 수신되었다고 가정한다. 1을 보냈을 확률은 무엇인가? 0을 보냈을 확률은 무엇인가?

이것은 조건부 확률과 베이즈 규칙의 응용이다. 1의 경우, 조건부 확률은

$$\Pr[1_S|1_R] = \frac{\Pr[1_R|1_S]\Pr[1_S]}{\Pr[1_R]} = \frac{\Pr[1_R|1_S]\Pr[1_S]}{\Pr[1_R|1_S]\Pr[1_S]+\Pr[1_R|0_S]\Pr[0_S]}$$

예제 2.12의 그림에 숫자 값을 대입하면

$$\Pr[1_S|1_R] = \frac{(0.9)(0.5)}{(0.9)(0.5)+(0.05)(0.5)} = 0.9474$$

0의 경우, 결과는

$$\begin{aligned}\Pr[0_S|1_R] &= \frac{\Pr[1_R|0_S]\Pr[0_S]}{\Pr[1_R|1_S]\Pr[1_S]+\Pr[1_R|0_S]\Pr[0_S]} \\ &= \frac{(0.05)(0.5)}{(0.9)(0.5)+(0.05)(0.5)} = 0.0526\end{aligned}$$

예상했듯이 $\Pr[1_S|1_R] > \Pr[0_S|1_R]$임과 $\Pr[1_S|1_R] + \Pr[0_S|1_R] = 1$임을 주목하라.

2.5.2 정보 측정과 코딩

정보 이론의 연구는 효율적인 통신 시스템의 설계에서의 이득관계를 이해하는 데 필수적이다. 기본 이론은 1940년대 후반과 '50년대에 섀넌 등에 의해 개발되었는데 [2, 3, 4], 주어진 통신 시스템이 할 수 있는 일과 할 수 없는 일에 대한 근본적인 결과를 제공한다. 이 절에서는 기본적인 확률 지식을 기반으로 얻어지는 결과를 맛보기로 제공한다.

그림 2.10에 표시된 디지털 통신 시스템을 고려하자. 사건 A_1 및 A_2는 각각 0과 1을 표현하는 두 코드의 전송을 나타낸다. 구체적으로 송신기 또는 소스가 통신 채널에 확률 $\Pr[A_1] = 1/8$과 $\Pr[A_2] = 7/8$로 기호를 보낸다. 사건 A_i가 연계된 정보를 다음과 같이 정의된다

$$I(A_i) = -\log \Pr[A_i]$$

여기서 로그는 밑수 2에 대하여 수행되고, 결과 정보는 비트로 표현된다[4].

4) 드문 경우지만 로그의 밑수를 10으로 선택하면 이 때 정보의 단위는 Hartleys이고, 밑수가 e인 경우의 단위는 nats라고 부른다.

따라서 두 개의 기호의 각각에 대한 정보는 다음과 같다.

$$I(\mathrm{A}_1) = -\log(\tfrac{1}{8}) = 3 \text{ (비트)}$$
$$I(\mathrm{A}_2) = -\log(\tfrac{7}{8}) = 0.193 \text{ (비트)}$$

낮은 확률의 사건이 높은 정보를 가짐을 관찰하라. 이것은 직관에 부합한다. 거의 항상 발생하는 사건에 대해 말하는 사람은 거의 정보를 제공하지 못한다. 반면에, 매우 드문 사건의 발생에 대해 말하는 사람은 더 많은 정보를 제공한다. 뉴스 미디어는 어떤 뉴스를 제공할지 결정할 때 이 원리에 의존하여 정보를 최대화한다.

평균 정보 H[5]는 가중 합으로 주어진다

$$H = \sum_{i=1}^{2} \Pr[\mathrm{A}_i] \cdot I(\mathrm{A}_i) = \tfrac{1}{8} \cdot 3 + \tfrac{7}{8} \cdot 0.193 = 0.544$$

1 비트보다 작은 두 기호를 전송하는 것은 불가능하지만, 이 평균 정보는 1비트 미만임을 주목하라.

이제 다음 방안을 고려하자. 열의 아무 곳이나 시작하여 두 개의 연속된 비트를 묶고, 네 가지 코드어 중 하나에 이 쌍을 할당한다. 해당 사건 (또는 코드어)을 아래의 표에 도시된 대로 B_j, j= 1, 2, 3, 4라 하고 두 개의 연속적인 기호들이 독립이라고 가정하자.

코드어	기호	확률	정보(비트)
B_1	00	$\frac{1}{8} \cdot \frac{1}{8} = \frac{1}{64}$	6.000
B_2	01	$\frac{1}{8} \cdot \frac{7}{8} = \frac{7}{64}$	3.193
B_3	10	$\frac{7}{8} \cdot \frac{1}{8} = \frac{7}{64}$	3.193
B_4	11	$\frac{7}{8} \cdot \frac{7}{8} = \frac{49}{64}$	0.386

두 개의 연속 된 기호의 확률이 곱해지기 때문에, 해당 정보는 더해진다는것을 알 수 있다. 예를 들어, 기호 0은 3 비트의 정보를 가지는 반면, 표의 기호 00 쌍은 6 비트의 정보를 갖는다. 이 방안의 평균 정보는 다음과 같이 가중 합으로 주어진다.

$$H = \tfrac{1}{64} \cdot 6 + \tfrac{7}{64} \cdot 3.193 + \tfrac{7}{64} \cdot 3.193 + \tfrac{49}{64} \cdot 0.386 = 1.087$$

비트 당 평균 정보는 여전히 1.087/2 = 0.544이다.

평균 정보 H가 여전히 1 비트 이상이므로, 이진 통신 시스템에서 네 개의 코드어를 보내기 위해 최소 두 비트를 필요로하기 때문에, 이 방안은 실질적인 절감을 초래하지 않는다. 그러나 코드어로 대응시키는 이진 기호들을 더 많이 묶어 이 과정을 계속하면 어느정도 효율성이 얻어진다. 아래 표는 코드어 당 기호의 수가 증가함에 따른 평균 정보를 나열하고 있다.

5) 평균 정보는 소스 엔트로피라고하며 4장에 더 설명한다.

기호의 수	평균정보	비트당 평균정보
2	1.087	0.544
3	1.631	0.544
4	2.174	0.544
5	2.718	0.544
8	4.349	0.544
10	5.436	0.544
12	6.523	0.544

이 표로부터, 세 개의 기호들이 함께 그룹화되면, 평균 정보가 1.631 비트임을 알 수 있다. 따라서, 정보 $I = 1.631$는 2 비트미만이므로, 코드어들을 전송하는데 단지 두 개의 이진 비트가 이론적으로 요구되는 것을 알 수 있다. 마찬가지로, 12 기호들이 함께 그룹화되면, 그 메시지($I = 6.523 < 7$)를 코딩하는데 평균 7 이진 비트수 이하가 필요하다. 실제로 이러한 효율성을 어떻게 달성하는 지는 허프만 코딩 및 섀넌 – 파노 코딩 같은 다양한 코딩 알고리즘이 있다. 기본적인 아이디어는 가변 길이 부호를 사용하고 더 자주 발생하는 코드어에 작은 개수의 이진 비트를 할당하는 것이다. 이 방식은 메시지를 전송하기 위해 필요한 비트의 평균 개수를 감소시킨다. 아래의 예는 섀넌 – 파노 알고리즘을 사용하는 기법을 예시한다.

예제 2.14

섀넌 – 파노 부호화를 이용하여 효율적으로 메시지 "ELECTRICAL ENGINEERING"을 코딩하려고 한다(빈칸 제외). 문자의 확률은 메시지에서 상대적으로 발생하는 빈도로 표시된다. 문자 {E, L, C, T, R, I, A, N, G}에 다음 확률을 할당된다.

$$\left\{\frac{5}{21}, \frac{2}{21}, \frac{2}{21}, \frac{1}{21}, \frac{2}{21}, \frac{3}{21}, \frac{1}{21}, \frac{3}{21}, \frac{2}{21}\right\}$$

아래 단계에 도시 된 바와 같이 코드어가 할당된다. 문자는 확률이 큰것부터 다음과 같이 배열된다.

코드 할당

문자	확률	코드
E	5/21	0
I	3/21	0
N	3/21	0
①		
L	2/21	1
C	2/21	1
R	2/21	1
G	2/21	1
T	1/21	1
A	1/21	1

확률이 같을 때는 임의로 배열한다. 문자는 (가능한 한) 거의 동일한 확률의 두 그룹으로 분할된다. 이것은 1이라고 쓰인 분할로 표시된다. 첫번째 그룹의 문자들은 0으로 시작되는 코드어로 할당되고 두 번째 그룹의 문자들은 1로 시작하는 코드어로 할당된다.

각각의 그룹 내에서, 이 절차는 코드어의 두 번째, 세 번째 및 네 번째 숫자를 결정하기 위해 되돌림 방식으로 반복된다.

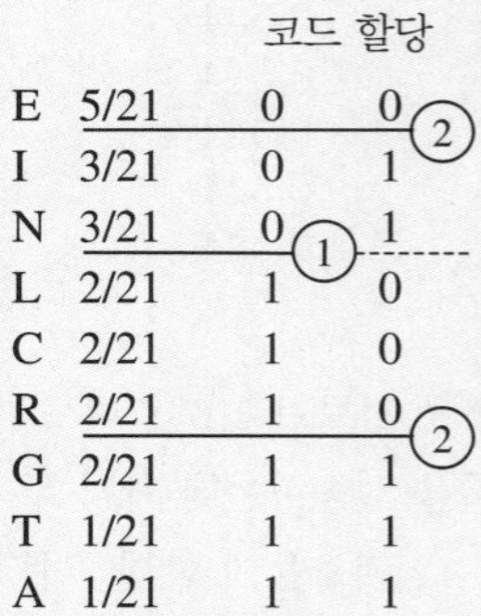

아래 그림이 최종 결과이다.

모든 가변 길이 부호화 방식에 내재된 (디코딩을 위해) 필요한 속성은 각 코드어가 다른 코드어의 앞 부분이 되지 않는 것이다. 따라서, 예를 들어 수열 011를 보았을 때, 처음 세 이진수로서 011을 가진 길이 4의 어떤 코드어가 없기 때문에, 이 코드어가 유일하게 문자 N에 대응됨을 알 수 있다.

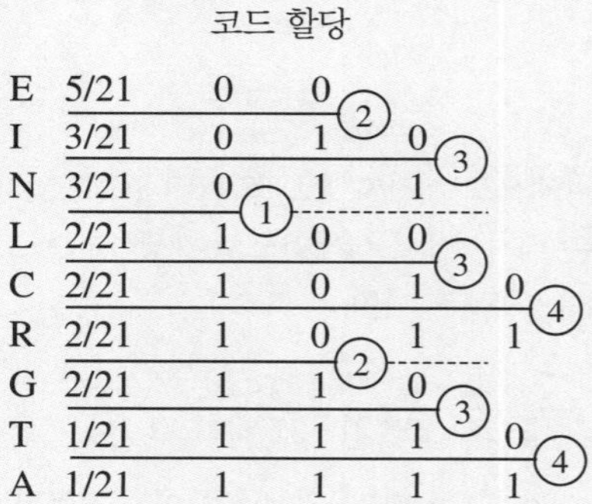

코드어	길이
00	2
010	3
011	3
100	3
1010	4
1011	4
110	3
1110	4
1111	4

이 코딩 방식에 의해 달성된 효율성을 구해보자. 메시지의 부호화에 사용되는 비트의 평균 개수는 코드어의 확률에 의해 가중된 코드어의 길이의 합이다. 이 예에서 평균 길이가 다음과 같이 주어진다 (최종 그림 참조)

$$2 \cdot 5/21 + 3 \cdot 3/21 + \cdots + 4 \cdot 1/21 = 3.05 \text{ (bits)}$$

한편 고정 길이 부호화 방식이 사용 된 경우, 각 코드어의 길이는 4 비트가 될 것이다. (9개 문자가 있기 때문에, 3개의 비트로는 불충분하고 4개의 비트가 문자를 코드화하는데 필요하다.) 따라서, 메시지의 평균 정보 추정에 기초하는 가변 길이 부호화 방식은 통신 트래픽을 약 24 % 감소시킨다.

2.6 요약

확률은 랜덤 "사건"의 발생을 다룬다. 사건은 실험의 결과 또는 결과들의 집합으로 정의된다. 실험의 결과의 완비된 집합은 표본공간을 이룬다. 이 집합내의 결과는 상호 배타적이고 전체가 다 포함되는 가장 작은 알갱이이어야한다. 사건은 표본공간에서 정의된다.

사건의 대수는 명확한 방법으로 임의의 복합적인 사건의 조합을 묘사하기 위한 규칙을 제공하는 집합 대수학의 한 형태이다. 벤 다이어그램은 사건 간의 관계를 도시하는 보완적인 기하적 방법으로서 유용하다.

사건에 할당되는 확률은 0과 1 사이의 숫자이다. 기본 사건의 확률을 알 때, 몇 가지 규칙과 공식은 사건의 교집합, 합집합, 다른 더 복잡한 집합으로 표현된 사건의 확률을 계산할 수 있게 해준다.

중요한 특별한 규칙은 독립 사건일 때, 결합 사건의 확률은 단순히 개별 확률을 곱한다는 것이다.

사건이 독립이 아닐 때, 조건부 확률이 필요하다. 이 경우에 개발된 공식은 어떤 방식으로 서로에 의존하는 사건의 집합의 결합 확률을 계산하기위한 수단을 제공한다. 또한 조건부 확률은 문제에 주어진 사실로부터 확률 나무들 그리고 그에 연관된 표본공간을 표현하는데 유용하다.

사후확률을 구할 수 있게 하고 관련된 관측 사건으로부터 미지의 사건의 확률을 계산 할 수 있기 때문에, 베이즈 규칙은 조건부 확률응용에 있어서 특히 중요하다. 베이즈 규칙은 "통계적 추론" 방법의 기초를 형성하고 (나중에 보게될) 많은 공학 문제에 적용된다.

많은 예제와 이론의 응용이 이 장에 주어졌다. 이것은 이론이 특정 상황에서 어떻게 적용되는지 설명하는데 중요하다. 또한 전기 및 컴퓨터 공학에 중요한 이진 통신 채널 같은 일부 잘 확립 된 모델에 응용된 예도 주어졌다.

참고문헌

[1] Alvin W. Drake. *Fundamentals of Applied Probability Theory.* McGraw-Hill, New York, 1967.

[2] Claude E. Shannon. A mathematical theory of communication. *Bell System Technical Journal*, 27(3):379–422, July 1948. (See also [4].)

[3] Claude E. Shannon. A mathematical theory of communication (concluded). *Bell System Technical Journal*, 27(4):623–656, October 1948. (See also [4].)

[4] Claude E. Shannon and Warren Weaver. *The Mathematical Theory of Communication.* University of Illinois Press, Urbana, IL, 1963.

연습문제

사건의 대수

2.1 벤 다이어그램을 그려서 다음 각 사건 대수의 성질을 설명하다.

(a) $A \cdot (B + C) = AB + AC$

(b) $A + (BC) = (A + B)(A + C)$

(c) $(AB)^c = A^c + B^c$

(d) $(A + B)^c = A^c B^c$

(e) $A + A^c B = A + B$

(f) $AB + B = B$

(g) $A + AB + B = A + B$

2.2 표본공간 S가 $\{a_1, a_2, a_3, a_4, a_5, a_6\}$으로 주어지고, 이 표본공간에서 사건 $A_1 = \{a_1, a_2, a_4\}$, $A_2 = \{a_2, a_3, a_6\}$ 및 $A_3 = \{a_1, a_3, a_5\}$이 정의될 때:

(a) 다음 사건들을 구하라.

(i) $A_1 + A_2$

(ii) $A_1 A_2$,

(iii) $(A_1 + A_3^c)A_2$

(b) 다음 등식을 증명하라.

(i) $A_1(A_2 + A_3) = A_1 A_2 + A_1 A_3$

(ii) $A_1 + A_2 A_3 = (A_1 + A_2)(A_1 + A_3)$

(iii) $(A_1 + A_2)^c = A_1^c A_2^c$

사건의 확률

2.3 벤 다이어그램의 구역으로 표현하여 확률의 네가지 공리와 표 2.4에 나열된 결과가 "의미가 있음"을 보이라. 결과가 벤 다이어그램으로 표현 될 수 없는 경우 그렇다고 밝혀라.

2.4 $\Pr[A_1 + A_2]$에 대한 표현식으로 시작하여, 세가지 사건에 대해 다음이 성립함을 보여라.

$$\begin{aligned}\Pr[A_1 + A_2 + A_3] = \; & \Pr[A_1] + \Pr[A_2] + \Pr[A_3] - \Pr[A_1 A_2] \\ & - \Pr[A_1 A_3] - \Pr[A_2 A_3] + \Pr[A_1 A_2 A_3]\end{aligned}$$

2.5 모든 결과가 똑같이 일어난다고 가정하고 연습문제 2.2의 표본공간에서 다음의 확률을 구하라.

(a) $\Pr[A_1 A_2]$

(b) $\Pr[A_1 + A_2]$

(c) $\Pr[(A_1 + A_3^c)A_2]$

2.6 신호는 표본링되어, 이산화되고 (8 레벨), 3 비트로 부호화된다. 이 비트들이 전선을 통해 순차적으로 전송될 때:

(a) 수신된 비트에 해당하는 표본공간을 그려라. 전송 중에 오류가 발생하지 않는다고 가정한다.

(b) 수신된 부호화된 표본이 5보다 큰 값을 가질 확률을 구하라.

(c) 수신된 표본의 값이 3과 6 사이(경계포함)가 될 확률은 얼마인가?

2.7 효율적인 신호 부호화를 위해, 주어진 음성 신호는 컴팬딩 (companding) 과정을 거친다. 북미에서 상업용 전화에 사용되는 μ−law 컴팬딩은 다음과 같다.

$$|y| = \frac{\ln(1+\mu|x|)}{\ln(1+\mu)}$$

여기서 $\mu \approx 100$, x는 입력 신호 값이고 y는 출력 신호 값이다. 입력 값이 $0 \le x \le 5$의 범위에 있고 모든 값이 동일한 가능성으로 일어난다고 가정하자.

(a) 입력 신호와 출력 신호를 포함하는 사건을 나타내는 데 사용될 수 있는 각 표본공간을 그려라.

(b) 출력 값이 1보다 작을 확률은 얼마인가?

(c) 다음 확률을 구하라 : $\Pr[\frac{1}{2} \le x \le 1]$ 와 $\Pr[\frac{1}{2} \le y \le 1]$.

2.8 시스템에서의 입출력 관계는 다음과 같이 기술된다.

$$y = 16e^{-1.6x}$$

여기서 x는 입력이고 y는 출력이다. 입력 값은 $-1 \le x \le 2$의 범위에 있으며 이 범위의 모든 값은 똑같은 방식으로 발생한다.

(a) 입력과 출력의 표본공간을 그려라.

(b) $\Pr[Y \le 16]$과 $\Pr[2 \le Y < 20]$을 구하라.

2.9 다음과 같은 사건과 확률이 아래에 열거되어있다.

사건 : A B C D

확률 : 1/4 1/3 1/4 1/4

(a) $AB = \emptyset$라고 가정하고 $\Pr[A+B]$를 계산하라.

(b) A와 B가 독립이라고 가정하고 $\Pr[A+B]$를 계산하라.

(c) A, B, C 및 D 모두가 상호 배타일 수 있는가? 이유를 밝혀라.

2.10 12면 (12 면체)의 불공정한 주사위를 생각해 보라. 이 주사위를 굴릴 때, 짝수 면은 홀수 면의 두배의 가능성으로 나온다고 한다.

A = {홀수 면}, B = {4, 5, 6, 7, 8}라고 할때:

(a) $\Pr[A]$를 구하라.

(b) $\Pr[B]$를 구하라.

(c) $\Pr[AB]$를 구하라.

2.11 8면체 주사위와 6면체 주사위 두 개의 공정한 주사위를 굴리는 실험을 고려하자. I를 8면과 6면 주사위에서 나온 점의 차이라고 정의하자.사건 $\{I = -1\}$과 $\{I = 5\}$의 합집합의 확률, 즉

Pr[{I = −1} ∪ [{I = 5}]를 구하라.

2.12 시몬의 참고매장에서 구입한 컴퓨터는 확률 0.3으로 하드 드라이브 오류가, 확률 0.2로 메모리 오류가 나타날 수 있고, 확률 0.1로 동시에 두 가지 오류가 발생한다.

(a) 하나의 오류가 있지만 다른 하나의 오류는 없을 확률은 얼마인가?

(b) 어느 종류의 오류도 없을 확률은 얼마인가?

이런 사건에 대한 확률을 계산하기 위하여 확률법칙들과 원하는 사건들을 표현하기 위하여 사건의 대수식을 사용하라.

2.13 캘리포니아 주지사를 위한 2003 년 선거에서, 알파벳은 "재배열"되어 135 명의 후보자 중 누구도 투표소에서 자신의 이름의 위치에 차별을 당하지 않았다.

(a) 선거 주간에, 재배열된 알파벳의 처음 네 글자가 R, W, Q, O라고 발표되었다. 모든 글자가 동일한 발생 가능성을 가진다고 가정할 때, 이 특정 순서가 선택될 확률은 얼마인가? (영어 알파벳에는 26 자의 글자가 있다.)

(b) 문자 S (Schwarzenegger를 위한)가 새 알파벳의 10번째 자리에 나타났다. S가 10번째 위치를 차지할 확률은 얼마인가?

응용

2.14 예제 2.2에 설명된 CD 구입 문제를 고려하자.

(a) 양호한 CD와 불량인 CD의 확률이 같다고 가정하면, 하나 이상의 양호한 CD를 가질 확률은 얼마인가?

(b) 양호한 CD의 확률이 5/8이라면 하면, 하나 이상의 양호한 CD를 가질 확률은 얼마인가?

2.15 시몬은 자신이 판매하는 제품의 품질을 개선하기로 결정했다. 이제 통에서 선택된 5개의 CD들 중 하나만이 결함이 있다 (즉, CD가 불량인 확률은 단지 0.2이다). 3장의 CD가 랜덤로 선택될 때 다음 확률은 얼마인가?

(a) 세 장의 CD가 모두 양호할 확률

(b) 세 장의 CD가 모두 불량일 확률

(c) 세 장의 CD 중 한 장이 불량일 확률

(d) 불량인 CD보다 양호한 CD가 더 많을 확률

2.16 특정 디지털 제어 시스템에서 제어 명령은 네 개의 16 진수 문자 집합으로 표현된다.

(a) 가능한 총 제어 명령 수는 몇 개인가?

(b) 각 제어 명령이 고유한 접두어를 가져야하는 경우, 즉, 왼쪽에서 오른쪽으로 가면서 16 진수 문자를 반복해서 입력할 수 없는 경우, 몇 개의 제어 명령이 가능한가?

2.17 디지털 송신기가 통신 채널을 통해 8 비트의 그룹을 순차적으로 전송한다. 채널에서 단일 비트 오류 확률은 p이다.

(a) 8 비트에서 두 개의 오류가 발생하는 가짓 수는 몇개인가? (이들 각각을 2 비트 오류라고 부른다.)

(b) 특정 2 비트 오류(ΦxΦΦΦxΦΦ)가 발생했다고 가정하자. 여기서 x는 오류 비트, Φ는 올바른 비트 (0 또는 1)를 나타낸다. 이 특정 사건의 확률은 얼마인가?

(c) 이 시스템에서 2 비트 오류 확률을 구하라.

(d) p = 0.1, 0.01, 0.001, 0.0001에 대한 2 비트 오류 확률을 그래프로 그려라.

2.18 인터넷에서 TCP / IP 프로토콜이 정보 패킷을 전송하는데 사용된다. 수신 TCP는 패킷의 오류를 점검한다. 오류가 감지되면 오류가 있는 패킷의 재전송을 요청한다. 패킷 오류 확률이 10^{-2}이라고 가정하자.

(a) 세 번째 패킷의 재전송을 요구할 확률은 얼마인가?

(b) 10 번째 패킷의 재전송을 요구할 확률은 얼마인가?

(c) 처음 5 패킷 이내에 패킷 재전송이 발생할 확률은 얼마인가?

(d) (c)를 일반화하여, 재전송 확률이 0.1 이상이 되려면 몇 개의 패킷이 필요한가?

2.19 바이트의 직렬 전송 (예 : 모뎀을 통한)에서 각 비트의 오류는 확률 Q로 독립적으로 발생한다. 전송되는 8 비트 바이트마다 패리티 검사 비트가 추가되어 전송되는 각 바이트는 실제로 9 비트로 구성된다. 패리티 비트는 9 비트 그룹이 "짝수 패리티"를 갖도록 선택된다. 즉, 1의 개수가 짝수가 되도록 맞춘다. 수신된 9 비트 열의 패리티를 검사하여 오류를 점검할 수 있다.

(a) 단일 오류가 발생할 확률은 얼마인가?

(b) 오류가 발생하지만 발견되지 않을 확률은 얼마인가? 답을 오류 확률 Q와 관련된 표현으로 작성하라.

2.20 아래의 그림은 소스 S가 수신기 R과 통신하는 통신 네트워크를 나타냅니다. A는 "링크 a 실패" 사건을 나타내며 B는 "링크 b 실패" 사건을 나타낸다. F = "S는 R과 통신하지 못한다."라는 사건에 대한 사건 대수 표현식을 써라.

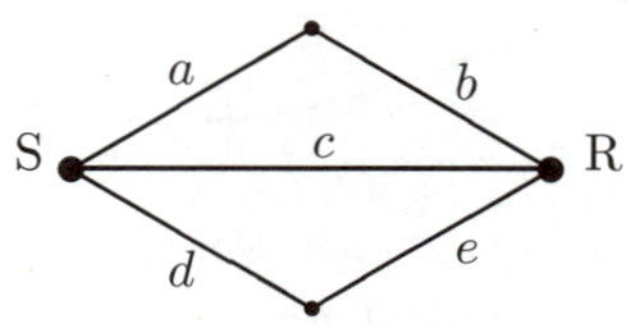

2.21 다음 망에 대해 연습문제 2.20을 반복하라.

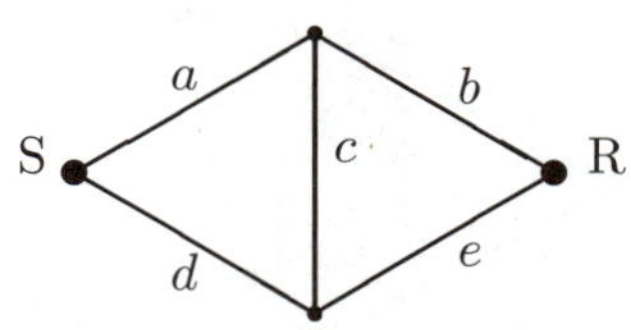

2.22 연습문제 2.20에서 링크 실패가 독립적이며 각 링크가 확률 0.1로 실패할 수 있다고 가정하자. F = "S가 R과 통신하지 못한다."라는 사건의 확률을 계산하라.

2.23 예제 2.7의 아래에 설명 된 대안방법을 사용하여 예제 2.7의 망에 대한 실패 확률을 계산하라.

2.24 통신망이 아래와 같을 때, 사건을 다음과 같이 정의하자.

A 링크 a 실패
B 링크 b 실패
C 링크 c 실패
F S는 R과 통신 할 수 없다.

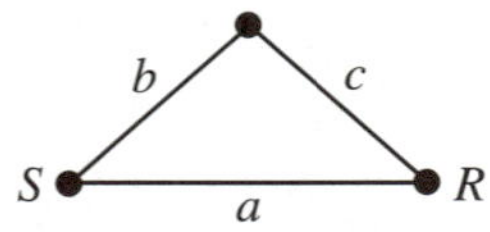

(a) 링크 실패가 독립적인 사건이라고 가정한다. 사건 F에 대해 사건 대수 표현식을 써라. 표현식은 사건 A, B 및 C로 표현되어야 한다.

(b) 아래의 망에 대해 (a)를 반복하라.

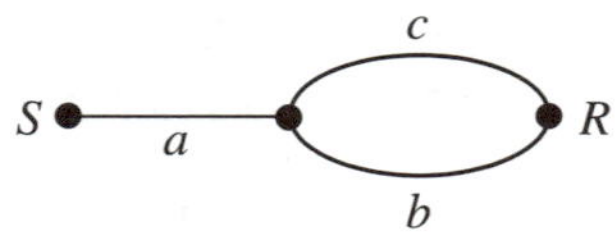

(c) 모든 링크가 동일한 실패 확률을 갖는 경우, 즉, Pr [A] = Pr [B] = Pr [C] = p = 0.1 일 때, 어느 망이 더 낮은 Pr [F]를 갖는가? 답의 근거를 써라.

2.25 다음의 통신 망은 소스 S를 수신기 R과 연결한다. 망의 어떤 링크가 실패 할 확률은 p = 0.01이며 링크 실패는 독립적이다.

(a) S와 R 사이를 연결하는데 실패하는 사건 F에 대한 대수 표현을 써라.

(b) p = 0.01이라면 S와 R 사이의 경로가 만들어질 확률을 계산하라.

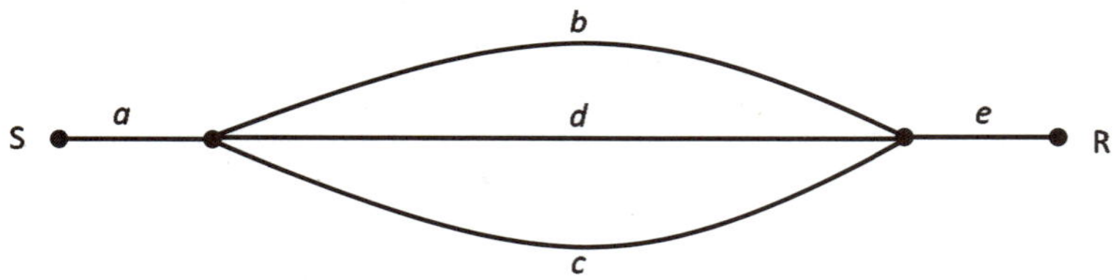

2.26 아래 그림은 링크 a, b, c 및 d가있는 통신 망을 나타낸다. A는 "링크 a OK"라는 사건을 나타낸다. B, C 및 D 사건도 비슷하게 정의된다. 각 링크는 0.5의 실패 확률을 갖는다. (즉, 각 링크가 OK 인 확률은 0.5 임). 링크의 실패는 다른 링크의 실패와 독립적이다.

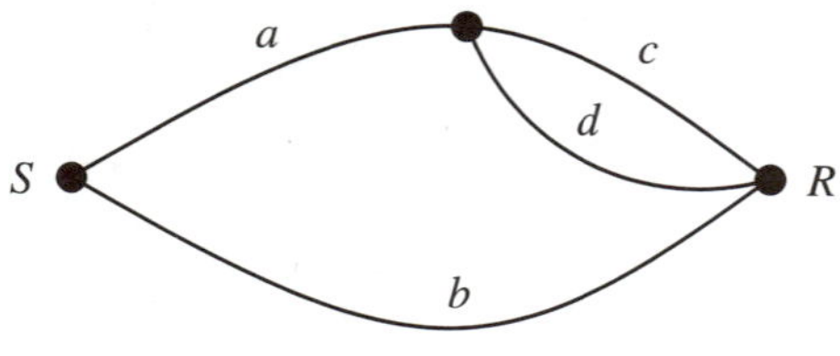

(a) "S는 R과 통신한다."는 사건의 대수 표현식을 써라. 표현식은 사건 A, B, C 및 D 만 포함해야한다. 여기서 어떤 확률도 사용하지 말라.

(b) c 또는 d 또는 두 링크가 모두 OK 일 확률은 얼마인가? (즉, 사건 CD의 확률은 얼마인가?)

(c) "S는 R과 통신한다"는 사건의 확률은 얼마인가?

(d) S가 R과 통신하지 못하면, 어떤 링크가 실패했을 확률이 가장 높은가? 그 다음으로 높은 실패 확률을 갖는 링크는 무엇인가?

이 확률들은 얼마인가? 각각이 작동하는지 확인하기 위해 어떤 순서로 링크를 테스트해야하는가? (실패 확률을 고려하라.)

2.27 예제 2.7에서 설명한 통신망의 고장 확률을 고려한다.

(a) 실패 확률이 0.001보다 작아야한다면, 허용할 수 있는 p의 최대값은 얼마인가?

(b) 실패 확률이 0.05보다 작아야한다면, p의 최대값은 얼마인가?

2.28 개발 초기에 ARPA 네트워크는 아래 그림과 같다. 망에서 임의의 링크의 실패 가능성이 p이고 링크 실패가 독립이라고 가정한다. A, B, C, D, E를 해당 링크가 실패할 사건이라고 하자.

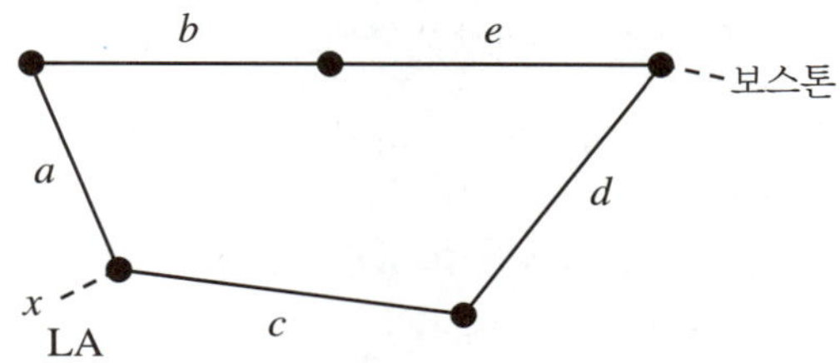

(a) 로스앤젤레스와 보스턴에 있는 가입자 간의 연결 실패에 대한 대수 표현을 작성하라.

(b) 이들 사용자 간에 연결이 될 확률을 구하라.

(c) $p = 0.01$로 하고, 위 연결의 확률을 계산하라.

조건부 확률과 베이즈 규칙

2.29 아날로그/디지털 (A/D) 변환기는 다음과 같은 확률로 입력 신호 (0, 1, ..., 7)의 8 단계에 해당하는 3 비트 디지털 단어를 생성한다 : Pr [0] = Pr [1] = Pr [6] = Pr [7] = 1/16, Pr [2] = Pr [5] = 1/8, Pr [3] = Pr [4] = 1/4.

(a) 출력의 첫번째 비트가 1인 경우, 입력 값이 5보다 클 확률을 구하라.

(b) 입력값이 5보다 큰 경우, 첫번째 비트가 1일 확률을 구하라.

(c) 이진수 1의 확률은 얼마인가? 힌트 : 총 확률의 원칙을 사용하라.

(d) 이진수 0의 확률을 결정하라.

2.30 특정 컴퓨터에서 하드 디스크 오류 확률은 0.02이지만 메모리 오류 확률은 0.01이다. 메모리와 하드 디스크가 동시에 실패할 확률이 0.0014이면

(a) 메모리 오류와 하드 디스크 오류가 독립적인 사건인가?

(b) 하드 디스크 오류가 발생했을 때, 메모리 오류가 발생할 확률은 얼마인가?

2.31 메모리 오류 확률이 0.02이고 디스크 오류 확률은 0.015이며 동시에 실패 할 확률은 0.0003일 때, 연습문제 2.30을 반복하라.

2.32 시몬의 창고매장이 방금 정부에 표는 트리플 코어 컴퓨터에서 메모리 오류가 발생할 확률은 0.02이며 하드 디스크 오류가 발생할 확률은 0.015이다. 메모리와 하드 디스크에 동시에 오류가 발생할 확률이 0.0003이면

(a) 메모리 오류 및 하드 디스크 오류가 독립인가?

(b) 하드 디스크 오류가 발생한 경우, 메모리 오류가 발생할 확률은 얼마인가?

2.33 어떤 잡음이 많은 통신 채널을 통해 이진 데이터를 전송하는 과정에서 오류가 한꺼번에 발생하는 것으로 판명되었다. 단일 비트 오류가 발생하면, 다음 비트에 오류가 있을 확률은 단일 비트 오류 확률의 두 배이다. 2개의 연속적인 오류가 확률 2×10^{-4}로 발생하는 것으로 알려져 있다면, 단일 비트 오류 확률은 얼마입니까?

2.34 해군의 새로운 고급 YK / 2 ("yuk−2"로 발음) 컴퓨터에서, 하드웨어 문제는 반드시 치명적이지는 않지만 소프트웨어 문제는 선박 운영을 완전히 중단시킬 수 있다. 소프트웨어 오류만이 완전한 중단을 초래할 수 있다. 하드웨어 장애가 발생할 확률은 0.001이며, 하드웨어 오류가 발생했을 때 소프트웨어 오류가 발생할 확률은 0.02이다. 완전한 종료 (즉, 소프트웨어 장애)는 확률 0.005로 발생한다. 완전한 종료가 발생했을 때, 하드웨어 고장이 있었을 확률은 얼마인가?

2.35 네 개의 이진수 형태로 임의의 16 진수 문자가 저장 장치로부터 읽혀진다.
(a) 이 실험에 대해 확률나무와 표본공간을 그려라.
(b) 첫 번째 비트가 0 인 경우, 1보다 0이 더 많을 확률은 얼마입니까?
(c) 처음 두 비트가 10이라고 가정하면, 1보더 0이 더 많을 확률은 얼마인가?
(d) 1보다 0이 더 많다는 조건이 주어지면, 첫 번째 비트가 0일 확률은 얼마인가?

2.36 비틀 베일리는 미스 벅스 리와 데이트를 한다. 비틀은 고장날 확률이 0.4인 오래된 지프를 가지고 있다. 지프가 고장 나면, 그는 확률 0.9로 늦을 것이다. 고장이 나지 않으면, 그는 확률 0.2로 늦을 것이다. 비틀이 그의 데이트에 늦을 확률은 얼마인가?

2.37 Rudy는 Project Pluto의 우주 비행사이자 엔지니어이다. Rudy는 임무의 성공 또는 실패가 오직 세 가지 주요 시스템에 달려 있고, 두 개 이상의 주요 시스템이 실패할 경우에만 임무가 실패한다고 파악했다. 다음은 시스템에 대해 알려진 사실이다. 보조 발전기인 시스템 I은 확률 0.1로 실패하고 다른 시스템에 종속되지 않는다. 하나 이상의 다른 시스템이 고장 나면, 연료 시스템인 시스템 II가 확률 0.5로 실패한다. 다른 시스템이 고장 나지 않으면, 연료 시스템이 고장날 확률은 0.1이다. 맥주 냉각기인 System III는 발전기 시스템이 고장 나면 확률 0.5로 실패한다. 그렇지 않으면 맥주 냉각기는 실패할 수 없다.
(a) 주요 시스템의 실패 또는 비실패를 포함하는 가능한 사건의 나무를 구성하여 이 문제에 대한 사건 공간 (표본공간)을 그려라. G^c, B^c, F^c라는 표기법을 사용하여 발전기, 맥주 냉각기 및 연료 시스템의 고장을 나타내고, G, B, F로 해당 시스템의 비실패를 나타낸다. 나무의 끝은 G^cBF와 같은 세개의 쌍과 확률로 표시되어야 한다.
  <u>힌트</u> : 발전기로부터 시작하라. 어떤 시스템이 나무의 다음 단계가 되어야 할까?
(b) 임무에 관한 다음 질문에 답하라.
  (i) 임무가 실패할 확률은 얼마인가?
  (ii) 세 시스템이 모두 실패할 확률은 얼마인가?
(c) 하나 이상의 시스템이 고장 났다고 할 때, 다음 확률은 얼마인가?
  (i) 발전기가 고장 나지 않을 확률?
  (ii) 맥주 냉각기가 고장 날 확률?
  (iii) 발전기와 연료 시스템이 모두 고장 날 확률?

(d) 맥주 냉각기가 고장났다고 할 때, 임무가 성공할 확률은 얼마인가?

[Alvin W. Drake, *Fundamentals of Applied Probability Theory*, McGraw–Hill, New York, 1967에서 수정하여 발췌. 재사용의 허가를 얻음.]

2.38 Microsoft의 Internet Explorer (IE) 및 Mozilla의 FireFox (FF)는 널리 사용되는 두 가지 웹 브라우저이다. IE는 보안과 같은, FF는 지원 못하는 특정 사이트에 있는 특정 기능을 지원한다. 마찬가지이다. IE 또는 FF로 모든 사이트의 모든 기능을 이용할 수 있다고 가정하자. IE가 주어진 특징을 지원할 확률은 $1-\epsilon$이며, FF가 그 특징을 지원하지 못할 확률은 δ이다.

(a) 사용자가 랜덤으로 브라우저를 선택하고 랜덤의 사이트에 접속하려고 시도한다. 사용자가 브라우저를 변경해야 될 확률은 얼마인가?

(b) 어떤 브라우저가 사이트에 접속하지 못했다면, 그것이 IE일 확률은 얼마인가?

2.39 상자에 16개의 IC (집적 회로)가 있는데 그 중 세 개는 결함이 있는 것으로 알려져 있다.

(a) 상자에서 두 개의 IC를 랜덤으로 선택하라고 요청 받았다. 적어도 하나의 IC가 양호할 확률은 얼마인가?

(b) 상자에서 하나의 IC를 랜덤으로 선택한 경우, 그 IC가 양호할 확률은 얼마인가?

2NB3 세 개의 제조업체로부터 부품을 조달했다. 제조업체 A로부터 온 100개는 10 %가 결함이 있고, 제조업체 B로부터 온 300개중 5 %는 결함이 있다. 제조업체 C로부터 온 500개 중 20 %가 결함이 있다. 제조사 중 한 곳으로부터 온 발송물을 랜덤으로 선택한 다음 그로부터 랜덤으로 부품을 하나 선택한다.

(a) 선택한 부품에 결함이 있을 확률은 얼마인가?

(b) 선택한 부품에 결함이 있는 것으로 판명 된 경우, 그것이 제조업체 A로부터 왔을 확률은 얼마인가?

추가 응용

2.40 어떤 이진 통신 채널에서, 1 또는 0을 보낼 가능성이 똑같다고 한다. 1이 보내질 때 오류가 발생할 확률은 2/9이고, 0이 보내질 때 오류가 발생할 확률은 1/9이다.

(a) 1이 수신될 확률은 얼마인가?

(b) 오류가 발생할 (조건없이) 확률은 얼마인가?

(c) 1이 수신되었을 때, 1이 보내졌을 확률은 얼마인가?

2.41 다음과 같은 이진 통신 채널을 고려하자.

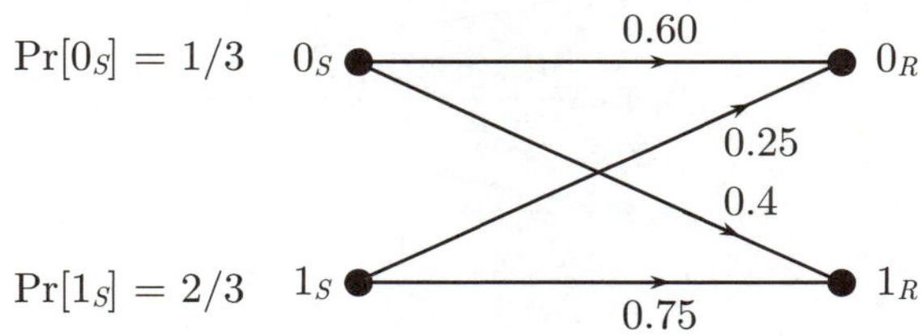

(a) $\Pr[1_R|0_S]$는 얼마인가?

(b) $\Pr[1_R]$은 얼마인가?

(c) Pr[오류]는 얼마인가?

(d) $\Pr[0_S | 1_R]$은 얼마인가?

2.42 이진 대칭 통신 채널은 다음과 같다. "오류"는 0이 전송되고 1이 수신되거나, 1이 전송되고 0이 수신되면 발생한다. $\Pr[1_R|0_S] = \Pr[0_R|1_S] = \rho$이라고 가정한다.

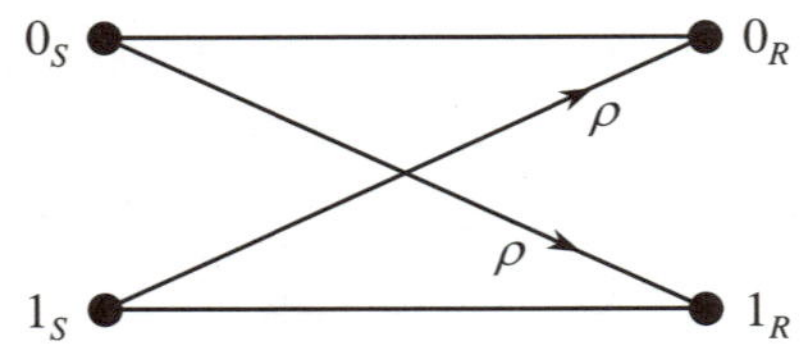

(a) $\Pr[0_S] = \Pr[1_S] = \frac{1}{2}$이라고 가정한다. $\Pr[\text{오류}] = 0.001$이 되는 P를 찾으시요.

(b) $\Pr[0_S] = 0.2$ 및 $\Pr[1_S] = 0.8$에 대해 (a)를 반복하라.

(c) 0이 수신되었을 때, 0이 전송되었을 확률은 얼마인가? (a)와 동일한 조건을 가정하라.

2.43 이진 통신 채널이 아래에 그려져 있다. 랜덤 실험은 단일 이진수를 전송하는 것으로 구성되며, 0 또는 1을 전송할 확률은 동일하다고 가정한다.

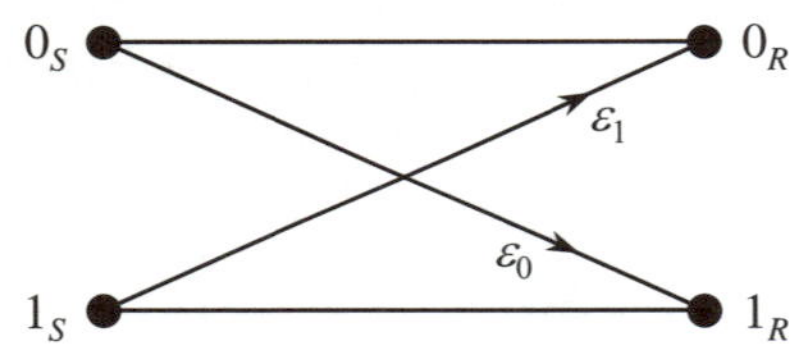

(a) 실험에 대한 표본공간을 그리고 각 기본 사건에 그 확률을 표시하라.

(b) 오류의 확률은 얼마인가?

(c) 오류가 발생했다면, 1이 보내졌을 확률은 얼마인가?

(d) 1이 수신되었을 때, 1이 보내졌을 확률은 얼마인가?

2.44 QPSK[6]으로 알려진 디지털 통신 시스템에서, 한 번에 {A, B, C, D}의 4개의 기호 중 하나가 전송된다. 채널 특성은 아래 그림에 표시되어 있다. 입력 기초의 사전 확률은 다음과 같다 : $\Pr[A_S] = \Pr[B_S] = \Pr[C_S] = \Pr[D_S] = 1/4$.

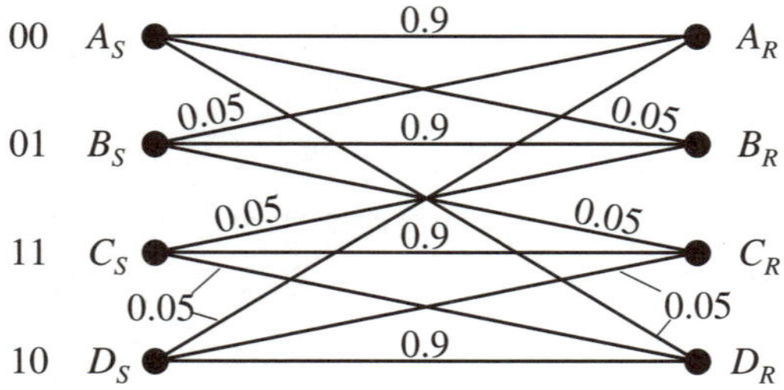

6) Quadrature Phase Shift Keying.

(a) A를 받을 확률은 얼마인가?

(b)이 채널의 오류 확률을 결정하라.

(c) D가 수신되었을 때, (i) A가 전송되었을 확률, (ii) B가 전송되었을 확률, (iii) C가 전송되었을 확률 (iv) D가 전송 되었을 확률을 각각 구하라.

2.45 아래 그림과 같은 채널에서 연습문제 2.44를 반복하시오. 입력 기호의 사전 확률은 $\Pr[A_S] = 3/16$, $\Pr[B_S] = 1/4$, $\Pr[C_S] = 5/16$, $\Pr[D_S] = 1/4$로 주어진다.

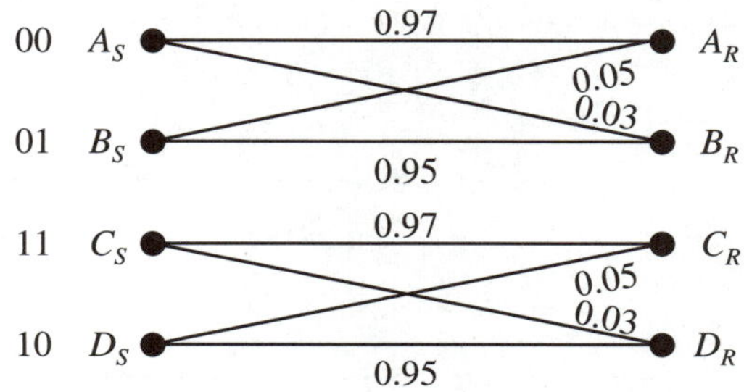

2.46 Never−Ready Wireless는 3PSK로 알려진 새로운 신호 시스템을 발명했다. 시스템은 {0, 1, 2}의 세 기호 중 하나를 전송하는 것을 포함한다. 망에 대한 조건부 확률은 다음 표에 나와 있다:

	0_R	1_R	2_R
0_S	0.80	0.15	0.05
1_S	0.05	0.80	0.15
2_S	0.15	0.05	0.8

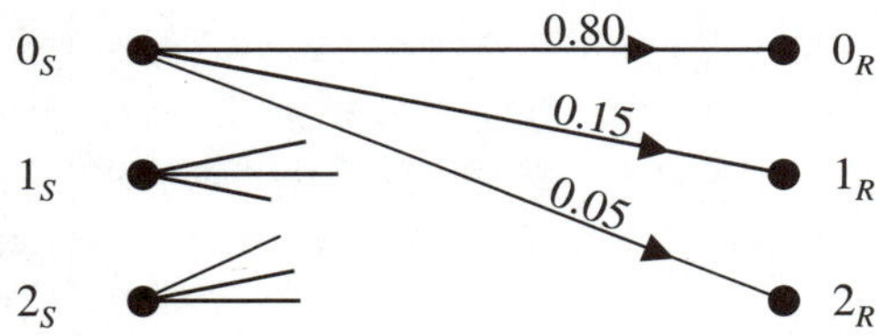

예를 들어, 0이 전송된 경우 2가 수신될 확률은 $\Pr[2_R|0_S] = 0.05$이다. 통신 채널의 일부가 또한 위에 나와 있다. 각 기호를 전송하는 사전 확률은 $\Pr[0_S] = 2/5$, $\Pr[1_S] = 2/5$, $\Pr[2_S] = 1/5$로 주어진다.

(a) 0이 보내졌을 때, 오류가 발생할 확률은 얼마인가?

(b) (조건없는) 오류 확률은 얼마인가?

(c) 1을 받았을 때, 1이 보내졌을 확률은 얼마인가?

(d) 1을 받았을 때, 이것이 오류일 확률은 얼마인가?

2.47 조건부 확률 $\Pr[1_R|0_S] = 0.03$ 및 $\Pr[0_R|1_S] = 0.02$에 의해 규정되는 비대칭 이진 통신 채널을 고려하자. 이진수 1을 전송할 사전 확률은 $\Pr[1_S] = 0.56$이다. 이제 이 채널을 통해 25 비트의 이진 정보를 전송한다. 3 비트 미만의 오류가 발생할 확률은 얼마인가?

2.48 이진 열이 소스 S로부터 중계국 R을 통해 목적지 D로 전송된다. 중계국의 양측의 통신 채널은 상이한 특성을 갖는다. S에서의 사전 확률은 $\Pr[1_S] = 0.52$와 $\Pr[0_S] = 0.48$이다. S와 R 사이의 채널을 설명하는 조건부 확률은 $\Pr[1_R|1_S] = 1$, $\Pr[1_R|0_S] = 0.10$,

$\Pr[0_R|0_S] = 0.90$이고, R과 D 사이는 $\Pr[1_D|1_R] = 0.95$, $\Pr[0_D|1_R] = 0.05$ $\Pr[0_D|0_R] = 1$이다.

(a) 망을 그리고 가지에 확률을 표시하라.

(b) $\Pr[1_R]$, 즉 중계기에서 이진 1의 확률을 구하라.

(c) 확률 $\Pr[0_R|0_D]$를 구하라.

2.49 두 개의 기호 A와 B가 아래의 이진 통신 채널을 통해 전송된다. 두 개의 수신된 기호는 α와 β로 표시된다. 그래프의 가지에 있는 숫자는 A 또는 B가 전송될 때 α 또는 β가 수신되는 조건부 확률을 나타낸다. 예를 들어, $\Pr[\alpha|\mathrm{A}] = 0.8$이다.

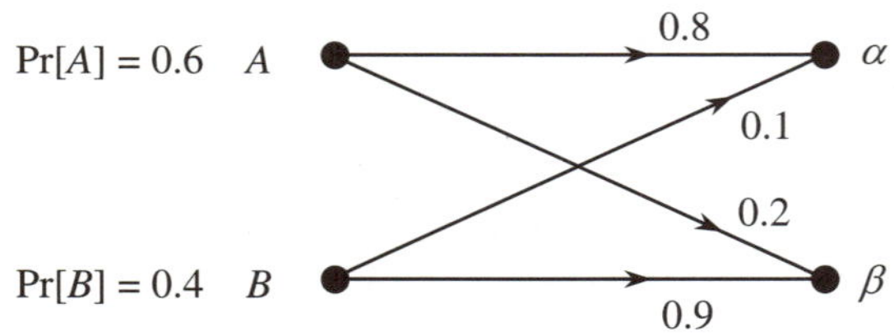

기호 A와 B는 위에 표시된 사전 확률로 전송된다.

(a) 수신된 심볼이 α일 확률(Pr [α])는 얼마인가?

(b) 오류 가능성을 최소화하기 위해 어떤 결정 규칙을 사용해야 하는가? 다시 말해, α가 수신될 때, A와 B 중 어느 것을 선택해야 하는 지를 말하고, β가 수신될 때, A와 B 중 어느 것을 선택해야 하는지를 말하라.

(c) 누군가가 “전선을 바꾸어” 채널이 다음과 같이 표시된다.

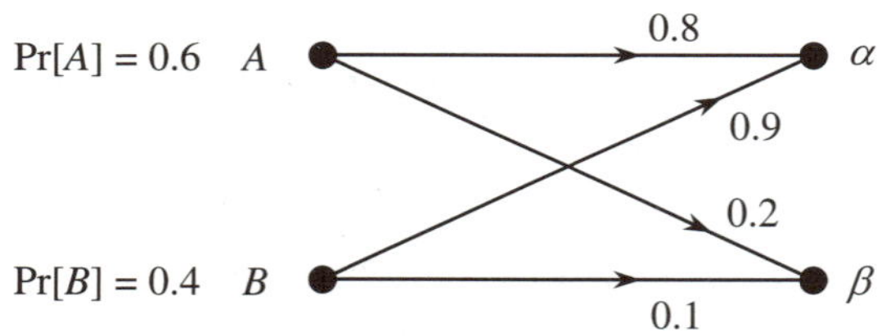

이 새로운 상황에 대해서 (b)의 질문에 답하라. 또한 해당 결정 규칙의 오류 확률을 계산하라.

2.50 다음 메시지를 고려하라 : FORMULA FOR SUCCESS

(a) 상대 빈도를 사용하여 메시지의 문자 확률을 추정하라.

(b) 메시지의 평균 정보를 구하라.

2.51 Ennud 제독의 사무실에 연결된 보안 데이터 통신 회선은 이진 통신 채널에 의해 비트 수준에서 모델링된다. 그러나 제독이 알지 못했고 가장 친한 보좌관조차도 그에게 말하지 않은 것은 그 선이 서버에서 제독의 사무실로 직접 가지 않는다는 것이다. 서버로부터 나온 선은 신호를 검출하여 재생성하는 지하의 패치 패널로 연결되고, 다른 선을 통해 제독의 사무실로 전송된다. 전체 채널은 아래와 같이 두 개의 이진 통신 채널을 연결하여 나타낼 수 있다.

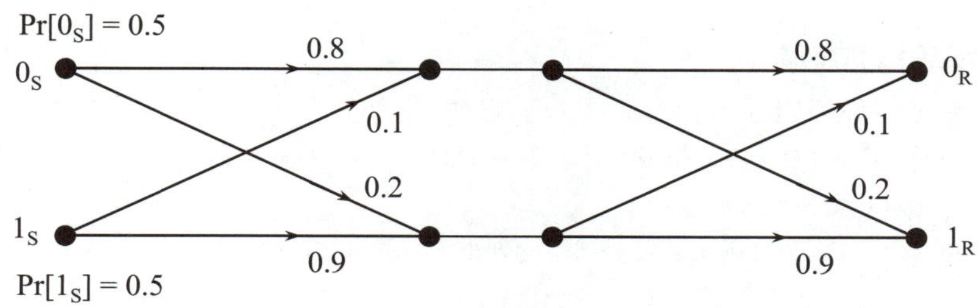

(a) 위와 동등한 단일 이진 통신 채널의 매개 변수를 구하라. 아래의 가지에 확률을 명기하라.

동등한 채널:

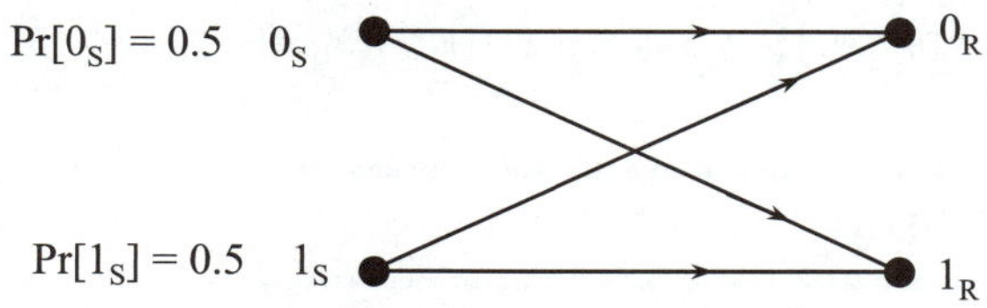

(b) 동등한 채널에 대해 오류 확률, Pr [오류]를 계산하라.

(c) IT 기술자가 두번째 채널의 연결을 반대로 하면 오류 확률을 줄일 수 있다고 판정했다. 이 경우 다음과 같은 상황이 된다.

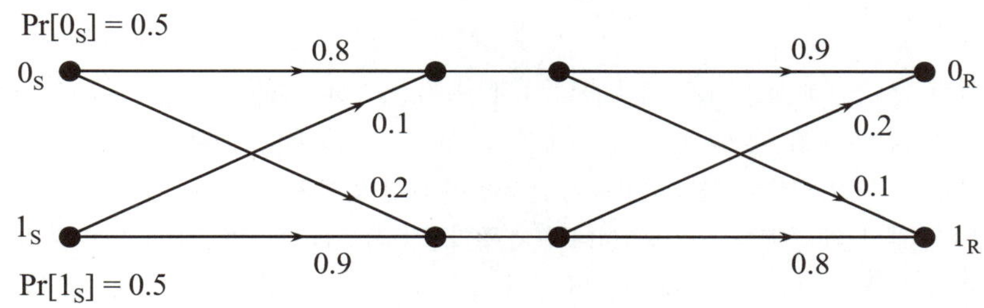

기술자가 맞는가? 이유를 설명하라.

2.52 다음과 같이 걸 보기에 의미없는 문장을 생각해보자.

MAT CAT MAN MITTEN MAM MEN EATEN.

(a) 기호의 상대 빈도를 계산하여 문장 내의 각 기호의 확률을 추정하라. 여백은 무시하라.

(b) 문장의 평균 정보를 계산하라.

(c) 문장 내의 각 기호에 대한 허프만 코드를 구하라.

(d) 코드어의 평균 길이를 결정하라.

허프만 알고리즘

1 단계 : 확률이 작아지는 순서로 기호를 정렬한다. 확률이 같으면, 임의로 배열한다.

2 단계 : 목록에서 두 개의 가장 작은 값을 결합하여, 새 항목을 만든다. 이 항목의 확률은 원래의 두 확률을 합이 된다.

3 단계 : 나무의 뿌리에 도달할 때까지 수정된 목록 (원래의 변경되지 않은 값과 새 항목)에서 두 개의 가장 작은 값을 계속 결합한다.

4 단계 : 나무에서 왼쪽에서 오른쪽으로 가면서 비트를 할당한다. 각 가지에서 더 높은 값의 가지에 0을 할당하고 다른 가지에 1을 할당한다.

5 단계 : 뿌리로부터 기호노드까지 가면서 코드어를 구성한다.

컴퓨터과제

과제 2.1

이 프로젝트에서는 적절한 조건부 확률과 사전 확률이 주어진 간단한 이진 통신 채널을 시뮬레이션하고 오류 확률과 1 또는 0을 수신할 확률을 추정해야 한다.

조건부 확률 $\Pr[0_R|0_S] = \Pr[1_R|1_S] = 0.975$ 와 $\Pr[0_R|1_S] = \Pr[1_R|0_S] = 0.025$ 로 주어진 대칭 이진 통신 채널로 시작한다. 0과는 1의 사전 확률은 각각 $\Pr[0_S] = 0.512$ 와 $\Pr[1_S] = 0.488$로 주어진다. 이진 통신 채널에 대한 입력은 0과 1의 열이 되어야 한다. 열의 각 0 또는 1은 다른 것과 통계적으로 독립이며 위에 주어진 확률 $\Pr[0_S]$ 및 $\Pr[1_S]$에 따라 생성된다.

1. 주어진 확률에 따라 0과 1의 데이터 입력 열을 생성하라. 열의 길이는 선택 사항이다. 의미있는 결과를 얻으려면 적어도 5000 비트의 길이가 되어야 한다.
2. 다음을 수행하기 위한 컴퓨터 프로그램을 작성하여 채널을 시뮬레이션하라.
   (a) 0이 채널에 입력되면, 채널은 확률 $\Pr[0_R|0_S]$로 출력 0과 확률 $\Pr[1_R|0_S]$로 출력 1을 생성해야 한다. (수치는 위에서 주어짐).
   (b) 채널에 1이 주어지면, 채널은 확률 $\Pr[0_R|1_S]$로 0을 확률 $\Pr[1_R|1_S]$로 1을 생성해야한다.
3. 확률 $\Pr[0_S|0_R]$, $\Pr[1_S|1_R]$ 및 Pr[오류](2.5.1 절 참조)의 이론값을 계산하라.
4. 단계 1에서 생성된 입력 데이터 열을 단계 2의 채널에 적용하고, 단계 3에서 확률을 추정하라. 확률을 추정할 때 상대 빈도를 사용한다. 예를 들어, $\Pr[0_S|0_R]$을 추정하기 위해 다음을 계산하라.

$$\frac{0\text{을 보내고 } 0\text{을 받은 횟수}}{0\text{을 받은 횟수}}$$

5. 추정값을 이론값과 비교하라. 필요한 경우 더 긴 입력 열을 사용하여 실험을 반복하라. 다양한 길이의 입력 열에 대한 결과를 비교해 볼 수도 있다.

조건부 확률이 $\Pr[0_R|0_S] = 0.975$, $\Pr[1_R|1_S] = 0.9579$, $\Pr[1_R|0_S] = 0.025$, $\Pr[0_R|1_S] = 0.0421$인 비대칭 이진 통신 채널에 대해 단계 1부터 단계 5까지를 반복하라. 사전 확률은 $\Pr[0_S] = 0.5213$, $\Pr[1_S] = 0.4787$이라고 하자.

MATLAB 프로그래밍 노트

다음 문장을 사용하여 이진 난수를 생성할 수 있다.

```
x = rand (1) < P;
```

여기서 P는 1의 희망 확률이고, 등호 오른쪽의 표현식은 부울 표현식이다. 따라서 MATLAB은 변수 x에 0 또는 1을 할당한다. 벡터 또는 행렬의 크기로 'rand' 함수의 인수 '1'을 대체하면 이진 난수의 행렬 또는 벡터를 생성할 수 있다.

과제 2.2

허프만 코딩 알고리즘이 연습문제 2.52에 주어졌다. 이 프로젝트에서는 평균 정보를 측정하고, 허프만 알고리즘을 사용하여 주어진 메시지를 코딩하고, 간단한 이진 채널을 통해 코딩된 메시지를 전송하고, 메시지를 재생하고, 허프만 코딩이 없는 경우와 성능을 비교한다. 다음의 개략도는 이러한 작업을 구현하기 위한 순서를 보여준다.

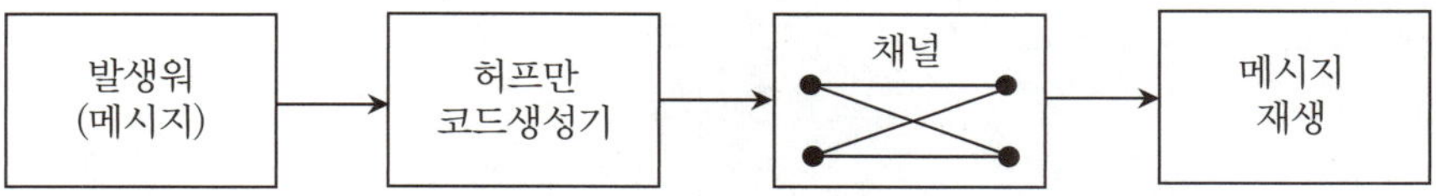

1. 소스 코딩 및 전송을 위한 다음 메시지를 고려하라.
   'APPARENTLY NEUTRAL PROTEST IS THOROUGHLY DISCOUNTED AND IGNORED. ISMAN HARD HIT. BLOCKAGE ISSUE AFFECTS PRETEXT FOR EMBARGO ON BY-PRODUCTS, EJECTING SUETS AND VEGETABLE OILS.'
   이 메시지는 이 책의 데이터 패키지에 포함되어 있다(msg.txt).
2. 2.5.2절의 절차에 따라 이 메시지의 평균 정보를 구하라. (하이픈, 여백 및 구두점은 무시할 수 있다.)
3. 허프만 알고리즘을 사용하여 위의 메시지를 코딩하라.
4. 평균 코드어의 길이를 구하라.
5. 프로젝트 2.1에 명시된 이진 대칭 통신 채널을 통해 이진 형식의 코드어를 전송하라.
6. 수신된 코드어에서 메시지를 재생하라.
7. 수신된 메시지의 평균 정보를 결정하라. 전송된 메시지의 크기보다 클 것으로 기대하는가 아니면 작을 것으로 기대하는가?

3 랜덤변수와 변환

확률이 포함된 상황이 항상 엄밀하게 사건들로 다루어지지는 못한다. 자주, 랜덤 실험에서 실수 측정 값 또는 관찰 값들이 얻어진다. 이러한 측정 또는 관찰들은 랜덤변수로 표현된다.

본 장은 랜덤변수가 포함된 실험의 분석에 필요한 수학적 도구들을 소개한다. 먼저 이산 랜덤변수부터 시작한다. 이산 랜덤변수는 이산적인 집합에 값(셀 수 있는 무한 집합도 가능)을 갖는다. 실제 응용에서 유용한 이산 랜덤변수들이 설명된다. 이 장에서는 또한 이산에서 연속으로 이동하면서 셀 수 없는 무한의 집합에서 값을 갖는 연속 랜덤변수를 논하고 통상적 형태들을 설명한다.

또한 이 장은 랜덤변수를 다른 랜덤변수로 "변환(transformation)"하는 문제를 다룬다. 결론에서는 두 가지 유용한 실제 응용 사례가 설명된다. 첫 번째로는, 잡음이 있는 랜덤 신호의 검출을 다룬다. 이것은 대부분의 레이더, 음향, 통신시스템 등에서 발생되는 기본적인 문제로 이 장의 내용만을 사용하여 분석된다. 두 번째로는, 여러 색상이 혼재된 측정에서 물체를 분류 및 식별하는 응용에 대해 설명한다. 이 문제가 신호 검출문제와 관련성이 없어 보이지만, 기본적인 원리는 동일한 것이다.

3.1 이산 랜덤변수

형식적으로, 랜덤변수는 표본공간 내의 각 기본 사건에 하나의 실수를 할당하는 함수 $X(\cdot)$로 정의된다. 즉, 표본공간에서 실선으로의 사상(mapplg)이다(그림 3.1). 즉, 하나의 랜덤변수는 어떤 특정 확률로 주어진 숫자 값을 갖게 된다.

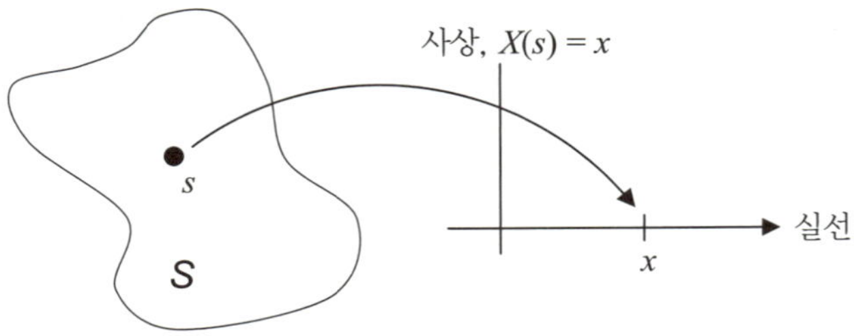

그림 3.1 랜덤변수의 개념

간략한 예를 들어 명확히 이해해 보자. 두 개의 주사위를 동시에 굴리는 실험을 생각해 보자. 2장의 그림 2.3에 모든 결과 값들의 집합을 보여주는 표본공간이 그려져 있다. 주어진 결과 s 에 대하여, 랜덤변수 K를 다음과 같이 정의하자.

$$K(s) = \text{던져서 나온 수의 합}$$

이제, 실험 결과 값 s가 표본공간 내의 점 (3,1)이라면 $K(s) = 4$이다. 또한 s가 (2,2) 또는 (3,1)라고 하면 역시 $K(s) = 4$이다. 이와 같이 랜덤변수에서의 사상은 일반적으로 다수 값들이 하나로 대응되게 된다.

이 예에서 K는 2에서 12까지의 점수의 이산 집합 내의 값을 갖는 **이산**(discrete) 랜덤변수이다. K의 값들에 대한 확률은 표본공간 내에 있는 결과 s의 확률에 의해 정해진다. 표본공간 내의 각 s의 확률 1/36이라면, $K = 4$일 확률은 3/36 또는 1/12이다 (이것은 $K = 4$를 주는 (3,1), (2,2) (1,3)의 세 가지 결과의 확률 값들이 합해지기 때문이다). 다른 예로 $K = 2$를 주는 결과는 (1,1) 한 가지 밖에 없기 때문에, 그 확률 값은 1/36이 된다.

랜덤변수에 대한 확률은 그림 3.2에 그려진 바와 같은 막대그래프로 편리하게 표현된다. 이 그림의 함수 $f_K[k]$를 **확률질량함수**(PMF, probability mass function)라 한다. PMF는 발생 가능한 각 값들에 대한 랜덤변수의 확률을 보여준다. 따라서, PMF의 확률값을 모두 합하면 1이 된다.

몇 가지 기호와 형식적인 정의들을 살펴보자. 랜덤변수는 K와 같이 대문자로 기술한다. 랜덤변수 K이 가질 수 있는 구체적인 값들은 소문자 k로 표현한다. 그래서 PMF는 함수 $f_K[k]$는

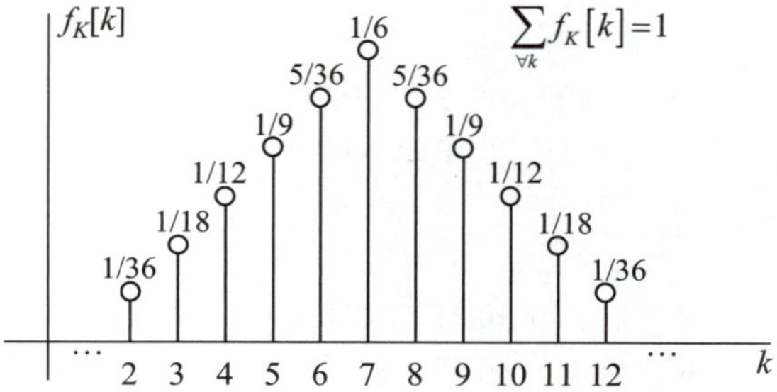

그림 3.2 주사위 굴리기의 확률질량함수

와 같이 정의된다.

$$f_K[k] = \Pr[s \in \mathcal{S} : K(s) = k]$$

다시 말해, $f_K[k]$는 랜덤변수K가 값 k를 취할 확률이다. 즉,

$$f_K[k] = \Pr[K = k] \tag{3.1}$$

랜덤변수가 어떤 집합내의 값들을 취할 확률은 각 해당 값들의 PMF의 합으로 계산되어진다. 예를 들어 두 개의 주사위 굴리기에서 합이 10 이상일 확률은 그림 3.2의 PMF를 이용하여

$$\Pr[K \geq 10] = \sum_{k=10}^{12} f_K[k] = \frac{1}{12} + \frac{1}{18} + \frac{1}{36} = \frac{1}{6}$$

로 계산된다.

정식으로 말해, PMF는 두 가지 조건을 만족해야 한다. 먼저, $f_K[k]$는 확률 값을 표현하므로 모든 k 값에 대하여 첫째는

$$0 \leq f_K[k] \leq 1 \tag{3.2}$$

이고, 둘째로 그 값들의 합은 1이다.

$$\sum_k f_K[k] = 1 \tag{3.3}$$

이 두 가지 조건을 만족하는 모든 이산함수는 PMF가 될 수 있다.

좀 더 PMF 이해를 돕기 위하여 아래 예를 살펴보자

예제 3.1

시몬 가게의 CD 가격은 1달러에 3개이다. 세금이 더해져서 세개의 CD당 1.08 달러 또는 0.36 달러/CD 이다. 고객이 품질이 나쁜 상태의 CD (B;Bad CD)를 가져오면, 사이몬 가게는 좋은 상태의 CD (G; Good CD)로 교체해 준다. 그런데, 고객은 불량 CD(B)의 반납에 따른 번거로움 등의 비용으로 0.14 달러를 지불하는 효과가 있다. 즉, 결론적으로 좋은 품질의 CD (G)가격이 0.36달러/CD 인데, 나쁜 품질 CD(B)일 경우 고객은 0.5달러/CD 를 지불하게 된다.
사이몬 가게에서 3개의 CD를 살 때의 가격을 의미하는 랜덤변수 C에 대한 PDF는 어떻게 되는가? 또한, 1.25달러 보다 많이 지불하게 될 확률을 구하라.

표본공간내의 사건들과 각 사건에 관련된 가격은 아래와 같이 정리된다

사건들:	BBB	BBG	BGB	BGG	GBB	GBG	GGB	GGG
가격(달러):	1.50	1.36	1.36	1.22	1.22	1.22	1.22	1.08
확률:	1/8	1/8	1/8	1/8	1/8	1/8	1/8	1/8

표분공간 내의 모든 사건의 발생확률은 동일하므로, 동일 가격을 주는 사건 수를 세어서 아래 그림과 같이 PMF를 구할 수 있다.

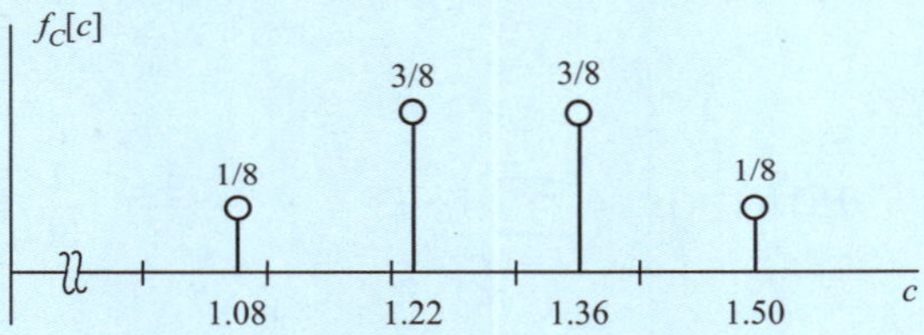

따라서 1.25달러 보다 많이 지불하게 될 확률은

$$f_C[1.36] + f_C[1.50] = \frac{3}{8} + \frac{1}{8} = \frac{1}{2}$$

이 예제에서와 같이, PMF의 정의역이 이산이라도 랜덤변수가 반드시 정수값이 될 필요는 없다. 그러나 일반적으로 이산 랜덤변수는 정수 값을 갖는다.

3.2 자주 쓰는 이산 확률분포

여러 다양한 현상들에서 공통적으로 등장하는 랜덤변수들이 많이 있다. 랜덤변수의 PMF를 확률 법칙 또는 **분포**(distribution)라고 한다. 다음에 몇 가지 공통적 분포들을 설명하고자 한다. 일단, 모든 랜덤변수들이 정수 값을 갖는 것으로 가정한다.

3.2.1 베르누이 랜덤변수

베르누이 랜덤변수는 두 가지 이산 값 (일반적으로 0 또는 1) 중 하나를 갖는다. 베르누이 PMF는

$$\mathrm{f}_K[k] = \begin{cases} p & k=1 \\ 1-p & k=0 \\ 0 & \text{그 외} \end{cases} \tag{3.4}$$

로 정의되고, 그림 3.3에 그려져 있다. **매개변수**(parameter) p는 1이 발생할 확률이다.

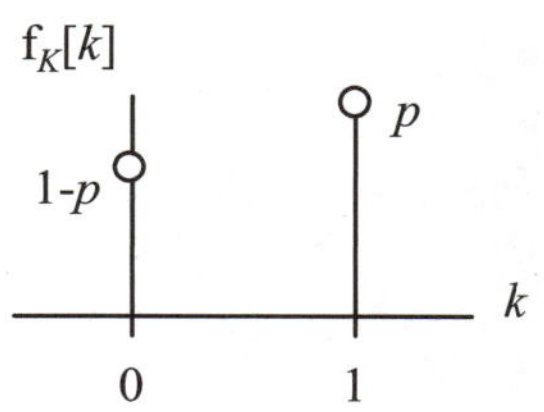

그림 3.3 베르누이 PMF

예제 3.2

특정 이진 메시지 $M[n]$가 0과 1들의 열로 표현된다. 만일 임의시간 n_0에 메시지 열을 표본 추출한다면, 그 결과 $K = M[n_0]$는 베르누이 랜덤변수이다. 이 때에 다른 반증이 없다면 분포의 매개변수를 $p = 0.5$로 예상할 수 있다.

3.2.2 이항 랜덤변수

길이 n인 이진수 열에 대해서, 수열의 각 원소들이 베르누이 랜덤변수라고 가정한다. 랜덤변수 K를 수열에 있는 1개의 개수로 정의하자. k개의 1이 들어 있는 임의의 수열

1 0 0 1 1 . . .0 1

을 고려하자. 이 수열이 나올 확률은 다음과 같다.

$$p \cdot (1-p) \cdot (1-p) \cdot p \cdot p \cdots (1-p) \cdot p = p^k (1-p)^{(n-k)}$$

k개의 1을 가진 모든 수열을 나열하면, $C_k^n = \binom{n}{k}$ 개가 얻어진다(부록 A). 따라서, 이런 수열 중 하나가 발생할 확률은[1)]

$$\mathrm{f}_K[k] = \binom{n}{k} p^k (1-p)^{(n-k)} \qquad 0 \le k \le n \tag{3.5}$$

1) 이 절 전체에서 공식에 명시되지 않은 k에 대해 $\mathrm{f}_K[k]=0$이라고 가정한다.

로 주어진다. 이 PMF를 **이항분포** (binomial distribution)라 한다. 매개변수 $n = 20$, $p = 0.25$인 경우에 대한 PMF가 그림 3.4에 나타나있다

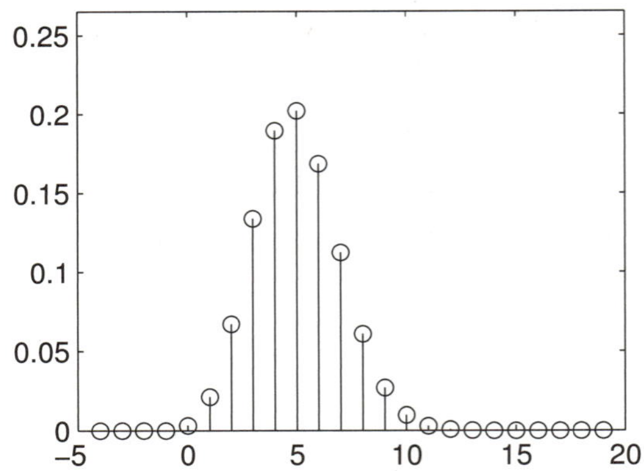

그림 3.4 이항분포
($n = 20$, $p = 0.25$)

예제 3.3

어떤 모뎀 연결에서 채널의 비트 오류율이 $p = 0.01$이라 하자. 100 비트의 패킷으로 데이터가 전송되었을 때에 (a) 단지 1 비트가 오류일 확률은? (b) 3 비트가 오류일 확률은 얼마인가?

(해답)

$$\Pr[\text{1 bit error}] = \mathrm{f}_K[1] = \binom{100}{1} 0.01^1\, 0.99^{99} = 0.3697$$

$$\Pr[\text{3 bit errors}] = \mathrm{f}_K[3] = \binom{100}{3} 0.01^3\, 0.99^{97} = 0.0610$$

비트 오류

비트 오류

3.2.3 기하 랜덤변수

기하 랜덤변수는 지연시간을 표현할 때에 주로 사용된다. 통신채널에서 전송되는 이진 숫자들의 열을 생각해 보자. 첫 번째 오류가 발생되기까지 관찰된 비트의 수를 랜덤변수 K라 하자. (오류 검출방법과는 관련 없다). 이 실험에 대해서 나무 다이어그램는 그림 3.5과 같이 그려진다. 만약 k번째 비트에서 첫 번째로 오류가 발생될 경우, $k-1$비트들은 오류가 없다. 이 사건의 확률은 **기하 확률 질량함수**

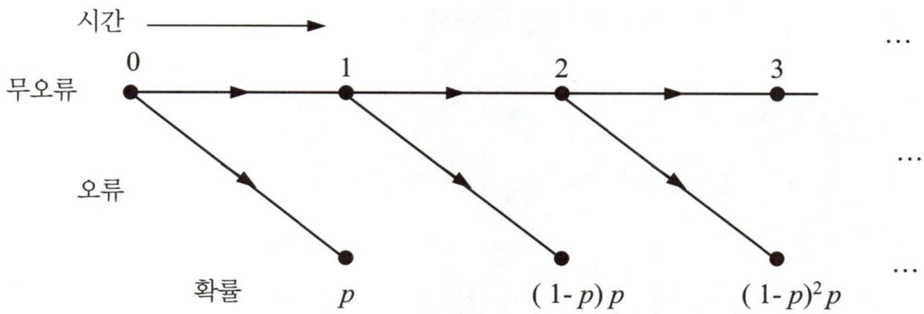

그림 3.5 오류검출을 위한 나무다이어그램

$$\boxed{\mathrm{f}_K[k] = p(1-p)^{(k-1)} \qquad 1 \le k < \infty} \tag{3.6}$$

로 주어진다. 이 분포의 변형으로 k+1 번째 최초의 오류가 발생하는 확률은

$$\boxed{\mathrm{f}_K[k] = p(1-p)^{k} \qquad 0 \le k < \infty} \tag{3.7}$$

로 주어진다. 분포 (3.6)과 (3.7)을 각각 Type 1과 Type 0이라고 부를 것이다. p = 0.25의 Type 0 기하 PMF가 그림 3.6에 그려져 있다. 함수가 간단한 지수적으로 소멸하는 형태이다.

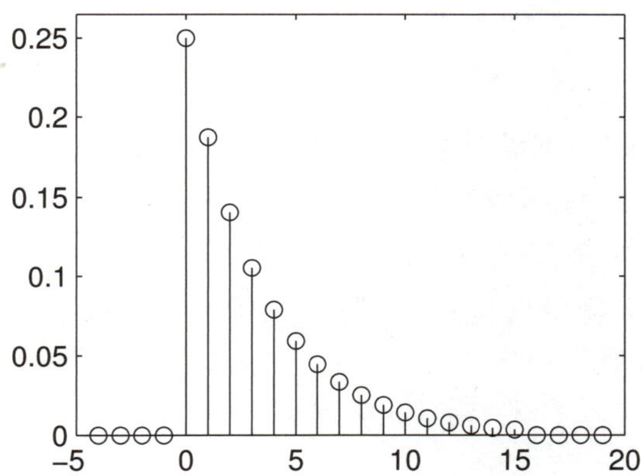

그림 3.6 기하분포 (Type 0). (p = 0.25)

이것이 무한 개의 값을 갖는 랜덤변수의 첫 번째 예이므로, PMF 합이 1이 되는 요건에 맞는지 점검해 보자. 이것은 두 번째 분포 형태를 사용하여 q = 1−p로 대체하여 계산하면 다음과 같이 쉽게 입증된다. 즉, q < 1이므로

$$\sum_{k=0}^{\infty} \mathrm{f}_K[k] = \sum_{k=0}^{\infty} (1-q)q^k = (1-q)\sum_{k=0}^{\infty} q^k = (1-q)\frac{1}{1-q} = 1$$

여기서 무한개의 기하 수열의 합에 대한 공식이 끝에서 둘째 식에 적용되어 계산되었다.[2)]

예제 3.4

랜덤 바이트 흐름의 전송시 오류가 확률 ϵ로 발생된다고 하자. 첫 번째 오류가 16바이트 이후에 발생될 확률은 무엇인가?

K를 첫 번째 오류가 발생되는 시점을 나타내는 랜덤변수라고 하면. K는 기하 랜덤변수이다. 16바이트 이후 오류가 발생될 확률은

$$\Pr[K > 16] = \sum_{k=16}^{\infty} \epsilon(1-\epsilon)^k = (1-\epsilon)^{16}$$

와 같이 주어진다. 앞과 마찬가지로 무한대 기하급수의 공식이 사용된다. 결국, 16번째 바이트 이후에 첫 번째 오류가 발생될 사건은 다음과 같은 사건들의 교집합, 즉 곱과 같다.

$$\bigcap_{k=1}^{16} \text{“}k\text{번째 바이트에 오류 없음”}$$

교집합의 각 사건들은 독립적이고 확률 $1-\epsilon$ 를 가지므로, 총 확률은 $(1-\epsilon)^{16}$이다.

3.2.4 푸아송 랜덤변수

사건이 t에 발생되는 상황을 생각해 보자. 이 사건의 예로는, 네트워크 서버에 인쇄작업의 도착, 어떤 특정 웹 페이지에 접속되는 횟수, 바쁜 사무실에 걸려오는 전화의 횟수, 기타 유사한 사건들의 집합을 예로들 수 있다. 초단위, 시간단위 또는 특정문제의 적합한 단위로 시간 간격이 주어질 수 있다. λ를 이런 사건의 발생율(도착률)이라고 놓자. (예를 들어, 특정 웹 페이지에 접속률 $\lambda = 20$회 접속/시간). 그런데 이러한 기간 t에서 발생하는 사건의 수가 k일 확률에 대한 유용한 다음 식을 실험적으로 얻을 수 있다.

$$\Pr[t \text{ 기간에 } k \text{ 개의 사건}] = \frac{(\lambda t)^k}{k!} e^{-\lambda t}$$

(이 공식은 교재 뒷 부분에서 유도된다.) 다음과 같은 푸아송 PMF를 갖는 사건의 수 K를 **푸아송**(Poisson) **랜덤변수**라고 부른다.

$$\boxed{\mathrm{f}_K[k] = \frac{\alpha^k}{k!} e^{-\alpha} \qquad 0 \le k < \infty} \tag{3.8}$$

2) [1]을 보라.

단일매개변수 $\alpha = \lambda t$는 기간 t 동안에 발생되는 사건의 평균 개수로 해석된다. 예를 들어, $\lambda = 20$ 사건/시간이고 $t = 0.2$시간(12분)이면 $\alpha = (20)(0.2) = 4$이다. $\alpha = 4$일 때의 PMF가 그림 3.7에 나타나 있다.

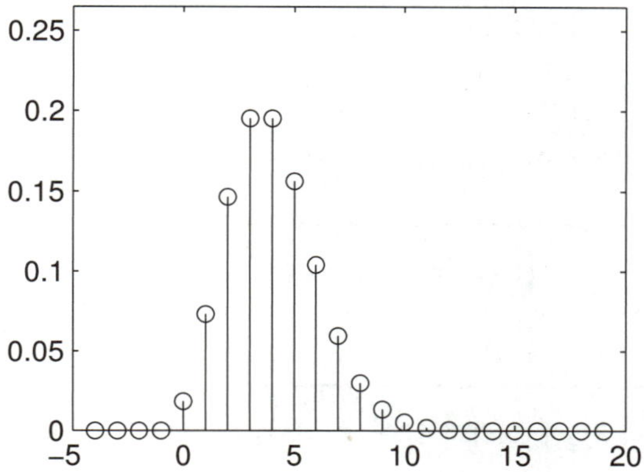

그림 3.7 푸아송 PMF ($\alpha = 4$)

예제 3.5

인터넷의 특정 노드에 패킷이 분당 100 패킷의 속도로 도착한다. 6초 동안 패킷이 도착하지 않을 확률은 얼마인가? 처음 6초 동안 2개 이상의 패킷이 도착할 확률은 얼마인가?

매개변수 α는 다음과 같이 주어진다.

$$\alpha = \lambda t = 100/\text{분} \cdot \frac{6}{60}\text{분} = 10 \text{ (도착)}$$

패킷이 도착하지 않을 확률은 다음과 같이 주어진다.

$$\mathrm{f}_K[0] = \frac{10^0}{0!}e^{-10} = e^{-10} = 4.540 \times 10^{-5}$$

두 번째 질문에 답하려면, 먼저 처음 6초 동안 1개의 패킷이 도착할 확률을 계산한다. 이것은 다음과 같이 주어진다.

$$\mathrm{f}_K[1] = \frac{10^1}{1!}e^{-10} = 10e^{-10} = 4.540 \times 10^{-4}$$

이제 2개 이상의 패킷이 도착할 확률은 다음과 같다.

$$1 - \mathrm{f}_K[0] - \mathrm{f}_K[1] = 0.9995$$

푸아송 PMF는 이항 PMF에 대한 근사로 유용하다. 이 근사는 다음과 같다.

$$\binom{n}{k} p^k (1-p)^{(n-k)} \approx \frac{\alpha^k}{k!} e^{-\alpha}$$

여기서 $\alpha = np$이고 $n \to \infty$과 $p \to 0$이어야 한다. 이 관계는 11장의 11.1절에서 더 자세히 논의된다.

3.2.5 이산균일 랜덤변수

설명될 마지막 분포는 다음과 같이 정의된 **이산균일**(discrete uniform) 분포이다.

$$f_K[k] = \begin{cases} \dfrac{1}{n-m+1} & m \le k \le n \\ 0 & \text{그 외} \end{cases} \tag{3.9}$$

$m = 0$, $n = 9$인 경우가 그림 3.8에 그려져 있다. 이 PMF는 해당 구간에서 모든 값들이 동일한 가능성이 있는 이산 랜덤변수의 표현식으로 매우 유용하게 사용된다.

예제 3.6

K를 주사위 한 개를 던져 나온 결과에 대응하는 랜덤변수라고 하자. K는 매개변수 $m = 1$, $n = 6$을 갖는 이산균일 랜덤변수이다. 0이 아닌(monzero) 함수값은 모두 $1/(n-m+1) = 1/6$이다.

3.2.6 그 외의 이산 랜덤변수

여러 다른 이산 랜덤변수들이 이 책의 다른 장에서 다루어진다. 예를 들어, 5장에서는 다른 랜덤변수들의 합으로 얻어지는 이산 랜덤변수에 대해 설명한다. 책에 나오는 이산 랜덤변수들의 목록이 책의 속 표지에 나와 있다.

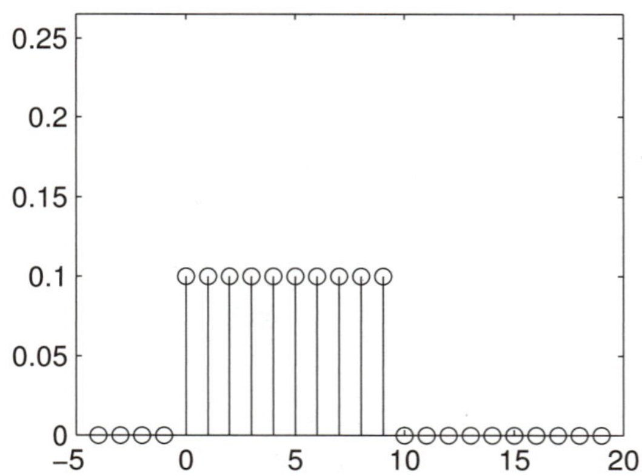

그림 3.8 이산균일분포 ($m = 0$ $n = 9$)

3.3 연속 랜덤변수

모든 랜덤변수가 이산 집합의 값들을 가지는 것은 아니다. 예를 들어, 뇌우 발생시 전력선을 모니터링하는 실험을 가정해 보자. 전력선의 전력 급등으로부터 측정 된 피크 전압은 연속된 값(가능한 구간에서)의 랜덤변수로 나타낼 수 있다 . 이런 종류의 문제를 해결하기 위해서는, 연속적인 랜덤변수를 다루기 위한 새로운 도구가 필요하다.

3.3.1 연속 랜덤변수의 확률적 설명

위에 언급된 급등 전압의 예에 대해 생각해보자. 피크 전압이 2000 볼트보다 낮은 사건은 상당한 발생 가능성이 있다. 그러나 그 전압이 2000 볼트(또는 다른 특정 값)와 정확히 일치할 가능성은 거의 없다. 연속적인 랜덤변수를 포함하는 수학적 모델은 이러한 특성을 반영하고, 실직선의 구간에 확률을 부여해야 한다. 이 영역이 0과 1 사이의 유한한 확률을 갖기 위해서는 영역 내의 무한개의 점 모두(또는 적어도 대부분이)가 0에 가까운 확률을 가져야 한다.

랜덤변수 X에 대해, 다음의 확률을 고려해보자.

$$F_X(x) = \Pr[s \in \mathcal{S} : X(s) \leq x]$$

이산 랜덤변수와 마찬가지로, 랜덤변수는 대문자 (X)로 표현하고 랜덤변수가 취하는 값은 상응하는 소문자 (x)로 나타낸다. 표기법을 덜 복잡하게 만들기 위해, 표본공간에 대한 참조를 생략하여 이전의 식을 다음과 같이 간단하게 표기한다.

$$F_X(x) = \Pr[X \leq x] \tag{3.10}$$

$F_X(x)$는 **누적분포함수**(CDF, cumulative distribntion function)라고 불리고 그림 3.9와 같은 모양을 갖는다. 독립변수의 함수로 그래프를 그리면, 이 함수는 0에서 시작하여 최댓값 1을 향해 단조 증가한다(그림 3.9 참조). 엄격하게 증명될 수 있는 다음 속성들은 직관적으로 이해될 수 있다.

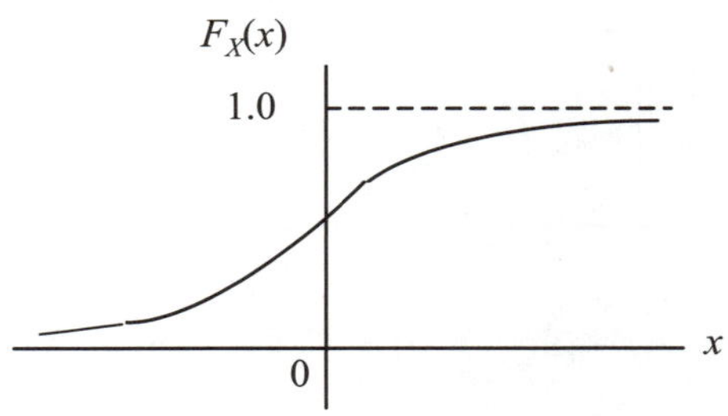

그림 3.9 누적분포함수

1. X의 값이 음의 무한대보다 작을 수 없으므로, $F_X(-\infty)$는 0이어야 한다.

2. 만약 Δx가 양이면, $\Pr[X \le x + \Delta x]$은 $\Pr[X \le x]$보다 작으면 안된다. 그러므로 $F_X(x)$는 단조 증가한다.

3. 모든 X의 값이 무한대보다 작기 때문에, $F_X(\infty)$는 반드시 1이어야 한다.

다음으로, X가 좀 더 일반적인 영역인[3] $a < X \le b$에 속할 확률을 고려한다. a와 b는 $a < b$인 어떤 두 값들이다. 먼저

$$\Pr[X \le b] = \Pr[X \le a] + \Pr[a < X \le b]$$

로 쓸 수 있다. 오른쪽의 두 영역들은 겹치지 않고 합집합이 왼쪽의 영역인 $(X \le b)$이기 때문에 이 식이 성립한다. 방정식을 재정렬하고 정의 (3.10)을 사용하면

$$\Pr[a < X \le b] = F_X(b) - F_X(a) \tag{3.11}$$

이 주어진다.

이제, $F_X(x)$가 그 범위 내에서 연속이고 미분 가능하다고 가정하고, $f_X(x)$가 도함수

$$f_X(x) = \frac{dF_X(x)}{dx} \tag{3.12}$$

라고 하자. 이 식을 사용해서, 식 (3.11)을 다음과 같이 쓸 수 있다.

$$\boxed{\Pr[a < X \le b] = \int_a^b f_X(x)dx} \tag{3.13}$$

함수 $f_X(x)$를 **확률밀도함수**(PDF, probability density function)라고 부른다. CDF와 PDF는 연속 랜덤변수들을 다루는 일차적인 도구이다.

3.3.2 확률밀도함수(PDF)

전형적인 PDF가 그림 3.10에 그려져 있다.

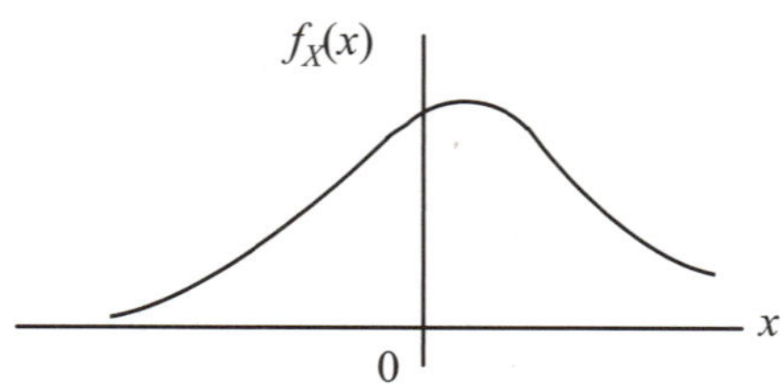

그림 3.10 연속 랜덤변수에 대한 전형적인 확률밀도함수(PDF)

연속 랜덤변수에 대한 PDF는 기본적으로 두 가지 특성을 가진다. 첫 번째, 모든 영역에서 양이다.

3) 양쪽 부등호가 다른 것은 중요한 사항이다.

$$f_X(x) \geq 0 \tag{3.14}$$

이는 즉 $F_X(x)$의 단조증가성과 식 (3.12)로부터 바로 얻어진다. 둘째로 PDF는 총 합이 1이 된다. 즉,

$$\int_{-\infty}^{\infty} f_X(x)dx = 1 \tag{3.15}$$

이것은 전체 실수 축이 되도록 (a, b)를 취해서 식 (3.13)을 적용하면 얻어진다. 이 두 조건은 이산 PDF에 대한 식 (3.2) 와 (3.3) 조건과 부합된다. 그러나, $f_X(x)$가 확률이 아니라 확률 밀도이므로, ≤ 1의 조건을 만족할 필요는 없다.

이 점을 좀 더 고찰해 보자. 식 (3.13)에서 $b = a + \Delta_x$로 두고, Δ_x가 매우 작은 수라고 해 보자. 이 때에 $f_X(x)$가 구간 $(a, a+\Delta_x]$에서 연속이라면,

$$\boxed{\Pr[a < X \leq a + \Delta_x] = \int_a^{a+\Delta_x} f_X(x)dx \approx f_X(a)\cdot\Delta_x} \tag{3.16}$$

로 쓸 수 있다. 이 근사 등식은 미적분학의 평균값정리(mean value theorem)로부터 얻어지는데 이는 이전의 논의와 일치한다. 식 (3.16)은 $f_X(x)$ 자체는 확률이 아니고 $f_X(x)$에 Δ_x가 곱해져야 확률이 됨을 보여주는 중요한 결과이다. 연속 랜덤변수에 대한 확률밀도함수의 이런 해석은 이 교재에서 여러 경우에 사용될 것이다.

3.3.3 이산 랜덤변수와의 관계

아날로그-디지털변환(analog-to-digital conversion)과 같은 문맥에서 연속 랜덤변수와 이산 랜덤변수간의 관계를 탐구해 보자. 음성, 음악 같은 오디오 신호의 디지털 녹화에서, 아날로그 신호는 표본화와 양자화를 거치게 된다. 그림에 3.11과 같이 이런 동작은 아날로그-디지털 변환기(ADC)로 실행된다.

그림 3.11 아날로그-디지털 변환기

이 ADC는 양자화기(quantizer)를 포함하는데 이는 입력신호 X의 값들을 2^N개의 가능한 출력(bins) 중 하나로 사상한다. 각 값들(bins)은 N 비트의 이진수로 표현된다. 양자화기는 입력신호 x가 구간 $x_{k-1} < x \leq x_k$ (단, $x_k = x_{k-1} + \Delta$)에 있으면, 이진 정수 k를 출력으로 발생시킨다. 이상적인 ADC의 입출력 특성은 그림 3.12와 같다.

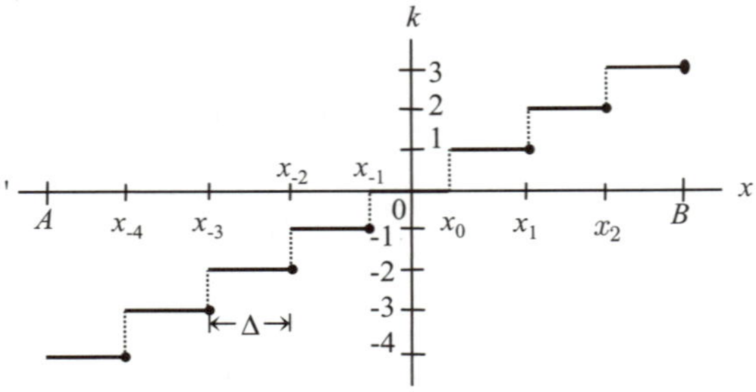

그림 3.12 3-비트 ADC의 입출력 특성 그래프

특정한 시점에서의 입력신호가 구간 $A < X \le B$에서 값을 갖는 연속 랜덤변수 X라고 가정하자. 랜덤변수의 PDF는 그림 3.13(a)와 같이 주어진다. 양자화기의 출력 K는 이산 랜덤변수로 표현된다. 단, 이때에 $k = -2^{N-1}, \ldots, 0, 1, \ldots, 2^{N-1} - 1$이다. 출력의 PMF는 그림 3.13(b)로 표현된다.

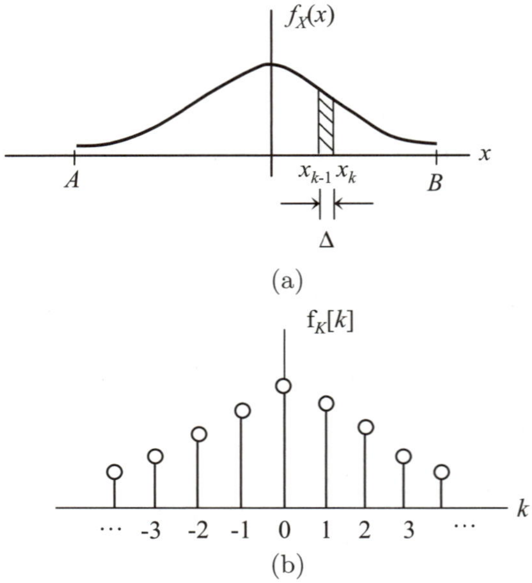

그림 3.13 연속 랜덤변수에 대한 이산 근사 설명 그래프
(a) 입력 랜덤변수 X의 PDF (b) 출력 랜덤변수 K의 PMF

랜덤변수 K가 특정값 k를 가질 확률은 PMF $\mathrm{f}_K[k]$로 주어진다. 이 확률은 X가 구간 $x_{k-1} < X \le x_k$에 들어갈 때의 확률과 같다. 그러므로

$$\mathrm{f}_K[k] = \int_{x_{k-1}}^{x_k} f_X(x)dx = f_X(x_k')\Delta$$

으로 기술된다. (단, x_k'는 평균값정리에 의해 구간내의 특정 점이다.)
전형적인 음향신호 응용에서, 비트 깊이는 대개 큰 값이다(예, N = 16 또는 20). 그러므로,

상수요소 Δ를 제외하면, 출력신호의 PMF는 입력신호의 PDF의 매우 정확한 이산 근사가 된다.

3.3.4 연속 랜덤변수를 포함하는 문제풀기

일반적으로 이산 랜덤변수에 대한 문제를 풀때 해당 영역의 여러 지점들의 PMF값들을 합하게 되듯이, 연속 랜덤변수를 포함하는 문제는 적절한 영역에서 PMF를 적분하여 해결하게 된다. 이 경우 여러 대수식이 적용되는 영역들을 잘 살펴서 그에 맞게 적분구간을 설정해야 한다. 특히 적분이 PMF가 0인 영역을 포함하지 않토록 해야 한다. 이해를 위해 다음의 예를 살펴보자

예제 3.7

두 연속 사건이 완료되는 시간 T(단위는 초)가 다음 그림가 같은 PDF를 갖는 연속 랜덤변수라고 하자.

$$f_T(t) = \begin{cases} Ct & 0 < t \leq 5 \\ C(10-t) & 5 < t \leq 10 \\ 0 & \text{그 외} \end{cases}$$

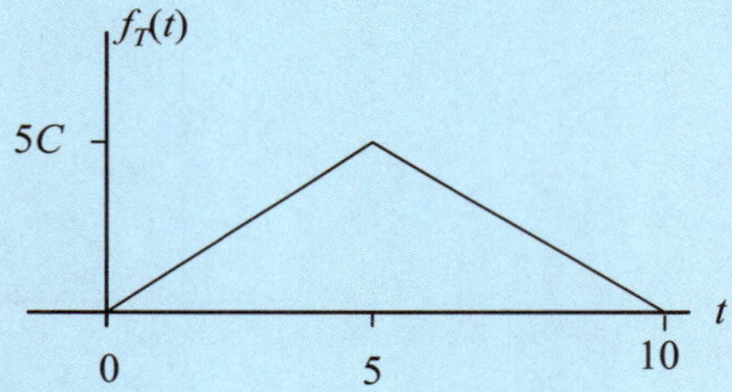

(문제-1) $f_T(t)$가 합당한 PDF가 되기위한 상수 C는 무엇인가?
(문제-2) 두 사건이 3초이내에 끝날 확률은?
(문제-3) 두 사건이 6초이내에 끝날 확률은?

(답-1) PDF의 합은 항상 1이 되어야 한다는 요건으로부터

$$\int_{-\infty}^{\infty} f_T(t)dt = \quad \text{삼각형의 면적} \quad = 25C = 1$$

그러므로 상수 C는 1/25이다. 여기서 정식 적분계산을 사용하지 않고 간단한 기하적 계산으로 대체하였는데, 가능할 때마다 이런 방법을 쓰면 편리하다.

(답-2) 3초 이내에 사건이 끝날 확률은 아래 그림의 줄쳐진 영역에서 밀도를 적분하면 된다

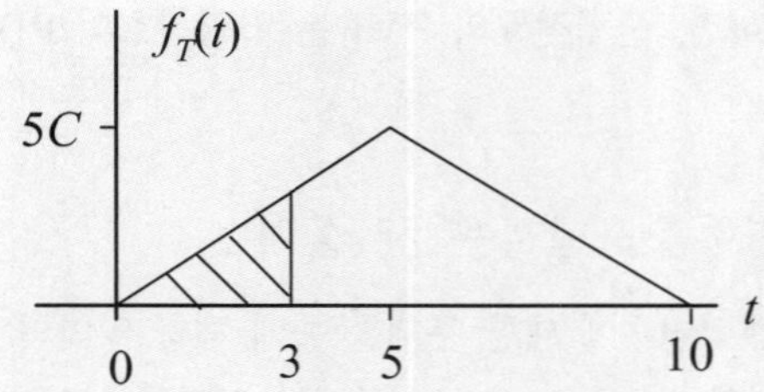

$$\Pr[T \le 3] = \int_{-\infty}^{3} f_T(t)dt = \int_0^3 \frac{1}{25}t\,dt = \left.\frac{t^2}{50}\right|_0^3 = \frac{9}{50} = 0.18$$

이 때에 t가 음인 영역에서는 PDF가 0이므로 $f_T(t)$가 $\frac{1}{25}t$로 대체될 때 적분의 하한이 0이 되어야 한다.

(답-3) 사건이 6초 이내로 끝나는 경우의 확률은 아래 그림에서 줄쳐진 영역에서 밀도를 적분하면 된다.

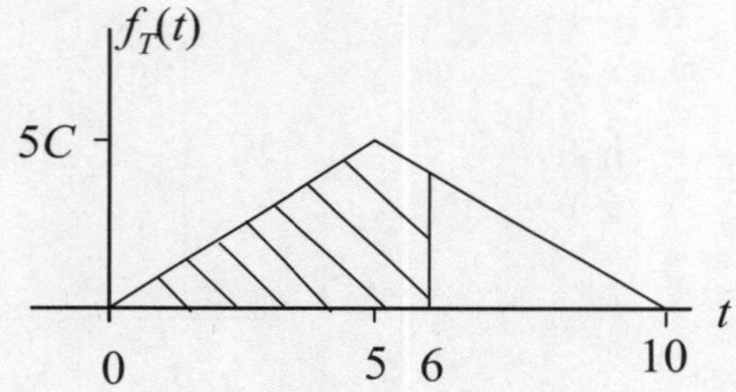

이 경우, 적분 영역이 대수 표현식이 다른 두 개의 영역으로 나누어진다. 즉, 다음과 같이 계산한다.

$$\begin{aligned}\Pr[T \le 6] &= \int_{-\infty}^{6} f_T(t)dt = \int_0^5 \frac{1}{25}t\,dt + \int_5^6 \frac{1}{25}(10-t)\,dt \\ &= \left.\frac{t^2}{50}\right|_0^5 + \left.\frac{-(10-t)^2}{50}\right|_5^6 = \frac{25}{50} + \frac{9}{50} = \frac{17}{25} = 0.68\end{aligned}$$

관심 구간이 매우 작을 때에는 식 (3.16)에 의한 PDF의 해석이 유용하다. 다음 예제는 이 점을 설명한다.

예제 3.8

예제 3.7의 두 연속된 사건이 종료되는 시간 T를 생각해 보자.
(문제-1) 이 사건의 종료시간으로 가장 가능성 높은 값은 무엇인가?
(문제-2) 이 사건이 가장 가능성 높은 시간에서 10ms 이내에 종료될 적절한 확률은 대략 얼마인가?

(답-1) 시간 T는 연속 랜덤변수이기에 특정 시각 t에 종결될 확률은 0, 즉 없다. 그래서 문제를 작은 시간구간 $(t, t+\Delta_t]$에 종결되는 사건으로 해석하자. 가장 가능성이 높은 경우를 구하기 위해서, 식 (3.16)에 있는 작은 구간내에 발생되는 사건의 확률 $f_T(t)\Delta_t$를 사용하자. 그러면 예제 3.7의 $f_T(t)$의 그림으로부터, 이 확률을 최대화 시키는 시각은 $t = 5$임을 알 수 있다.
(답-2) 이제 문제-2를 T가 4.99에서 5.01 사이에 있을 확률로 해석할 수 있다. 우선 식 (3.16)을 사용하여

$$\Pr[5 < T \leq 5 + 0.01] \approx f_T(5) \cdot 0.01 = \frac{1}{5}(0.01) = 0.002$$

를 얻는다. $t = 5$ 부근에서 분포가 대칭이므로, $4.99 < T \leq 5$의 확률도 동일하다. 그러므로 T가 가장 가능성 높은 시간에서 10msec 이내에 있을 확률은 0.004이다.

3.4 자주 쓰는 연속 랜덤변수

많은 확률밀도함수(PDF)들이 특정 응용에 적용되고 있다. 이런 확률밀도함수들은 수식으로 표현되어 여러 표에서 나타난다. 이 장에서는 이런 PDF들을 몇 가지 기술한다. 그러나 누적분포함수(CDF)는 보통 표에 나열되지 않고 심지어 완결된 수식이 존재하지 않는 경우도 있다. 이것이 대부분의 랜덤변수를 다루는 공학응용에서 주로 PDF를 사용하는 한가지 이유이다.

3.4.1 균일 랜덤변수

균일 랜덤변수는 아래와 같이 정의된 PDF를 갖고, 이 PDF는 그림 3.14와 같이 그려진다.

$$f_X(x) = \begin{cases} \dfrac{1}{b-a} & a \leq x \leq b \\ 0 & \text{otherwise} \end{cases} \tag{3.17}$$

그 외

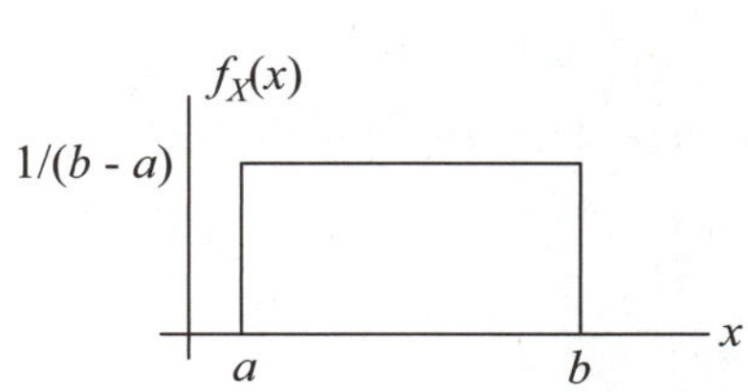

그림 3.14 균일 PDF

이산 균일분포와 유사하게 이 PDF는 해당 영역에서 동일한 가능성을 갖는 랜덤변수의 수식 표현으로 유용하게 사용된다.

예제 3.9

아날로그 신호가 디지털신호로 변환 (ADC)되기 전에 먼저 −5에서 +5 볼트 사이로 제한된다. 신호 특성에 대해 전혀 정보가 없을 때, 이 신호는 $a = -5$ 와 $b= +5$의 균일 PDF로 모델링될 수 있다. (이경우 신호가 −5와 +5 볼트 사이에 "균일 분포"되었다고 말한다)

3.4.2 지수 랜덤변수

지수 랜덤변수는 식 (3.18)과 같은 음의 지수 PDF를 갖고, 이 PDF는 그림 3.15와 같다.

$$f_X(x) = \begin{cases} \lambda e^{-\lambda x} & x \geq 0 \\ 0 & x < 0 \end{cases} \tag{3.18}$$

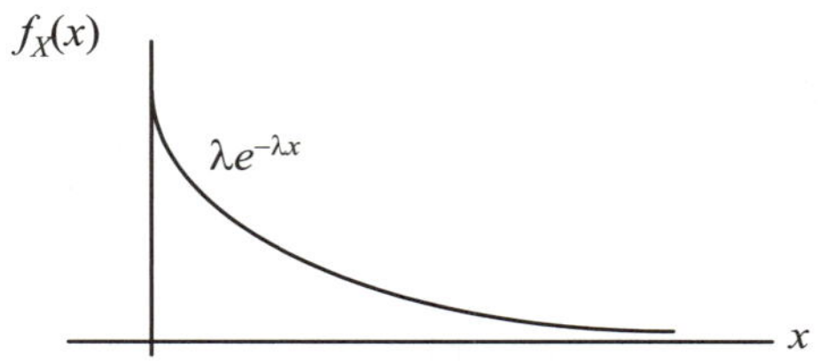

그림 3.15 지수 PDF

이 지수밀도는 사건들의 대기시간을 묘사할 때 사용되는데, 실제로 이 분포가 잘 맞는다. 지수밀도는 이산 사건의 기하분포의 극한 형태로 유도된다(참고문헌[2]). 또한 이것은 푸아송 랜덤변수와 밀접하게 관련된다. 지수 밀도함수의 매개변수 λ는 계속적으로 발생되는 사건들의 도착율을 의미한다(예를 들어, 브라운관의 캐소드에서 유입되는 전자들, 프린트 서버에 입력되는 요청들, 버스정류장에 도착되는 버스들 등). 푸아송 PMF가 고정된 시간구간 t에 도착하는 개수들을 표현하는 반면 지수밀도함수 $f_T(t)$는 다음 사건의 도착까지의 대기시간 T를 묘사한다.

예제 3.10

프린터 대기열에서, 다음 작업 도착까지의 대기시간 W는 지수 랜덤변수이다. 평균적으로 시간 당 λ=30 작업의 속도로 작업이 도착한다고 하자. 다음 작업까지의 대기시간이 2에서 4 분사이가 될 확률은 얼마인가?

이 확률은 다음과 같이 손쉽게 계산된다.

$$\Pr\left[\tfrac{2}{60} < W \leq \tfrac{4}{60}\right] = \int_{2/60}^{4/60} 30e^{-30w}\,dw = -e^{-30w}\Big|_{2/60}^{4/60} = e^{-1} - e^{-2} = 0.233$$

지수 랜덤변수는 또한 장비의 부품이 장착된 이후 "고장까지의 시간"의 확률모델으로도 사용된다. $1/\lambda$는 부품의 평균 수명 (lifetime) 또는 "고장까지 평균 시간(MTTF: mean time to failure)"이 된다. 전구가 장착된 후 고장날 때 까지 걸리는 시간을 T로 가정해 보자. 이 때 어떤 시각 t_o이후 전구가 고장날 확률은 다음과 같이 주어진다.

$$\Pr[T > t_0] = \int_{t_0}^{\infty} \lambda e^{-\lambda t} dt = e^{-\lambda t_0}$$

지수 랜덤변수는 **무기억성**(memoryless property)을 가진다. 이것은 t_o까지는 전구가 고장이 아니지만, 추가 시간 t_1(즉, $t_0 + t_1$ 시점)는 고장날 확률이 $e^{-\lambda t_1}$라는 것을 의미한다. 다시 말해, t_o까지 일어난 것들은 잊혀진다. 이 사실에 대한 증명은 다음과 같다:

$$\begin{aligned} \Pr[T > t_0 + t_1 | T > t_0] &= \frac{\Pr[[T > t_0 + t_1] \cdot [T > t_0]]}{\Pr[T > t_0]} = \frac{\Pr[T > t_0 + t_1]}{\Pr[T > t_0]} \\ &= \frac{e^{-\lambda(t_0 + t_1)}}{e^{-\lambda t_0}} = e^{-\lambda t_1} = \Pr[T > t_1] \end{aligned}$$

3.4.3 정규 랜덤변수

이 절에서 다루는 마지막 연속 랜덤변수는 **가우시안**(Gaussian) 또는 "**정규**(normal)" 랜덤변수이다. 이것은 모든 종류의 공학 응용 실제 문제들에서 자연스럽게 발생하며, 확률과 통계에서 중심적인 역할을 한다.

정규 랜덤변수는 다음의 PDF로 기술된다.

$$\boxed{f_X(x) = \frac{1}{\sqrt{2\pi\sigma^2}} e^{-(x-\mu)^2/2\sigma^2} \quad -\infty < x < \infty} \tag{3.19}$$

그리고 그림 3.16과 같이 "종 모양"으로 그려진다.

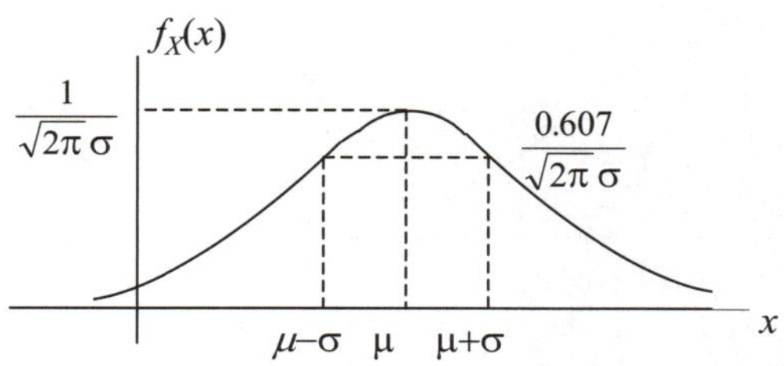

그림 3.16 가우시안 PDF

매개변수 μ는 정규 랜덤변수의 **평균**(mean 또는 average)이 되며 매개변수 σ^2는 **분산**(variance)이라고 부른다. 분산의 제곱근인 σ를 **표준편차**(standard deviation)라고 하며, 분포의 퍼진 정도를 측정해 준다. 예를 들어 정규 랜덤변수가 $\mu - \sigma$와 $\mu + \sigma$사이에 놓여질 확률은 근사적으로 0.683이다.

정규 밀도함수가 응용에 극히 중요한 PDF인 반면에, 이것의 적분

$$\Pr[a < X \le b] = \frac{1}{\sqrt{2\pi\sigma^2}} \int_a^b e^{-(x-\mu)^2/2\sigma^2} dx \tag{3.20}$$

은 해석적으로 계산될 수 없다. 대신에 표준화된 함수의 적분

$$\Phi(x) = \frac{1}{\sqrt{2\pi}} \int_{-\infty}^{x} e^{-z^2/2} dz \tag{3.21}$$

는 원하는 만큼의 정확도로 계산될 수 있고 이미 표로 만들어져 있다. $\Phi(x)$는 매개변수가 $\mu = 0$, $\sigma^2 = 1$인 정규 랜덤변수의 누적분포함수(CDF)이다. 임의의 평균과 분산(μ,σ^2)를 갖는 정규 랜덤변수의 CDF는

$$F_X(x) = \Pr[X \le x] = \Phi\left(\frac{x-\mu}{\sigma}\right) \tag{3.22}$$

와 같이 쓸 수 있다(연습 문제 3.18). 식 (3.20)의 확률은 $F_X(b) - F_X(a)$로 계산 될 수 있다. 전자공학에서는 아래의 Q 함수가 주로 사용된다.

$$Q(x) = \frac{1}{\sqrt{2\pi}} \int_{x}^{\infty} e^{-z^2/2} dz = 1 - \Phi(x) \tag{3.23}$$

이것은 통신시스템에서 신호검출과 오경보(false alarm)의 확률로 직접 대응되기 때문이다. μ와 σ^2를 매개변수로 갖는 정규 랜덤변수에 대해 다음이 성립한다.

$$\boxed{\Pr[X > x] = Q\left(\frac{x-\mu}{\sigma}\right)} \tag{3.24}$$

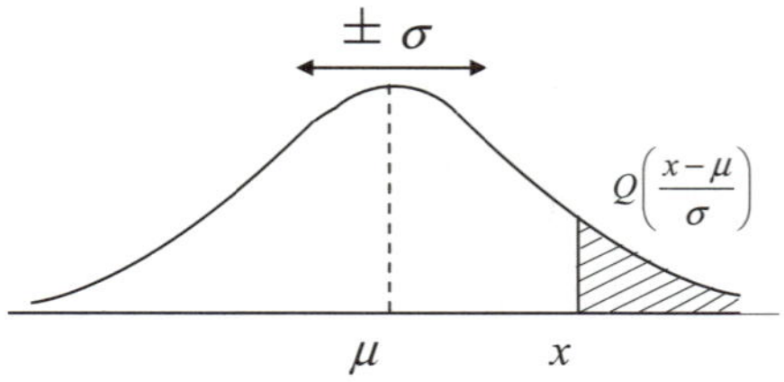

그림 3.17 Q 함수를 사용하여 표현된 $X > x$일 확률($x > \mu$일 경우)

그 결과를 그림 3.17의 그래프로 그려보면, $X > x$인 사건의 확률이 빗금 영역의 넓이에 해당된다. x가 평균의 오른편에 있을 때에는 그림 3.17에 표현된 $X > x$ 영역을 분포의 오른편 "꼬리"라고 부른다. Q 함수가 x가 꼬리 부분에 있을 때 확률을 계산하는 방법이라고 알기 쉬운데, 정의 (3.23)과 식 (3.24)의 관계는 모든 x에 대해 적용된다. 즉, 만일 그림 3.18과 같이 평균의 왼편에 x가 놓여 진다면, $Q((x-\mu)/\sigma)$는

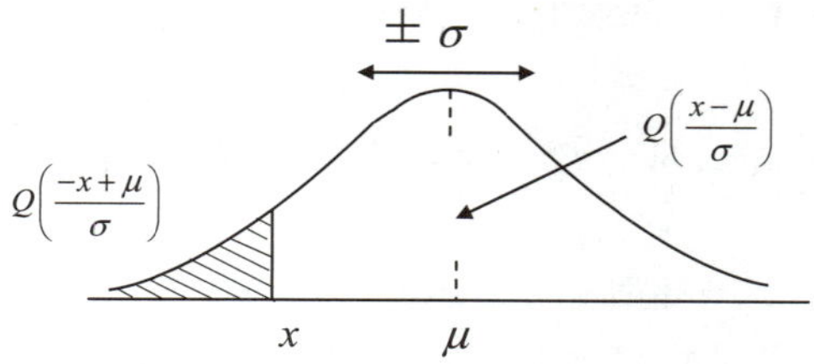

그림 3.18 Q 함수를 사용하여 표현된 $X > x$ 일 확률($x < \mu$인 경우)

그림 3.18에서 빗금이 없는 부분의 확률을 의미한다. 이 경우 Q 함수의 독립변수가 음이 되고

$$\boxed{Q(-x) = 1 - Q(x)} \tag{3.25}$$

의 관계를 이용하여 수치값을 구할 수 있다.(연습 문제 3.19)

간단한 수치 예제를 들어보자.

예제 3.11

정규 랜덤변수가 매개변수 $\mu = 1$ 과 $\sigma^2 = 4$를 가진다. 이 책 표지 안쪽에 있는 Q함수표의 값을 사용하여 (a) $\Pr[X > 3]$과 (b) $\Pr[X > -3]$을 구하라.

(a) 그림 3.17과 같은 경우이므로, 식 (3.24)의 Q함수를 사용하여,

$$\Pr[X > 3] = Q\left(\frac{3-1}{2}\right) = Q(1) = 0.15866$$

단, $Q(1)$ 값은 표에서 찾을 수 있다.

(b) 식 (3.24)을 사용하되, Q 함수의 독립변수가 음이 된다.

$$\Pr[X > -3] = Q\left(\frac{-3-1}{2}\right) = Q(-2)$$

여기서 $Q(-2)$는 표에 없지만, 식(3.25)를 이용해서

$$Q(-2) = 1 - Q(2) = 1 - 0.02275 = 0.97725$$

를 얻는다. 즉, $\Pr[X > -3] = 0.97725$가 된다.

Q 함수는 다른 계산에도 많이 사용된다. 그림 3.18은 $-\infty < x < \mu$ 로 정의되는 왼편 꼬리 부분이 포함되는 상황을 보여주고 있다. 이 빗금 부분의 확률은

$$\Pr[X \le x] = 1 - \Pr[X > x] = 1 - Q\left(\frac{x-\mu}{\sigma}\right) = Q\left(\frac{-x+\mu}{\sigma}\right)$$

이다. 여기서 마지막 결과는 식 (3.25)에서 얻어진다. 이 결과는 그림 (3.17)과 (3.18)의 명백한 대칭성을 사용해도 얻어진다.

끝으로, Q 함수는 정규 랜덤변수의 확률계산에 일반적으로 사용될 수 있다. 특히,

$$\Pr[a < X \le b] = Q\left(\frac{a-\mu}{\sigma}\right) - Q\left(\frac{b-\mu}{\sigma}\right) \tag{3.26}$$

이다. 이는 식 (3.20)과 (3.23)으로부터 쉽게 유도된다.

정규분포는 전자시스템을 설계하고 분석하는 공학도들에게는 친숙하다. 다음의 전형적인 응용 예를 살펴보자.

예제 3.12

레이더 수신기가 전압 V를 가지는 목표물로부터의 반사신호를 관측한다. 여기서 V는 원 신호와 잡음이 섞인 형태이다.

$$V = s + N$$

신호 s는 일정하고, 잡음 N은 평균이 $\mu = 0$이고 분산이 $\sigma^2 = 4$ (mv^2)인 정규 랜덤변수라고 가정하자. 또한, 전압 V가 2 볼트보다 클 때에 목표를 검출하는 것으로 가정한다.
목표가 레이더로 부터 특정 거리에 있을 때에, 신호 s는 3 볼트가 된다. 이 때에 레이더가 목표를 검출할 확률은 무엇인가?

이 예제의 전압 V는 $\mu = s = 3$, $\sigma^2 = 4$인 정규 랜덤변수이다(이것은 3.6절에 나오는 식 (3.33)으로부터 유도될 수도 있다.) 목표가 검출될 확률은

$$\Pr[V > 2] = Q\left(\frac{2-3}{2}\right) = Q(-0.5) = 1 - Q(0.5) = 1 - 0.31 = 0.69$$

와 같이 주어진다. 여기서 Q 함수는 표에서 반올림되어 계산되었다.

위에 예제에 주어진 매개변수를 사용할 때 목표를 검출할 확률이 높지 않다. 원하는 보다 높은 검출확률을 얻기 위해서 어떤 조건이 필요한지를 역으로 물어볼 수 있다.

예제 3.13

목표물이 레이더에 더 가까워질수록 레이더에 들어오는 입력신호는 더 강해진다. 만약 잡음의 매개변수가 일정하게 유지된다면, 목표검출 확률이 0.98이 되기 위해 요구되는 신호의 크기는 몇 볼트인가?

검출될 확률은 $Q\left(\frac{2-s}{2}\right)$로 주어진다. Q 함수의 독립변수가 음이므로

$$1 - Q\left(\frac{-2+s}{2}\right) = 0.98 \quad \text{또는} \quad Q\left(\frac{s-2}{2}\right) = 0.02$$

의 관계를 얻는다. 표에서 독립변수가 2.05일 때 Q 함수가 대략 0.02 임을 알 수 있다. 즉, $(s-2)/2 = 2.05$이고 $s = 6.1$ 볼트이다.

3.4.4 그 외의 연속 랜덤변수

몇 가지 다른 형태의 연속랜덤변수와 그 분포들이 이 책의 다른 절에서 언급된다. 책 앞 표지 안쪽에 이러한 분포들이 해당 절과 함께 나열되어 있다.

3.5 이산 랜덤변수와 혼합 랜덤변수의 CDF와 PDF

3.5.1 이산 랜덤변수

누적분포함수(CDF)는 연속 랜덤변수에 대한 확률적 묘사인데 3.3.1절에 이미 소개되어 있다. 이 절에서는 CDF가 연속이고 미분가능하며, 그 도함수가 PDF라는 것을 가정한다.

CDF는 이산 랜덤변수도 역시 적용되는데, 단지 식 (3.10)으로 정의되는 함수는 연속이 아닌 함수로 나타난다. 예를 들어, 베르누이 랜덤변수의 PMF는 그림 3.1과 같다. 이 랜덤변수의 CDF는

$$F_K(k) = \Pr[K \leq k]$$

이며, 그림 (3.19)와 같이 그려진다.

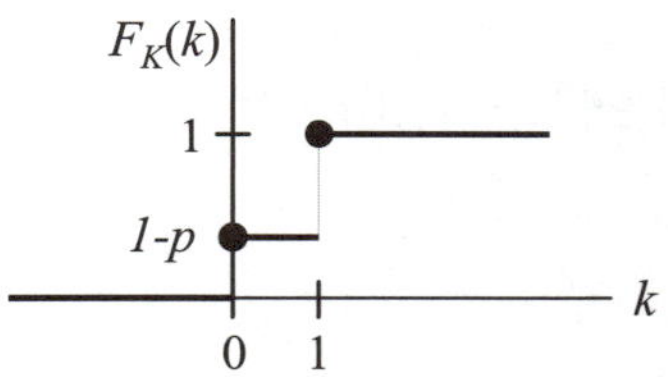

그림 3.19 베르누이 랜덤변수의 누적 분포함수(CDF)

K가 단지 0 또는 1 만 가진다는 것에 유념하여, 이 그림을 위의 수식에 따라 점검해 보자. K는 0 미만의 값을 가지지 않으므로, $k < 0$에 대해서는 함수값이 0이다. k가 0과 1사이에 있을 때에 $K \leq k$일 확률은 바로 K=0일 확률이다. 그러므로, CDF 값은 구간 $0 \leq k < 1$에서는 일정한 값 $1-p$이다. 끝으로, $k \geq 1$에 대해 $K \leq k$인 확률은 1이다. 그러므로 $k \geq 1$에서의 CDF는 1이 된다.

이 함수는 연속 랜덤변수에 대해 가정되었던 연속성과 미분가능성의 조건을 만족하지 못한다. 그럼에도 불구하고 CDF는 유용한 분석도구이다. 왜냐하면, 여전히 CDF로 이산이나 연속 랜덤변수를 모두 묘사할 수 있기 때문이다.

CDF에 대한 완전한 수학적 기술은 이 교재 범위를 벗어난다. 보다 관심있다면, 참고문헌 [3]을 참고하기 바란다. 그러나 대부분의 공학적 응용에서, 우리들은 다음을 가정할 수 있다:

CDF는 불연속이 될 수도 있는 셀 수 있는 점들만 제외하고는 모든 점에서 연속적이며 미분가능하다

불연속점에서, 식(3.10)에서 "≤"는 오른편 방향으로는 CDF가 연속임을 의미한다. 즉, 왼편 보다는 오른편에 있는 값으로 함수 값이 결정된다는 것이다(그림의 점을 보라). 또한 식(3.10)은 CDF가 0과 1사이 값으로 제한되어 있고 단조 증가함을 의미한다.

이런 넓은 의미의 CDF에서, 어떤 유형의 특이성이 허용되지 않는다면 대응되는 PDF는 정의될 수 없다. 그런데 이 특이성은 공학응용에서 잘 알려진 단위 임펄스(unit impulse) $\delta(x)$를 사용하여 표현할 수 있다. 부록 B에 이 단위 임펄스에 대한 간략한 설명이 기술되어 있다.

단위 임펄스 $\delta(x)$는 다음의 조건을 만족한다.

$$\int_{-\infty}^{x} \delta(\xi)d\xi = u(x) = \begin{cases} 1 & x \geq 0 \\ 0 & x < 0 \end{cases} \tag{3.27}$$

여기서 오른 쪽의 함수 $u(x)$는 단위 계단 함수이며 (부록 B 참조), CDF에 나타나는 불연속의 표현에 사용된다. 임펄스(함수) $\delta(x)$는 계단함수 $u(x)$의 형식적인 도함수로 간주될 수 있다. 식(3.27)의 적분상한 x가 무한대로 가면

$$\int_{-\infty}^{\infty} \delta(\xi)d\xi = 1$$

이 된다. 즉, 임펄스의 총 면적은 "1"이다.

이 함수를 사용하면, 모든 랜덤변수에 대한 PDF(연속이든 불연속이든)는 CDF의 도함수로 정의 될 수 있다.

그림 3.20은 그림 3.19의 베르누이 랜덤변수의 CDF에 대한 PDF를 나타내고 있다

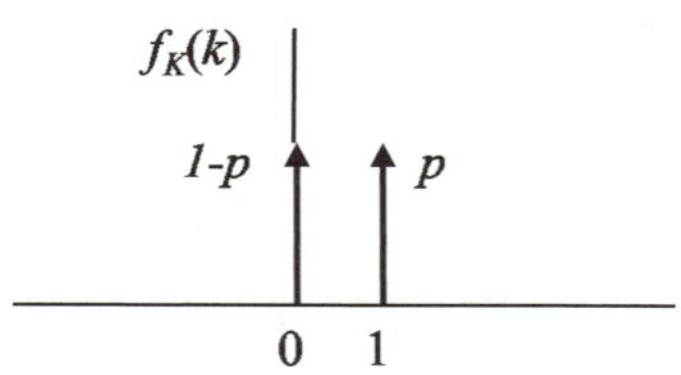

그림 3.20 베르누이 랜덤변수의 PDF

이 PDF와 그림 3.3의 PMF를 비교해 보면, 이산 값의 확률이 그와 동일한 면적을 가지는 임펄스으로 대체되었다는 것을 알 수 있다. 이 면적은 대응되는 CDF의 불연속점의 높이과 같다. PMF와 임펄스함수를 사용하여 PDF를 표현하는 일반적인 공식은 다음과 같다.

$$f_K(k) = \sum_{\forall i} \mathrm{f}_K[i]\delta(k-i) \tag{3.28}$$

여기서 $k=i$에서 발생되는 임펄스에 $\mathrm{f}_K[i]$ 값(면적)이 주어진다.

3.5.2 혼합 랜덤변수

지금까지 연속 랜덤변수와 이산 랜덤변수에 대해 설명하였다. 그런데 CDF와 PDF의 정의에서 두 가지 형태 특성을 모두 가지고 있는 랜덤변수도 가능하게 된다. 이러한 랜덤변수들을 일반적으로 **혼합** 랜덤변수라고 한다. 그림 3.21에 이런 랜덤변수의 CDF와 PDF의 전형적인 모양이 표현되어 있다. x의 대부분의 값에 대해서, $\Pr[X = x]$는 0이다. 그러나 $x = x_o$에서 확률 값은 양수 P가 된다. (단, 임펄스함수를 포함하여 확률밀도함수 전체 면적은 1이 되어야 한다.)

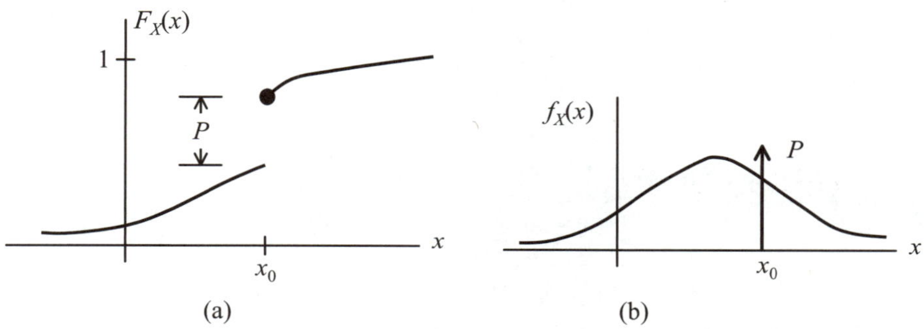

그림 3.21 연속 요소와 이산 요소를 함께 가지는 CDF와 PDF (a) CDF (b) PDF

이러한 혼합 랜덤변수들이 어떻게 발생되는지 알아보기 위해, 다음 예제를 생각해 보자

예제 3.14

아래에 보여진 간단한 정류회로에 대한 입력 전압 X는 평균 $m = 0$과 분산 $\sigma^2 = 1$을 가지는 연속 정규 랜덤변수이다. 이 회로는 전방향 저항이 0이고 역방향 저항이 무한대인 이상적인 다이오드를 포함하고 있다. 이 회로는 그림에서와 같은 전압 입출력 특성을 가진다. 즉 출력전압 Y가 혼합 랜덤변수임을 보이고 있다.

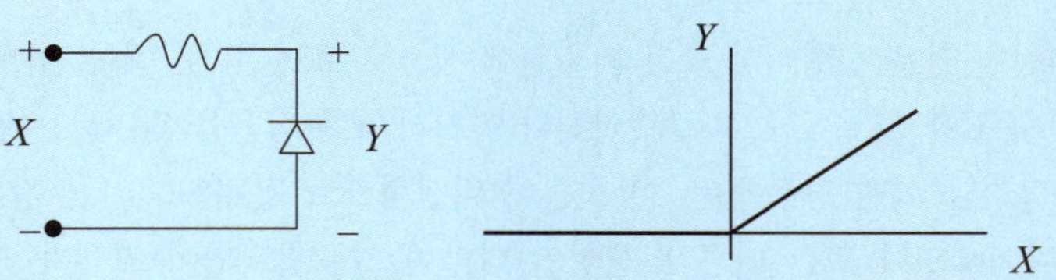

이런 형태 문제들의 좀 더 완전한 접근은 3.6절에서 시도된다. 당분간 다음의 논리를 사용하자. 위 그림에서와 같이 입력이 양일 때에는 출력 입력과 같다. 그러므로 양의 X에 대해, 입력과 출력의 PDF는 동일하다. 음의 입력에 대해서는 출력이 0이다. 음의 값이 입력될 확률은

$$\int_{-\infty}^{0} f_X(x)dx = 0.5$$

이다. 여기서 $f_X(x)$는 매개변수 $m = 0$를 갖는 식 (3.19)의 정규 밀도이다. 음의 입력이 확률은 0.5이기 때문에, 대응 사건인 출력 0의 확률도 0.5가 된다. 따라서, 출력 PDF는 $y = 0$에서 0.5의 면적을 가지는 임펄스을 갖는다. 아래의 그림은 각각 입력과 출력의 밀도함수를 보여준다. 출력 Y는 혼합 랜덤변수이다.

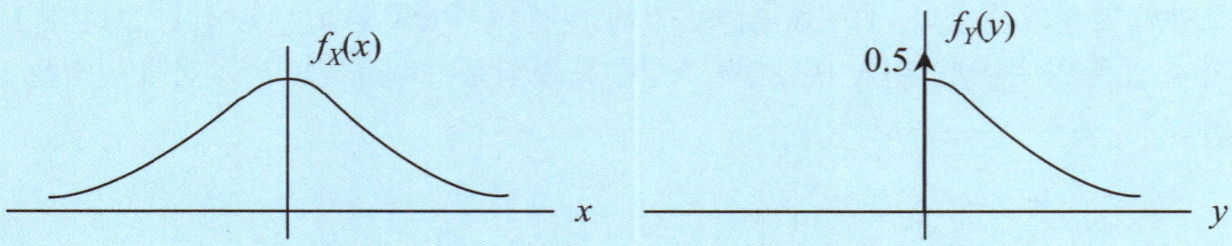

3.6 랜덤변수의 변환

여러 중요한 응용에서, 하나의 랜덤변수는 다른 변수의 함수로 표현된다. 그림 3.22와 같이 이것을 랜덤변수 X의 다른 랜덤변수 Y로의 **변환**(transformation)으로 생각할 수 있다.

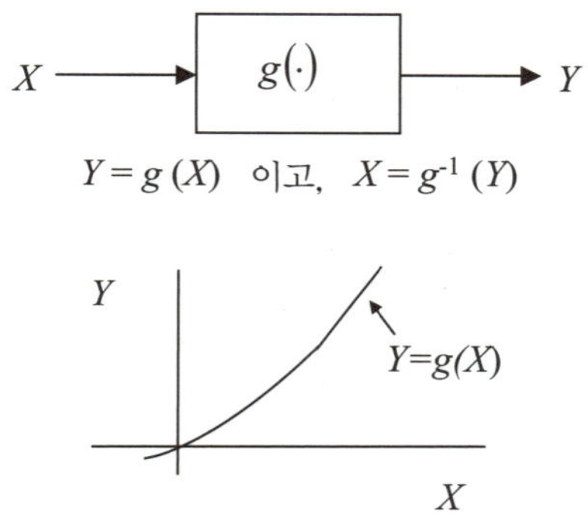

그림 3.22 랜덤변수의 변환

자주 이런 변환은 선형이다(또는 최소한 직선으로 표현된다). 예를 들어, 예제 3.12에서, 출력 랜덤변수 V가 $V = S + N$로 주어진다(여기서 N은 잡음을 의미하는 랜덤변수이고 S는 상수이다). 그러나 어떤 경우에는, 이 변환이 비선형으로 될 수도 있다. 정류과정에서, 어떤 전압이 한 다이오드나 또는 다른 비선형인 디바이스에 입력되어 교류가 직류전류로 변환되기도 한다. 신경망에서는, 입력들의 합이 임계값과 비교되기 전에 S 곡선함수(sigmoidal)나 다른 비선형 함수에 입력된다. 이 모든 경우에, 입력 PDF $(f_X(x))$를 알 경우에 출력 PDF $(f_Y(y))$를 계산할 수 있는가가 중요하다.

다음으로, 변환의 세 가지 중요한 경우에 대해 간단한 공식을 유도해 보자. 이 세가지 경우는 우리가 당면하게 될 대부분의 상황들이다.

3.6.1 변환이 가역일 경우

그림 3.23은 함수 g가 가역 함수일 때, 변환 특성의 일부를 보여주고 있다.

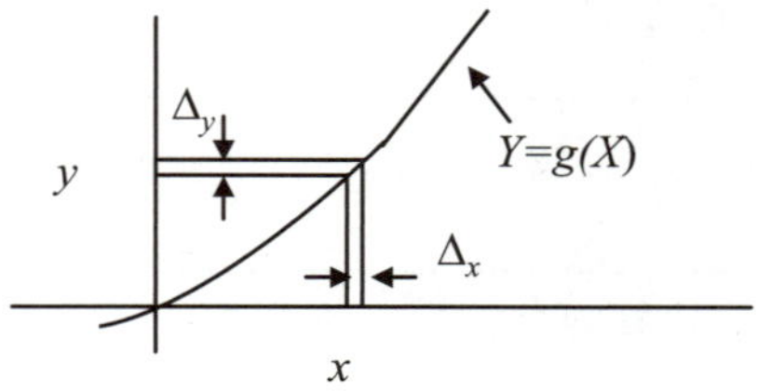

그림 3.23 가역 변환의 특성의 일부

그림에서 점 (x, y)를 고려하면, 아래의 관계를 얻는다.

$$\Pr[y < Y \leq y + \Delta_y] = \Pr[x < X \leq x + \Delta_x]$$

그 이유는 수식의 양측이 같은 사건임을 나타내기 때문이다. 그러므로,

$$f_Y(y)\Delta_y = f_X(x)\Delta_x$$

와 같이 쓸 수 있다. 또한 임의의 작은 Δ_x에 대해 근사적으로 다음이 성립한다.

$$\Delta_y = \left|\frac{dy}{dx}\right| \Delta_x$$

(절대값은 곡선의 기울기가 음이 되는 경우도 허용하게 한다.)

위 두 식을 결합하고 Δ_x항을 제거하면

$$\boxed{f_Y(y) = \frac{1}{|dy/dx|} f_X(x)\bigg|_{x=g^{-1}(y)}} \tag{3.29}$$

이 얻어진다.

오른편의 전체 항은, g^{-1}을 역변환이라고 하면, $x = g^{-1}(y)$에서 평가된다. 왜냐하면, $f_Y(y)$가 y의 항으로 표현되어야 하기 때문이다.

이 수식의 사용 예를 들어보자. 우선

$$Y = aX + b \tag{3.30}$$

이라고 가정하자. 그래서 $dy/dx = a$이고 $g^{-1}(y) = (y - b)/a$가 된다. 따라서

$$f_Y(y) = \frac{1}{|a|} f_X\left(\frac{y-b}{a}\right) \tag{3.31}$$

를 얻는다. 절대값이 함수의 내부가 아니라 외부에 나타남을 주의하라.

식 (3.31)이 매우 유용한 결과이나 두 개의 특별한 경우로 분리하여 적용하면 기억하기 쉽다. 이것을 다음의 두 경우로 요약할 수 있다.

$b = 0$인 경우,

$$\boxed{\begin{aligned} Y &= aX \\ f_Y(y) &= \frac{1}{|a|} f_X\left(\frac{y}{a}\right) \end{aligned}} \tag{3.32}$$

$a = 0$인 경우,

$$\boxed{\begin{aligned} Y &= X + b \\ f_Y(y) &= f_X(y - b) \end{aligned}} \tag{3.33}$$

예제 3.15

랜덤변수 X와 Y가 $Y = 2X + 1$의 관계이고, X는 -1과 $+1$사이의 균일분포이다. X의 PDF는 아래 그림 (a)에 보여져 있다.

만일 중간 랜덤변수 $U = 2X$를 정의하면, U의 PDF는 식 (3.32)로부터 $f_U(u) = \frac{1}{2} f_X\left(\frac{u}{2}\right)$가 된다. 이 PDF는 그림 (b)에 그려져 있다. 이제 $Y = U + 1$을 계산하자.

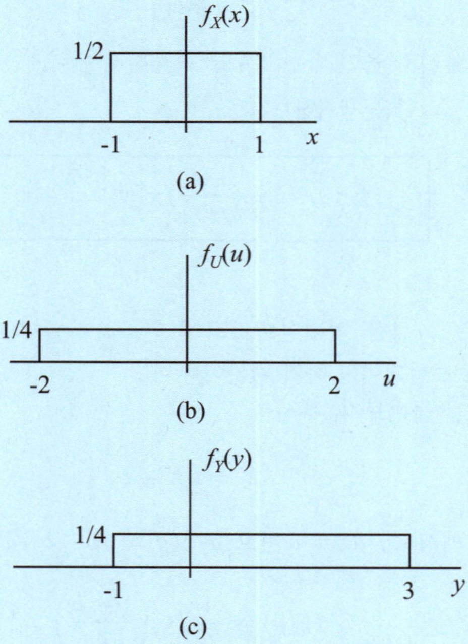

Y의 PDF는 수식 (3.33)으로부터 $f_Y(y) = f_U(y-1) = \frac{1}{2} f_X\left(\frac{y-1}{2}\right)$가 된다. 이 최종 PDF는 그림의 (c)에 그려져 있다.

이 예의 흥미로운 점은 입력 랜덤변수와 변환된 변수 모두 균일분포를 가진다는 것이다. 이것은 우연의 일치가 아니다. 식 (3.30)의 직선 변환의 경우 그 PDF의 모양은 변하지 않는다. 이것은 f_Y가 f_X의 이동과 크기변환 형태로 된다는 것을 보여주는 식 (3.31)로부터 명확하다. 특별하게 직선 변환의 결과 균일 랜덤변수는 (다른 매개변수를 가지는) 균일 형태로 유지되고, 정규 랜덤변수는 정규로 된다. 다음 예를 보자.

예제 3.16

랜덤변수 X와 Y가 $Y = aX + b$의 관계가 있다. X는 평균이 μ이고 분산이 σ^2를 가지는 정규 랜덤변수이다. Y가 또한 정규 랜덤변수임을 보여라. 랜덤변수를 묘사하는 매개변수들은 무엇인가?

이 문제에 대한 답을 위해, 간단히 변환공식 식 (3.31)을 식(3.19)의 f_X에 적용하면 다음을 얻는다.

$$f_Y(y) = \frac{1}{|a|}\frac{1}{\sqrt{2\pi\sigma^2}}e^{-[((y-b)/a)-\mu]^2/2\sigma^2} = \frac{1}{\sqrt{2\pi a^2\sigma^2}}e^{-[y-(a\mu+b)]^2/(2a^2\sigma^2)}$$

이로부터 Y가 매개변수 $\mu' = a\mu + b$와 $\sigma'^2 = a^2\sigma^2$를 갖는 정규 PDF를 가진다는 것을 알 수 있다.

3.6.2 변환이 가역이 아닐 경우

변환이 X에서 Y로의 일대일 사상이면 Y가 실직선상에 모든 값을 갖지 않는 경우에도 공식 (3.29)는 잘 적용된다. 예를 들어, 변환 $Y = e^X$ 경우 Y의 양수 값만 갖는다. 따라서 Y가 음일 때는 역변환이 존재하지 않는다. (수학자들은 변환은 일대일이지만 전사상(Surjective mapping)는 아니라고 말한다.) 그럼에도 불구하고, 식 (3.29)를 사용하여

$$f_Y(y) = \frac{1}{y}f_X(\ln y) \qquad 0 \le y < \infty$$

를 얻는다.

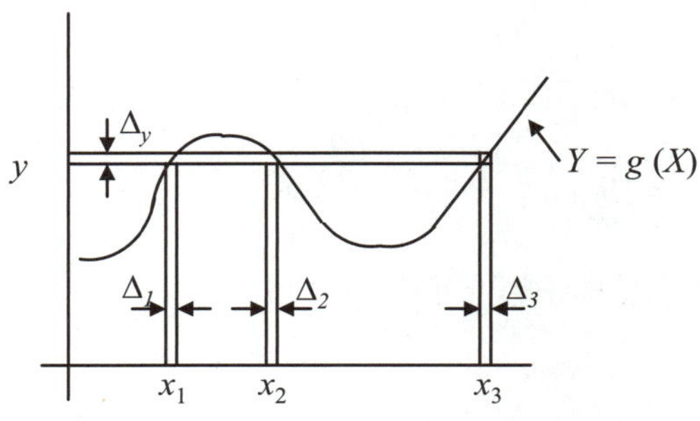

그림 3.24 비가역 변환 특성의 일부

주된 문제점은 변환이 일대일이 아닐 때 발생된다. 이 경우가 그림 3.24에 그려져 있다. 이 그림에서, $g(x_1)$, $g(x_2)$와 $g(x_3)$는 모두 같은 값 y를 준다. 다시 말해, 수식

$$g(x) = y$$

는 3개의 근 (x_1, x_2, x_3)을 가진다. 즉 $g(x)$의 유일한 역이 존재하지 않는다.

이 경우는 앞 절에서 언급한 기법을 일반화하여 처리될 수 있다. 사건 "$y < Y \leq y + \Delta_y$"는 3개의 분리된 X의 사건들의 합이다. 그러므로,

$$\Pr[y < Y \leq y+\Delta_y] = \Pr[x_1 < X \leq x_1+\Delta_1]+\Pr[x_2 < X \leq x_2+\Delta_2]+\Pr[x_3 < X \leq x_3+\Delta_3]$$

또는

$$f_Y(y)\Delta_y = f_X(x_1)\Delta_1 + f_X(x_2)\Delta_2 + f_X(x_3)\Delta_3$$

로 쓸 수 있다.

여기서, x의 증분은 일반적으로 각각 다르다, 왜냐하면, 그것들은 동일한 Δ_y에 대응되는 값들인데, 함수의 기울기는 각 점에서 다를 수 있기 때문이다. 구체적으로, 그 증분은

$$\Delta_y = \left|\frac{dy}{dx}\right|_{x_i} \Delta_i \qquad i = 1, 2, 3$$

의 관계를 만족한다. 이제 마지막 두 식을 결합하고 공통항 Δ_y를 제거하면 아래 결과를 얻을 수 있다.

$$\boxed{f_Y(y) = \sum_{i=1}^{r} \frac{1}{|dy/dx|} f_X(x)\bigg|_{x=g_i^{-1}(y)}} \tag{3.34}$$

여기서 임의의 r개의 근의 경우로 일반화 되었다. 표기법 $g_i^{-1}(y)$는 참된 역변환이 아니다.그러나 그것은 근 x_i의 근방에서 성립하는 대수적 표현을 나타낸다. 공식 (3.34)의 응용을 다음 예제를 통해 알아보자.

예제 3.17

전자 시스템 내의 잡음 X는 평균 $\mu = 0$, 분산 σ^2를 가지는 정규 랜덤변수로서 PDF는

$$f_X(x) = \frac{1}{\sqrt{2\pi\sigma^2}} e^{-x^2/2\sigma^2} \qquad -\infty < x < \infty \tag{1}$$

이다(그림 3.16을 보라), 잡음의 정규화된 순간 전력은

$$Y = \frac{X^2}{\sigma^2}$$

로 주어지며, 매개변수 σ^2는 평균잡음 전력으로 해석될 수 있다.[4] 잡음 전력의 PDF는 다음과 같이 계산될 수 있다.

마지막 식에 의해 주어지는 변환이 아래 그림에 그려져 있다

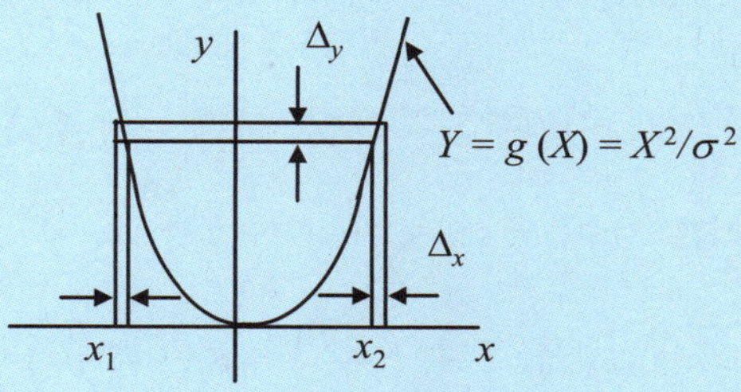

주어진 값 $Y > 0$에 대해, 잡음은 두 개의 특정 값을 가진다. 즉,

$$x_1 = g_1^{-1}(y) = -\sigma\sqrt{y} \quad \text{and} \quad x_2 = g_2^{-1}(y) = +\sigma\sqrt{y}$$

도함수의 크기는

$$\left|\frac{dy}{dx}\right| = |2x/\sigma^2| = 2\sqrt{y}/\sigma$$

와 같이 주어진다. 잡음 전력의 PDF는 (3.34)를 적용하여

$$f_Y(y) = \frac{1}{2\sqrt{y}/\sigma} f_X(-\sigma\sqrt{y}) + \frac{1}{2\sqrt{y}/\sigma} f_X(+\sigma\sqrt{y})$$

을 얻고 이 식에 정규 밀도함수 (1)를 대체한 후 간단히 하면 다음을 얻는다.

$$f_Y(y) = \frac{1}{\sqrt{2\pi y}} e^{-y/2} \qquad 0 \le x < \infty$$

(이 PDF는 자유도 1을 갖는 **카이-제곱**(Chi-square) 밀도함수로 알려져 있다.)

CDF를 사용하기

변환된 랜덤변수의 밀도를 계산하는 다른 방법은 누적분포함수를 사용하는 것이다. 이 방법은 가역 변환이든 비가역 변환이든 관계없이 적용될 수 있는 방법이다. 어떤 경우는 대수적으로 더 간단하게 처리 될 수 있어서 알아둘 필요가 있다. 아이디어는 새로운 변수의 CDF $F_Y(y)$를 원 변수 X의 CDF $F_X(x)$의 항으로 표현하고 도함수를 취하는 것이다. 이 과정을 예제로 설명해 보자.

4) 이 사실은 9장에 가서 더 논의된다.

예제 3.18

예제 3.17에서 랜덤변수 Y의 PDF를 계산하기 위해서, 먼저 Y의 CDF를 계산한 후 도함수를 취해 보자.

예제 3.17의 그림을 관찰하면

$$\Pr[Y \le y] = \Pr[x_1 \le X \le x_2] = \Pr\left[\frac{-\sqrt{y}}{\sigma} \le X \le \frac{\sqrt{y}}{\sigma}\right]$$

가 된다. 이 식은 누적분포함수들의 항으로 기술할 수 있다. 즉,

$$F_Y(y) = F_X\left(\frac{\sqrt{y}}{\sigma}\right) - F_X\left(\frac{-\sqrt{y}}{\sigma}\right)$$

이제 이 식에 y에 대한 도함수를 취하면

$$f_Y(y) = \frac{1}{2\sqrt{y}/\sigma} f_X(\sigma\sqrt{y}) + \frac{1}{2\sqrt{y}/\sigma} f_X(-\sigma\sqrt{y})$$

가 얻어 진다. 이것은 예제 3.17와 동일한 결과이다.

3.6.3 변환이 편평한 영역을 가지거나 불연속점을 포함 할 경우

비가역 변환의 중 극단적인 경우는 변환이 계단 불연속점이나 상수가 되는 영역을 포함할 때 발생된다. 이 경우는 누적분포함수를 사용하여 해결한다.

편평한 영역이 있을 때의 변환

그림 3.25는 전형적인 CDF와 $-a < X \le a$에서 편평한 변환을 보여준다.

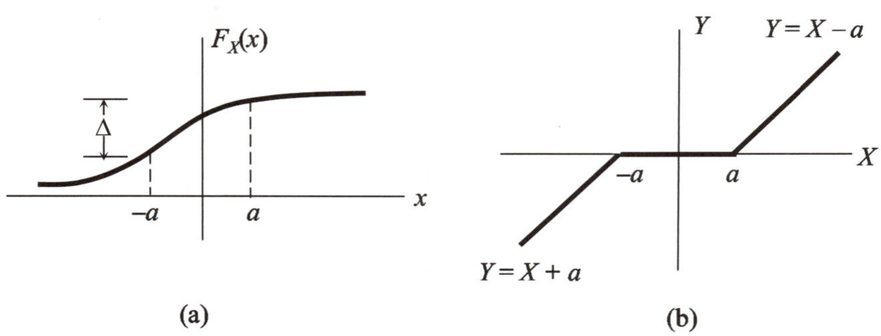

그림 3.25 전형적인 CDF와 그 변환 (a) X의 CDF (b) 편평한 영역이 있는 변환

그 변환에 3개의 상이한 영역이 있기 때문에 3가지의 별개의 경우를 고려하자.

(i) 첫 번째로, $y > 0$이라고 가정하자. 이것은 곡선의 가장 오른쪽 부분에 대한 것으로

$$\Pr[Y \le y] = \Pr[X \le y + a]$$

이 된다. 또는 CDF의 관점에서 식 (3.35)와 같이 쓸 수 있다.

$$F_Y(y) = F_X(y + a)\,; \qquad y > 0 \tag{3.35}$$

그림 3.26은 검고 굵은 선으로 표시된 변환 부분과 역시 검고 굵은 선으로 표시된 F_Y의 결과 부분을 보여 준다.

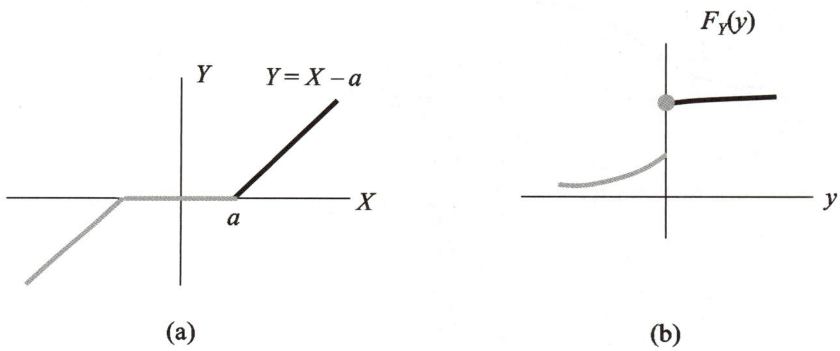

그림 3.26 Y에 대한 CDF구하기 (a) 변환 (b) Y의 CDF

(ii) 다음은 $y = 0$일 때를 고려하자. y가 0일 때, 사건 $Y \le y$는 사건 $X \le a$에 해당한다. 두 사건의 확률은 CDF의 관점에서 식 (3.36)과 같이 쓸 수 있다.

$$F_Y(y) = F_X(a)\,; \qquad y = 0 \tag{3.36}$$

(iii) 마지막으로, $y < 0$일 때를 고려하자. 이 경우에는 $\Pr[Y \le y] = \Pr[X \le y - a]$이다. 따라서

$$F_Y(y) = F_X(y - a)\,; \qquad y < 0 \tag{3.37}$$

이 되고, 이것은 그림 3.26에서 회색으로 표시된 분포의, 마지막 부분에 해당한다.

위의 3개의 식들을 함께 쓰면

$$F_Y(y) = \begin{cases} F_X(y + a) & y \ge 0 \\ F_X(y - a) & y < 0 \end{cases}$$

을 얻는다. 여기서 "≥"의 사용은 $y = 0$에서의 값도 포함함을 의미한다.
미분하여 PDF를 얻기 전에, F_Y가 $y = 0$에서 크기 $\Delta = F_X(a) - F_X(-a)$의 불연속성을 가짐을 관찰하라. 이로부터 밀도함수에 넓이 Δ의 임펄스함수를 넣어야 한다. 결국 PDF는

$$f_Y(y) = \begin{cases} f_X(y-a) & y \geq 0 \\ f_X(y+a) & y < 0 \end{cases} + \Delta\delta(y)$$

이 된다.

그림 3.27은 X의 CDF와 PDF의 형태를 보여주고 이를 Y의 CDF, PDF와 비교한다.

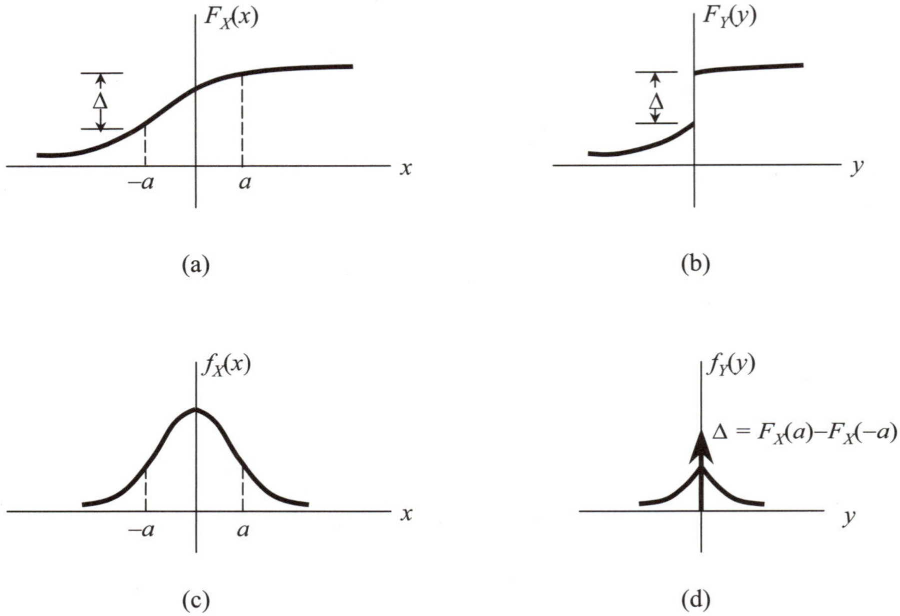

그림 3.27 그림 3.26에서 변환의 분포와 밀도함수 (a) X의 CDF (b) Y의 CDF (c) X의 PDF (d) Y의 PDF

불연속성이 있는 변환

변환의 두 번째 경우는 그림 3.28처럼 불연속성이 포함된 것이다.

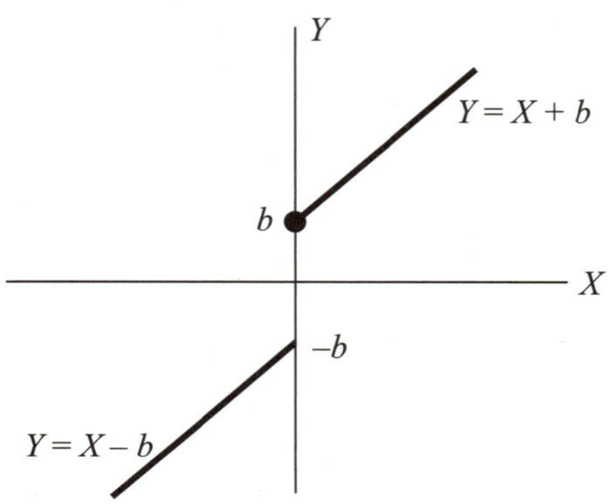

그림 3.28 불연속성이 있는 변환

이 경우 다음과 같이 쓸 수 있다.

$$\Pr[Y \le y] = \begin{cases} \Pr[\mathrm{X} \le y-b] & y > b \\ \Pr[\mathrm{X} \le 0] & -b < y \le b \\ \Pr[\mathrm{X} \le y+b] & y \le -b \end{cases}$$

그러므로,

$$F_Y(y) = \begin{cases} F_X(y-b) & y > b \\ F_X(0) & -b < y \le b \\ F_X(y+b) & y \le -b \end{cases}$$

이고, 마지막으로

$$f_Y(y) = \begin{cases} f_X(y-b) & y > b \\ 0 & -b < y \le b \\ f_X(y+b) & y \le -b \end{cases}$$

이러한 다양한 함수들은 그림 3.29에 나와 있다.

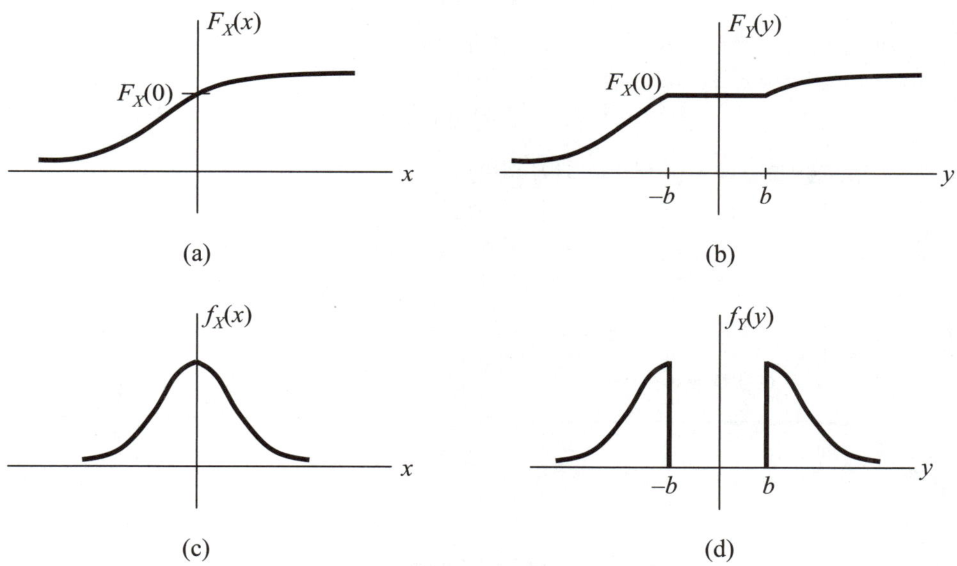

그림 3.29 그림 3.28의 변환을 위한 분포와 밀도함수 (a) X의 CDF (b) Y의 CDF (c) X의 PDF (d) Y의 PDF

두 가지를 모두 가진 변환

마지막 예제로, 그림 3.30에 나온 편평한 영역과 불연속성이 함께 있는 변환을 고려해보자.

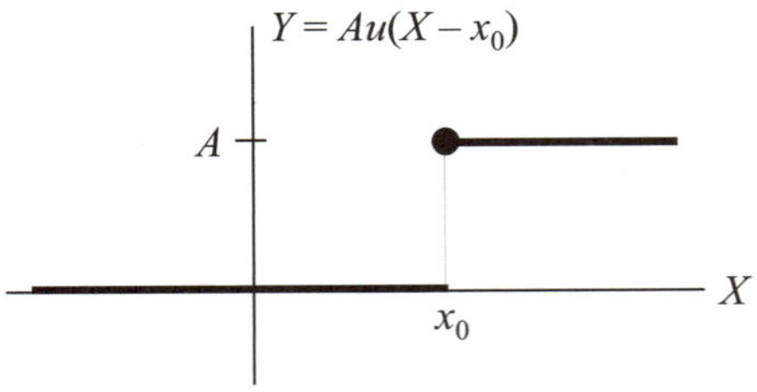

그림 3.30 불연속성과 평편한 영역을 포함하는 변환; u는 단위계안함수이다.

앞에서와 같이 먼저

$$\Pr[Y \le y] = \begin{cases} 0 & y < 0 \\ \Pr[X \le x_o] & 0 \le y < A \\ 1 & y \ge A \end{cases}$$

임을 관찰하자. CDF를 이용하여 이 확률을 써 보면

$$F_Y(y) = \begin{cases} 0 & y < 0 \\ F_X(x_o) & 0 \le y < A \\ 1 & y \ge A \end{cases}$$

이다. 이 함수는 단위 계단 함수로 다음과 같이 간단하게 쓸 수 있다.

$$F_Y(y) = F_X(x_o)u(y) + (1 - F_X(x_o)u(y - A)$$

CDF는 그림 3.31(a)에 묘사되어 있다.

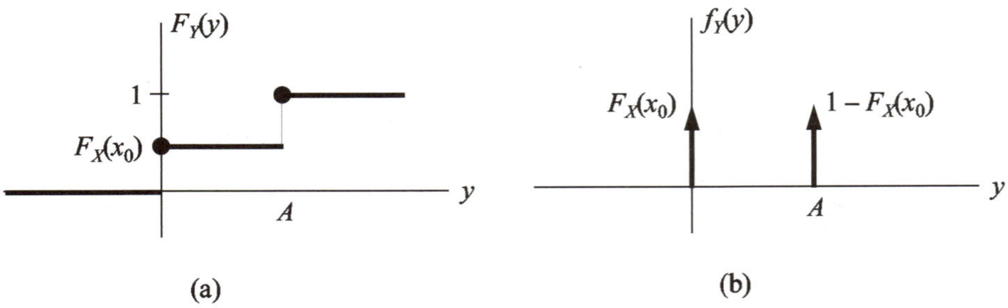

그림 3.31 그림 3.30의 변환에 해당하는 CDF와 PDF

PDF는 미분하여 구하기 때문에 두 개의 임펄스함수를 포함한다.

$$f_Y(y) = F_X(x_o)\delta(y) + (1 - F_X(x_o)\delta(y - A)$$

PDF는 3.31(b)에 나와 있다.

위의 예제들을 다른 경우로 일반화 하는 것은 쉽다. 이 방법을 적용 할 때, 각 부등식이 엄격한지 여부를 관찰하는 것이 중요하다. 특히 계단함수나 임펄스함수가 원래 분포에 포함되어 있는 경우는 특히 그렇다.

3.7 사건에 조건이 포함된 분포

때로는 조건이 주어진 상황에서 랜덤변수를 다룰 필요가 있다. 이에 대한 좋은 예가 이 장의 다음 절에 주어진다.

이산 랜덤변수의 경우, **조건부**(conditional) PMF는

$$\mathrm{f}_{K|\mathrm{A}}[k|\mathrm{A}] = \frac{\Pr[K = k, \mathrm{A}]}{\Pr[\mathrm{A}]} \tag{3.38}$$

로 정의된다. 여기서 A는 조건이 되는 사건이다. 이를 정의 할 때 오른쪽에 간편 표기법을 사용하였다. 특히, 식 $\Pr[K = k, \mathrm{A}]$는 사건 $\{s \in \mathcal{S} : K(s) = k\}$와 사건 A의 결합 확률로 해석된다. 기호 $\mathrm{f}_{K|\mathrm{A}}[k|\mathrm{A}]$는 표현이 중복이 되지만 매우 관례적인 표현이다.

조건부 PMF는 확률질량함수의 모든 통상적인 특성을 가지고 있다. 특별히,

$$0 \le \mathrm{f}_{K|\mathrm{A}}[k|\mathrm{A}] \le 1 \tag{3.39}$$

와

$$\sum_{k \in A} \mathrm{f}_{K|\mathrm{A}}[k|\mathrm{A}] = 1 \tag{3.40}$$

를 만족한다. 마지막 식에서 합이 사건 A가 허용하는 k값에 대해서만 실행됨을 유념하라.

이산 또는 연속(또는 혼합) 랜덤변수의 경우 조건부 누적분포함수는 다음 식 (3.41)로 정의된다.

$$F_{X|\mathrm{A}}[x|\mathrm{A}] = \frac{\Pr[X \le x, \mathrm{A}]}{\Pr[\mathrm{A}]} \tag{3.41}$$

이 함수는 CDF와 같은 모든 속성을 가지고 있다. 즉, 0과 1 사이로 한정되며 x의 단조 증가 함수이다. 조건부 PDF는 조건부 CDF의 형식적 도함수로 정의된다.

$$f_{X|\mathrm{A}}(x|\mathrm{A}) = \frac{dF_{X|\mathrm{A}}(x|\mathrm{A})}{dx} \tag{3.42}$$

이때, 이전과 같이 도함수가 존재하고 불연속점에서는 임펄스함수로 표현될 수 있다고 가정한다. 조건부 밀도는 항상 음이 아니며 다음의 조건을 만족한다.

$$\int_{-\infty}^{\infty} f_{X|\mathrm{A}}(x|\mathrm{A})dx = 1$$

특이성이 없는 영역의 경우, 조건부 PDF를 식 (3.16)과 유사한 다음 관계로 생각하는 것이 유용하다.

$$\Pr[x < X \le x + \Delta_x | \mathrm{A}] \approx f_{X|\mathrm{A}}(x|\mathrm{A}) \cdot \Delta_x \tag{3.43}$$

식 3.43은 중요한 또 하나의 결과를 도출하는데 사용될 수 있다. 기호 $\Pr[\mathrm{A}|x]$를 다음과 같이 정의한다.

$$\Pr[\mathrm{A}|x] = \lim_{\Delta_x \to 0} \Pr[\mathrm{A} \,|\, x < X \le x + \Delta_x] \tag{3.44}$$

이것은 X가 x값 근처에서 매우 작은 증분구간에 있을 때 사건 A의 확률이다. 이 제한이 존재함을 보여주기 위해, 2장의 식 (2.17)을 이용하여 식 (3.16)과 식 (3.43)을 대체하면

$$\Pr[\mathrm{A}|x < X \le x + \Delta_x] = \frac{\Pr[x < X \le x + \Delta_x \,|\, \mathrm{A}] \cdot \Pr[\mathrm{A}]}{\Pr[x < X \le x + \Delta_x]} \approx \frac{f_{X|\mathrm{A}}(x|\mathrm{A})\Delta_x \cdot \Pr[\mathrm{A}]}{f_X(x)\Delta_x}$$

을 얻는다.

Δ_x가 상쇄되기 때문에 식 (3.44)의 극한이 존재하고, 바로 앞의 두 식을 결합하면 다음 식 (3.45)가 된다.

$$\Pr[\mathrm{A}|x] = \frac{f_{X|\mathrm{A}}(x|\mathrm{A})\Pr[\mathrm{A}]}{f_X(x)} \tag{3.45}$$

이산식의 형태는 식 (3.46)으로 표현된다.

$$\Pr[\mathrm{A}|k] = \frac{\mathrm{f}_{K|\mathrm{A}}[k|\mathrm{A}]\Pr[\mathrm{A}]}{\mathrm{f}_K[k]} \tag{3.46}$$

식 (3.45)와 (3.46)은 사건의 확률이 랜덤변수의 관찰에 의해 영향을 받는 상황에서 유용하다. 통계에서 이러한 유형의 문제는 통계적 추론으로 알려져 있다. 전자공학에서는 검출과 분류의 응용 분야에서 이런 유형의 문제가 발생한다. 후자의 응용은 다음 절에서 설명한다.

예제 3.19

아래의 PDF가 주어진 랜덤변수 X를 고려하라.

$$f_X(x) = \begin{cases} x & 0 \le x < 1 \\ 2 - x & 1 \le x \le 2 \\ 0 & \text{그 외} \end{cases}$$

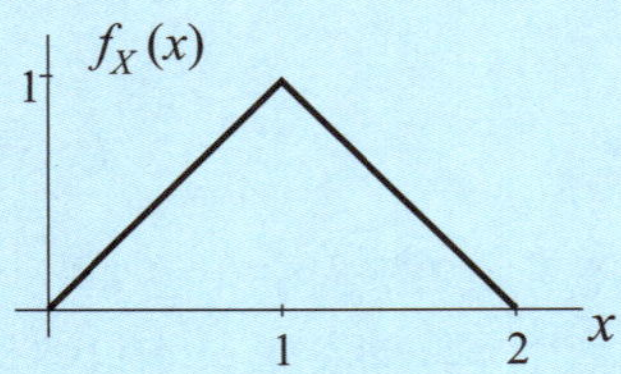

사건 A를 "$X > 1$"로 정의하고 이 랜덤변수의 조건부 PDF를 구하라.

X의 CDF는 적분을 통해서 찾을 수 있다. 결과는 아래에 그려져 있다.(이 예에서는 구체적인 식이 중요하지 않다.)

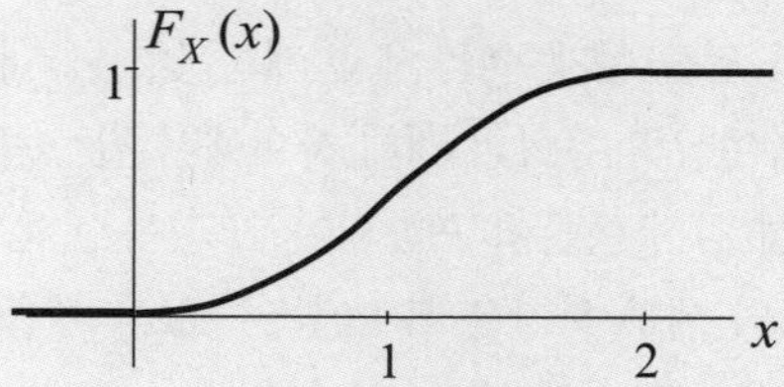

다음으로 식 (3.41)을 이용하여 $F_{X|A}$을 구한다. 식 (3.41)에 있는 분자는 사건 A가 참인 영역으로 제한된 원래의 CDF의 값일 뿐이다. 즉

$$\Pr[X \le x, \mathrm{A}] = \begin{cases} F_X(x) - F_X(u) & x > 1 \\ 0 & \text{그 외} \end{cases}$$

이다. 또한 $\Pr[\mathrm{A}] = 0.5$는 쉽게 구할 수 있다. 따라서 식 (3.41)로부터 다음을 얻는다.

$$F_{X|\mathrm{A}}[x|\mathrm{A}] = \begin{cases} 2(F_X(x) - F_X(1)) & x > 1 \\ 0 & \text{그 외} \end{cases}$$

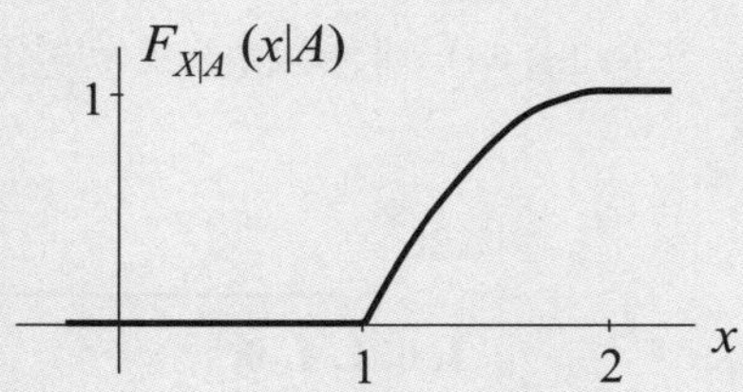

조건부 PDF는 CDF의 미분을 통해 얻어진다.(식 (3.42)를 보라.) 결과는 아래에 있다.

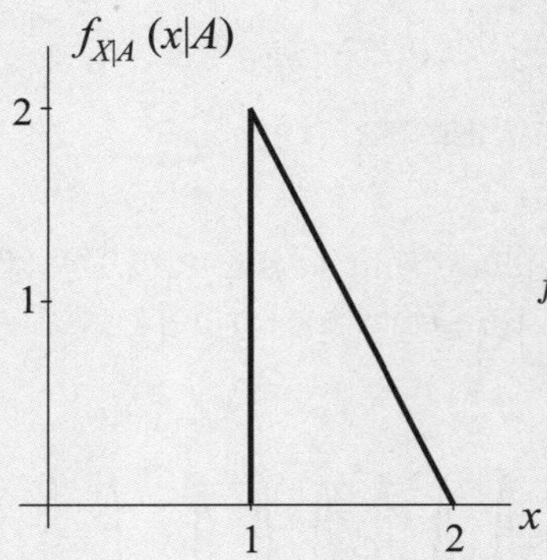

$$f_{X|\mathrm{A}}(x|\mathrm{A}) = \begin{cases} 4 - 2x & 1 \le x \le 2 \\ 0 & \text{그 외} \end{cases}$$

조건부 PDF는 조건이 만족되는 영역에서는 원래 (비조건) PDF의 상수배가 되고 다른 곳에서는 0임을 주의하라.

3.8 랜덤변수의 응용

이 장에서 개발된 도구는 여러 중요한 공학 문제에 적용될 수 있다. 서로 다르지만 관련된 3개의 문제가 여기서 설명된다. 첫번째는 디지털 통신이다. 디지털 수신기는 수신된 파형을

어떻게 0과 1로 복호할 지를 결정해야 한다. 두 번째는 수신자가 표적이 존재하는지 여부를 결정해야하는 레이더/음파 검출 문제이다. 세 번재는 센서에 대한 인터페이스를 갖는 디지털 컴퓨터가, 관찰되는 두 개 이상의 유형의 개체 사이에서 결정(즉, 식별)해야하는 분류 문제이다. 이러한 모든 응용에 가설 검정 이론이 포함되어 있고 특정 문제 영역에 대한 최적의 결정을 필요로 한다. 이러한 응용의 세부 사항은 복잡 할 수 있지만 관련된 최적 결정 원리는 랜덤변수에 대한 기본 지식을 바탕으로 개발 할 수 있다.

3.8.1 디지털 통신

최적의 결정 원리

텔레비전, 위성 라디오, 이동 전화, 무선 네트워킹 및 기타 다양한 영역을 포함하는 현대 통신에서 기본 기술은 디지털이다. 가장 간단한 변조기의 경우 그림 3.32처럼 이진 비트열을 0 또는 1을 나타내는 파형으로 변환하여 수신기로 전송한다.

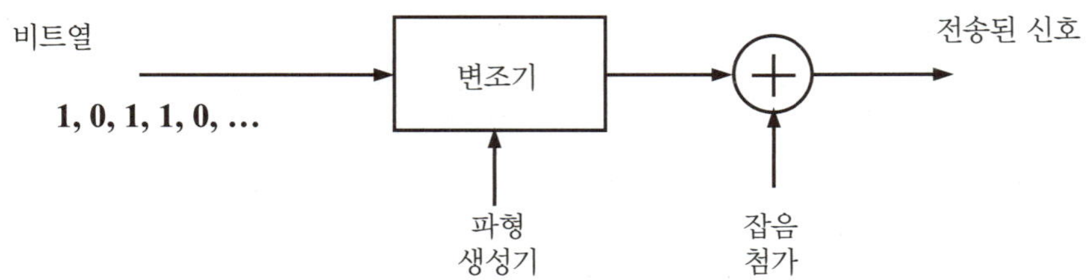

그림 3.32 디지털 신호 전송

예를 들어, 이진위상변조(BPSK, binary phase shift keying)에서 1은 짧은 정현파 파형으로 사상되는 반면, 0은 반대 위상을 갖는 유사한 파형으로 사상된다.

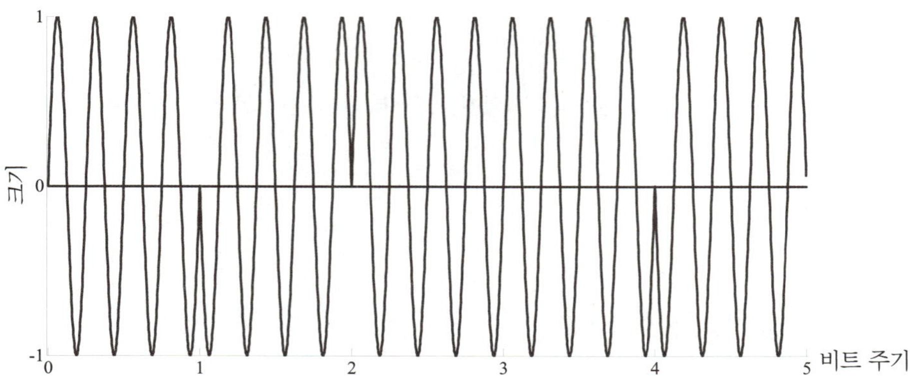

그림 3.33 BPSK에 대한 파형

정현파는 신호가 충분히 높은 주파수나 또는 다른 사용자에 의한 간섭으로부터 충분히 자유로운 대역으로 전파되도록 한다.

전송 및 전파의 다양한 단계에서 잡음이 신호에 추가된다. 잡음은 랜덤 현상이기 때문에, 수신기는 수신된 신호가 0을 나타내는지 1을 나타내는지를 확신 할 수 없다.

그림 3.34는 튜닝 및 처리의 다양한 동작을 수행하는 수신기이다.

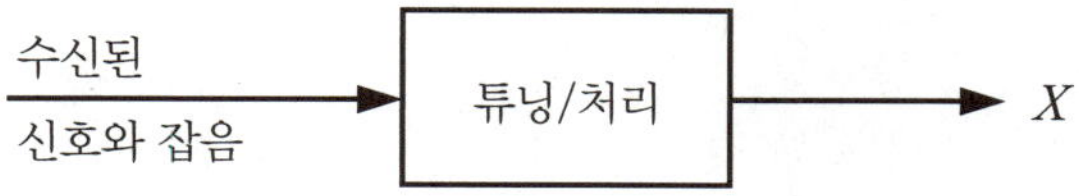

그림 3.34 수신기와 이진 결정 (0 또는 1) 전의 처리

전형적으로, 수신된 신호는 먼저 자체 발진기에 의해 곱해지고, 필터링되고, 통합되어 랜덤변수 X로 표현되는 단일 측정값을 생성한다. 이 과정을 완료하기 위해, 수신기는 X 논리값 0 혹은 1로 결정해야 한다.

잡음은 합해지고, 수신기에 의한 처리는 선형적이기 때문에, 랜덤변수 X는 신호에 의한 성분과 잡음에서 기인한 성분을 가진다. 1이 전송될 때 신호 성분이 상수 s이고, 0이 전송될 때 $-s$라고 가정한다. 잡음 성분을 랜덤변수 N으로 표현하면, X의 가능한 값은 두 가지가 되는데, 이를 각각 H_0, H_1으로 명명하자.

$$\begin{aligned} H_1 &: \quad X = s + N \qquad \text{(전송신호가 1인 경우)} \\ H_0 &: \quad X = -s + N \quad \text{(전송신호가 0인 경우)} \end{aligned} \tag{3.47}$$

랜덤변수 X에 대한 관찰 x가 주어지면, 수신기는 H_0와 H_1 중에서 하나를 최적의 방법으로 결정할 필요가 있다. 가정 H_0와 H_1는 사건으로 간주 될 수 있다. 3.7절에서 개발된 아이디어를 사용하여 $i = 0$에 대해 다음을 정의할 수 있다.

항	이름
$f_{X\mid H_i}(x\mid H_i)$	조건부 밀도함수
$\Pr[H_i]$	사전 확률
$\Pr[H_i\mid x]$	사후 확률

조건부 밀도함수는 X에 대한 확률밀도함수인데, 이는 0 또는 1이 전송되었는지 여부에 따라 달라진다. **사전확률**(prior probability)은 비트열에서 0또는 1의 가능성에 대한 사전 지식을 반영하는데, 이것을 이미 알고 있는 것으로 가정한다. 보통은 가능성이 동일하다. 끝으로, **사후확률**(posterior probability)은 랜덤변수 X를 관찰한 후에 0 또는 1이 전송되었을 가능성(likelihood)을 표현한다. 식 (3.45)에 따라, 이들은 아래와 같이 관련된다.

$$\Pr[\mathrm{H}_i|x] = \frac{f_{X|\mathrm{H}_i}(x|\mathrm{H}_i)\Pr[\mathrm{H}_i]}{f_X(x)}; \qquad i = 0, 1 \tag{3.48}$$

이제 결정 과정으로 돌아가서, 오류 발생 확률을 최소화하기를 원한다고 가정하자. 다음의 논리로 접근한다. Pr[error]를 최소화하기 위해서 모든 가능한 x값에 대해 $\Pr[\text{error}\,|\,x]$를 최소화 하는 것이 필요하다. 이것은 연속 랜덤변수에 대해 쓰여진 다음의 총 확률의 원리부터 유도된다.

$$\Pr[\text{error}] = \int_{-\infty}^{\infty} \Pr[\text{error}|x]\, f_X(x)dx \tag{3.49}$$

(이 공식을 2장의 (2.15)와 비교해보라). 이제, x_0을 X의 관측값이라고 놓고 사후 확률 곡선이 그림3.35와 같다고 가정하자.

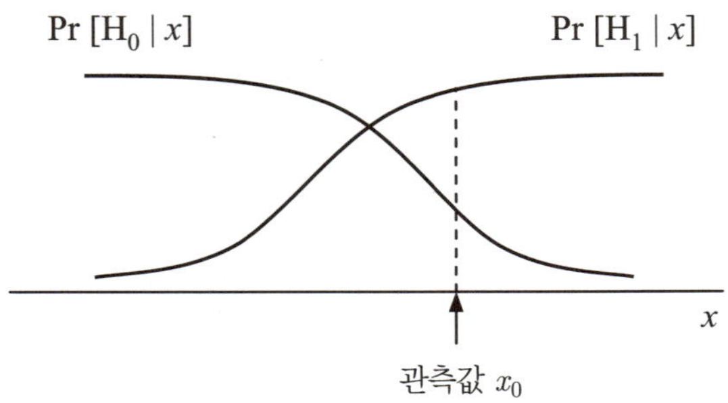

그림 3.35 전형적인 사후확률 그래프

만약 x_0가 H_0에 대응되는 것으로 결정한다면 이 결정은 확률 $\Pr[\mathrm{H}_0\,|\,x_0]$만큼 맞고, 확률 $\Pr[\mathrm{H}_1\,|\,x_0]$ 만큼은 틀리게 된다. 물론 x_0가 H_1에 대응된다고 결정하면 $\Pr[\mathrm{H}_1\,|\,x_0]$의 확률만큼 맞고 $\Pr[\mathrm{H}_0\,|\,x_0]$만큼 틀릴 것이다. 잘못된 결정(오류)의 확률을 최소화 하기 위해, 가장 높은 사후 확률을 갖는 가설을 선택해야 한다. 그림 3.35의 경우에는, $\Pr[\mathrm{H}_1\,|\,x_0] > \Pr[\mathrm{H}_0\,|\,x_0]$이기 때문에 H_1을 선택한다.

이 논리를 일반화하면, $\Pr[\mathrm{H}_1\,|\,x_0] > \Pr[\mathrm{H}_0\,|\,x_0]$이면 H_1을 선택해야 하고 그렇지 않으면 H_0를 선택해야 함을 보일 수 있다. 최적의 결정규칙은 오류 확률을최소화하는 것으로, 아래와 같이 쓴다.

$$\Pr[\mathrm{H}_1|x] \underset{H_0}{\overset{H_1}{\gtrless}} \Pr[\mathrm{H}_0|x] \tag{3.50}$$

이 결과는 직관적으로 확실하다. 즉, 최적의 결정규칙은 관측값으로 조건을 주었을 때 가장 가능성이 큰 가설을 선택하는 것이다.

의사결정 규칙을 보다 적용 가능한 형태로 만들기 위해 (3.50)에서 (3.48)로 대체하고 공통 분모항을 제거하면,

$$f_{X|\mathrm{H}_1}(x|\mathrm{H}_1)\,\Pr[\mathrm{H}_1] \underset{H_0}{\overset{H_1}{\gtrless}} f_{X|\mathrm{H}_0}(x|\mathrm{H}_0)\,\Pr[\mathrm{H}_0]$$

을 얻게 된다. 최종적으로 아래와 같이

$$\mathrm{P}_i = \Pr[\mathrm{H}_i]\,; \qquad i = 0, 1$$

로 정의하면, 결정규칙은 다음 형태로 쓰여진다.

$$\boxed{\frac{f_{X|\mathrm{H}_1}(x|\mathrm{H}_1)}{f_{X|\mathrm{H}_0}(x|\mathrm{H}_0)} \underset{H_0}{\overset{H_1}{\gtrless}} \lambda} \tag{3.51}$$

단, $\lambda = \mathrm{P}_0/\mathrm{P}_1$이다. 식 (3.51)의 좌변은 **우도비**(likelihood ratio)라 불리는 통계적 결정 이론에서 사용되는 기본적인 량이며, λ는 임계값이라고 불린다. 결정규칙 자체는 우도비율 검정으로 알려져 있다. 임계값이 $\mathrm{P}_0/\mathrm{P}_1$로 설정되면, 이 검정은 오류 확률을 최소화한다.

가우스 잡음의 경우

현실 세계의 대부분의 경우에, 잡음은 평균 0인 정규 확률밀도함수를 가진다.

$$f_N(n) = \frac{1}{\sqrt{2\pi\sigma^2}} e^{-n^2/2\sigma^2} \tag{3.52}$$

(3.47)의 두 가설에 대한 조건부 밀도함수들은 다음과 같이 주어진다.

$$f_{X|\mathrm{H}_1}(x|\mathrm{H}_1) = f_N(x-s) = \frac{1}{\sqrt{2\pi\sigma^2}} e^{-(x-s)^2/2\sigma^2}$$

$$f_{X|\mathrm{H}_0}(x|\mathrm{H}_0) = f_N(x+s) = \frac{1}{\sqrt{2\pi\sigma^2}} e^{-(x+s)^2/2\sigma^2}$$

이 경우, 식 (3.51)에 이것을 대입하고, 로그함수를 취하여 간략화하면, 다음의 결정 규칙이 유도된다.(연습문제 3.62참조),

$$x \underset{H_0}{\overset{H_1}{\gtrless}} \tau\,; \qquad \text{여기서} \quad \tau = \frac{\sigma^2}{2s} \ln \frac{\mathrm{P}_0}{\mathrm{P}_1} \tag{3.53}$$

여기서 τ는 오류 확률을 최소화시키는 최적의 임계값(x에 대해)이다. $\mathrm{P}_1 = \mathrm{P}_0$일 때 임계값이 0임을 주목하라.

오류 계산

최적 판단을 위한 기준으로 사용되는 오류확률은 통신 시스템의 성능 측도로도 응용된다. 이 성능 측도는 다음과 같이 계산 될 수 있다.

통신 시스템에서 두 가지 유형의 오류가 발생할 수 있다; 0을 1로 또는 1을 0으로 오판될 수 있다. 각각의 조건부 확률에 의해 두 가지 유형의 오류를 구분하고 다음을 정의하자.

$$\varepsilon_1 \stackrel{\text{def}}{=} \Pr[\text{error}|\text{H}_1]\,; \qquad \varepsilon_0 \stackrel{\text{def}}{=} \Pr[\text{error}|\text{H}_0] \tag{3.54}$$

이 오류들은 그림 3.36과 그림 3.37로 표현된다.

그림 3.36은 1이 전송될 때에의 상황을 보여주고 있다.

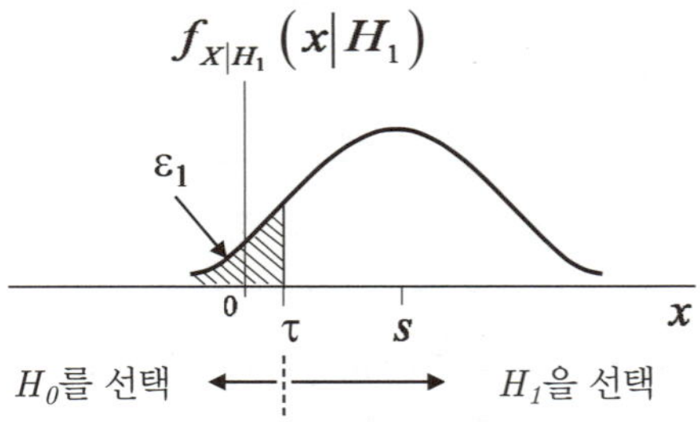

그림 3.36 유형 1 오류의 예시

관찰에 대한 확률은 조건부 밀도 $f_{X|\text{H}_1}$이 준다. 의사결정 규칙 (3.53)은 관측값이 임계값보다 클 때 H_1을 선택하고 그렇지 않을 때 H_0를 선택하도록 한다. 따라서 관측값이 임계값 왼쪽에 있을 때 오류가 발생한다. 오류 확률 ε_1은 밀도함수 아래의 음영부분의 넓이이다.

그림 3.37은 0이 전송 될 때 의 상황을 보여준다. 이 경우 관측값이 임계값보다 클 때 오류가 발생한다. 오류의 확률 ε_0 은 밀도함수 아래의 음영부분의 넓이이다.

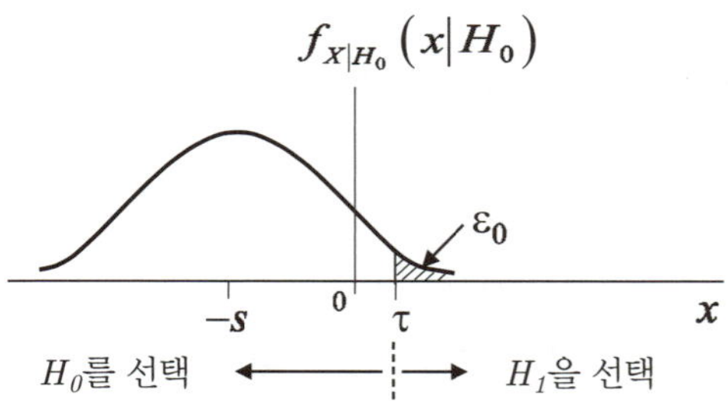

그림 3.37 유형 0 오류의 예시

이 그림들은 다음을 보여주고 있다.

$$\begin{aligned} \varepsilon_1 &= \Pr[X \le \tau|\text{H}_1] \\ \varepsilon_0 &= \Pr[X > \tau|\text{H}_0] \end{aligned}$$

오류의 (조건없는)확률은 총 확률의 법칙을 사용하여 다음과 같이 계산할 수 있다.

$$\begin{aligned} \Pr[\text{error}] &= \Pr[\text{error}|\text{H}_0]\Pr[\text{H}_0] + \Pr[\text{error}|\text{H}_1]\Pr[\text{H}_1] \\ &= \varepsilon_0\,\text{P}_0 + \varepsilon_1\,\text{P}_1 \end{aligned} \tag{3.55}$$

잡음이 정규 랜덤변수라면, 조건부 오류 확률은 Q 함수를 사용하여 다음과 같이 계산할 수 있다:

$$\varepsilon_1 = Q\left(\frac{-\tau + s}{\sigma}\right)\,; \qquad \varepsilon_0 = Q\left(\frac{\tau + s}{\sigma}\right) \tag{3.56}$$

(3.4.3절 참조). $P_1 = P_0 = 1/2$ 인 통상적인 경우 임계값 τ는 0이 되고 (3.55)는 다음과 같이 축약된다.

$$\Pr[\text{error}] = Q\left(\frac{s}{\sigma}\right) \tag{3.57}$$

즉, 오류 확률은 s/σ 비에 완전히 종속된다. 즉, 다음의

$$\text{SNR} \ = 20\log_{10} s/\sigma \tag{3.58}$$

에 종속되는데, 이는 **신호대 잡음비**(SNR dB)로 알려져 있다. 최적 수신기에 대한 성능 곡선은 오류 확률을 SNR에 대해 그려서 얻는다.

예제 3.20

(3.47)의 신호 s가 2mv이고 잡음이 분산 $\sigma^2 = 4\,\text{mv}^2$를 갖고 평균이 0인 정규 랜덤변수인 통신 시스템을 생각해보자. 두 개의 가정에 대한 조건부 밀도는 다음과 같이 주어진다.

$$\text{H}_1\,(X = s + N): \qquad f_{X|\text{H}_1}(x|\text{H}_1) = f_N(x-2) = \tfrac{1}{\sqrt{2\pi\cdot 4}}e^{-(x-2)^2/(2\cdot 4)}$$

$$\text{H}_0\,(X = -s + N): \quad f_{X|\text{H}_0}(x|\text{H}_0) = f_N(x+2) = \tfrac{1}{\sqrt{2\pi\cdot 4}}e^{-(x+2)^2/(2\cdot 4)}$$

이 방정식을 (3.51)에 대체하고 단순화하면 최적 의사결정 규칙 (3.53)을 준다.

$$x \underset{H_0}{\overset{H_1}{\gtrless}} \tau; \qquad \tau = \ln\frac{\text{P}_0}{\text{P}_1}$$

만약 사전률이 같다면($\text{P}_0 = \text{P}_1 = 0.5$), 임계값은 0이 되고 조건부 확률은 다음과 같이 주어진다.(3.56 참조).

$$\varepsilon_1 = \varepsilon_0 = Q\left(\frac{2}{2}\right) = Q(1) = 0.1587$$

(3.55)로부터 이진 통신시스템에 대한 오류 확률은 다음과 같다.

$$\Pr[\text{error}] = \varepsilon_0\,\text{P}_0 + \varepsilon_1\,\text{P}_1 = 0.1587$$

임의의 임계값 τ에 대한 결정 규칙 (3.53)의 성능을 비교하는 것이 도움이 된다. 임계값 τ가 일정 구간에 오도록 한다면, 오류 확률 (3.55)는 아래에 표시된 것처럼 임계값의 각 값에 대해 그려질 수 있다.

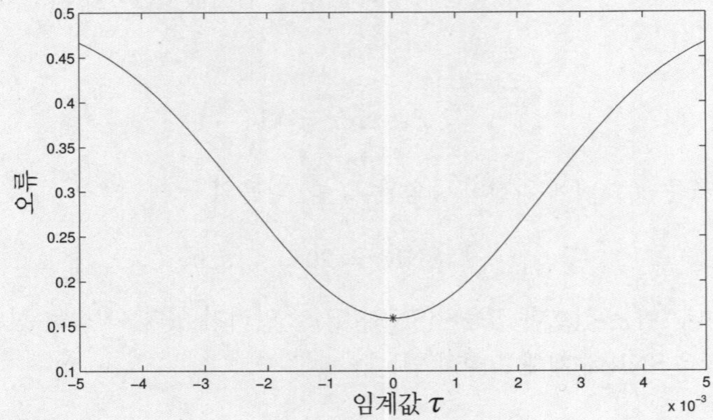

사전확률이 같기 때문에, 0.1587의 최소 오차는 예상한 바와 같이 $\tau = 0$에서 발생한다.
위에 계산된 오류 확률이 상당히 높은데 이는 낮은 성능을 보여준다. 이것은 신호 대 잡음비(3.58)가 상당히 낮다는 사실(0 dB)과 관련이 있다. 신호의 수준이 4mv로 증가하면 SNR은 약 6dB로 증가하고 오류 확률은 0.0228로 감소한다. 아래의 시스템의 성능 곡선은 SNR에 대한 오류 확률을 보여주는데, 곡선상에서 0 dB의 점은 원의 6dB의 점은 정사각형으로 표시되어 있다. 그림에서 10^{-2} 미만의 오류 확률을 얻으려면 SNR이 약 7.4dB(점선이 있는 다이아몬드)보다 커야 함을 알 수 있다.

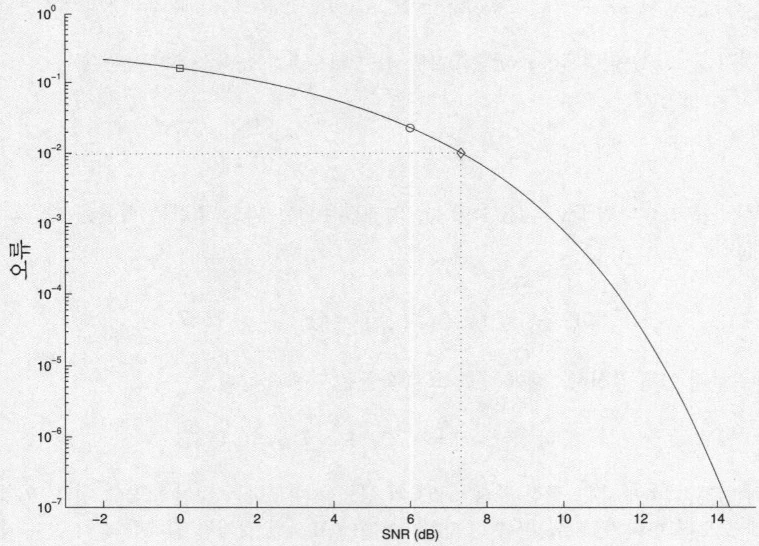

3.8.2 레이더/수중음파검출기 목표 검출

최적 결정 방법은 레이더 또는 수중음파 검출 문제에도 사용된다. 그림 3.38에 묘사된 레이더의 경우 전자기 펄스[5)]가 송출되어 목표라고 부르는 물체(존재한다면)로부터 반사된다.

5) 수중 음파 검출기의 경우 음압 펄스가 사용된다.

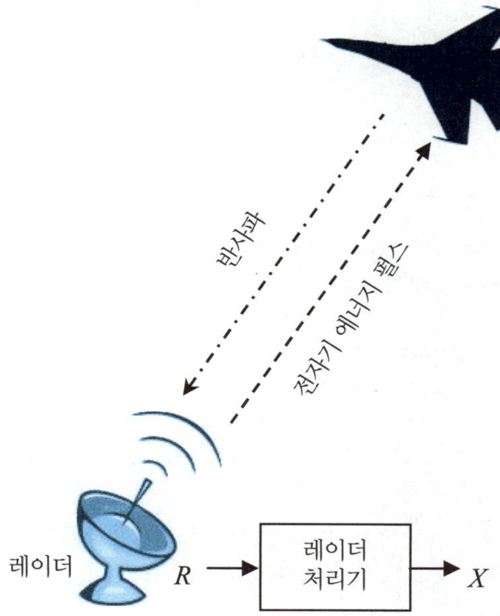

그림 3.38 레이더 목표 검출의 묘사

레이더는 반사된 펄스를 수신하고 처리한 후, 목표로부터의 반사로 인한 성분과 잡음으로 인한 성분을 갖는 랜덤변수 X를 생성한다. 다음의 가설들이 정의될 수 있다.

$$\begin{aligned} \mathrm{H}_1 : \quad & X = s + N \quad \text{(목표물이 존재)} \\ \mathrm{H}_0 : \quad & X = N \qquad\quad \text{(목표물이 존재하지 않음)} \end{aligned} \tag{3.59}$$

여기서 s는 목표에 의한 성분이고, N은 잡음으로 인한 랜덤변수이다.

문제는 앞에서 설명한 이진 통신 문제와 유사하기 때문에, 오류 확률을 최소화하기 위한 유사한 분석을 통해 최적 결정 절차로 우도비율 검정을 얻는다. 그러나 다음과 같은 이유로 (3.55)에 정의된 오류를 최소화하는 것이 이 문제에 대한 좋은 기준은 아니다.

- 임계값 (3.51)은 사전확률 P_1과 P_0에 의해 정의된다. 이 확률을 알지 못할 수도 있는데 $\mathrm{P}_1 = \mathrm{P}_0 = 1/2$과 같은 임의의 선택은 이 응용에서 현실적이지 않다.
- 이 검정에는 고정된 단일 임계값이 포함되어 고정된 오류 ε_1 및 ε_0가 발생한다. 그러나 다른 유형의 오류와의 "상충관계(trade-off)"를 고려하여 임계값을 변경할 수 있다.

다행히 필요한 융통성을 유지하면서 우도비율 검정을 가능하게 하는 또 다른 절차가 있다. 이것은 **네이먼 - 피어슨**(Neyman-Pearson) 기준에 기반한다.

이 과정을 설명하기 위해 먼저 관련 용어를 정의해야 한다. 목표 검출의 의미에서, 오류 항 ε_0는 **오경보**(false alarm) 확률이라고 불린다. 이것은 시스템이 목표물이 존재한다고 판단했을 때, 실제로 목표물이 존재하지 않을 확률이다. 오류 항 ε_1은 **검출실패**(missed detection)

확률이라고 불린다. 이것은 목표가 실제로 존재하는데 시스템이 목표가 없다고 결정할 확률이다. 관련용어로 **검출 확률**은 1− ε_1를 의미한다. 레이더 문제에서는 관례적으로 다음과 같이 정의되는 p_{fa}와 p_d,를 사용한다.

$$\begin{aligned} p_{fa} &= \varepsilon_0 \\ p_d &= 1 - \varepsilon_1 \end{aligned}$$

네이먼–피어슨 과정에서는 오경보 확률은 고정되며 ($p_{fa} = \alpha$) 이 제한된 조건하에서 검출 확률 p_d가 최대화된다. 이것은 아래 형태의 우도비율 검정을 준다.

$$\frac{f_{X|\mathrm{H}_1}(x|\mathrm{H}_1)}{f_{X|\mathrm{H}_0}(x|\mathrm{H}_0)} \underset{H_0}{\overset{H_1}{\gtrless}} \lambda \tag{3.60}$$

여기서 λ는 오경보 확률에 대해 선택된 값 α에 직접 관련된 임계값이다. 임계값은 높은 검출 확률과 높은 오경보 확률 사이의 상충관계에 따라 변할 수 있다.

불행하게도, 네이먼 피어슨 검정을 유도하는 것은 변분법의 연습문제로 이 시점에서는 불필요하다.(자세한 내용은 [4]에서 확인 가능). 그러나 결과가 (3.60)의 형태를 갖는다는 것을 알면, 문제를 더 깊이 탐구하기에 충분하다.

검출-오경보의 상충관계

이제 특정 사례로 (3.52)의 정규 PDF를 갖는 잡음을 고려하자. 두 가설 각각의 조건부 밀도함수는 다음과 같이 주어진다.

$$f_{X|\mathrm{H}_1}(x|\mathrm{H}_1) = f_N(x-s) = \frac{1}{\sqrt{2\pi\sigma^2}} e^{-(x-s)^2/2\sigma^2}$$

$$f_{X|\mathrm{H}_0}(x|\mathrm{H}_0) = f_N(x) = \frac{1}{\sqrt{2\pi\sigma^2}} e^{-(x)^2/2\sigma^2}$$

우도비율 (3.60)에 이 방정식을 대입하고 로그를 취하면 다음의 결정규칙을 이끌어낼 수 있다 (연습문제 3.62 참조).

$$x \underset{H_0}{\overset{H_1}{\gtrless}} \tau \tag{3.61}$$

여기서 $\tau = 1 + 2\ln\lambda$는 (x에 대한) 임계값이며, 이것은 오경보 확률과 관련있다.

그림 3.39는 하나의 그림에서 두 조건부 밀도함수와 임의의 임계값 τ를 보여준다. 오경보 확률 p_{fa}는 H_0에 대한 밀도함수 아래의 임계값 오른쪽의 빗금 처리된 영역이다. 검출 확률은 H_1에 대한 밀도함수 아래의 임계값 오른쪽에 있는 (빗금 처리되지 않은) 영역이다. 임계값의 왼쪽에 있는 빗금 처리된 영역은 검출 실패확률 $1 - p_d$이다. 원하는 오경보 확률에 대한 임계값 τ는 다음 수식을 풀어서 알 수 있다.

$$\alpha = \int_{\tau}^{\infty} f_{X|\mathrm{H}_0}(x|\mathrm{H}_0)dx$$

결과는 Q의 역함수로 표현할 수 있다.

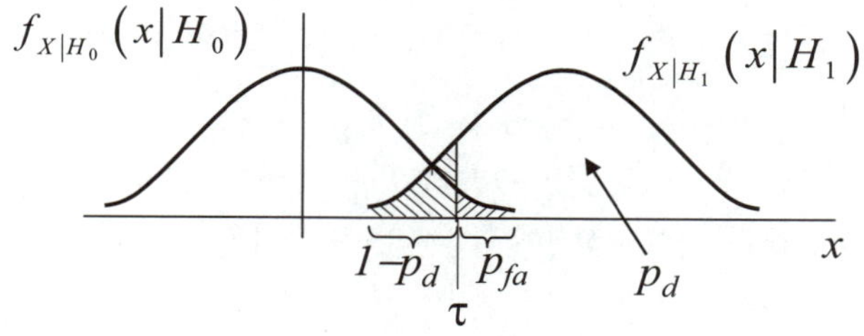

그림 3.39 검출 확률(p_d)과 오경보 확률(p_{fa})을 보여주는 조건부 밀도함수

그림 3.39에서 임계값이 왼쪽으로 이동하면 p_d와 p_{fa}가 모두 증가하고 오른쪽으로 이동하면이 두 확률이 감소하는 것을 알 수 있다. 따라서 검출 확률을 높이기 위해서는 오경보를 높은 확률을 받아들여야 한다. 레이더 및 음파 검출 문제에서는 임계값 τ를 변화시키면서 p_d대 p_{fa}의 그래프를 그리는 것이 일반적이다. 이러한 그래프를 수신기 작동 특성(ROC)이라고 하며 양적 의미에서 어떻게 낮은 오작동 가능성과 높은 검출 확률을 교환 할 수 있는가를 보여준다. 이는 아래 예제에서 설명된다.

예제 3.21

(3.59)의 신호 s 가 2 mv이고 잡음이 평균이 영이고 $\sigma^2 = 4\,\mathrm{mv}^2$의 분산을 갖는 정규 랜덤변수인 검출 문제를 생각하라. 두 가설에 대한 조건부 밀도는 다음과 같이 주어진다.

$$\mathrm{H}_0: \quad f_{X|\mathrm{H}_0}(x|\mathrm{H}_0) = f_N(x) = \frac{1}{\sqrt{2\pi \cdot 4}} e^{-x^2/(2\cdot 4)}$$

$$\mathrm{H}_1: \quad f_{X|\mathrm{H}_1}(x|\mathrm{H}_1) = f_N(x-2) = \frac{1}{\sqrt{2\pi \cdot 4}} e^{-(x-2)^2/(2\cdot 4)}$$

이 방정식을 (3.60)에 대체하고 단순화하면 의사결정 규칙 (3.61)

$$x \underset{H_0}{\overset{H_1}{\gtrless}} \tau$$

을 얻는다. 검출 및 오경보 확률은 다음과 같다.

$$p_d = \Pr[X > \tau|\mathrm{H}_1] \quad = \quad \int_{\tau}^{\infty} f_{X|\mathrm{H}_1}(x|\mathrm{H}_1)dx$$

$$p_{fa} = \Pr[X > \tau|\mathrm{H}_0] \quad = \quad \int_{\tau}^{\infty} f_{X|\mathrm{H}_0}(x|\mathrm{H}_0)dx$$

예로서, $\tau = 1$에 대해, 이들 확률은 다음과 같다.

$$p_d = Q\left(\frac{1-2}{2}\right) = 0.6915 \qquad\qquad p_{fa} = Q\left(\frac{1-0}{2}\right) = 0.3085$$

임계값 τ가 이제 일정 범위의 값을 취하도록 허용되면 수신기 작동 특성 (p_d 대 p_{fa})을 그래프로 그릴 수 있다. 두 개의 곡선이 아래에 나와 있다. 실선은 위에서 지정한 매개변수에 해당하며 0dB 신호 대 잡음비가 된다. 이 곡선상에서 $\tau = 1$에 대한 점은 작은 사각형으로 표시되며 $p_d = 0.6915$와 $p_{fa} = 0.3085$로 계산 된 값에 해당된다.

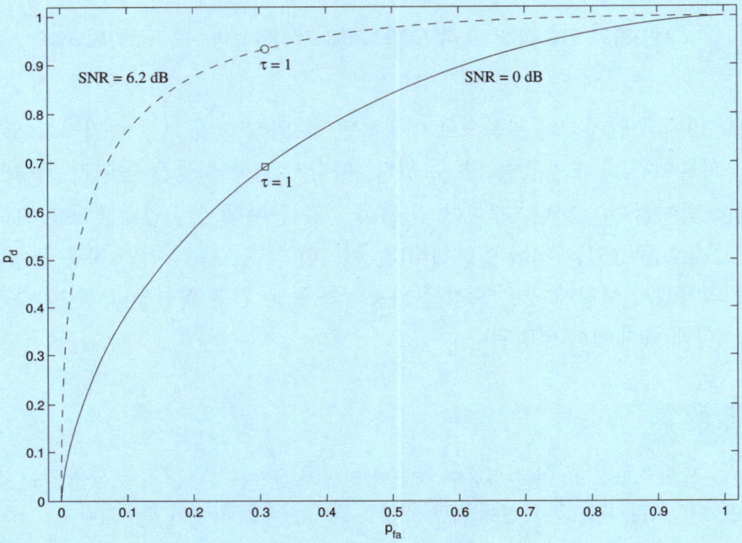

수신된 신호가 값이 두 배가 되면 (목표가 가까워짐에 따라) SNR은 6.2dB로 증가하고 ROC는 점선으로 표시된 곡선으로 변경된다. 여기서 $\tau = 1$로 임계값을 설정하면 $p_d = 0.9332$ 및 $p_{fa} = 0.3085$가 되어 더 나은 성능을 보여준다. SNR이 증가할 때 잡음 전력 및 임계값 τ가 고정되면, 오경보 확률은 변하지 않음을 주목하라. 그러나 검출 확률은 증가하고 전체의 곡선은 그래프의 왼쪽 상단으로 이동한다.

3.8.3 개체 분류

많은 문제에서, 어떤 유형의 측정에 기초하여 개체들의 자동 분류하는 것이 요구될 때가 있다. 예를 들면 광학 문자 인식, 군대 표적 식별, 재활용 가능한 재료의 분류 등이 있다. 이것은 전형적으로 패턴 인식 [5,6]에서 연구하는 주제인데, 패턴 인식의 통계적 형태는 위에 기술 된 통신 및 검출 문제의 확장으로 생각할 수 있다. 접근법은 아래 제시된 간단한 예제를 통해 설명 할 수 있다.

예제 3.22

어떤 제조 공장에서 직원은 색이 있는 배지를 착용해야 한다. 배지의 색상은 공장의 특정 영역에 대한 출입 권한을 결정한다. 직원은 색상을 인식 할 수 있는 배지 리더기에 자신의 배지를 제시해야 한다.

배지 색상은 명목상 빨강, 초록 또는 파랑이라고 가정한다. 그러나 배지의 색상은 사용기간, 조명상태, 인쇄 불일치 또는 기타 요인으로 인해 달라질 수 있다. 실제 색을 미크론 단위의 파장 X로 표현하고 X는 아래 표에서 주어진 평균 μ와 분산 σ^2을 갖는 정규 랜덤변수라고 가정한다. H_i 라는 가설은 또한 의사결정을 목적으로 하여 각 색과 연관되어있다.

	색상	μ	σ^2
H_1	빨강	700	400
H_2	초록	546	400
H_3	파랑	436	400

이전 절과 비슷한 논리로, 분류의 오류를 최소화하기 위해 다음 결정 규칙을 사용해야 한다.

$$\text{선택} \quad \mathrm{H}_k = \mathrm{argmax} \ \Pr[\mathrm{H}_i|x]$$

이 식은 H_k 가 확률을 최대화하는 가설 H_i 임을 의미한다. 이 결정 규칙은 (3.50)의 일반화이다.

식 (3.48)을 적용하여 조건부 밀도와 사전 확률을 항으로 하는 결정 규칙을 작성할 수 있다. 또한, 사전 확률 $\Pr[\mathrm{H}_i]$가 모두 동일하다면, 결정 규칙은 단지 조건부 밀도함수들의 비교가 된다.

$$\text{선택} \quad \mathrm{H}_k = \mathrm{argmax} \ f_{X|\mathrm{H}_i}(x|\mathrm{H}_i)$$

사전 확률이 모두 동일한 경우, 결정 영역은 어느 밀도함수가 큰가에 의해 정해진다. 이는 아래 그림에 나타나 있다.

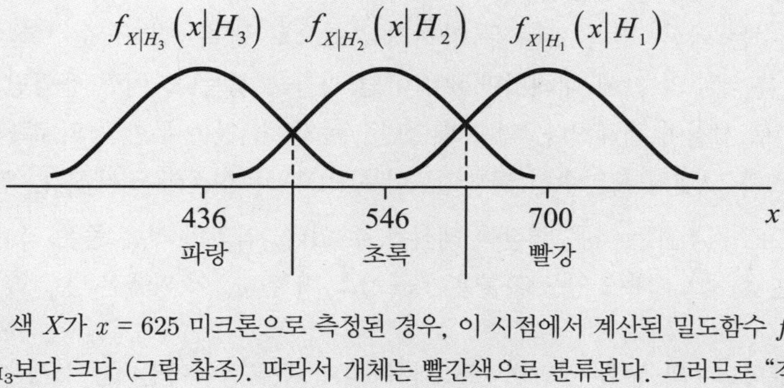

예를 들어, 색 X가 $x = 625$ 미크론으로 측정된 경우, 이 시점에서 계산된 밀도함수 $f_{X|\mathrm{H}_1}$ 는 $f_{X|\mathrm{H}_2}$ 또는 $f_{X|\mathrm{H}_3}$보다 크다 (그림 참조). 따라서 개체는 빨간색으로 분류된다. 그러므로 "적색"의 결정 영역은 적색 밀도함수 $f_{X|\mathrm{H}_1}$ 가 가장 큰 영역이다.

여기에 표시된 결정 영역의 경계는 밀도의 평균 사이의 중앙에 있다. 이는 사전확률이 같고 각 가설 하에서 분산이 동일하기 때문에 발생한다. 분산이 다른 경우(충분히 가능)에는 보다 복잡한 결정 영역들이 생기게 된다.

세 가지 색 배지에 대한 오분류의 확률은 다음과 같이 계산된다.
파란색 배지가 잘못 분류 될 확률은 다음과 같다.

$$\Pr[X > 491|\mathrm{H}_3] = Q\left(\frac{491-436}{20}\right) = Q(2.75) \approx 2.98 \times 10^{-3}$$

빨간색 배지가 잘못 분류 될 가능성은 다음과 같다.

$$\Pr[X < 623|\mathrm{H}_1] = 1 - Q\left(\frac{623-700}{20}\right) = Q\left(\frac{-623+700}{20}\right) = Q(3.85) \approx 5.91 \times 10^{-5}$$

마지막으로, 녹색 배지가 잘못 분류 될 확률은 두 식의 합으로 표시된다.

$$\begin{aligned} \Pr[X > 623|\mathrm{H}_2] + \Pr[X < 491|\mathrm{H}_2] &= Q\left(\frac{623-546}{20}\right) + Q\left(\frac{-491+546}{20}\right) \\ &= Q(3.85) + Q(2.75) \approx 3.04 \times 10^{-3} \end{aligned}$$

분류 관련 문제는 한 유형 이상의 측정값을 가지는 것이 일반적이다. 분류의 원칙은 동일하지만 측정치들이 묶여진 결합 확률밀도함수들을 다루어야 한다.

3.9 요약

많은 확률 실험들은 수치 값을 갖는 측정 또는 결과로 나타난다. 측정은 표본공간으로부터 실수 값들로 사상되어 랜덤변수로 모델링 된다.

랜덤변수는 이산, 연속 또는 두 가지의 혼합으로 될 수 있다. 순수한 이산 랜덤변수들은 셀 수 있는 개수의 값에 대해서만 0이 아닌 확률을 갖는다. 이런 랜덤변수들은 확률질량함수(PMF)로 성질이 정해진다. 연속 랜덤변수는 셀 수 없는 무한 개의 값을 갖고, 누적분포함수 (CDF)와 그것의 도함수인 확률밀도함수(PDF)로 성질이 정해진다. 연속 랜덤변수에 대해서, PDF $f_X(x)$는 다음과 같이 해석될 수 있다. 임의의 작은 증분 Δ_x에 대해 X가 구간 $x < X \leq x + \Delta_x$ 내에 있을 확률은 $f_X(x)\Delta_x$이 된다. 이 확률은 $\Delta_x \to 0$일 때에 0으로 간다.

이산 랜덤변수와 혼합 랜덤변수도 역시 CDF로 특정지어진다. 이 경우 CDF는 랜덤변수의 확률이 0이 아닌 이산점에서 불연속성을 가진다. 임펄스함수를 사용하면, 이 때에 PDF는 CDF의 형식적인 도함수 형태로 여겨질 수 있다. 즉, 임펄스을 가지는 PDF들은 연속과 이산 랜덤변수를 모두 표현할 수 있다. 이것은 랜덤변수가 연속과 이산 성분을 모두 가질 때에 특별히 유용하게 쓰인다.

많은 유용한 이산과 연속 랜덤변수들의 분포가 이장에서 설명되었다. 가장 중요하면서도 많이 쓰이는 것 중의 하나가 가우시안 밀도함수이다. 그런데 가우시안 밀도함수의 적분은 간단한 함수 형태로 표현될 수 없기 때문에, 몇 가지 정규화된 양들이 계산되어 표로 목록화되어 있다. Q 함수가 이 교재에 사용되고 있는데, 이는 통신 또는 전기공학에 자주 쓰이기 때문이다. 수학과 통계학에 많이 공통적으로 사용되는 다른 함수는 "오차 함수(error function)"로서 부록 C에 기술되어 있다.

$Y = g(X)$ 같이 하나의 랜덤변수가 다른 변수의 함수로 표현될 때에, 원 랜덤변수 (X)의 PDF로부터 새로운 랜덤변수 (Y)의 PDF를 계산하는 것이 필요하다. 랜덤변수의 변환을 처리하는 몇 가지 기본적인 방법들이 이 장에 설명되어 있다. 특별히 중요한 경우는 변환이 그래프에서 직선으로 표현될 때이다. 이 경우, 밀도함수의 형태는 변하지 않고, 단지 이동 또는 크기 변화 등이 발생된다.

분포는 사건에 조건이 주어질 수 있고, 사건의 확률 또한 랜덤변수에 따라 조건지어 질 수 있다. 이 개념들의 이해를 돕기 위해, 마지막 절에 몇 가지 중요한 응용들이 기술되어 있다.

참고문헌

[1] George B. Thomas, Jr., Maurice D. Weir, and Joel Hass. *Thomas' Calculus*. Pearson, New York, twelfth edition, 2010.

[2] Alberto Leon-Garcia. *Probability, Statistics, and Random Processes for Electrical Engineering*. Pearson, New York, third edition, 2008.

[3] Wilbur B. Davenport, Jr. *Probability and Random Processes*. McGraw-Hill, New York, 1970.

[4] Harry L. Van Trees. *Detection, Estimation, and Modulation Theory - Part I*. John Wiley & Sons, New York, 1968.

[5] Keinosuke Fukunaga. *Introduction to Statistical Pattern Recognition*. Academic Press, New York, second edition, 1990.

[6] Richard O. Duda, Peter E. Hart, and David G. Stork. *Pattern Classification*. John Wiley & Sons, New York, second edition, 2001.

연습문제

이산랜덤변수(discrete random variable)

3.1 독립 시행에서, 어떤 이산 랜덤변수 K가 다음 값들을 가진다.

$$1,\ 0,\ 0,\ 0,\ 1,\ 1,\ 0,\ 1,\ 1,\ 1,\ 0,\ 1$$

(a) 랜덤변수에 대한 히스토그램을 그려라

(b) 히스토그램을 정규화하여 K의 PMF 추정값을 구하라.

3.2 다음 값을 갖는 이산 랜덤변수 J에 대해 연습문제 3.1을 반복하라.

1, 3, 0, 2, 1, 2, 0 ,3, 1, 1, 3, 1, 0, 1, 2, 3, 0, 2, 1, 3, 3, 2

3.3 4QAM 기호를 값으로 가지는 랜덤변수, I가 통신채널로부터 다음과 같이 전송되었다:

3, 0, 1, 3, 2, 0, 2, 1, 3, 0, 0, 2, 3, 1, 3, 0, 2, 1, 0, 3

채널에 합해지는 잡음 J가 추가되었다, 즉, 위의 기호들의 열에 J의 다음의 값들이 더해졌다.

0, 0, 1, 0, 0, 1, 1, 0, 0, 0, 0, 1, 0, 1, 0, 0, 0, 1, 0, 1

더하기는 법(modulo) 형식으로 수행된다.

(a) 결과 열을 만들어라. 즉, $I + J$ modulo 4를 계산하라. K를 이 값들을 가지는 랜덤변수라고 하자.

(b) 랜덤변수 I 와 K의 히스토그램을 그려라.

(c) 히스토그램을 정규화하여 각 확률 질량함수의 추정값을 구하라.

3.4 8bit 길이의 ASCII 문자열 전송을 고려해라. 주어진 ASCII 문자열내의 0의 개수로 랜덤변수를 정하라.

(a) 이 랜덤변수가 가질 수 있는 값의 범위를 결정하라.

(b) 확률질량함수을 구하고 그래프를 그려라.

3.5 고정된 3비트 크기의 패킷 전송을 고려하라. 이진수 1의 확률은 0.56이다. 패킷 이진수 1의 개수를 랜덤변수 I라고 하자.

(a) 이 랜덤변수의 확률질량함수(PMF)를 결정하고 그래프를 그려라.

(b) 주어진 패킷이 모두 이진수 1이거나 또는 모두 0일 확률은 얼마인가?

자주 쓰는 이산 확률분포

3.6 주어진 랜덤변수에 대해 PMF $\mathrm{f}_K[k]$를 그리고 그래프에 이름을 붙여라.

(a) 균일(uniform). $m = 0$, $n = 9$

(b) 베르누이(bernoulli). $p = 1/10$

(c) 이항(binomial). $n = 10$, $p = 1/10$

(d) 기하(geometric). $p = 1/10$ ($0 \le k \le 9$ 에서 그려라)

각각의 분포들에 대해 사건 $\{1 \le k \le 4\}$의 발생 확률을 계산하여라.

3.7 128 바이트 패킷 전송에서, 바이트 오류들은 1/9의 확률로 독립적으로 발생한다. 128 바이트 패킷에서 5바이트 미만의 오류가 발생할 확률은 얼마인가?

3.8 매우 긴(무한대일 수도 있다) 문자열의 전송에서 바이트 오류가 1/9의 확률을 가지고 독립적으로 발생한다. 처음 전송된 5바이트에서 첫 오류가 발생할 확률은 얼마인가?

3.9 푸아송 PMF는

$$\mathrm{f}_K[k] = \frac{\alpha^k}{k!}e^{-\alpha} \qquad k = 0, 1, 2, \ldots$$

이다. 여기서 α는 매개변수이다.

(a) PMF 합이 1임을 보여라.

(b) 매개변수 α 에 대한 제약, 즉, 허용되는 값은 무엇인가?

3.10 아래의 랜덤변수에 대하여 다음을 풀어라.

(i) 기하, $p = 1/8$

(ii) 균일, $m = 0$, $n = 7$

(iii) 푸아송, $\alpha = 2$

(a) PMF를 그려라.

(b) 랜덤변수가 5보다 클 확률을 구해라.

(c) $\Pr[K > 5] \leq 0.5$인 매개변수의 값을 구해라.

3.11 기하 랜덤변수 I의 확률 질량 함수가 다음과 같이 주어졌다

$$\mathrm{f}_I[i] = 0.2(0.8)^i, \quad i \geq 0$$

(a) 랜덤변수가 1보다 크고 5보다 작을 확률을 구하라.

(b) 만약 $\Pr[I \geq l] \approx 0.6$이면, t의 값은 얼마여야 하는가?

연속 랜덤변수

3.12 랜덤변수 X가 다음과 같은 확률 밀도함수를 갖는다.

$$f_X(x) = \begin{cases} Cx^2, & 0 \leq x \leq 1 \\ C(2-x), & 1 < x < 2 \\ 0 & \text{그 외} \end{cases}$$

(a) 상수 C를 구하라.

(b) $\Pr[0.75 < X \leq 1.5$를 구하라.

(c) $\Pr[X \leq \alpha] = 0.9$인 α를 구하라.

3.13 랜덤변수 X의 확률밀도함수는 다음과 같다

$$f_X(x) = \begin{cases} \frac{1}{2}x, & 0 \leq x \leq 1 \\ \frac{1}{6}(4-x), & 1 < x < c \\ 0 & \text{그 외} \end{cases}$$

(a) 상수 c를 구하라. 확률밀도함수 그래프를 그려라.

(b) 확률 $\Pr[0.35 < X \leq 6$를 구하라.

3.14 랜덤변수 X에 대한 PDF는 다음과 같이 주어진다.

$$f_X(x) = \begin{cases} 2x/9 & 0 \leq x \leq 3 \\ 0 & \text{그 외} \end{cases}$$

(a) x에 따른 $f_X(x)$를 그려라.

(b) 아래의 각 사건의 확률은 얼마인가?

(i) $X \leq 1$
(ii) $X > 2$
(iii) $1 < X \leq 2$

(c) CDF $F_X(x)$를 구하고 그려라.
(d) CDF를 이용해 (b)를 확인해라.

3.15 랜덤변수 X의 PDF는 다음과 같다

$$f_X(x) = \begin{cases} \alpha x, & 0 \leq x \leq 2 \\ \frac{\alpha}{2}(6-x), & 2 < x \leq 6 \\ 0 & \text{그 외} \end{cases}$$

(a) 상수 α를 구하라. PDF 그래프를 그려라.
(b) 다음의 값 범위에 대한 랜덤변수의 CDF를 구하라:

(i) $2 < x \leq 6$
(ii) $8 < x \leq 10$

완전한 수식과 수치값이 요구된다.

3.16 랜덤변수의 PDF는 다음과 같이 주어진다.

$$f_X(x) = \begin{cases} 0.4 + Cx, & 0 \leq x \leq 5 \\ 0 & \text{그 외} \end{cases}$$

(a) C의 값을 구하고 f_X를 타당한 PDF로 만들어라.
(b) $\Pr[X > 3]$, $\Pr[1 < X \leq 4]$결정하라.
(c) CDF와 $F_X(x)$를 구하라.

3.17 연속 랜덤변수 X에 대한 PDF는 다음과 같이 정의된다

$$f_X(x) = \begin{cases} C & 0 < x \leq 2 \\ 2C & 4 < x \leq 6 \\ C & 7 < x \leq 9 \\ 0 & \text{그 외} \end{cases}$$

여기서 C는 상수이다.

(a) C의 값을 구하라.
(b) $\Pr[1 < X \leq 8]$을 계산하라.
(c) 아래 경우의 M의 값을 찾아라

$$\int_{-\infty}^{M} f_X(x)dx = \int_{M}^{\infty} f_X(x)dx = \tfrac{1}{2}$$

M은 랜덤변수의 중앙값(mediam)이다.

3.18 임의의 평균값과 분포값을 갖는 정규 랜덤변수의 CDF가 식 (3.21)로 정의된 Φ에 의해 식 (3.22)와 같이 쓰여질 수 있음을 보여라.

3.19 Q 함수가 항등식 (3.25)를 만족함을 보여라.

3.20 다음 식이 타당한 확률밀도함수인가를 검토하라.

$$f_X(x) = \begin{cases} \frac{3}{2} - x, & 0 \leq x \leq 2 \\ 0 & \text{그 외} \end{cases}$$

3.21 매개변수의 어떤 값이나 범위에서 다음 PDF가 유효한가? 만약 PDF를 유효하게 만들 수 있는 값이 없는 경우에는 왜 그런지 이유를 설명하라.

(a)

$$f_X(x) = \begin{cases} B + A\sin x & 0 \leq x \leq 2\pi \\ 0 & \text{그 외} \end{cases}$$

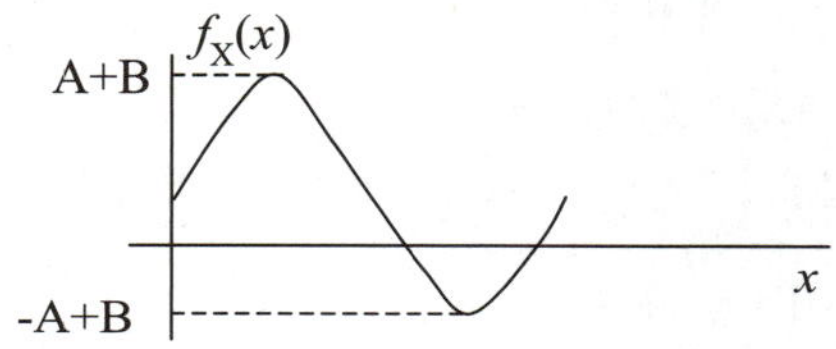

(b)

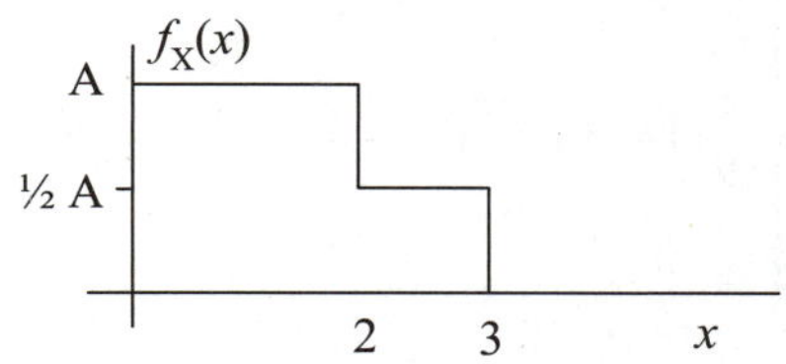

(c)

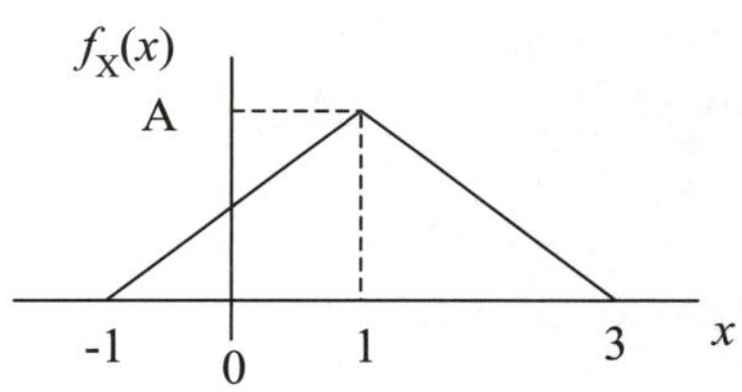

3.22 랜덤변수 X에 대한 확률밀도함수가 아래와 같다.

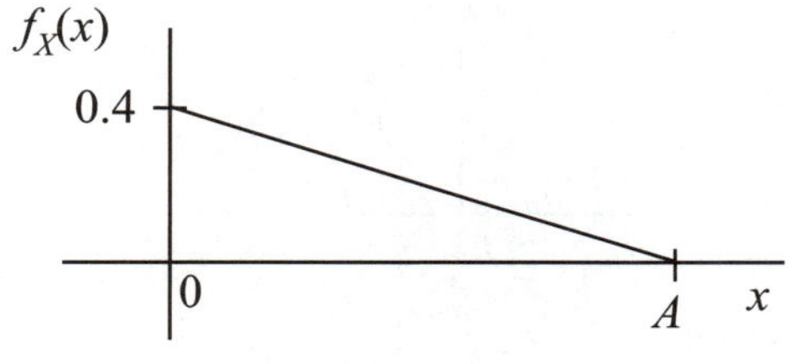

(a) 상수 A를 구해라. PDF에 대한 수식을 쓰라.

(b) $0 \le x \le A$에서 CDF를 구해라.

3.23 랜덤변수 X에 대한 CDF가 다음과 같다

$$F_X(x) = \begin{cases} A\arctan(x) & x > 0 \\ 0 & x \le 0 \end{cases}$$

(a) 상수 A를 구하라

(b) PDF를 구하고 스케치하라.

3.24 랜덤변수 X에 대한 확률밀도함수가 다음과 같이 주어진다.

$$f_X(x) = \begin{cases} 0.5\sin x, & 0 \le x \le c \\ 0.5, & x = 1 \\ 0 & \text{그 외} \end{cases}$$

(a) 상수 c를 찾아라. 확률밀도함수를 그려라

(b) 누적분포함수 CDF를 결정하고 그려라. 각각의 축에 적절한 값을 표시해라.

3.25 랜덤변수 X는 아래와 같은 CDF를 가진다.

$$F_X(x) = \begin{cases} 0 & x \le -\dfrac{\pi}{2\alpha} \\ \dfrac{1}{2}(1+\sin\alpha x) & -\dfrac{\pi}{2\alpha} < x \le \dfrac{\pi}{2\alpha} \\ 1 & x \ge \dfrac{\pi}{2\alpha} \end{cases}$$

(a) $F_X(x)$를 스케치하라.

(b) 이 표현식에 유효한 매개변수 α의 실수값은 무엇인가?

(c) PDF $f_X(x)$는 무엇인가? 수식을 쓰고 스케치하라.

(d) 다음의 경우의 확률을 구하라

(i) $X \le 0$

(ii) $X \le -1$

(iii) $|X| \le .001$ (근사값)

3.26 랜덤변수 X의 PDF는 아래와 같다.

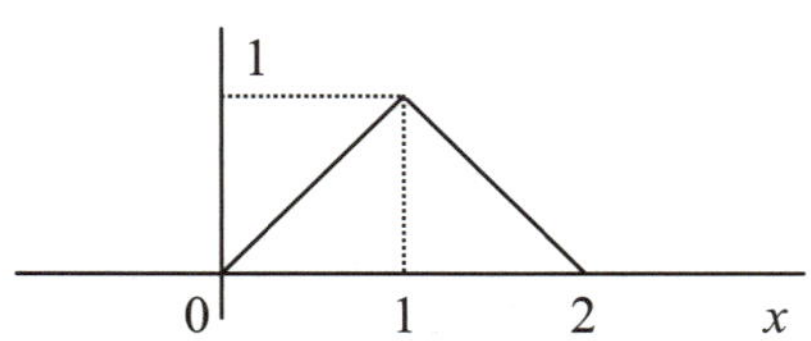

(a) CDF를 찾아라.

(b) 아래의 확률들을 구해라

(i) $\Pr[0.5 \le X \le 1.5]$

(ii) $\Pr[1 \leq X \leq 5]$
(iv) $\Pr[X < 0.5]$
(v) $\Pr[0.75 \leq X \leq 0.7501]$

3.27 CDF가 다음과 같이 주어졌다.

$$F_X(x) = \begin{cases} 0 & x < 0 \\ Cx^2 & 0 \leq x \leq 2 \\ 1 & x > 2 \end{cases}$$

(a) C를 구하라.
(b) 이 함수를 스케치하라.
(c) PDF를 구하고 스케치하라.
(d) $\Pr[0.5 \leq X \leq 1.5]$를 구하라.

3.28 어떤 랜덤변수 X의 누적분포함수 CDF가 다음과 같다.

$$F_X(x) = \begin{cases} 0 & x \leq 0 \\ x & 0 < x \leq \frac{1}{2} \\ 1 & \frac{1}{2} \leq x \end{cases}$$

(a) $F_X(x)$를 그려라.
(b) X의 PDF를 정하고 그려라.

3.29 랜덤변수 X의 PDF는 다음과 같다.

$$f_X(x) = \begin{cases} Cxe^{-x} & x > 0 \\ 0 & x \leq 0 \end{cases}$$

여기서 C는 정규화 상수이다.

(a) 상수 C를 구하고 $f_X(x)$를 스케치하라.
(b) 다음의 경우의 확률을 계산하라
  (i) $X \leq 1$
  (ii) $X > 2$
(c) 다음의 주어진 x_0의 값에 대한 $x_0 < X \leq x_0 + 0.001$의 확률을 구하라.
  (i) $x_0 = 1/2$
  (ii) $x_0 = 2$
  어떠한 x_0 값이 "가장 가능성이 높은가", 즉, 어떠한 x_0의 값이 $x_0 < X \leq x_0 + 0.001$의 가장 큰 확률을 부여하는가?
(d) CDF를 구하고 스케치하라.

자주 쓰는 확률밀도함수

3.30 아래 랜덤변수들의 PDF를 그려라
(a) 균일(uniform)
  (i) $a = 2,\ b = 6$

(ii) $a = -4,\ b = -1$

(iii) $a = -7,\ b = 1$

(iv) $a = 0,\ b = a + \delta,\ \delta \to 0$일 때

(b) 정규

(i) $\mu = 0,\ \sigma = 1$

(ii) $\mu = 1.5,\ \sigma = 1$

(iii) $\mu = 0,\ \sigma = 2$

(iv) $\mu = 1.5,\ \sigma = 2$

(v) $\mu = -2,\ \sigma = 1$

(vi) $\mu = -2,\ \sigma = 2$

(vii) $\mu = 0,\ \sigma \to 0$

(c) 지수

(i) $\lambda = 1$

(ii) $\lambda = 2$

(iii) $\lambda \to 0$

(iv) $\lambda \to \infty$

(v) λ가 음수가 될 수 있는가? 설명해라.

3.31 특정 웹 페이지의 "히트" 사이의 도착간격 시간 T는 매개변수 $\lambda = 0.5$ 히트수/분의 지수 랜덤변수이다. 평균 도착간격은 $1/\lambda$ 로 주어진다.

(a) 히트 간의 도착간격이 평균 도착간격의 2배가 될 확률은 얼마인가?

(b) 히트 간의 도착간격이 평균 도착간격의 절반이 될 확률은 얼마인가?

(c) 만약 λ가 10 히트수/분으로 바뀌면 (b)와 (c)의 답은 무엇인가?

3.32 랜덤변수 X의 중앙값 M이 다음 조건에 의해 정의된다.

$$\int_{-\infty}^{M} f_X(u)du = \int_{M}^{\infty} f_X(u)du$$

다음에 대하여 중앙값을 구하라.

(a) 균일 PDF

(b) 지수 PDF

(c) 정규 PDF

3.33 어떤 랜덤변수 X가 $\mu = -1$과 $\sigma^2 = 2$의 매개변수를 갖는 정규 PDF로 설명된다. Q 함수를 사용하여 다음 경우의 확률을 계산하라:

(a) $X \leq 0$

(b) $X > +1$

(c) $-2 < X \leq +2$

3.34 평균 $\mu = 1$, 분산 $\sigma^2 = 3$을 갖는 정규 랜덤변수 X에 대해, 아래의 확률을 구하라.

(a) $\Pr[X > 1]$과 $\Pr\left[X > \sqrt{3}\right]$

(b) $\Pr\left[|X-1|>\sqrt{12}\right.$와 $\Pr\left[|X-1|<6\right]$
(c) $\Pr\left[X>1+\sqrt{3}\right]$ 과 $\Pr\left[X>1+3\sqrt{3}\right]$

이산과 혼합 랜덤변수들의 CDF와 PDF

3.35 연습문제 3.3에서 설명된 랜덤변수를 고려하라.

(a) I와 K에 대한 CDF를 스케치하라.

(b) CDF를 사용해서, 전송된 신호가 1 이상 2 이하일 확률을 계산하라.

(c) CDF를 사용해서, 수신된 신호가 1 이상 2 이하일 확률을 계산하라.

3.36 연습문제 3.4의 랜덤변수에 대한 CDF를 결정하고 그래프를 그려라.

3.37 랜덤변수 X의 PDF는 다음과 같다.

$$f_X(x)=\begin{cases} Ce^{-x}+\frac{1}{3}\delta(x-2) & x>0 \\ 0 & x\le 0 \end{cases}$$

C는 상수이다.

(a) 상수 C를 구하고 $f_X(x)$를 스케치하라.

(b) CDF를 구하고 스케치하라.

(c) 사건 $1.5<X\le 2.5$의 확률은 얼마인가?

3.38 랜덤변수 X에 대한 PDF가 다음과 같이 주어진다.

$$f_x(x)=\begin{cases} Cx+0.5\delta(x-1), & 0\le x\le 3 \\ 0 & \text{그 외} \end{cases}$$

(a) C를 구하고 PDF를 그려라.

(b) X의 CDF를 결정해라.

(c) 아래 사건에 대한 확률을 구해라

(i) $0.5\le X\le 2$

(ii) $X>2$.

3.39 랜덤변수 X의 CDF가 다음과 같이 주어진다.

$$F_X(x)=\begin{cases} 0 & x\le 0 \\ x & 0<x\le\frac{1}{2} \\ 1 & \frac{1}{2}\le x \end{cases}$$

(a) $F_X(x)$를 스케치하라.

(b) X의 PDF를 구하고 스케치하라.

3.40 랜덤변수 X에 대한 누적분포함수가 아래 그래프와 같이 주어질 때 다음을 구하여라(모든 선들은 같은 기울기를 가진다).

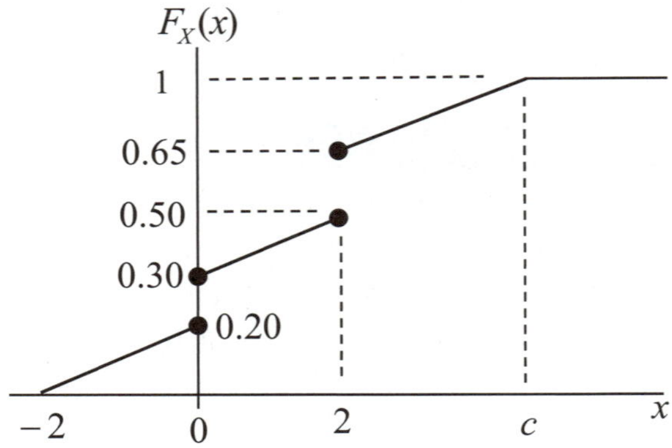

(a) F_X가 타당한 CDF가 되는 상수 c의 값

(b) X의 확률밀도함수. 축에 필요한 숫자를 정확하게 표시해라.

(c) 사건 $-2 < X < 0$과 $0 < X \leq 2.5$의 확률

랜덤변수의 변환

3.41 전압 X가 아래에 표시된 회로에 가해져서 출력 전압 Y가 측정된다.

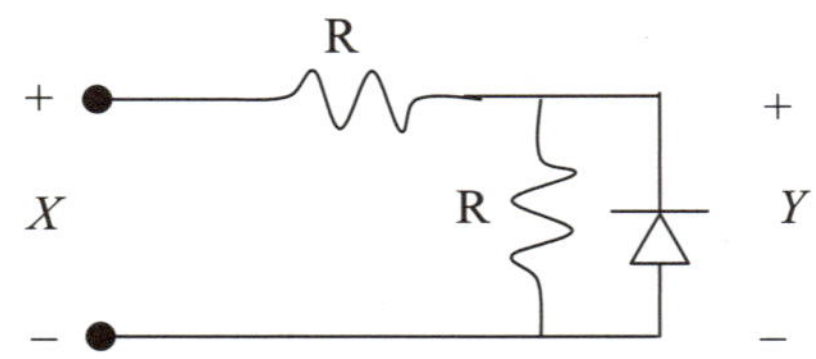

다이오드는 이상적이라고 가정하고, 순방향 단락회로 및 역방향 개방회로처럼 동작한다. 만약 전압 X가 $m = 0$이고 $\sigma^2 = 1$인 매개변수를 갖는 정규 랜덤변수일 때, 출력 전압 Y의 PDF를 구하고 스케치하라.

3.42 랜덤변수 X가 -1부터 $+1$사이에서 균일하게 분포되어있다. 랜덤변수 Y는 $Y = 3X + 2$로 정의된다.

(a) X에 대한 밀도함수를 그리고 X로부터 Y로 변환하는 함수를 그려라.

(b) 랜덤변수 Y에 대한 CDF와 PDF를 구하고 그것을 그려라.

3.43 라플라스 PDF는 다음과 같이 정의된다.

$$f_X(x) = \frac{\alpha}{2} e^{-\alpha|x-\mu|} \qquad -\infty < x < \infty$$

변환식 $Y = aX + b$를 고려하라. 만약 X가 라플라스 랜덤변수라면, Y도 라플라스 랜덤변수임을 증명하라. Y의 PDF의 매개변수 α'와 μ'는 무엇인가?

3.44 아래의 PDF를 갖는 라플라스 랜덤변수가 있다.

$$f_X(x) = e^{-2|x|}, \quad -\infty < x < \infty.$$

이 랜덤변수는 출력수준 $\{-1.5d,\ -0.5d,\ 0.5d,\ 1.5d\}$를 갖는 4단계 균일 양자화기(4-level uniform quantizer)를 지난다.

(a) 양자화기 출력의 PDF를 구해라.

(b) $\Pr[X > 2d]$와 $\Pr[X < -2d]$를 찾아라.

3.45 다음과 같은 전달 특성이 주어질 때, 입력-출력 사상을 적어라. 입력 값의 범위는 $-\infty$ 부터 $+\infty$이다.

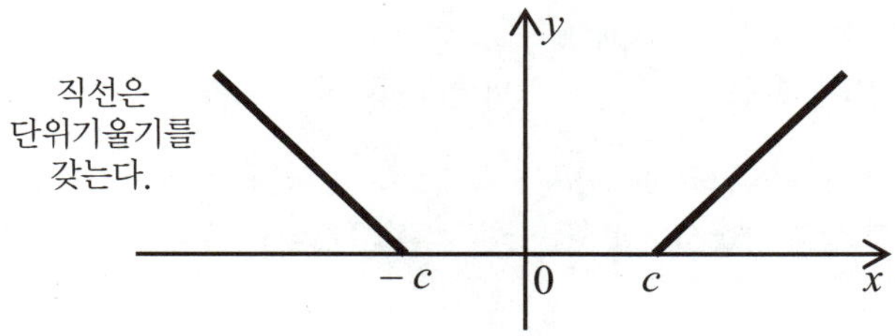

3.46 X가 평균 0과 분산 2를 갖는 정규 랜덤변수이고 $Y = e^X$이다. X의 PDF의 항으로 Y의 PDF를 구하라.

3.47 양자화기의 전달특성이 아래와 같다. 입력 랜덤변수 X는 −8에서 +5 범위에서 균일하게 분포된다.

(a) Y의 확률질량함수를 구하고 그래프를 그려라.

(b) Y의 누적분포함수를 구하고 그래프를 그려라.

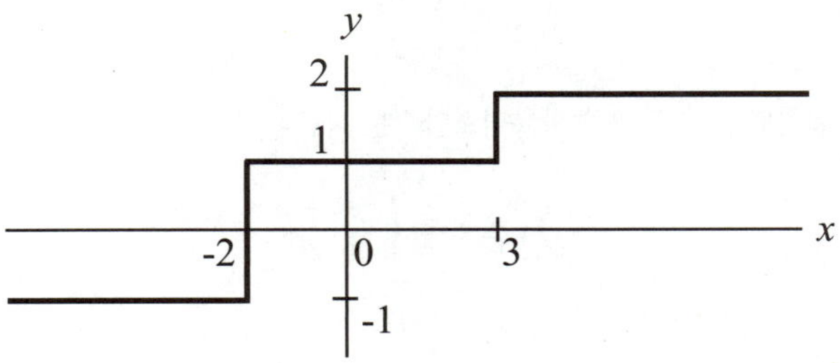

3.48 어떤 무기억 시스템(memoryless system)의 전달특성이 다음과 같다.

$$y = \begin{cases} 0, & x < 3 \\ 2x - 6, & 3 \le x \le 8 \\ 10 & x > 8 \end{cases}$$

(a) 입력값의 범위가 2부터 6까지일 때, 출력값의 범위는 무엇인가?

(b) 입력이 균일 랜덤변수일 때, 출력의 PDF를 결정하고 그래프를 그려라.

3.49 평균 0과 표준편차 2를 갖는 정규 입력을 가진 반파 정류기를 고려하라.

(a) 출력의 CDF를 구하라.

(b) CDF를 미분하여 출력의 PDF를 구하라.

3.50 아래의 전달특성을 갖는 클리퍼(clipper)가 있다

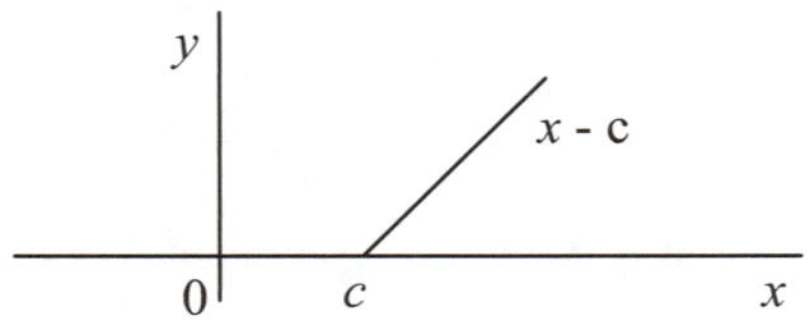

랜덤변수 X는 $\lambda = 2$를 갖는 지수 랜덤변수이다.

(a) 출력의 CDF를 결정해라.

(b) CDF를 미분하여 출력의 PDF를 구하라.

3.51 아래와 같이 리미터(limiter)의 전달 특성을 고려하라. 입력 랜덤변수 X는 $\lambda = 0.5$의 지수분포를 갖는다. Y의 확률 밀도함수를 구하고 그래프를 그려라. 모든 축과 수치를 명확하게 표시하라.

3.52 클리퍼의 전달특성은 아래와 같이 주어진다.

$$y = \begin{cases} 0, & x < 2 \\ 2x - 4, & x > 2 \end{cases}$$

입력 랜덤변수 X에 대한 확률밀도함수는 다음과 같다.

$$f_X(x) = \begin{cases} \frac{1}{3}, & 3 \le x \le 6 \\ 0 & \text{그 외} \end{cases}$$

(a) 전달특성을 그려라.

(b) 출력 랜덤변수 $f_Y(y)$의 PDF를 구하고 그려라. 모든 축에는 적절한 값들이 표시되어 있어야한다.

3.53 다음과 같이 주어진 리미터의 전달 특성을 고려하라

$$y = \begin{cases} -2, & x < -2 \\ x, & -2 \le x \le 2 \\ 2, & x > 2 \end{cases}$$

입력 랜덤변수 X의 확률밀도함수는 다음과 같이 주어진다.

$$f_X(x) = \begin{cases} \frac{1}{6}, & -3 \le x \le 3 \\ 0 & \text{그 외} \end{cases}$$

(a) 전달특성을 그려라.

(b) 출력 랜덤변수 $f_Y(y)$의 PDF를 구하고 그래프를 그려라. 모든 축들에 적절한 값들이 명확하게 표시되어야 한다.

3.54 어떤 무기억 시스템의 전달특성은 다음과 같다.

$$y = \begin{cases} 0, & x < -1 \\ x+1, & x \geq -1 \end{cases}$$

입력 랜덤변수 X의 확률밀도함수는 −3부터 5의 범위를 갖고 균일하다.

(a) 전달특성을 그려라(모든 값을 명시하라.)

(b) 출력 랜덤변수의 PDF $f_Y(y)$를 구하고 그려라.

사건에 조건이 포함된 분포

3.55 예제 3.19에서 주어진 PDF에 대해, 다음의 각 경우를 사건 A로 줄 때 조건부 밀도 $f_{X|A}(x|A)$를 구하고 스케치하라.

(a) $X < 1$

(b) $\frac{1}{3} < X < \frac{5}{3}$

(c) $|\sin(X)| < \frac{1}{2}$

3.56 지수 밀도함수는 다음과 같다.

$$f_X(x) = \begin{cases} \lambda e^{-\lambda x} & x \geq 0 \\ 0 & \text{그 외} \end{cases}$$

A가 사건 $X \geq 2$일 때, 조건부밀도함수 $f_{X|A}(x|A)$를 구하고 그려라.

3.57 K를 매개변수 $n = -2$, $m = 2$를 갖는 이산 균일 랜덤변수라고 하자. 사건 A를 다음과 같이 줄 때 조건부 PMF $f_{K|A}[k|A]$를 구하라.

(a) $K < 0$

(b) $K \geq 0$

응용

3.58 어떤 통신 문제에서 수신신호 X는 다음과 같이 주어진 랜덤변수이다.

$$X = 2 + W$$

여기서 W는 시스템에서 잡음을 나타내는 랜덤변수다. W는 아래 그래프와 같은 PDF를 갖는다

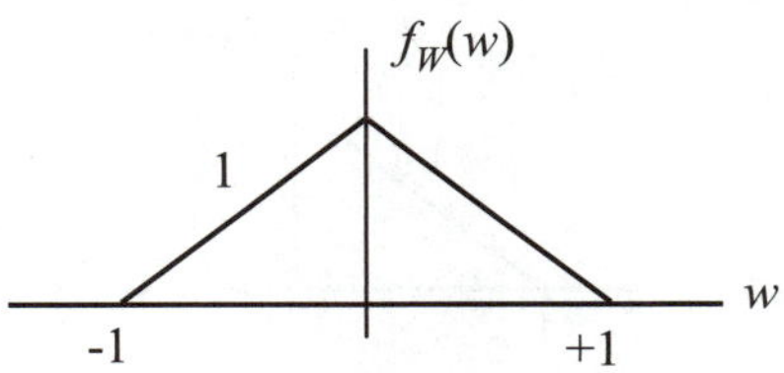

(a) X의 PDF를 구하고 그려라.

(b) (a)의 답을 이용하여 $\Pr[X > 2]$를 구해라.

3.59 어떤 레이더 시스템에서, 잡음 W는 아래에 스케치된 pdf를 갖는 랜덤변수이다.

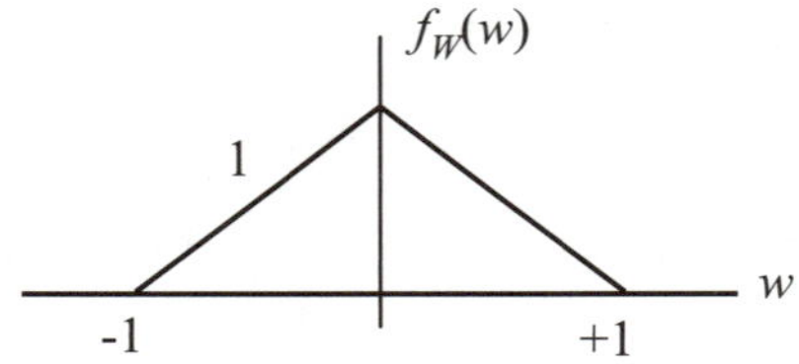

어떤 유형의 표적이 존재할 때, 수신된 신호 X는 $X = 1.5 + W$에 의해 주어진다. 표적이 존재하지 않는다면, 신호는 단지 잡음과 같다. 이 두 가지 경우에만 관심을 갖는다.

(a) pdf $f_X(x)$를 두 가지 경우 각각에 대해 그래프를 그려라.

(b) 레이더가 $X > 1$일 경우에 검출라고 표시하도록 프로그래밍 되어있다. 검출 확률 (p_d)와 오경보 확률 (p_{fa})는 얼마인가?

3.60 신호가 부가잡음 특성이 있는 채널을 통해 보내졌다. 잡음 N은 아래와 같이 −10부터 10까지 균일하게 분포되어 있다.

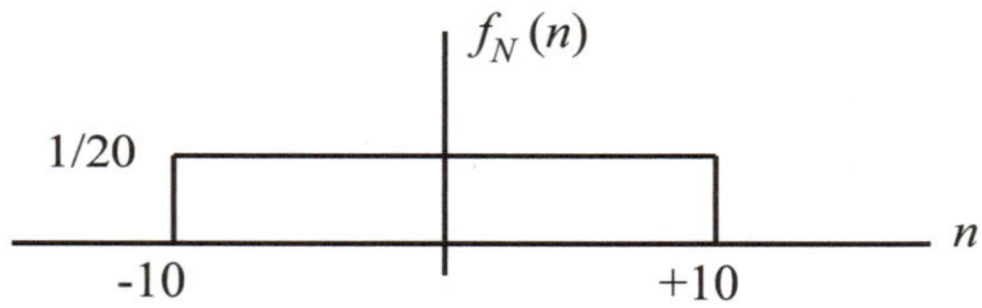

수신기는 랜덤변수 X의 값에 기초한 다음 두 가지 사건 사이에서 결정해야 한다.

H_0 : $X = N$ (신호는 보내지지 않고, 오직 잡음만 수신됨)

H_1 : $X = \mathrm{S} + N$ (신호가 보내지고, 신호와 잡음이 더해져서 수신됨)

여기서 S는 18로 고정된 상수로, 랜덤변수가 아니다.

(a) 같은 그래프 상에 밀도함수 $f_{X|\mathrm{H}_0}(x|\mathrm{H}_0)$와 $f_{X|\mathrm{H}_1}(x|\mathrm{H}_1)$을 그려라. 이름표기를 명확히 하라.

(b) X 값에 기초한 어떤 결정규칙이 신호의 완벽한 검출($\Pr[\mathrm{Error}|\mathrm{H}_1] = 0$)를 보장하면서 오경보 확률($\Pr[\mathrm{Error}|\mathrm{H}_0]$))을 최소화하는가? 이 결정규칙에 의한 검출확률은 얼마인가?

(c) 오경보 확률을 0으로 가게 하면서 검출 확률을 최대로 하는 결정규칙은 무엇인가? 이 결정규칙에 대한 검출 확률은 얼마인가?

(d) S=18이외의 다른 수를 선택할 수 있다면, 완벽한 검출와 오경보 확률 0을 가능하게 하는 S의 최소값은 무엇인가?

3.61 남극 대륙 남쪽의 비잔틴 해안의 잡음 W는 아래에 그려진 PDF를 갖는다:

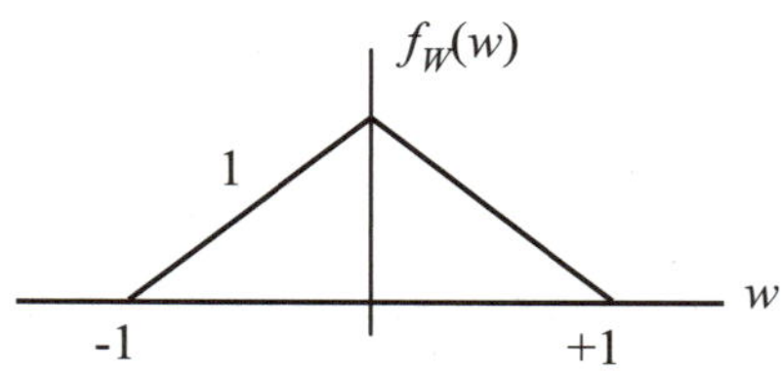

Lower Slobbovia의 해군은, 얼음아래의 정찰 작전을 수행하는데 다음의 검출 규칙을 사용한다:

$X > \tau$ 목표물이 있다고 판단

$X < \tau$ 목표물이 없다고 판단

여기서 X는 소나(수중음향검출기) 출력을 나타내는 랜덤변수이다.

조사관은 소나 출력이 다음과 같이 주어짐을 알고 있다.

H_1 : $X = W + A$ 목표물이 있을 때

H_0 : $X = W$ 목표물이 없을 때

여기서 A는 알려지지 않은 상수(랜덤변수는 아님)이다. 결정규칙에서 임계값을 τ = 0.75로 설정하였을 때:

(a) 주어진 임계값에서, 오경보의 확률은 얼마인가?

(b) 오경보에 대한 표현식을 $0 \le \tau \le 1$의 범위에서 τ의 함수로 써라.

(c) 만약 거대한 물개가 A = 1.5의 값을 가지면, 설정된 임계값 τ = 0.75에서 검출을 못할 확률은 얼마인가?

3.62 식 (3.51)에 대한 결정 방법이 식 (3.53)에 주어진 더 간단한 형태로 줄어드는 대수적 단계를 수행하라. 식 (3.61)을 얻는 단계와의 차이를 보여라.

3.63 간단한 검출 방식에서, 수신된 신호는 X = A + W인데, 이때 A는 9볼트 세기의 신호이고, 잡음 W는 −5에서 5 범위에서 균일하게 분포된다. 검출확률 p_d는 0.99로 요구된다.

(a) 이 검출확률을 얻기 위해 요구되는 임계값 x_T를 구하라.

(b) 오경보의 확률, p_{fa}를 구하라.

3.64 간단한 검출 시스템에서 수신된 신호는 X = A + W이다. 여기서 A는 크기 6V인 신호이고 (상수), 잡음 W는 아래와 같은 PDF를 갖는 라플라스 분포를 따른다.

$$f_X(x) = e^{-2|x|}, \quad -\infty < x < \infty$$

주어진 오경보 확률은 $p_{\text{fa}} = 0.001$이다.

(a) 주어진 오경보 확률이 얻어지는 임계 x_T의 값을 찾아라.

(b) 상응하는 검출확률 p_d를 결정하라.

3.65 검출 방식에서, 수신된 신호값이 X = A + W이며, 주어진 A는 6V의 세기의 신호(상수)이고, 잡음 W의 PDF는 다음과 같이 주어진다

$$f_X(x) = \frac{1}{2\sqrt{2\pi}} e^{-x^2/8}, \quad -\infty < x < \infty$$

오경보 확률 p_{fa}는, 0.01로 요구된다.

(a) 주어진 오경보의 확률을 얻기 위한 임계값 x_T를 구하라.

(b) 검출 확률, p_d를 구하라.

3.66 이진 통신 시스템에서 0은 +2.5V의 전기 펄스를 이용하여 전송되고 1은 0V를 이용하여 보내진다. 채널안에서 더해지는 잡음은 평균이 0이고 분산이 1.2인 정규 랜덤변수라고 알려져 있다. 통신채널은 이진 대칭 채널로 모델링된다.

(a) 이 시스템의 임계 수준은 무엇인가?

(b) 이 채널모델의 특징이 되는 4가지 확률을 계산해라.

(c) 평균 신호 대 잡음 비(SNR)를 데시벨(dB)로 계산하라. 이진 0과 이진 1의 개수가 같다고 가정해라.

컴퓨터 과제

과제 3.1

이 프로젝트에서는 다양한 종류의 랜덤변수를 생성하고 그 확률 분포를 측정하는 컴퓨터 프로그램을 작성해야 한다.

1. 다음의 각 유형의 랜덤변수 열을 생성하라. 각 열은 적어도 10,000 개의 원소를 가져야 한다.

(a) 이항 랜덤변수. 베르누이 시행 횟수를 $n = 12$로 한다. 이항 랜덤변수는 베르누이 (이진) 랜덤변수에 대한 n번의 시행에서 1의 횟수로 정의된다. 베르누이 시행의 매개변수 p를 $p = 0.5109$로 한다.

(b) 푸아송 랜덤변수. $\alpha = np = 1$을 유지하면서 $p = 0.0125$ 이하이거나 또는 $n = 80$ 이상인 이항 랜덤변수를 이용한다.(극한관계 이용)

(c) 매개변수 $p = 0.09$를 갖는 유형 1 기하 랜덤변수.

(d) $[-2, 5]$ 범위에서 연속균일 랜덤변수.

(e) 평균 $\mu = 1.3172$와 분산 $\sigma^2 = 1.9236$을 갖는 정규 랜덤변수.

(f) 매개변수 $\lambda = 1.37$인 지수 랜덤변수.

2. CDF 및 PDF 또는 PMF를 적절하게 추정하고 이론적 함수와 함께 그려라. 얻어진 결과를 비교하고 설명하라.

매틀랩 프로그래밍 노트

1(d) 및 1(e)에서 균일 및 정규 랜덤변수를 생성하려면 각각 MATLAB 함수 "rand"와 "randn"을 적절한 변환과 함께 사용하라.

지수 랜덤변수를 생성하기 위해서는 이 책의 소프트웨어 패키지에서 "expon"이라는 함수를 사용할 수 있다. 이 함수는 "변환" 을 사용하여 랜덤변수를 생성한다.

2번에서는 소프트웨어 패키지에 있는 함수 "pmfcdf"와 "pdfcdf"를 사용할 수 있다.

과제 3.2

이 프로젝트에서는 가우스 잡음에서 간단한 신호를 검출하는 문제를 탐구한다.

1. 논리값 1이 $A = 5$ 볼트의 일정한 전압으로 표시되고, 논리값 0이 0 볼트로 표시되는 이진 통신 방식을 고려하라. 더해지는 가우스 잡음이 존재하여, 각 비트 간격 동안에 수신된 신호는 다음과 같은 랜덤변수 X로 표시된다.

$$\begin{aligned} X &= A + N \quad && \text{1이 송신된 경우} \\ X &= N && \text{0이 송신되 경우} \end{aligned}$$

잡음 N은 평균과 분산 σ^2를 갖는 정규(가우스) 랜덤변수이다. 데시벨 단위의 신호 대 잡음비는 다음과 같이 정의된다.

$$\text{SNR} = 10\log_{10}\frac{A^2}{\sigma^2} = 20\log_{10}\frac{A}{\sigma}$$

이 과제에서 SNR은 10dB로 취한다. 위 수식을 사용하면 분산 σ^2을 계산할 수 있다.

(a) 논리 0이 전송된 이벤트를 H_0, 1이 전송된 이벤트를 H_1이라고 하자. 오류 확률을 최소화하기 위한 수신기에 대한 결정규칙은 다음과 같은 형태임을 보여라.

$$x \underset{H_0}{\overset{H_1}{\gtrless}} \tau$$

$P_0 = P_1 = 0.5$인 경우에 임계값을 계산하라. 여기서 P_0와 P_1은 각각 0과 1의 사전 확률이다. 즉, $P_0 = \Pr[H_0]$이고 $P_1 = \Pr[H_1]$이다.

(b) 이제 위의 결정 규칙을 고려하자. 여기서 τ는 임의의 임계값이다. ε_0와 ε_1을 평가하고 $1 \le \tau \le 4$에서 τ의 함수로 오차 확률 (3.55)을 그려라.(이때 $P_0 = P_1 = 0.5$를 계속 사용하라). 최소 오차를 찾아서 1(a)에서 계산된 τ의 값에 대해 발생하는지 확인하라.

(c) $P_0 = 1/3$ 및 $P_1 = 2/3$을 사용하여 1(b)를 반복하라. 최소 오차가 예상한 위치에서 발생하는가? 이유를 설명하라.

2. 목표 검출 (예: 레이더) 문제이다. 잡음이 더해지는 상황에서 관찰되는 신호는 목표가 있는 경우 평균 A를 가지며 (이벤트 H_1), 잡음만 있는 경우 (이벤트 H_0) 평균 0을 갖는다. p_{fa}는 오경보 확률을 나타내고 p_d는 표적을 검출할 확률을 나타낸다.

(a) 위의 1번에서 사용된 τ 값의 범위에 대해, 이 문제에 대한 ROC을 그려라. 임계값을 변환시켜 경보 확률과 검출 확률간의 이득관계를 조정하는 방법을 보여라.

(b) 1(b)와 1(c)에서 사용된 두 임계 값이 ROC 곡선 상의 어디에 위치하는 가를 보여주고, 각 임계값에 대응하는 p_d 값을 구하라.

3. 프로젝트의 마지막 단계로 실험 결과가 이론과 어떻게 비교되는지 확인하기 위해 데이터를 시뮬레이션 하자.

(a) i. 10 dB SNR에 대해 평균 0과 1 단계에서 구한 및 분산 σ^2을 갖는 정규 랜덤변수의 1000개 표본을 생성한다. 평균 5와 분산 σ^2를 가진 또 다른 랜덤변수의 1000개 표본을 생성한다. 이 두 세트의 랜덤변수는 사건 H_0와 H_1의 1000번의 수행 결과를 나타낸다. 이 2000 개의 랜덤변수 각각에 대해 단계 1(a) 및 1(b)에서 찾은 τ 값을 사용하여 1(a)의 결정 규칙에 따라 결정한다. 상대 빈도를 계산하여 오류 ε_1 및 ε_0 추정하라. 즉,

$$\hat{\varepsilon}_i = \frac{H_i\text{에 대해 잘못 분류된 표현의 개수}}{1000} \qquad i = 0, 1$$

ii. 추정값을 사용하여 , p_d와, p_{fa}, 오류 확률 (3.55)를 계산하라. 비교를 위해 1단계와 2단계에서 생성된 그래프에 값을 그려넣어라.

(b) 임의로 다른 두 개의 임계값 τ를 선택하여 위 (a)(i)를 반복하라. 단계 (i)에서 생성된 것과 동일한 2000개의 랜덤변수를 사용할 수 있다. 단지 새로운 임계값에 따라 결정하고, 이 점을 2단계의 ROC에 그려넣어라.

매틀랩 프로그래밍 노트

MATLAB 함수 "erf"는 정규 밀도의 적분값을 구하는 데 유용하다.

4 기댓값, 모멘트, 생성함수

확률 및 통계 분야의 토대 중 하나는 평균의 사용이다. 랜덤변수에 대한 가장 중요한 유형의 평균은 PDF 또는 PMF에 의해 가중하는 기댓값이다. 이 장에서는 기댓값과 그것이 랜덤변수 분석에 어떻게 적용되는지에 대해 논한다. 랜덤변수 X를 묘사하는 데는 기댓값뿐만 아니라 X^2, X^3 등과 같은 랜덤변수의 거듭제곱의 기댓값도 중요하다. 이 평균을 모멘트라고 한다. 랜덤변수에 대한 모멘트의 전체 집합을 아는 것은 밀도함수 자체를 아는 것과 같다. 이 아이디어는 이 장에서 논의되는 "생성함수"를 통해 나타난다. 생성함수는 밀도함수의 (Laplace, Fourier, z) 변환이므로 밀도함수와는 다르지만 랜덤변수에 대한 동등한 확률적 설명을 제공한다. "생성함수"라는 이름은 도함수를 취함으로써 모멘트를 쉽게 얻을 수 있다는 사실에서 기인한다.

기댓값과 관련된 응용으로서, 이 장에서는 엔트로피의 개념에 대해 논의한다. 엔트로피는 실험에서 얻는 정보의 기댓값이다. 여기서 "정보"는 2장에서 정의된다. 섀넌에 의한 정리는, 코드어의 엔트로피 측면에서, 메시지를 코딩하는 데 필요한 평균 비트 수에 대한 하한값을 제공한다. 이 결과는 20세기 전반기에 개발되었지만, 디지털 통신, 데이터 압축, 컴퓨터 및 컴퓨터 네트워크에서의 디지털 정보 부호화의 현대적 문제와 관련성이 명백하다.

4.1 랜덤변수의 기댓값

이전 장에서와 같이 랜덤변수는 랜덤 실험의 표본공간에서 각 결과 s에 실수를 할당하는 함수 $X(s)$로 정의된다. 랜덤변수의 **기댓값**(expected value 또는 expectation)은 랜덤변수의 "평균값"으로 생각할 수 있다. 여기서 평균은 확률에 의해 가중되어 계산된다. 보다 구체적으로, X가 이산 표본공간 S에서 정의된 랜덤변수라면 기댓값 $\mathcal{E}\{X\}$는 다음과 같다.

$$\mathcal{E}\{X\} = \sum_{S} X(s)\,\Pr[s] \tag{4.1}$$

여기서 합은 표본공간의 모든 원소들에 대해 수행된다. 이전 장의 예제 3.1을 기반으로 하는 다음 예제는 랜덤변수에 대한 기댓값의 아이디어를 보여준다.

예제 4.1

예제 3.1에서 시몬으로부터 3장의 CD를 구입하는 비용은 양질의 CD와 불량 CD의 수에 따라 달라진다(장당 양질의 CD의 경우 \$0.36, 불량 CD의 경우 \$0.50). Simon에서 3장의 CD를 사는 비용 C의 기댓값은 얼마인가?

표본공간의 사건들과 각 사건에 관련된 비용은 다음과 같다.

사건 :	BBB	BBG	BGB	BGG	GBB	GBG	GGB	GGG
비용 :	\$1.50	\$1.36	\$1.36	\$1.22	\$1.36	\$1.22	\$1.22	\$1.08
확률 :	1/8	1/8	1/8	1/8	1/8	1/8	1/8	1/8

표본공간에 있는 모든 사건들은 똑같이 확률이 1/8이다. 비용의 기댓값은 가중 합계이다.

$$\begin{aligned}\mathcal{E}\{C\} = (1/8)1.50 \;+\; &(1/8)1.36 + (1/8)1.36 + (1/8)1.22 \\ &+(1/8)1.36 + (1/8)1.22 + (1/8)1.22 + (1/8)1.08 = \$1.29\end{aligned}$$

4.1.1 이산 랜덤변수

랜덤변수에 대한 기댓값은 보다 편리하게 계산될 수 있다. 이산 랜덤변수의 기댓값은 다음과 같이 정의된다.

$$\boxed{\mathcal{E}\{K\} = \sum_{k} k\,\mathrm{f}_K[k]} \tag{4.2}$$

따라서 기댓값은 확률에 의해 가중된 랜덤변수의 모든 값의 합이다. 합이 무한히 클 수 있기 때문에, 합이 절대 수렴하는 경우에만 기대값이 정의된다[1] [1]. 이 식을 사용하여 앞의 예제에 대한 기댓값을 계산해 보자.

예제 4.2

시몬의 CD를 사는 비용 C에 대한 PMF는 예제 3.1에서 계산되었으며 아래에 나와 있다.

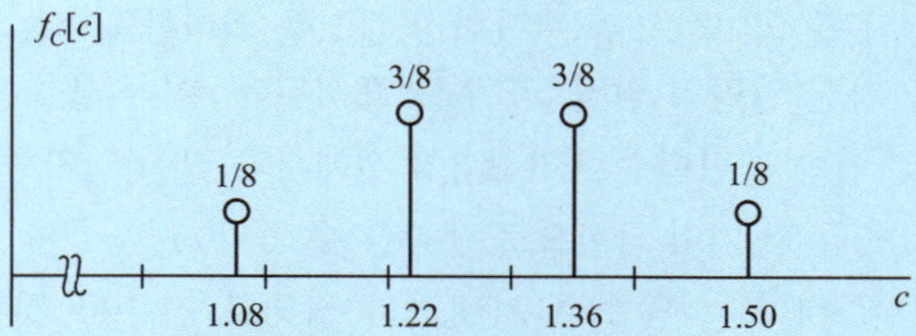

식 (4.2)를 사용하면 비용의 기댓값은 다음과 같이 주어진다.

$$\mathcal{E}\{C\} = 1.08 \cdot f_C[1.08] + 1.22 \cdot f_C[1.22] + 1.36 \cdot f_C[1.36] + 1.50 \cdot f_C[1.50]$$

이제 그림의 fC[c] 값을 대입하면

$$\mathcal{E}\{C\} = 1.08 \cdot (1/8) + 1.22 \cdot (3/8) + 1.36 \cdot (3/8) + 1.50 \cdot (1/8) = 1.29$$

두 예제가 동일한 결과를 산출한다는 사실은 놀라운 일이 아니다. 결국 우리는 다른 방식으로 확률을 계산하고 있는 것이다.

4.1.2 연속 랜덤변수

연속 랜덤변수의 기댓값은 표본공간의 관점에서 정의될 수 있다. 개념적으로 절차는 (4.1)과 유사하지만 다음과 같이 표현된다.

$$\mathcal{E}\{X\} = \int_{\mathcal{S}} X(s)dP(s) \tag{4.3}$$

여기서 우측 표현은 Lebesque−Stieltjes 적분이며 $P(s)$는 표본공간에 대해 적절히 정의된 확률 측도이다[2].

그러나, 더욱 편리한 정의가 존재한다면 확률밀도함수(PDF)를 사용하여 주어진다. 연속 랜덤변수의 기댓값은 다음과 같이 정의된다.

$$\boxed{\mathcal{E}\{X\} = \int_{-\infty}^{\infty} x f_X(x)dx} \tag{4.4}$$

1) 절대 수렴은 다음으로 정의된다 : $\sum_k |k| \, f_K[k] < \infty$이다.

2) 이 개념에 대한 추가 논의가 [2], [3]에 있으며 특히 [4]는 공학도가 읽기 좋을 것이다.

여기서 무한 적분이 절대 수렴한다는 조건이 필요하다. [5].[3]
이 공식은 PDF에 임펄스함수가 허용되면 이산 및 혼합 랜덤변수에도 적용할 수 있다. 특히 이산 랜덤변수에 대한 PDF는 다음과 같이 나타낼수 있다.

$$f_K(k) = \sum_i \mathrm{f}_K[i]\,\delta(k-i) \tag{4.5}$$

여기서 $\mathrm{f_K}[i]$는 PMF를 의미하고 δ는 단위 임펄스를 의미한다. 즉, PDF는 랜덤변수의 PMF와 동일한 영역을 가진 일련의 임펄스함수로 표시된다. 이 식을 (4.4)에 대입하면 (4.2)가 된다. 다른 접근으로 연속 랜덤변수 X가 3.3.3 절에서와 같이 양자화를 통해 이산 랜덤변수 K와 관련된다면, (4.4)는 (4.2)의 극한으로 생각할 수 있다.

이상의 논의에서, (4.4)는 앞으로 기댓값의 정의로 간주될 것이다. 대부분의 분석에서 $\mathcal{E}\{\cdot\}$를 선형 연산자로 간주하는 것이 편리하다. 이 연산자의 정의는 5장의 다중 랜덤변수를 다루기 위해 약간 확장되어야한다.

4.1.3 기댓값의 불변성

기댓값의 매우 중요한 속성은 변환에 대한 불변성이다. 이 속성은 실제로는 (4.1)과 (4.3)의 표본공간에서의 기댓값 해석에 근거한다. 그러나 정의 (4.4)를 사용하여 설명 할 수 있다.

X를 랜덤변수라 하고 $Y = g\,(X)$라고 하자. 그러면 (4.4)는 다음을 의미한다.

$$\mathcal{E}\{Y\} = \int_{-\infty}^{\infty} y f_Y(y)dy \tag{4.6}$$

또한, E {Y}가 다음으로부터도 계산 될 수 있다는 것이다.

$$\mathcal{E}\{Y\} = \int_{-\infty}^{\infty} g(x) f_X(x)dx \tag{4.7}$$

즉, $Y = g(X)$의 기댓값을 계산하려면 먼저 PDF $f_Y(y)$를 구할 필요가 없다. X에 대한 확률밀도 f_X와 함께 함수 $g(X)$를 적분기호 안에 넣고 그냥 적분하면 된다! 따라서 임의의 함수 $g(X)$에 대해, 그 기댓값은 다음과 같이 정의 될 수 있다.

$$\boxed{\mathcal{E}\{g(X)\} = \int_{-\infty}^{\infty} g(x) f_X(x)dx} \tag{4.8}$$

이 결과를 납득하기 위해 간단한 논증을 시도해 보자. 이산 근사에 의해 식 (4.6)을 표현하면

$$\mathcal{E}\{Y\} \approx \sum_{\forall k} y_k f_Y(y_k)\Delta_y$$

3) 절대 수렴은 다음과 같이 정의된다.: $\int_{-\infty}^{\infty} |x| f_X(x)dx < \infty$.

합에서 $f_Y(y_k)\Delta_y$는 Y가 작은 구간 $y_k < y \le y_k + \Delta_y$에 있을 확률이다. 이제 그림 4.1을 참조하면, Y가 작은 구간에 있을 확률은 X가 그림에 표시된 해당 작은 구간의 각각에 있을 확률의 합과 같다.

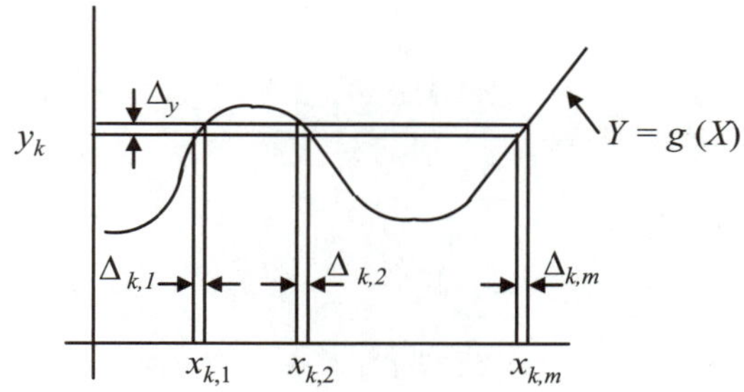

그림 4.1 변환 Y = g(X)

즉,

$$f_Y(y_k)\Delta_y = f_X(x_{k,1})\Delta_{k,1} + f_X(x_{k,2})\Delta_{k,2} + \cdots + f_X(x_{k,m})\Delta_{k,m}$$

이다. 여기서 m은 y의 간격 $(y_k, y_k + \Delta_y]$에 대응되는 x의 간격 수이다. 이 수식을 이전 수식에 대입하면

$$\mathcal{E}\{Y\} \approx \sum_k \sum_{i=1}^{m} y_k f_X(x_{k,i})\Delta_{k,i} = \sum_k \sum_{i=1}^{m} g(x_{k,i}) f_X(x_{k,i})\Delta_{k,i}$$

이중 합은 x의 모든 가능한 영역을 포괄하기 때문에 변수의 지표를 다시 설정하여 단일 합으로 대체 할 수 있다. 즉,

$$\mathcal{E}\{Y\} = \sum_l g(x_l) f_X(x_l)\Delta_l$$

를 얻고, 이 식은 극한에서 적분 (4.7)이 된다. 비록 그림 4.1은 연속 함수를 나타내지만, 결과 (4.8)는 실제로 매우 일반적이며 거의 모든 함수 $g(X)$에 대해 적용된다.

우리의 논거는 일반적인 리만 적분에 기초를 두고 있다. 그러나 랜덤변수를 보다 높은 수준에서 다룰 때, 르베그 적분의 관점에서 결과를 기술 할 수 있는데, 이 경우 기댓값의 불변성은 곧바로 얻어진다. 대부분의 경우 르베그 적분과 리만 적분은 동일한 결과를 산출하므로 적분 연산은 통상적인 방법으로 수행된다.

이산 랜덤변수에 대한 기댓값의 불변성을 다음과 같이 표현할 수 있다.

$$\boxed{\mathcal{E}\{g(K)\} = \sum_k g(k)\, \mathrm{f}_K[k]} \tag{4.9}$$

이 식은 PDF에 임펄스함수를 포함시키면 식 (4.8)로 암시되지만, 이산적 경우에 대한 명시적인 공식이 때때로 유용할 때가 있다.

기댓값의 사용에 대한 또 하나의 예를 들고 이 절을 마무리한다.

예제 4.3

연속 랜덤변수 Θ은 $-\pi$와 π사이에 균일하게 분포되어 있다. 이 랜덤변수의 기댓값은 (4.4)를 사용하여 다음과 같이 나타난다.

$$\mathcal{E}\{\Theta\} = \int_{-\infty}^{\infty} \theta f_\Theta(\theta)d\theta = \int_{-\pi}^{\pi} \theta \frac{1}{2\pi} d\theta = \left.\frac{\theta^2}{4\pi}\right|_{-\pi}^{\pi} = 0$$

이제 랜덤변수 $Y = A\cos^2(\Theta)$를 생각해 보자. 여기서 A는 상수 (랜덤변수가 아님)로 가정한다. (4.8)을 적용하면

$$\begin{aligned}\mathcal{E}\{Y\} &= \mathcal{E}\left\{A\cos^2(\Theta)\right\} = \int_{-\pi}^{\pi} A\cos^2(\theta)\frac{1}{2\pi}d\theta \\ &= \frac{A}{2\pi}\int_{-\pi}^{\pi} \tfrac{1}{2}(1+\cos 2\theta)d\theta = \left.\frac{A}{4\pi}(\theta + \tfrac{1}{2}\sin 2\theta)\right|_{-\pi}^{\pi} = \frac{A}{2}\end{aligned}$$

$\mathcal{E}\{Y\}$에 대한 동일한 결과는 $f_Y(y)$를 구한 후 (4.6)을 사용하여 얻을 수 있다. 그러나 이는 훨씬 더 많은 작업을 필요로 한다.

4.1.4 기댓값의 성질

랜덤변수에 대한 공부를 진행할 때, 종종 기댓값의 정의에 포함된 적분 또는 합을 수행할 필요없이 기댓값의 성질을 사용한다는 것을 알게 될 것이다. 가장 중요한 성질 중 일부는 기댓값 $\mathcal{E}\{\cdot\}$를 선형 연산자로 파악한 결과이다.

X의 임의의 두 함수, 예를 들어 $g(X)$ 및 $h(X)$를 고려하면 a 및 b가 임의의 상수인 경우에 선형결합 $ag(X)+bh(X)$가 만들어진다. 식 (4.8)을 사용하면 다음과 같이 쓸수 있다.

$$\begin{aligned}\mathcal{E}\{ag(X)+bh(X)\} &= \int_{-\infty}^{\infty} (ag(x)+bh(x))\,f_X(x)dx \\ &= a\int_{-\infty}^{\infty} g(x)f_X(x)dx + b\int_{-\infty}^{\infty} h(x)f_X(x)dx \\ &= a\mathcal{E}\{g(X)\} + b\mathcal{E}\{h(X)\}\end{aligned}$$

이제 $Y = g(X)$, $Z = h(X)$로 놓으면,

$$\boxed{\mathcal{E}\{aY + bZ\} = a\mathcal{E}\{Y\} + b\mathcal{E}\{Z\}} \tag{4.10}$$

가 되는데, 이는 기댓값을 선형 연산자로 볼 수 있게 한다.

표 4.1에 열거 된 기댓값의 특성들이 이제 분명해진다. 첫 번째 성질은 PDF가 적분되면 1이 된다는 사실에서 기인한다. 두 번째 및 세 번째 성질은 선형성 식 (4.10)에서 기인한다. 마지막 성질은 첫번째 성질에서 이어지는데 $\mathcal{E}\{X\} = m_X$는 상수라는 것을 관찰하라.

$\mathcal{E}\{c\} = c$ (c는 상수)
$\mathcal{E}\{X + c\} = \mathcal{E}\{X\} + c$
$\mathcal{E}\{cX\} = c\mathcal{E}\{X\}$
$\mathcal{E}\{\mathcal{E}\{X\}\} = \mathcal{E}\{X\}$

[표 4.1] 기댓값의 간단한 성질

4.1.5 사건에 조건이 포함된 기댓값

때때로 사건에 조건이 포함된 기댓값을 계산할 필요가 있다. A가 사건이라면, 사건 A에 조건이 포함된 기댓값은 다음과 같이 정의된다.

$$\mathcal{E}\{X|\mathrm{A}\} = \int_{-\infty}^{\infty} x f_{X|\mathrm{A}}(x|\mathrm{A})dx \tag{4.11}$$

여기서 $f_{X|\mathrm{A}}$ 는 보통 하나 이상의 매개변수에 영향을 주는 사건 A에 조건이 포함된 X의 밀도 함수를 나타낸다.

이 아이디어의 다양한 응용과 변형이 가능하다. 예를 들어, A와 A^c는 상호 배타이며 전체 집합인 사건이므로, 다음과 같이 쓰는 것이 가능하다.

$$f_X(x) = f_{X|\mathrm{A}}(x|\mathrm{A})\Pr[\mathrm{A}] + f_{X|\mathrm{A}^c}(x|\mathrm{A}^c)\Pr[\mathrm{A}^c]$$

이것은 총 확률의 원리의 한 형태 일뿐이다. 이 표현에서 다음을 얻는다.

$$\mathcal{E}\{X\} = \mathcal{E}\{X|\mathrm{A}\}\Pr[\mathrm{A}] + \mathcal{E}\{X|\mathrm{A}^c\}\Pr[\mathrm{A}^c]$$

4.2 분포의 모멘트

기댓값은 랜덤변수의 PDF 또는 PMF의 속성을 설명하는 데 사용할 수 있다. 식 (4.8) 및 (4.9)에서 n = 1, 2, 3, …에 대해 $g(X) = X^n$이라고 하면, 연속 랜덤변수에 대해서

$$\mathcal{E}\{X^n\} = \int_{-\infty}^{\infty} x^n f_X(x)dx \tag{4.12}$$

또는 이산 랜덤변수에 대해서

$$\mathcal{E}\{X^n\} = \sum_{\forall k} k^n \mathrm{f}_K[k] \tag{4.13}$$

는 분포의 n차 모멘트라 불린다. 첫 번째 모멘트 (n = 1)를 평균이라고 하며, 주어진 PDF에 대한 랜덤변수의 평균값을 나타낸다. 평균은 적절한 첨자를 갖는 기호 m으로 표시될 것이다. 즉,

$$m_X = \mathcal{E}\{X\} \text{ 또는 } m_K = \mathcal{E}\{K\} \tag{4.14}$$

2차 이상의 모멘트는 여러 측면에서 PDF을 특징을 나타내는데 아래에서 설명된다. 예를 들어, X가 랜덤 전기신호 (전압)인 경우, X^2는 신호와 관련된 "전력"을 나타낸다. 따라서, 2차 모멘트 $\mathcal{E}\{X^2\}$는 평균 신호전력을 나타낸다.

4.2.1 중심 모멘트

랜덤변수의 평균이 0이 아닌 경우, 평균에 중심을 둔 모멘트가 보통 앞에서 정의 된 모멘트보다 유용하다. 중심 모멘트는 다음과 같이 정의된다.

$$\begin{aligned} &\mathcal{E}\{(X-m_X)^n)\} = \int_{-\infty}^{\infty} (x-m_X)^n f_X(x)dx && \text{(a) 연속의 경우} \\ &\mathcal{E}\{(K-m_K)^n\} = \sum_{\forall k}(k-m_K)^n \mathrm{f}_K[k] && \text{(b) 이산의 경우} \end{aligned} \tag{4.15}$$

특별히 2차 중심 모멘트는 **분산**(variance)이라고 불리며 다음과 같이 주어진다[4].

$$\sigma_X^2 = \mathrm{Var}[X] = \mathcal{E}\{(X-m_X)^2\} \tag{4.16}$$

(σ_X^2 기호와 Var $[X]$ 기호는 통상적으로 X의 분산을 나타내는 데 사용된다.) 분산의 제곱근 (σ_X)은 **표준편차**(standard deviation)라고 하며 랜덤변수 X와 동일한 단위를 가진다. σ_X는 분포의 폭 또는 퍼짐을 측정하는데 중요하다.

정규 PDF의 경우 분산이 공식에 명시적으로 표시되지만(식 (3.19)에서 $\sigma_X^2 = \sigma^2$), 다른 PDF의 경우 분산 및 표준편차가 다른 매개변수의 관계식으로 표현된다. 예를 들어, 균일 랜덤변수 (연습문제 4.35 참조)의 분산은 다음과 같이 주어진다.

4) 불필요한 중복을 피하기 위해, 다음에서 랜덤변수 X가 연속이거나 이산일 수 있다고 가정한다. 기댓값은 해당되는 식 (즉, (4.15) (a) 또는 (b))을 적용하여 구해진다.

$$\sigma_X^2 = \frac{(b-a)^2}{12}$$

따라서 표준편차는 약 0.289 $(b - a)$이다. 평균보다 한 표준편차 작은 값부터 한 표준편차 큰 값까지 PDF의 적분

$$\int_{m_X-\sigma_X}^{m_X+\sigma_X} f_X(x)dx$$

은 확률 분포에 대한 대략적인 특징을 제공한다. 정규 PDF의 경우 이 적분은 약 0.683이고, 균일 PDF의 경우 $1\ /\sqrt{3}$ 또는 0.577이다. 이는 정규 랜덤변수의 경우 확률이 평균에 가까운 영역에서 보다 조밀하게 분포함을 나타낸다.

다음 예제는 지수 랜덤변수에 대한 평균, 분산 및 표준편차를 계산하는 방법을 보여준다.

예제 4.4

X가 다음의 PDF를 갖는 지수 랜덤변수라고 가정하자.

$$f_X(x) = \begin{cases} \lambda e^{-\lambda x} & x \geq 0 \\ 0 & x < 0 \end{cases}$$

모멘트를 계산하는 데 도움이 되도록 다음 식을 사용할 수 있다.

$$\int_0^\infty u^n e^{-u} du = n! \qquad n = 0, 1, 2, 3, \ldots$$

([6] 참조).

평균은 다음과 같이 주어진다.

$$m_X = \int_{-\infty}^{\infty} x f_X(x)dx = \int_0^\infty x\lambda e^{-\lambda x} dx$$

변수의 변경 $u = \lambda x$ 을 적용하여

$$m_X = \frac{1}{\lambda}\int_0^\infty u e^{-u} du = \frac{1}{\lambda} \cdot 1! = \frac{1}{\lambda}$$

을 얻는다. 분산은 다음과 같이 계산한다.

$$\begin{aligned}\sigma_X^2 &= \int_{-\infty}^{\infty}(x-m_X)^2 f_X(x)dx = \int_0^{\infty}(x-\frac{1}{\lambda})^2\lambda e^{-\lambda x}dx \\ &= \int_0^{\infty}x^2\lambda e^{-\lambda x}dx - \frac{2}{\lambda}\int_0^{\infty}x\lambda e^{-\lambda x}dx + \frac{1}{\lambda^2}\int_0^{\infty}\lambda e^{-\lambda x}dx \\ &= \frac{1}{\lambda^2}\int_0^{\infty}u^2e^{-u}du - \frac{2}{\lambda^2}\int_0^{\infty}ue^{-u}du + \frac{1}{\lambda^2} \\ &= \frac{1}{\lambda^2}\cdot 2! - \frac{2}{\lambda^2}\cdot 1! + \frac{1}{\lambda^2} = \frac{1}{\lambda^2}\end{aligned}$$

이로부터, 지수 랜덤변수의 평균과 표준편차 (σ_X)가 동일한 $1/\lambda$을 알 수 있다.

4.2.2 분산의 성질

분산은 랜덤변수의 특성에 대한 중요한 양으로 표 4.2에 나열된 속성을 가지고 있다.

$$\begin{aligned}&\mathrm{Var}[c] = 0 \quad (c\text{는 상수}) \\ &\mathrm{Var}[X+c] = \mathrm{Var}[X] \\ &\mathrm{Var}[cX] = c^2\,\mathrm{Var}[X]\end{aligned}$$

[표 4.2] 분산의 일부 성질

증명 없이 성질이 주어져 있는데, 증명은 쉽다. 특히 마지막 성질에서 오른쪽의 분산 앞에 있는 상수가 제곱임을 유의하라. 이는 분산이 제곱된 양에 대한 기댓값이기 때문에 발생한다. 이러한 성질의 사용법을 직접 확인하라. 예를 들어, X의 분산이 1이고 $Y = 2X + 3$이라고 할 때 Y의 분산을 구해보자.[5)]

여기서 언급 될 분산의 마지막 공식은 아래와 같다.

$$\mathrm{Var}[X] = \mathcal{E}\{X^2\} - m_X^2 \tag{4.17}$$

이 식은 2차 모멘트에서 평균의 제곱을 뺀 값으로 분산을 구할 수 있음을 나타낸다. 자주, 식 (4.16)을 직접 사용하는 것보다 이 방법으로 분산을 계산하는 것이 훨씬 쉽다.

식 (4.17)의 증명은 $\mathcal{E}\{\cdot\}$를 선형 연산자로 파악하고 표 4.1에 나열된 기댓값의 성질을 적용하는 좋은 예이다. 즉 (4.16)에서 시작하고 대수적으로 인수를 전개하면

5) 답 : $\mathrm{Var}[Y] = 4$.

$$\mathcal{E}\{(X - m_X)^2\} = \mathcal{E}\{X^2 - 2m_X X + m_X^2\}$$

이 된다. 기댓값이 선형 연산자이므로 세 항에 대한 기댓값을 분배하여 쓰면

$$\mathcal{E}\{(X - m_X)^2\} = \mathcal{E}\{X^2\} - \mathcal{E}\{2m_X X\} + \mathcal{E}\{m_X^2\} = \mathcal{E}\{X^2\} - 2m_X\mathcal{E}\{X\} + m_X^2$$

가 된다. 여기서 마지막 단계에서 표 4.1의 성질이 사용되었다. 최종적으로, 기댓값 $\mathcal{E}\{X\}$는 m_X이므로, 항들을 모아보면 (4.17)이 얻어진다.

다음의 이산 랜덤변수를 포함하는 예는 식 (4.17)의 사용법을 보여준다.

예제 4.5

베르누이 랜덤변수는 3장의 그림 3.3에 나타난 PMF를 가진다.
평균은 다음과 같이 계산된다.

$$m_K = \mathcal{E}\{K\} = \sum_{k=0}^{1} k\,\mathrm{f}_K[k] = (1-p)\cdot 0 + p\cdot 1 = p$$

분산은 아래와 같이 먼저 2차 모멘트를 구하여 계산된다.

$$\mathcal{E}\{K^2\} = \sum_{k=0}^{1} k^2\,\mathrm{f}_K[k] = (1-p)\cdot 0^2 + p\cdot 1^2 = p$$

이제 식 (4.17)을 적용하여 분산을 계산하면 다음을 얻는다.

$$\sigma_K^2 = \mathcal{E}\{K^2\} - m_K^2 = p - p^2 = p(1-p)$$

(식 (4.16)으로 직접 σ_K^2를 계산하여 이 결과를 확인할 수 있다.)

4.2.3 고차 모멘트

3차 및 4차 모멘트와 관련된 일부 정규화된 양이 때때로 정규분포가 아닌 랜덤변수의 분석에 사용된다. 이러한 양을 **왜곡도**(skewness) 및 **첨도**(kurtosis)라고 하며 다음과 같이 정의된다.

$$\begin{aligned}\alpha_3 &= \frac{\mathcal{E}\{(X-m_X)^3\}}{\sigma_X^3} && \text{(a) 왜곡도}\\ \alpha_4 &= \frac{\mathcal{E}\{(X-m_X)^4\}}{\sigma_X^4} - 3 && \text{(b) 첨도}\end{aligned}\qquad(4.18)$$

정규 랜덤변수의 왜곡도 및 첨도는 모두 0이다.

왜곡도는 분포의 비대칭을 측정하는 데 사용할 수 있다. 평균에 대해 대칭인 PDF 또는 PMF는 왜곡이 없다. 첨도는 정규 PDF에 대한 주어진 분포의 차를 측정하는데 종종 사용된다. 이런 의미에서 "정규분포에 가까운" 분포는 첨도의 값이 낮다. 두 가지 양 a_3과 a_4는 cumulant [7, 8]로 알려진 고차 통계량에 속한다. 이러한 양은 신호 처리의 다양한 영역에서 사용되어 왔다 ([9] 참조). 왜곡도 및 첨도 계산에 대한 일부 문제가 이 장의 마지막 부분에 포함되어 있다 (문제 4.45 참조).

4.3 생성함수

신호 및 선형시스템의 분석에서 푸리에, 라플라스 및 z 변환은 시간 영역에서 쉽게 알 수 없는 신호 또는 시스템의 특성을 발견하는데 필수적인 도구이다. 비슷한 이유로 PDF 또는 PMF에 적용되는 변환은 확률 및 랜덤변수와 관련된 문제에서 유용한 도구가 될 수 있다. 변환의 특히 중요한 용도 중 하나는 분포의 모멘트를 생성하기 때문에 "생성함수"라는 이름을 사용한다. 이 단원에서는 연속 및 이산 랜덤변수의 생성함수에 대해 간략하게 소개한다.

4.3.1 모멘트 생성함수

랜덤변수 X에 대응되는 **모멘트 생성함수**(MGF, moment generating function)는 다음과 같이 정의된다.

$$M_X(s) = \mathcal{E}\left\{e^{sX}\right\} = \int_{-\infty}^{\infty} f_X(x)e^{sx}dx \tag{4.19}$$

여기서 s는 적분이 수렴하도록 값을 취하는 복소변수이다.[6] s의 이러한 값들은 "수렴 영역"이라고 부르는 복소평면 내의 영역을 정의한다. 정의 (4.19)는 두 가지 해석을 제공하는데 둘 다 유용하다. 즉, MGF는 (1) $e^{s\check{X}}$의 기댓값으로 또는 (2) PDF의 라플라스 변환으로 생각할 수 있다.[7] MGF는 연속 랜덤변수에 가장 흔하게 사용된다. 그러나 PDF에 임펄스함수가 허용되면 혼합 또는 이산 랜덤변수에도 적용 할 수 있다.

MGF가 $s = \jmath\omega$에서 평가될 때 (즉, 복소 평면의 허축상에서) 결과는 다음과 같은 푸리에 변환이 된다.

$$M_X(\jmath\omega) = \mathcal{E}\left\{e^{\jmath\omega X}\right\} = \int_{-\infty}^{\infty} f_X(x)e^{\jmath\omega x}dx$$

---

6) 최근에는 s의 실수 값 (예 : [10])에 대해서만 MGF를 정의하는 것이 일반적이다. 이것은 수학적 논의를 간단하게 하지만 MGF가 존재하지 않는 경우도 발생한다.

7) 변환 정의 (4.19)는 $-s$ 대신 s를 사용하는데 이는 전자공학에는 일반적이다. 따라서 왼쪽이나 오른쪽 반면을 포함하는 모든 독립변수들은 부호가 바뀌어야 한다.

특성함수라고 불리는 이 양은 종종 MGF 대신 사용되어 수렴영역에 대한 논의와 $s = \jmath\omega$ 축에서 벗어날 때 발생할 수 있는 미묘한 수학적 어려움에 대한 논의를 피하게 해준다. $\jmath\omega$축 상에서 다음과 같이 적분이 절대 수렴함을 주목하라.

$$\int_{-\infty}^{\infty} |f_X(x)||e^{\jmath\omega x}|dx = \int_{-\infty}^{\infty} f_X(x)dx = 1 < \infty$$

따라서 특성함수는 항상 존재하고, MGF는 적어도 $s = \jmath\omega$상에서 항상 수렴한다.

거듭제곱 급수로 e^{sX}를 전개하고 기댓값을 취하면 다음과 같이 MGF에서 모멘트를 유도할 수 있음이 분명하다.[8)]

$$\begin{aligned} M_X(s) = \mathcal{E}\{e^{sX}\} &= 1 + \mathcal{E}\{sX\} + \mathcal{E}\{\tfrac{1}{2}s^2X^2\} + \mathcal{E}\{\tfrac{1}{3!}s^3X^3\} + \cdots \\ &= 1 + \mathcal{E}\{X\}s + \tfrac{1}{2}\mathcal{E}\{X^2\}s^2 + \tfrac{1}{3!}\mathcal{E}\{X^3\}s^3 + \cdots \end{aligned}$$

모멘트 $\mathcal{E}\{X^n\}$들은 s의 전개에서 계수로 나타난다.

모멘트 생성함수 $M_X(s)$가 주어졌을 때 모멘트는 s에 대해 도함수를 취하고 $s = 0$[9)]에서 결과를 평가함으로써 유도할 수 있다. 이 식이 어떻게 유도되는지를 보기 위해 마지막 식을 사용하면

$$\left.\frac{dM_X(s)}{ds}\right|_{s=0} = \mathcal{E}\{X\} + 2\cdot\tfrac{1}{2}\mathcal{E}\{X^2\}s + 3\cdot\tfrac{1}{3!}\mathcal{E}\{X^3\}s^2 + \cdots \Big|_{s=0} = \mathcal{E}\{X\}$$

을 얻으며 한번 더 도함수를 취함으로써

$$\left.\frac{d^2M_X(s)}{ds^2}\right|_{s=0} = \mathcal{E}\{X^2\} + 3\cdot2\cdot\tfrac{1}{3!}\mathcal{E}\{X^3\}s + \cdots \Big|_{s=0} = \mathcal{E}\{X^2\}$$

을 얻는다. 이 결과를 일반화하여 공식화하면 다음을 얻는다.

$$\boxed{\mathcal{E}\{X^n\} = \left.\frac{d^nM_X(s)}{ds^n}\right|_{s=0}} \tag{4.20}$$

다음 예제는 MGF의 계산과 평균 및 분산의 계산을 위해 (4.20)을 적용하는 것을 예시한다.

예제 4.6

예제 4.4에 정의된 지수 랜덤변수를 참조하라. PDF는 다음과 같다.

$$f_X(x) = \begin{cases} \lambda e^{-\lambda x} & x \geq 0 \\ 0 & x < 0 \end{cases}$$

8) 이 전개는 $s = 0$에 극점이 없으므로 수렴영역 내에서 가능하다. [11]

9) 복소변수의 함수의 도함수가 항상 존재하는 것은 아니지만, 해당 관심 영역에서 존재한다고 가정한다.

MGF는 (4.19)를 적용하여 다음과 같이 계산된다.

$$\begin{aligned} M_X(s) &= \int_{-\infty}^{\infty} f_X(x) e^{sx} dx = \int_0^{\infty} \lambda e^{-\lambda x} e^{sx} dx \\ &= \lambda \int_0^{\infty} e^{-(\lambda - s)x} dx = \frac{\lambda}{-(\lambda - s)} e^{-(\lambda - s)x} \Big|_0^{\infty} = \frac{\lambda}{\lambda - s} \end{aligned}$$

적분은 $\mathrm{Re}[s] < \lambda$ 인 경우에 존재한다. 이 부등식이 수렴 영역을 정의한다.

예제 4.7

MGF로부터 지수 랜덤변수의 평균을 계산하기 위해 식 (4.20)을 $n = 1$에 대해 적용하면

$$m_X = \mathcal{E}\{X\} = \frac{dM_X(s)}{ds}\Big|_{s=0} = \frac{d}{ds}\left(\frac{\lambda}{\lambda - s}\right) = \frac{\lambda}{(\lambda - s)^2}\Big|_{s=0} = \frac{1}{\lambda}$$

을 준다. 분산을 계산하려면 먼저 (4.20)을 사용하여 2차 모멘트를 계산한다. 즉

$$\mathcal{E}\{X^2\} = \frac{d^2 M_X(s)}{ds^2}\Big|_{s=0} = \frac{2\lambda}{(\lambda - s)^3}\Big|_{s=0} = \frac{2}{\lambda^2}$$

그런 다음 (4.17)을 사용하여

$$\sigma_X^2 = \mathcal{E}\{X^2\} - m_X^2 = \frac{2}{\lambda^2} - \left(\frac{1}{\lambda}\right)^2 = \frac{1}{\lambda^2}$$

을 얻는다. 결과는 예제 4.4의 결과와 일치한다.

4.3.2 확률 생성함수

이산 정수값을 갖는 랜덤변수 K의 모멘트는 다음과 같이 정의된 확률 생성함수 (PGF)를 사용하여 가장 쉽게 처리된다.

$$G_K(z) = \mathcal{E}\{z^K\} = \sum_{k=-\infty}^{\infty} \mathrm{f}_K[k] z^k \tag{4.21}$$

여기서, z는 수렴영역 (즉, 무한 합이 수렴하는 영역) 내의 복소변수이다. 다시 두 가지 해석이 똑같이 유효하다. 즉, PGF는 z^K의 기대값으로 또는 PMF의 z-변환으로 생각할 수 있다.[10] 확률 생성함수란 이름은 $k < 0$에 대해 $\mathrm{f}_K[k] = 0$이라고 가정하면,

10) 다시 한 번 전자공학과 차이점이 있다. 전자공학에서는 관례적으로 z의 음수 제곱으로 z-변환을 정의한다.

$$G_K(z) = \mathrm{f}_K[0] + z\mathrm{f}_K[1] + z^2\mathrm{f}_K[2] + z^3\mathrm{f}_K[3] + \cdots$$

라는 사실에서 기인한다. 이 식을 통해 다음을 보이는 것은 쉽다.

$$\frac{1}{k!}\frac{d^kG_K(z)}{dz^k}\bigg|_{z=0} = \mathrm{f}_K[k] = \Pr[K = k] \tag{4.22}$$

그러나 PGF에 대한 우리의 관심은 확률을 생성하는 것보다 모멘트를 생성하는 데 더 있다. 이를 위해, $k < 0$에 대해 $\mathrm{f}_K[k] = 0$을 요구할 필요는 없다. 그 대신 식 (4.21)에서 정의된 대로 완전한 양쪽 측면의 합을 취급한다.

모멘트를 생성하는 방법은 식 (4.21)의 정의의 첫 번째 식을 사용하여 명확하게 찾을 수 있다. 즉,

$$G_K(z) = \mathcal{E}\{z^K\}$$

이 표현의 도함수는 다음과 같다.[11)]

$$\frac{dG_K(z)}{dz} = \mathcal{E}\{Kz^{K-1}\}$$

이것이 $z = 1$에서 계산된다면, z^{K-1}이라는 항은 사라지고 다음 공식이 나온다.

$$\mathcal{E}\{K\} = \frac{dG_K(z)}{dz}\bigg|_{z=1} \tag{4.23}$$

이것은 이산 랜덤변수의 평균이다. 고차 모멘트를 생성하기 위해 이 과정을 반복한다. 예를 들어,

$$\frac{d^2G_K(z)}{dz^2}\bigg|_{z=1} = \mathcal{E}\{K(K-1)z^{K-2}\}\big|_{z=1} = \mathcal{E}\{K^2\} - \mathcal{E}\{K\}$$

이 결과가 MGF의 해당 결과와 같이 "깔끔한"것은 아니지만 위의 두 식을 사용하여 2차 모멘트를 다음과 같이 표현할 수 있다.

$$\mathcal{E}\{K^2\} = \frac{d^2G_K(z)}{dz^2} + \frac{dG_K(z)}{dz}\bigg|_{z=1} \tag{4.24}$$

표 4.3은 PGF를 사용하여 이산 랜덤변수의 처음 4개의 모멘트를 계산한 결과를 요약한 것이다. 표의 프라임은 도함수를 나타낸다.

11) 미분과 기댓값의 연산을 상호교환하는 것이 타당하다고 가정한다. 이것은 대부분의 경우 참이다.

$$
\begin{aligned}
\mathcal{E}\{K\} &= G'(z)|_{z=1} \\
\mathcal{E}\{K^2\} &= G''(z) + G'(z)|_{z=1} \\
\mathcal{E}\{K^3\} &= G'''(z) + 3G''(z) + G'(z)|_{z=1} \\
\mathcal{E}\{K^4\} &= G''''(z) + 6G'''(z) + 7G''(z) + G'(z)|_{z=1}
\end{aligned}
$$

[표 4.3] PGF로 계산된 모멘트 공식. G′, G″ 등은 G(z)의 도함수를 나타낸다.

이 절을 끝내기 전에 MGF와 PGF 사이의 관계에 대해서 언급해보자. K가 정수값의 이산 랜덤변수인 경우, K에 대한 PDF는 (4.5)와 같이 정의할 수 있다. (4.19)에 (4.5)를 대입하면

$$M_K(s) = \sum_{k=-\infty}^{\infty} \mathrm{f}_K[k] e^{sk}$$

를 얻는다. 이것은 $z = e^s$에서 계산한 (4.21)과 같다. 따라서 정수 값의 이산 랜덤변수에 대해 다음 관계를 얻는다.

$$M_K(s) = G_K(e^s) \tag{4.25}$$

이 절에는 PGF를 사용하여 이산 랜덤변수의 평균과 분산을 계산하는 예제로 끝낸다.

예제 4.8

PMF가 다음과 같이 주어진 푸아송 랜덤변수를 고려하자.

$$\mathrm{f}_K[k] = \begin{cases} \dfrac{\alpha^k}{k!} e^{-\alpha} & k \geq 0 \\ 0 & k < 0 \end{cases}$$

이 랜덤변수에 대한 PGF는 (4.21)의 두 번째 형식으로부터 계산될 수 있다. 즉,

$$G_K(z) = \sum_{k=-\infty}^{\infty} \mathrm{f}_K[k] z^k = \sum_{k=0}^{\infty} \frac{\alpha^k}{k!} e^{-\alpha} z^k = e^{-\alpha} \sum_{k=0}^{\infty} \frac{(\alpha z)^k}{k!} = e^{-\alpha} e^{\alpha z} = e^{\alpha(z-1)}$$

위의 PGF가 주어지면 (4.23)을 사용하여 평균을 계산할 수 있다.

$$m_K = \mathcal{E}\{K\} = \left.\frac{dG_K(z)}{dz}\right|_{z=1} = e^{-\alpha} \alpha\, e^{\alpha z}\big|_{z=1} = \alpha$$

2차 모멘트는 (4.24)에서 계산할 수 있다.

$$\mathcal{E}\{K^2\} = \left.\frac{d^2 G_K(z)}{dz^2} + \frac{dG_K(z)}{dz}\right|_{z=1} = e^{-\alpha}\alpha^2 e^{\alpha z} + e^{-\alpha}\alpha e^{\alpha z}\big|_{z=1} = \alpha^2 + \alpha$$

마지막으로, 분산은 다음과 같이 계산된다.

$$\sigma_K^2 = \mathcal{E}\{K^2\} - m_K^2 = \alpha^2 + \alpha - (\alpha)^2 = \alpha$$

4.4 응용 : 엔트로피와 소스 부호화

2장에서 정보 이론과 부호화(코딩)의 주제가 논의된 바 있다. 사건 Ai에 관련된 정보는 다음과 같이 정의된다.

$$I(\mathrm{A}_i) = -\log \Pr[\mathrm{A}_i]$$

여기서 로그는 밑이 2로 취해지고 정보는 “비트”로 측정된다. 이제 “사건”이 통신 채널을 통한 기호의 전송을 나타내는 문제를 다시 생각해보자. 앞에서와 같이, 사건 A_i는 상호 배타적이며 전체가 다 포함되는 사건이다.

이 장에서 소개된 기댓값의 개념을 사용하여 기호 집합에 대한 엔트로피 H를 공식적으로 평균 정보로 정의할 수 있다. 즉,

$$H = \mathcal{E}\{I\} = -\sum_i \Pr[\mathrm{A}_i] \log \Pr[\mathrm{A}_i] \tag{4.26}$$

이제 이진 코드가 전송될 각 기호와 연관된다고 가정하자. 이산 랜덤변수 L이 코드어의 길이를 나타낸다고 하면, 코드의 평균 길이는 다음과 같이 정의된다.

$$m_L = \mathcal{E}\{L\} = \sum_l l\, \mathrm{f}_L[l] \tag{4.27}$$

섀넌의 소스 부호화 정리는 다음과 같이 기술될 수 있다 [12].

정리

엔트로피 H를 갖는 임의의 이산 무기억 소스(신호원)이 주어지면, 소스를 부호화하기 위한 무손실 코드의 평균 길이 m_L은

$$m_L \geq H \tag{4.28}$$

를 만족한다.

여기서 "무손실"이라는 용어는 소스의 출력이 오류나 대체 없이 완전히 재생 될 수 있는 성질을 나타낸다. 이 정리는 2장의 예제 2.14을 계속 진행하며 설명한다.

예제 4.9

메시지 "ELECTRICAL ENGINEERING"의 부호화에서 문자의 확률(여백 제외)은 상대적인 발생 빈도로 표현되므로 예제 2.14의 첫 번째 표에 나열된 확률이 할당됨을 상기하라. Shannon-Fano 알고리즘에 의해 각 문자와 연관된 코드어와 코드어의 길이도 표에 나와 있다.

코드어의 길이를 나타내는 랜덤변수 L은 단지 3 개의 가능한 값만을 취하는 것을 알 수있다. 랜덤변수를 기술하는 PMF는 다양한 길이의 코드어의 확률을 합산함으로써 구성 될 수 있다. 이 PMF는 다음과 같다.

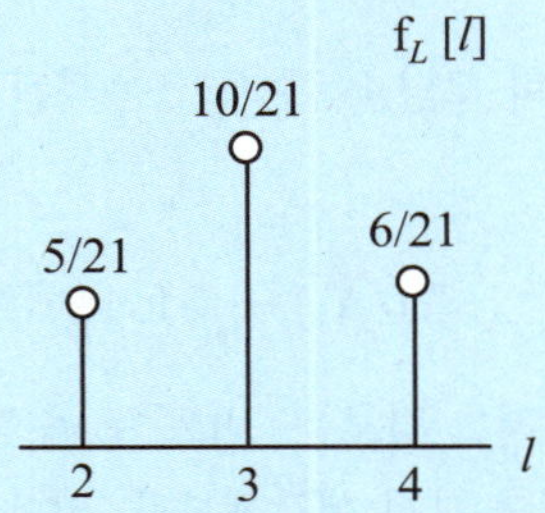

코드어의 평균 길이는 식 (4.27)로부터 계산되며 다음과 같이 주어진다.

$$m_L = \mathcal{E}\{L\} = 2 \cdot \frac{5}{21} + 3 \cdot \frac{10}{21} + 4 \cdot \frac{6}{21} = 3.047 \text{ (비트)}$$

이제, 소스 엔트로피를 계산해보자. 식 (4.26)부터 엔트로피는 다음과 같이 주어진다.

$$\begin{aligned} H &= -\tfrac{5}{21}\log\left(\tfrac{5}{21}\right) + 3\left(-\tfrac{3}{21}\log\left(\tfrac{3}{21}\right)\right) + 4\left(-\tfrac{2}{21}\log\left(\tfrac{2}{21}\right)\right) + 2\left(-\tfrac{1}{21}\log\left(\tfrac{1}{21}\right)\right) \\ &= 3.006 \text{ 비트} \end{aligned}$$

결과는 섀넌의 정리의 하한 (4.28)가 만족됨을 보여준다. 그러나, Shannon-Fano 절차에 의해 생성된 평균 코드 길이는 하한에 매우 가깝다. 이는 Shannon-Fano 코드가 이 메시지의 최적 코드에 매우 가깝다는 것을 보여준다.

엔트로피의 원래 정의는 소스 및 채널 코딩(부호화)의 측면에서이다. 그러나, 기본 정의는 임의의 랜덤변수로 확장된다 (코드어가 아닌). 이산 랜덤변수 K에 대한 엔트로피는 다음과 같이 정의된다.

$$H_K = -\mathcal{E}\{\log(\mathrm{f}_K[K])\} = -\sum_{\forall k} \mathrm{f}_K[k]\log(\mathrm{f}_K[k]) \tag{4.29}$$

또한 연속 랜덤변수 X에 대한 엔트로피는 다음과 같이 주어진다.

$$H_X = -\mathcal{E}\{\log(f_X(X))\} = -\int_{-\infty}^{\infty} f_X(x)\log(f_X(x))dx \tag{4.30}$$

이 수식은 공학 문제에서 많은 용도를 가지고 있는데, 최적의 설계 절차는 엔트로피를 최소화하거나 최대화하는 것을 기반으로 한다.

4.5 요약

랜덤변수 $\mathcal{E}\{X\}$의 기댓값은 해당 확률에 의해 가중된 랜덤변수의 모든 가능한 값에 대한 합 또는 적분이다. 또한, 임의의 함수 $g(X)$의 기댓값 $\mathcal{E}\{g(X)\}$는 $g(X)$를 X의 PMF 또는 PDF와 함께 합하거나 적분함으로써 계산 될 수있다.

랜덤변수의 모멘트는 X의 거듭제곱의 기댓값이다. $m_X = \mathcal{E}\{X\}$는 일차 모멘트 (평균이라고도 함), $\mathcal{E}\{X^2\}$ 는 2차 모멘트, ⋯로 불린다. 중심 모멘트는 $(X-m_X)$의 거듭제곱의 기댓값이다. $\sigma_X^2 = \mathcal{E}\{(X - m_X)^2\}$는 분포의 분산이라고 불리고, 랜덤변수가 평균에 대해 얼만큼 퍼져 있는지를 측정한다.

모멘트 생성함수는 $\mathcal{E}\{e^{sX}\}$로 정의되는데 여기서 s는 복소 매개변수이다. MGF는 또한 PDF의 라플라스 변환으로 해석될 수 있다. MGF의 거듭제곱급수 전개는 분포의 모멘트를 계수로 나타낸다. 따라서 분포의 모든 모멘트를 아는 것은 분포를 아는 것과 같다. 랜덤변수에 대한 일부 결과 및 속성은 PDF보다 MGF를 사용하여 더 쉽게 발견된다.

이산 랜덤변수의 경우, 다수의 연산이 확률 생성함수를 사용하면 보다 편리하게 수행된다. PGF는 $\mathcal{E}\{z^K\}$로 정의되며 PMF의 z-변환이다.

이 장의 마지막 절에서는 평균 정보로서의 엔트로피의 개념에 대해 논의되었다. 섀넌의 정리에 따르면 엔트로피는 손실없이 메시지를 부호화하는 데 필요한 평균 비트 수에 대한 하한 값을 제공한다.

참고문헌

[1] William Feller. *An Introduction to Probability Theory and Its Applications - Volume I.* John Wiley & Sons, New York, second edition, 1957.

[2] Athanasios Papoulis and S. Unnikrishna Pillai. *Probability, Random Variables, and Stochastic Processes.* McGraw-Hill, New York, fourth edition, 2002.

[3] Henry Stark and John W. Woods. *Probability, Random Processes, and Estimation Theory for Engineers.* Prentice Hall, Inc., Upper Saddle River, New Jersey, third edition, 2002.

[4] Wilbur B. Davenport, Jr. *Probability and Random Processes.* McGraw-Hill, New York, 1970.

[5] William Feller. *An Introduction to Probability Theory and Its Applications - Volume II.* John Wiley & Sons, New York, second edition, 1971.

[6] Daniel Zwillinger. *CRC Standard Mathematical Tables and Formulae.* CRC Press, Boca Raton, 2003.

[7] David R. Brillinger. *Time Series: Data Analysis and Theory.* Holden-Day, Oakland, California, expanded edition, 1981.

[8] Murray Rosenblatt. *Stationary Sequences and Random Fields.* Birkhauser, Boston, 1985.

[9] Chrysostomos L. Nikias and Athina P. Petropulu. *Higher-Order Spectra Analysis: A Nonlinear Signal Processing Framework.* Prentice Hall, Inc., Upper Saddle River, New Jersey, 1993.

[10] Sheldon M. Ross. *A First Course in Probability.* Prentice Hall, Inc., Upper Saddle River, New Jersey, sixth edition, 2002.

[11] Ruel V. Churchill and James Ward Brown. *Complex Variables and Applications.* McGraw-Hill Book Company, New York, fourth edition, 1984.

[12] Claude E. Shannon and Warren Weaver. *The Mathematical Theory of Communication.* University of Illinois Press, Urbana, IL, 1963.

[13] Alvin W. Drake. *Fundamentals of Applied Probability Theory.* McGraw-Hill, New York, 1967.

연습문제

랜덤변수의 기댓값

4.1 Rolf는 공대생이다. Rolf는 토요일 밤 데이트를 두 명의 학생 (Claudia Schonstuck과 Ursula von Doppeldoof)중 한 명에게 요청 계획이다. Rolf는 Claudia에게 더 끌리지만 Ursula는 더 시간여유가 많다. Claudia는 고급스러운 것을 좋아하고 데이트 비용이 더 비싸게 든다. 모든 것들을 고려해 볼 때, Rolf가 Claudia와의 데이트에 성공할 가능성은 "50/50"인데 데이트에서 200유로를 소비할 것으로 추정된다. 한편, Ursula가 Rolf와 데이트를 수락할 가능성은 두 배인데, Ursula는 맥주와 프레즐 (40 유로)에 만족할 것이다.

Rolf는 먼저 데이트 신청할 사람을 결정하기 위해 다음과 같은 절차를 가지고 있다. 먼저 1 유로 동전을 던진다. "앞면"이 나오면 Claudia에게 요청한다. "뒷면"이 나오면 다시 던진다. "앞면"이 나오면 Claudia에게 요청한다. 그렇지 않으면, 그는 Ursula에게 요청한다.

(a) Rolf가 Claudia 또는 Ursula에게 처음 요청할 확률은 각각 얼마인가?

던지기 결과에 따라, Rolf는 Claudia 또는 Ursula에게 요청한다. Claudia에게 요청한 후 그녀가 거절하면 Ursula에게 요청한다. Ursula에게 (첫 번째) 요청한 후 그녀가 거절하면, 너무 낙담하여 Claudia에게 요청할 용기를 상실한다. 데이트가 없으면 밤에 맥주를 마시고 혼자 프레즐을 먹으며 여전히 40 유로를 쓴다.

(b) Rolf가 Claudia와 토요일 저녁에 데이트 할 확률은 얼마인가?

(c) Rolf가 토요일 밤에 쓸 돈의 기댓값은 얼마인가?

(d) C가 토요일 밤에 Rolf의 지출을 나타내는 랜덤변수라고 할 때, C에 대한 PMF를 그려라. PMF를 사용하여 $\mathcal{E}\{C\}$를 계산하라.

4.2 한 쌍의 공정한 주사위를 굴린다. 굴려나온 숫자 K에 대한 PMF는 3장에 주어져있다. $\mathcal{E}\{K\}$를 구하라.

4.3 이산균일 랜덤변수 K가 $\mathrm{f}_K[k] = 1/5$, $k = 0, 1, 2, 3, 4$를 갖는다. 평균 m_K를 구하고 4차 중심 모멘트 $\mathcal{E}\{(K - m_K)^4\}$를 계산하라.

4.4 고정된 3비트 크기의 패킷 전송을 고려한다. 이진수 1의 확률은 0.56이다. 패킷에서 이진수 1의 개수를 랜덤변수 I라고 할 때 그 평균을 계산하라.

4.5 결과 $\{i = 1, 2, 3, 4, 5, 6\}$을 가지는 주사위를 먼저 굴린 다음, 결과 $\{j = 0, 5\}$를 가지는 동전을 던지는 랜덤 실험을 고려하자. 실험의 결과를 (i, j) 쌍으로 놓고, 실험의 모든 결과가 똑같은 가능성으로 나타난다고 하자. 랜덤변수 K를 차 $k = i - j$로 정의한다.

(a) 랜덤변수 K의 확률 질량함수 $\mathrm{f}_K[k]$를 결정하고 그려라. 그림의 축에는 적절한 값이 명확하게 표시되어야 한다.

(b)이 랜덤변수의 평균 $\mathcal{E}\{K\}$를 구하라.

4.6 사업 파트너들에게 *Ed* the Rat으로 알려진 Eduardo de Raton이 감히 거절하지 못할 "우호적인" 주사위 게임에 당신을 초대했다. Ed는 항상 사면체 주사위를 사용하고 아래에 거울이 장착된 유리 커피 테이블에서 게임을 한다.[12] 이 테이블은 다른 게임에서 Ed에게 유용하다. 이 상황은 육면체 주사위보다 고려해야 할 경우가 적기 때문에 당신에게도 유용하다.

기본 주사위 게임은 다음과 같다. 당신과 에드는 모두 하나의 주사위를 가지고 있다. 그가 먼저 굴린 후 당신이 굴린다. 같은 값이 나오면, 당신은 승리한다. 값이 일치하지 않으면 당신이 진다. 에드의 주사위는 조작되어 있다. Ed가 1, 2 또는 3으로 굴릴 확률은 각각 1/5이며, 4를 굴릴 확률은 2/5이다. 당신의 주사위는 공정하며 1, 2, 3 또는 4를 굴릴 확률은 각각 1/4이다. 당신이 이기면 Ed는 주사위에 나온 수만큼을 지불한다. (예 : Ed가 3을 굴리고 당신이 3을 굴리면, Ed는 \$6을 지불한다.) 만약 당신이 지면 당신은 Ed에게 \$3을 지불한다 (즉, 당신은 "\$−3을 얻는다").

(a) 게임에 대한 표본공간을 그리고, 각 기본 사건에 그 확률을 표시하라.

(b) 당신이 얻을 상금의 기댓값은 얼마인가? (이 값은 양수나 음수가 될 수 있다.)

(c) 당신의 선택에 따라 에드와 함께 다른 게임도 할 수 있다. 이 게임은 "큰 상금"게임이라고 한다. 이 게임은 기본 게임과 유사하다. 단, "더블"이 굴려지면 주사위에 표시된 금액의 두 배를 받는다. (예 : Ed가 3을 굴리고 당신도 3을 굴리면 당신은 2×6 = \$12를 받는다.) 예외로 4가 더블인 경우는 당신이 *Ed*에게 지불한다. (에드가 4를 굴리고, 당신도 4를 굴리면 당신은 \$16를 잃는다.) 당신이 이겨 버는 돈을 최대화하거나 져서 잃는 돈을 (기댓값)을 최소화하려면 어떤 게임을 해야하는가(기본 게임 또는 큰 상금 게임 중에서)?

4.7 K를 매개변수 $n = -2$과 $m = 3$을 갖는 이산균일 랜덤변수라 하자. 랜덤변수 $I = 5K + 2$를 정의하고. 다음 기대값을 결정하라.

---

12) 사면체 주사위는 1, 2, 3, 4 개의 점이 있는 4면을 가진다. 그것은 Alvin Drake [13]에 의해 발명되었다. 결과는 어느 면이 아래를 향하고 있는지에 따라 결정된다.

(a) $\mathcal{E}\{K\}$

(b) $\mathcal{E}\{I\}$

(c) $\mathcal{E}\{K+I\}$

(d) $\mathcal{E}\{K \cdot I\}$

<u>힌트</u> : $\mathcal{E}\{\cdot\}$를 선형 연산자로 사용하는 것을 잊지 말라.

4.8 다음 PDF를 가지는 연속균일 랜덤변수를 고려해 보자.

$$f_X(x) = \begin{cases} \dfrac{1}{2b} & -b \le x \le b \\ 0 & \text{그 외} \end{cases}$$

(a) $\mathcal{E}\{X\}$는 무엇인가?

(b) $\mathcal{E}\{X|X>0\}$는 무엇인가?

4.9 다음과 같이 어떤 랜덤변수 X의 누적분포함수가 주어질 때, 평균 E{X}를 구하라.

$$F_X(x) = \begin{cases} 0 & x \le 0 \\ x & 0 < x \le \frac{1}{2} \\ 1 & \frac{1}{2} \le x \end{cases}$$

4.10 아래에 표시된 PMF를 가지는 이산 랜덤변수 I를 고려하자.

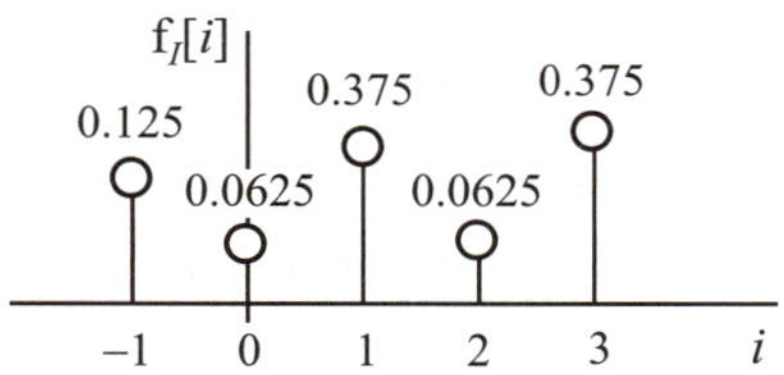

(a) $\mathcal{E}\{I|I>0\}$은 무엇인가?

(b) $\mathcal{E}\{I|I\le 0\}$은 무엇인가?

4.11 Claudia는 Technical University에서 통계학을 전공하는 학생이다. 특정 요일에, 그녀의 친구 Rolf가 3/4의 확률로 토요일 밤 데이트를 그녀에게 요청할 수 있다. 그러나 Claudia는 Roberto de la Dolce에게 더 매력을 느끼고 있다. Roberto de la Dolce는 아주 잘 생기고, 값비싼 이탈리아 자동차를 운전하며, 여성을 대하는 방법을 잘 알고 있다! 그러나, Roberto는 좋아하는 다른 여자가 있다. 그래서 그가 특정 주에 Claudia에게 나가자고 청할 확률은 2/3에 불과하다. Roberto는 또한 자신감이 뛰어나서 주중의 활동을 일찍 계획하지 않는다. D는 Roberto가 Claudia에게 토요일 밤 데이트를 청할 사건을 나타낸다. (월요일에 시작하는) 주중에 그가 그녀에게 요청하는 요일은 랜덤변수 K이고 PMF $f_{K|D}[k|D] = k/15$ for $1 \le k \le 5$ 이고 그외는 0을 갖는다. Claudia는 이 공식과 확률을 알고 있다.

Claudia는 Rolf가 Roberto 보다 먼저 데이트를 요청하면 수락할지 여부를 계획해야 한다. 그녀는 0에서 10까지의 숫자로 그 주의 그녀의 감정 상태(α)를 평가한다. Roberto와의 데이트는 실제로 한계를 한참 벗어나지만 그것을 10으로 지정한다. Rolf와의 데이트를 4점으로 결정하고 데이트 없는 토요일 밤은 −5점으로 정한다. Rolf가 k 번째 요일에 그녀에게 신청하면 받아들일 때의 α 의 기댓값과 받아들이지 않을 때의 α 의 기댓값을 계산하기로 정한다. 그런 다음 그녀는 기댓값이 더 큰 것을 선택을 할 것이다.

(a) Roberto가 l번째 $(1 \le l \le 5)$ 날이 끝날 때까지 Claudia에게 요청하지 않았다는 조건을 줄 때 그가 그녀에게 데이트를 요청하지 않을 확률을 그려보라.

(b) Roberto가 Claudia에게 요청했지만 둘째 날이 끝날 때까지 요청하지 않았을 때, K의 조건부 PMF를 그려라. 이 조건 하에서, Roberto가 다음 날짜에 그녀에게 데이트를 청할 확률은 얼마인가?

(i) 3 일째 $(k = 3)$?

(ii) 5 일째 $(k = 5)$?

(c) 주중 셋째 날 중반까지 Roberto는 Claudia에게 데이트를 청하지 않았다. 그런데 Rolf가 그녀에게 요청하기로 결정했다. 그녀가 Rolf를 받아 들일 것인가?

(d) Rolf는 통계를 공부하지 않았는데 (확률도), 그가 주에 보다 일찍 요청할 경우 클라우디아와의 데이트 가능성은 더 높을 것이라고 생각하고 있다. 그는 옳은가 틀린가?

(e) Rolf가 Claudia에게 토요일 밤 데이트를 요청한다면 Claudia가 수락할 확률을 최대화하기 위한, Rolf의 최적 전략은 무엇인가 (즉, Claudia에게 언제 물어야하는가)?

힌트 :이 문제에 대한 표본공간을 그려보라.

4.12 랜덤변수 X의 확률밀도함수가 다음과 같이 주어진다.

$$f_X(x) = \begin{cases} \frac{1}{2}x, & 0 \le x \le 1 \\ \frac{1}{6}(4-x), & 1 < x < c \\ 0 & \text{그 외} \end{cases}$$

(a) 상수 c를 구하라.

(b) 기대값 $E[3 + 2X]$를 계산하라.

4.13 랜덤변수 X의 확률밀도함수가 다음과 같이 주어진다.

$$f_X(x) = \begin{cases} Ae^{-x}, & 0 \le x \le 3 \\ 0 & \text{그 외} \end{cases}$$

(a) 상수 A를 구하라. 확률밀도함수를 그려라.

(b) 이 랜덤변수의 일차 모멘트 $E[X]$를 계산하라.

분포함수의 모멘트

4.14 K를 주사위 굴릴 때 나온 수를 나타내는 랜덤변수라 하자. PMF는 다음과 같다.

$$f_K[k] = \begin{cases} 1/6 & 1 \le k \le 6 \\ 0 & \text{그 외} \end{cases}$$

랜덤변수 K의 평균과 분산을 구하라.

4.15 이산 랜덤변수가 동일한 확률로 3개의 값 {0, 1, 2}을 취하면 표준편차는 얼마인가?

4.16 독립시행에서, 랜덤변수 K는 0, 0, 8, 8, 8, 0, 5, 8, 5, 0, 8, 0, 8, 0, 8, 8의 값을 취한다.

(a) 주어진 데이터로부터 랜덤변수의 확률질량함수의 추정값을 구하라.

(b) K의 평균을 구하라.

(c) K의 분산을 구하라.

4.17 일련의 독립적인 시도에서, 이산 랜덤변수 J는 다음 값을 취한다

값 : 1, 1, 9, 6, 1, 6, 1, 9, 6, 9, 6, 9, 1, 6, 6.

(a) 이 랜덤변수의 확률질량함수의 추정값을 구하고 그려라.

(b) 평균 $\mathcal{E}\{J\}$와 분산 $\text{Var}[J]$를 계산하라.

4.18 일련의 독립에서, 임의의 이산 랜덤변수 I는 5, 7, 2, 8, 2, 7, 2, 7, 7, 8, 7, 2, 7, 2, 5, 7의 값을 취한다.

(a) 주어진 값을 사용하여 확률질량함수 $f_I[i]$를 추정하라.

(b) (a)에서 얻은 PMF를 사용하여 I의 이차 모멘트를 구하라.

4.19 이산 랜덤변수 K는 아래와 같은 PMF를 갖는다.

이 랜덤변수의 평균과 분산을 구하라.

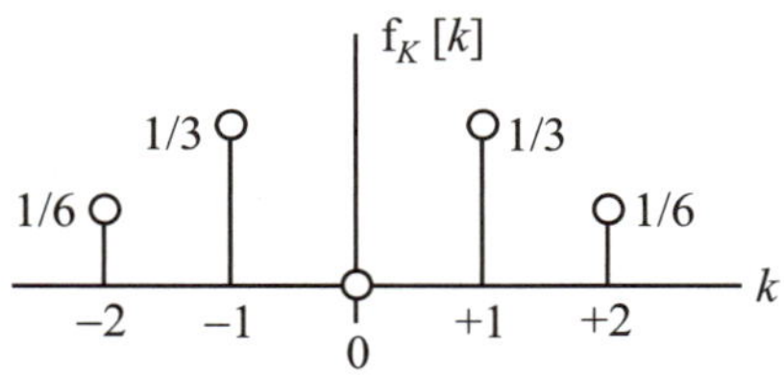

4.20 어떤 디지털 제어시스템에서 0은 음의 1 볼트로 표시되고 1은 양의 1 볼트로 표시된다. 전압은 다음 PMF를 가지는 이산 랜덤변수 K로 모델링된다.

$$f_K[k] = \begin{cases} p & k = +1 \\ 1-p & k = -1 \\ 0 & \text{그 외} \end{cases}$$

(a) PMF를 그려라.

(b) $\mathcal{E}\{K\}$, $\mathcal{E}\{K^2\}$ 및 $\text{Var}[K]$를 구하라.

(c) p의 어떤 값에서 분산이 최대이고 또한 이 최대값은 얼마인가?

4.21 비대칭 이진 통신채널을 고려하자. 입력 기호는 확률 $\Pr[0_S] = 2/5$와 $\Pr[1_S] = 3/5$으로

발생한다. 채널 확률은 $\Pr[1_R|1_S] = 0.92$ 와 $\Pr[1_R|0_S] = 0.13$으로 주어진다. 값 0, 1을 취하는 랜덤변수 S를 입력으로 하고, 값 0, 1을 취하는 랜덤변수 R은 출력을 나타낸다.

(a) S에 대한 확률질량함수를 그려라. S의 평균과 분산을 계산하라.

(b) 출력 R의 PMF를 구하고 그려라. R의 평균과 분산을 구하라.

4.22 매개변수 m과 n으로 이산균일 랜덤변수의 평균과 분산을 구하라.

힌트 : 분산을 구하려면 (4.17)을 사용하라.

4.23 연습문제 4.10에서 정의된 이산 랜덤변수 I를 고려하자.

(a) 랜덤변수 I의 기댓값을 구하라.

(b) I의 이차 모멘트를 구하라.

(c) I의 분산을 계산하라.

(i) 이차 중심 모멘트의 정의에서 시작하여 구하라.

(ii) 평균, 이차 모멘트 및 분산 사이의 관계를 사용하여 구하라. 결과를 비교하라.

(d) m_I가 평균일 때, $\Pr[I > m_I]$는 무엇인가?

4.24 유형 0 기하 랜덤변수는 값 0, 1, 2, 3, ...을 가진다.

(a) 이 랜덤변수의 평균은 얼마인가?

(b) 이차 모멘트와 분산을 구하라.

(c) 매개변수가 $p = 1 / 3$일 때 평균과 분산을 계산하라.

4.25 다음의 두 분포에 대한 평균과 분산을 구하라.

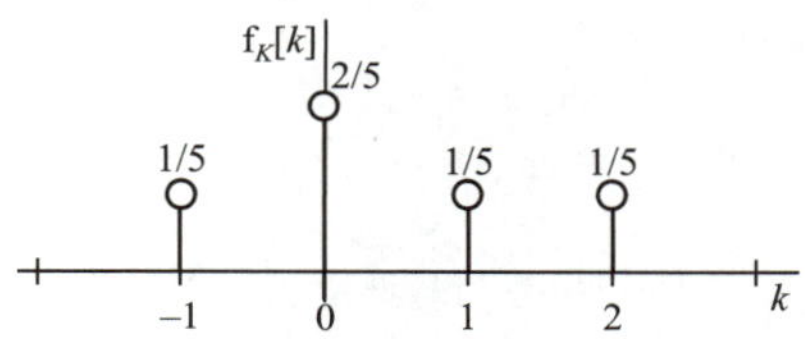

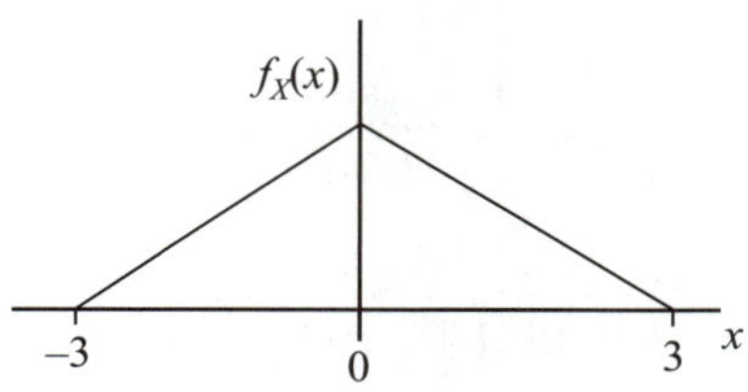

4.26 랜덤변수 X의 PDF는 아래 그림과 같다.

(a) X의 평균을 구하라.

(b) X의 분산을 계산하라.

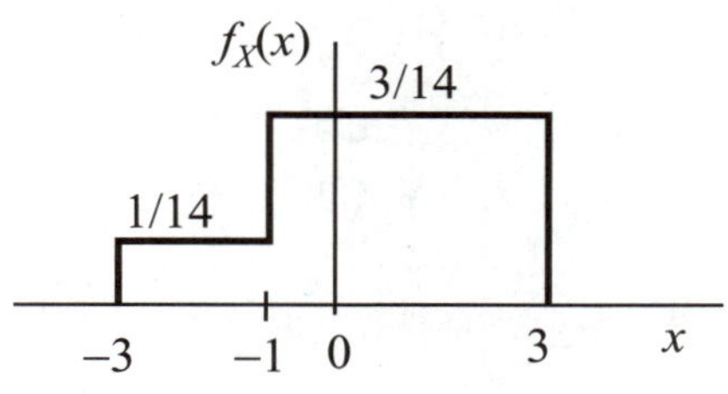

4.27 아래와 같은 리미터의 전달 특성을 고려하자. 입력 랜덤변수 X는 $\lambda = 0.5$값을 가지고 지수로 분포한다. Y의 이차 모멘트를 구하라.

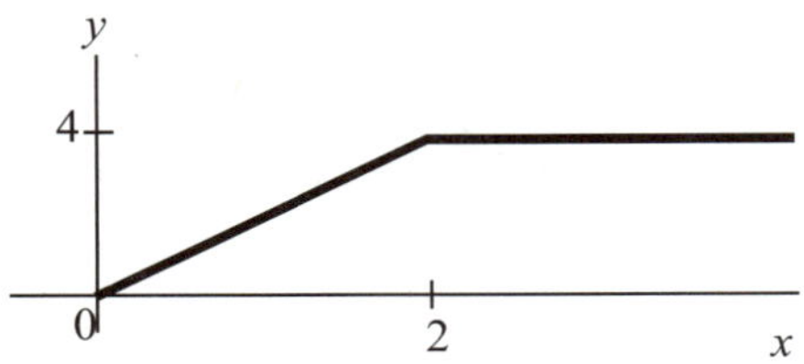

4.28 그림과 같이 랜덤변수 X의 누적분포함수 (모든 사선이 같은 기울기를 가짐)가 주어질 때, 평균과 분산을 구하라.

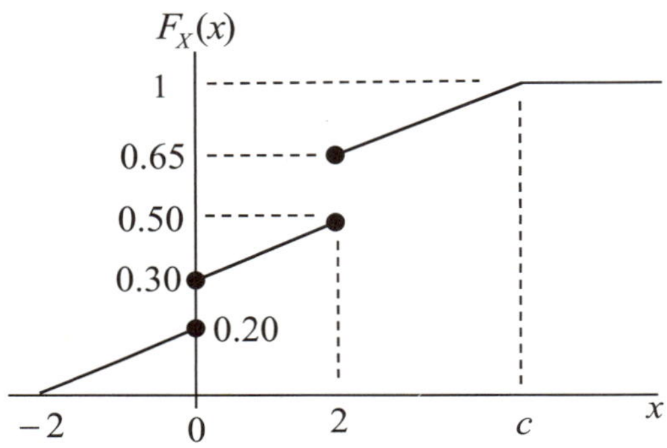

4.29 어떤 이산균일 랜덤변수 K는 $k = -2, -1, 0, 1, 2$에 대해 $f_K[k] = 1/5$ 이고, 그 외는 0이다. 이 랜덤변수의 삼차와 사차 모멘트를 계산하라.

4.30 랜덤변수 X의 확률밀도함수는 다음과 같이 주어진다.

$$f_X(x) = \begin{cases} A, & 1 \le x \le 4 \\ 0.2\delta(x-2), & x = 2 \\ 0.3\delta(x-5), & x = 5 \\ 0, & \text{그 외} \end{cases}$$

(a) 상수 A를 구하라. 확률밀도함수를 그려라.

(b) 누적분포함수를 구하라.

(c) $\Pr[1.5 \le X \le 2.5]$ 와 $\Pr[3 \le X < 6]$을 계산하라.

(d) X의 평균과 분산을 구하라.

4.31 랜덤변수 X의 확률밀도함수는 다음과 같이 주어진다.

$$f_X(x) = \begin{cases} 0.4e^{-0.4x}, & 0 \le x \le 3 \\ c\delta(x-1), & x = 1 \\ 0, & \text{그 외} \end{cases}$$

(a) 상수 c를 찾고 확률밀도함수를 그려라.

(b) 누적분포함수를 구하고 그려라.

(c) $\mathcal{E}\{X\} = 1.1446$ 이고 $\mathcal{E}\{X^2\} = 1.8076$ 일때 $Y = 3X$의 평균과 분산을 구하라.

4.32 다음 확률밀도함수를 가지는 랜덤변수를 생각해보자.

$$f_X(x) = \begin{cases} \frac{1}{\sqrt{2\pi}\sigma} \exp - \frac{(x-m)^2}{2\sigma^2} & -A \leq x \leq A \\ 0.1\delta(x-1), & x = 1 \\ 0 & \text{그 외} \end{cases}$$

여기서 $m = 0$이고 $\sigma = 2$이다.

(a) 유효한 확률밀도함수로 만들어주는 상수 A를 찾고 밀도함수를 그려라.

(b) $\Pr[X \leq 0]$, $\Pr[X \geq 1]$ 과 $\Pr[X > 3]$을 계산하라.

(c) 누적분포함수를 구하고 그것을 그려라.

(d) 랜덤변수의 평균을 구하라.

4.33 랜덤변수 X는 아래와 같은 PDF를 가진다.

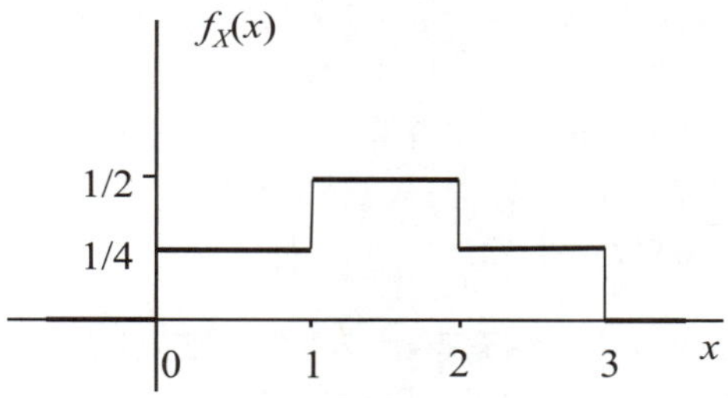

(a) 누적분포함수 (CDF)를 그려라.

(b) 평균 $\mathcal{E}\{X\}$를 구하라.

(c) X의 분산을 구하라.

4.34 랜덤변수 X의 확률밀도함수는 다음과 같다.

(a) 유효한 확률밀도함수가 되는 A의 값을 구하라.

(b) 일차 모멘트 $\mathcal{E}\{X\}$.를 구하라.

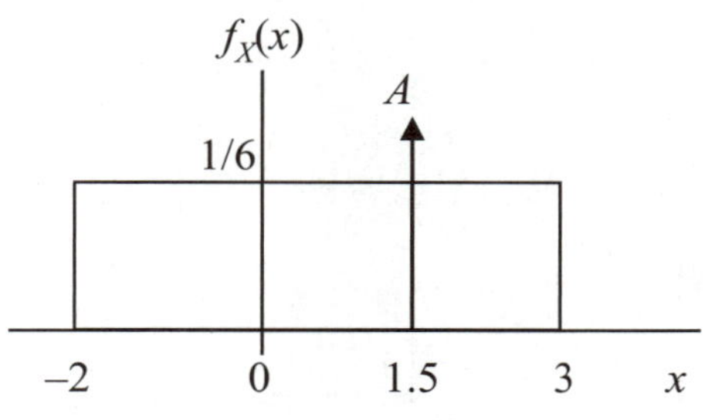

4.35 매개변수 a와 b인 연속균일 랜덤변수의 평균과 분산을 구하라. **힌트** : 분산은 (4.17)을 사용하라.

4.36 랜덤변수 X는 평균 2와 분산 2를 갖는다. 새로운 랜덤변수 Y가 $Y = \sqrt{2}X$라고 할 때 Y의 평균과 표준편차를 구하라.

4.37 랜덤변수 X는 1/6의 분산을 갖는다. 이 랜덤변수의 확률밀도함수는 다음과 같다. 이차 모멘트는 얼마인가?

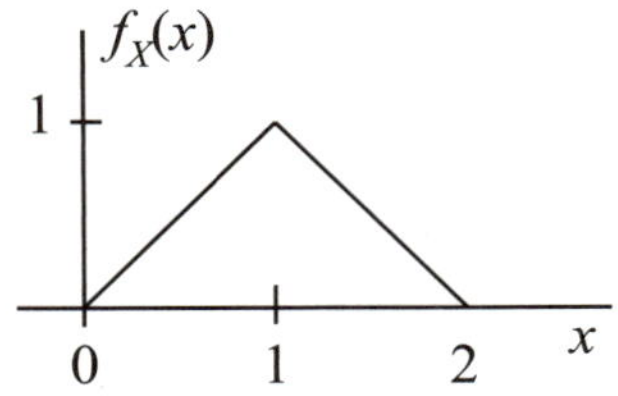

4.38 0에서 5까지에서 연속균일하게 분포하는 랜덤변수 X를 생각해 보자.

(a) $\mathcal{E}\{X\}$를 구하라.

(b) $\mathcal{E}\{X|1 \leq X \leq 3.5\}$를 구하라.

4.39 랜덤변수 Y는 $Y = 2X + 3$로 정의된다. X가 평균이 $\mu = 1$이고 분산이 $\sigma^2 = 1$ 인 정규 랜덤변수로 알려져 있다.

(a) Y의 평균은 얼마인가?

(b) Y의 분산은 얼마인가?

(c) Y는 정규 랜덤변수인가?

4.40 Lower Slobbovian 해군의 장교들은 그들의 수신기의 출력률을 증가시키기로 결정했다. 그들이 알지 못한 것은 출력률을 증가시키면 잡음도 증가한다는 것이다. 즉, 거대한 바다표범이 나타나는 경우 수신기 출력은

$X = 2W + 3$로 주어진다. 잡음 PDF는 다음과 같다.

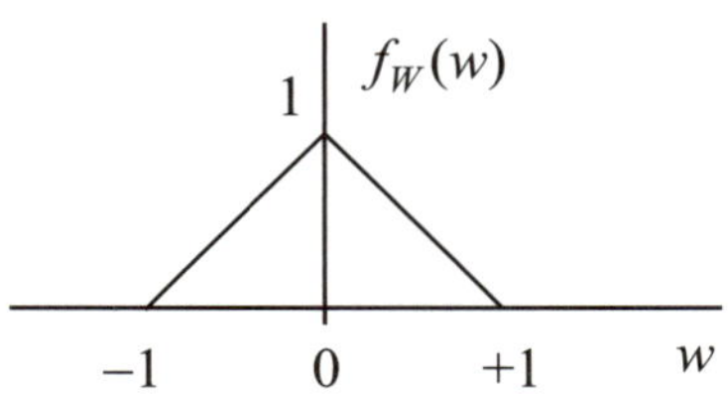

(a) 수신기 출력 X의 PDF를 그리고 필요한 눈금과 기호를 표시하라.

(b) 잡음의 분산 Var $[W]$를 구하라.

(c) 소나 출력의 분산, Var $[X]$을 구하라.

4.41 랜덤변수 X의 확률밀도함수는 다음과 같다.

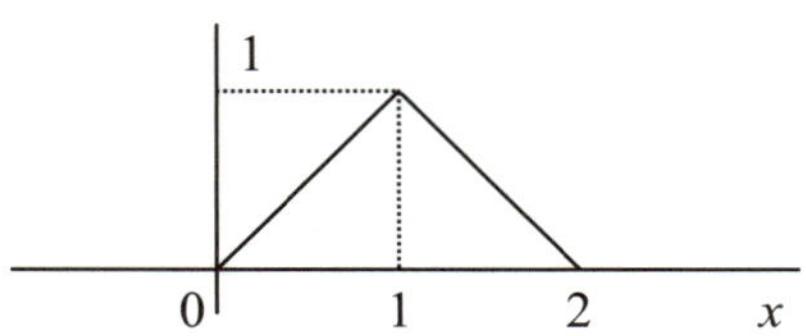

(a) 밀도함수를 나타내는 대수 표현식을 작성하라.

(b) 이 랜덤변수의 평균과 분산을 계산하라.

4.42 랜덤변수 X의 PDF는 아래와 같다.

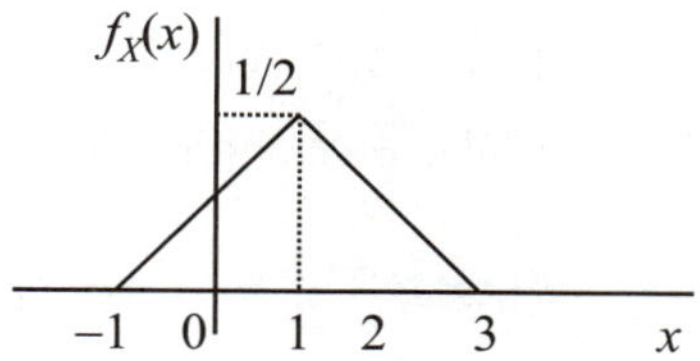

(a) 이 랜덤변수의 평균 m_X 와 2차 모멘트를 구하라.

(b) 분산 σ_X^2를 구하라.

(c) $\Pr[m_X - \sigma_X \le X \le m_X + \sigma_X]$를 구하라.

4.43 라플라스 랜덤변수의 확률밀도함수는 다음과 같이 주어진다.

$$f_X(x) = \frac{\alpha}{2}e^{-\alpha|x-\mu|}, \quad -\infty < x < \infty.$$

(a) 평균 m_X , 2차 모멘트 및 분산 σ_X^2를 구하라.

(b) $\alpha = 4$, $\mu = 1$일 때 다음 확률을 구하라.

(i) $\Pr[|X - m_X| > 2\sigma_X]$

(ii) $\Pr[|X - m_X| < \sigma_X]$

4.44 제 3 장의 연습문제 3.12에서 랜덤변수의 평균과 분산을 구하라.

4.45 연습문제 4.8에서 정의된 PDF를 가지는 연속균일 랜덤변수의 왜곡도(skewness) 및 첨도(kurtosis)를 구하라. PDF가 하한이 $a \neq -b$인 균일이라면 결과가 어떻게 바뀌는가?

4.46 정규 랜덤변수의 매개변수가 μ와 σ^2로 주어질 때 이들이 각각 평균과 분산임을 보여라.
힌트 : 변수를 변경하고 부분적분을 적용하라.

생성함수

4.47 랜덤변수 X의 확률밀도함수가 다음과 같다.

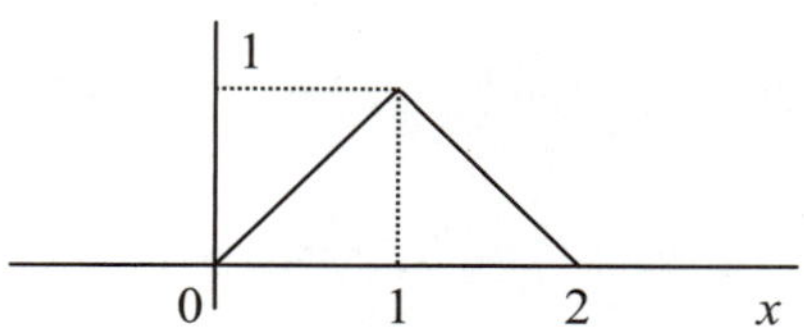

(a) 밀도함수를 설명하는 대수 표현식을 작성하라.

(b) 모멘트 생성함수를 구하라.

(c) MGF를 사용하여 평균을 계산하라.

4.48 어떤 정규 랜덤변수가 평균 μ와 분산 σ^2를 갖는다.

(a) 정규 랜덤변수에 대한 모멘트 생성함수 (MGF)가 다음과 같이 주어짐을 보여라.

$$M_X(s) = e^{(\mu s + \frac{1}{2}\sigma^2 s^2)}$$

힌트 : "완전제곱" 기법을 사용하라.

(b) μ = 0이라고 가정하고 MGF를 사용하여 X의 처음 4개의 모멘트와 분산, 왜곡도 및 첨도를 계산하라.

(c) $\mu \neq 0$에 대한 평균, 분산, 왜곡도 및 첨도는 무엇입니까?

4.49 연속 랜덤변수 X의 모멘트 생성함수가

$$M_X(s) = \frac{3}{1-2s}.$$

일 때 2차 모멘트를 구하라.

4.50 어떤 랜덤변수 X가 다음의 라플라스 밀도로 기술된다.

$$f_X(x) = \tfrac{1}{2}e^{-|x|}$$

(a) MGF $M_X(s) = \mathcal{E}\left\{e^{sX}\right\}$를 구하라. 적분을 계산하기 위해 $-1 < \text{Re}[s] < +1$를이라고 가정하라.

(b) X의 평균은 얼마인가?

(c) X의 분산은 얼마인가?

(d) 새로운 랜덤변수 Y의 평균이 +1이 되도록 하는 변환을 찾아라. 밀도함수 $f_Y(y)$를 구하고 그려라.

(e) 새로운 랜덤변수 Y가 분산 4를 가지도록 하는 변환을 찾아라. 밀도함수 $f_Y(y)$는 무엇인가?

4.51 확률밀도함수가 아래와 같이 주어진 랜덤변수 X의 모멘트 생성함수를 구하라.

$$f_X(x) = \lambda e^{-\lambda(x-1)}, \quad x \geq 1$$

4.52 연습문제 4.20에 기술된 랜덤변수에 대한 PGF를 구하라. 그것을 사용하여 랜덤변수의 처음 4개의 모멘트를 계산하라.

4.53 이산 랜덤변수 I의 확률생성함수는 다음과 같이 주어진다.

$$G_I(z) = \frac{2}{5-3z}$$

2차 모멘트를 구하라.

4.54 연습문제 4.24에서 정의된 기하 랜덤변수를 고려하자.

(a) PGF를 구하라.

(b) PGF로부터 평균과 분산을 구하라.

응용 : 엔트로피

4.55 K를 매개변수 p를 갖는 베르누이 랜덤변수라 하자.

(a) 베르누이 랜덤변수의 엔트로피 H_K에 대한 식을 구하라.

(b) $0 < p < 1$에 대해 p의 함수로 H_K를 그려라. p의 어떤 값에 대해 엔트로피가 최대화되는가?

4.56 "HE HAS A KEEN EYE"라는 메시지가 전달된다.

(a) 아래에 제공된 모스 부호 차트를 사용하여 이 메시지를 코드로 표시하라.

(b) 이진수 1로 표시하고 점을 이진수 0으로 표시하여 메시지를 1과 0의 이진 수열로 변경하라.

(c) 문자 당 비트 단위로 평균 코드어의 길이를 계산하라.

(d) 전체 26 글자를 고려한다면, 평균 코드어 길이는 몇 비트인가? 글자는 동일한 가능성으로 발생한다고 가정한다.

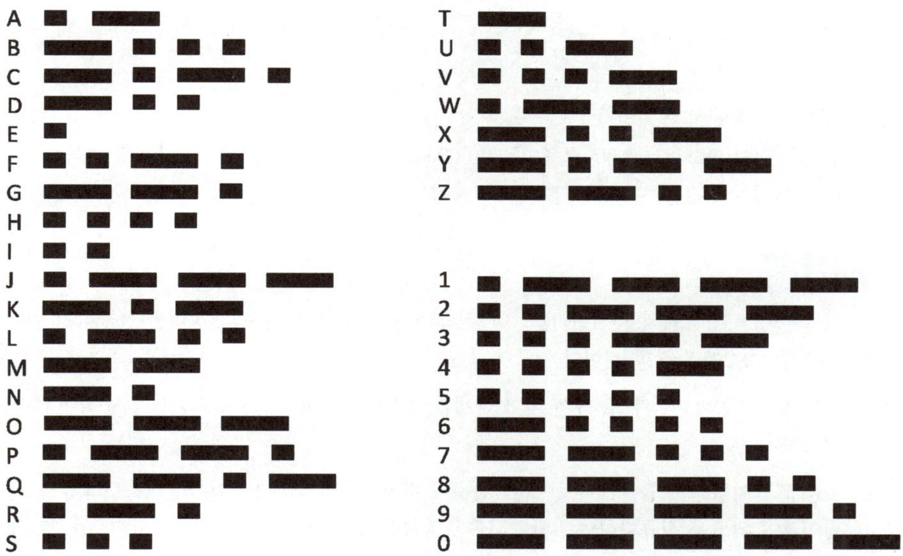

국제 모스 부호 : 선(dash)은 3개의 점(dot)와 같으며, 한 문자 내의 부분 사이의 여백은 1개의 점과 같다. 두 문자 사이의 여백은 3개의 점과 같고 두 단어 사이의 여백은 7개의 점과 같다.

4.57 X를 평균 μ와 분산 σ^2를 갖는 정규 랜덤변수라 하자. "nats"단위의 엔트로피는 밑수 2의 로그 대신에 자연 로그를 사용하여 (4.30)으로 주어진다. 정규 랜덤변수의 엔트로피에 대한 간단한 표현식을 찾아라. **힌트** : 적분에 너무 신경쓰지 말고 (4.30)의 첫 번째 표현식을 사용하며 특정 항들의 기댓값이 분산 σ^2가 된다는 것을 파악하라.

4.58 연습문제 4.6에 서술된 상황을 고려하라.

(a) 첫 번째 (기본) 게임의 엔트로피가 두 번째 (큰 상금) 게임의 엔트로피보다 큰가, 작은가, 아니면 같은가?

(b) 두 번째 게임이 공정한 주사위 세트로 수행 된 경우 (즉, 두 쌍의 주사위가 모두 공정한 경우) 첫 번째 게임의 엔트로피는 두 번째 게임의 엔트로피보다 큰가, 작은가, 아니면 같은가?

컴퓨터 과제

과제 4.1

이 프로젝트의 목적은 다양한 종류의 랜덤변수의 평균과 분산을 추정하는 것이다. 이 프로젝트는 3 장의 프로젝트 3.1에 연결된다.

1. 프로젝트 3.1의 1 단계에서 설명한 각 유형의 랜덤변수에 대해 이론적 평균과 분산을 계산하라.
2. 프로젝트 3.1의 1 단계에서 지정된 대로 랜덤수열을 생성하라.
3. 다음의 공식을 사용하여 이들 랜덤변수의 평균과 분산을 추정하라 :

$$\mathcal{E}\{X\} \approx M_n = \frac{1}{n}\sum_{i=1}^{n} X_i \qquad \text{Var}[X] \approx \Sigma_n^2 = \frac{1}{n}\sum_{i=1}^{n}(X_i - M_n)^2$$

(이 공식은 6 장에서 논의된다.)

4. 수열의 길이 n을 (a) 20,000으로, (b) 40,000으로 증가시켜 2 단계와 3 단계를 반복하라.
5. 각 경우의 추정값을 해당 이론값과 비교하라.

과제 4.2

이 프로젝트는 이 장에서 제시된 엔트로피의 공식 정의와 소스 부호화 정리를 탐구하기 위해 2장의 컴퓨터 프로젝트 2.2를 확장한 것이다.

1. 프로젝트 2.2의 1 단계, 2 단계 및 3 단계를 수행하여, 허프만 알고리즘을 사용하여 주어진 메시지를 코딩하라.
2. L을 코드어의 길이를 나타내는 랜덤변수라 하자. 개별 코드어 길이의 히스토그램을 그리고 확률의 합이 1이 되도록 정규화하여 L의 PMF 추정값을 구하라. 코드어의 평균 길이 $\hat{m}_L$를 계산하기 위해 (4.27)의 추정된 PMF $\hat{\mathrm{f}}_L[l]$을 사용하라. 이 평균 길이를 프로젝트 2.2의 4단계에서 계산된 평균 코드어 길이와 비교하라. (동일해야 한다.)
3. 프로젝트 2.2의 2단계에서 계산된 기호들에 대한 평균 정보를 고려하라. 이것이 소스 엔트로피 H의 추정값이다. 엔트로피의 추정값을 위에서 계산된 평균 코드어 길이 $\hat{m}_L$와 비교하여 섀넌의 소스 코드 정리 (4.28)가 실험적으로 만족되는지 확인하라.

5 두 개 이상의 랜덤변수

이 장에서는 논의의 범위를 두 개 이상의 랜덤변수로 확장한다. 소개될 주제들 가운데는 랜덤변수들 간의 종속성에 대한 것이 있다. 구체적으로는, 하나의 랜덤변수가 다른 랜덤변수에 조건이 되는 것이다. 이것과 관련하여 랜덤변수들이 서로 독립이 되는 것이 무엇인지도 정의한다.

이 장은 랜덤변수들 간의 종속성 개념에 대한 동기를 부여하고, 결합 및 조건부 확률 질량함수 개념으로 전개시키기 위하여 두 개의 이산 랜덤변수의 경우로 시작한다. 연속 랜덤변수에 대하여도 같은 과정으로 진행한다. 또한, 두 개의 랜덤변수에 대한 기댓값을 살펴보고 "상관"의 개념을 정의한다.

이후, 여러 개의 랜덤변수들의 합에 관계된 몇 가지 성질과 공식들을 살펴본다. 이러한 성질들과 공식들은 확률 및 통계 관련 과목에서 앞으로 필요로 하게 될 것이다.

5.1 두 개의 이산 랜덤변수

랜덤변수는, 실험에 대한 표본공간으로부터 실수 집합으로의 사상이라는 것을 상기하자. 많은 문제들은 두 개 이상의 랜덤변수를 포함한다. 만약 이러한 랜덤변수들이 같은 실험에 관계된다면, 이들 랜덤변수들은 서로 밀접한 관계를 가질 수 있고, 따라서 이들 랜덤변수들의 결합적 특성을 살펴보는 것이 필요하다. 보다 구체적으로, 두 개의 이산 랜덤변수와 관련된 다음의 예제를 고려해 보자.

예제 5.1

영국 암호 통신 회사 (일반적으로 "BRITTEL"이라고 알려진)에서 제공하는 보안 통신 링크에서, 전반적인 비트 오류 확률은 0.2이다. 그러나 오류는 한꺼번에 발생하는 경향이 있어서, 하나의 오류가 발생하면 다음 비트가 오류일 확률은 0.6이며, 오류가 발생하지 않는다면 다음 비트가 오류일 확률은 겨우 0.1이다.

어떤 랜덤 시간에 전송을 관찰하기 시작하여, 두 개의 연속적인 비트를 살펴본다. 이 실험과 관련된 사건 나무와 표본공간을 아래 그림에 나타내었다. 여기서 "E"는 오류 발생을 나타낸다. 표본공간에서 4개의 결과에 대하여 나열된 확률들은, 그 결과에 도달하는 가지를 따라 각 확률들을 곱함으로써 구할 수 있음을 상기하기 바란다. 랜덤변수 K_i가 i번째 비트까지 발생한 전체 오류의 개수를 나타낸다고 하자. 두 개의 비트를 관찰한 이후의 랜덤변수 K_1과 K_2의 값도 그림에 나타내었다. 이러한 랜덤변수들은 분명히 서로 연관되어 있다.

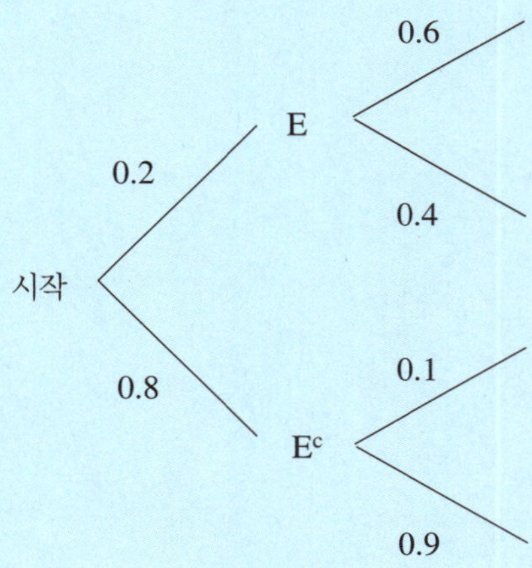

표본공간	확률	K_1	K_2
E E	0.12	1	2
E E^c	0.08	1	1
E^c E	0.08	0	1
E^c E^c	0.72	0	0

이 예제는 두 개의 랜덤변수의 결합적 처리가 왜 필요한지를 알게 해 준다. 이 절의 나머지에서는 이 예제를 계속 사용하면서, 이산 랜덤변수에 대한 다양한 측면의 해석을 살펴본다.

5.1.1 결합 PMF

두 개의 이산 랜덤변수에 관계된 문제에서, 랜덤변수가 어떤 주어진 한 쌍의 값을 가질 확률은 다음과 같이 정의되는 **결합 확률질량함수**(joint PMF)로 규정된다.[1]

$$\boxed{\mathrm{f}_{K_1K_2}[k_1,k_2] \overset{\text{def}}{=} \Pr[K_1=k_1, K_2=k_2]} \tag{5.1}$$

예제 5.1에서 설명된 랜덤변수들에 대한 결합 확률질량함수를 그림 5.1에 나타내었다. 결합 확률질량함수는, 수평면에는 (k_1, k_2) 그리고 수직 방향에는 이들의 확률을 나타내는 3차원 그래프로 표현된다 (그림 5.1에서 확률이 0인 것은 나타내지 않았다). 일반적으로 결합 확률질량함수는, $-\infty < k_1 < \infty$과 $-\infty < k_2 < \infty$에서, 0이 아닌 값을 가질 수 있다. 그러나 가능한 모든 k_1과 k_2 값에 대한 집합은 표본공간에서의 모든 결과의 사상을 나타내므로, 다음 식이 성립된다.

$$\sum_{k_1=-\infty}^{\infty}\sum_{k_2=-\infty}^{\infty} \mathrm{f}_{K_1K_2}[k_1,k_2] = 1 \tag{5.2}$$

당연히 확률을 나타내는 $\mathrm{f}_{K_1K_2}[k_1,k_2]$ 각각의 값은 모두 0과 1사이에 있어야 한다.

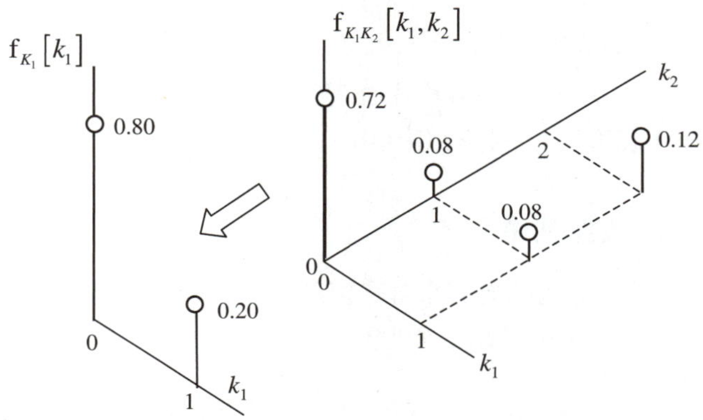

그림 5.1 예제 5.1에서의 랜덤변수 K_1과 K_2에 대한 결합 확률질량함수와 K_1에 대한 주변 확률질량함수

K_1과 K_2는 둘 다 랜덤변수이기 때문에, 각각은 각자의 확률질량함수 $\mathrm{f}_{K_1}[k_1]$과 $\mathrm{f}_{K_2}[k_2]$로 나타낼 수 있다. 이를 **주변 확률질량함수**(marginal PMF)라고 하며 다음 식과 같이 구할 수 있다.

1) 표본공간을 포함하는 보다 정확한 표기로 나타낼 수도 있다 (3장에서 식 (3.1)과 그 앞의 식들을 참조). 그러나 식 (5.1)의 오른쪽 표기가 흔히 쓰이며, 덜 복잡하다.

$$\begin{aligned} \mathrm{f}_{K_1}[k_1] &= \sum_{k_2=-\infty}^{\infty} \mathrm{f}_{K_1K_2}[k_1, k_2] \quad \text{(a)} \\ \mathrm{f}_{K_2}[k_2] &= \sum_{k_1=-\infty}^{\infty} \mathrm{f}_{K_1K_2}[k_1, k_2] \quad \text{(b)} \end{aligned} \tag{5.3}$$

다시 말해, 주변 확률질량함수는, 나머지 하나의 변수에 대하여 결합 확률질량함수를 모두 더함으로써 구해진다. 즉, 주변 확률질량함수는, 결합 확률질량함수가 정의된 영역의 가장자리(주변)로 결합밀도함수를 사영하는 것으로 생각할 수 있다. 그림 5.1에는 K_1에 대한 주변 확률질량함수를 나타내었는데, 이는 K_2 값들이 사영되어 (더해져) 구해진다. 변수 K_2에 대한 주변 확률질량함수도 유사한 방법으로 얻어지며 이를 그림 5.2에 나타내었다.

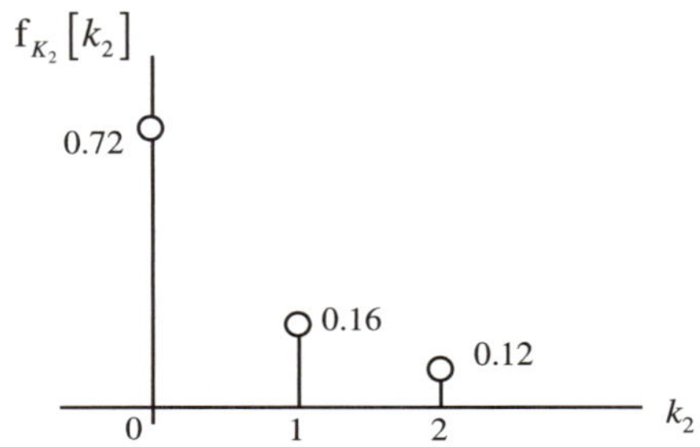

그림 5.2 랜덤변수 K_2에 대한 주변 확률질량함수

식 (5.3)은 총확률의 원리 [2장 식 (2.11)]로부터 직접적으로 얻어진다. 이를 살펴보기 위하여, B를 "K_1=k_1"일 사건, 그리고 A_i를 "K_2=i" 일 사건이라 하자. 식 (2.11)에서 이들 사건을 이용하면 식 (5.3)(a)가 된다. 식 (5.3)(b)도 비슷한 방법으로 얻을 수 있다.

5.1.2 독립인 랜덤변수

만약 두 개의 이산 랜덤변수의 확률질량함수가 아래의 조건을 만족한다면, 두 랜덤변수는 서로 **독립**(independent)이라고 정의된다.

$$\mathrm{f}_{K_1K_2}[k_1, k_2] = \mathrm{f}_{K_1}[k_1] \cdot \mathrm{f}_{K_2}[k_2] \quad (\text{모든 } k_1,\ k_2\text{에 대해}) \tag{5.4}$$

위의 정의는 사건에 대한 독립의 정의 식 (2.12)와 직접 연결된다. 식 (5.4)는 랜덤변수에 대한 특정 조건이며 일반적으로는 적용되지 않음을 주목하기 바란다. 특히, 만약 두 개의 랜덤변수가 서로 독립이 아니라면, 주변 확률질량함수로부터 결합 확률질량함수를 추론할 수가 없다. 이 경우, 주변 확률질량함수로 K_1과 K_2 간의 결합적 특성을 나타내기에는 불충분하다.

이 점을 더 살펴보기 위해, 앞 예제에 대해 독립 여부를 확인해 보자. 두개의 주변 확률질량함수와 그들의 곱을 아래의 좌측 행렬에 나타내었다.

	0.72	.0.16	0.12
0.80	0.576	0.128	0.096
0.20	0.144	0.032	0.024

	0.720	0.080	0
	0	0.080	0.120

행렬의 좌측과 상단에 있는 값들은 앞에서 계산된 $\mathrm{f}_{K_1}[k_1]$과 $\mathrm{f}_{K_2}[k_2]$의 값들을 나타내며, 행렬의 나머지 값들은 이들의 곱인 $\mathrm{f}_{K_1}[k_1] \cdot \mathrm{f}_{K_2}[k_2]$의 값을 나타낸다. 우측의 행렬은 그림 5.1의 결합 확률질량함수의 값을 나타낸다. 두 행렬의 값들이 명확하게 불일치하므로 두 랜덤변수는 식 (5.4)를 만족하지 못하며, 서로 독립이 아니게 된다. 예제 5.1의 나무 다이어그램에서 K_2 값은 분명히 K_1 값에 종속되기 때문에, 이 결과는 직관적으로도 만족된다.

5.1.3 이산 랜덤변수의 조건부 PMF

랜덤변수들이 독립이 아닐 때, 이들은 서로 종속적이 된다. 이에 따라 랜덤변수에 대한 조건부 확률질량함수를 정의하는 것이 필요하게 된다. 이산 랜덤변수에 대하여, 조건부 확률질량함수는 다음과 같이 정의된다.

$$\mathrm{f}_{K_1|K_2}[k_1|k_2] \stackrel{\text{def}}{=} \Pr[K_1 = k_1 | K_2 = k_2] \tag{5.5}$$

(수직 막대기 '|'는 "주어졌을 때"로 읽는 다는 것을 상기하기 바란다) 이들 확률질량함수 (결합, 주변, 조건부)들은 직접적으로 확률을 나타내기 때문에, 사건에 대한 조건부 확률의 정의식 (2.13)을 사용하여 다음과 같이 나타낼 수 있다.

$$\boxed{\mathrm{f}_{K_1|K_2}[k_1|k_2] = \frac{\mathrm{f}_{K_1K_2}[k_1, k_2]}{\mathrm{f}_{K_2}[k_2]}} \tag{5.6}$$

앞의 예제에 대하여 위 식을 적용해보자. 앞에서 살펴보았듯이, 관찰된 K_1과 K_2 값들은 분명히 서로 관련되어 있다 (즉, 이들은 서로 독립적이지 않다). 어떤 이유로 K_1 값을 관찰하는 것을 놓쳤지만, K_2 값은 관찰했다고 가정하자. 그러면 K_2 값이 주어졌을 때 K_1에 대한 확률이 얼마인지 관심을 둘 수 있을 것이다. 즉, 식 (5.6)의 조건부 확률질량함수를 알기 원할 것이다.

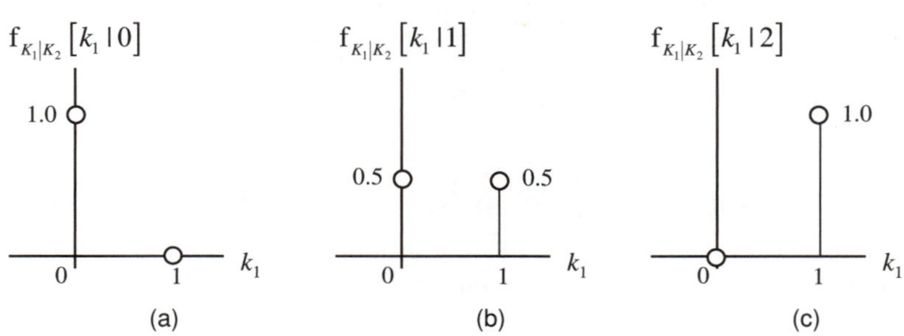

그림 5.3 조건부 확률질량 함수 $\mathrm{f}_{K_1|K_2}[k_1|k_2]$. (a) $k_2 = 0$. (b) $k_2 = 1$. (c) $k_2 = 2$.

결합 확률질량함수 값을 그림 5.1에 나타내었고, K_2에 대한 주변 확률질량함수를 그림 5.2에 나타내었다. 그림 5.3에 나타낸 것처럼, 조건부 확률질량함수는 각 가능한 k_2 값에 대한 그래프들의 집합으로 나타난다. 그림 5.3의 그래프들은 그림 5.1의 결합 확률질량함수의 정규화된 조각으로 나타난다. 즉, 0이 아닌 확률을 갖는 각각의 k_2 값에 대해서, k_1 방향으로 결합 확률질량함수를 자르고(조각내어), 그 지점에서의 $\mathrm{f}_{K_2}[k_2]$ 값으로 나누어, 식 (5.6)으로 $\mathrm{f}_{K_1|K_2}[k_1|k_2]$를 계산한다. 예를 들어, 그림 5.3(a)에 나타낸 $\mathrm{f}_{K_1|K_2}[k_1|0]$을 계산하기 위해서는, k_2=0으로 고정하고, 그림 5.1에서 k_2=0인 선을 따라 결합 확률질량함수를 $\mathrm{f}_{K_2}[0] = 0.72.$로 나눈다. 그림 5.3(b)와 (c)에 나타낸 그래프를 구하기 위해서도 유사한 과정을 수행하면 된다.

그림 5.3에서 조건부 확률질량함수는 단일 변수 (k_1)의 함수로 표현되며, 나머지 변수 (k_2)는 매개변수 역할을 하는 것을 관찰하라. 임의의 k_2 값에 대한 첫 번째 변수 K_1의 조건부 확률질량함수는 다음 식을 만족해야 한다

$$\sum_{k_1=-\infty}^{\infty} \mathrm{f}_{K_1|K_2}[k_1|k_2] = 1 \tag{5.7}$$

(연습문제 5.6 참조). 그러나 조건 변수인 k_2에 대한 다음과 같은 합은 전혀 의미를 주지 못한다.

$$\sum_{k_2=-\infty}^{\infty} \mathrm{f}_{K_1|K_2}[k_1|k_2]$$

5.1.4 이산 랜덤변수에 대한 베이즈 규칙

여기서 언급할 마지막 결과는 이산 랜덤변수에 대한 베이즈 규칙이다. 식 (5.6)을

$$\mathrm{f}_{K_1|K_2}[k_1|k_2]\mathrm{f}_{K_2}[k_2] = \mathrm{f}_{K_1K_2}[k_1, k_2] = \mathrm{f}_{K_2|K_1}[k_2|k_1]\,\mathrm{f}_{K_1}[k_1]$$

으로 나타낸 후, 다시 정리하면 다음 식이 된다.

$$\mathrm{f}_{K_1|K_2}[k_1|k_2] = \frac{\mathrm{f}_{K_2|K_1}[k_2|k_1]\,\mathrm{f}_{K_1}[k_1]}{\mathrm{f}_{K_2}[k_2]} \tag{5.8}$$

그 다음, 분모 항을

$$\mathrm{f}_{K_2}[k_2] = \sum_{k_1=-\infty}^{\infty} \mathrm{f}_{K_1K_2}[k_1, k_2] = \sum_{k_1=-\infty}^{\infty} \mathrm{f}_{K_2|K_1}[k_2|k_1]\,\mathrm{f}_{K_1}[k_1]$$

으로 나타내어 이 결과를 식 (5.8)에 대입하면 다음 공식을 얻는다.

$$\mathrm{f}_{K_1|K_2}[k_1|k_2] = \frac{\mathrm{f}_{K_2|K_1}[k_2|k_1]\,\mathrm{f}_{K_1}[k_1]}{\sum_{k_1=-\infty}^{\infty} \mathrm{f}_{K_2|K_1}[k_2|k_1]\,\mathrm{f}_{K_1}[k_1]} \tag{5.9}$$

이 형태의 베이즈 규칙은, 직접 측정하거나 관찰할 수 있는 다른 관련 랜덤변수로부터, 어떤 기본적인 (그러나 보통 관찰 불가능한) 랜덤변수에 대한 확률을 "역방향" 으로 추정하고자 할 때 유용하다. 확률질량함수들이 사건에 대한 확률을 나타낸다는 것을 고려하면, 식 (5.8)과 (5.9)는 사실상 새로운 결과가 아니다. 즉, 식 (5.8)과 (5.9)는 2장의 식 (2.18)과 (2.19)의 직접적인 결과이다.

이 절에서 나타낸 몇 가지 개념을 설명하는 예제로 이산 랜덤변수에 대한 논의를 마치자.

예제 5.2

해군의 새로운 수중 디지털 통신 시스템이 완벽하지 못하다. 충분히 긴 작동 시간에서, 통신 오류의 수는 다음 확률질량함수를 갖는 푸아송 랜덤변수 K_1으로 모델링 될 수 있다

$$\mathrm{f}_{K_1}[k_1] = e^{-\alpha}\frac{\alpha^{k_1}}{k_1!} \qquad 0 \le k_1 < \infty$$

여기서 모두 α는 작동 시간에 발생한 평균 오류 수를 나타낸다.

이 통신 시스템이 완벽하지 못하다는 것을 알고 있는, 시스템 개발 책임을 맡은 계약자가 수신기에 오류 검출 시스템을 장착하였다. 불행하게도, 오류 검출 시스템 역시 완벽하지 않다. K_1개의 오류가 발생한다고 하였을 때, 그들 중 K_2개의 오류만이 검출된다. K_2는 K_1을 조건부로 하는 이항 분포 랜덤변수이다.

$$\mathrm{f}_{K_2|K_1}[k_2|k_1] = \binom{k_1}{k_2} p^{k_2}(1-p)^{(k_1-k_2)} \qquad 0 \le k_2 \le k_1$$

여기서 p는 단일 오류를 검출할 확률이다. 설상가상으로, 푸아송 분포에 대해서 한 번도 들어본 적이 없는 계약자인 포세이돈 시스템사는, 그들의 시스템이 해군에 의해서 "포세이돈 랜덤변수"란 별명이 붙여지고 있으며 고소를 당할 위협이 있다고 생각했다.

개발을 담당하고 있는 해군 제독은 전체 시스템에 대한 성능 분석을 요구했고, 계약자에게 검출된 오류 수에 대한 주변 확률질량함수 $\mathrm{f}_{K_2}[k_2]$와 검출된 오류 수가 주어졌을 때 발생되는 오류 수에 대한 조건부 확률질량함수 $\mathrm{f}_{K_1|K_2}[k_1|k_2]$의 계산을 요청했다. 미 해군 대학원에서 OR(operations research) 분야 석사 학위를 받은 해군 제독은, 두 분포가 모두 푸아송이라고 주장했다. 해군 제독의 주장이 옳은가?

주변 확률질량함수를 구하기 위해서, 먼저 결합 확률질량함수를 다음과 같이 나타내자.

$$\begin{aligned}\mathrm{f}_{K_1K_2}[k_1,k_2] &= \mathrm{f}_{K_2|K_1}[k_2|k_1]\,\mathrm{f}_{K_1}[k_1] \\ &= \binom{k_1}{k_2} p^{k_2}(1-p)^{(k_1-k_2)} \cdot e^{-\alpha}\frac{\alpha^{k_1}}{k_1!} \qquad 0 \le k_2 \le k_1 < \infty\end{aligned}$$

이 결합 확률질량함수는 아래에 나타낸 k_1, k_2 평면 영역에서만 0이 아니다.

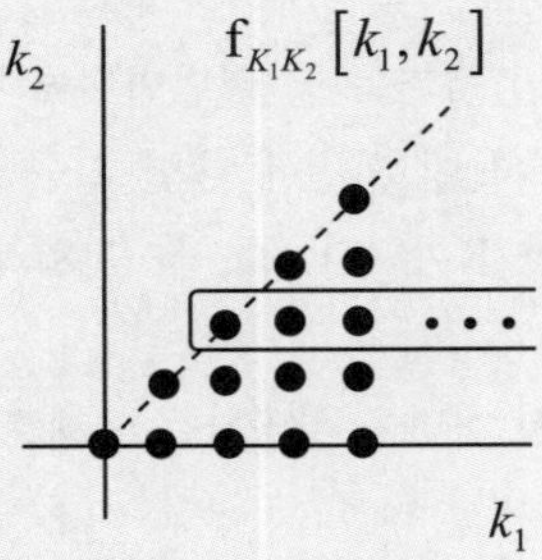

이제, 결합 확률질량함수로부터 주변 확률질량함수를 구하기 위해, $f_{K_1K_2}[k_1, k_2]$에 대한 식에서 이항 계수를 전개하고 k_1에 대하여 합을 구한다 (합을 구하는 영역 역시 그림에 나와 있다). 대수적인 단계는 다음과 같다.

$$\begin{aligned} f_{K_2}[k_2] &= e^{-\alpha} p^{k_2} \sum_{k_1=k_2}^{\infty} \frac{\alpha^{k_1}}{k_1!} \frac{k_1!}{(k_1-k_2)!\,k_2!} (1-p)^{(k_1-k_2)} \\ &= \frac{e^{-\alpha} p^{k_2} \alpha^{k_2}}{k_2!} \sum_{k_1=k_2}^{\infty} \frac{[\alpha(1-p)]^{(k_1-k_2)}}{(k_1-k_2)!} = \frac{e^{-\alpha}(\alpha p)^{k_2}}{k_2!} \sum_{k=0}^{\infty} \frac{[\alpha(1-p)]^k}{k!} \\ &= \frac{e^{-\alpha}(\alpha p)^{k_2}}{k_2!} e^{\alpha(1-p)} = \frac{e^{-\alpha p}(\alpha p)^{k_2}}{k_2!} \end{aligned}$$

따라서 검출된 오류 수에 대한 주변 확률질량함수 역시 푸아송 확률질량함수가 되는데, 단지 매개변수가 αp로 바뀐다 .

조건부 확률질량함수 $f_{K_1|K_2}$는 식 (5.8) 또는 (5.9)로부터 얻을 수 있다. 식 (5.8)로부터, 다음 식을 얻는다.

$$\begin{aligned} f_{K_1|K_2}[k_1|k_2] &= \frac{f_{K_2|K_1}[k_2|k_1]\, f_{K_1}[k_1]}{f_{K_2}[k_2]} \\ &= \frac{\binom{k_1}{k_2} p^{k_2} (1-p)^{(k_1-k_2)} \cdot e^{-\alpha} \frac{\alpha^{k_1}}{k_1!}}{\frac{e^{-\alpha p}(\alpha p)^{k_2}}{k_2!}} = \frac{e^{-\alpha(1-p)} \alpha^{(k_1-k_2)} (1-p)^{(k_1-k_2)}}{(k_1-k_2)!} \\ &= \frac{e^{-\alpha(1-p)} [\alpha(1-p)]^{(k_1-k_2)}}{(k_1-k_2)!} \quad 0 \le k_2 \le k_1 < \infty \end{aligned}$$

그러므로 이 조건부 확률질량함수 또한, 매개변수 $\alpha(1-p)$를 갖는 푸아송이 된다. 단지, 분포가 오른쪽으로 이동된다. 검출된 오류 수가 데이터에서 발생된 오류 수보다 많을 수 없기 때문에, 즉, $K_1 < K_2$일 확률은 0이므로 이러한 이동은 설명될 수 있다.

5.2 두 개의 연속 랜덤변수

두 개의 연속 랜덤변수의 확률적 특성은 결합 확률밀도함수로 표시된다. 단일 랜덤변수의 경우에서와 같이, 확률밀도함수는 (결합) 누적분포함수와의 관계를 통해 접근할 것이다.

5.2.1 결합분포

두 개의 랜덤변수 X_1과 X_2에 대한 **결합 누적분포함수**(joint CDF)는 다음과 같이 정의 된다.

$$F_{X_1X_2}(x_1, x_2) \stackrel{\text{def}}{=} \Pr[X_1 \le x_1, X_2 \le x_2] \tag{5.10}$$

두 개의 연속 랜덤변수에 대한 전형적인 누적분포함수를 그림 5.4(a)에 나타내었다. 함수 $F_{X_1X_2}(x_1,\ x_2)$는 변수 x_1 또는 x_2가 음의 무한대로 접근 할수록 0에 근접하는데, 이는 랜덤변수가 $-\infty$보다 작을 확률이 0이 되어야 한다는 직관을 만족시킨다. 그리고 누적분포함수는 두 변수에 대해서 단조 증가하며, 두 변수가 무한대에 접근 할수록 1이 되거나 1에 근접하게 되는데, 이 또한 직관을 만족시킨다.

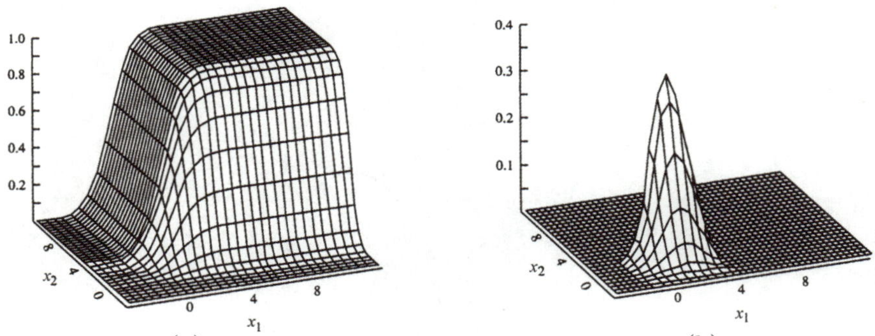

(a) (b)

그림 5.4 연속 랜덤변수에 대한 전형적인 결합 누적분포함수와 확률밀도함수. (a) 누적분포함수. (b) 확률밀도함수

비록, 그림 5.4(a)에 나타낸 두 개의 연속 랜덤변수에 대한 누적분포함수는 연속이지만, 식 (5.10)의 정의는 이산 또는 혼합 랜덤변수에도 적용할 수 있다. 이 경우, 누적분포함수는 단조 함수이면서, 불연속적 일 수 있다. 이 불연속점에서, 함수는 각 변수에 대해 우측 연속이다.

결합 확률밀도함수는 다음과 같이 누적분포함수의 2차 도함수로 정의된다.

$$f_{X_1X_2}(x_1, x_2) = \frac{\partial^2 F_{X_1X_2}(x_1, x_2)}{\partial x_1 \partial x_2} \tag{5.11}$$

그림 5.4(a)의 결합 누적분포함수에 해당하는 확률밀도함수는 그림 5.4(b)에 나타내었으며, 이는 x_1, x_2 평면 위에 쌓인 작은 모래더미와 유사하다. 다음과 같이 확률밀도함수를 적분하여 얻어지는 누적분포함수는 위에서 설명된 특성을 가짐을 그림에서 확인 할 수 있다.

$$F_{X_1X_2}(x_1, x_2) = \int_{-\infty}^{x_1}\int_{-\infty}^{x_2} f_{X_1X_2}(u_1, u_2)du_2du_1 \tag{5.12}$$

밀도함수에서 임펄스함수 또는 선 특이성[2)]이 허용된다면, 이산 또는 혼합 랜덤변수 또한 확률밀도함수의 관점에서 다루어 질 수 있다. 그 과정은 3장에서 단일 랜덤변수에 대하여 설명했던 것과 유사하다.

연속 랜덤변수의 경우 결합 확률밀도함수에 대한 확률적 관점의 해석 또한 매우 중요하다. 만일, a_1와 a_2가 x_1과 x_2의 특정한 값이고, Δ_1와 Δ_2가 두 개의 소량의 증분이라면 다음과 같이 된다.

$$\Pr[a_1 < X_1 \le a_1 + \Delta_1,\ a_2 < X_2 \le a_2 + \Delta_2] \approx f_{X_1X_2}(a_1, a_2)\,\Delta_1\,\Delta_2 \tag{5.13}$$

이 공식을 그림 5.5에 나타내었다. 랜덤변수 X_1과 X_2가 a_1과 a_2 인근의 작은 사각형 영역 내에 있을 확률은 (a_1, a_2)에서 계산된 밀도함수와 작은 영역의 면적을 곱한 것이 된다. 이러한 해석은 새로운 결과는 아니며, 지금까지 제시된 다른 식들로부터도 얻어진다.

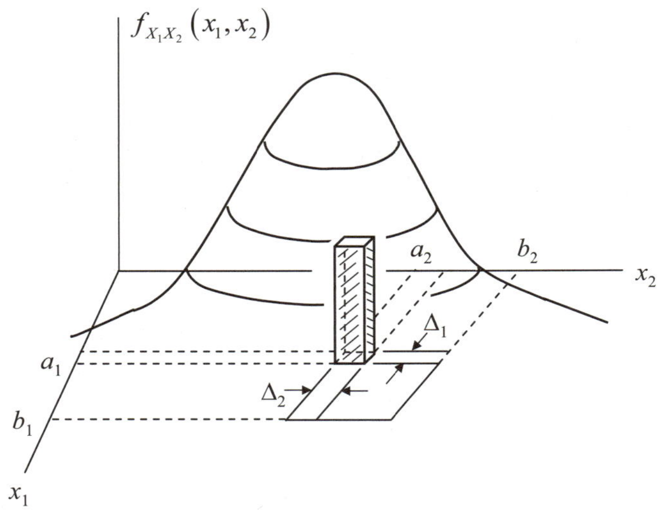

그림 5.5 확률 관점에서 결합 확률밀도함수의 이해

2) 선 특이성은, 1차원에서만 특이성이 있는 함수를 말한다. 예를 들어: $F(x_1, x_2) = \delta(x_1 - a)$. 반면, 2차원 평면의 좌표값 ($a_1$, a_2)에서의 임펄스함수는 $F(x_1, x_2) = \delta(x_1 - a_1)\delta(x_2 - a_2)$의 형태가 된다.

이 결과로 부터, $\mathcal{R}$이 x_1, x_2 평면의 임의의 영역일 때, 점 (X_1, X_2)가 그 영역 안에 있을 확률은 적분하여 구할 수 있음을 쉽게 알 수 있다. 즉, 다음 식과 같다.

$$\Pr[(X_1, X_2) \in \mathcal{R}] = \int\int_{\mathcal{R}} f_{X_1X_2}(x_1, x_2)dx_2dx_1 \qquad (5.14)$$

예를 들어, (a_1, a_2)와 (b_1, b_2)를 사각형 영역의 모서리라고 정의하면 (그림 5.5 참조), 다음과 같이 구할 수 있다.

$$\Pr[a_1 < X_1 \leq b_1,\ a_2 < X_2 \leq b_2] = \int_{a_1}^{b_1}\int_{a_2}^{b_2} f_{X_1X_2}(x_1, x_2)dx_2dx_1$$

결합 확률밀도함수의 기본적인 두 가지 특성을 표 5.1에 나열하였다. 이들 조건을 만족하는 임의의 함수는 확률밀도함수로 해석될 수 있다는 점에서 이것은 결합 PDF를 정의하는 특성이 된다.

음이 아님	$f_{X_1X_2}(x_1, x_2) \geq 0$
부피가 1임	$\int_{-\infty}^{\infty}\int_{-\infty}^{\infty} f_{X_1X_2}(x_1, x_2)dx_2dx_1 = 1$

[표 5.1] 결합 확률밀도함수의 기본적인 특성

첫 번째, 결합밀도는 음의 값을 가질 수 없다. 그렇지 않으면, 음의 값의 밀도함수를 갖는 영역에 대하여 적분하면 음의 확률 값이 나오게 된다. 두 번째, x_1, x_2 평면 전체에 걸쳐 밀도함수를 적분하여 구한 확률은 1이 된다. 식 (5.12)로부터, 두 변수에 대하여 $-\infty$에서 ∞까지 밀도함수를 적분하는 것은 $F_{X_1X_2}(\infty, \infty)$를 계산하는 것과 같으며, 그 값 또한 1 이 된다.

5.2.2 주변 PDF: 결합밀도의 사영

X_1과 X_2 둘 다 랜덤변수이기 때문에, 이들 각각은 고유의 확률밀도함수 $f_{X_i}(x_i)$로 나타낼 수 있다. 이들 랜덤변수에 대한 주변 밀도함수들은 다음 식과 같이 결합 밀도함수로부터 구할 수 있다.

$$f_{X_1}(x_1) = \int_{-\infty}^{\infty} f_{X_1X_2}(x_1, x_2)dx_2 \quad \text{(a)}$$
$$f_{X_2}(x_2) = \int_{-\infty}^{\infty} f_{X_1X_2}(x_1, x_2)dx_1 \quad \text{(b)} \qquad (5.15)$$

주변 밀도함수들은 적분을 하거나, 또는 기하적 관점에서 다른 변수 축을 따라가는 사영으로 구할 수 있다 (그림. 5.6 참조)

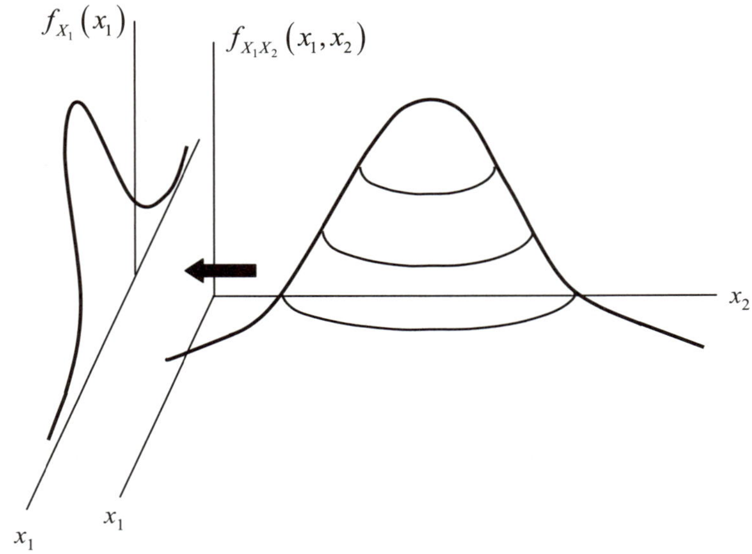

그림 5.6 사영의 관점에서 주변 확률밀도함수의 이해

이 마지막 관계가 왜 유효한지 살펴보기 위해서, 사건 "$x_1 < X_1 \leq x_1 + \Delta_1$"를 고려하자. 여기서, Δ_1은 x_1에서의 작은 증분이다. 이 사건의 확률은, (X_1, X_2)가 x_1방향에서 폭이 Δ_1인 매우 좁은 조각에 존재하고, x_2 방향으로 $-\infty$부터 ∞까지 확장되어 존재할 확률과 같다. 그러므로 식 (5.14)를 이용하여, 다음과 같이 나타낼 수 있다.

$$\begin{aligned}
\Pr[x_1 < X_1 \leq x_1 + \Delta_1] &= \Pr[x_1 < X_1 \leq x_1 + \Delta_1,\ -\infty < X_2 < \infty] \\
&= \int_{x_1}^{x_1+\Delta_1} \int_{-\infty}^{\infty} f_{X_1X_2}(u_1, u_2)\, du_2\, du_1 \\
&\approx \left[\int_{-\infty}^{\infty} f_{X_1X_2}(x_1, u_2)\, du_2\right] \Delta_1
\end{aligned}$$

한편, 다음 식

$$\Pr[x_1 < X_1 \leq x_1 + \Delta_1] \approx f_{X_1}(x_1)\, \Delta_1$$

또한 만족하는데 이 확률은 충분히 작은 Δ_1 값에 대하여 유일한 값을 갖는다. 그러므로 이 두 표현 식은 서로 같아야 하고, X_1에 대한 확률밀도함수는 식 (5.15)(a)에서 주어진 것과 같다. 나머지 주변밀도함수를 구하는데 에도 유사한 논의를 적용할 수 있다.

아래의 예제에서 두 개의 랜덤변수에 대한 확률을 계산하기 위해 결합 확률밀도함수의 사용하는 예와 주변 확률밀도함수의 계산 예를 설명한다.

예제 5.3

두 개의 랜덤변수가 아래에 나타낸 x_1, x_2 평면 영역에서 균일하게 분포되어 있다. 상수 C와 "$X_1 > \frac{1}{2}$" 사건의 확률을 구하라. 또한 각각의 주변 확률밀도함수를 구하라.

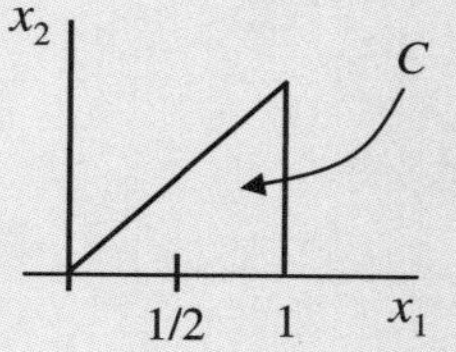

$$f_{X_1X_2}(x_1, x_2) = C$$
$$0 \le x_2 \le x_1 \le 1$$

상수 C는 0이 아닌 영역에 대하여 밀도함수를 적분한 후 그 결과를 1로 놓고 구한다.

$$\begin{aligned}\int_{-\infty}^{\infty}\int_{-\infty}^{\infty} f_{X_1X_2}(x_1, x_2)dx_2dx_1 &= \int_0^1\int_0^{x_1} C\, dx_2dx_1 \\ &= C\int_0^1 x_1\, dx_1 = C\left.\frac{x_1^2}{2}\right|_0^1 = \frac{C}{2} = 1\end{aligned}$$

따라서 $C = 2$가 된다.

$X_1 > 1/2$ 이 될 확률은, 결합 밀도함수를 해당 영역에 대하여 적분하여 구한다.

$$\Pr[X_1 > 1/2] = \int_{1/2}^{1}\int_0^{x_1} 2\, dx_2dx_1 = \int_{1/2}^{1} 2x_1\, dx_1 = \left. x_1^2\right|_{1/2}^{1} = 3/4$$

마지막으로, 주변 확률밀도함수들은 각각의 다른 변수로 결합 확률밀도함수를 적분하여 구한다. $f_{X_1}(x_1)$ 을 구하기 위해서는 다음과 같이 결합 밀도함수를 적분한다.

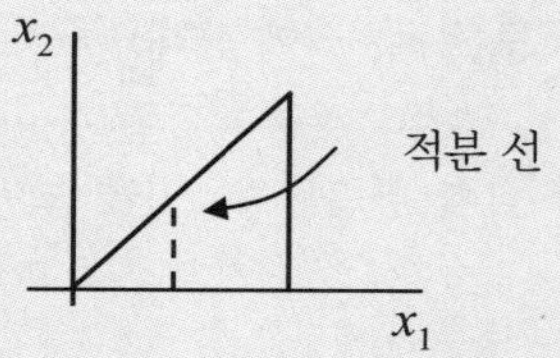

$$f_{X_1}(x_1) = \int_0^{x_1} 2\, dx_2 = 2x_1$$

위에서 구한 주변 밀도함수를 아래에 도시하였다.

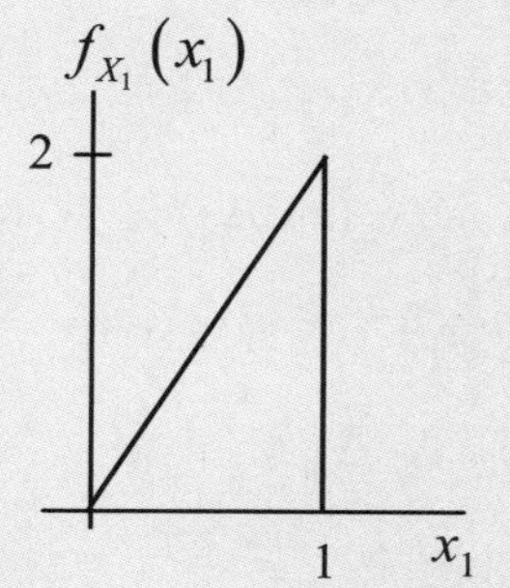

$$f_{X_1}(x_1) = 2x_1 \qquad 0 \le x_1 \le 1$$

$f_{X_2}(x_2)$를 구하기 위한 적분은 아래와 같다.

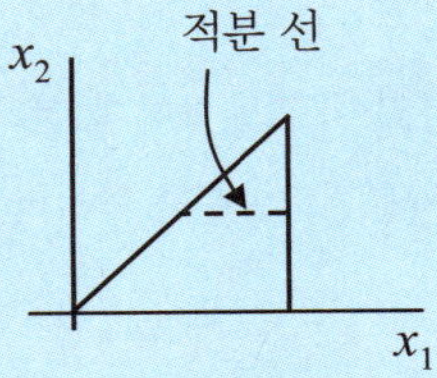

$$f_{X_2}(x_2) = \int_{x_2}^{1} 2\,dx_1 = 2(1-x_2)$$

이에 대한 주변 밀도함수를 아래에 도시하였다

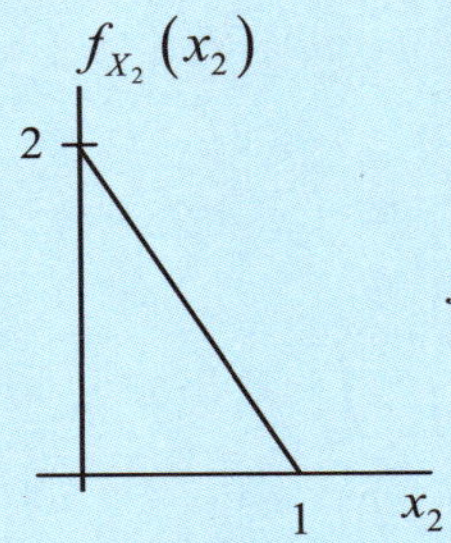

$$f_{X_2}(x_2) = 2(1-x_2) \qquad 0 \le x_2 \le 1$$

이들 주변 밀도함수들이 존재하는 변수의 범위가 모두 $0 \le x_1 \le 1$ 또는 $0 \le x_2 \le 1$임이 매우 중요하다는 점을 주목하기 바란다.

5.2.3 조건부 PDF: 결합밀도의 단면

두 개의 랜덤변수 X_1과 X_2의 결합 확률밀도함수가 각각의 주변 확률밀도함수의 곱이되면, 이들이 **독립**(independent)이라고 정의한다.

$$f_{X_1X_2}(x_1, x_2) = f_{X_1}(x_1) \cdot f_{X_2}(x_2) \quad (\text{모든 } x_1,\ x_2\text{에 대해}) \tag{5.16}$$

위의 정의는 사건에 대한 독립의 정의 식 (2.12)와 직접 연결된다. 이를 보이기 위해 다음과 같은 사건들을 정의하자.[3)]

$$\begin{aligned} \mathrm{A}_1 &: \quad x_1 < X_1 \le x_1 + \Delta_1 \\ \mathrm{A}_2 &: \quad x_2 < X_2 \le x_2 + \Delta_2 \end{aligned}$$

만약 A_1과 A_2가 독립이라면 다음과 같이 된다.

$$\Pr[\mathrm{A}_1\mathrm{A}_2] = \Pr[\mathrm{A}_1]\Pr[\mathrm{A}_2] \approx (f_{X_1}(x_1)\Delta_1)(f_{X_2}(x_2)\Delta_2) = f_{X_1}(x_1)f_{X_2}(x_2)\,\Delta_1\,\Delta_2$$

한편, 식 (5.13)로부터, $\mathrm{A}_1\mathrm{A}_2$의 확률은 또한 다음과 같이 주어진다.

$$f_{X_1X_2}(x_1, x_2)\,\Delta_1\,\Delta_2$$

마지막 두 식은 식 (5.16)의 정의에 대한 근거가 된다.

3) '사건' A_1과 A_2는, 주어진 X_i에 대한 조건을 만족시키는 표본공간내의 사건이다.

식 (5.16)은 독립에 대한 정의이자 검정 방법임을 명심하기 바란다. 식 (5.16)은 모든 랜덤변수에 대하여 성립하는 조건이 아니다. 만약 두 개의 랜덤변수가 서로 독립이 아니라면, 주변 확률밀도함수로부터 유일한 결합 확률밀도함수를 계산할 방법이 없다. Papoulis와 Pillai [1, p. 218]는 같은 주변 확률밀도함수를 갖는 두 개의 서로 다른 결합 확률밀도함수에 대한 예제를 보여주고 있다.

결합 확률밀도함수가 항상 주변 확률밀도함수의 곱인 것은 아니지만, 임의의 두 개의 랜덤변수에 대한 결합 확률밀도함수는 다음과 같이, 항상 주변 확률밀도함수와 조건부 확률밀도함수의 곱으로 나타낼 수 있다.

$$f_{X_1X_2}(x_1,x_2)=f_{X_1|X_2}(x_1|x_2)\ f_{X_2}(x_2) \tag{5.17}$$

이로부터 조건부 밀도함수 $f_{X_1|X_2}$는 다음과 같이 정의된다.[4)]

$$f_{X_1|X_2}(x_1|x_2)\overset{\text{def}}{=}\frac{f_{X_1X_2}(x_1,x_2)}{f_{X_2}(x_2)} \tag{5.18}$$

이산 랜덤변수에 대한 조건부 확률질량함수는 결합 확률질량함수에 대한 (정규화된) 이산적인 자르기로 해석될 수 있음을 상기하기 바란다. 마찬가지로, 임의의 주어진 값 x_2에 대한 조건부 확률밀도함수 $f_{X_1|X_2}(x_1|x_2)$는 $f_{X_2}(x_2)$ 값으로 정규화된, 결합 확률밀도함수의 자르기로 해석할 수 있다 (그림 5.7 참조).

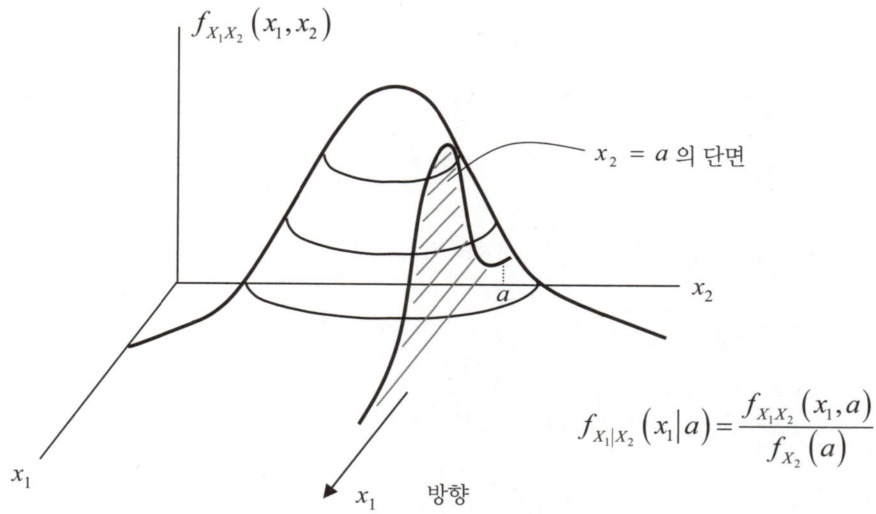

그림 5.7 결합 밀도함수 단면 관점에서의 조건부 확률밀도함수의 이해

4) X_1과 X_2가 독립일 때, 식 (5.16)을 적용하면 식 (5.18)은 $f_{X_1|X_2}(x_1|x_2)=f_{X_1}(x_1)$이 된다. 다시 말해, 랜덤변수가 서로 독립일 때 조건부 확률밀도함수는 조건이 주어지지 않은 주변 확률밀도함수와 같아진다.

그러면 조건부 밀도함수는 다음과 같이 해석할 수 있다: 다음의 양

$$f_{X_1|X_2}(x_1|x_2)\,\Delta_1$$

은 X_2가 해당하는 작은 영역 $x_2 < X_2 \le x_2 + \Delta_2$로 주어졌을 때 X_1이 작은 영역 $x_1 < X_1 \le x_1 + \Delta_1$에 있을 확률이다. 이러한 해석이 타당한지 살펴보자.

편의상, 사건 A_1과 A_2을 위에서와 같이 정의하자. 그러나 이들 사건이 독립이라고 가정하지는 말자. 그러면 식 (2.13)의 정의에 따라 조건부 확률은 다음과 같이 된다.

$$\Pr[\mathrm{A}_1|\mathrm{A}_2] = \frac{\Pr[\mathrm{A}_1\mathrm{A}_2]}{\Pr[\mathrm{A}_2]} \approx \frac{f_{X_1X_2}(x_1, x_2)\,\Delta_1\,\Delta_2}{f_{X_2}(x_2)\,\Delta_2}$$

이 식에서 확률밀도함수의 비는 식 (5.18)에서 정의된 조건부 밀도함수가 된다. 공통 부분 Δ_2를 소거하면 위의 해석과 같은 다음 결과를 얻게 된다.

$$\Pr[x_1 < X_1 \le x_1 + \Delta_1 \,|\, x_2 < X_2 \le x_2 + \Delta_2] \approx f_{X_1|X_2}(x_1|x_2)\,\Delta_1 \tag{5.19}$$

만약 위 식에서 Δ_2가 나타나지 않는 것이 이상하게 보인다면, 조건부 밀도함수 $f_{X_1|X_2}$가 랜덤변수 X_1에 대한 확률밀도함수이지 랜덤변수 X_2에 대한 확률밀도함수가 아님을 상기하기 바란다(다시 한번 그림 5.7 참조). 이 확률밀도함수에서, X_2는 함수의 크기와 모양을 조절할 수 있지만 다른 역할은 없는 매개변수 같은 역할을 한다. 특히, X_1에 대한 조건부 확률밀도함수는 다음 조건을 만족한다(연습문제 5.24 참조).

$$\int_{-\infty}^{\infty} f_{X_1|X_2}(x_1|x_2)dx_1 = 1 \tag{5.20}$$

그러나 나머지 (조건을 준) 변수에 대한 다음 적분은 아무런 의미를 주지 못한다.

$$\int_{-\infty}^{\infty} f_{X_1|X_2}(x_1|x_2)dx_2$$

아래 예제 5.4에서는 조건부 밀도함수와 독립의 개념을 살펴본다.

예제 5.4

예제 5.3에서 서술된 랜덤변수로 계속 이어가자. 특히, 랜덤변수의 독립에 대해 확인하고 두 개의 조건부 확률밀도함수를 구하여 보자.

이전 예제에서 계산된 주변 밀도함수의 곱은 다음과 같다.

$$f_{X_1}(x_1) \cdot f_{X_2}(x_2) = 2x_1 \cdot 2(1 - x_2)$$

이것은 주어진 영역에서 상수 (C=2)인 결합 밀도함수 $f_{X_1X_2}(x_1, x_2)$와 분명히 다르다. 그러므로 랜덤변수들은 독립이 아니다.

X_1에 대한 조건부 밀도함수는 식 (5.18)의 정의로부터 계산될 수 있다.

$$f_{X_1|X_2}(x_1|x_2) = \frac{f_{X_1X_2}(x_1,x_2)}{f_{X_2}(x_2)} = \frac{2}{2(1-x_2)} = \frac{1}{1-x_2} \qquad x_2 \le x_1 \le 1 \text{ 식 (1)}$$

위에서 구한 조건부 확률밀도함수를 아래에 도시하였다.

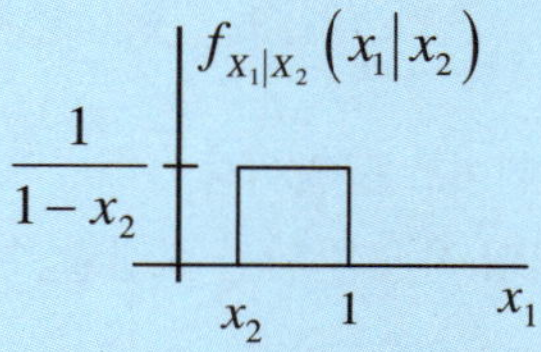

이는 조건부 변수 x_2에 의해 종속되는 경계를 갖는 균일 확률밀도함수 이다. 위의 식 (1)에서 $x_2 \le x_1 \le 1$로 정의되는 영역이 매우 중요함을 주목하라. 이 경계는 결합 확률밀도함수의 본래의 영역, $0 \le x_2 \le x_1 \le 1$ (예제 5.3에서 $f_{X_1X_2}$ 에 대한 그림 참조)로부터 유도된다. 이러한 경계가 없으면, 밀도함수는 위에 도시한 것처럼 나타날 수 없을 것이며 적분한 결과도 1 이 되지 않을 것이다.

X_2에 대한 조건부 밀도함수도 유사한 방법으로 계산된다. 즉,

$$f_{X_2|X_1}(x_2|x_1) = \frac{f_{X_1X_2}(x_1,x_2)}{f_{X_1}(x_1)} = \frac{2}{2x_1} = \frac{1}{x_1} \qquad 0 \le x_2 \le x_1$$

이 결과를 아래에 도시하였다.

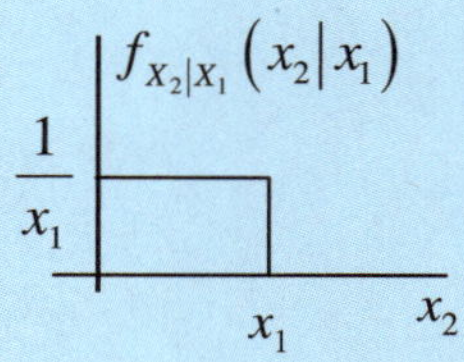

5.2.4 연속 랜덤변수에 대한 베이즈 규칙

베이즈 규칙의 한 형태는 랜덤변수에 대하여 유도될 수 있으며 전자공학에서 신호 검출 및 분류 문제에서 매우 유용하다. 첫째로, 결합 확률밀도함수는 X_2에 대한 조건부 밀도함수를 사용하여 다음과 같이 나타낼 수 있다.

$$f_{X_1X_2}(x_1,x_2) = f_{X_2|X_1}(x_2|x_1)\ f_{X_1}(x_1) \tag{5.21}$$

이 결과를 식 (5.18)에 대입하면 다음과 같이 된다.

$$f_{X_1|X_2}(x_1|x_2) = \frac{f_{X_2|X_1}(x_2|x_1)\ f_{X_1}(x_1)}{f_{X_2}(x_2)} \tag{5.22}$$

이 식의 분모는 식 (5.21)과 식 (5.15)(b)로부터 다음과 같이 계산된다.

$$f_{X_2}(x_2) = \int_{-\infty}^{\infty} f_{X_1X_2}(x_1, x_2)dx_1 = \int_{-\infty}^{\infty} f_{X_2|X_1}(x_2|x_1)\ f_{X_1}(x_1)dx_1$$

이제 이 결과를 식 (5.22)에 대입하면 다음을 얻는다.

$$f_{X_1|X_2}(x_1|x_2) = \frac{f_{X_2|X_1}(x_2|x_1)\ f_{X_1}(x_1)}{\displaystyle\int_{-\infty}^{\infty} f_{X_2|X_1}(x_2|x_1)\ f_{X_1}(x_1)dx_1} \tag{5.23}$$

위 식이 연속 랜덤변수에 대한 베이즈 규칙이다.

확률밀도함수에 대한 이 공식의 사용은 약간 복잡할 수 있다. 다음 예제에서 그 과정을 설명한다.

예제 5.5

KNPS 방송국에서 전송되는 전력은 다소 불규칙하다. 어느 특별한 날에 전송된 전력은 2에서 10 킬로와트 사이에서 균일하게 분포하는 연속 랜덤변수 X_1이다. 이 지역의 청취자는 일반적으로 페이딩 현상을 겪는다. 따라서 수신기에서의 신호 세기는 전송된 전력에 종속되는 랜덤변수 X_2이다. 문제를 간단히 하기 위해서, 비록 현실적으로 환산계수가 존재하여야 하겠지만, $0 < X_2 \le X_1$라 가정하고 X_1에 조건을 준 X_2의 밀도함수를 다음과 같이 가정하자.

$$f_{X_2|X_1}(x_2|x_1) = \frac{2}{x_1^2}x_2\,, \qquad 0 < x_2 \le x_1$$

두 밀도함수를 다음 그림에 나타내었다.

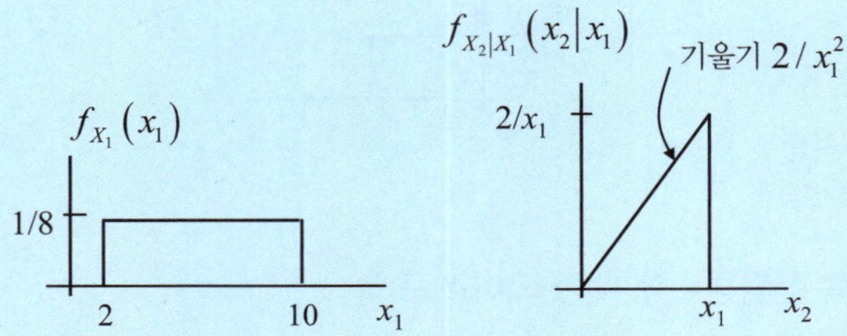

수신 전력이 주어졌을 때 송신 전력에 대한 조건부 밀도함수 $f_{X_1|X_2}(x_1|x_2)$를 구해보자.

이 예제는 밀도함수에 대한 베이즈 규칙의 응용으로, 결과는 식 (5.23)로부터 직접 구할 수 있다. 그러나 만일 문제를 식 (5.23)으로 이어지는 개별 단계로 나누어 풀면 과정이 더 명확할 것이다.

첫째로, 결합 밀도함수 $f_{X_1X_2}(x_1, x_2)$를 식 (5.21)과 같이 구한다.

$$\begin{aligned} f_{X_1X_2}(x_1, x_2) &= f_{X_2|X_1}(x_2|x_1)\ f_{X_1}(x_1) \\ &= \frac{2}{x_1^2}x_2 \cdot \frac{1}{8} = \frac{x_2}{4x_1^2}, \qquad 0 < x_2 \le x_1;\ 2 < x_1 \le 10 \end{aligned}$$

결합 밀도가 0이 아닌 곳을 정의하는 부등식이 매우 중요하다는 것을 주목하라. 그 영역을 아래 그림에서 음영 부분으로 나타내었다.

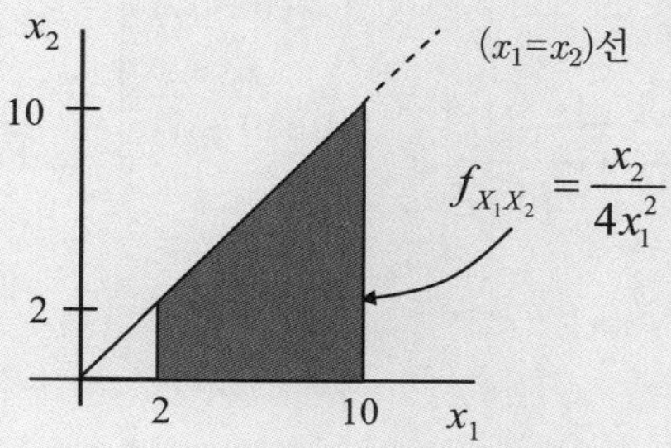

x_2에 대한 주변 밀도함수는 결합 밀도함수를 x_1에 대해서 적분하여 구할 수 있다. 위 그림에서 두 가지 경우가 있음을 관찰하라. $0 < x_2 \le 2$에 대해서 다음과 같이 된다.

$$f_{X_2}(x_2) = \int_2^{10} \frac{x_2}{4x_1^2}\, dx_1 = x_2 \left[-\frac{1}{4x_1} \right]_2^{10} = \frac{x_2}{10}, \qquad 0 < x_2 \le 2$$

한편 $2 < x_2 \le 10$에 대해서는 다음과 같이 된다.

$$f_{X_2}(x_2) = \int_{x_2}^{10} \frac{x_2}{4x_1^2}\, dx_1 = x_2 \left[-\frac{1}{4x_1} \right]_{x_2}^{10} = \frac{10 - x_2}{40}, \qquad 2 < x_2 \le 10$$

주변 밀도함수를 아래에 도시하였다.

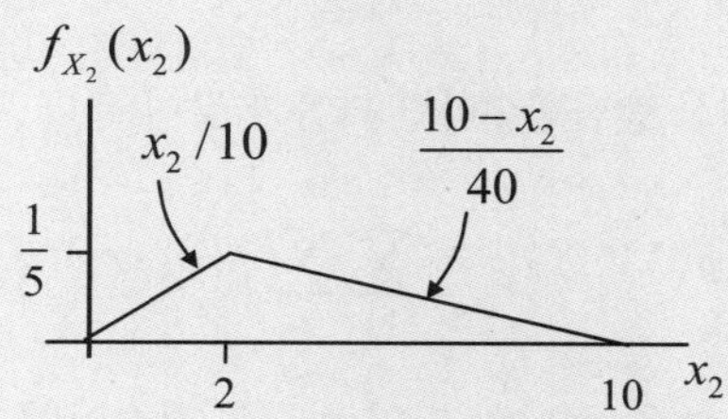

마지막으로, $f_{X_1|X_2}$는 식 (5.22)와 같이 구할 수 있다 (이것은 식 (5.23)과 동일하다). 마찬가지로, 두 가지 경우로 나눈다. $0 < x_2 \le 2$에 대해서는 다음과 같이 되며

$$f_{X_1|X_2}(x_1|x_2) = \frac{x_2/4x_1^2}{x_2/10} = \frac{5}{2} \cdot \frac{1}{x_1^2} \qquad 0 < x_2 \le 2;\ 2 < x_1 \le 10$$

$2 < x_2 \le 10$에 대해서는 다음과 같이 된다.

$$f_{X_1|X_2}(x_1|x_2) = \frac{x_2/4x_1^2}{(10 - x_2)/40} = \frac{10x_2}{10 - x_2} \cdot \frac{1}{x_1^2} \qquad 2 < x_2 \le 10;\ 2 < x_1 \le 10$$

조건부 밀도함수 $f_{X_1|X_2}(x_1|x_2)$를 아래에 도시하였다. 조건부 밀도는 실제 전송된 전력을 추정하는데 사용될 수 있다. 이에 대한 내용은 다음 절의 예제 5.7에서 살펴 볼 것이다.

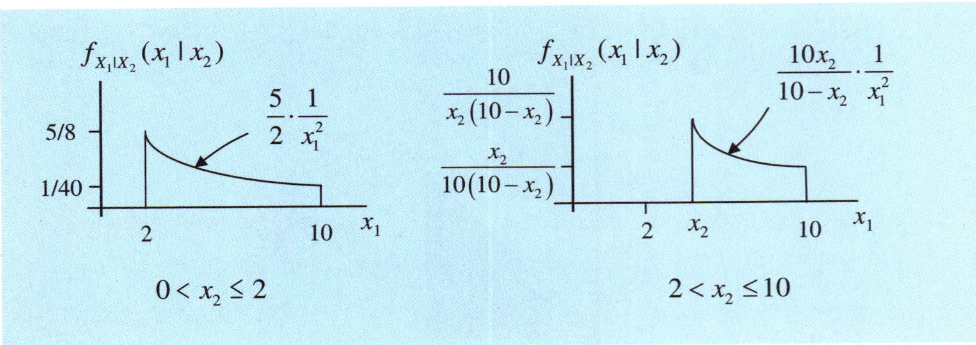

5.3 기댓값과 상관

두 개의 랜덤변수가 연관되어 있을 때, 기댓값은 랜덤변수들의 결합 확률밀도함수나 결합 확률질량함수와 관계된다. 이전 장에서의 일반적인 원리로 돌아가지 않고서, 임의의 함수 $g(X_1, X_2)$에 대한 기댓값을 구하는 것을 아래 공식으로 간단히 처리하자. 만약 X_i가 연속 랜덤변수라면

$$\mathcal{E}\{g(X_1, X_2)\} = \int_{-\infty}^{\infty}\int_{-\infty}^{\infty} g(x_1, x_2) f_{X_1X_2}(x_1, x_2) dx_2 dx_1 \tag{5.24}$$

같이 되며, 만약 X_i가 이산 랜덤변수라면 다음과 같이 된다

$$\mathcal{E}\{g(X_1, X_2)\} = \sum_{x_1}\sum_{x_2} g(x_1, x_2) \mathrm{f}_{X_1X_2}[x_1, x_2] \tag{5.25}$$

만일 $g(X_1, X_2)$가 두 변수 중 하나의 단일 변수의 함수이면, 위 기댓값의 정의는 단일 랜덤변수에 대한 기댓값 정의와 같아지게 된다. 예를 들어, 만약 $g(X_1, X_2)=X_1$라면, $\mathcal{E}\{X_1\}$는 X_1의 평균이 된다. X_1이 연속 랜덤변수라고 가정하면, 기댓값은 식 (5.24)에 의해서 다음과 같이 구할 수 있다.

$$\mathcal{E}\{X_1\} = \int_{-\infty}^{\infty}\int_{-\infty}^{\infty} x_1 f_{X_1X_2}(x_1, x_2) dx_2 dx_1 = \int_{-\infty}^{\infty} x_1 \left(\int_{-\infty}^{\infty} f_{X_1X_2}(x_1, x_2) dx_2\right) dx_1$$

괄호 안의 항은 주변 밀도함수 $f_{X_1}(x_1)$가 되기 때문에, 다음과 같이 된다.

$$\mathcal{E}\{X_1\} = \int_{-\infty}^{\infty} x_1 f_{X_1}(x_1) dx_1$$

이 식은 4장에서의 평균에 대한 식 (4.4)와 일치한다. 이제부터, 우리는 기댓값 $\mathcal{E}\{\cdot\}$를 선형 연산자로 다루는데 (4.1.4절 내용 참조), 기댓값 연산자가 나타내는 것이 일차원 또는 이차원의 적분이나 합이라는 것을 염두에 두기 바란다.

5.3.1 상관과 공분산

두 개의 랜덤변수에 대해 몇몇 추가적인 모멘트 형태가 중요하다. X_1과 X_2의 **상관**(correlation)은 다음과 같다.

$$r = \mathcal{E}\{X_1 X_2\} \tag{5.26}$$

X_1X_2의 곱은 이차항이며, 따라서 상관은 평균적으로 X_1과 X_2 간의 유사도를 측정하는 이차 모멘트의 한 형태이다. 만약 상관이 크다면, 여러번의 독립적인 실험에서 X_1과 X_2는 서로 연관된 값을 가질 것이다.

상관은 랜덤변수들 사이의 (근사적) 선형적 관계로 간주될 수 있다. 그림 5.8은 1885년 Francis Galton 경이 수집한 아버지와 아들의 신장 데이터에 대한 산포도(scatter plot)이다.

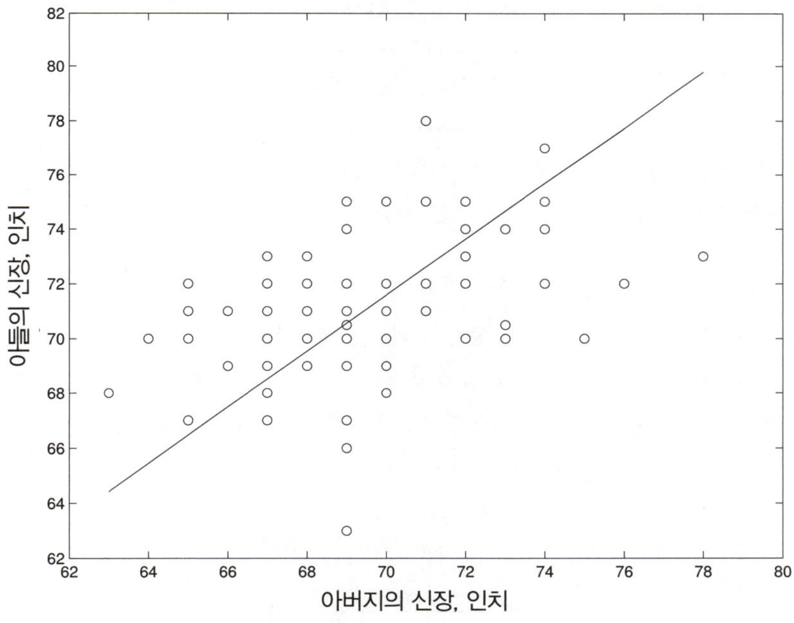

그림 5.8 상관을 보여주는 아버지와 아들의 신장 데이터에 대한 산포도와 회귀선

이들 데이터에 맞춰진 직선은 두 개의 랜덤변수 (아버지와 아들의 신장) 사이에 (양의) 상관이 존재함을 나타낸다. 이 직선은 하나의 랜덤변수 (아버지의 신장) 정보로부터 다른 하나의 랜덤변수 (아들의 신장) 값을 추정할 수 있게 한다. 데이터에 직선을 맞추는 것을 다루는 선형 **회귀 분석**(regression analysis)은 19세기 Galton에 의한 이런 데이터에 대한 연구에서 시작되었다. [2].

상관과 관련된 이차 모멘트의 중요한 또 하나의 형태는 다음과 같이 정의되는 **공분산**(covariance) c이다.

$$c = \text{Cov}[X_1, X_2] \stackrel{\text{def}}{=} \mathcal{E}\{(X_1 - m_1)(X_2 - m_2)\} \tag{5.27}$$

여기서 m_1과 m_2는 X_1과 X_2의 평균을 나타낸다. 이것은 중심모멘트 (평균에 대한 모멘트) 형태로 상관보다 더 빈번히 유용하게 쓰인다. 단지, 두 개의 랜덤변수가 큰 평균 값들을 갖는다는 것으로 인해, 두 개의 랜덤변수 사이의 상관이 커질 수도 있다. 그러나 평균에 대해 작은 변화의 유사성을 비교하는 것에 더 관심을 가질 수도 있다. 예를 들어, 전자 회로에서 증폭기는 원하는 동작 영역에서 가동되도록 종종 큰 DC 전압이나 바이어스를 공급 받는다. 증폭될 정보 신호는, 이러한 DC 바이어스 위에 걸쳐지게 되며, 바이어스 전압에 비하여 조금 작다. 증폭기에서 이러한 두 파형을 비교하는데 있어서, 바이어스 전압을 포함한 상관보다는 정보 신호에만 주안점을 둔 공분산에 더 관심을 둘 수 있다.

공분산과 상관의 관계는 다음과 같이 정리하여 나타낼 수 있다.

$$\text{Cov}[X_1, X_2] = \mathcal{E}\{X_1 X_2\} - m_1 m_2 \tag{5.28}$$

(이 결과의 증명은 4장에서 식 (4.17)의 증명과 거의 동일하다.) 이 공식은 공분산을 구하는 편리한 방법을 제공한다. 또한, 위 식은 다음과 같이 쓸 수 있다.

$$\mathcal{E}\{X_1 X_2\} = \text{Cov}[X_1, X_2] + m_1 m_2$$

위 식은 랜덤변수의 평균 값이 상관에 어떠한 영향을 주는지를 명확하게 보여주고 있다.

두 개의 랜덤변수에 대한 분석에서 또 다른 매우 유용한 양은 **상관계수**(correlation coefficient) ρ이다. 이 양은 공분산 c를 두 랜덤변수의 표준편차인 σ_1과 σ_2로 정규화한 결과이다.

$$\rho \stackrel{\text{def}}{=} \frac{\text{Cov}[X_1, X_2]}{\sigma_1 \sigma_2} = \frac{c}{\sigma_1 \sigma_2} \tag{5.29}$$

상관계수는 다음과 같은 특성을 갖는다 (연습문제 5.28 참조).

$$-1 \leq \rho \leq 1 \tag{5.30}$$

상관계수는 두개의 랜덤변수를 비교할 수 있는 고정된 비율을 제공하기 때문에 유용하다. 반면, 상관과 공분산은 $-\infty$부터 ∞까지 어떤 값이든 가질 수 있다. 따라서 r 또는 c의 수치 값은 특정 랜덤변수들과 관계된 상황에서 상대적으로만 판별 가능하다.

비교를 위해, 이제까지 설명한 세 가지 형태의 결합 이차 모멘트를 표 5.2에 정리하여 나타내었다. 이들 각각은 분석의 용도에 따라 적절하게 사용된다.

양	정의	기호
상관	$\mathcal{E}\{X_1X_2\}$	r
공분산 $\text{Cov}[X_1, X_2]$	$\mathcal{E}\{(X_1 - m_1)(X_2 - m_2)\}$	c
상관계수	$\dfrac{\text{Cov}[X_1, X_2]}{\sigma_1\sigma_2}$	ρ

[표 5.2] 세 가지가 관련된 결합 이차 모멘트

상관에 관련된 용어가 다소 혼동의 여지가 있기 때문에 설명할 필요가 있다. 랜덤변수와 관계된 두 개의 용어를 표 5.3에 나타내었다. 공분산 (c)이 0일 때, 랜덤변수들이 **상관이 없다**(uncorrelated)고 하기 때문에 가끔씩 혼동이 야기되곤 한다. 이에 반해

용어	의미
상관이 없다	$\rho = c = 0$
직교	$r = 0$

[표 5.3] 상관과 관련된 용어들

상관 (r)이 0일 때는, 랜덤변수들이 **직교**(orthogonal)한다라고 한다. 그러나 적어도 하나의 랜덤변수가 평균이 0 이라면, 다행히 둘 사이의 구분은 사라진다.

"직교"의 용어는 랜덤변수의 벡터공간 표현에서 유래되는데[3], 이 책의 범위를 벗어난다. 공분산이 0일 때 "상관이 없다"란 용어의 사용은 식 (5.28)을 0으로 설정한 후 아래와 같은 식을 통해 이해할 수 있다.

$$\mathcal{E}\{X_1X_2\} = m_1m_2 = \mathcal{E}\{X_1\}\mathcal{E}\{X_2\} \text{ (상관이 없는 랜덤변수에 대해서)} \qquad (5.31)$$

이 경우 곱의 기대값은 두 개의 랜덤변수에 걸친 분포에서 구해짐을 이해하자. 식 (5.31)은 사실 "상관이 없는" 용어의 정의로도 사용할 수 있다.

독립인 랜덤변수들은 자동적으로 상관이 없다라는 점이 중요하다. 이것을 이해하기 위해서는, 독립인 랜덤변수들의 확률밀도함수가 주변 확률밀도함수의 곱임을 이용하면 된다. 그러므로 다음과 같이 식을 나타낼 수 있다.

$$\begin{aligned}\mathcal{E}\{X_1X_2\} &= \int_{-\infty}^{\infty}\int_{-\infty}^{\infty} x_1x_2f_{X_1}(x_1)f_{X_2}(x_2)dx_2dx_1 \\ &= \left(\int_{-\infty}^{\infty} x_1f_{X_1}(x_1)dx_1\right)\left(\int_{-\infty}^{\infty} x_2f_{X_2}(x_2)dx_2\right) = \mathcal{E}\{X_1\}\mathcal{E}\{X_2\}\end{aligned}$$

그러나, 상관이 없는 랜덤변수들이 반드시 독립인 것은 아니다. 결합 정규 랜덤변수의 경우는 특별한 경우인데 (5.4절 참조), 정규 랜덤변수의 경우, 랜덤변수들이 상관이 없으면, 또한 독립

이 된다.

다음의 예제에서 두 개의 랜덤변수의 일차 및 이차 모멘트 전체에 대한 계산을 설명한다.

예제 5.6

두 개의 랜덤변수에 대한 결합 밀도함수를 아래에 도시하였다.

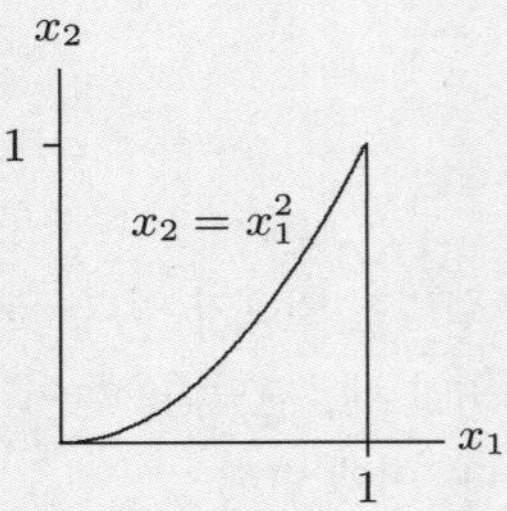

$$f_{X_1X_2}(x_1, x_2) = \begin{cases} 10x_2 & 0 \le x_2 \le x_1^2, \quad 0 \le x \le 1 \\ 0 & \text{그 외} \end{cases}$$

랜덤변수 X_1의 평균은 다음과 같이 주어진다.

$$m_1 = \mathcal{E}\{X_1\} = \int_0^1 \int_0^{x_1^2} x_1 \cdot 10x_2\, dx_2\, dx_1 = 10 \int_0^1 x_1 \int_0^{x_1^2} x_2\, dx_2\, dx_1 = \frac{5}{6}$$

마찬가지로 X_2의 평균은 다음과 같다.

$$m_2 = \int_0^1 \int_0^{x_1^2} x_2\, 10x_2\, dx_2\, dx_1 = 10 \int_0^1 \int_0^{x_1^2} x_2^2\, dx_2\, dx_1 = \frac{10}{21}$$

두 랜덤변수의 분산은 다음과 같이 계산된다.

$$\mathcal{E}\{X_1^2\} = \int_0^1 \int_0^{x_1^2} x_1^2\, 10x_2\, dx_2\, dx_1 = \frac{5}{7}$$

$$\sigma_1^2 = \mathcal{E}\{X_1^2\} - m_1^2 = \frac{5}{7} - \left(\frac{5}{6}\right)^2 = \frac{5}{252}$$

그리고

$$\mathcal{E}\{X_2^2\} = \int_0^1 \int_0^{x_1^2} x_2^2\, 10x_2\, dx_2\, dx_1 = \frac{5}{18}$$

$$\sigma_2^2 = \mathcal{E}\{X_2^2\} - m_2^2 = \frac{5}{18} - \left(\frac{10}{21}\right)^2 = \frac{5}{98}$$

상관 r은 다음과 같이 주어지고

$$r = \mathcal{E}\{X_1X_2\} = \int_0^1 \int_0^{x_1^2} x_1x_2\, 10x_2\, dx_2\, dx_1 = \frac{5}{12}$$

공분산은 식 (5.28)을 사용하여 다음과 같이 구할 수 있다.

$$c = \mathcal{E}\{X_1X_2\} - m_x m_y = \frac{5}{12} - \left(\frac{5}{6}\right)\left(\frac{10}{21}\right) = \frac{5}{252}$$

마지막으로, 상관계수 ρ는 정규화된 공분산으로 구할 수 있다.

$$\rho = \frac{c}{\sigma_1\sigma_2} = \frac{5/252}{\sqrt{5/252}\sqrt{5/98}} = \sqrt{\frac{7}{18}}$$

5.3.2 조건부 기댓값

때때로, 단계적으로 기댓값을 구하는 것이 유용하다. 이는 한 개의 랜덤변수를 고정한 상태에서 기댓값 연산을 수행하는, 조건부 기댓값의 개념으로 이어진다. 그러나 여기서, 표기에 주의하자. 랜덤변수 X_2가 어떤 특정한 값 x_2를 갖는다고 가정하자. 그러면 x_2가 주어졌을 때 X_1에 대한 기댓값은 다음 식과 같이 조건부 밀도의 평균이라고 정의할 수 있을 것이다.

$$\mathcal{E}\{X_1|x_2\} = \int_{-\infty}^{\infty} x_1 f_{X_1|X_2}(x_1|x_2)dx_1$$

그러나 보다 빈번하게, 조건부 변수 역시 랜덤변수로 간주될 수 있다. 이러한 경우 다음과 같이 나타낼 수 있다.

$$\mathcal{E}\{X_1|X_2\} = \int_{-\infty}^{\infty} x_1 f_{X_1|X_2}(x_1|X_2)dx_1 \tag{5.32}$$

식 (5.32)로 정의된 조건부 기댓값은, 랜덤변수 X_2에 종속적이기 때문에, 랜덤변수가 된다.

보다 일반적으로, 어떤 함수 $g(X_1,\ X_2)$에 대해서 다음과 같이 정의할 수 있다.

$$\mathcal{E}\{g(X_1, X_2)|X_2\} = \int_{-\infty}^{\infty} g(x_1, x_2) f_{X_1|X_2}(x_1|X_2)dx_1 \tag{5.33}$$

윗 식에서 좌변의 양이 랜덤변수이기 때문에, 위 식의 기댓값을 다음과 같이 더 정의할 수 있다.

$$\mathcal{E}\{\mathcal{E}\{g(X_1, X_2)|X_2\}\} = \int_{-\infty}^{\infty} \mathcal{E}\{g(X_1, X_2)|X_2\} f_{X_2}(x_2)dx_2$$

위의 식에 식 (5.33)을 대입하고 식 (5.17)을 적용시키면 다음의 결과를 얻는다.

$$\boxed{\mathcal{E}\{\mathcal{E}\{g(X_1, X_2)|X_2\}\} = \mathcal{E}\{g(X_1, X_2)\}} \tag{5.34}$$

여기서 우변은 결합 밀도함수를 사용하는 일반적인 기댓값인 식 (5.24)와 같다.[5)]

조건부 기댓값을 이해하기 위하여, 다음의 간단한 예제를 살펴보자.

5) 만약 이중 기댓값이 혼돈스러워 보인다면, 식 (5.34)를 다음과 같이 나타낼 수 있음을 주목하라.

$$\int_{-\infty}^{\infty}\left(\int_{-\infty}^{\infty} g(x_1, x_2) f_{X_1|X_2}(x_1|x_2)dx_1\right) f_{X_2}(x_2)dx_2 = \int_{-\infty}^{\infty}\int_{-\infty}^{\infty} g(x_1, x_2) f_{X_1X_2}(x_1, x_2)dx_1dx_2$$

예제 5.7

많은 공학 문제에서, 측정할 수 있는 연관된 랜덤변수로부터 다른 하나의 랜덤변수 (직접적으로 측정할 수 없는) 값을 추정하는 것이 요구된다. 이것은 통계적 추정의 문제이다. 이에 대한 예제로, 예제 5.5에서 서술한 KNPS 방송국 상황과 청취자를 고려해보자. 예제 5.5에서, 수신된 전력 (X_2)이 주어졌을 때 송신된 전력 (X_1)에 대한 확률 밀도함수를 다음과 같이 나타내었다.

$$f_{X_1|X_2}(x_1|x_2) = \begin{cases} \dfrac{5}{2}\dfrac{1}{x_1^2} & 0 < x_2 \le 2;\ 2 < x_1 \le 10 \\ \dfrac{10x_2}{10-x_2}\dfrac{1}{x_1^2} & 2 < x_2 \le 10;\ 2 < x_1 \le 10 \\ 0 & \text{그 외} \end{cases}$$

수신된 전력으로부터 송신된 전력을 추정하고자 한다고 가정하자. 이것을 수행하기 위한 잘 알려진 한 가지 방법은 조건부 밀도함수의 평균을 알아내는 것이다. X_1에 대한 추정 값을 $\hat{X}_1$으로 표기하자. 그러면 다음 식이 된다.

$$\hat{X}_1 = \mathcal{E}\{X_1|X_2\} = \int_{-\infty}^{\infty} x_1 f_{X_1|X_2}(x_1|x_2)dx_1$$

조건부 밀도에 대한 표현을 대입하고 적분을 수행하면

$$\hat{X}_1 = \int_2^{10} x_1 \frac{5}{2}\frac{1}{x_1^2}\,dx_1 = \frac{5}{2}\int_2^{10}\frac{1}{x_1}\,dx_1 = \tfrac{5}{2}\ln 5 \approx 4.0236 \qquad 0 < X_2 \le 2$$

와 또한

$$\begin{aligned} \hat{X}_1 &= \int_{X_2}^{10} x_1 \frac{10X_2}{10-X_2}\cdot\frac{1}{x_1^2}\,dx_1 = \frac{10X_2}{10-X_2}\int_{X_2}^{10}\frac{1}{x_1}\,dx_1 \\ &= \frac{10}{(10/X_2)-1}\ln(10/X_2) \qquad 2 < X_2 \le 10 \end{aligned}$$

이 된다. x_2의 함수로써 추정된 값에 대한 그래프는 아래와 같이 주어진다.

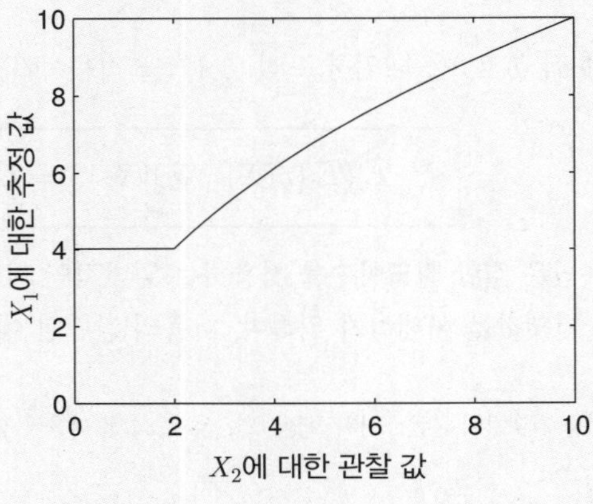

(두 랜덤변수는 전력을 나타낸다.)

5.4 정규 랜덤변수

가장 널리 쓰이는 결합 밀도함수 중 하나는 두 개의 결합정규 랜덤변수에 대한 이변량 (bivariate) 밀도함수이다. 두 개의 결합 정규 랜덤변수에 대한 결합 확률밀도함수는 다음과 같이 조금 복잡한 형태로 표현된다.[6)]

$$f_{X_1X_2}(x_1,x_2) = \frac{1}{2\pi\sigma_1\sigma_2\sqrt{1-\rho^2}} \times \exp -\frac{1}{2(1-\rho^2)}\left\{\frac{(x_1-m_1)^2}{\sigma_1^2} - 2\rho\frac{(x_1-m_1)(x_2-m_2)}{\sigma_1\sigma_2} + \frac{(x_2-m_2)^2}{\sigma_2^2}\right\} \tag{5.35}$$

이를 그림 5.9에 나타내었다.

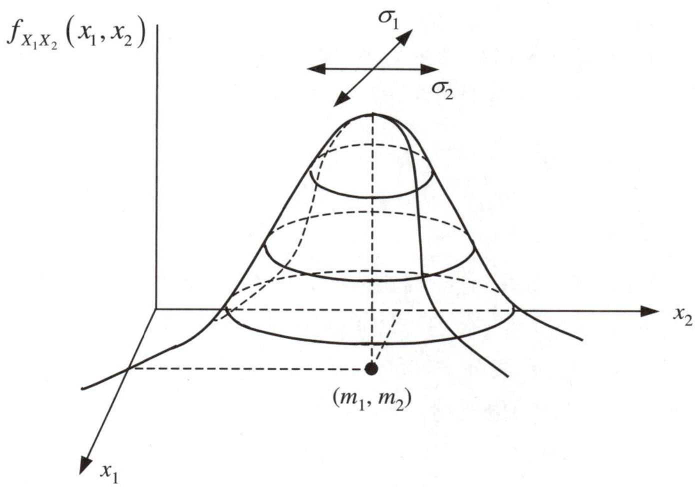

그림 5.9 이변량 정규 밀도함수

이변량 정규 밀도함수는 x_1, x_2 평면에서 다음과 같이 정의되는 등고선으로 종종 표현된다.

$$f_{X_1X_2}(x_1,x_2) = \text{상수}$$

여기서 등고선은 타원형으로 나타난다(연습문제 5.35 참조). 몇몇 전형적인 등고선을 그림 5.10에 나타내었다.

6) 벡터와 행렬을 이용한 더 간결한 표현 식은 7.2.3절 랜덤벡터에 주어져 있다.

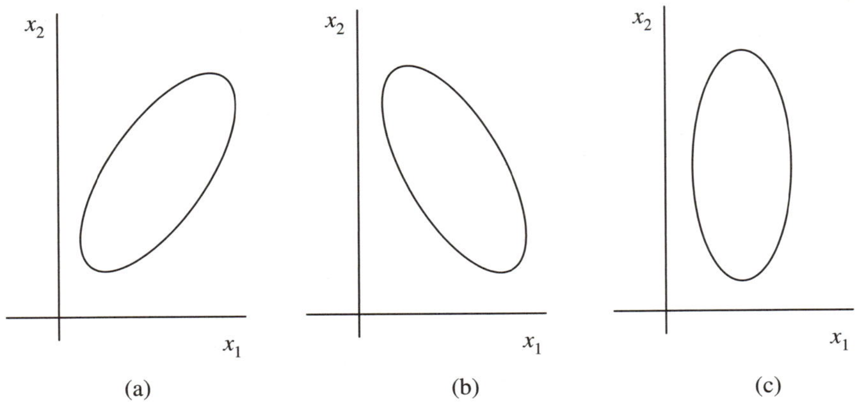

그림 5.10 이변량 정규 밀도함수의 등고선 (a) $\rho > 0$ (b) $\rho < 0$ (c) $\rho = 0$

이변량 정규 확률밀도함수는 다섯 개의 매개변수로 특징지을 수 있다. 매개변수 m_i와 σ_i^2는 각각 정규 랜덤변수의 평균과 분산이다. 즉, 주변 밀도함수는 다음과 같은 형태를 갖는다.

$$f_{X_1}(x_1) = \frac{1}{\sqrt{2\pi\sigma_1^2}} e^{-\frac{(x_1 - m_1)^2}{2\sigma_1^2}} \quad ; \quad f_{X_2}(x_2) = \frac{1}{\sqrt{2\pi\sigma_2^2}} e^{-\frac{(x_2 - m_2)^2}{2\sigma_2^2}} \tag{5.36}$$

이 PDF는 3.4절에서 소개되었다. 남은 매개변수 ρ는 이번 장의 5.3.1절에서 정의된 상관계수이다. 그림 5.10에서 $\rho > 0$일 때는 등고선을 나타내는 타원의 주축이 양의 기울기를 가짐을 나타내고, $\rho < 0$일 때는 타원의 주축이 음의 기울기를 가짐을 주목하기 바란다. $\rho = 0$일 때, 즉, 랜덤변수들이 상관이 없을 때, 타원의 축은 x_1과 x_2의 좌표축에 평행하게 된다.

정규 랜덤변수에서(만) "상관이 없는"이 "독립"의 의미를 내포함을 보이는 것은 간단하다. 이를 살펴보기 위하여, $\rho = 0$일 때 식 (5.36)에서 주변 함수의 곱이 결합 밀도함수인 식 (5.35)와 같음을 주목하기 바란다. 따라서, $\rho = 0$일 때 랜덤변수는 독립에 대한 조건 식 (5.16)을 만족한다. 상관이 없는 정규 랜덤변수가 또한 서로 독립이라는 사실은 이전에 언급한대로 정규 랜덤변수에 한정된 독특한 특성이다.

결합정규 랜덤변수에 대한 또 다른 중요한 사실은 조건부 밀도함수들도 정규분포라는 것이다. 따라서 결합 확률밀도함수의 사영과 자르기한 단면은 정규분포 모양을 갖는다. 주변 밀도함수 식 (5.36)은 식 (5.35)를 직접 적분하여 구할 수 있으며, 조건부 밀도함수는 식 (5.35)를 식 (5.36)으로 나눈 후 정리하여 구할 수 있다. 이러한 주제는 연습문제 5.34에서 다룬다.

X_1에 대한 조건부 밀도함수는 다음과 같이 주어진다.

$$f_{X_1|X_2}(x_1|x_2) = \frac{1}{\sqrt{2\pi\sigma^2}} e^{-\frac{(x_1 - \mu(x_2))^2}{2\sigma^2}} \tag{5.37}$$

여기서 매개변수 σ 와 $\mu(x_2)$는 다음과 같다.

$$\sigma^2 = \sigma_1^2(1-\rho^2) \tag{5.38}$$

$$\mu(x_2) = m_1 + \rho\frac{\sigma_1}{\sigma_2}(x_2 - m_2) \tag{5.39}$$

조건부 밀도함수의 일반적인 형태를 아래 그림 5.11에 나타내었다.

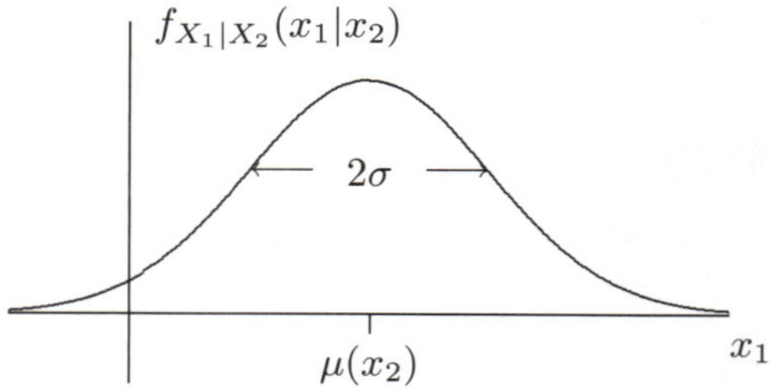

그림 5.11 정규 랜덤변수에 대한 조건부 확률밀도함수

이제 식 (5.38)를 살펴보자. ρ의 크기가 1보다 작기 때문에 (σ^2이 양의 값을 가지려면 반드시 그래야 한다) 식 (5.38)은, 조건부 밀도함수의 분산 σ^2가 원래의 분산 σ_1^2보다 작음을 보여준다. 그러나 분산 σ^2는 조건부 변수 x_2에 종속적이지 않기 때문에, 조건부 밀도함수는 모든 x_2 값에 대하여 같은 모양과 크기를 유지한다. 그러나 조건부 밀도함수의 평균 μ는 x_2의 함수이다. 따라서, x_1 축 상에서의 밀도함수의 위치는 조건부 변수에 (선형적으로) 종속된다.

5.5 다중 랜덤변수

다중 랜덤변수 집합은 전자 및 컴퓨터 공학 문제에서 자주 발생한다. 예를 들어, 랜덤 신호는 N개의 시간 지점에서 표본화되고 디지털화 될 수 있다. 이 절에서는 다중 랜덤변수를 처리하는 방법을 소개하고자 한다 (보다 일반화된 수학적 형식의 서술은 7장에서 다룬다). 또한, 랜덤변수의 합과 관련된 몇 가지 주제를 자세히 살펴본다. 랜덤변수의 합은 여러 응용에서 자주 나오게 되는데, 여기서 제시될 결과는 매우 유용할 것이다.

5.5.1 다중 랜덤변수의 PDF

다중 랜덤변수에 대한 확률적 표현은 (원리적으로는) 두 개의 랜덤변수에 대한 것과 유사하다. 결합 확률밀도함수, 확률질량함수 또는 누적분포함수는 n개의 랜덤변수 X_1, X_2, ..., X_n의 함수가 된다. 주변 밀도함수는 결합 밀도함수를 다른 변수들에 대해 적분하여 구하고, 조건부 밀도함수는 결합 밀도와 주변 밀도함수의 비로써 정의한다. 더 나아가, 기댓값의 개념도 다음과 같이 다중 랜덤변수로 확장된다.

$$\mathcal{E}\{g(x_1, x_2, \ldots, x_n)\} = \int_{-\infty}^{\infty} \cdots \int_{-\infty}^{\infty} f_{X_1 X_2 \cdots X_n}(x_1, x_2, \ldots, x_n) dx_1 \ldots dx_n \tag{5.40}$$

위 식은 앞에서의 기댓값의 정의와 일치하며 선형 연산이 된다. 여기서 다양한 모멘트가 정의될 수 있지만, 이는 7장의 주제로 남겨둔다.

다중 랜덤변수는 그 차원수 때문에 실제에 있어서는 다루기가 번거로울 수 있다. 그럼에도 불구하고, 절차를 단순화하고 분석을 쉽게 만드는 세 가지 특별한 경우가 자주 발생한다. 이들 특별한 경우는 다음과 같다.

1. 랜덤변수들이 독립인 경우.
2. 랜덤변수들이 마르코프 과정 형태인 경우.
3. 랜덤변수들이 결합정규 랜덤변수인 경우.

이들 각각의 경우를 간단히 살펴보자.

랜덤변수들이 독립인 경우, 확률밀도함수는 각 랜덤변수의 주변 확률밀도함수의 곱이 된다.

$$f_{X_1 X_2 \cdots X_n}(x_1, x_2, \ldots, x_n) = f_{X_1}(x_1) \cdot f_{X_2}(x_2) \cdots f_{X_n}(x_n) = \prod_{i=1}^{n} f_{X_i}(x_i)$$

(독립인 랜덤변수에 대해서) (5.41)

누적분포함수와 확률질량함수에 대해서도 (랜덤변수가 이산인 경우) 유사한 설명이 가능하다. 이러한 경우가 매우 제한적으로 보이지만, 놀랍게도 많은 문제들에서 유용하다. 독립이라는 가정하에, 다양한 확률밀도함수들이 (예를 들어 앞 장에서 설명된 확률밀도함수들) 다중 랜덤변수와 관계된 문제에 적용될 수 있다.

마르코프 모델은, 랜덤변수가 신호나 시계열의 표본들로 하나의 열을 형성할 때 유용하다. 이 모델은 다음과 같이 설명될 수 있다. 조건부 확률의 정의를 이용하여, 임의의 랜덤변수들에 대해 (가령, n=4에 대해)

$$f_{X_1 X_2 X_3 X_4}(x_1, x_2, x_3, x_4) = f_{X_4|X_1 X_2 X_3}(x_4|x_1, x_2, x_3) f_{X_1 X_2 X_3}(x_1, x_2, x_3)$$

과 같이 나타낼 수 있다. 이것을 순환 방식으로 계속하면 다음 식이 된다.

$$\begin{aligned} f_{X_1 X_2 X_3 X_4}(x_1, x_2, x_3, x_4) &= f_{X_4|X_1 X_2 X_3}(x_4|x_1, x_2, x_3) \\ &\quad \times f_{X_3|X_1 X_2}(x_3|x_1, x_2) f_{X_2|X_1}(x_2|x_1) f_{X_1}(x_1) \end{aligned}$$

마르코프 조건은 수열에서 X_i에 대한 조건부 밀도함수가 직전 랜덤변수에만 종속임을 의미한다. 즉 $f_{X_i|X_1 X_2 \cdots X_{i-1}} = f_{X_i|X_{i-1}}$이다. 그러므로 마르코프 랜덤변수열에 대하여, 결합 밀도함수는 다음과 같이 나타낼 수 있다.

$$f_{X_1X_2\cdots X_n}(x_1,x_2,\ldots,x_n) = f_{X_1}(x_1)\prod_{i=2}^{n} f_{X_i|X_{i-1}}(x_i|x_{i-1}) \tag{5.42}$$
(마르코프 랜덤변수열에 대해서)

이는 대단한 단순화이다. 마르코프 모델은, 랜덤변수가 순차적으로 관찰되나, 문제의 조건들을 독립이라고 주장할 수 없을 때 가장 적합하다. 마르코프 체인은 제11장 랜덤과정에서 광범위하게 다루게 된다.

마지막 경우는 정규 랜덤변수인 경우이다. 두 개의 랜덤변수의 결합정규 밀도함수에 대한 표현은 5.4절에 주어져 있다. 결합 밀도함수는 벡터와 행렬 표기를 사용하여 n개의 랜덤변수의 경우로 확장될 수 있다. 정규 랜덤변수의 확률밀도함수에 대한 일반식이 존재한다는 사실은 행운이다. 왜냐하면 정규 통계량을 갖는 신호와 잡음은 전자공학 응용에서 매우 흔하기 때문이다. 다중 랜덤변수에 대한 결합정규 확률밀도함수는 7장의 랜덤벡터 부분에서 자세히 다뤄질 것이다.

5.5.2 랜덤변수들의 합

여러 응용에서 랜덤변수들을 더하는 것이 자주 발생하기 때문에 랜덤변수들의 합에 대한 특성을 알아보는 것이 중요하다.

두 개의 랜덤변수

다음과 같은 랜덤변수로 시작해 보자.

$$Y = X_1 + X_2$$

기댓값은 선형연산이기 때문에 다음과 같이 된다.

$$\mathcal{E}\{Y\} = \mathcal{E}\{X_1\} + \mathcal{E}\{X_2\}$$

또는

$$m_y = m_1 + m_2 \tag{5.43}$$

따라서 합의 평균은 평균의 합이 된다.

이제, 다음과 같이 정의되는 분산에 대해 살펴보자.

$$\text{Var}[Y] = \mathcal{E}\{(Y-m_y)^2\} = \mathcal{E}\{(X_1+X_2-(m_1+m_2))^2\}$$

위 항들을 재정리하고 전개하면 다음 식을 얻는다.

$$\begin{aligned}\text{Var}[Y] &= \mathcal{E}\left\{((X_1-m_1)+(X_2-m_2))^2\right\} \\ &= \mathcal{E}\{(X_1-m_1)^2\} + 2\mathcal{E}\{(X_1-m_1)(X_2-m_2)\} + \mathcal{E}\{(X_1-m_1)^2\}\end{aligned}$$

위 식은 다음과 같이 된다.

$$\boxed{\operatorname{Var}[Y] = \operatorname{Var}[X_1] + \operatorname{Var}[X_2] + 2\operatorname{Cov}[X_1, X_2]} \tag{5.44}$$

위 공식에서 특별히 중요한 경우는 랜덤변수들이 독립 (또는 상관이 없을때) 일 때이다. 이 경우 $\operatorname{Cov}[X_1, X_2] = 0$이며, 합의 분산은 분산의 합이 된다.

지금부터 랜덤변수 Y에 대한 확률밀도함수를 살펴보자. 이것을 구하기 위한 간단한 방법은 누적분포함수를 이용하는 것이다. 특히, $F_Y(y)$는 다음과 같이 구할 수 있다 (이 사건에 대한 적분 영역은 그림 5.12에 빗금으로 나타내었다).

$$\begin{aligned} F_Y(y) &= \Pr[Y \le y] = \Pr[X_1 + X_2 \le y] \\ &= \int_{-\infty}^{\infty} \int_{-\infty}^{y-x_1} f_{X_1 X_2}(x_1, x_2) dx_2 dx_1 \end{aligned}$$

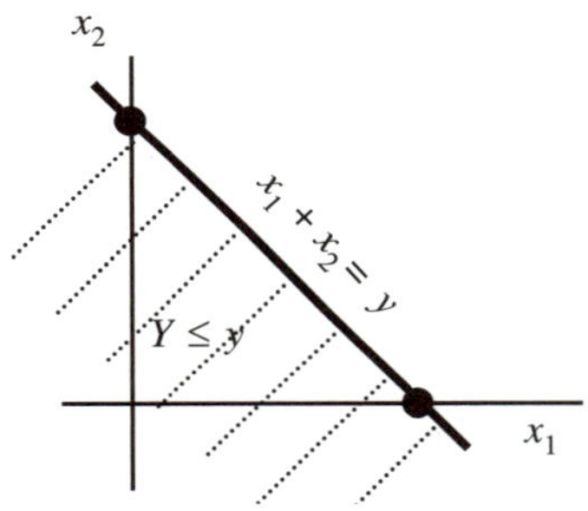

그림 5.12 $X_1 + X_2 \le y$ 인 사건

$f_Y(y)$가 $F_Y(y)$의 도함수이기 때문에, 확률밀도함수는 다음과 같이 대괄호안의 적분식을 미분하여 구할 수 있다 (이 계산이 가능하다고 가정하자).

$$f_Y(y) = \frac{dF_Y(y)}{dy} = \int_{-\infty}^{\infty} \left[\frac{d}{dy} \int_{-\infty}^{y-x_1} f_{X_1 X_2}(x_1, x_2) dx_2 \right] dx_1$$

또는

$$\boxed{f_Y(y) = \int_{-\infty}^{\infty} f_{X_1 X_2}(x_1, y - x_1) dx_1} \tag{5.45}$$

이산 랜덤변수에 대해서는 적분을 합으로 대체하여 결합 확률질량함수의 항으로 유사한 결과를 얻게 된다.

식 (5.45)의 매우 중요한 특별한 경우는 X_1과 X_2가 독립일 때 발생한다. 이 경우, 다음과 같이 결합 밀도함수가 주변 밀도함수의 곱이 된다.

$$f_Y(y) = \int_{-\infty}^{\infty} f_{X_1}(x) f_{X_2}(y-x)dx \tag{5.46}$$

x_1은 적분에서 단지 임시변수이므로 x에서 아래첨자 "1"은 생략하였다. 우변의 연산은 **합성곱**(convolution)으로 볼 수 있고, 다음과 같이 나타낼 수 있다.

$$f_Y = f_{X_1} \circledast f_{X_2} \quad \text{(독립인 랜덤변수에 대해서)} \tag{5.47}$$

위 식에서 특별한 기호는 합성곱 연산자이다. 확률질량함수와 합성곱의 이산 형태를 이용하면 독립인 이산 랜덤변수에 대해서도 이 결과가 성립한다.

이 절에서 지금까지 살펴본 개념들을 예제를 통해 설명한다.

예제 5.8

X_1과 X_2가 각각 아래의 밀도함수를 갖는 두 개의 독립 균일 랜덤변수라 가정하자.

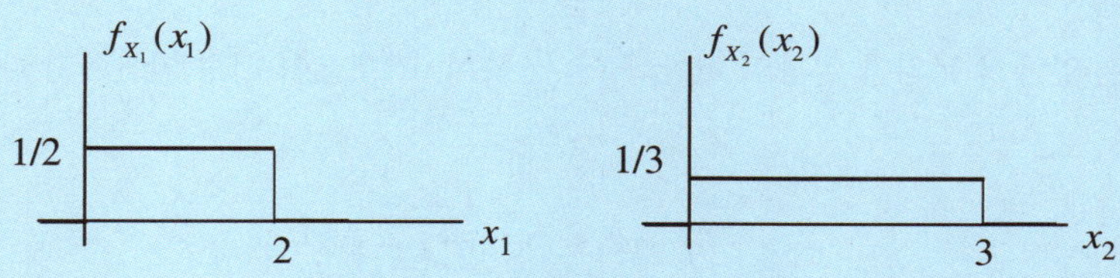

X_1과 X_2는 독립이기 때문에 식 (5.47)을 적용한다. 합성곱은 적분 식 (5.46) 인데, 여기서 밀도함수 f_{X_2}가 방향이 바뀌어 f_{X_1} 상으로 움직이게 된다. 서로 다른 세 가지 경우에 고정된 값 y에 대하여 적분인자를 아래 그림에 나타내었다.

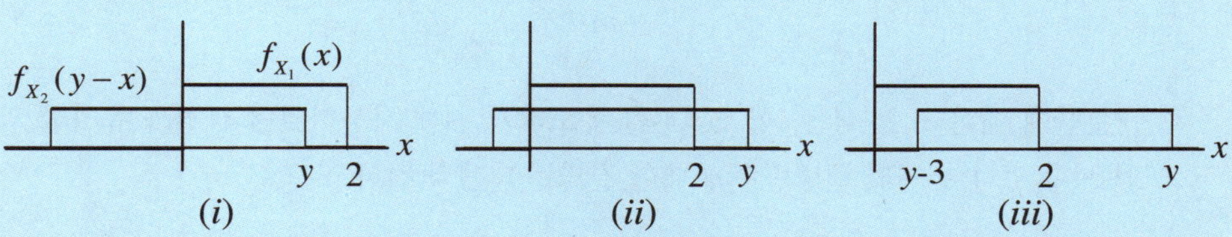

각각의 경우, "중첩된" 영역, 즉, 두 함수가 모두 0이 아닌 영역에 대해서만 적분이 요구된다. 각 특정한 적분은 다음과 같다.

(i) for $0 \le y \le 2$ $\qquad f_Y(y) = \int_0^y \frac{1}{2} \cdot \frac{1}{3}\, dx = \frac{1}{6} y$

(ii) for $2 < y \le 3$ $\qquad f_Y(y) = \int_0^2 \frac{1}{2} \cdot \frac{1}{3}\, dx = \frac{1}{3}$

(iii) for $3 < y \le 5$ $\qquad f_Y(y) = \int_{y-3}^2 \frac{1}{2} \cdot \frac{1}{3}\, dx = \frac{1}{6}(5-y)$

y의 모든 다른 값에 대하여는 피적분 함수들이 서로 중첩되지 않으므로, f_Y는 0 이 된다. Y에 대한 최종 밀도함수를 아래 그림에 도시하였다.

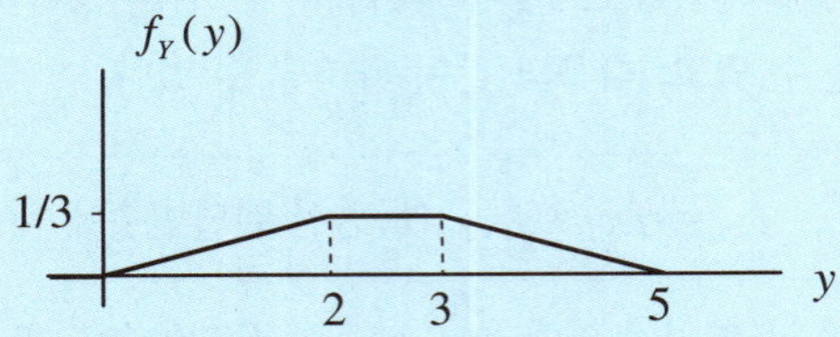

두 개 이상의 랜덤변수들

Y가 다음과 같이 n개의 랜덤변수들의 합이라고 하자.

$$Y = X_1 + X_2 + \cdots + X_n \tag{5.48}$$

이것은 앞에서 논의한 결과의 일반화 이다. 특히, 기댓값이 선형 연산이기 때문에 다음과 같이 된다.

$$\mathcal{E}\{Y\} = \sum_{i=1}^{n} \mathcal{E}\{X_i\}$$

또는

$$m_Y = \sum_{i=1}^{n} m_i \tag{5.49}$$

분산에 대한 표현 식은, 식 (5.44)를 유도하기 위해 사용하였던 과정과 유사한 과정을 거쳐 얻을 수 있다. n개의 랜덤변수에 대한 결과는 다음과 같다.

$$\boxed{\operatorname{Var}[Y] = \sum_{i=1}^{n} \operatorname{Var}[X_i] + 2\sum_{i=1}^{n}\sum_{j=1}^{i-1} \operatorname{Cov}[X_i, X_j]} \tag{5.50}$$

가장 중요한 경우인 독립 랜덤변수에 대한 경우는, 식 (5.50)이 다음과 같이 줄어든다.

$$\sigma_y^2 = \sum_{i=1}^{n} \sigma_i^2 \tag{5.51}$$

n개의 독립 랜덤변수들의 합에 대한 결합 밀도함수는, 밀도함수들의 **n중 합성곱**이 된다. 이것을 확인하기 위한 가장 쉬운 방법은, 모멘트생성함수 (MGF)를 사용하는 것이다. Y에 대한 모멘트 생성함수는 다음과 같이 정의된다.

$$M_Y(s) = \mathcal{E}\left\{e^{sY}\right\} = \mathcal{E}\left\{e^{s(X_1+X_2+\cdots+X_n)}\right\}$$

X가 독립일 경우, 랜덤변수들의 곱에 대한 기댓값은, 기댓값들의 곱이 된다. 즉, 다음과 같이 된다.

$$M_Y(s) = \mathcal{E}\left\{e^{sY}\right\} = \mathcal{E}\left\{e^{sX_1}\right\} \cdot \mathcal{E}\left\{e^{sX_2}\right\} \cdots \mathcal{E}\left\{e^{sX_n}\right\} = \prod_{i=1}^{n} M_{X_i}(s) \qquad (5.52)$$

변환의 곱은 원래 함수의 합성곱이므로 다음과 같이 된다.[7)]

$$f_Y = f_{X_1} \circledast f_{X_2} \circledast \cdots \circledast f_{X_n} \quad \text{(독립인 랜덤변수에 대해서)} \qquad (5.53)$$

그러나, 식 (5.52)와 역변환을 이용하면, n중 합성곱 변환 영역에서 편리하게 수행할 수 있다.

IID 랜덤변수

마지막으로 특별히 언급해야할 경우는, 랜덤변수 X_i가 독립이면서 동일하게 분포(independent identically distributed; IID)할 때 이다. 다시 말해서, 모든 랜덤변수가 동일한 확률밀도함수로 묘사되는 경우이다. 이 경우 이들 랜덤변수들의 합의 평균과 변수는 다음과 같이 된다.

$$m_Y = nm_X \qquad (5.54)$$

$$\sigma_Y^2 = n\sigma_X^2 \qquad (5.55)$$

여기서 m_X와 σ_X^2는 X_i 중 어느 한 개의 평균과 분산이다. Y의 표준편차는 다음과 같이 된다.

$$\sigma_Y = \sqrt{n}\,\sigma_X$$

식 (5.52)로부터 Y의 모멘트 생성함수는 다음과 같이 된다.

$$M_Y(s) = (M_X(s))^n$$

확률밀도함수를 구하려면 위 식의 결과에 대해 역변환을 취하면 된다. 그러나 중심극한 정리(The Central Limit Theorem)라는 잘 알려진 결과를 적용할 수도 있다 (6장 참조). 대략적으로, 이 정리는 임의의 원래의 밀도함수 $f_X(x_i)$와 상당히 큰 값을 가지는 n에 대하여, Y의 밀도함수가 정규 랜덤변수의 밀도함수에 근접함을 보여준다는 개념이다.

7) 이산 랜덤변수에 대해서도 유사한 합성곱을 PGF를 사용해서 유도할 수 있다.

5.6 자주 쓰는 랜덤변수들의 합

위에서 살펴보았듯이, 독립인 랜덤변수들의 합에 대한 밀도함수는 각 밀도함수들의 합성곱이다. 이러한 사실은 아래에서 논의할 몇 가지 흥미로운 관계를 제공하게 된다.

5.6.1 베르누이 랜덤변수

식 (5.48)에서 Y가 IID 베르누이 랜덤변수의 합이라고 가정하자. 즉, 각 X_i는 이산이며 각각 p와 $q=1-p$의 확률로 1 또는 0의 값만 발생한다. 베르누이 랜덤변수에 대한 확률생성함수(PGF)는 다음 식과 같다.

$$G_X(z) = \sum_{k=-\infty}^{\infty} \mathrm{f}_X[k] z^k = q + pz$$

Y의 확률생성함수는 다음과 같이 된다.

$$G_Y(z) = (G_X(z))^n = (q + pz)^n$$

위 확률생성함수는 n거듭제곱의 이항식 이며, 다음 식과 같이 전개할 수 있다.

$$G_Y(z) = \sum_{k=0}^{n} \binom{n}{k} q^{(n-k)} (pz)^k = \sum_{k=0}^{n} \left[\binom{n}{k} p^k q^{(n-k)} \right] z^k$$

이제 대괄호안의 항은 $\mathrm{f}_Y[k]$이며, 이는 이항 확률질량함수이다 (식 (3.5) 참조).

사실상, Y가 이항 랜덤변수로 판명된 것은 놀랄만한 일이 아니다. X_i가 1 또는 0이기 때문에, 합을 구함에 있어서 Y는 단순히 1의 갯수를 계산하는 것이기 때문이다. 이것은 이미 n개의 이진 수열에서 1의 개수가 k개일 확률을 설명하기 위하여 이항 확률질량함수를 도입할 때 이미 살펴본 바 있다.

5.6.2 기하 랜덤변수

K가 유형 1 (식 (3.6))의 n개의 IID 기하 랜덤변수의 합을 나타낸다고 하자. K에 대한 확률질량함수는 (확률생성함수를 이용하여) 다음과 같이 구할 수 있다.

$$\boxed{\mathrm{f}_K[k] = \binom{k-1}{n-1} p^n (1-p)^{(k-n)}; \qquad k \geq n} \tag{5.56}$$

위 식은 **파스칼**(Pascal) 확률질량함수로 알려져 있다.

만약 기하 확률질량함수가 이진 데이터 흐름에서 첫 번째 오류까지의 비트 수를 묘사한다면, 파스칼 확률질량함수는 흐름에서 n번째 오류까지의 비트 수를 묘사한다. 더 일반적으로는, 이산적인 사건들을 관찰할 때, $f_K[k]$는 k번째 사건에서, 관심의 대상이 되는 사건이 n 번째 발생할 확률이다. 몇몇 저자들은 이 분포나 이것의 변형을 **음이항 분포**(negative binomial)라고 한다. 그런데, 파스칼 확률질량함수의 정의에 대한 논쟁은 없지만, 음이항 분포의 정의에 대한 정확한 합의는 찾기 힘들다[1, 4, 5, 6, 7].

예제 5.9

컴퓨터 인터페이스를 통해 한번에 1 바이트씩 디지털 데이터가 전송된다. 각 바이트에서 발생할 수 있는 오류가 검출될 확률은 p이다. 만약 10 바이트 열에서 6개의 오류가 발생된다면, 6번째 오류가 검출된 즉시 재전송이 요청된다. 재전송이 요청될 확률은 얼마인가?

이 예제에서 n=6이고 재전송될 확률은 다음과 같다.

$$P_r = \sum_{k=6}^{10} f_K[k] = \sum_{k=6}^{10} \binom{k-1}{5} p^6 (1-p)^{(k-6)}$$

평균적으로 100바이트 마다 1개 비율로 오류가 발생한다고 가정하자. 그럼 p=1/100로 놓고, 위 식을 계산하면 $P_r = 2.029 \times 10^{-10}$이 된다. 이는 대략 5 메가바이트 데이터 마다 한 번의 재전송이 이루어 지게 된다.

5.6.3 지수 랜덤변수

Y가 n개의 IID 지수 랜덤변수의 합일 때, Y의 확률분포함수는 다음과 같다.

$$f_Y(y) = \frac{\lambda^n y^{n-1}}{(n-1)!} e^{-\lambda y}; \qquad y \geq 0 \tag{5.57}$$

위 식은 **얼랑**(Erlang) 밀도함수로 알려져 있다. 이 확률분포함수를 살펴보기 위해서, 지수 밀도함수의 사용과 해석을 되새겨 보자. 평균 도착율 λ로 연속시간 축 상의 임의의 시간에 발생 사건을 관찰할 때, 지수 밀도함수는 다음 사건이 발생할 때까지 기다리는 시간을 묘사하게 된다. 그러므로 n개의 지수 랜덤변수 X_i의 합은, n번째 사건이 발생할 때까지의 전체 시간을 나타내게 된다. 얼랑 밀도함수는 이 전체 대기 시간을 묘사한다.

얼랑 확률밀도함수는 다음과 같은 지수 함수의 모멘트생성함수를 n번 거듭제곱하고, 역변환을 취하면 쉽게 유도된다.

$$M_X(s) = \frac{\lambda}{\lambda - s}$$

이 밀도함수에 대한 추가적인 응용은 제11장 푸아송 과정에 대한 절에서 다룬다.

밀도 식 (5.57)의 적분은 유용한 공식이다. 특히, 누적밀도함수는 다음과 같다.

$$F_Y(y) = \int_0^y \frac{\lambda^n u^{n-1}}{(n-1)!} e^{-\lambda u} du = 1 - \sum_{k=0}^{n-1} \frac{(\lambda y)^k}{k!} e^{-\lambda y}; \qquad y \ge 0 \tag{5.58}$$

얼랑은 다음 식과 같은 **감마**(gamma) 확률밀도함수의 특별한 경우이다.

$$\boxed{f_X(x) = \frac{\lambda^a x^{a-1}}{\Gamma(a)} e^{-\lambda x}; \qquad x \ge 0} \tag{5.59}$$

여기서 매개변수 a는 임의의 양의 실수이고 감마함수 $\Gamma(a)$는 다음과 같이 정의된다.

$$\Gamma(a) = \int_0^\infty u^{a-1} e^{-u} du \tag{5.60}$$

a가 양의 정수 n일 때, 적분값은 $\Gamma(n) = (n-1)!$이 되며, 따라서 감마 확률밀도함수는 얼랑 확률밀도함수가 된다.

예제 5.10

4개의 백열전구가 주어져 있다. 각 전구의 수명은 평균이 $1/\lambda = 2$ 달인 지수 랜덤변수이다. 1개의 백열전구가 사용되고 있다가 전구가 고장이 나면 즉각 폐기되고 다른 전구로 대체된다. 이들 4개의 백열전구가 1년 넘게 사용될 확률을 구해보자.

X_i가 i번째 전구의 수명을 나타낸다고 하자. 총 수명 Y는 다음과 같은 얼랑 랜덤변수가 된다.

$$Y = X_1 + X_2 + X_3 + X_4$$

(월 단위) 총 수명이 12보다 클 확률은 다음과 같다.

$$\begin{aligned} \Pr[Y > 12] &= 1 - \Pr[Y \le 12] \\ &= 1 - F_Y(12) = \sum_{k=0}^{3} \frac{(12/2)^k}{k!} e^{-12/2} = 0.1512 \end{aligned}$$

여기서 식의 마지막 부분은 식 (5.58)에 n=4, λ=1/2, 그리고 y=12를 대입해서 구해진다.
우측의 합이 푸아송 확률질량함수같이 보이는데, 실제로 그렇다. "전구고장"을 사건의 발생으로 간주할 수 있다. 12개월 기간 안에 전구고장이 4번 보다 작게 일어날 확률은 $\sum_{k=0}^{3} \mathrm{f}_K[k]$와 같으며, 여기서 f_K는 제3장의 식 (3.8)로 주어지는 푸아송 확률질량함수이다.

5.6.4 정규 랜덤변수

Y가 독립 정규 랜덤변수들의 합인 경우 (동일 분포일 필요는 없음), Y 또한 정규 랜덤변수가 된다. 이는 기억해야할 중요한 사실이다. 모멘트생성함수를 이용한 이 결과의 증명은 이 장

의 끝에 있는 연습문제 5.43에서 다룬다. 만약 랜덤변수 X_i의 평균이 m_i이고 분산이 σ_i^2라면 Y는 다음과 같은 평균과 분산을 가진 정규 확률밀도함수를 갖는다.

$$m_Y = \sum_{i=1}^{n} m_i \qquad \sigma_Y^2 = \sum_{i=1}^{n} \sigma_i^2$$

5.6.5 정규 랜덤변수의 제곱

마지막으로, 다음과 같은 조금 다른 랜덤변수의 합을 고려해 보자.

$$Y = X_1^2 + X_2^2 + \cdots + X_n^2 \tag{5.61}$$

여기서 X_i는 평균이 0이고 분산이 1인 정규 랜덤변수이다 (즉, $m_i = 0$, $\sigma_i^2 = 1$). 이 경우 Y의 확률밀도함수는 다음과 같이 나타낼 수 있다.

$$\boxed{f_Y(y) = \frac{y^{(n-2)/2} e^{-y/2}}{2^{n/2}\Gamma(n/2)}} \tag{5.62}$$

여기서 감마함수는 식 (5.60)에서 정의되었다. 위 식의 확률밀도함수는 **"자유도 n"을 갖는 카이제곱**(chi-square with n-degree of freedom) 밀도함수로 알려져 있다. 이 밀도함수는 정규 랜덤변수에 대한 검정을 위한 통계적 절차인, "카이제곱 검정"에서 사용된다. 카이제곱 밀도함수는 또한 위에서 언급된 감마 밀도함수의 특별한 경우이다.

5.7 요약

전기 및 컴퓨터 공학에서 많은 문제들이 두 개 이상의 랜덤변수들의 집합과 관계된다. 이러한 다중 랜덤변수의 확률적 서술에는 결합 확률질량함수, 결합 확률밀도함수 또는 결합 누적분포함수가 필요하다. 만약 랜덤변수들이 독립이라면, 결합 분포는 주변 밀도함수들의 곱이 된다. 주변 확률질량함수 또는 확률밀도함수가 결합 확률밀도함수를 더하거나 적분하여 항상 유도될 수 있지만, 결합 확률질량함수나 또는 확률밀도함수는 단지 주변 밀도함수로부터 항상 구할 수 있는 것은 아니다. 그러나, 결합 확률밀도함수는 항상 주변 확률밀도함수와 조건부 확률밀도함수로부터 구할 수 있다. 즉, $f_{X_1X_2} = f_{X_1|X_2} f_{X_2}$이다. $f_{X_1|X_2}$와 같은 조건부 확률밀도함수는 X_2가 매개변수 역할을 하는 X_1에 대한 밀도함수를 나타낸다. 유사한 설명이 이산 랜덤변수의 확률질량함수에도 적용된다.

두 개 이상의 랜덤변수에 대한 기댓값은 간단히 확장되며, 결합 밀도함수에 대한 합이나 적분이 사용된다. 그러나, 중요한 새로운 개념은 두 개의 랜덤변수 사이의 상관의 개념이다. 상관, 공분산, 그리고 상관계수 ρ는 모두 한 쌍의 랜덤변수들 사이의 확률적 "유사성"을 나타내는 양이다. 정규 랜덤변수의 확률밀도함수는 평균, 분산, 그리고 공분산을 매개변수로 하여 완벽하게 나타낼 수 있다.

다중 랜덤변수의 합은 실제 응용사례에서 자주 발생한다. 랜덤변수의 합에 대한 평균, 분산, 확률밀도함수에 대하여 중요한 결과들을 얻을 수 있다. 랜덤변수의 합에 적용되는 4개의 새로운 표준 분포들은 이항 PDF, 파스칼 PDF, 얼랑 PDF, 그리고 카이제곱 PDF이다.

참고문헌

[1] Athanasios Papoulis and S. Unnikrishna Pillai. *Probability, Random Variables, and Stochastic Processes.* McGraw-Hill, New York, fourth edition, 2002.

[2] R. S. Cowan. *Sir Francis Galton and the Study of Heredity in the Nineteenth Century.* Garland, New York, 1985.

[3] Charles W. Therrien. *Discrete Random Signals and Statistical Signal Processing.* Prentice Hall, Inc., Upper Saddle River, New Jersey, 1992.

[4] William Feller. *An Introduction to Probability Theory and Its Applications - Volume I.* John Wiley & Sons, New York, second edition, 1957.

[5] Harold J. Larson and Bruno O. Shubert. *Probabilistic Models in Engineering Sciences,* volume I. John Wiley & Sons, New York, 1979.

[6] Alvin W. Drake. *Fundamentals of Applied Probability Theory.* McGraw-Hill, New York, 1967.

[7] Alberto Leon-Garcia. *Probability, Statistics, and Random Processes for Electrical Engineering.* Pearson, New York, third edition, 2008.

[8] Gilbert Strang. *Introduction to Applied Mathematics.* Wellesley Cambridge Press, Wellesley, MA, 1986.

연습문제

두 개의 이산 랜덤변수

5.1 다음과 같이 주어진 결합 PMF에서

$$\mathrm{f}_{I_1I_2}[i_1,i_2]=\begin{cases} Cp(1-p)^{i_1} & 0\le i_1\le 9,\ 0\le i_2\le 9 \\ 0 & \text{그 외} \end{cases}$$

p=1/8이라 하자.

(a) 위 식을 유효한 PMF로 만들기 위한 C를 구하라.

(b) I_1과 I_2에 대한 주변 질량함수를 구하라.

(c) 조건부 질량함수 $\mathrm{f}_{I_1|I_2}[i_1|i_2]$와 $\mathrm{f}_{I_2|I_1}[i_2|i_1]$를 구하라.

5.2 두 개의 랜덤변수 I_1과 I_2의 결합 확률질량함수가 다음과 같이 주어진다.

$$\mathrm{f}_{I_1,I_2}(i_1,i_2) = \begin{cases} C(0.8)^{i_1}, & 0 \le i_1 \le i_2 \le 2 \\ 0, & \text{그 외} \end{cases}$$

(a) $\mathrm{f}_{I_1,I_2}(i_1,i_2)$가 유효한 결합 PMF가 되도록 C 값을 구하라.
(b) 주변 PMF $\mathrm{f}_{I_1}(i_1)$과 $\mathrm{f}_{I_2}(i_2)$를 구하라. i_1과 i_2 값의 범위를 반드시 명시하라.
(c) 조건부 PMF $\mathrm{f}_{I_1|I_2}(i_1|i_2)$를 구하라.

5.3 아래와 같이 주어진 결합 PMF를 가정하자.

	$\mathrm{f}_{I_1I_2}[i_1,i_2]$	$i_1 \rightarrow$ 1	2	3	4
	1	$6/32$	$2/32$	$4/32$	$3/32$
i_2 ↓	2	$2/32$	$3/32$	$2/32$	$1/32$
	3	$1/32$	$1/32$	$2/32$	0
	4	$1/32$	$1/32$	$1/32$	$2/32$

(a) 주변 PMF $\mathrm{f}_{I_1}(i_1)$과 $\mathrm{f}_{I_2}(i_2)$를 구하라.
(b) 조건부 PMF $\mathrm{f}_{I_1|I_2}(i_1 \mid i_2)$를 구하라.
(c) CDF $F_{I_1,\ I_2}[i_1,\ i_2]$를 구하라.

5.4 결합 PMF가 다음과 같이 정의된다.

$$\mathrm{f}_{K_1K_2}[k_1,k_2] = \begin{cases} C & 0 \le k_1 \le 5 \quad 0 \le k_2 \le k_1 \\ 0 & \text{그 외} \end{cases}$$

(a) 상수 C를 구하라.
(b) 주변 PMF $\mathrm{f}_{K_1}[k_1]$와 $\mathrm{f}_{K_2}[k_2]$를 구하고 도시하라. 랜덤변수 K_1과 K_2는 서로 독립인가?
(c) 조건부 PMF $\mathrm{f}_{K_1|K_2}[k_1 \mid k_2]$와 $\mathrm{f}_{K_2|K_1}[k_2 \mid k_1]$를 구하라.

5.5 석사논문을 준비하는 학생이 실험에서 설정된 매개변수 α에 종속되는 어떤 데이터 K를 측정하고 있다. 유감스럽게도 이 학생은 설정된 매개변수 α를 기록하는 것을 잊어버렸다. 그러나 학생은 α가 0.4 또는 0.6으로 설정되었다는 것과 이 값들의 확률이 같다는 것을 알고 있다. 이 데이터는 아래와 같은 PMF로 나타낼 수 있다.

$$\mathrm{f}_{K|\alpha}[k|\alpha] = \begin{cases} \alpha(1-\alpha)^{k-1} & k \ge 1 \\ 0 & \text{그 외} \end{cases}$$

데이터에 대한 PMF $\mathrm{f}_K[k]$는 무엇인가?

5.6 주변 밀도함수와 조건부 밀도함수에 대한 정의 식 (5.3)과 (5.6)을 이용하여 식 (5.7)이 성립함을 보여라.

두 개의 연속 랜덤변수

5.7 두 개의 랜덤변수 X_1과 X_2의 결합 PDF $f_{X_1, X_2}(x_1, x_2)$가 아래와 같다.

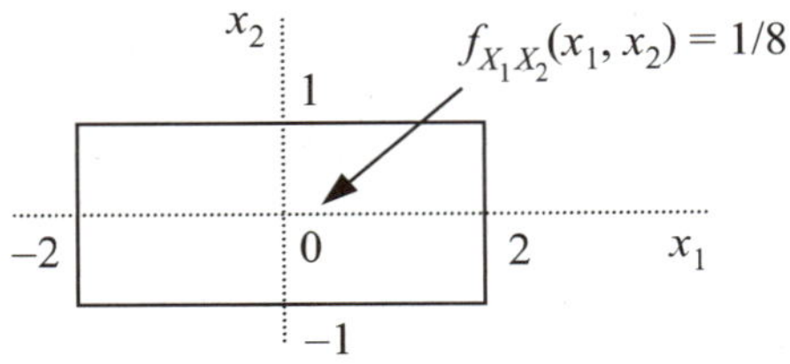

(a) 주변 PDF들을 구하라.

(b) 다음 확률을 구하라.

(i) $\Pr[0 \le X_1 \le 1, -0.5 \le X_2 \le 2]$

(ii) $\Pr[X_1 < X_2]$

(iii) $\Pr[X_1^2 + X_2^2 \le 1]$

5.8 결합 PDF가 다음과 같다.

$$f_{X_1,X_2}(x_1,x_2) = \begin{cases} \frac{1}{24}, & -3 \le x_1 \le 3, -2 \le x_2 \le 2 \\ 0, & \text{그 외} \end{cases}$$

(a) $\Pr[-2 \le X_1 \le 1, X_2 \ge 0.5]$의 확률을 구하라.

(b) $\Pr[X_1 < 2X_2]$의 확률을 구하라.

5.9 두 개의 랜덤변수 X_1과 X_2의 결합 PDF $f_{X_1, X_2}(x_1, x_2)$가 다음과 같다.

$$f_{X_1,X_2}(x_1,x_2) = \begin{cases} C(4 - x_1x_2), & 0 \le x_1 \le 4, 0 \le x_2 \le 1 \\ 0, & \text{그 외} \end{cases}$$

(a) 위 식을 유효한 PDF로 만들기 위한 C를 구하라.

(b) X_1과 X_2의 주변 밀도함수를 구하라. 이 밀도함수들이 취할 수 있는 랜덤변수 값의 범위을 명백하게 표시하라.

(c) 이 랜덤변수들은 서로 독립인가?

5.10 두 개의 랜덤변수 X_1과 X_2의 결합 PDF $f_{X_1X_2}(x_1, x_2)$가 다음 범위의 X_1과 X_2에 대해서는 상수 C가 되며

$$0 \le X_1 \le 1 \text{ 그리고 } 0 \le X_2 \le 2(1 - X_1)$$

위의 범위 밖에서는 0이 된다.

(a) X_1, X_2 평면에서 PDF가 0이 아닌 영역을 도시하라.

(b) C 값은 얼마인가?

(c) 주변 밀도함수 $f_{X_1}(x_1)$과 $f_{X_2}(x_2)$를 구하라.

(d) 조건부 밀도함수 $f_{X_1|X_2}(x_1|x_2)$와 $f_{X_2|X_1}(x_2|x_1)$를 구하라.

(e) 두 개의 랜덤변수는 통계적으로 서로 독립인가?

5.11 두 개의 랜덤변수 X_1과 X_2에 대한 결합 확률밀도함수가 다음과 같다.

$$f_{X_1,X_2}(x_1,x_2) = \begin{cases} K, & x_1 \geq 0, x_2 \geq 0, x_1 + x_2 \leq 2 \\ 0, & \text{그 외} \end{cases}$$

(a) $f_{X_1,X_2}(x_1,x_2)$를 유효한 결합 PDF로 만들기 위한 K값을 구하라.

(b) 다음에 대한 결합 누적분포함수를 구하라.

(i) $0 \leq x_1 \leq 2$ 그리고 $0 \leq x_2 \leq 2$;

(ii) $-1 \leq x_1 \leq 0$ 그리고 $-2 \leq x_2 \leq -1$;

(c) (b)에서 구한 결합 CDF를 이용하여 $\Pr[X_1 < 0.5, X_2 > 0.5$의 확률을 구하라.

5.12 두 개의 랜덤변수 X_1과 X_2에 대한 결합 확률밀도함수가 다음과 같다.

$$f_{X_1,X_2}(x_1,x_2) = \begin{cases} C, & 0 \leq x_1 \leq x_2 \leq 1 \\ 0, & \text{그 외} \end{cases}$$

(a) 결합 PDF를 유효하게 만들기 위한 C를 구하라.

(b) 조건부 PDF $f_{X_1|X_2}(x_1|x_2)$를 구하라. X_1과 X_2 값의 범위를 명시하라.

5.13 (a) 다음 결합 PDF에 해당하는 결합 CDF $F_{X_1X_2}(x_1,x_2)$를 구하라.

$$f_{X_1X_2}(x_1,x_2) = \begin{cases} e^{-(x_1+x_2)} & 0 \leq x_1 < \infty \quad 0 \leq x_2 < \infty \\ 0 & \text{그 외} \end{cases}$$

(b) 랜덤변수들에 대한 주변 누적 분포는 $F_{X_i}(x_i) = \Pr[X_i \leq x_i]$로 정의된다. 위 결합 PDF에 대한 주변 CDF $F_{X_1}(x_1)$과 $F_{X_2}(x_2)$를 구하라.

(c) 주변 CDF를 미분하여 주변 PDF $f_{X_1}(x_1)$과 $f_{X_2}(x_2)$를 구하라.

(d) 랜덤변수 X_1과 X_2는 서로 독립인가?

5.14 연습문제 5.7에서 주어진 결합 PDF를 고려하라.

(a) 결합 CDF를 구하라.

(b) 이 CDF부터 $\Pr[X_1 > 1/2, X_2 < 1/2]$를 구하라.

5.15 두 개의 랜덤변수에 대한 결합 PDF가 다음과 같다.

$$f_{X_1X_2}(x_1,x_2) = \begin{cases} C(3 - x_1x_2) & 0 \leq x_1 \leq 1;\ 0 \leq x_2 \leq 3 \\ 0 & \text{그 외} \end{cases}$$

(a) 위 식이 유효한 PDF가 되도록 C를 구하라.

(b) 주변 밀도함수를 구하라.

(c) CDF $F_{X_1X_2}(x_1, x_2)$를 구하라.

5.16 결합 PDF가 다음과 같다.

$$f_{X_1,X_2}(x_1, x_2) = \begin{cases} (3 - x_1x_2)/8, & 0 \le x_1 \le 2, 0 \le x_2 \le 3 \\ 0, & \text{그 외} \end{cases}$$

조건부 밀도함수 $f_{X_1|X_2}(x_1|x_2)$를 구하라.

5.17 연습문제 5.7에서 살펴본 결합 확률밀도함수 $f_{X_1X_2}(x_1, x_2)$를 참고하라.

(a) 조건부 PDF $f_{X_2|X_1}(x_2|x_1)$를 구하라.

(b) X_1과 X_2는 서로 독립인가?

5.18 두 개의 통신신호 X_1과 X_2의 결합 밀도함수가 다음과 같다.

$$f_{X_1,X_2}(x_1, x_2) = \begin{cases} \mathrm{C} & 0 \le x_1 \le 2\ ,\ \ 0 \le x_2 \le 1 \\ \mathrm{C} & 0 \le x_1 \le 2\ ,\ \ 2 \le x_2 \le 3 \\ 0 & \text{그 외} \end{cases}$$

(a) 상수 C를 구하고 $f_{X_1,X_2}(x_1, x_2)$를 도시하라.

(b) X_2에 대한 주변 PDF 즉, $f_{X_2}(x_2)$를 구하고 도시하라.

(c) X_2가 주어졌을 때, X_1에 대한 확률밀도함수 $f_{X_1|X_2}(x_1|x_2)$를 구하고 도시하라.

5.19 두 개의 랜덤변수 X_1과 X_2의 결합 PDF가 아래와 같을 때

$$f_{X_1X_2}(x_1, x_2) = \begin{cases} x_1e^{-x_1(C+x_2)} & x_1 > 0, x_2 > 0 \\ 0 & \text{그 외} \end{cases}$$

다음을 구하라.

(a) 상수 C.

(b) 주변 PDF $f_{X_1}(x_1)$과 $f_{X_2}(x_2)$.

(c) X_1과 X_2가 서로 독립인가?

(d) 조건부 PDF $f_{X_1|X_2}(x_1|x_2)$.

(e) 조건부 PDF $f_{X_2|X_1}(x_2|x_1)$.

5.20 결합 PDF가 다음과 같다.

$$f_{X_1X_2}(x_1, x_2) = \begin{cases} x_1x_2 + C & x_1 + x_2 \le 1,\ x_1 \ge 0,\ x_2 \ge 0 \\ 0 & \text{그 외} \end{cases}$$

(a) 상수 C를 구하라

(b) 주변 확률밀도함수 $f_{X_1}(x_1)$과 $f_{X_2}(x_2)$를 구하라.

(c) 랜덤변수들은 독립인가?

(d) 조건부 확률밀도함수 $f_{X_1|X_2}(x_1|x_2)$를 구하라.

5.21 절대 시간 Y에 망의 노드가 온라인 상태로 주어질 때, 절대 시간 X에 노드에 첫 번째 메시지가 도착할 확률이 다음과 같은 조건부 밀도함수로 주어진다.

$$f_{X|Y}(x|y) = \begin{cases} e^{-(x-y)} & 0 \le y \le x < \infty \\ 0 & x < y \end{cases}$$

(a) Y=0.5인 시간에 노드가 온라인 상태가 된다고 가정하자. 첫 번째 메시지가 X=2와 X=2.01 사이에 도착할 확률은 (대략) 얼마인가? 힌트: 0.01은 "작은 증분"이다.

(b) 시간 Y에 노드가 온라인 상태가 되는 확률이 0과 1사이에 균일하게 분포한다고 가정하면, 결합 PDF $f_{XY}(x, y)$는 무엇인가? 이 밀도함수가 0이 아닌 영역을 명시하고 xy평면에 이 영역을 도시하라.

(c) 조건없는 밀도함수 $f_X(x)$를 구하라. 이 밀도함수가 0이 아닌 영역을 반드시 명시하라.

5.22 랜덤변수 X_1과 X_2에 대한 결합 PDF가 다음과 같다.

$$f_{X_1,X_2}(x_1, x_2) = \begin{cases} 1/4 & \text{if } |x_1| + 2|x_2| \le 2 \\ 0 & \text{그 외} \end{cases}$$

(a) 결합 밀도가 0이 아닌 영역을 x_1, x_2 평면에 도시하라.

(b) 주변 밀도함수 $f_{X_1}(x_1)$를 구하고 도시하라.

(c) 조건부 밀도함수 $f_{X_1|X_2}(x_1|x_2)$를 구하고 도시하라.

5.23 Dagwood Bumstead는 도시에 있는 직장에 갈 때 자동차 함께 타기를 한다. Dagwood는 항상 자동차 함께 타는 시간에 늦는다. 사실 그가 자동차를 함께 타기위해 도착하는 시간 T_1은 매개변수 λ_1인 지수 랜덤변수이다. 자동차 함께 타기를 하는 다른 사람들은 Dagwood를 기다리는데 있어서 무한의 인내심을 보이지는 않으며, 그들이 Dagwood를 기다릴 수 있는 시간의 길이 T_2 또한 매개변수 λ_2인 지수 랜덤변수이다.

Dagwood의 평균 도착 시간은 $1/\lambda_1$ = 5분이고, 자동차 함께 타기를 위해 기다리는 평균 시간은 $1/\lambda_2$ = 6분이라 가정하자.

(a) Dagwood가 자동차 함께 타기를 놓칠 확률 즉, $\Pr[T_1 > T_2]$은 얼마인가?

(b) 만일 Dagwood가 문에서 급하게 나오다가 우체부와 부딪혀 추가적으로 30초 (0.5분) 더 지연되었다고 가정하자. 이 경우 Dagwood가 자동차 함께 타기를 놓칠 확률은 얼마인가?

(c) Dagwood가 우체부와 충돌할 확률을, 1/3 확률의 랜덤 사건이라 가정하자. Dagwood가 자동차 함께 타기를 놓칠 (비조건부) 확률은 얼마인가?

(d) 만일 Dagwood가 문 밖에서 Blondie에게 작별 키스 하는 것을 잊을 것을 알아채고, Blondie에게 키스하기 위해 달려 갔다 왔다고 가정하자. 이 행동은 그가 늦은 시간 T_1에 크게 추가되지는 않지만, 그가 우체부와 부딪칠 가능성은 두 배가 된다. 이 경우 Dagwood가 자동차 함께 타기를 놓칠 (비조건부) 확률은 얼마인가?

(e) 만일 Dagwood가 자동차 함께 타기를 놓치면, 그에게는 버스에 올라 탈 한 번의 기회가 있게 된다. Dagwood는 최고 속도 6 마일/시간으로 달릴 수 있다. 버스 정류장에서 버스가 떠나가는 시간당 마일 단위의 속도는 아래와 같은 PDF를 갖는 랜덤변수 S 이다.

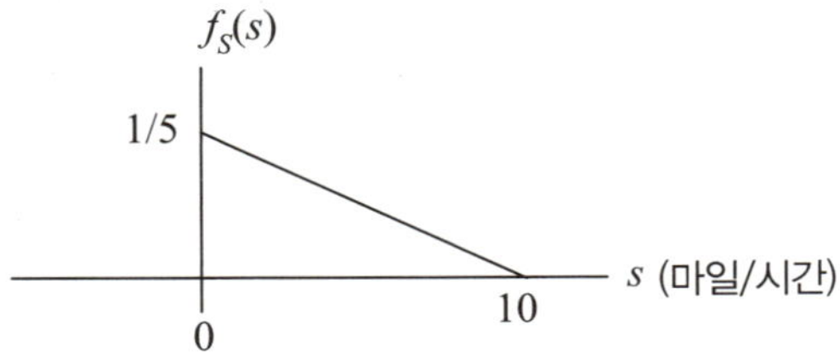

만일 Dagwood가 자동차 함께 타기를 놓쳤다면, 그가 버스 또한 놓칠 확률은 얼마인가?

5.24 주변 밀도함수 및 조건부 밀도함수에 대한 정의 식 (5.15)와 (5.18)을 이용하여 식 (5.20)이 성립함을 보여라.

기댓값과 상관

5.25 두 개 랜덤변수에 대한 결합 PDF $f_{X_1X_2}(x_1, x_2)$가 다음과 같다.

$$f_{X_1X_2}(x_1, x_2) = \begin{cases} 1 & 0 \le x_1 \le 1, \quad 0 \le x_2 \le 2(1-x_1) \\ 0 & \text{그 외} \end{cases}$$

밀도함수가 0이 아닌 영역을 도시하고 다음을 구하라.

(a) $m_{X_1} = \mathcal{E}\{X_1\}$
(b) $m_{X_2} = \mathcal{E}\{X_2\}$
(c) $\mathcal{E}\{X_1^2\}$
(d) $\mathcal{E}\{X_2^2\}$
(e) $\mathcal{E}\{X_1X_2\}$
(f) $\sigma_{X_1}^2 = \text{Var}[X_1]$
(g) $\sigma_{X_2}^2 = \text{Var}[X_2]$
(h) $c_{X_1X_2} = \text{Cov}[X_1, X_2]$
(i) $\mathcal{E}\{X_1|X_2\}$
(j) $\mathcal{E}\{X_2|X_1\}$

힌트: 이들 중 몇 개를 구하기 위해서는 연습문제 5.10의 결과가 필요할 수도 있다.

5.26 결합 확률밀도함수가 다음과 같다.

$$f_{X_1,X_2}(x_1, x_2) = \begin{cases} 1/2, & 0 \le x_1 \le 2, 0 \le x_2 \le 2 - x_1 \\ 0, & \text{그 외} \end{cases}$$

(a) X_2가 주어졌을 때 X_1의 조건부 밀도함수 $f_{X_1|X_2}(x_1|x_2)$ 를 구하라.

(b) $E[X_1|X_2]$로 정의되는, X_2가 주어졌을 때 X_1의 조건부 평균을 구하라.

5.27 랜덤변수 X와 Y가 서로 독립이고 아래와 같은 밀도함수를 갖는다.

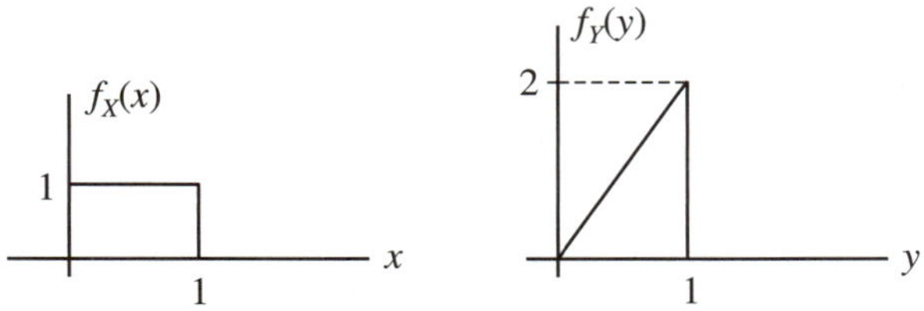

(a) 결합 밀도함수 $f_{XY}(x,\ y)$의 대수적 표현을 구하고 (경계를 포함하여), 0이 아닌 영역을 도시

하라.

(b) $\Pr[X \leq Y]$은 얼마인가?

(c) Y의 분산은 얼마인가?

(d) 상관계수 ρ_{XY}는 얼마인가?

5.28 두 개의 변수의 함수에 대한 슈바르츠(Schwartz) 부등식은 다음과 같이 나타낼 수 있다 [8].

$$\left(\int_{-\infty}^{\infty}\int_{-\infty}^{\infty} h(x_1, x_2)g(x_1, x_2)dx_1dx_2\right)^2 \leq \left(\int_{-\infty}^{\infty}\int_{-\infty}^{\infty} h^2(x_1, x_2)dx_1dx_2\right)\left(\int_{-\infty}^{\infty}\int_{-\infty}^{\infty} g^2(x_1, x_2)dx_1dx_2\right)$$

여기서 h와 g는 제곱하여 적분이 가능한 임의의 두 함수이다. h와 g가 선형적인 관계일 때, 즉, $h(x,\ y)=ag(x,\ y)$일 때, 위 식에서 등식이 성립된다. 여기서 a는 상수이다.
두 개의 랜덤변수에 대한 다음과 같은 공분산의 정의에 슈바르츠 부등식을 적용하여

$$c = \text{Cov}\,[X_1, X_2] = \int_{-\infty}^{\infty}\int_{-\infty}^{\infty}(x_1 - m_1)(x_2 - m_2)f_{X_1X_2}(x_1, x_2)dx_1dx_2$$

다음을 보여라.

$$c^2 \leq \sigma_1^2\sigma_2^2$$

위 식을 이용해서 식 (5.30)을 증명하라. 어떤 조건에서 ρ가 ± 1과 같아지는가?

5.29 두 개의 랜덤변수 X_1과 X_2가 아래와 같은 결합 밀도함수를 갖는다.

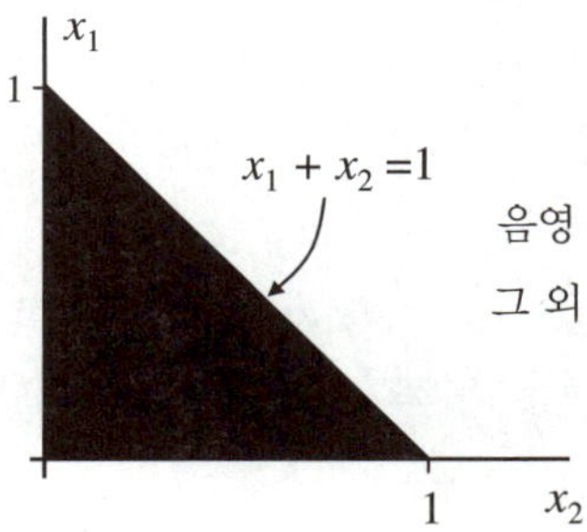

음영 영역에서 $f_{X_1X_2}(x_1, x_2) = 2$
그 외 영역 0

(a) $f_{X_2}(x_2)$를 구하고 도시하라.

(b) $f_{X_1|X_2}(x_1|x_2)$를 구하고 도시하라.

(c) $\mathcal{E}\{X_1|X_2\}$를 구하라.

정규 랜덤변수

5.30 평균이 0이고 분산이 1인 두 개의 랜덤변수 X_1과 X_2가 다음과 같은 결합정규 PDF를 갖는다.

$$f_{X_1X_2}(x_1, x_2) = \frac{1}{\pi\sqrt{3}}e^{-(x_1^2 - x_1x_2 + x_2^2)2/3}$$

(a) X_1에 대한 주변 밀도가 다음과 같은 정규분포임을 위 식을 적분하여 보여라.

$$f_{X_1}(x_1) = \frac{1}{\sqrt{2\pi}}e^{-x_1^2/2}$$

힌트: 다음과 같은 "완전 제곱식"을 이용하라.

$$x_1^2 - x_1x_2 + x_2^2 = \frac{3}{4}x_1^2 + \frac{1}{4}x_1^2 - x_1x_2 + x_2^2 = \frac{3}{4}x_1^2 + (x_2 - \frac{1}{2}x_1)^2$$

그리고 x_2에 대한 정적분 형태로 만들고, $u = x_2 - \frac{1}{2}x_1$로 변수를 치환하라. 적분을 구하기 위해 일차원 정규분포 형태를 적분하면 1이 되는 사실을 이용하라.

(b) 조건부 밀도함수 $f_{X_2|X_1}(x_2|x_1)$는 무엇인가? 조건부 밀도함수는 X_2에 대해 정규밀도 형태를 갖지만, 평균은 x_1의 함수임을 보여라. 이 조건부 밀도함수의 평균과 분산은 얼마인가?

5.31 평균이 0이고 분산이 1인 두 개의 랜덤변수 X_1과 X_2가 다음과 같은 결합정규 PDF를 갖는다.

$$f_{X_1X_2}(x_1, x_2) = \frac{1}{2\pi\sqrt{1-\rho^2}}e^{-(x_1^2 - 2\rho x_1x_2 + x_2^2)/2(1-\rho^2)}$$

새로운 두 개의 랜덤변수 Y_1과 Y_2는 다음과 같은 변환 식을 통해 정의된다.

$$\begin{bmatrix} Y_1 \\ Y_2 \end{bmatrix} = \begin{bmatrix} 1 & 0 \\ a & 1 \end{bmatrix}\begin{bmatrix} X_1 \\ X_2 \end{bmatrix}$$

(a) 이 변환의 야코비안(Jacobian) $J(y)$를 구하라.

(b) X_1과 X_2를 Y_1과 Y_2에 대하여 나타내고 $f_{Y_1Y_2}(y_1, y_2)$를 구하라.

(c) ρ=1/2로 두자. a 값이 얼마일 때 랜덤변수 Y_1과 Y_2가 서로 독립인가? 이때 Y_1과 Y_2의 분산은 얼마인가?

5.32 연습문제 5.31에서 논의한 랜덤변수를 고려하자. ρ의 일반적인 값 $-1 \le \rho \le 1$에 대해서, Y_1과 Y_2가 서로 독립이 되도록 ρ에 대한 함수로 a를 구하라. ρ에 대한 함수로 Y_1과 Y_2의 분산을 각각 구하라.

5.33 다음 경우에 대하여 결합정규 랜덤변수의 결합 PDF를 구하라.

(a) $m_1 = m_2 = 0$, $\sigma_1 = \sigma_2 = 2$, and $\rho = 0.8$.

(b) $m_1 = m_2 = 0$, $\sigma_1 = \sigma_2 = s$, and $\rho = 0$.

(c) $m_1 = m_2 = 1$, $\sigma_1 = \sigma_2 = 3$, and $\rho = 0$.

5.34 식 (5.35)를 하나의 변수에 대해 적분하여, 결합정규 랜덤변수의 주변 밀도함수가 식 (5.36)과 같음을 보여라. 또한 조건부 밀도함수가 정규분포이며 식 (5.37)의 형태임을 보여라.

5.35 "완전 제곱"형태로 만드는 대수적 방법을 이용하고, 이변량 정규 밀도함수의 이차식을 상수로 설정하여, 밀도함수의 등고선이 다음과 같은 타원의 방정식 형태가 될 수 있음을 보여라.

$$\frac{(y_1-\alpha_1)^2}{\beta_1^2}+\frac{(y_2-\alpha_2)^2}{\beta_2^2}=\gamma^2$$

다중 랜덤변수

5.36 K가 주사위 한 쌍을 굴려서 나온 수를 나타내는 이산 랜덤변수라고 하자. K가 두 개의 랜덤변수의 합임을 이용하여 K에 대한 평균과 분산을 구하라. **힌트**: 이 문제를 쉽게 푸는 방법은 (4장) 연습문제 4.8의 결과를 이용하는 것이다.

5.37 A와 B 방송국은 독립적으로 운영되는 두 개의 병렬 메시지 채널로 연결되어 있다. 메시지는 동시에 두 채널을 통해 A에서 B로 전송된다. 서로 독립인 랜덤변수 X와 Y는 이들 두 채널에서의 지연을 나타낸다. 이들 각각의 지연은 평균이 1시간인 지수 랜덤변수이다.

어느 한 채널에서 메시지가 도착하면 즉시 메시지는 "수신됨"으로 간주되고, 두 채널 모두에서 메시지가 도착하면 즉시 "확인됨"으로 간주된다.

(다음 질문들에 답하기 위해서는, 두 랜덤변수 X와 Y에 관계된 연속 표본공간을 그리고, 표본공간에서 사건을 표현하는 것이 유용 할 수 있다.)

(a) 메시지가 전송된 후 15분 (1/4 시간) 이내에 수신될 확률은 얼마인가?

(b) 메시지가 전송된 후 15분 이내에 수신되고 확인될 확률은 얼마인가?

(c) 메시지가 수신된 후 15분 이내에 확인될 확률은 얼마인가?

(d) 메시지가 전송된 후 15분 이내에 수신되었다는 조건을 줄 때, 메시기가 전송된 후 15분 이내에 확인될 확률은 얼마인가?

[위 연습문제는 허락을 받고 다음 책의 문제를 변형했음. Alvin W. Drake, *Fundamentals of Applied Probability Theory*, McGraw–Hill, New York, 1967.]

5.38 연습문제 5.37의 상황을 고려하자. 그러나, 여기서는 X와 Y가 0과 1시간 사이에서 균일하게 분포한다고 가정하자. 다음 질문에 답하라.

(a) 메시지가 전송된 후 15분 이내에 수신될 확률은 얼마인가?

(b) 메시지가 전송된 후, 15분 이내에 수신되었으나 확인되지는 못할 확률은 얼마인가?

(c) 메시지가 하나의 채널에서 수신되었다. B 방송국의 통신실장이 메시지 수신 후 바로 15분의 휴식 시간을 갖는다고 가정하자. 메시지가 확인되지 않을 확률은 얼마인가 (즉, 통신실장이 두 번째 메시지를 놓칠 확률)?

5.39 랜덤변수 X, Y, 그리고 Z가 다음과 같은 결합 밀도함수를 갖는다.

$$f_{XYZ}(x,y,z)=\begin{cases}(x+3y)z & 0\le x\le 1;\quad 0\le y\le 1;\quad 0\le z\le 1\\ 0 & \text{그 외}\end{cases}$$

다음을 구하라:

(a) X와 Y (Z 제외)에 대한 결합 밀도함수.

(b) Z의 주변 밀도함수.

(c) Z가 주어졌을 때 X와 Y에 대한 조건부 밀도함수.

(d) $X < 3$일 확률.

(e) Z의 기댓값.

(f) X와 Y가 서로 독립인지 여부

5.40 K_1과 K_2는 독립이면서 동일하게 분포 (IID)하는 푸아송 랜덤변수이다. 각각의 PMF가 다음과 같다.

$$f_{K_i}[k] = \begin{cases} \dfrac{\alpha^k}{k!}e^{-\alpha} & k \geq 0 \\ 0 & \text{그 외} \end{cases}$$

새로운 랜덤변수 J는 합 $J=K_1+K_2$이다.

(a) 랜덤변수 K_i에 대한 PGF가 다음과 같음을 보여라.

$$G_{K_i}(z) = e^{\alpha(z-1)}$$

(b) 랜덤변수 J에 대한 PGF $G_J(z)$는 무엇인가?

(c) PMF $f_J[j]$는 무엇인가? 어떠한 형태를 가지는가?

(d) J의 평균과 분산을 구하라.

자주 쓰는 랜덤변수들의 합

5.41 X와 Y를 두 개의 주사위 각각에서 나오는 수라 하고, Z는 두 수의 합($Z=X+Y$)이라고 하자. X와 Y가 서로 독립이고, 각각은 정수 1부터 6까지에서 균일하게 분포한다고 가정하자. 이산 합성곱을 이용하여, Z에 대한 PMF가 삼각형 모양을 가짐을 보여라. 이 PMF를 3장의 그림 3.2와 비교하라.

5.42 두 개의 랜덤변수 X_1과 X_2가 서로 독립이고, 각각은 $0 \leq X_i \leq 1$사이에서 균일하게 분포한다.

(a) 랜덤변수 $Y=X_1+X_2$에 대한 PDF는 무엇인가?

(b) Y에 대한 MGF $M_Y(s)$를 구하라. **힌트:** X_i에 대한 MGF는 무엇인가? 밀도함수들을 합성곱 했을 때 MGF들은 어떻게 되는가?

(c) 만일, 서비스에 대한 두 개의 연속되는 대기소에서 메시지가 대기하여야 한다면, 그리고 X_i가 i번째 대기소에서 서비스를 위한 초 단위 시간이라면, Y는 총 서비스 시간이다. 총 서비스 시간이 1.5초보다 길 확률은 얼마인가?

5.43 이 문제에서는, 두 개 이상의 독립 정규 랜덤변수의 합이 정규 분포를 가짐을 보일 것이다. 다음 식을 가정하자

$$Y = X_1 + X_2 + \cdots + X_n$$

여기서 X_i는 평균이 m_i이고 분산이 σ_i^2인 서로 독립인 정규 랜덤변수이다. Y에 대한 밀도함수는 각각의 정규 밀도함수를 n중 합성곱 하여 구할 수 있다 (식 (5.53) 참조).

(a) i번째 랜덤변수 X_i에 대한 MFG는 무엇인가? **힌트:** 연습문제 4.22 참조

(b) MGF들의 곱은 밀도함수들의 합성곱에 해당하므로, (a)에서 MGF들을 곱하여 Y에 대한 MGF를 구하라.

(c) Y에 대한 MGF가 정규 MGF의 형태를 가짐을 주목하라. 그러므로 Y는 반드시 정규분포가 된다. Y의 평균과 분산은 무엇인가?

5.44 두 개의 서로 독립인 랜덤변수 X_1과 X_2의 합이 다음과 같다:

$$X = X_1 + X_2$$

여기서 X_1는 [0, 1]의 범위에서 균일 랜덤변수이고 X_2는 [−1, 0]의 범위에서 균일 랜덤변수이다.

(a) X의 평균과 분산을 구하라.

(b) X의 PDF를 구하고 도시하라.

(c) (b)에서 구한 X에 대한 PDF를 이용하여, X의 평균과 분산을 구하라. X의 PDF 그림 상에서 평균과 표준편차를 나타내라.

5.45 두 개의 서로 독립인 랜덤변수 X_1과 X_2의 합이 다음과 같다.

$$X = X_1 + X_2$$

여기서 X_1는 매개변수 λ=2인 지수 랜덤변수이고, X_2는 매개변수 λ=3인 또 다른 지수 랜덤변수이다.

(a) X의 평균과 분산을 구하라.

(b) X의 PDF를 구하라.

5.46 어떤 컴퓨터 네트워크에서, 당신의 메시지가 서비스 라인에서 다섯 번째에 있는 것이 관찰된다. 즉, 당신 앞에 다른 사람의 4개의 메시지가 있다. 각 메시지의 처리 시간은 평균 $1/\lambda = 2.5$ 초인 지수 랜덤변수로 표현된다.

(a) 당신의 메시지가 처리되기까지 기다려야 되는 시간의 평균은 얼마인가?

(b) 처리가 완료되기까지 기다리는 시간을 나타내는 랜덤변수의 분산은 얼마인가?

5.47 다음은 독립이면서 동일하게 분포 (IID)하는 n개의 랜덤변수들의 합을 나타낸다.

$$T = T_1 + T_2 + \cdots T_n$$

여기서 T_i는 매개변수 λ를 갖는 지수 분포이다. 이러한 조건에서, 합 T는 얼랑 랜덤변수이다.

(a) T가 n개의 독립 지수 랜덤변수의 합이라는 사실을 이용하여, 얼랑 랜덤변수 T의 평균과 분산을 구하라.

(b) 각각의 지수 랜덤변수 T_i의 MGF가 다음과 같다.

$$M(s) = \frac{\lambda}{\lambda - s}.$$

T의 MGF는 무엇인가?

(c) (b)의 결과를 이용하여 T의 평균과 분산을 구하라.

5.48 전자 플래시에 사용되는 배터리 세트의 평균 수명은 6개월이다. 배터리 4개 세트가 2년 넘게 지속될 확률은 얼마인가?

컴퓨터과제

과제 5.1

이번 과제에서는, 산포도(scatter plots)와 추세선(trendlines)을 그리기 위해, 이 책의 데이터 패키지에서 몇 가지 데이터 집합을 사용할 것이다.
각각 두 개의 파일이 포함된 다음 세 가지 데이터 집합을 고려하자. 각각의 파일의 측정값들을 랜덤변수의 실현값으로 취급하자.

1. x501.dat과 x502.dat 파일은, 500개 길이의 필터링된 잡음의 실현값을 포함한다.
2. x503.dat과 x504.dat 파일에 포함된 데이터는, 54개 캘리포니아 발전소로 부터의, 각각 톤 단위의 발전소 연간 이산화탄소 배출량과 백만 영국열량단위(MMBTU)의 전력발전소의 입열량이다. (출처: 배기가스 배출 및 생성원 통합 데이터베이스(EGRID), 미국 환경 보호국, 1997년.)
3. x505.dat과 x506.dat 파일에 포함된 데이터는, 리터 단위의 최신 자동차 엔진 크기와, 연료 갤런 당 마일 단위의 고속도로에서의 자동차 주행 거리(연비)에 대한 132개 길이의 측정값이다. (출처: 연비 지침서, 미국 에너지 국, 1999년.)

위에 언급된 각 데이터 집합에 대하여 다음을 구하라.

1. 위의 랜덤변수들에 대한 평균 m_1, m_2와 분산 σ_1^2, σ_2^2 그리고 상관계수 ρ를 추정하라.
2. 두 파일에서의 데이터 산포도를 만들어라.
3. 데이터 점들에 대한 추세선을 구하고 도시하라.
4. 두 파일에서의 측정값들 간의 상관과 경향의 특성에 대하여 논하라.

과제 5.2

이번 과제에서는, 예제 5.8에 근거하여, 균일하게 분포된 두 개의 랜덤변수를 더하여 구한 새로운 랜덤변수의 확률밀도함수를 구한다.

1. 다음 두 개의 랜덤변수에 대하여 적어도 10000개 길이의 열을 생성하라.
   (a) [0 3] 범위에서 균일 랜덤변수 X_1.
   (b) [0 5] 범위에서 균일 랜덤변수 X_2.
2. 합 $Y=X_1+X_2$을 고려하고 값을 내열하라.
3. X_1, X_2 그리고 Y의 PDF들을 추정하라.
4. 추정하여 구한 PDF들을 이론적인 PDF들과 함께 도시하라. 결과에 대해 비교하고 논하라.

6 부등식, 극한정리, 매개변수 추정

이 장에서는, 한편으로는 추상적이며 이론적인 것처럼 보이지만, 다른 한편으로는 실생활 문제에 확률을 실제적으로 응용할 때 필수적인 여러 주제들을 다룬다. 먼저, 부등식으로 시작한다. 여기서 제시될 부등식들은 유명한데, 분포에 대한 부분적 정보 (예를 들어, 평균과 분산)만 주어질 때 랜덤변수에 대한 확률값의 범위를 구하는데 이용된다. 이 부등식들은 제한적인 실제 데이터로부터 확률을 계산하거나 확률의 범위를 구할 때, 또한 랜덤변수의 특성에 대해 되도록 적게 가정하면서 일반적인 결과를 증명할 때 유용한 도구이다.

그 다음으로는 확률적 수렴과 극한정리를 다룬다. 수렴에 대해 자세히 다루는 것은 이 장의 범위를 훨씬 넘어서지만, 랜덤변수 열에 대한 몇 가지 유형의 수렴을 이해하는 것은 공학 응용에서 얻어지는 매우 많은 양의 측정값을 다룰 때 실제적으로 중요하다. 수렴 유형에 대해 살펴본 후, 유명한 두 개의 점근적 결과인 큰수의 법칙과 중심극한 정리를 다룬다. 큰수의 법칙은, 실제로 충분히 많은 수의 데이터의 평균으로 기댓값을 대체할 수 있다는 이론적 확신을 제공한다. 중심극한 정리는 충분히 큰 n에 대해, n개의 임의의 독립 랜덤변수들의 합의 분포가 정규분포가 된다는 엄청나게 강력한 결과를 제공한다.

이 장의 후반부에서는 매개변수 추정을 다룬다. 문제의 조건들이 특정 유형의 확률분포를 결정하지만, 매개변수의 수치 값들이 미리 알려져 있지 않을 때 매개변수 추정이 필요하다. 예를 들어, 푸아송 모델은 웹 페이지 상에서의 "접속"수를 나타내는데 적합한 모델로 알려져 있으나 이 모델에 대한 도착률 (λ)의 수치 값은 일반적으로 알려져 있지 않다. 비록 매개변수 추정은 보통 통계학의 범주에 속하지만, 여기서 설명하는 기본적인 개념은 확률의 실제적인 응용에서 유용하다. 먼저 추정의 특성들을 살펴보고, 이를 표본평균과 표본분산으로 알려진 기본적인 두 개의 통계량을 통해 예시한다. 그 후 최대우도추정으로 알려진 최적 추정에 대해 살펴보고, 최대우도추정이 원하는 매개변수를 구하기 위한 우리의 직관적인 데이터 처리 방식과 부합함을 예시한다.

신뢰구간의 개념을 소개하면서 추정에 대한 논의를 계속한다. 신뢰구간은 어떤 확률로 실제 매개변수를 포함하는 구간을 제공하여 추정의 품질을 알려주는 역할을 한다. 신호처리에 대한 추정의 응용을 살펴보면서 이 장을 마무리한다. 매우 미약한 신호의 존재를 검출하는 것과, 충분한 수의 관찰기록이 주어졌을 때 그 값을 측정하는 것이 가능함이 또한 설명된다.

6.1 부등식

주어진 랜덤변수 X에 대한 평균과 분산을 알고 있으나, 누적분포함수와 확률밀도함수를 모른다고 가정하자. 이러한 랜덤변수에 대하여 꽤 많은 측정 데이터가 주어지면, 분포를 전혀 모르더라도 이 장의 마지막에서 논의되는 방법을 이용하여 평균과 분산에 대한 추정치를 구할 수 있다. 일반적으로, 랜덤변수의 평균과 분산을 아는 것만으로는 특정 사건의 정확한 확률을 구할 수 없으나, 마르코프와 체비세프 부등식 등을 이용해서 이들 확률의 한계값을 구할 수 있다.[1)]

6.1.1 마르코프 부등식

음이 아닌(non−negative) 값만을 갖는 랜덤변수 X에 대하여, 마르코프 부등식은 다음과 같이 나타낼 수 있다.

$$\Pr[X \geq a] \leq \frac{\mathcal{E}\{X\}}{a}, \tag{6.1}$$

여기서 $a > 0$이다.

위 식을 증명하기 위해서 다음을 먼저 고려해 보자.

$$\mathcal{E}\{X\} = \int_0^\infty x\, f_X(x)\, dx = \int_0^a x\, f_X(x)\, dx + \int_a^\infty x\, f_X(x)\, dx$$

(x는 음이 아닌 값만을 갖는다고 가정했기 때문에, 첫 번째 적분의 하한은 0이 된다.) 모든 적분이 유한한 양의 값을 갖기 때문에, 우측의 첫 번째 적분을 제거하면 다음의 부등식이 성립한다.

$$\mathcal{E}\{X\} \geq \int_a^\infty x\, f_X(x)\, dx$$

피적분 함수에서 곱하는 x를 더 작은 상수인 a로 대체하면

$$\mathcal{E}\{X\} \geq \int_a^\infty a\, f_X(x)\, dx = a \int_a^\infty f_X(x)\, dx = a \Pr[X \geq a].$$

이 얻어져 마르코프 부등식이 증명 된다.

마르코프 상한을 다음과 같은 짧은 예제로 설명할 수 있다.

1) 확률밀도함수가 정규 또는 지수 분포일 때와 같은 특별한 경우에는, 확률을 정확하게 구할 수 있다. 다른 경우에 특히 분포를 모르는 경우에는, 부등식들이 이용 가능한 최상의 수학적 도구가 될 수 있을 것이다.

예제 6.1

인터넷 스위치 버퍼에서 평균 패킷 점유율은 40%로 알려져 있다. 버퍼 점유율을 랜덤변수 X라 하자. X의 확률밀도함수를 모른다고 할 때, 버퍼 점유율이 60% 이상일 확률은 얼마 정도라고 할 수 있는가?

식 (6.1) 마르코프 부등식을 이용하면 다음과 같은 결과를 얻는다.

$$\Pr[X \geq 0.60] \leq \frac{\mathcal{E}\{X\}}{0.60} = \frac{0.40}{0.60} = 0.6667.$$

마르코프 상한으로 구한 결과는 틀리지는 않지만, 상한이 광범위한 분포들을 포괄하여 구해지기 때문에, 정확한 확률 값에 반드시 근접하지는 않는다는 것을 관찰하라. 이 사실의 설명으로, 다음 예제를 살펴보자.

예제 6.2

어떤 저항 양단에서 측정된 전압이 [0, 5] 볼트 범위에서 균일 랜덤변수이다. 이 저항 양단에서 측정된 전압이 4.0 볼트를 초과할 확률은 0.2이다 (아래 그림 참조). 마르코프 부등식을 이용해서, 이 확률의 상한을 구하면 다음과 같다.

$$\Pr[X \geq 4.0] \leq \frac{\mathcal{E}\{X\}}{4.0} = \frac{2.5}{4.0} = 0.625,$$

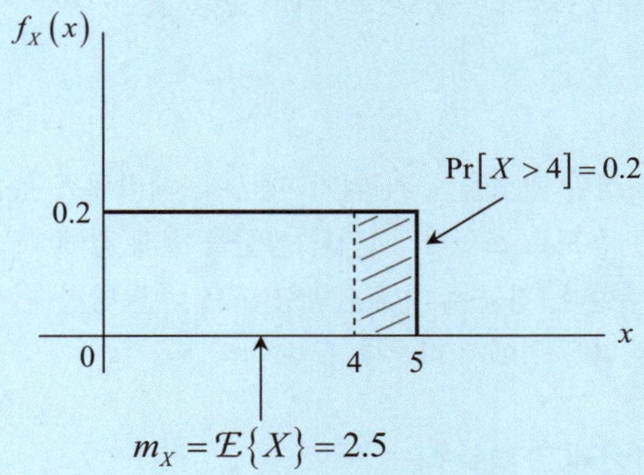

위 값은 실제 확률값에 가깝지 않다! 그럼에도 불구하고, 실제 값인 0.2가 상한 값보다는 작으므로 이 상한은 맞는 결과이다. 상한은 최악의 경우를 고려함을 기억하라.

6.1.2 체비세프 부등식

랜덤변수 X에 대한 체비세프 부등식은 다음과 같이 주어진다.

$$\Pr[|X - m_X| \geq a] \leq \frac{\sigma_X^2}{a^2} \tag{6.2}$$

여기서 $a > 0$이다.

체비세프 부등식을 증명하기 위해서, $(X - m_X)^2$ 이 음이 아닌 랜덤변수임을 주목하자. 위 식에 마르코프 부등식을 적용하면 다음 식을 얻는다:

$$\Pr[(X - m_X)^2 \geq a^2] \leq \frac{\mathcal{E}\{(X - m_X)^2\}}{a^2} = \frac{\sigma_X^2}{a^2}$$

사건 $(X - m_X)^2 \geq a^2$ 와 $|X - m_X| \geq a$ 는 등가이므로, 마지막 식은 식 (6.2)를 의미한다.

예제 6.2의 랜덤변수 X를 이용하여 체비세프 상한을 설명해보자.

예제 6.3

예제 6.2에서 설명한 균일 랜덤변수의 평균은 $m_X = 2.5$이다. 분산을 구하면 $\sigma_X^2 = 25/12$가 된다. 체비세프 부등식을 이용해서 $\Pr[X \geq 4.0]$ 의 상한을 구할 수는 없다. 그러나 만약 분포가 평균에 대해 대칭이라면, $X \geq 4.0$ 의 확률은 $|X - 2.50| \geq 1.5$일 확률의 반이 되어야 한다. 후자의 확률에 대한 상한은 다음과 같다.

$$\Pr[|X - 2.5| \geq 1.50] \leq \frac{\sigma_X^2}{(1.5)^2} = \frac{25}{12 \times 2.25} = 0.926$$

그러므로 한계는 (대칭 분포라고 가정하면) $\Pr[X \geq 4.0] \leq 0.463$이 될 것이며, 이는 실제 확률 값에 가깝다.

데이터에 대해 특정한 가정을 두지 않기 때문에, 체비세프 부등식은 일반적으로 마르코프 부등식보다 더 많은 용도로 쓰인다. 그러나 상한을 실제 값에 더 가깝게 하도록, 평균과 분산을 알고 있다고 간주한다. 평균에 대해 단방향 또는 다른 방향에 치우친 확률에 관계된 체비세프 부등식의 버전은 다음 절에서 다룬다.

6.1.3 단방향 체비세프 부등식

단방향 체비세프 부등식은, X의 평균 m_X 와 분산 σ_X^2 만이 주어졌을 때, $\Pr[X - m_X \geq a]$ 형태의 확률에 대한 상한이다. 여기서 $a > 0$이다. 단방향 체비세프 부등식은 X가 평균 이상인지 또는 이하 인지에 따라 다음 두 식 중 하나의 형태가 된다.

$$\Pr[X - m_X \geq a] \leq \frac{\sigma_X^2}{\sigma_X^2 + a^2}, \quad X > m_X \text{ 인 경우} \tag{6.3(a)}$$

$$\Pr[m_X - X \geq a] \leq \frac{\sigma_X^2}{\sigma_X^2 + a^2}, \quad X \leq m_X \text{ 인 경우} \tag{6.3(b)}$$

예제 6.4

예제 6.2의 내용으로 계속하자. 단방향 체비세프 부등식을 이용하여 전압이 4.0보다 클 상한을 구해보자. $X \geq 4.0$ 일 확률은 $X - m_X \geq 1.5$ 일 확률과 같다. 여기서 $m_X = 2.5$는 랜덤변수의 평균이다. 식 (6.3)(a)를 이용하면 상한은 다음과 같이 된다.

$$\Pr[X - 2.5 \geq 1.5] \leq \frac{\sigma_X^2}{\sigma_X^2 + (1.5)^2} = \frac{25}{25 + 27} = 0.481.$$

위 식은 마르코프 결과 (0.625)보다는 더 실제 값에 가까우나, 앞에서 대칭을 가정하였을 때의 체비세프 상한 보다는 실제 값에 가깝지 않다.

앞의 세 예제의 결과를 표 6.1에 요약하여 나타내었다.

부등식	상한
마르코프	0.625
단방향 체비세프	0.481
체비세프/대칭	0.463

[표 6.1] 랜덤변수에 대한 확률의 상한. 실제 확률은 0.200

6.1.4 기타 부등식

두 개의 다른 중요한 부등식, 횔더(Hölder) 부등식과 민코프스키(Minkowski) 부등식은 문헌에 자주 등장한다. 증명은 보다 심화된 몇몇 교재에서 찾아볼 수 있다(예를 들어, [1]).

횔더 부등식.[2] 각각 평균이 m_1과 m_2, 분산이 σ_1^2과 σ_2^2인 두 개의 랜덤변수 X_1과 X_2를 고려하자. $k, l > 1$과 $k^{-1} + l^{-1} = 1$의 조건이 주어졌을 때, 횔더 부등식은 다음과 같다.

$$|\mathcal{E}\{X_1 X_2\}| \leq \left(\mathcal{E}\{|X_1^k|\}\right)^{1/k} \left(\mathcal{E}\{|X_2^l|\}\right)^{1/l} \tag{6.4}$$

$k = l = 2$인 경우에 횔더 부등식은, 상관 항 $\mathcal{E}\{X_1 X_2\}$에 대한 한계를 X_1과 X_2에 대한 이차 모멘트의 항으로 제공하는 **코시-슈바르츠**(Cauchy-Schwartz) 부등식이 된다:

$$|\mathcal{E}\{X_1 X_2\}| \leq \sqrt{\mathcal{E}\{X_1^2\}\mathcal{E}\{X_2^2\}},$$

각각의 랜덤변수에서 평균을 빼면, 코시-슈바르츠 부등식은 공분산에도 적용된다. 즉,

$$|\mathcal{E}\{(X_1 - m_1)(X_2 - m_2)\}| \leq \sqrt{\mathcal{E}\{(X_1 - m_1)^2\}\mathcal{E}\{(X_2 - m_2)^2\}},$$

이 되고, 다시 쓰면

$$|\mathrm{Cov}[X_1, X_2]| \le \sigma_1\sigma_2.$$

위 식을 이용하면 다음과 같은 상관계수에 대한 상한을 얻는다.

$$|\rho_{12}| = \frac{|\mathrm{Cov}[X_1, X_2]|}{\sigma_1\sigma_2} \le 1$$

상관계수는 음의 값을 가질 수 있음을 상기하라. 위 부등식을 다시 쓰면 다음과 같은 일반 공식을 얻는다.

$$\boxed{|\rho_{12}| \le 1} \tag{6.5}$$

민코프스키 부등식.[3] $k \ge 1$이라고 주어졌을 때, 민코프스키 부등식은 다음과 같다.

$$\left(\mathcal{E}\{|X_1 + X_2|^k\}\right)^{1/k} \le \left(\mathcal{E}\{|X_1^k|\}\right)^{1/k} + \left(\mathcal{E}\{|X_2^k|\}\right)^{1/k}. \tag{6.6}$$

$k = 2$인 경우에 민코프스키 부등식은, $X_1 + X_2$의 이차 모멘트와 X_1과 X_2의 이차모멘트가 관련된 식이 된다:

$$\sqrt{\mathcal{E}\{(X_1 + X_2)^2\}} \le \sqrt{\mathcal{E}\{X_1^2\}} + \sqrt{\mathcal{E}\{X_2^2\}}.$$

다시 한번, 각각의 랜덤변수에서 평균을 빼면, 공분산에 대한 결과로 확장할 수 있다. 즉,

$$\sqrt{\mathcal{E}\{((X_1 - m_1) + (X_2 - m_2))^2\}} \le \sqrt{\mathcal{E}\{(X_1 - m_1)^2\}} + \sqrt{\mathcal{E}\{(X_2 - m_2)^2\}},$$

위 식은 다음과 같이 나타낼 수 있다.

$$\boxed{\left(\mathrm{Var}[X_1 + X_2]\right)^{1/2} \le \sigma_1 + \sigma_2} \tag{6.7}$$

5장의 식 (5.44)를 이용하면, 이 결과는 상관계수에 대한 상한 식 (6.5)를 증명하는 데에도 사용될 수 있다 (연습문제 6.8 참조).

6.2 수렴과 극한정리

임의의 $\epsilon > 0$에 대하여 다음 식을 만족하는 충분히 큰 정수 n_c가 존재한다면, (랜덤변수가 아닌) 수열 $\{x_n\}$은 극한 x로 수렴한다.

$$|x_n - x| < \epsilon,\ \text{모든 } n > n_c \text{ 에 대해}$$

그러나 이 절에서는 수렴을 랜덤변수 열로 확장하며, 몇 가지 서로 다른 수렴 형태들을 제시한다.

다음의 랜덤변수 열을 주는 실험을 고려하자.

$$X_1, X_2, \ldots, X_n, \ldots$$

랜덤 실험의 각각의 결과인 s는 수열 $X_1(s),\ X_2(s), \ldots, X_n(s), \ldots$ 가 되기 때문에, 랜덤변수 열 $X_1, X_2, \ldots, X_n, \ldots$ 는 이러한 수열의 한 족(family)을 형성하게 된다. 그러므로 랜덤변수 열의 수렴은 단지 하나의 실현값(realization)에 대해서가 아니라 열 전체 족의 수렴에 대한 기준을 고려해야만 한다. 랜덤변수 열의 몇 가지 수렴 형태가 있는데, 몇몇은 강하고 몇몇은 약하다. 여기서 우리의 관심이 되는 수렴은 확률 1 수렴, 확률적 수렴, 평균제곱 관점에서의 수렴, 그리고 분포 수렴이다. 이러한 수렴 유형을 아래에서 정의한다.

확률 1 수렴(convergence with probability 1). "거의 모든 곳에서 수렴"으로 알려진 이러한 수렴 유형은, 랜덤변수 열 X_n이 1의 확률을 가지고 랜덤변수 X로 수렴한다는 것을 의미한다. 즉,

$$\lim_{n\to\infty} \Pr[X_n(s) \to X(s)] = 1, \quad \text{모든 } s \in \mathcal{S} \tag{6.8}$$

평균제곱 수렴(mean−square convergence). 랜덤변수 열 X_n은 다음과 같은 경우, 평균제곱 관점에서 랜덤변수 X로 수렴한다고 한다.

$$\lim_{n\to\infty} E[|X_n(s) - X(s)|^2] = 0, \quad \text{모든 } s \in \mathcal{S} \tag{6.9}$$

확률적 수렴(convergence in probability). 이러한 수렴 유형은 또한 측도(measure)적 수렴으로도 알려져 있다. 랜덤변수 열 X_n은 임의의 $\epsilon > 0$에 대하여, 다음을 만족할 때 확률적으로 랜덤변수 X로 수렴한다고 한다.

$$\lim_{n\to\infty} \Pr[|X_n(s) - X(s)| > \epsilon] = 0, \quad \text{모든 } s \in \mathcal{S} \tag{6.10}$$

체비세프 부등식 식 (6.2)로 부터,

$$\Pr[|X_n - X| > \epsilon] \le \frac{E[|X_n - X|^2]}{\epsilon^2},$$

을 얻을 수 있는데 이 식은, 만일 랜덤변수 열이 평균제곱 수렴한다면, 그것은 또한 확률적으로도 수렴함을 의미한다.

분포 수렴(convergence in distribution). 누적분포함수가 $F_{X_n}(x)$ 인 랜덤변수 열 X_n이 다음을 만족할 때, 누적분포함수가 $F_X(x)$ 인 랜덤변수 X로 분포(함수 관점에서) 수렴한다고 한다.

$$\lim_{n\to\infty} F_{X_n}(x) = F_X(x) \tag{6.11}$$

이 장의 후반부에서 다룰 중심극한 정리는 분포 수렴의 한 예이다. 분포 수렴은, 표본공간 S에 대해서는 언급할 필요가 없고, 랜덤변수 열의 누적분포함수에만 관련된다.

각 수렴 형태에 대한 벤 다이어그램를 그림 6.1에 나타내었다. 각각의 타원은, 표시된 형태로 수렴하는 모든 랜덤변수 열을 나타낸다. 가장 큰 타원의 외부의 어떤 열도 수렴하지 않는다. 분포 수렴은 수렴의 가장 약한 형태임을 주목하기 바란다. 만일 열이 확률적으로 수렴한다면, 이는 또한 분포 수렴한다 (그러나 역은 성립하지 않는다).

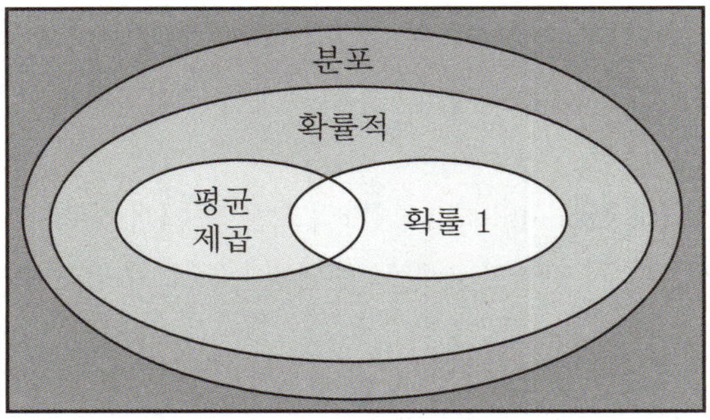

그림 6.1 각 수렴 형태의 비교

6.2.1 큰수의 법칙

이제 "**큰수의 법칙**(law of large numbers)"으로 알려진 중요한 이론적 결과를 살펴보자. 이 결과는, 랜덤변수 실험에서 구한 평균을 랜덤변수의 평균으로 간주할 수 있게 하기 때문에 중요하다. 특정한 랜덤변수 X에 대한 n번의 독립적인 반복 실험으로 결과 값 또는 "관찰량" X_1, X_2, ⋯, X_n을 얻었다고 가정하자. 따라서 X_i는 독립이면서 동일하게 분포 (IID)한다. **표본평균**(sample mean)은 이러한 n개의 랜덤변수들의 평균으로 정의된다.

$$M_n = \frac{X_1 + X_2 + \ldots + X_n}{n} = \frac{1}{n}\sum_{i=1}^{n} X_i \tag{6.12}$$

각 X_i가 랜덤변수이기 때문에, 표본평균 또한 랜덤변수임을 주목하자. 큰수의 법칙은 n이 무한대로 접근해 가면, 표본평균이 분포 평균 m_X로 수렴함을 나타낸다. 큰수의 법칙은 보통 아래에 주어진 두 가지 형태로 표현된다.

큰수의 약법칙

큰수의 약법칙은 다음의 관점에서 표본평균 M_n이 분포 평균 m_X에 접근한다는 것을 나타낸다.

$$\lim_{n\to\infty} \Pr\left[|M_n - m_X| \ge \epsilon\right] = 0 \tag{6.13}$$

여기서 ϵ는 임의의 작은 양수이다. 다시 말해서, n이 커질수록 표본평균은 실제 평균 m_X에 **확률적으로 수렴**한다.

이 결과를 증명하기 위해서, 먼저 M_n의 평균과 분산을 살펴본다. 평균은 다음과 같다.

$$\mathcal{E}\{M_n\} = \mathcal{E}\left\{\frac{1}{n}\sum_{i=1}^{n} X_i\right\} = \frac{1}{n}\sum_{i=1}^{n}\mathcal{E}\{X_i\} = m_X \tag{6.14}$$

(마지막 등식은, 모든 X_i가 동일한 평균 m_X를 갖는다는 사실에서 기인한다.) 식 (6.14)로부터 표본평균의 평균은 분포 평균 m_X와 같음을 알 수 있다. X_i가 IID 라는 것을 이용하면, 분산도 쉽게 구할 수 있다. 즉, (표 4.2)와 식 (5.50) 참조) 분산은 다음과 같이 된다.

$$\text{Var}\left[M_n\right] = \text{Var}\left[\frac{1}{n}\sum_{i=1}^{n} X_i\right] = \left(\frac{1}{n}\right)^2 \sum_{i=1}^{n}\text{Var}\left[X_i\right] = \frac{\sigma_X^2}{n} \tag{6.15}$$

여기서 σ_X^2는 X_i의 분산으로 유한하다고 가정하자. 이제 체비세프 부등식 (6.2)를 M_n에 적용하면,

$$\Pr\left[|M_n - m_X| \geq \epsilon\right] \leq \frac{\text{Var}(M_n)}{\epsilon^2} = \frac{\sigma_X^2}{n\epsilon^2}.$$

을 얻는다. 이 식에서 임의로 선택된 ϵ값에 대하여, $n \to \infty$로 감에 따라, 우변은 0에 접근하게 되어, 약법칙의 식 (6.13)이 명백하게 증명된다.

큰수의 강법칙

큰수의 강법칙은, $n \to \infty$에 따라, 1의 확률로 표본 평균 M_n이 분포 평균 m_X로 수렴함을 나타낸다. 즉,

$$\Pr\left[\lim_{n\to\infty} M_n = m_X\right] = 1. \tag{6.16}$$

강법칙의 증명을 여기서 하지는 않을 것이다. 약법칙은 표본평균이 분포의 평균에 매우 근접함을 나타내지만, 큰수의 강법칙에서 말해주는 $n \to \infty$일 때 표본평균의 실제 값이 어떻게 될 것인가에 대한 것은 고려하지 않음을 주목하라. 그림 6.1에는 두 가지 수렴 형태의 비교를 나타내었다.

6.2.2 중심극한 정리

중심극한 정리는 확률 이론에서 매우 중요한 결과이다. 중심극한 정리의 핵심은 많은 수의 독립 랜덤변수들의 합의 분포가 정규 분포에 근접한다는 것이다. **중심극한 정리**를 여기서는 증명 없이 다음과 같이 나타낸다.

각각 평균이 m_X이고 분산이 σ_X^2인, 독립이면서 동일하게 분포하는 랜덤변수 열 X_1, X_2 ... X_n을 고려하자. 합 $Y_n = X_1 + X_2 + \ldots + X_n$의 평균은 nm_X이고 분산은 $n\sigma_X^2$가 된다. 평균이 0이고 분산이 1인 정규화된 랜덤변수를 다음과 같이 정의하자.

$$Z_n = \frac{Y_n - nm_X}{\sigma_X \sqrt{n}},$$

이것의 누적분포함수는 다음과 같다.

$$F_{Z_n}(z) = \Pr[Z_n \le z].$$

정규화된 랜덤변수 Z_n의 누적분포함수는, 평균이 0이고 분산이 1인 정규 랜덤변수의 누적분포 함수로 접근한다:

$$\lim_{n\to\infty} F_{Z_n}(z) = \Phi(z) = \frac{1}{\sqrt{2\pi}} \int_{-\infty}^{z} e^{-\frac{v^2}{2}} dv, \tag{6.17}$$

$\Phi(z)$는 제3장에서 논의된 정규화된 가우시안 누적분포함수이기 때문에, 정규화된 랜덤변수 Z_n의 열은 정규 랜덤변수로 **분포수렴** 한다.

중심극한 정리는, 임의의 분포를 갖는 임의의 (유한한 평균과 유한한 분산을 갖는) IID 랜덤변수 열의 합에 대하여 성립된다. 사실, 중심극한 정리는 양의 값을 갖는 상당히 많은 함수들을 합성곱한 결과로, 다양한 응용에서 폭넓게 사용된다. 위에서 언급한 조건들을 완화하면 기본정리의 확장이 가능하다.

예제 6.5

매개변수 p=Pr[1]=0.6인 분포를 갖는 (IID 베르누이 랜덤변수) 100 개의 이진수 열을 고려하자. 다음을 구하라. (i) 열에서 1이 65 개보다 많을 확률, (ii) 1의 개수가 50에서 70 사이일 확률.

Y_{100}이 열에서 1의 개수를 나타낸다고 하면, Y_{100}이 이항 랜덤변수임을 상기하자. 확률질량함수는 3장의 식 3.5로 주어진다. 확률은 이항 확률밀도함수를 이용하여 바로 구할 수 있다. 예를 들어,

$$\Pr[Y_{100} > 65] = \sum_{k=66}^{100} \binom{100}{k} (0.6)^k (0.4)^{100-k}$$

이다. 그러나 위 식의 계산은 복잡하다. Y_{100}이 100개의 랜덤변수 X_i의 합 임을 생각하여 중심극한 정리를 적용하면 간단해진다.

이 열에서 1의 개수는 다음과 같은 합으로 나타낼 수 있고, 이진 랜덤변수 각각의 평균과 분산은 $m_X = 0.6$와 $\sigma_X^2 = 0.24$로 구해진다.

$$Y_{100} = \sum_{i=1}^{100} X_i.$$

따라서 합의 평균은 $100m_X = 60$이고 분산은 $100\,\sigma_X^2 = 24$가 된다.
Y_{100}의 정규화된 표현은

$$Z_{100} = \frac{Y_{100} - 60}{\sqrt{24}},$$

이므로 다음 식을 얻는다.

$$\begin{aligned}\Pr[Y_{100} > 65] &= \Pr\left[Z_{100} > \frac{65-60}{\sqrt{24}}\right] \\ &= Q\left(\frac{5}{\sqrt{24}}\right) \approx Q(1.02) \approx 0.154,\end{aligned}$$

여기서 $Q(1.02)$ 값은 교재의 속 표지에 제공되는 표로부터 구할 수 있다.

Y_{100}이 50에서 70 사이 일 확률은 다음과 같다.

$$\begin{aligned}\Pr[50 \le Y_{100} \le 70] &= \Pr\left[\frac{50-60}{\sqrt{24}} \le Z_{100} \le \frac{70-60}{\sqrt{24}}\right] \\ &\approx \Pr[-2.04 \le Z_{100} \le 2.04] = 1 - 2Q(2.04) \\ &\approx 1 - 2 \times 0.021 = 0.958.\end{aligned}$$

6.3 매개변수의 추정

확률적인 아이디어를 실제 적용하기 위해서는, 분포를 특징짓는 다양한 매개변수에 대한 수치 값을 얻는 것이 필요하다. 예를 들어, 정규 랜덤변수에 대해서는 평균과 분산을 아는 것이 필요하며, 이항 랜덤변수에 대해서는 매개변수 p를 아는 것이 필요하다. 대부분의 경우에서, 이들 매개변수들은 사전에 알려져 있는 것이 아니며, 시행에서의 랜덤변수 관찰을 통해 추정되어야 한다.

표본평균은 랜덤변수의 평균의 추정으로 이미 소개된 바 있다. 이 장의 나머지에서는, 다른 매개변수에 대한 추정 절차도 소개하며, 이러한 추정의 특성에 대한 몇 가지 기본적인 이론적 결과들을 알아본다.

여기서 추정의 주제는 간략하게 다루지만, 이 책의 목적을 달성하기에는 충분하다. 공학적 관점에서 더 광범위한 내용은 여러 참고문헌에서 찾을 수 있다 (예를 들어, [4, 5, 6, 7]).

6.3.1 추정 및 특성

먼저 몇 가지 표기법을 설정하자. 어떤 특정한 랜덤변수 X의 분포와 관계되는 매개변수 θ를 고려하자. 6.2.1절에서 처럼 X_1, X_2, ⋯, X_n은, 랜덤변수를 제공하는 독립적인 n 번의 반복 시행에서 얻어진 결과 값들의 열을 나타낸다고 하자. 매개변수 θ에 대한 통계량(statistic) 또는 추정량(estimator)를 다음과 같이 정의한다.[2)]

$$\Theta_n = \Theta(X_1, X_2, \ldots, X_n)$$

여기서 우변의 Θ는 랜덤변수 X_1, X_2, ⋯, X_n의 알려진 함수를 나타낸다. Θ_n이 랜덤변수 X_1, X_2, ⋯, X_n에 종속적이고 따라서 그 자체가 랜덤변수이기 때문에, 추정치 Θ_n에 대하여 대문자를 사용함을 주목하기 바란다. 관찰 횟수 n에 종속적임을 나타내기 위하여, 아랫 첨자 "n"도 추정량에 표기하였다. 대부분의 저자들은 추정량임을 나타내기 위하여 기호 위에 "모자" (^) 표기를 사용하지만, 이러한 부수적인 표기는 이 장의 대부분에서 불필요하다.

여기서는 추정량의 중요한 세 가지 특성을 고려한다:

1. 만약 다음이 성립하면, 추정량 Θ_n는 **불편**(unbiased) 되어 있다고 한다.

$$\mathcal{E}\{\Theta_n\} = \theta$$

여기서 θ는 매개변수의 참값이다. 그렇지 않은 경우, 추정량은 $\mathrm{b}(\theta) = \mathcal{E}\{\Theta_n\} - \theta$ 만큼 편향(biased) 되었다고 한다.
만약 다음이 성립하면, 추정량은 **점근적으로 불편**이라고(asymptotically unbiased)고 한다.

$$\lim_{n\to\infty} \mathcal{E}\{\Theta_n\} = \theta$$

2. 만약 더 작은 분산을 갖는다면, 그 추정량에 다른 추정량에 비하여 **효율적**(effective)이라고 한다. 만약 추정량 Θ_n이 모든 n에서 $\Theta_{n\text{-}1}$에 비해 효율적이라면, 추정량 Θ_n는 (어떠한 조건도 없이) **유효**하다고 한다.
3. 어떤 임의의 작은 수 ϵ에 대해서 다음이 성립할 때, 추정량 Θ_n는 **일관**(consistent) 된다고 한다.

$$\lim_{n\to\infty} \Pr[|\Theta_n - \theta| < \epsilon] = 1$$

즉, 만약 추정량이 매개변수의 참값 θ로 확률적으로 수렴 한다면, 추정량은 일관된다고 한다.

---

2) 통계량은 랜덤변수 X_1, X_2, ⋯, X_n의 함수이다. 추정량은 어떤 특정 매개변수 θ를 근사화 하는 통계량이다.

일관성(consistency)은 명백히 바람직한 특성이다.[3] 그것은 관찰 횟수 n이 증가할수록 추정량이 실제 매개변수에 더욱 더 가까워짐을 의미한다.

특성 1과 2를 합치면 특성 3이 성립함을 관찰하라. 즉,

만약 Θ_n이 불편이고 유효하다면, Θ_n는 일관된 추정량이다.

체비세프 부등식 (6.2)를 이용하여 위 내용을 증명할 수 있다. Θ_n가 불편이므로, 평균은 θ와 같다. 이 경우 식 (6.2)는 다음과 같이 된다.

$$\Pr[|\Theta_n - \theta| \geq \epsilon] \leq \frac{\text{Var}\,[\Theta_n]}{\epsilon^2}$$

그러므로 만약 Θ_n의 분산이 n에 따라 감소한다면, $|\Theta_n - \theta| \geq \epsilon$ 일 확률은 $n \to \infty$로 감에 따라 0에 가까워진다. 다시 말해서 $|\Theta_n - \theta| < \epsilon$ 일 확률은 1에 가까워진다. 이 마지막 특성을 그림 6.2에 도시하였다.

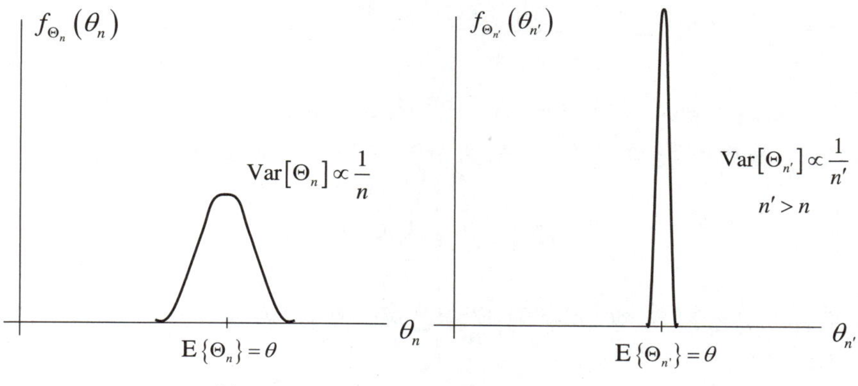

그림 6.2 분산이 n에 따라 감소하는 불편 추정량에 대한 일관성 설명. (a) 추정량 Θ_n의 확률밀도함수. (b) $n' > n$인 추정량 $\Theta_{n'}$ 의 확률밀도함수

n이 커질수록, Θ_n에 대한 확률밀도함수는 실제 매개변수 값 θ로 더욱 모여진다. 극한의 경우에 밀도함수는 θ에 위치하는 임펄스의 특성을 가지게 된다.

이 절에서 논의된 특성들이 몇몇 특정 통계량에 대해 아래에서 설명된다.

---

3) 일반적으로, 만약 추정량이 몇 가지 관점에서 매개변수의 참값에 수렴한다면 추정은 일관된다. 일관성을 정의하기 위한 다른 가능한 (더 강력한) 방법은 확률 1 수렴 또는 평균제곱 수렴이다.

6.3.2 표본평균과 분산

(이미 소개한) 표본평균 M_n과 표본분산 Σ_n^2 은, 랜덤변수의 분포 평균 $m_X = \mathcal{E}\{X\}$와 분산 $\sigma_X^2 = \mathcal{E}\{(X - m_X)^2\}$을 모를 때 이들을 추정하기 위해 흔히 쓰이는 통계량이다. 앞 절에서 논의한 정의에 맞춰 이 특정 통계량들의 특성을 살펴보자.

표본평균

표본평균 M_n은 식 (6.12)로 정의된다. 6.2.1절에서 M_n의 평균은 분포 평균 m_X와 같음을 살펴보았다 (식 (6.14) 참조). 그러므로 표본평균은 불편되어 있다.

표본평균의 분산 또한 6.2.1절에서 유도되었으며 (식 (6.15) 참조) σ_X^2/n로 주어진다. 분산이 n에 따라 감소하기 때문에, 추정량은 유효하다. 마지막으로, 추정량이 불편이고 유효하기 때문에, 표본평균은 평균에 대한 일관된 추정량이다.

표본분산

표본분산은 다음과 같이 정의된다.

$$\Sigma_n^2 = \frac{(X_1 - M_n)^2 + \ldots + (X_n - M_n)^2}{n} = \frac{1}{n}\sum_{i=1}^{n}(X_i - M_n)^2 \tag{6.18}$$

(분산을 추정할 때 실제 평균 m_X는 일반적으로 모르기 때문에, 실제 평균 m_X보다는 표본평균 M_n을 이용함을 주목하라.) 표본분산의 평균은 다음과 같이 주어진다.

$$\mathcal{E}\{\Sigma_n^2\} = \frac{1}{n}\sum_{i=1}^{n}\mathcal{E}\{(X_i - M_n)^2\}$$

우변에 있는 M_n도 랜덤변수라는 사실은 이 기댓값 계산을 어렵게 만든다. 먼저 다음이 성립한다.

$$X_i - M_n = (X_i - m_X) - (M_n - m_X)$$

위 식을 이전 식에 대입하면 다음과 같이 된다.

$$\begin{aligned}\mathcal{E}\{\Sigma_n^2\} \quad = \quad & \frac{1}{n}\sum_{i=1}^{n}\mathcal{E}\{(X_i - m_X)^2\} + \frac{1}{n}\sum_{i=1}^{n}\mathcal{E}\{(M_n - m_X)^2\} \\ & -\frac{2}{n}\mathcal{E}\left\{\sum_{i=1}^{n}(M_n - m_X)(X_i - m_X)\right\}\end{aligned}$$

위 식은 다음과 같이 정리할 수 있다.

$$\mathcal{E}\{\Sigma_n^2\} = \sigma_X^2 + \mathcal{E}\{(M_n - m_X)^2\} - \frac{2}{n}\mathcal{E}\left\{(M_n - m_X)\sum_{i=1}^{n}(X_i - m_X)\right\}$$

여기서 첫 번째 항은 분포 분산 σ_X^2이고, $M_n - m_X$는 합 연산에서의 변수 i에 종속되지 않으므로 합 연산에서 제외될 수 있음을 알 수 있다.

마지막 항은 다음과 같이 나타낼 수 있다:

$$\frac{2}{n}\mathcal{E}\left\{(M_n - m_X)\sum_{i=1}^{n}(X_i - m_X)\right\} = 2\mathcal{E}\left\{(M_n - m_X)\left(\frac{1}{n}\sum_{i=1}^{n}X_i - \frac{1}{n}\sum_{i=1}^{n}m_X\right)\right\}$$
$$= 2\mathcal{E}\{(M_n - m_X)(M_n - m_X)\} = 2\mathcal{E}\{(M_n - m_X)^2\}$$

위 식을 이전 식에 대입하면 다음과 같이 된다.

$$\mathcal{E}\{\Sigma_n^2\} = \sigma_X^2 - \mathcal{E}\{(M_n - m_X)^2\}$$

최종적으로, $\mathcal{E}\{(M_n - m_X)^2\} = \text{Var}[M_n] = \sigma_X^2/n$ (식 (6.15) 참조)이므로, 다음과 같이 나타낼 수 있다.

$$\mathcal{E}\{\Sigma_n^2\} = \left(1 - \frac{1}{n}\right)\sigma_X^2,$$

이 결과는, 표본분산이 비록 편향되어 있지만 그럼에도 불구하고 $n \to \infty$일 때 $\mathcal{E}\{\Sigma_n^2\} \to \sigma_X^2$이기 때문에 점근적으로 불편이라는 것을 보여준다.

표본분산의 또 다른 형태가 때때로 사용된다. 이 추정은 다음과 같이 주어진다.

$$(\Sigma_n^2)' = \frac{1}{n-1}\sum_{i=1}^{n}(X_i - M_n)^2 \qquad (6.19)$$

이 식은 이전의 정의 식 (6.18)과는 $n/(n-1)$의 인수만큼 다르며 따라서 불편이 된다. 표본분산의 이 두 형태는 통계 분석 프로그램과 휴대용 계산기에서 찾아 볼 수 있다.

표본분산의 분산 또한 구할 수 있으며 n이 증가할수록 0에 접근하게 된다. 따라서 표본평균은 일관 추정량이다. 이에 대한 증명은 보다 고급의 문헌에서 찾을 수 있다(예를 들어, [6, 7]).

6.4 최대우도추정

지금까지 몇 개의 서로 다른 추정의 예를 살펴보면서, 이러한 추정을 위한 식들이 어떻게 유도되었는지 궁금해질 수 있다. 이 질문에 대한 한 가지 답변은, 최대우도(maximum likelihood, ML)추정으로 알려진 과정을 통해 구한다는 것이다.

다음과 같은 가설적 상황을 고려하자. 그림 6.3에 나타낸 분포함수 중 하나와 유사한 분포함수를 갖는 랜덤변수 X가 있는데, 평균은 모른다.

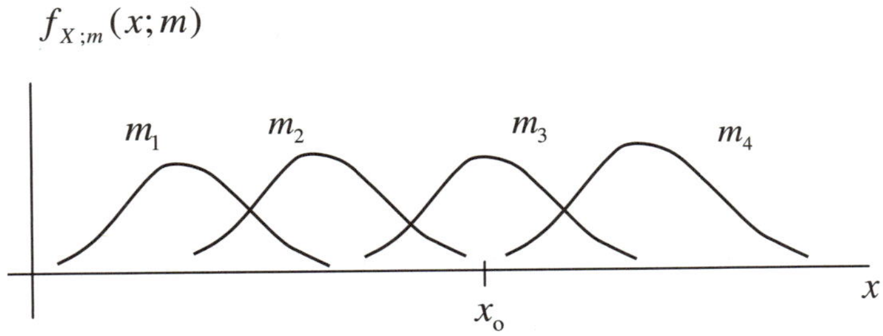

그림 6.3 평균 추정에서의 선택

이때, 랜덤변수 X를 관찰하여 얻은 관찰량을 x_o라 하자. 이 하나의 관찰량을 기반으로, 분포의 평균을 추정해 보자. 그림 6.3을 참고하면, m_3가 주어진 관찰량 (x_o)을 가장 가능성이 큰 관찰량으로 만들기 때문에, 평균으로 선택하는 값은 m_3가 되어야 한다고 주장할 수 있을 것이다. 한편 m_1이나 m_4를 선택한다면, 이러한 선택들은 주어진 관찰량 x_o가 발생할 확률을 작아지게 한다.

이러한 추론은 **최대우도의 원리**(principle of maximum likelihood)로 확장될 수 있다. 이 원리는, 매개변수에 대한 추정량을 선택하는데 있어서, 관찰된 데이터를 가장 가능성이 높은 결과로 만드는 (매개변수의) 값을 선택해야한다는 것이다. 이 원리를 수학적으로 공식화해 보자.

먼저, 대부분의 실제 추정 문제에서는, 하나 이상의 관찰된 데이터가 존재한다. 이 전 절에서와 같이, 다양한 데이터 표본 또는 관찰량들을 X_1, X_2, ⋯, X_n으로 표기하자. 또한, 표기의 편의를 위해서, 이 관찰량 집합을 랜덤벡터 $\boldsymbol{X}$로 나타내자. 만약 θ가 X에 대한 밀도함수의 매개변수라면, 모든 관찰량들에 대한 결합 밀도함수는 $f_{\boldsymbol{X};\theta}(\boldsymbol{x};\theta)$로 나타낼 수 있다. 이 경우 매개변수 θ에 대한 **최대우도** (ML) 추정은 다음과 같이 정의된다.

$$\boxed{\Theta_{ml}(\boldsymbol{X}) = \underset{\theta}{\operatorname{argmax}} \quad f_{\boldsymbol{X};\theta}(\boldsymbol{X};\theta)} \tag{6.20}$$

다시 말해서, 이것은 주어진 관찰량 하에서 $f_{\boldsymbol{X};\theta}$가 최대가 되도록 하는 θ값이다. 6.3절의 논의에서와 마찬가지로, Θ_{ml}과 $\boldsymbol{X}$가 랜덤변수이기 때문에 대문자를 사용한다. 어떻게 이 정의가 특정 매개변수 추정을 위한 공식 유도에 바로 이용될 수 있는지 설명하기에 앞서, 먼저 일반적인 절차에 대한 몇 가지를 언급해 보자.

1. 최대우도추정에서, $f_{\boldsymbol{X};\theta}(\boldsymbol{x};\theta)$는 고정된 (알고 있는) 관찰값 $\boldsymbol{X}$에 대한 매개변수 θ의 함수로 간주된다. θ의 함수의 관점에서, $f_{\boldsymbol{X};\theta}$는 확률밀도함수 보다는 "**우도함수**(likelihood function)"로 불린다.
2. 식 (6.20)의 결과로 구한 최대우도추정은 ("최소분산" 추정이라 부르는) 가장 작은 분산을 갖는 추정이 된다. 따라서 최대우도추정은 매개변수 θ에 대한 가장 효율적인 추정이라는 의미에서 최적 추정이 된다.

3. 로그를 취하는 것은 단조 변환이므로, $\ln f_{\boldsymbol{x};\theta}$를 최대화 하는 것은 $f_{\boldsymbol{x};\theta}$를 최대화 하는 것과 동일하다. 많은 분포들에는 변수의 거듭제곱 항이 포함되어 있기 때문에, ML 추정을 계산하기 위한 가장 편리한 방법은 다음과 같다:

$$\Theta_{ml}(\boldsymbol{x}) = \underset{\theta}{\operatorname{argmax}} \quad \ln f_{\boldsymbol{x};\theta}(\boldsymbol{x};\theta) \tag{6.21}$$

$\ln f_{\boldsymbol{x};\theta}$는 **로그 우도함수**라 한다.

앞서 말한 결과들을 염두에 두고, 몇 가지 예제를 통해 최대우도추정량을 구하는 절차를 살펴보도록 하자.

예제 6.6

파일 서버에서 서비스 요청 사이의 시간 X가 다음과 같은 지수 확률밀도함수를 갖는 랜덤변수이다.

$$f_X(x) = \begin{cases} \lambda e^{-\lambda x} & x \geq 0 \\ 0 & \text{그 외} \end{cases}$$

서로 독립인 도착간격 시간 X_1, X_2, $\cdots$, X_n을 가지는 총 n+1 번의 요청이 관찰되었다. 도착률 매개변수 λ에 대한 최대우도추정량을 구하고자 한다.

도착간격 시간이 서로 독립이기 때문에, 이 문제에 대한 우도함수는 다음과 같다.

$$f_{\boldsymbol{X};\lambda}(\boldsymbol{X};\lambda) = \prod_{i=1}^{n} \lambda e^{-\lambda X_i} = \lambda^n e^{-\lambda \sum_{i=1}^{n} X_i}$$

위의 형태는 지수 항들을 포함하고 있기 때문에, 다음과 같은 로그 우도함수로 다루는 것이 더 수월하다.

$$\ln f_{\boldsymbol{X};\lambda}(\boldsymbol{X};\lambda) = \ln \ \lambda^n e^{-\lambda \sum_{i=1}^{n} X_i} = n \ln \lambda - \lambda \sum_{i=1}^{n} x_i$$

λ에 대한 최대우도추정량을 구하기 위해서, 로그 우도함수를 미분한 후, 그 결과를 0으로 놓으면, 다음과 같이 된다.

$$\frac{d}{d\lambda}\left[n \ln \lambda - \lambda \sum_{i=1}^{n} X_i\right] = \frac{n}{\lambda} - \sum_{i=1}^{n} X_i = 0$$

λ에 대해 위 식을 풀면 최대우도추정량을 얻게 된다. 사실, 추정량은 랜덤변수이기 때문에, 대문자를 사용하여 다음과 같이 나타낼 수 있다.

$$\Lambda_{ml} = \frac{1}{\frac{1}{n}\sum_{i=1}^{n} X_i}$$

이 추정치는 평균 도착간격 시간의 역수가 된다.

이산 랜덤변수의 경우도 과정은 비슷하다. 그러나, 우도함수는 확률밀도함수가 아닌 확률질량함수로 유도된다.

예제 6.7

n개의 이진 비트 열에서 발생한 K개의 오류는 다음과 같은 확률질량함수를 갖는 이항 랜덤변수이다.

$$\mathrm{f}_K[k] = \binom{n}{k} p^k (1-p)^{(n-k)} \qquad 0 \le k \le n$$

여기서 매개변수 p는 단일 비트의 오류 확률이다. k개의 오류가 관찰되었다고 할 때, 비트 오류 매개변수 p에 대한 최대우도추정량을 구하라.

이 문제에 대한 우도함수는 다음과 같다.

$$\mathrm{f}_{K;p}[K;p] = \binom{n}{K} p^K (1-p)^{(n-K)}$$

로그우도함수를 이용할 수도 있지만 (연습문제 6.23 참조), 이 경우에는 우도함수를 직접 적용하는 것도 충분히 쉽다.

매개변수에 대해 미분 한 후, 그 결과를 0으로 두면 다음과 같이 된다.

$$\begin{aligned} \frac{d\mathrm{f}_{K;p}}{dp} &= \binom{n}{K} \Big[K p^{K-1} (1-p)^{n-K} - p^K (n-K)(1-p)^{n-K-1} \Big] \\ &= \binom{n}{K} p^{K-1} (1-p)^{n-K-1} \Big[K(1-p) - p(n-K) \Big] = 0 \end{aligned}$$

p에 대해 풀면, 최대우도추정량은 다음과 같이 구할 수 있다.[4)]

$$P_{ml} = \frac{K}{n}$$

이항분포의 평균이 $\mathcal{E}\{K\} = np$인 것을 이용하면, 다음과 같이 된다.

$$\mathcal{E}\{P_{ml}\} = \frac{\mathcal{E}\{K\}}{n} = p$$

따라서 이것은 추정량이 불편임을 보여준다.

다음 예제는 이전의 두 예제와는 다소 다르게, 확률밀도함수와 우도함수와의 차이점을 강조하기 위한 예제이다.

4) 추정량에 대문자가 사용된다.

예제 6.8

랜덤변수 X가 다음과 같이 균일 밀도함수를 갖는다.

$$f_X(x) = \begin{cases} 1/a & 0 \le x \le a \\ 0 & \text{그 외} \end{cases}$$

서로 독립인 n개의 관찰 X_1, X_2, $\cdots$, X_n이 주어졌을 때, 매개변수 a에 대한 최대우도추정량을 구하고자 한다.

이 문제는 우도함수의 의미에 대해 주의 깊게 생각해야 하기 때문에 까다로운 문제이다. 사실, 미분값이 0이 아닌 영역의 경계 중 하나에서 우도함수의 최댓값이 발생하기 때문에, 이전의 두 예제처럼 무턱대고 미분해서 진행할 수 없다

이 예제를 진행하기 위하여, $n = 1$인 가장 단순한 경우를 고려하자. 관찰량 X를 고정시킨 채, 변수 a의 함수인 밀도함수에 대한 위의 식을 이용하면 우도함수를 다음과 같이 나타낼 수 있다.

$$f_{X;a}(X;a) = \begin{cases} 1/a & a \ge X \\ 0 & \text{그 외} \end{cases}$$

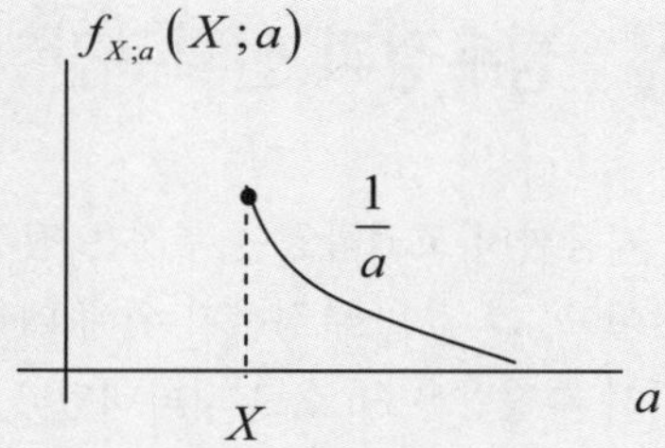

위 그림에서, 우도함수의 최댓값이 $a = X$인 지점에서 발생함을 알 수 있다. 따라서 $n = 1$에 대한 최대우도추정량은 $A_{ml} = X$가 된다.

다음으로 $n = 2$를 고려하자. 관찰량들이 서로 독립이므로, 결합 확률밀도함수는 다음과 같이 주어진다.

$$f_{X_1X_2}(x_1, x_2) = \begin{cases} 1/a^2 & 0 \le x_1 \le a, 0 \le x_2 \le a \\ 0 & \text{그 외} \end{cases}$$

고정된 관찰값에 대하여, a의 함수로 위 식을 정리하고 도시하면, 다음과 같은 우도함수를 얻게 된다.

$$f_{\boldsymbol{X};a}(\boldsymbol{X};a) = \begin{cases} 1/a^2 & a \ge X_1, a \ge X_2 \\ 0 & \text{그 외} \end{cases}$$

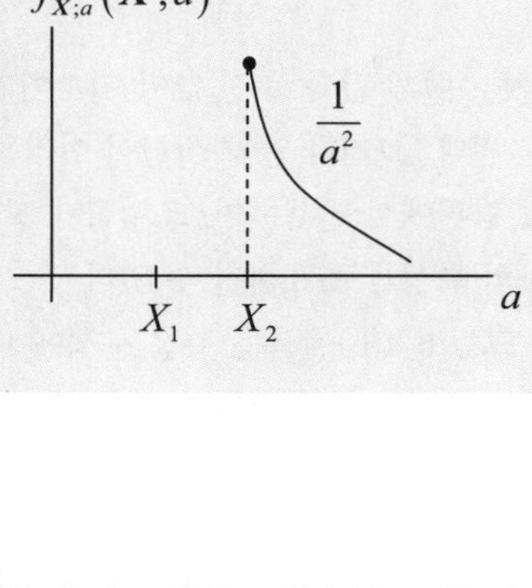

우도함수가 0이 아닐 때, 부등식 $a \geq X_1$와 $a \geq X_2$가 모두 만족되어야 하므로, 함수의 최댓값은 $A_{ml} = \max\{X_1, X_2\}$에서 발생함을 관찰하라.
이러한 방법으로 추론의 과정을 계속하면, 임의의 n개의 표본에 대하여, $a \geq \max\{X_1, X_2, \ldots, X_n\}$일 때 우도함수는 $1/a^n$이 되고, 그렇지 않으면 0이 됨을 알 수 있다. 이 함수의 최대값, 즉, 최대우도추정치는 다음에서 발생한다.

$$A_{ml} = \max\{X_1, X_2, \ldots, X_n\}$$

이 예제에 대해 조금만 숙고 해 보면, 이것이 직관적으로 옳은 답임을 확신하게 될 것이다.

최대우도추정이 가능한 많은 경우가 존재한다. 예를 들어, 6.2.1절에서 소개된 표본평균은 정규분포 (그리고 몇몇 다른 분포들)의 평균에 대한 최대우도추정량이 된다. 증명은 간단하므로, 이 장의 끝에 연습문제로 남겨둔다.

6.5 점추정과 신뢰구간

지금까지 고려하였던 추정은 점추정으로 알려져 있다. 추정하고자 하는 매개변수가 미지의 값이고, 그 값을 추정하기 위해 데이터가 이용된다. 그림 6.4(a)에서 이를 설명하고 있으며 여기서 추정량은 Θ_n으로 나타내었다.

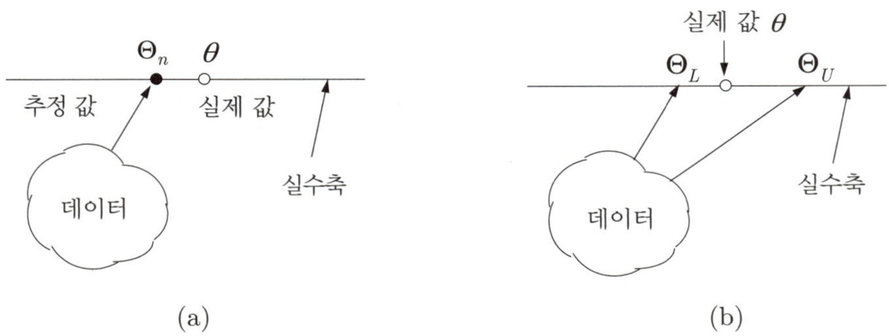

그림 6.4 매개변수 추정. (a) 점추정. (b) 구간추정

물론, 실제 값과 추정 값이 실수이기 때문에, 실제로는 추정 값이 실제 값과 정확히 같지는 않게 된다. 그러나 만약 실험이 여러 번에 걸쳐 반복된다면, 결과적으로 구해진 추정값들은 실제 값 양편에서 발생하며, 조밀하게 모이게 될 것이다. 이러한 결과들은 6.3.1절에서 살펴본 추정량의 특성들로 표현될 수 있다.

그림 6.4(b)에서는 추정 문제에 대한 또 다른 접근 방법을 설명하고 있다. 여기서는 실제 매개변수 θ가 어떤 확률로 그 구간 내에 있게 되는 실직선 상의 구간 (Θ_L, Θ_U)를 고려한다. 이

것은 다음과 같이 나타낼 수 있는데

$$\Pr[\Theta_L < \theta < \Theta_U] = 1 - \alpha$$

여기서 α는 0과 1사이의 값을 갖는다.

구간 $(\Theta_L,\ \Theta_U)$를 **신뢰구간**(confidence interval)이라 하며[4, 8, 9], Θ_L과 Θ_U를 신뢰구간의 하한과 상한이라 한다. Θ_n과 같이, 상한과 하한도 랜덤변수이면서 데이터의 함수이다. 변수 α를 **유의수준**(significance level)이라 하며, $(1-\alpha)\times100\%$의 값을 **신뢰수준**(confidence level)이라 한다. 예를 들어, 만일 $\alpha = 0.05$라면, $(\Theta_L,\ \Theta_U)$는 95% 신뢰구간이 된다.

점추정 Θ_n과 신뢰구간 $(\Theta_L,\ \Theta_U)$는 일반적으로 같이 언급된다. 예를 들어, "신호가 95% 신뢰구간 (4.7, 5.1)에서 4.9 볼트로 추정된다"라고 말할 수 있다. 그래프로 나타낼 때, 점추정값은 신뢰구간을 나타내는 구분선과 함께 도시된다 (그림 6.5 참조).

이제, 신뢰구간의 구성을 보다 면밀하게 살펴보자. 불편인 점추정 Θ_n이 존재하며, Θ_n에 대한 확률밀도함수가 그림 6.5와 같다고 가정하자. 추정량이 불편이기 때문에, 확률밀도함수의 평균은 실제 매개변수 θ임을 주목하라. 이제 α의 확률을 갖는 영역을 선택하자. 여기서 α는 검정의 유의수준이다.

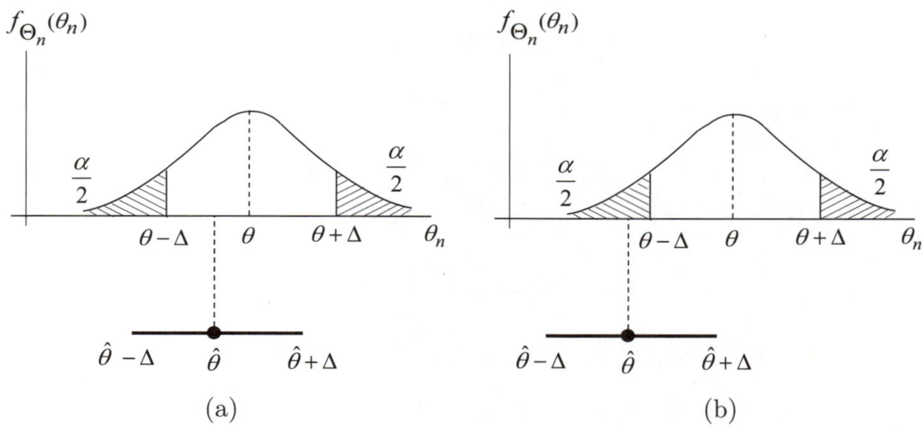

그림 6.5 점추정과 신뢰구간. (a) 임계영역에 존재하지 않는 추정값. (b) 임계영역에 존재하는 추정값

이 영역을 **임계영역**(critical region)이라 한다. 이 영역을 선택하는 여러 가능한 방법이 있지만, 밀도함수가 평균에 대해 대칭일 때는 각각의 확률이 $\alpha/2$인 두 개의 영역 $(-\infty, \theta - \Delta)$와 $(\theta + \Delta, \infty)$로 구성되는 임계영역을 선택 할 수 있다. 이렇게 하면 최소길이의 신뢰구간을 얻게 된다. 이제, 추정량에 대한 특정한 수치 값 $\hat{\theta}$이 주어졌을 때, 신뢰구간을 $(\hat{\theta} - \Delta, \hat{\theta} + \Delta)$로 구성하자. 추정값이 임계영역에 존재하는지 여부에 대한 각 경우에 대하여, 신뢰구간을 그림 6.5의 밀도함수 아래 나타내었다. $\hat{\theta}$이 임계영역에 있지 않을 때 신뢰구간은 매개변수 참값 θ를 포함하고 있음을 그림 6.5(a)로부터 관찰하기 바란다. 이는 $1-\alpha$ (만일 $\alpha = 0.05$이면 0.95)

의 확률로 발생한다. 반면에, 만일 $\hat{\theta}$가 임계영역에 존재한다면 (그림 6.5(b)), 신뢰구간은 매개변수 참값을 포함하지 않는다. 이는 α의 확률로 발생한다. 예를 들어, 그림처럼 95% 신뢰구간이 구성되었다면, 매개변수 참값 θ는 95%의 빈도로 신뢰구간 내에 존재하게 될 것이다.

흔히, 추정량 Θ_n은 랜덤변수의 합과 관계되기 때문에 밀도함수 f_{Θ_n}는 자주 정규분포가 된다. 이 경우 매개변수 Δ는 $\Delta = z\sigma$와 같이 표준편차의 상수배로 나타낼 수 있으며, 요구되는 확률이 $\alpha/2$가 되도록 하는 정규화된 변수 z의 값을 구하는데 Q 함수가 이용될 수 있다. 그림 6.6의 표는 정규 매개변수들에 대한 신뢰구간을 구하는데 이용될 수 있다. 이것을 다음 예제에서 설명한다.

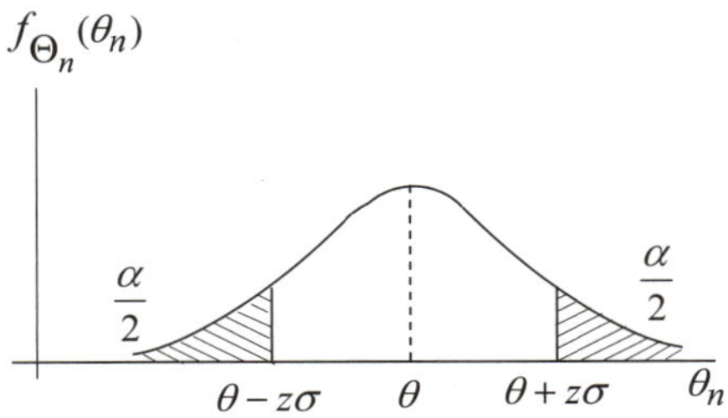

CI	α	z	
99%	0.01	2.579	
95%	0.05	1.960	
90%	0.10	1.645	
68%	0.32	1.000	(근사값)

신뢰구간: $(\hat{\theta} - z\sigma, \hat{\theta} + z\sigma)$

그림 6.6 정규 랜덤변수의 추정에 대한 신뢰구간 (CI)

예제 6.9

분산이 $\sigma_X^2 = 24$인 어떤 랜덤변수 X의 관찰값 100개가 있다. 100개 표본들에 기반 한 표본평균은 $M_{100} = 2.75$로 구해진다. 이 추정에 대한 95% 신뢰구간을 구하라.

표본평균의 분산 (식 (6.15))와 표준편차는 다음과 같다.

$$\sigma_{100}^2 = 24/100 \quad \text{그리고} \quad \sigma_{100} = \sqrt{24/100} \approx 0.490$$

그림 6.6의 표로부터, 임계영역을 정의하는 z 값은 $z = 1.960$로 주어진다. 아래 그림은 신뢰구간의 상한을 계산하는 것을 보여주고 있다.

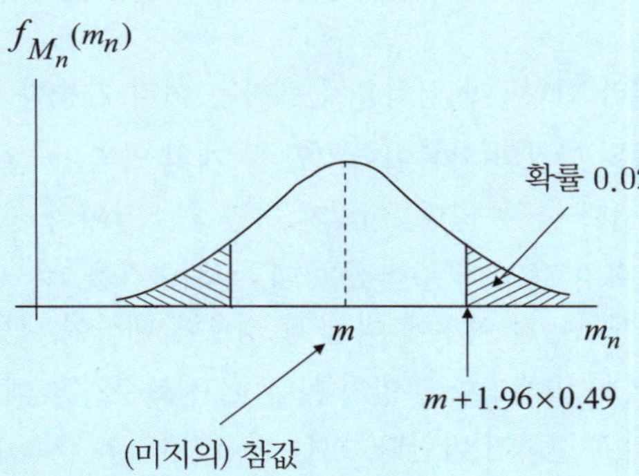

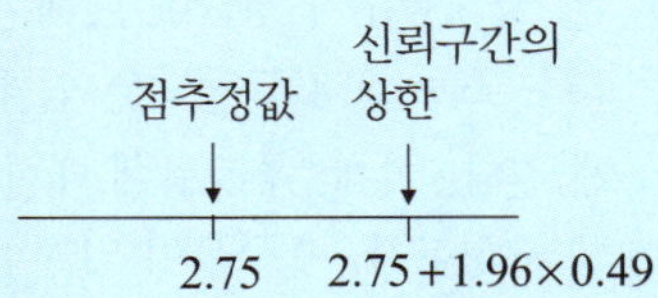

왼쪽 그림은 임계영역을 어떻게 선택하는지를 나타내고 있다. 오른쪽 그림은 신뢰구간의 상한을 실제로 어떻게 구하는지 보여주고 있다. (신뢰구간의 하한도 유사한 방법으로 구할 수 있다.) 95% 신뢰구간은 다음과 같이 구해진다.

$$(2.75 - 1.96 \cdot 0.490\,,\ 2.75 + 1.96 \cdot 0.490) = (1.79, 3.71)$$

실제로, 이 예제에서의 분산 σ_X^2를 모를 수도 있다. 이 경우, 분산에 대한 추정값을 가지고 같은 과정을 수행한다.

6.6 신호추정에 응용

앞 장에서는, 통신 및 관련 분야에서의 많은 문제들이 가설 검정 형태의 확률과 관계됨을 살펴보았다. 이것은 대부분의 신호 검출 및 분류 기법의 기초가 된다. 그러나 많은 응용들은 신호 및 다른 매개변수 추정과 관계된다. 이번 절에서는 이것을 주제로 다룬다.

6.6.1 잡음속의 신호추정

이 절에서는 부가(additive) 잡음에서의 신호 추정 문제를 다룬다. 3.8.1 절의 신호 검출 응용의 상황과 비슷하다. 상수 값 s인 신호가 수신기로 전송된다. 그러나 채널에 잡음이 존재하여 수신 신호는 일정하지 않고, 더해진 잡음 때문에 랜덤하게 된다. 수신 신호 X의 한 예를 그림 6.7에 나타내었다. 시간 t에서, 수신 신호는 다음과 같이 주어지는데

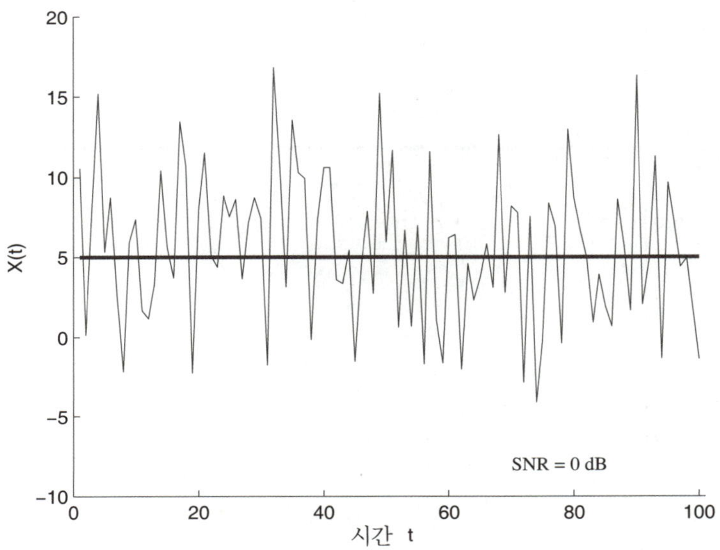

그림 6.7 잡음이 더해진 수신 신호의 100개 표본들. 전송 신호는 굵은 선으로 나타내었음($s = 5$).

$$X_i = s + N_i \tag{6.22}$$

여기서 N_i는 잡음의 i번째 표본을 나타낸다.

모든 랜덤변수 N_i는 평균이 0이며 분산이 σ^2인 IID 라고 가정하자. (즉, σ^2는 평균 잡음 전력이다.) 이 경우, 관찰량 X_i는 평균이 s이고 분산이 σ^2인 IID 랜덤변수가 된다. 데시벨 단위의 신호대잡음 비는 다음과 같이 정의된다.

$$\text{SNR} = 10\log_{10}\frac{s^2}{\sigma^2} = 20\log_{10}\frac{s}{\sigma} \quad \text{(dB)} \tag{6.23}$$

정확한 추정값을 얻는데 필요한 충분히 많은 표본들이 필요한 데, 수신된 데이터의 n개 표본을 이용하여 s 값을 추정한다고 하자. 먼저 신호대잡음 비가 0 dB라고 가정할 것이다. 이것은 $\sigma = s$를 의미한다.

수신된 신호 표본들의 평균을 구하여 전송된 신호의 추정량을 구성하자. 즉,

$$S_n = \frac{1}{n}\sum_{i=1}^{n} X_i \tag{6.24}$$

추정량 S_n은 표본평균임을 파악하고, 표본평균은 불편임을 기억하자. 즉,

$$\mathcal{E}\{S_n\} = s \tag{6.25}$$

또한 분산은 다음과 같이 주어진다.

$$\sigma_S^2 = \frac{\text{Var}[X_i]}{n} = \frac{\sigma^2}{n} \tag{6.26}$$

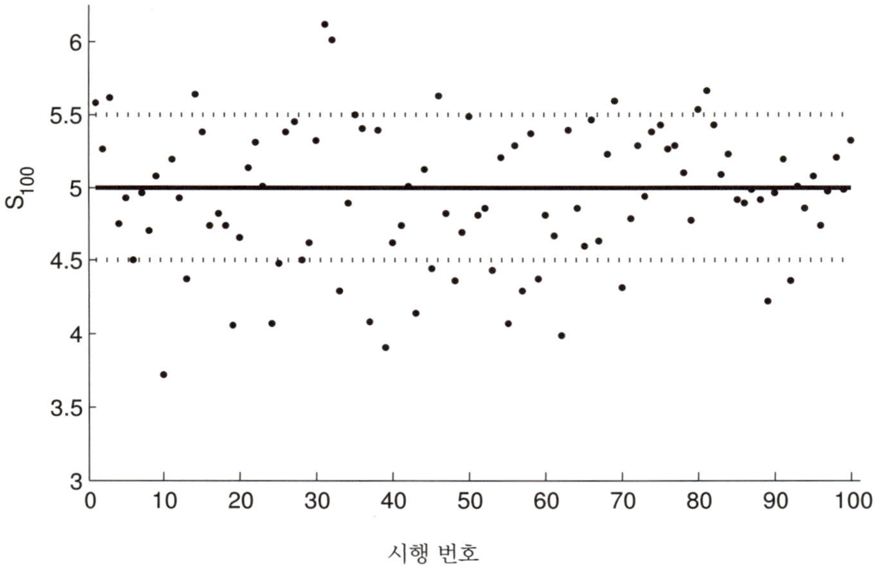

그림 6.8 각 시행에서 100개의 표본을 이용하여 신호를 추정한 100번 시행의 결과

다음의 컴퓨터 실험을 통하여 이들 마지막 두 식을 살펴볼 수 있다. $n = 100$인 표본을 이용하여 추정량 식 (6.24)를 계산한 후, 매번 다른 표본 집합을 이용하여 이 계산을 100번 반복한다. 100회의 추정값 계산 결과를 그림 6.8에 나타내었다. $s = 5$의 실제 신호 값을 나타내는 수평선 주변에 추정값들이 모여 있음을 주목하라.

식 (6.26)으로 구해진 추정값의 표준편차는 $\sigma/\sqrt{n} = 5/10 = 0.5$이다. 이것은 그림에서 점선으로 나타내었다.

표본수의 증가가 추정에 미치는 영향을 살펴보기 위해, $n = 400$을 이용하여 실험을 반복해 보자. 이에 대한 결과를 그림 6.9에 나타내었다. 이 경우, 추정값들은 참값 $s = 5$ 주변에 더 조밀하게 모여들게 되며, 표준편차는 이전 그림의 절반으로 줄어들게 된다 ($\sigma/\sqrt{n} = 5/20 = 0.25$). 추정량의 불편 식 (6.24)는, 표본들이 평균 주변으로 모여들게 되는 것으로 설명된다. 분산이 n에 종속되는 식 (6.26)은 그림 6.8과 그림 6.9를 비교하면 바로 확인된다.

6.6.2 표본 수의 선택

앞 절에서는, 표본 수가 추정량의 분산에 미치는 영향을 살펴보았다. 그러므로, 만약 우리의 기준이 추정량의 분산을 사전에 명시된 어떤 값까지로 줄이는 것이라면, 이 때 요구되는 표본 수는 식 (6.26)으로부터 바로 구할 수 있다.

그러나, 우리가 취할 수 있는 더 정량적인 접근법은, 추정 성능을 확률로 나타내는 것이다. 다음 예제에서 이러한 접근법을 설명한다.

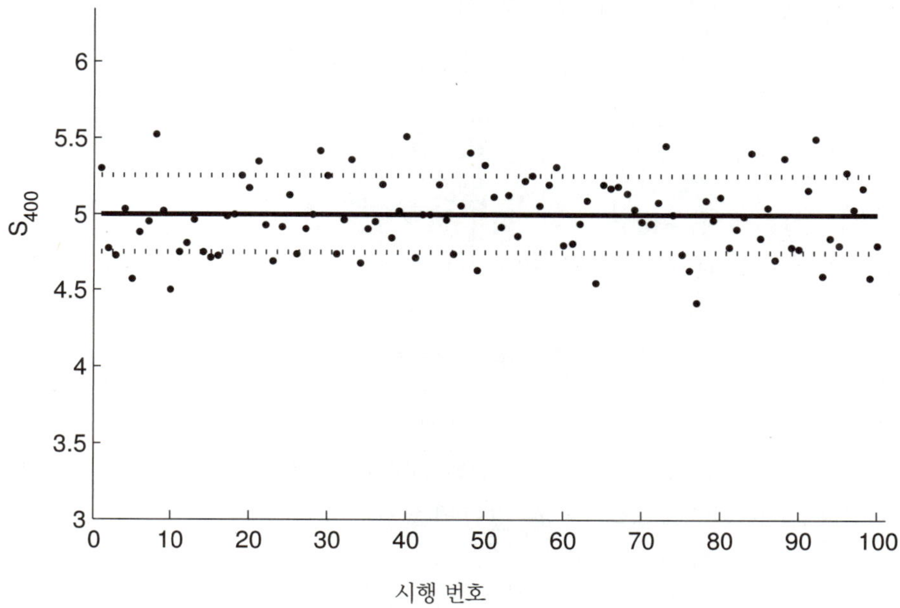

그림 6.9 각 시행에서 400개의 표본을 이용하여 신호를 추정한 400번 시행의 결과

예제 6.10

위에서 설명한 신호 추정 문제를 고려하고, 참값의 10% 이내의 추정치가 요구된다고 가정하자. 즉,

$$|S_n - s| > 0.1s$$

이것은 랜덤 사건이므로 확률을 할당 할 필요가 있다. $\Pr[|S_n - s| > 0.1s] = 0.05$가 요구된다고 하자. 표본평균은 IID 랜덤변수의 합과 관계되므로, 중심극한 정리를 적용하여 평균과 분산이 각각 식 (6.25)와 식 (6.26)인 정규분포를 가정한다. 아래 그림은 이러한 상황을 나타내고 있는데, 여기서 끝 부분의 두 영역은 각각 0.025의 확률을 갖는다.

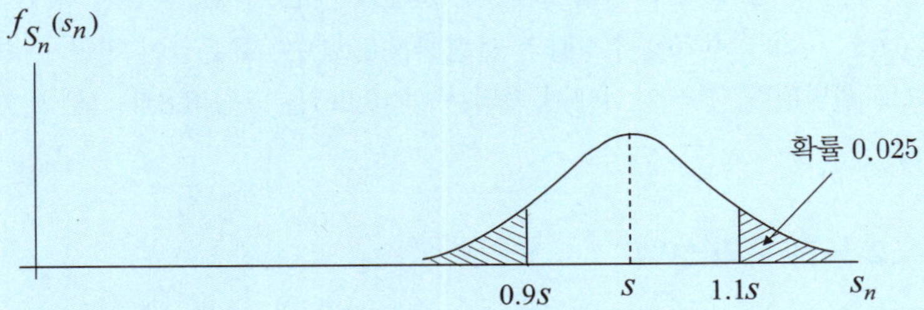

Q 함수를 이용하여 확률을 구하면 다음과 같다.

$$Q\left(\frac{1.1s - s}{\sigma/\sqrt{n}}\right) = Q\left(\frac{0.1s\sqrt{n}}{\sigma}\right) = 0.025$$

매틀랩 또는 이 책의 표지 안쪽에 있는 표를 이용하면, 인수가 약 1.96 일 때 Q 함수가 0.025임을 구할 수 있다. 그러므로 다음 식을 얻는다.

$$\frac{0.1s\sqrt{n}}{\sigma} \approx 1.96$$

명시된 SNR이 0 dB 이므로, $s/\sigma = 1$이고, 따라서 $n = (19.6)^2 \approx 384$ (표본)를 얻게 된다.

이 예제의 결과는 어느 정도 일반화 될 수 있다. 만약 실제 SNR이 0 dB가 아니라면, 예제의 마지막 식에서 s/σ 비가 상응하여 변하게 된다. 로그를 취하고 SNR에 대한 정의 식 (6.23)를 이용하면, 마지막 식은 다음과 같이 나타낼 수 있다.

$$\log_{10} n + (1/10)\,\text{SNR} = 2.443$$

이 함수를 세미로그(semilog) 형태로 도시하면, 아래 그림에 나타낸 것처럼, 직선으로 나타난다. SNR이 약 24 dB일 때, n이 1이 됨을 주목하기 바란다.

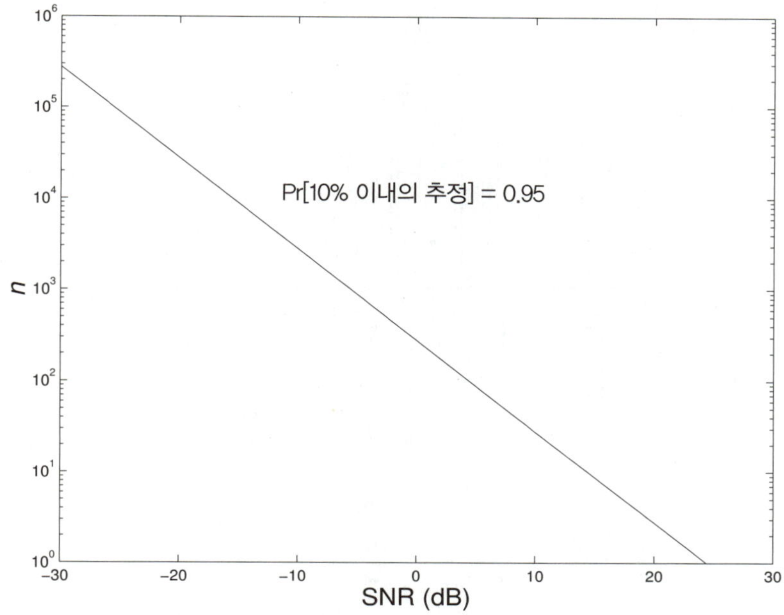

그림 6.10 신호를 추정하는데 필요한 SNR에 따른 표본 수

이는 잡음이 포함된 신호가 참값의 ±10% 이내에 있을 확률이 0.95이며, 따라서 평균을 취하는 것이 필요하지 않음을 나타낸다.[5] 반면에, 만약 실제 SNR이 매우 작다면, 예를 들어 −20 dB라면, 같은 성능을 얻기 위해서는 많은 수의 표본들(약 28,000개)이 필요하다. 어쨌든 충분히 큰 n값을 사용하면, 임의의 SNR에 대해 ±10% 이내로 신호를 추정할 수 있다. 이 원리는, 냉전 기간 동안 매우 먼 거리에서 매우 낮은 SNR 값을 가지고 잠수함을 추적하는 해군 장비에 이용되었다.

6.6.3 신뢰구간의 응용

신뢰한계는 이 절에서 논의된 신호추정에 적용될 수 있다. 이것은 추정을 수행하는 또 다른 정량적인 방법을 제공한다. 신뢰수준을 95%로 선택하고, 예제 6.9의 절차를 따라 신뢰구간을 구한 후, 점 추정값과 함께 신뢰구간을 나타내자. $n = 1$인 표본의 경우를 고려하고, 그림 6.8의 논의로부터 추정값의 표준편차가 $\sigma_S = 0.5$임을 상기하자. 95% 신뢰한계를 구하기 위해서는 점 추정값에서 $1.96\sigma_S$를 더하고 뺀다.

그림 6.11에는 신뢰구간과 함께, 그림 6.8에서 구한 100 개의 점 추정값을 나타내었다.

5) 엄밀히 말하면, 이 분석은 잡음이 정규분포가 아닌 경우에는, $n = 1$에 대해서는 근사값이 된다. 왜냐하면 중심극한 정리가 $n = 1$에 대해서는 적용되지 않기 때문이다. 그러나 많은 경우에 잡음은 정규분포를 갖는다.

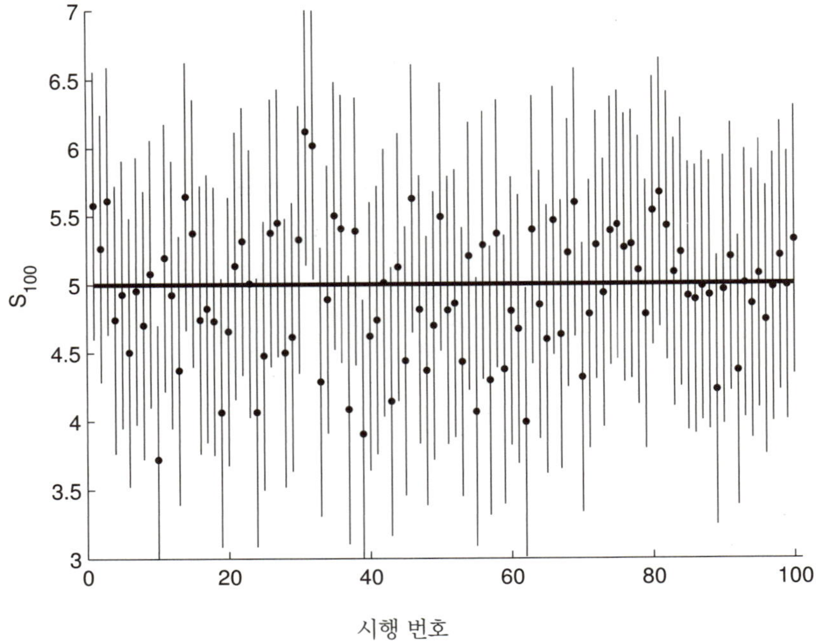

그림 6.11 신뢰구간과 함께 나타낸 100개의 신호 추정값

위 그림은 계산된 신뢰구간 중 95%가 실제 신호 값을 나타내는 수평선을 포함하고 있음을 보여주고 있다. 다섯 개의 구간 또는 5%에는 실제 신호 값이 포함되어 있지 않다.

마지막 주제로, 신뢰구간 계산을 6.6.2절에서 설명되었던 절차와 비교해 보자. 그림 6.12에는 S_n에 대한 밀도함수와 95% 신뢰구간의 선택을 나타내었다. (지금쯤은 이러한 과정에 꽤 익숙해져 있어야 한다.) 평균에 대한 비율 β로 상한을 나타내 보자 $(0 < \beta < 1)$, 즉,

$$\beta s = 1.96\,\sigma_S \quad \text{또는} \quad \beta = 1.96\,\frac{\sigma}{\sqrt{n}} \cdot \frac{1}{s}$$

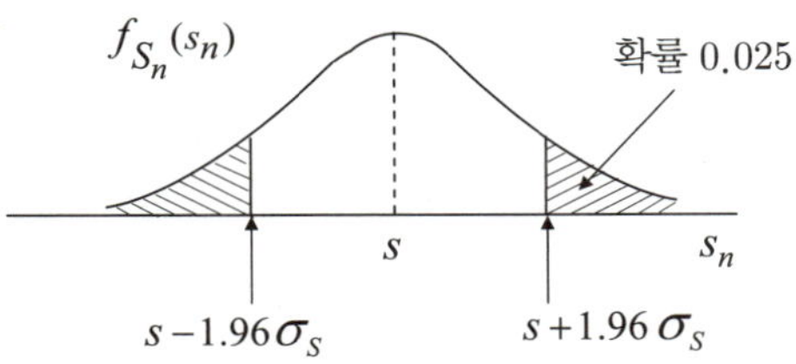

그림 6.12 신호추정에 대한 95% 신뢰한계의 선택

SNR이 0 dB이고 $n = 100$ 일 때, 비율 σ/s는 1과 같게 되고, 따라서

$$\beta = \frac{1.96}{10} = 0.196$$

또는 약 20%가 된다. 이 수치를 약 10%로 줄이기 위해서는 대략 4배 많은 표본들을 취해야 할 것이다. 이는 추정값이 실제 신호 값의 10% 이내에 있도록 하기 위해서 384개의 표본들이 필요한 것으로 결론 지었던 예제 6.10의 결과와 일치한다. 사실, 위 식에서 $n = 384$로 하면 β는 거의 정확히 1/10이 된다.

6.7 요약

이 장에서 다룬 주제들은, 실제적인 공학 문제에 대한 확률의 응용에 있어서 유용하다. 마르코프와 체비세프 부등식은 분포의 평균과 분산만을 알고 있을 때, 랜덤변수에 관계된 확률의 상한을 제공한다. 보통 이러한 상한들이 참값에 가깝지는 않더라도, 실제 분포와 상관없이 랜덤변수에 대한 결과를 설명하거나 증명하는데 있어서 충분히 일반적이다.

확률의 응용에 있어서 몇 가지 중요한 결과들은, 랜덤변수 항의 개수가 증가함에 따라 랜덤변수 열이 수렴하는 것과 관계된다. 흔히 논의되는 수렴 유형들은, 확률 1 수렴, 평균제곱 수렴, 확률적 수렴, 그리고 분포수렴이다. 이들 수렴 유형에 따라, 두 가지 중요한 결과가 논의된다. 큰수의 법칙은, 많은 수의 IID 랜덤변수들의 산술평균 ("표본평균"으로 알려진)이 이들 랜덤변수들의 실제 평균으로 수렴한다는 것이다. 중심극한 정리는, 많은 수의 랜덤변수들의 합의 분포가 정규 분포로 수렴한다는 것이다. 실제로 관심있는 많은 랜덤변수들이 다른 기본 랜덤변수들의 합으로 정의되기 때문에, 중심극한 정리는 정규 분포가 특별히 중요한 분포라는 것을 강조하고 있다.

확률을 실생활 문제에 적용할 때, 분포에서 매개변수의 값은 보통 관찰되거나 측정된 데이터 표본에서 추정되어야 한다. "불편"과 "효율"과 같은 추정 특성은 주요한 특징이 된다. 한편, 관찰량의 수가 증가할수록 실제 매개변수 값으로 수렴(추정의 "일관성"으로 알려진)하게 되는 것이 특히 중요하다. 또한, 최대우도 (ML) 추정의 개념을 이 장에서 소개하였고 최대우도 추정량이 존재하면 가장 효율적인 추정량임을 보였다. 마지막으로, 주어진 점 추정값에 대한 확신을 나타내는 하나의 방식으로서, 신뢰구간의 주제를 다루었다. 주어진 유의수준에 대하여, 큰 신뢰구간을 가진 추정값 보다, 작은 신뢰구간을 가진 추정값을 더 신뢰할 수 있다.

추정은 통신이나 제어 그리고 신호처리에서 공통적으로 요구된다. 이 장에서 살펴본 몇 가지 이론적 내용의 응용을 보여주는 고전적인 신호 추정 문제를 다루며 이 장을 마무리한다.

참고문헌

[1] Geoffrey Grimmitt and David Stirzaker, *Probability and Random Processes*, Oxford University Press, New York, third edition, 2001.

[2] O. Hölder, Über einen mittelwertsatz, Göttingen Nachr., 38(7), 1889.

[3] H. Minkowski, *Geometrie der Zahlen*, volume 1. Leipzig, Germany, 1896.

[4] William Navidi, *Statistics for Engineers and Scientists*, McGraw-Hill, New York, 2006.

[5] Harry L. Van Trees, *Detection, Estimation, and Modulation Theory - Part I.* John Wiley & Sons, New York, 1968.

[6] Athanasios Papoulis and S. Unnikrishna Pillai, *Probability, Random Variables, and Stochastic Processes*, McGraw-Hill, New York, fourth edition, 2002.

[7] Charles W. Therrien, *Discrete Random Signals and Statistical Signal Processing.* Prentice Hall, Inc., Upper Saddle River, New Jersey, 1992.

[8] Athanasios Papoulis, *Probability and Statistics*, Prentice Hall, Inc., Upper Saddle River, New Jersey, 1990.

[9] Athanasios Papoulis, *Probability, Random Variables, and Stochastic Processes.* McGraw-Hill, New York, third edition, 1991.

[10] Alberto Leon-Garcia, *Probability, Statistics, and Random Processes for Electrical Engineering*, Pearson, New York, third edition, 2008.

연습문제

부등식[6)]

6.1 전자 회로에서 부품에 걸리는 전압 V의 크기가 평균 0.45 볼트이다. 이 정보만이 주어졌을 때, $V \geq 1.35$일 확률의 상한을 구하라.

6.2 컴퓨터 실험실에서 인쇄하는데 걸리는 평균 시간이 30초라고 알려져 있다. 인쇄 시간의 표준편차는 4초이다. 인쇄 시간이 20에서 40초 사이일 확률의 상한을 구하라.

6.3 이진 수열에서 첫 번째 오류까지 기다리는 시간 K는 (유형 1의) 기하 PDF로 묘사된다. 오류 확률이 $p = 1/8$이라고 하자.

(a) K의 평균과 분산을 구하라.

(b) 마르코프 부등식을 적용하여 $K \geq 16$일 사건의 확률의 상한을 구하라.

(c) 체비세프 부등식을 이용하여 이 사건의 확률의 상한을 구하라.

(d) 단방향(one-sided) 체비세프 부등식을 이용하여 이 확률의 상한을 구하라.

(e) $K \geq 16$일 사건의 실제 확률을 구하라.

6.4 X가 매개변수 $\lambda = 0.8$인 지수 랜덤변수로 주어졌을 때, 마르코프 부등식을 이용하여 Pr[$X \geq$

6) 이 문제들에 대하여, 교재 앞부분에 있는 다양한 분포의 평균과 분산에 대한 공식들을 이용할 수 있다.

2.5]의 상한을 구하라.

6.5 X를 매개변수가 λ인 지수 랜덤변수라 하자.

(a) 마르코프 부등식을 적용하여 $\Pr[X \geq 2/\lambda]$의 상한을 구하라.

(b) 체비셰프 부등식을 이용하여 상한을 구하라.

(c) 단방향 체비셰프 부등식을 이용하여 상한을 구하라.

(d) 이 사건의 실제 확률을 구하라.

6.6 X를 평균이 0이고 분산이 σ_X^2인 랜덤변수라고 하자. 만약 X가 정규 랜덤변수라면, 다음과 같이 됨이 알려져 있다.

$$\Pr[|X| > 2\sigma_X] \approx 0.0455$$

(a) 이 확률의 체비셰프 상한을 구하라.

(b) X가 다음 분포를 따를 때 이 사건의 확률을 구하라:

(i) 라플라스(Laplace).

(ii) 균일(Uniform).

6.7 랜덤변수 X의 평균과 표준편차가 각각 1.6과 1.2로 주어져 있다. 단방향 체비셰프 부등식을 적용해서 $\Pr[X \geq 3]$의 상한을 구하라.

6.8 5장의 식 (5.44)를 식 (6.7)에 적용한 후 정리하여, 식 (6.5)의 조건 ($|\rho_{12}| \leq 1$)을 유도하라.

수렴과 극한정리

6.9 음성 패킷들이 네트워크에서 전송되기 위해 대기 중에 있다. 만일 12개의 패킷들이 대기 중에 있다면, 12번째 패킷이 전송되기까지 전체 지연 D는 다음과 같은 합으로 주어진다.

$$D = T_1 + T_2 + \cdots + T_{12}$$

여기서 T_i는 평균이 $\mathcal{E}\{T_i\} = 8$ ms인 IID 지수 랜덤변수이다.

(a) 분산 $\text{Var}[T_i]$를 구하라. (이 책의 표지 뒷면의 공식들을 참조할 수 있다.)

(b) 전체 지연 D의 평균과 분산을 구하라.

(c) 만약 전체 지연 D가 120 ms를 초과하게 되면 음성 패킷들이 유실될 것이다. D가 IID 지수 랜덤변수들의 합이기 때문에, D는 12-얼랑 랜덤변수가 된다. 이 랜덤변수의 CDF는 다음과 같다[10, p. 172].

$$F_D(d) = 1 - \sum_{k=0}^{11} \frac{(\lambda d)^k}{k!} e^{-\lambda d}$$

여기서 λ는 지수 랜덤변수 T_i를 특징짓는 매개변수이다. 이 결과를 이용해서, 패킷들이 유실될 확률 즉, $\Pr[D > 120]$을 구하라.

(d) 중심극한 정리를 적용하고 정규분포를 이용하여, $\Pr[D > 120]$의 근사값을 구하라. 이것을 (c)에서 구한 정확한 결과와 비교하라.

(e) 마지막으로 $\Pr[D > 120]$에 대한 마르코프 상한을 구하고, 이전 두 개의 결과와 비교하라.
참고: (c)와 (d)의 확률을 구하기 위해 매틀랩 또는 몇몇 다른 프로그램을 이용할 수 있다.

6.10 잡음을 줄이는 간단한 방법은, 신호에 대하여 이른바 이동평균을 수행하는 것이다. 수학적으로, 이동평균 연산은 다음과 같이 나타낼 수 있다.

$$Y_n = \frac{1}{L} \sum_{k=n-L+1}^{n} X_k$$

여기서 X_k는 평균이 2이고 분산이 3인 IID 랜덤변수로 가정한 신호 표본들이다.

(a) $L = 12$일 때, Y_n의 평균과 분산을 구하라.

(b) 중심극한 정리에 기반하여, Y의 PDF 표현식을 나타내라.

(c) Y의 분산이 0.1보다 작기 위해서는 L이 얼마나 커야 하는가?

(d) (c)에서 얻은 L값에 대하여, $\Pr[|Y - m_Y| > 0.1]$을 구하라.

6.11 통신 수신기에서, 25개 요소 안테나 배열에서 수집된 IID 신호 표본들 (랜덤변수) X_i는 같은 가중치를 가지고 선형적으로 결합된다. 즉,

$$Y = \sum_{i=1}^{25} X_i.$$

i번째 안테나 요소에서 수집된 신호 표본 X_i는 $[-1,\ 1]$에서 균일하게 분포한다. 중심극한 정리의 적용을 고려하여 $\Pr[Y \geq 0]$일 확률을 구하라.

6.12 적절한 방사 환경에서 동작하는 전력 트랜지스터의 수명은, 평균 수명 $\lambda^{-1} = 36$개월의 지수 랜덤변수가 되는 것으로 알려져 있다. 이러한 트랜지스터 16개가 주어졌을 때, 중심극한 정리를 이용해서, 이들의 수명의 합이 50년 이하일 확률을 구하라.

6.13 이 과목에서의 유인물들로, 평균 1 주 (즉, $\lambda^{-1} = 1$주)인 지수 랜덤변수로 바인더가 가득 채워진다. 11주의 쿼터학기 동안 바인더가 다 떨어지지 않을 확률이 0.9가 되도록, 쿼터가 시작될 때 사야하는 바인더의 최소 개수는 얼마인가? 중심극한 정리를 이용하라.

6.14 채널의 출력에서 수신한 800개의 이진 수열에서, 1과 0이 동일한 빈도를 갖는다. 이들이 IID 랜덤변수라고 가정하자. 1의 개수가 300에서 500 사이일 확률을 구하라. 1의 개수가 400에서 440 사이일 확률은 얼마인가?

6.15 이진 채널에서 비트 오류 확률이 0.1이다. 각 전송을 베르누이 랜덤변수로 간주하고, 연속되는 전송들은 IID라고 가정하자. 만약 1000 비트를 전송한다면, 이 채널에서 오류가 115개 이하로 발생할 확률은 얼마인가?

6.16 백열 전구 수명은, 평균이 $\lambda^{-1} = 12$개월인 지수 랜덤변수가 된다고 알려져 있다. 이러한 백열 전구 8개가 순차적으로 사용된다고 할 때, 다음 확률을 구하라.

(a) 이 문제를 m−얼랑 분포로 취급하면, 이 백열 전구들의 총 수명이 3년보다 적을 확률은 얼마인가?

(b) 중심극한 정리를 이용하여, 이 백열 전구들의 총 수명이 3년보다 적을 확률을 구하라.

매개변수의 추정

6.17 랜덤변수 Θ가 다음과 같이 정의된다.

$$\Theta_n = \sum_{i=1}^{n} \Phi_i$$

여기서 Φ_i는 $-\pi$부터 π까지 균일하게 분포하는 서로 독립인 랜덤변수이다.

(a) n의 함수로, Θ_n의 평균과 분산을 구하라.

(b) 큰 n값에 대한 Θ_n의 PDF는 무엇인가?

6.18 6.3.2 절에서 다룬 두 개의 추정치 Σ_n^2 와 $\Sigma_n^{2'}$를 고려하자.

(a) Σ_n^2 항으로 표본분산 $\Sigma_n^{2'}$를 표현하여, $\Sigma_n^{2'}$가 불편임을 보여라.

(b) 이들 두 개의 추정치 중 어느 쪽이 더 효율적인가?

6.19 X를, 각각 p와 $1-p$의 확률로 발생하는 0과 1의 값을 갖는 베르누이 랜덤변수라고 하자. n개의 서로 독립인 표본들 X_1, X_2, ⋯, X_n이 주어질 때

(a) 매개변수 p에 대한 추정량을 제시하라.

(b) 이 추정량의 평균과 분산을 구하라.

최대우도추정

6.20 랜덤변수 X가 미지의 평균 μ와 분산 σ_0^2을 갖는 정규 밀도함수로 묘사된다. (σ_0^2는 값을 알고 있는 매개변수로 가정할 수 있다.) 즉,

$$f_X(x) = \frac{1}{\sqrt{2\pi\sigma_0^2}} e^{-(x-\mu)^2/2\sigma_0^2}$$

n개의 랜덤변수 X_1, X_2, ⋯, X_n이 서로 독립이라고 할 때, 평균 μ에 대한 최대우도추정량을 구하라.

6.21 랜덤변수 X가 평균이 0이고, 미지의 분산 σ^2을 가지는 정규 밀도함수로 묘사된다. 즉,

$$f_X(x) = \frac{1}{\sqrt{2\pi\sigma^2}} e^{-x^2/2\sigma^2}$$

n개의 랜덤변수 X_1, X_2, ⋯, X_n이 서로 독립이라고 할 때, 분산 σ^2에 대한 최대우도추정량을 구하라.

6.22 지수 밀도함수의 평균이 $\mu = 1/\lambda$로 주어지며, 따라서 PDF는 다음과 같이 나타낼 수 있다.

$$f_X(x) = \begin{cases} \frac{1}{\mu} e^{-x/\mu} & x \geq 0 \\ 0 & \text{그 외} \end{cases}$$

이러한 매개변수형태의 밀도함수를 이용하고, n개의 서로 독립인 관찰량 X_1, X_2, $\cdots$, X_n을 가정하여, μ에 대한 ML 추정량을 유도하라.

6.23 예제 6.7을 반복하라. 즉, 로그우도함수를 이용하여 최대우도추정량을 구하라.

신뢰구간

6.24 분산이 $\sigma_X^2 = 25$인 오백 개의 랜덤변수 X의 관찰량을 얻었다. 500개의 표본에 기반한 표본평균이 $M_{500} = 3.25$로 계산되었다. 이 추정값에 대한 95% 및 98% 신뢰구간을 구하라.

신호추정에 응용

6.25 다음에 대하여, 예제 6.10에서의 SNR에 따른 n의 곡선을 도시하라:

(a) 추정값이 참값의 10% 이내에 있을 확률이 0.98인 경우.

(b) 추정값이 참값의 5% 이내에 있을 확률이 0.95인 경우.

(c) 추정값이 참값의 5% 이내에 있을 확률이 0.98인 경우.

6.26 예제 6.10 그림은, $\Pr[|S_n - s| \le 0.1s]$이 0.95가 되도록 하기 위해 필요한 n값을 보여주고 있다. 체비세프 부등식을 이용하여, SNR의 함수로 n에 대한 하한을 유도하고, 예제 6.10에서의 곡선과 비교하라. (하한이 의미하는 것은 다음과 같다: 모든 잡음 분포에서, 요구 확률 0.95를 만족하기 위해 n은 이 하한 값보다 커야한다.)

컴퓨터과제

과제 6.1

이 과제에서는 랜덤변수들의 합을 실험적으로 살펴볼 것이며, 이 실험을 통해 중심극한 정리가 성립함을 보일 것이다. 구체적으로는, 균일 및 지수 랜덤변수들을 사용하여, 중심극한 정리에 기반한 정규 랜덤변수들을 생성하는 컴퓨터 코드를 작성할 것이다. 이후, 이들 정규 랜덤변수들의 밀도 (분포) 함수를 도시할 것이다. 또한, 베르누이와 지수 밀도함수들을 연속적으로 합성곱하여, 그 결과로 얻어지는 밀도함수가 정규 밀도함수 형태를 가짐을 관찰할 것이다.

1. $[-0.5, 0.5]$ 범위에서 균일 랜덤변수 여섯 개를 생성하라. 이것은 랜덤변수 X_i ($i=1, 2, \cdots, 6$)로 나타낼 수 있다. 이들 여섯 개의 균일 랜덤변수들은 서로 독립이면서 동일하게 분포함을 주목하라. 다음과 같은 새로운 랜덤변수들을 계산하라.

$$Y_1 = \sum_{i=1}^{6} X_i$$

$$Y_2 = X_1 + 0.5X_2 + 0.8X_3 + 1.8X_4 + 0.3X_5 + 0.5X_6$$

위 과정을 반복하여 랜덤변수 Y_1과 Y_2를 각각 10,000개 생성하라.

(a) 정규화된 히스토그램을 구하고 누적하여, Y_1과 Y_2에 대한 PDF와 CDF를 실험적으로 구하라. (히스토그램을 도시할 때, 대략 20에서 30개 정도의 구간을 사용할 것을 추천한다.)

(b) Y_1과 Y_2의 평균과 분산을 추정하고, 이론적인 계산 결과와 추정된 값들을 비교하라.

(c) Y_1과 Y_2의 추정된 PDF와 CDF를 도시하고, 정규 함수와 형태를 비교하라. 이를 위해, 정확한 평균과 분산의 정규 곡선을 추정된 PDF 결과 위에 도시하라.

2. i=1, ⋯, 20에 대해 $\lambda=0.5i$로 하여, IID 지수 랜덤변수 X_i를 생성하라. 이를 이용하여 다음과 같은 새로운 랜덤변수 Y를 구하라:

$$Y = \sum_{i=1}^{20} X_i$$

이 과정을 반복하여, 랜덤변수 Y를 10,000개 생성하라.

(a) Y에 대한 PDF와 CDF를 실험적으로 구하라.

(b) Y에 대한 이론적인 평균과 분산을 구하라.

(c) PDF와 CDF를 도시하고 정규 함수와 형태를 비교하라.

3. 연속적으로 50개의 베르누이 PMF (랜덤변수가 아님)를 합성곱 하라. 모든 PMF에 대하여 $p = 0.8$로 설정하라. 그 결과를 도시하고 정규 PDF와 모양(단지 모양만)을 비교하라. 50개의 베르누이 랜덤변수들의 합의 이론적인 평균과 표준편차는 얼마인가? 그림에서 보는 것과 어떻게 비교할 것인가?

매틀랩 프로그래밍 노트

매틀랩 함수 "mean"과 "std"는 평균과 분산을 추정하기 위해 1(b)와 2(b) 단계에서 이용될 수 있다. 소프트웨어 패키지의 "pdfcdf" 함수는 1(a) 단계에서 이용될 수 있으며; "expon" 함수는 2 단계에서 이용될 수 있다.

과제 6.2

이번 과제의 목적은 다른 종류의 랜덤변수들을 이용하여 표본평균 통계량의 평균과 분산을 실험적으로 조사하는 것이다. 이 과제는 3장의 컴퓨터과제 3.1과 4장의 컴퓨터과제 4.1을 기반으로 한다.

1. 과제 3.1 (a)–(f)에서 명시된 것과 같은 랜덤변수 열을 생성하라.

2. 과제 3.1 (a)–(f)에서의 각 랜덤변수에 대하여, 다음과 같이 각 열에서 n=10개 값들을 이용하여 표본평균을 구하라.

$$M_n = \frac{1}{n}\sum_{i=1}^{n} X_i$$

3. 표본평균 M_n의 N개 추정값을 구하기 위해, 매번 다른 X_i 집합을 이용하여 2단계를 총 N=10,000번 반복하라.

4. 다음 공식을 이용하여 표본평균의 평균과 분산을 추정하라:

$$\mathcal{E}\{M_n\} \approx \frac{1}{N}\sum_{k=1}^{N} M_n^{(k)} \qquad \mathrm{Var}\,[M_n] \approx \frac{1}{N}\sum_{i=1}^{N} X_i^2 - (\mathcal{E}\{M_n\})^2$$

여기서 $M_n^{(k)}$은 표본평균의 k^{th} 번째 추정값을 나타낸다.

5. n의 길이를 100, 1,000 그리고 10,000개 랜덤변수로 증가시키면서 2, 3, 4 단계를 반복하라. 로그 스케일의 길이 n에 대하여 M_n의 실험에서 얻은 평균과 분산을 도시하라. 실험적 결과들이 이론적 결과들과 얼마만큼 잘 부합하는가?

7 랜덤벡터

랜덤 실험에서 유사한 특징을 공유하는 두 개 이상의 랜덤변수가 나타나면 랜덤변수를 성분으로 가지는 벡터로 표시하는 하는 것이 타당하다. 하나의 좋은 예는 디지털 신호의 표본이나 시계열에서 얻어진 랜덤변수들이다. 이런 경우에 간략한 벡터와 행렬 표기를 이용해서 문제를 분석할 수 있다. 그렇지 않고 스칼라 표기를 사용하면 문제의 근본을 더 모호하게 할 수 있다.

이 장은 벡터/행렬 표기를 사용하며 랜덤벡터와 관계된 핵심적인 개념을 소개한다. 앞 장에서 배운 확률적 개념이 랜덤벡터에도 자연스럽게 확장된다. 여기서 다룬 내용이 선형대수학의 관점에서는 아주 기본적인 것이지만 전자공학과 컴퓨터공학에서 나오는 실용적인 응용을 설명하기에는 충분하다.

7.1 랜덤벡터

성분이 랜덤변수인 벡터를 **랜덤벡터**(random vector)라고 한다. 이 절에서 랜덤벡터는 다음처럼 굵은 대문자 기호로 표기한다.[1)]

$$\boldsymbol{X} = [X_1, X_2, \ldots, X_K]^T$$

여기서 X_i는 랜덤변수이고 랜덤벡터의 실현(realization)은 굵은 기울임체 소문자 기호로 표기한다. 즉,

$$\boldsymbol{x} = [x_1, x_2, \ldots, x_K]^T$$

따라서 표기법은 이전 장에서와 일관성을 갖는다. 간략성을 위해 이 절에서는 랜덤벡터의 성분이 연속 랜덤변수인 경우를 설명한다. 이산 랜덤변수의 경우에도 내용이 유사하게 전개될 수 있다.

7.1.1 누적분포함수와 밀도함수

$\boldsymbol{X} \le \boldsymbol{x}$가 다음과 같은 의미를 갖는 것으로 정의하자.

$$\boldsymbol{X} \le \boldsymbol{x}: \quad X_1 \le x_1,\ X_2 \le x_2,\ \ldots, X_K \le x_K \tag{7.1}$$

그러면 랜덤벡터의 누적분포함수(CDF)는 다음과 같이 정의된다.

$$F_{\boldsymbol{X}}(\boldsymbol{x}) = F_{X_1 X_2 \ldots X_K}(x_1, x_2, \ldots, x_K) \stackrel{\text{def}}{=} \Pr[\boldsymbol{X} \le \boldsymbol{x}] \tag{7.2}$$

일차원과 이차원의 경우에서와 같이 이 함수는 모든 K개의 성분에서 단조이고 우측연속이다. $F_{\boldsymbol{X}}$는 어떤 X_i라도 음의 무한대로 접근하면 0에 접근하고, 모든 X_i가 무한대에 접근하면 1에 접근한다.

랜덤벡터의 PDF는 모든 성분의 결합 PDF이며 다음과 같다.

$$f_{\boldsymbol{X}}(\boldsymbol{x}) = \frac{\partial}{\partial x_1}\frac{\partial}{\partial x_2}\cdots\frac{\partial}{\partial x_K}F_{\boldsymbol{X}}(\boldsymbol{x}) \tag{7.3}$$

랜덤벡터의 PDF는 확률적으로 다음과 같이 해석된다.

$$\Pr[\boldsymbol{x} < \boldsymbol{X} \le \boldsymbol{x} + \boldsymbol{\Delta}] \approx f_{\boldsymbol{X}}(\boldsymbol{x})\, \Delta_1 \Delta_2 \ldots \Delta_K \tag{7.4}$$

여기서 $\boldsymbol{x} < \boldsymbol{X} \le \boldsymbol{x} + \boldsymbol{\Delta}$는 다음을 뜻한다.

$$\boldsymbol{x} < \boldsymbol{X} \le \boldsymbol{x} + \boldsymbol{\Delta}: \quad x_1 < X_1 \le x_1 + \Delta_1, \ldots, x_K < X_K \le x_K + \Delta_K \tag{7.5}$$

---

1) 이 책에서 벡터는 열벡터로 표시되며 위첨자 ^{T}는 벡터나 행렬의 전치(transpose)를 뜻한다.

여기서 Δ_i는 랜덤벡터의 성분에서 작은 증분이다.

$\boldsymbol{X}$가 K차원 공간내의 어떤 영역 $\mathcal{R}$에 있을 확률은 다음과 같이 다차원 적분으로 구해진다.

$$\Pr[\boldsymbol{X} \in \mathcal{R}] = \int_{\mathcal{R}} f_{\boldsymbol{X}}(\boldsymbol{x})d\boldsymbol{x} \stackrel{\text{def}}{=} \int\int\cdots\int_{\mathcal{R}} f_{\boldsymbol{X}}(\boldsymbol{x})dx_K \ldots dx_2\, dx_1 \tag{7.6}$$

특별히 실제로 만약 $\mathcal{R}$이 K차원 공간 전체라면 다음이 성립한다.

$$\int_{-\infty}^{\infty} f_{\boldsymbol{X}}(\boldsymbol{x})\, d\boldsymbol{x} = \int_{-\infty}^{\infty}\cdots\int_{-\infty}^{\infty}\int_{-\infty}^{\infty} f_{\boldsymbol{X}}(\boldsymbol{x})\, dx_K \ldots dx_2\, dx_1 = 1 \tag{7.7}$$

예제 7.1

이해를 돕기 위해서 5장의 그림 5.4에 나온 랜덤변수 쌍인 X_1과 X_2에 대한 다차원 CDF와 PDF의 설명을 다시 반복한다. (7.2)에서 정의된 CDF $F_{\boldsymbol{X}}$는 K = 2인 경우로 아래 그림과 같다.

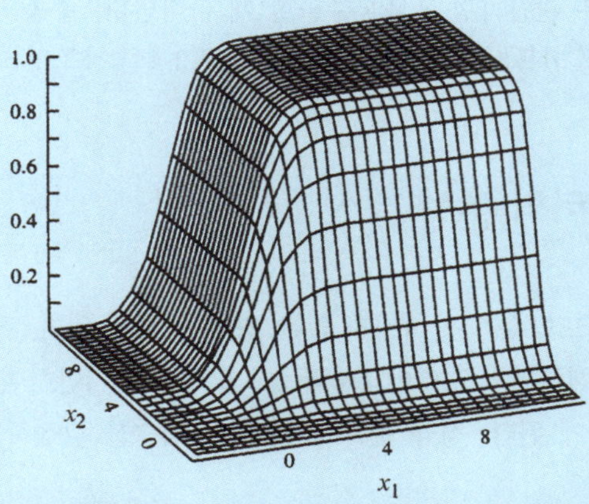

값이 항상 양수이고 초기값 0에서 최종값 1까지 두 독립변수 모두에 대해 단조증가임을 주의해라. (7.3)에 정의된 K = 2인 경우의 다차원 PDF $f_{\boldsymbol{X}}$는 다음 그림과 같다.

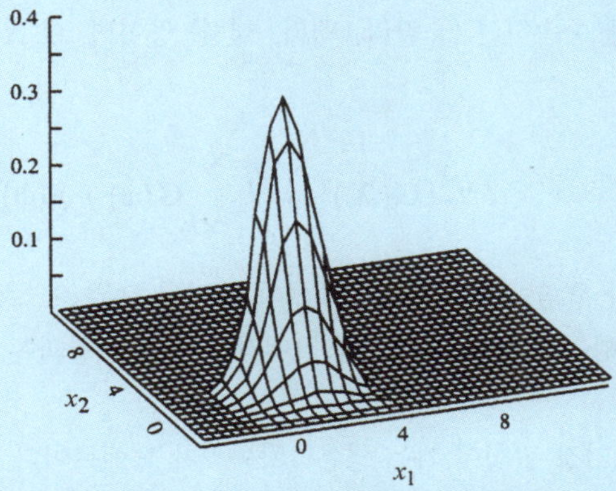

식 (7.4)에서 (7.7)까지의 성질을 모두 만족한다. 이 식들의 스칼라 버전은 제5장 5.2.1절에 있다.

7.1.2 독립성분을 갖는 랜덤벡터

랜덤벡터의 성분이 독립이면 분포함수와 밀도함수는 주변밀도의 곱으로 나타난다. 실제로 CDF는 다음과 같이 쓸 수 있다.

$$F_{\boldsymbol{X}}(\boldsymbol{x}) = \prod_{i=1}^{n} F_{X_i}(x_i) \tag{7.8}$$

비슷하게 PDF는 다음과 같은 형태이다.

$$f_{\boldsymbol{X}}(\boldsymbol{x}) = \prod_{i=1}^{n} f_{X_i}(x_i) \tag{7.9}$$

대부분의 경우에 성분의 분포나 밀도함수가 동일한 형태이기 때문에 이 항에서 아래첨자 i를 뗄 수 있어서 $F_X(x_i)$ 혹은 $f_X(x_i)$라고 쓴다.

독립성분을 갖는 벡터는 독립적으로 생성되고 동일한 현상에서 파생되는 잡음(이 책의 Part 2를 참조)와 같은 랜덤과정을 표본추출할 때 나타난다. 종종 랜덤벡터의 성분이 상관이 없다고 가정하면 되고 반드시 독립일 필요는 없다(7.2.4절 참조).

7.2 랜덤벡터의 분석

랜덤변수의 밀도함수가 알려지지 않은 경우가 자주 있다. 특별히 랜덤벡터의 경우에는 더 심하다. 따라서 대부분의 경우에 1차와 2차 모멘트에 기반하여 분석하고, 이 모멘트들은 데이터로부터 추정하게 된다. 정규 분포에서는 밀도함수를 결정하기 위해서 이 두 모멘트로 충분하다.

7.2.1 기댓값과 모멘트

만일 $\mathbf{G}$가 $\boldsymbol{X}$에 종속하는 (스칼라, 벡터, 행렬) 양이면, $\mathbf{G}(\boldsymbol{X})$의 기댓값은 다음과 같이 정의된다.

$$\mathcal{E}\{\mathbf{G}(\boldsymbol{X})\} = \int_{-\infty}^{\infty} \mathbf{G}(\boldsymbol{x})\, f_{\boldsymbol{X}}(\boldsymbol{x})\, d\boldsymbol{x} \tag{7.10}$$

만일 $\mathbf{G}$가 벡터나 행렬이면 (7.10)은 벡터나 행렬의 모든 요소에 기댓값 연산이 적용된다는 것으로 해석된다. 따라서 벡터나 행렬에 기댓값을 적용한 결과는 같은 크기의 또 다른 벡터나 행렬이 된다.

랜덤벡터에서 가장 관심이 가는 양은 1차와 2차 모멘트이다. $\mathbf{G}(\boldsymbol{X}) = \boldsymbol{X}$로 놓으면 **평균벡터**(mean vector)가 다음과 같이 정의된다.

$$\mathbf{m}_{\boldsymbol{X}} = \mathcal{E}\{\boldsymbol{X}\} = \int_{-\infty}^{\infty} \boldsymbol{x} f_{\boldsymbol{X}}(\boldsymbol{x}) d\boldsymbol{x} \tag{7.11}$$

평균벡터는 다음과 같이 상수들의 벡터이다.

$$\mathbf{m}_{\boldsymbol{X}} = \begin{bmatrix} m_1 \\ m_2 \\ \vdots \\ m_K \end{bmatrix} \quad \text{여기서} \quad m_i = \mathcal{E}\{X_i\} \tag{7.12}$$

상관행렬(correlation matrix)은 다음과 같이 정의된다.

$$\mathbf{R}_{\boldsymbol{X}} = \mathcal{E}\{\boldsymbol{X}\boldsymbol{X}^T\} \tag{7.13}$$

여기서 $\boldsymbol{X}\boldsymbol{X}^T$는 결과가 스칼라가 아니라 행렬임에 주의하라. 상관행렬은 다음과 같은 형태이다.

$$\mathbf{R}_{\boldsymbol{X}} = \begin{bmatrix} \mathcal{E}\{X_1^2\} & \mathcal{E}\{X_1X_2\} & \cdots & \mathcal{E}\{X_1X_K\} \\ \mathcal{E}\{X_2X_1\} & \mathcal{E}\{X_2^2\} & \cdots & \mathcal{E}\{X_2X_K\} \\ \vdots & \vdots & & \vdots \\ \mathcal{E}\{X_KX_1\} & \mathcal{E}\{X_KX_2\} & \cdots & \mathcal{E}\{X_K^2\} \end{bmatrix}$$

대각선 이외의 항은 벡터의 모든 성분들 간의 상관 $r_{ij} = \mathcal{E}\{X_iX_j\}$이고, 대각 항은 각 성분의 2차 모멘트이다. 평균벡터와 상관행렬은 2차까지의 모멘트를 이용하여 랜덤벡터를 완벽하게 설명할 수 있다. 상관행렬의 정의를 보면 다음과 같은 대칭성을 볼 수 있다.

$$\mathbf{R}_{\boldsymbol{X}} = \mathbf{R}_{\boldsymbol{X}}^T \tag{7.14}$$

중요한 성질이 또하나 있다. 즉,

$$\mathbf{a}^T\mathbf{R}_{\boldsymbol{X}}\mathbf{a} \geq 0 \quad \text{모든 벡터 a 대해서} \tag{7.15}$$

이 **양의 준정부호**(positive semidefinite) 성질은 (7.15)에 (7.13)을 대체하면 다음 식과 같이 쉽게 증명할 수 있다.

$$\mathbf{a}^T\mathcal{E}\{\boldsymbol{X}\boldsymbol{X}^T\}\mathbf{a} = \mathcal{E}\{(\mathbf{a}^T\boldsymbol{x})^2\} \geq 0$$

공분산행렬(covariance matrix)은 랜덤벡터의 2차 중심모멘트의 행렬이고 다음과 같이 정의된다.

$$\mathbf{C}_{\boldsymbol{X}} = \mathcal{E}\{(\boldsymbol{X} - \mathbf{m}_{\boldsymbol{X}})(\boldsymbol{X} - \mathbf{m}_{\boldsymbol{X}})^T\} \tag{7.16}$$

이 행렬은 다음의 형태이다.

$$\mathbf{C}_{\boldsymbol{X}} = \begin{bmatrix} \sigma_1^2 & c_{12} & \cdots & c_{1K} \\ c_{21} & \sigma_2^2 & \cdots & c_{2K} \\ \vdots & \vdots & & \vdots \\ c_{K1} & c_{K2} & \cdots & \sigma_K^2 \end{bmatrix} \quad \text{여기서} \quad \begin{aligned} \sigma_i^2 &= \mathrm{Var}[X_i] \\ c_{ij} &= \mathrm{Cov}[X_i, X_j] \end{aligned}$$

이것 또한 대칭성을 갖는다.

$$\mathbf{C}_{\boldsymbol{X}} = \mathbf{C}_{\boldsymbol{X}}^T \tag{7.17}$$

공분산과 상관행렬은 다음과 같이 연관된다.

$$\mathbf{C}_{\boldsymbol{X}} = \mathbf{R}_{\boldsymbol{X}} - \mathbf{m}_{\boldsymbol{X}}\mathbf{m}_{\boldsymbol{X}}^T \tag{7.18}$$

이것의 증명은 4장의 (4.17)의 증명과 유사하다. 2차원 랜덤벡터의 경우에는 식이 다음의 형태가 된다.

$$\begin{bmatrix} \sigma_1^2 & c_{12} \\ c_{21} & \sigma_2^2 \end{bmatrix} = \begin{bmatrix} \mathcal{E}\{X_1^2\} & \mathcal{E}\{X_1X_2\} \\ \mathcal{E}\{X_2X_1\} & \mathcal{E}\{X_2^2\} \end{bmatrix} - \begin{bmatrix} m_1 \\ m_2 \end{bmatrix} [\, m_1 \quad m_2 \,]$$

이것은 (4.17)과 (5.28)의 행렬 표현이라고 할 수 있고 새로운 아니다.

단일 랜덤변수의 경우처럼 (7.18)을 이용해서 공분산행렬을 계산하는 것이 (7.16)의 정의를 이용하는 것보다 더 쉽다. 다음 예에서 이 계산을 볼 수 있다.

예제 7.2

5장의 예제 5.6에서 설명한 두 개의 결합된 랜덤변수가 랜덤벡터의 성분이다. 즉,

$$\boldsymbol{X} = [X_1, X_2]^T$$

이 랜덤벡터에 대한 평균벡터와 상관행렬은 다음과 같다.

$$\mathbf{m}_{\boldsymbol{X}} = \begin{bmatrix} \mathcal{E}\{X_1\} \\ \mathcal{E}\{X_2\} \end{bmatrix} = \begin{bmatrix} 5/6 \\ 10/21 \end{bmatrix}$$

$$\mathbf{R}_{\boldsymbol{X}} = \begin{bmatrix} \mathcal{E}\{X_1^2\} & \mathcal{E}\{X_1X_2\} \\ \mathcal{E}\{X_2X_1\} & \mathcal{E}\{X_2^2\} \end{bmatrix} = \begin{bmatrix} 5/7 & 5/12 \\ 5/12 & 5/18 \end{bmatrix}$$

모멘트의 수치값들은 예제 5.6에서 이미 구했다. 공분산행렬을 (7.18)을 이용해서 계산하면

$$\mathbf{C}_{\boldsymbol{X}} = \begin{bmatrix} 5/7 & 5/12 \\ 5/12 & 5/18 \end{bmatrix} - \begin{bmatrix} 5/6 \\ 10/21 \end{bmatrix} [\, 5/6 \quad 10/21 \,] = \begin{bmatrix} 5/252 & 5/252 \\ 5/252 & 5/98 \end{bmatrix}$$

이다. σ_1^2, c, σ_2^2은 예제 5.6에서 계산한 수치값과 일치한다.

7.2.2 데이터로부터 모멘트의 추정

평균벡터, 상관행렬, 공분산행렬이 알려져 있지 않으면, 이 값들은 데이터로부터 추정할 수 있다. 표본 벡터들의 집합 $\boldsymbol{X}_1$, $\boldsymbol{X}_2$, …, $\boldsymbol{X}_n$이 주어지면 표본평균의 벡터 버전은 다음과 같이 정의된다.

$$\boldsymbol{M}_n = \frac{1}{n}\sum_{i=1}^{n}\boldsymbol{X}_i \tag{7.19}$$

여기서 n은 표본 벡터의 개수이고 각 벡터는 K개의 성분을 갖는다. 스칼라 버전과 마찬가지로 이 추정량은 불편이며 일관성이 있다.

표본 상관행렬로 알려진 상관행렬의 추정은 (7.13)의 기댓값을 다음과 같은 산술평균 연산으로 대체하면 구할 수 있다.

$$\boldsymbol{R}_n = \frac{1}{n}\sum_{i=1}^{n}\boldsymbol{X}_i\boldsymbol{X}_i^T \tag{7.20}$$

이 추정량도 불편이며 일관성이 있음을 보일 수 있다.

공분산행렬의 추정에는 기교가 다소 필요하다. 왜냐하면 그 자체가 추정량인 표본평균을 포함하기 때문이다. 공분산에 대한 불편 추정량은 다음과 같다.

$$\boldsymbol{C}_n = \frac{1}{n-1}\sum_{i=1}^{n}(\boldsymbol{X}_i - \boldsymbol{M}_n)(\boldsymbol{X}_i - \boldsymbol{M}_n)^T \tag{7.21}$$

(이 형태에 관해 스칼라 경우에 대한 6장의 설명을 보라.) 이 표본 공분산행렬은 (7.20)과 다음 식을 사용해서 보다 쉽게 계산할 수 있다.

$$\boldsymbol{C}_n = \frac{n}{n-1}(\boldsymbol{R}_n - \boldsymbol{M}_n\boldsymbol{M}_n^T) \tag{7.22}$$

(문제 7.4 참조).

계산의 예가 다음에 주어진다.

예제 7.3

4개의 2차원 표본 벡터가 다음과 같다.

$$\boldsymbol{X}_1 = \begin{bmatrix} 2 \\ -2 \end{bmatrix},\quad \boldsymbol{X}_2 = \begin{bmatrix} -2 \\ 1 \end{bmatrix},\quad \boldsymbol{X}_3 = \begin{bmatrix} 1 \\ 0 \end{bmatrix},\quad \boldsymbol{X}_4 = \begin{bmatrix} 0 \\ 2 \end{bmatrix}$$

표본평균은 다음과 같이 계산된다.

$$\boldsymbol{M}_n = \frac{1}{n}\sum_{i=1}^{n}\boldsymbol{X}_i = \frac{1}{4}\left\{\begin{bmatrix} 2 \\ -2 \end{bmatrix} + \begin{bmatrix} -2 \\ 1 \end{bmatrix} + \begin{bmatrix} 1 \\ 0 \end{bmatrix} + \begin{bmatrix} 0 \\ 2 \end{bmatrix}\right\} = \begin{bmatrix} \frac{1}{4} \\ \frac{1}{4} \end{bmatrix}$$

표본 상관행렬은 다음과 같다.

$$\begin{aligned}
\boldsymbol{R}_n &= \frac{1}{n}\sum_{i=1}^{n}\boldsymbol{X}_i\boldsymbol{X}_i^T \\
&= \frac{1}{4}\left\{\begin{bmatrix}2\\-2\end{bmatrix}\begin{bmatrix}2 & -2\end{bmatrix}+\begin{bmatrix}-2\\1\end{bmatrix}\begin{bmatrix}-2 & 1\end{bmatrix}+\begin{bmatrix}1\\0\end{bmatrix}\begin{bmatrix}1 & 0\end{bmatrix}+\begin{bmatrix}0\\2\end{bmatrix}\begin{bmatrix}0 & 2\end{bmatrix}\right\} \\
&= \begin{bmatrix}\frac{9}{4} & -\frac{3}{2}\\ -\frac{3}{2} & \frac{9}{4}\end{bmatrix}
\end{aligned}$$

(불편) 표본 공분산행렬은 다음과 같다.

$$\begin{aligned}
\boldsymbol{C}_n &= \frac{1}{n-1}\sum_{i=1}^{n}(\boldsymbol{X}_i-\boldsymbol{M}_n)(\boldsymbol{X}_i-\boldsymbol{M}_n)^T \\
&= \frac{1}{3}\left\{\begin{bmatrix}\frac{7}{4}\\-\frac{9}{4}\end{bmatrix}\begin{bmatrix}\frac{7}{4} & -\frac{9}{4}\end{bmatrix}+\begin{bmatrix}-\frac{9}{4}\\\frac{3}{4}\end{bmatrix}\begin{bmatrix}-\frac{9}{4} & \frac{3}{4}\end{bmatrix}+\begin{bmatrix}\frac{3}{4}\\-\frac{1}{4}\end{bmatrix}\begin{bmatrix}\frac{3}{4} & -\frac{1}{4}\end{bmatrix}+\begin{bmatrix}-\frac{1}{4}\\\frac{7}{4}\end{bmatrix}\begin{bmatrix}-\frac{1}{4} & \frac{7}{4}\end{bmatrix}\right\} \\
&= \begin{bmatrix}\frac{35}{12} & -\frac{25}{12}\\ -\frac{25}{12} & \frac{35}{12}\end{bmatrix}
\end{aligned}$$

또는 (7.21)을 사용하면 다음과 같다.

$$\begin{aligned}
\boldsymbol{C}_n &= \frac{n}{n-1}(\boldsymbol{R}_n - \boldsymbol{M}_n\boldsymbol{M}_n^T) \\
&= \frac{4}{3}\left(\begin{bmatrix}\frac{9}{4} & -\frac{3}{2}\\ -\frac{3}{2} & \frac{9}{4}\end{bmatrix}-\begin{bmatrix}\frac{1}{4}\\\frac{1}{4}\end{bmatrix}\begin{bmatrix}\frac{1}{4} & \frac{1}{4}\end{bmatrix}\right)=\begin{bmatrix}\frac{35}{12} & -\frac{25}{12}\\ -\frac{25}{12} & \frac{35}{12}\end{bmatrix}
\end{aligned}$$

이 예제에서 상관행렬이나 공분산행렬의 대각 요소들이 모두 같다. 이것은 특정 데이터 집합의 성질이고 언제나 그런 것은 아니다. 대각선의 양쪽 반대 편의 항들은 언제나 같은 값인데, 이들 행렬이 대칭이기 때문이다.

7.2.3 다변량 정규밀도

잘 알려지고 유용한 다차원 확률밀도함수는 다변량 정규밀도함수이다. K차원 랜덤벡터 $\boldsymbol{X}$에 대한 **다변량 정규밀도**는 다음과 같이 정의된다.

$$f_{\boldsymbol{X}}(\boldsymbol{x}) = \frac{1}{(2\pi)^{\frac{K}{2}}|\mathbf{C}_{\boldsymbol{X}}|^{\frac{1}{2}}}\exp -\tfrac{1}{2}(\boldsymbol{x}-\mathbf{m}_{\boldsymbol{X}})^T\mathbf{C}_{\boldsymbol{X}}^{-1}(\boldsymbol{x}-\mathbf{m}_{\boldsymbol{X}}) \tag{7.23}$$

여기서 $|\mathbf{C}_{\boldsymbol{X}}|$는 공분산행렬의 행렬식을 뜻한다. 2차원의 경우에 $\mathbf{m}_{\boldsymbol{X}}$와 $\mathbf{C}_{\boldsymbol{X}}$는 다음과 같다.

$$\mathbf{m}_{\boldsymbol{X}} = \begin{bmatrix} m_1 \\ m_2 \end{bmatrix} \qquad \mathbf{C}_{\boldsymbol{X}} = \begin{bmatrix} \sigma_1^2 & c_{12} \\ c_{21} & \sigma_2^2 \end{bmatrix} = \begin{bmatrix} \sigma_1^2 & \rho\sigma_1\sigma_2 \\ \rho\sigma_1\sigma_2 & \sigma_2^2 \end{bmatrix}$$

여기서 ρ는 제5장의 식 (5.29)에 정의된 상관계수이다. 이 행렬의 역행렬은 다음과 같다.

$$\mathbf{C}_{\boldsymbol{X}}^{-1} = \frac{1}{1-\rho^2} \begin{bmatrix} \dfrac{1}{\sigma_1^2} & -\dfrac{\rho}{\sigma_1\sigma_2} \\ -\dfrac{\rho}{\sigma_1\sigma_2} & \dfrac{1}{\sigma_2^2} \end{bmatrix}$$

또한 행렬식은 다음과 같다.

$$|\mathbf{C}_{\boldsymbol{X}}| = \sigma_1^2\sigma_2^2(1-\rho^2)$$

이 마지막 두 개의 식을 (7.23)에 대입하면 두 개의 결합 정규랜덤변수의 이변량 밀도함수를 5장의 식 (5.35)처럼 얻을 수 있다.

5장의 5.4절에서 이변량 밀도함수로부터 유도된 주변밀도함수와 조건부 밀도함수는 모두 정규분포임을 보였다. 이 성질은 $K > 2$인 다변량 정규밀도함수에도 적용된다. 특히, 랜덤벡터의 성분의 어떤 집합이라도 결합정규 PDF를 가지며, 어떤 다른 집합으로 조건을 준 어떠한 성분의 집합도 또한 결합 정규분포를 갖는다. 다변량 정규밀도함수는 신호처리와 통신의 문제에 더욱 중요하다. 정규 밀도함수와 공분산행렬의 더 자세한 분석에는 고유값과 고유벡터가 필요한데, 이는 이 책의 범위를 넘는다. 복소 랜덤변수를 포함한 더 자세한 내용은 [1]에 있다.

7.2.4 상관이 없는 성분을 갖는 랜덤벡터

랜덤벡터의 성분이 상관이 없는다면 공분산행렬의 대각선 이외의 항 c_{ij} $i \neq j$은 0이다. 이 경우에 공분산행렬은 다음의 대각행렬 형태가 된다.

$$\mathbf{C}_{\boldsymbol{X}} = \begin{bmatrix} \sigma_1^2 & 0 & \cdots & 0 \\ 0 & \sigma_2^2 & \cdots & 0 \\ \vdots & \vdots & & \vdots \\ 0 & 0 & \cdots & \sigma_K^2 \end{bmatrix}$$

만약에 공분산 항의 값이 모두 같다면, 공분산행렬은 다음과 같은 형태로 쓸 수 있다.

$$\mathbf{C}_{\boldsymbol{X}} = \sigma_o^2\mathbf{I} \tag{7.24}$$

여기서 $\mathbf{I}$는 $K \times K$단위행렬이다.

독립성분을 갖는 랜덤벡터는 당연히 상관이 없는 성분을 갖게 되므로, 대각 공분산행렬을 가지게 된다. 하지만, 상관이 없는 성분을 갖는 랜덤벡터는 정규분포를 제외하면 독립 성분을 갖지 않을 수 있다. 상관이 없는 성분을 가진 랜덤벡터는 잡음에서 표본추출을 하면 얻을 수 있다. 여기서 잡음은 “백색잡음”을 뜻하며 “백색”은 랜덤벡터를 묘사하기 위해 사용된다. 자세한 것은 2부의 백색잡음의 설명에 나와있다.

7.3 변환

7.3.1 모멘트의 변환

랜덤벡터의 1차와 2차 모멘트에 대한 이동과 선형변환은 모멘트의 차수가 보존되기 때문에 쉽게 공식화된다. 비선형 변환의 결과는 새로운 랜덤변수의 1차와 2차 모멘트가 원래의 랜덤변수의 더 높은 차수의 모멘트를 요구하기 때문에 공식화가 쉽지 않다. 따라서 여기서는 이동과 선형(linear) 변환에 한정해서 설명한다.

랜덤벡터에 상수를 더하여 이동시키면, 평균에 상수를 더하는 효과가 된다.

$$\boldsymbol{Y} = \boldsymbol{X} + \mathbf{b} \tag{7.25}$$

위의 식에서 $\boldsymbol{X}$와 $\boldsymbol{Y}$는 랜덤벡터이고 $\mathbf{b}$는 상수 벡터이다. 기댓값은 다음과 같이 된다.

$$\mathcal{E}\{\boldsymbol{Y}\} = \mathcal{E}\{\boldsymbol{X}\} + \mathcal{E}\{\mathbf{b}\}$$

혹은

$$\boxed{\mathbf{m}_{\boldsymbol{Y}} = \mathbf{m}_{\boldsymbol{X}} + \mathbf{b}} \tag{7.26}$$

(7.25)와 같은 이동은 상관행렬에 영향을 주지만 공분산행렬에는 영향을 주지 않는다. 왜냐하면 공분산 행렬은 평균을 빼서 정의되기 때문이다.

이제 다음과 같은 형태의 선형변환을 살펴보자.

$$\boldsymbol{Y} = \mathbf{A}\boldsymbol{X} \tag{7.27}$$

여기서 $\boldsymbol{Y}$의 차원이 $\boldsymbol{X}$의 차원 K와 반드시 같을 필요는 없다. $\boldsymbol{Y}$의 평균은 다음과 같이 쉽게 구해진다.

$$\mathcal{E}\{\boldsymbol{Y}\} = \mathcal{E}\{\mathbf{A}\boldsymbol{X}\} = \mathbf{A}\mathcal{E}\{\boldsymbol{X}\}$$

즉,

$$\boxed{\mathbf{m}_{\boldsymbol{Y}} = \mathbf{A}\mathbf{m}_{\boldsymbol{X}}} \tag{7.28}$$

$\boldsymbol{Y}$의 상관행렬은 정의로부터 다음과 같이 쓸 수 있다.

$$\mathbf{R}_{\boldsymbol{Y}} = \mathcal{E}\{\boldsymbol{Y}\boldsymbol{Y}^T\} = \mathcal{E}\{(\mathbf{A}\boldsymbol{X})(\mathbf{A}\boldsymbol{X})^T\} = \mathbf{A}\mathcal{E}\{\boldsymbol{X}\boldsymbol{X}^T\}\mathbf{A}^T$$

즉,

$$\boxed{\mathbf{R}_{\boldsymbol{Y}} = \mathbf{A}\mathbf{R}_{\boldsymbol{X}}\mathbf{A}^T} \tag{7.29}$$

공분산행렬도 동일한 관계(연습문제 7.9 참조)를 만족함을 쉽게 알 수 있다. 이 변환에서 행렬 $\mathbf{A}$는 역행렬이 존재하지 않아도 되며 정방행렬이 아니라도 된다. 즉, 선형변환은 차원의 압축이나 확장을 가져올 수도 있다. 어떠한 경우라도 결과는 유효하다.

선형변환과 이동의 조합아래서 1차와 2차 모멘트의 완전한 집합을 편의를 위해서 표 7.1에 나열하였다.

이동	$\boldsymbol{Y} = \mathbf{A}\boldsymbol{X} + \mathbf{b}$
평균벡터	$\mathbf{m}_{\boldsymbol{Y}} = \mathbf{A}\mathbf{m}_{\boldsymbol{X}} + \mathbf{b}$
상관행렬	$\mathbf{R}_{\boldsymbol{Y}} = \mathbf{A}\mathbf{R}_{\boldsymbol{X}}\mathbf{A}^T + \mathbf{A}\mathbf{m}_{\boldsymbol{X}}\mathbf{b}^T + \mathbf{b}\mathbf{m}_{\boldsymbol{X}}^T\mathbf{A}^T + \mathbf{b}\mathbf{b}^T$
공분산행렬	$\mathbf{C}_{\boldsymbol{Y}} = \mathbf{A}\mathbf{C}_{\boldsymbol{X}}\mathbf{A}^T$

[표 7.1] 모멘트의 변환

상관행렬의 공식이 $\mathbf{b} \neq \mathbf{0}$이고 $\mathbf{m}_{\boldsymbol{X}} \neq \mathbf{0}$이면 꽤 복잡하지만 공분산행렬은 훨씬 간단하다. 공분산에서는 기댓값을 취하기 전에 평균이 제거되기 때문이다(식 (7.16) 참조).

7.3.2 밀도함수의 변환

일반적인 경우

다음과 같은 형태의 일반적인 랜덤벡터의 가역인 비선형 변환을 고려해 보자.[2)]

$$\boldsymbol{Y} = \mathbf{g}(\boldsymbol{X}) \tag{7.30}$$

여기서 변환이 가역이기 때문에 $\boldsymbol{X}$를 다음과 같이 쓸 수 있다.

$$\boldsymbol{X} = \mathbf{g}^{-1}(\boldsymbol{Y}) \tag{7.31}$$

밀도함수 $f_{\boldsymbol{X}}$와 $f_{\boldsymbol{Y}}$ 간의 관계는 단일 랜덤변수를 다룰 때 사용했던 것과 동일한 과정을 거쳐

2) 이 식은 다음과 같은 벡터값 함수를 간략히 나타낸다:

$$\begin{bmatrix} Y_1 \\ Y_2 \\ \vdots \\ Y_K \end{bmatrix} = \begin{bmatrix} g_1(X_1, X_2, \ldots, X_K) \\ g_2(X_1, X_2, \ldots, X_K) \\ \vdots \\ g_K(X_1, X_2, \ldots, X_K) \end{bmatrix}$$

g_i는 벡터 함수 $\mathbf{g}$의 성분함수이고, 변환은 역변환 가능해야 되기 때문에 $\boldsymbol{Y}$의 차원은 $\boldsymbol{X}$의 차원과 같다고 가정된다.

서 유도할 수 있다(3장 참조). $\boldsymbol{X}$가 $\boldsymbol{X}$공간의 작은 직사각형 영역에 있게될 확률은 (7.4)에서 구할 수 있다. 이 작은 영역의 부피를 다음과 같이 표시하자.

$$\Delta V_X = \Delta_1 \Delta_2 \ldots \Delta_K$$

ΔV_Y는 $\boldsymbol{Y}$공간에 있는 해당하는 영역의 부피를 나타낸다(그림 7.1 참조). 이 영역이 반드시 직사각형 영역일 필요는 없다는 것에 주의하라.

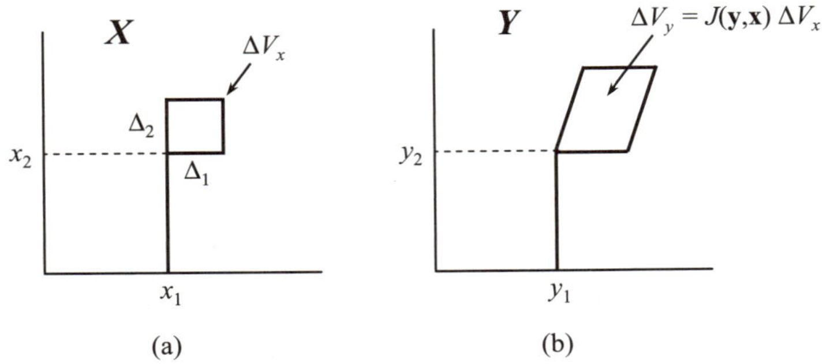

그림 7.1 X공간의 작은 영역을 Y공간으로 사상 (a) X공간의 작은 영역 (b) 대응하는 Y공간의 영역

$\boldsymbol{X}$가 ΔV_X의 작은 부피의 영역에 들어 있을 확률은 $\boldsymbol{Y}$가 해당하는 ΔV_Y의 영역에 들어있을 확률과 같기 때문에, 두 확률을 등식으로 놓을 수 있다.

$$f_{\boldsymbol{X}}(\boldsymbol{x})\Delta V_X = f_{\boldsymbol{Y}}(\boldsymbol{y})\Delta V_Y \tag{7.32}$$

$\boldsymbol{Y}$공간에 있는 작은 영역의 부피는 다음과 같다([2] 참조).

$$\Delta V_Y = J(\boldsymbol{y}, \boldsymbol{x})\Delta V_X \tag{7.33}$$

여기서 $J(\boldsymbol{y}, \boldsymbol{x})$는 변환의 야코비안이다.

$$J(\boldsymbol{y}, \boldsymbol{x}) \stackrel{\text{def}}{=} \text{abs} \begin{vmatrix} \frac{\partial g_1(\boldsymbol{x})}{\partial x_1} & \frac{\partial g_2(\boldsymbol{x})}{\partial x_1} & \cdots & \frac{\partial g_K(\boldsymbol{x})}{\partial x_1} \\ \frac{\partial g_1(\boldsymbol{x})}{\partial x_2} & \frac{\partial g_2(\boldsymbol{x})}{\partial x_2} & \cdots & \frac{\partial g_K(\boldsymbol{x})}{\partial x_2} \\ \vdots & \vdots & & \vdots \\ \frac{\partial g_1(\boldsymbol{x})}{\partial x_K} & \frac{\partial g_2(\boldsymbol{x})}{\partial x_K} & \cdots & \frac{\partial g_K(\boldsymbol{x})}{\partial x_K} \end{vmatrix} \tag{7.34}$$

"abs"는 행렬식의 절대값을 뜻한다. (7.33)을 (7.32)에 대입하면 다음을 얻는다.

$$f_{\boldsymbol{X}}(\boldsymbol{x})\Delta V_X = f_{\boldsymbol{Y}}(\boldsymbol{y})J(\boldsymbol{y}, \boldsymbol{x})\Delta V_X$$

ΔV_X항을 소거하고 (7.31)을 적용하면 다음과 같이 원하는 관계를 얻는다.

$$f_{\boldsymbol{Y}}(\boldsymbol{y}) = \frac{1}{J(\boldsymbol{y}, \boldsymbol{x})} f_{\boldsymbol{X}}(\boldsymbol{x}) \bigg|_{\boldsymbol{x} = \mathbf{g}^{-1}(\boldsymbol{y})} \tag{7.35}$$

아래의 예제는 이 절에서 설명한 공식을 사용하는 정규 랜덤벡터의 비선형 변환을 보여준다. 결과 랜덤변수는 정규분포가 아닌 잘 알려진 분포가 된다.

예제 7.4

통신 문제에서 인밴드 잡음은 반송파의 진폭과 위상 변조를 유발한다. 잡음 신호는 다음과 같은 형태이다.

$$N(t) = A(t)\cos(2\pi f_c t + \Theta(t))$$

여기서 f_c는 반송파 주파수이고 $A(t)$와 $\Theta(t)$는 잡음의 진폭과 위상을 각 각 나타내며, 임의의 시점 "t"에서 랜덤변수이다. 삼각함수의 코사인의 덧셈정리를 이용하면 잡음 신호를 "직교" 형식으로 나타낼 수 있다.

$$N(t) = X_1(t)\cos(2\pi f_c t) + X_2(t)\sin(2\pi f_c t)$$

여기서

$$X_1(t) = A(t)\cos\Theta(t) \qquad \text{and} \qquad X_2(t) = A(t)\sin\Theta(t)$$

잡음 신호의 샘플링이 어느 주어진 시간 't'에 일어났다고 가정하고 모든 변수에서 시간 의존성을 생략하자. 잡음의 직교 성분을 나타내는 랜덤변수 X_1과 X_2는 일반적으로 독립인 평균 0과 분산 σ^2을 갖는 정규 랜덤변수들로 알려져 있다. 따라서 X_1과 X_2의 결합 밀도함수는 다음과 같다.

$$f_{X_1X_2}(x_1, x_2) = \frac{1}{\sqrt{2\pi\sigma^2}} e^{-x_1^2/2\sigma^2} \cdot \frac{1}{\sqrt{2\pi\sigma^2}} e^{-x_2^2/2\sigma^2} = \frac{1}{2\pi\sigma^2} e^{-(x_1^2+x_2^2)/2\sigma^2} \tag{1}$$

랜덤변수 A와 Θ에 대한 밀도함수를 구해야 하며, 이들 랜덤변수들의 독립여부를 판단할 필요가 있다.

랜덤벡터 $\boldsymbol{X} = \begin{bmatrix} X_1 \\ X_2 \end{bmatrix}$이고 $\boldsymbol{Y} = \begin{bmatrix} A \\ \Theta \end{bmatrix}$라고 정의하고 결합 밀도함수의 변환을 위해 공식 (7.35)를 이용한다. 변환 $\boldsymbol{Y} = \mathbf{g}(\boldsymbol{X})$는 다음과 같다.

$$\begin{bmatrix} A \\ \Theta \end{bmatrix} = \begin{bmatrix} \sqrt{X_1^2 + X_2^2} \\ \tan^{-1}(X_2/X_1) \end{bmatrix} = \begin{bmatrix} g_1(\boldsymbol{X}) \\ g_2(\boldsymbol{X}) \end{bmatrix}$$

변환의 야코비안은 다음과 같다.

$$J(\boldsymbol{y}, \boldsymbol{x}) = \text{abs}\begin{vmatrix} \frac{\partial g_1(\boldsymbol{x})}{\partial x_1} & \frac{\partial g_2(\boldsymbol{x})}{\partial x_1} \\ \frac{\partial g_1(\boldsymbol{x})}{\partial x_2} & \frac{\partial g_2(\boldsymbol{x})}{\partial x_2} \end{vmatrix} = \text{abs}\begin{vmatrix} \frac{1}{2}\frac{2x_1}{\sqrt{x_1^2+x_2^2}} & \frac{-x_2/x_1^2}{1+x_2^2/x_1^2} \\ \frac{1}{2}\frac{2x_2}{\sqrt{x_1^2+x_2^2}} & \frac{1/x_1}{1+x_2^2/x_1^2} \end{vmatrix}$$

$$= \text{abs}\begin{vmatrix} \cos\theta & -(\sin\theta)/a \\ \sin\theta & (\cos\theta)/a \end{vmatrix} = \frac{1}{a}(\cos^2\theta + \sin^2\theta) = \frac{1}{a}$$

(7.35)와 위의 (1)을 이용하면 다음을 얻는다.

$$f_{A\Theta}(a, \theta) = a\frac{1}{2\pi\sigma^2}e^{-a^2/2\sigma^2}$$

이것이 결합 밀도함수이다.

A의 주변밀도함수는 다음과 같다.

$$f_A(a) = \int_{-\pi}^{\pi} f_{A\Theta}(a, \theta)d\theta = \frac{a}{2\pi\sigma^2}e^{-a^2/2\sigma^2}\int_{-\pi}^{\pi} d\theta = \frac{a}{\sigma^2}e^{-a^2/2\sigma^2}; \qquad a \geq 0$$

이 PDF는 매개변수 $\alpha = 1/\sigma$인 레일리(Rayleigh) 확률밀도함수로 알려져 있다.

Θ의 주변밀도함수는 다음과 같다.

$$f_\Theta(\theta) = \int_0^\infty f_{A\Theta}(a, \theta)da = \frac{1}{2\pi}\int_0^\infty \frac{a}{\sigma^2}e^{-a^2/2\sigma^2}da = \frac{1}{2\pi} \qquad -\pi < \theta \leq \pi$$

따라서 위상은 균일분포이다. $f_{A\Theta}(a, \theta) = f_A(a) \cdot f_\Theta(\theta)$이기 때문에 랜덤변수 A와 Θ는 독립이다.

위의 예는 임의의 시점 "t"에서의 신호가 직교좌표에서 성분들이 독립인 평균 0의 동일한 정규분포를 가지면, 독립인 진폭과 위상을 갖는다는 잘 알려진 결론을 유도한다. 진폭은 레일리 분포를 가지며 위상은 균일분포를 갖는다.

정규분포의 경우

정규 밀도함수는 평균벡터와 공분산행렬 만으로 정의되기 때문에, 정규 랜덤벡터에 7.3.1에서 설명한 어떠한 선형변환이나 이동을 적용해도 변형된 매개변수를 갖는 또 하나의 정규 랜덤벡터가 된다.

이것을 명시적으로 확인하기 위해서 변환 $\mathbf{g}$가 가역이고 다음의 형태를 갖는다고 하자.

$$\boldsymbol{Y} = \mathbf{A}\boldsymbol{X} + \mathbf{b} \tag{7.36}$$

이 경우에 밀도함수의 변환 공식 (7.35)은 다음과 같이 된다.

$$f_{\boldsymbol{Y}}(\boldsymbol{y}) = \frac{1}{\text{abs}|\mathbf{A}|}f_{\boldsymbol{X}}(\mathbf{A}^{-1}(\boldsymbol{y} - \mathbf{b})) \tag{7.37}$$

여기서 "abs|$\mathbf{A}$|"는 행렬식의 절대값을 뜻하고 $\mathbf{A}^{-1}$은 역행렬이다. 아래의 예제는 결과 밀도 함수 $f_{\boldsymbol{Y}}(\boldsymbol{y})$가 정규분포라는 것을 단계적으로 보여준다.

예제 7.5

(7.36)과 같은 가역 변환에서 $\boldsymbol{X}$는 (7.23)에 의해 구해지는 정규 PDF를 갖는다. (7.37)을 적용하면 다음과 같이 된다.

$$\begin{aligned} f_{\boldsymbol{Y}}(\boldsymbol{y}) &= \frac{1}{\text{abs}|\mathbf{A}|}\frac{1}{(2\pi)^{\frac{K}{2}}|\mathbf{C}_{\boldsymbol{X}}|^{\frac{1}{2}}}\exp -\tfrac{1}{2}(\mathbf{A}^{-1}(\boldsymbol{y}-\mathbf{b})-\mathbf{m}_{\boldsymbol{X}})^T\mathbf{C}_{\boldsymbol{X}}^{-1}(\mathbf{A}^{-1}(\boldsymbol{y}-\mathbf{b})-\mathbf{m}_{\boldsymbol{X}}) \\ &= \frac{1}{(2\pi)^{\frac{K}{2}}[|\mathbf{A}|^2|\mathbf{C}_{\boldsymbol{X}}|]^{\frac{1}{2}}}\exp -\tfrac{1}{2}(\boldsymbol{y}-\mathbf{b}-\mathbf{A}\mathbf{m}_{\boldsymbol{X}})^T(\mathbf{A}^{-1})^T\mathbf{C}_{\boldsymbol{X}}^{-1}\mathbf{A}^{-1}(\boldsymbol{y}-\mathbf{b}-\mathbf{A}\mathbf{m}_{\boldsymbol{X}}) \quad (1) \end{aligned}$$

이 식은 다변량 정규 PDF 형태로 보인다.
표 7.1로부터 $\boldsymbol{Y}$의 평균과 공분산은 다음과 같다.

$$\mathbf{m}_{\boldsymbol{Y}} = \mathbf{A}\mathbf{m}_{\boldsymbol{X}} + \mathbf{b} \qquad \text{그리고} \qquad \mathbf{C}_{\boldsymbol{Y}} = \mathbf{A}\mathbf{C}_{\boldsymbol{X}}\mathbf{A}^T \quad (2)$$

따라서 역 공분산행렬은 다음과 같다.

$$\mathbf{C}_{\boldsymbol{Y}}^{-1} = (\mathbf{A}\mathbf{C}_{\boldsymbol{X}}\mathbf{A}^T)^{-1} = (\mathbf{A}^T)^{-1}\mathbf{C}_{\boldsymbol{X}}^{-1}\mathbf{A}^{-1} = (\mathbf{A}^{-1})^T\mathbf{C}_{\boldsymbol{X}}^{-1}\mathbf{A}^{-1}$$

행렬식은 다음과 같다.

$$|\mathbf{C}_{\boldsymbol{Y}}| = |\mathbf{A}\mathbf{C}_{\boldsymbol{X}}\mathbf{A}^T| = |\mathbf{A}||\mathbf{C}_{\boldsymbol{X}}||\mathbf{A}^T| = |\mathbf{A}|^2|\mathbf{C}_{\boldsymbol{X}}|$$

이 결과를 (1)의 항과 비교하면 $f_{\boldsymbol{Y}}(\boldsymbol{y})$는 사실 다음과 같은 정규분포 형태임을 알 수 있다.

$$f_{\boldsymbol{Y}}(\boldsymbol{y}) = \frac{1}{(2\pi)^{\frac{K}{2}}|\mathbf{C}_{\boldsymbol{Y}}|^{\frac{1}{2}}}\exp -\tfrac{1}{2}(\boldsymbol{y}-\mathbf{m}_{\boldsymbol{Y}})^T\mathbf{C}_{\boldsymbol{Y}}^{-1}(\boldsymbol{y}-\mathbf{m}_{\boldsymbol{Y}})$$

여기서 매개변수 $\mathbf{m}_{\boldsymbol{Y}}$와 $\mathbf{C}_{\boldsymbol{Y}}$는 (2)를 만족한다.

이 예제는 정규랜덤벡터의 선형변환과 이동은 (적어도 선형 변환이 가역이면) 또 다른 정규 랜덤벡터임을 증명한다. 선형변환이 비가역이라도 결과는 참이 되지만 증명이 다소 복잡하다.

7.4 상호상관과 상호공분산

많은 응용에서 두 개의 랜덤벡터 $\boldsymbol{X}$와 $\boldsymbol{Y}$를 다루는 것이 필요하다. 대부분 이 벡터들의 관계는 2차 모멘트를 이용해서 표현한다.

차원이 같지 않은 두 개의 랜덤벡터 $\boldsymbol{X}$와 $\boldsymbol{Y}$의 **상호상관**(cross-correlation) 행렬은 다음과 같이 정의된다.

$$\mathbf{R}_{\boldsymbol{XY}} = \mathcal{E}\{\boldsymbol{XY}^T\} \tag{7.38}$$

이것도 벡터의 내적이 아님을 주의하라. 만일 $\boldsymbol{X}$가 K개의 성분을 가지고 $\boldsymbol{Y}$가 L개의 성분을 가진다면 $\mathbf{R}_{\boldsymbol{XY}}$는 $\mathcal{E}\{\boldsymbol{X}_i\boldsymbol{Y}_j\}$의 항을 갖는 $K\times L$ 행렬이 된다.

상호공분산(cross-covariance) 행렬은 유사하게 다음과 같이 정의된다.

$$\mathbf{C}_{\boldsymbol{XY}} = \mathcal{E}\{(\boldsymbol{X} - \mathbf{m}_{\boldsymbol{X}})(\boldsymbol{Y} - \mathbf{m}_{\boldsymbol{Y}})^T\} \tag{7.39}$$

여기서 기댓값을 계산하기 전에 평균을 뺀다. 이들 두 행렬은 다음과 같이 연관된다.

$$\mathbf{C}_{\boldsymbol{XY}} = \mathbf{R}_{\boldsymbol{XY}} - \mathbf{m}_{\boldsymbol{X}}\mathbf{m}_{\boldsymbol{Y}}^T \tag{7.40}$$

만일 상호공분산 행렬이 0이면 두 랜덤벡터가 **상관이 없다**라고 정의된다. 따라서 상관이 없는 랜덤벡터들에서는 (7.40)에 의해서 다음 식이 성립한다.

$$\mathbf{R}_{\boldsymbol{XY}} = \mathbf{m}_{\boldsymbol{X}}\mathbf{m}_{\boldsymbol{Y}}^T$$

만일 상호 상관행렬이 0이면 두 랜덤벡터가 **직교**(orthogonal)라고 한다.

만일 $F_{\boldsymbol{XY}} = F_{\boldsymbol{X}}F_{\boldsymbol{Y}}$처럼 결합분포가 주변분포들의 곱이라면 두 랜덤벡터는 **독립**이다. 독립인 랜덤벡터들은 또한 상관이 없지만, 그 역은 결합정규 랜덤벡터를 제외하면 성립하지 않는다.

이런 특성을 이용하는 예로서 두 개의 상관이 없는 평균이 0인 랜덤벡터들의 합을 고려하자. 이 경우 합의 상관행렬은 상관행렬들의 합과 같음을 증명해 보자. 랜덤벡터의 평균이 0이므로 상관행렬과 공분산행렬은 동일하다. $\boldsymbol{Z} = \boldsymbol{X} + \boldsymbol{Y}$라고 하면

$$\begin{aligned}
\mathbf{R}_{\boldsymbol{Z}} &= \mathcal{E}\{\boldsymbol{ZZ}^T\} = \mathcal{E}\{(\boldsymbol{X}+\boldsymbol{Y})(\boldsymbol{X}+\boldsymbol{Y})^T\} \\
&= \mathcal{E}\{\boldsymbol{XX}^T\} + \mathcal{E}\{\boldsymbol{XY}^T\} + \mathcal{E}\{\boldsymbol{YX}^T\} + \mathcal{E}\{\boldsymbol{YY}^T\} \\
&= \mathbf{R}_{\boldsymbol{X}} + \mathbf{R}_{\boldsymbol{XY}} + \mathbf{R}_{\boldsymbol{YX}} + \mathbf{R}_{\boldsymbol{Y}}
\end{aligned}$$

랜덤벡터는 상관이 없고 직교이므로 $\mathbf{R}_{\boldsymbol{XY}} = \mathbf{R}_{\boldsymbol{YX}} = \mathbf{0}$ 이다. 따라서 다음 식이 성립한다.

$$\mathbf{R}_{\boldsymbol{Z}} = \mathbf{R}_{\boldsymbol{X}} + \mathbf{R}_{\boldsymbol{Y}}$$

7.5 신호처리에 응용

랜덤벡터는 통신, 의사결정과 제어와 관련된 실제적인 신호처리 응용에 등장한다. 이 절에서는 3장의 3.8절에서 다루었던 신호의 최적 결정 문제를 확장해서 통신 시스템과 레이더 혹은 소나의 결정 과정의 더 실세계에 가까운 모델을 다룬다. 이 장에서는 패턴인식에서 나타나는 분류의 일반적인 문제를 설명하고, 벡터양자화로 알려진 압축 방법을 간단히 설명한다.

7.5.1 디지털 통신

논리값 0과 1을 표시하는 한 쌍의 파형을 전송하는 2진 디지털 통신의 경우를 살펴보자. 신호를 감지해서 두 개의 파형 중에서 어느 것이 전송되었는지를 판단하는 것이 목표이다. 검출된 신호가 사인 파형과 같이 어떤 형태여야 하는지는 미리 알고 있고, 검출 신호는 표본화되어 이산 시간으로 표현된다고 가정하자. 1과 0을 표현하는 전형적인 신호가 그림 7.2에 보인다. 이 파형은 3장의 그림 3.33 중에서 한 사이클을 나타내며, 이 방식은 BPSK에 사용된다(3.8.1절 참조).

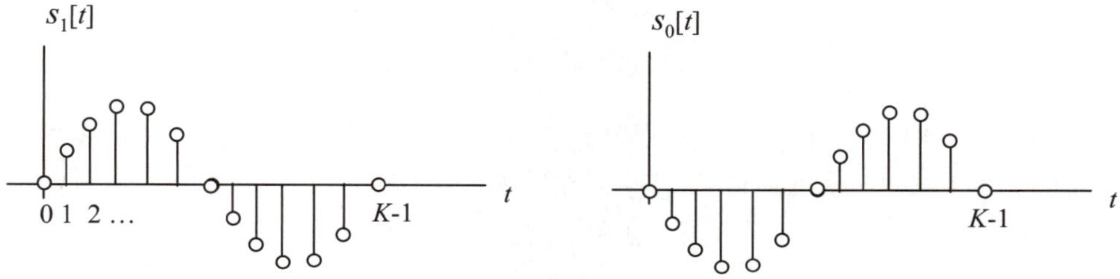

그림 7.2 잡음 안에서 검출해야 하는 신호의 표현

시간 t는 정규화되어 0, 1, 2,... 값을 갖는다고 가정하고, 각 신호에서 K개의 표본을 얻어서 다음과 같이 벡터의 형태로 표현한다.

$$\mathbf{s}_i = \begin{bmatrix} \mathrm{s}_i[0] & \mathrm{s}_i[1] & \cdots & \mathrm{s}_i[K-1] \end{bmatrix}^T \qquad i = 1, 0$$

랜덤 정규잡음이 있으면 수신기에는 랜덤벡터 $\boldsymbol{X}$가 관찰되고, 다음 두 개의 가설 중에 하나를 선택해야 한다.

$$\mathrm{H}_1: \quad \boldsymbol{X} = \mathbf{s}_1 + \boldsymbol{N} \quad (\text{신호가 } \mathbf{s}_1\text{이다})$$

$$\mathrm{H}_0: \quad \boldsymbol{X} = \mathbf{s}_0 + \boldsymbol{N} \quad (\text{신호가 } \mathbf{s}_0\text{이다})$$

여기서 $\boldsymbol{N}$은 추가된 잡음 표본의 벡터이다. 잡음벡터는 다음과 같은 정규 밀도함수를 갖는다.

$$f_{\boldsymbol{N}}(\boldsymbol{\eta}) = \frac{1}{(2\pi)^{\frac{K}{2}}|\mathbf{C}_{\boldsymbol{N}}|^{\frac{1}{2}}} \exp -\tfrac{1}{2}\boldsymbol{\eta}^T\mathbf{C}_{\boldsymbol{N}}^{-1}\boldsymbol{\eta}$$

즉, 평균벡터는 영벡터이고 공분산행렬 $\mathbf{C}_{\boldsymbol{N}}$은 알려진 값이고 표본들 간의 상관을 나타낸다.

각 가설 하에서 $\boldsymbol{X}$의 PDF는 평균이 이동한 것을 제외하면 잡음의 PDF와 동일하다. 즉,

$$f_{\boldsymbol{X}|\mathrm{H}_i}(\boldsymbol{x}|\mathrm{H}_i) = \frac{1}{(2\pi)^{\frac{K}{2}}|\mathbf{C}_{\boldsymbol{N}}|^{\frac{1}{2}}} \exp -\tfrac{1}{2}(\boldsymbol{x}-\mathbf{s}_i)^T\mathbf{C}_{\boldsymbol{N}}^{-1}(\boldsymbol{x}-\mathbf{s}_i) \qquad i=1,0 \tag{7.41}$$

3.8.1절의 논의에 따라 사후확률은 다음과 같이 쓸 수 있다.

$$\Pr[\mathrm{H}_i|\boldsymbol{x}] = \frac{f_{\boldsymbol{X}|\mathrm{H}_i}(\boldsymbol{x}|\mathrm{H}_i)\mathrm{P}_i}{f_{\boldsymbol{X}}(\boldsymbol{x})}; \qquad i=0,1 \tag{7.42}$$

여기서 P_i는 사전확률이고 $f_{\boldsymbol{X}}(x)$는 관찰에 대한 조건없는 밀도함수이다. 오차의 확률을 최소화하는 절차는 다음에 따라서 H_0나 H_1을 선택하는 것이다.

$$\Pr[\mathrm{H}_1|\boldsymbol{x}] \underset{H_0}{\overset{H_1}{\gtrless}} \Pr[\mathrm{H}_0|\boldsymbol{x}]$$

(7.42)를 이 식에 대입하고 공통항인 $f_{\boldsymbol{X}}(x)$를 소거하고, 식을 정리하면 다음과 같은 **우도비 검정**(likelihood ratio test)식을 얻는데, 이는 최적의 결정 규칙을 나타낸다.

$$\boxed{\frac{f_{\boldsymbol{X}|\mathrm{H}_1}(\boldsymbol{x}|\mathrm{H}_1)}{f_{\boldsymbol{X}|\mathrm{H}_0}(\boldsymbol{x}|\mathrm{H}_0)} \underset{H_0}{\overset{H_1}{\gtrless}} \frac{\mathrm{P}_0}{\mathrm{P}_1}} \tag{7.43}$$

이 결정 규칙은 대수적으로 상당히 단순화할 수 있다. (7.41)을 (7.43)에 대입하고, 로그를 취하고, 공통항을 소거하면 다음과 같이 된다.

$$\ln\frac{f_{\boldsymbol{X}|\mathrm{H}_1}(\boldsymbol{x}|\mathrm{H}_1)}{f_{\boldsymbol{X}|\mathrm{H}_0}(\boldsymbol{x}|\mathrm{H}_0)} = -\tfrac{1}{2}(\boldsymbol{x}-\mathbf{s}_1)^T\mathbf{C}_{\boldsymbol{N}}^{-1}(\boldsymbol{x}-\mathbf{s}_1) + \tfrac{1}{2}(\boldsymbol{x}-\mathbf{s}_0)^T\mathbf{C}_{\boldsymbol{N}}^{-1}(\boldsymbol{x}-\mathbf{s}_0) \underset{H_0}{\overset{H_1}{\gtrless}} \ln\frac{\mathrm{P}_0}{\mathrm{P}_1}$$

항을 전개하고, 간단히 하고, 공분산의 대칭 성질을 이용하면, 결정 규칙은 다음과 같이 아주 간단해진다.

$$\boxed{\mathbf{w}^T\boldsymbol{x} \underset{H_0}{\overset{H_1}{\gtrless}} \tau} \tag{7.44}$$

여기서 $\mathbf{w}$는 다음과 같은 가중벡터이다.

$$\mathbf{w} = \mathbf{C}_{\boldsymbol{N}}^{-1}(\mathbf{s}_1-\mathbf{s}_0) \tag{7.45}$$

또 τ는 문턱값으로 $\tau = \frac{1}{2}(\mathbf{s}_1^T\mathbf{C}_{\boldsymbol{N}}^{-1}\mathbf{s}_1 - \mathbf{s}_0^T\mathbf{C}_{\boldsymbol{N}}^{-1}\mathbf{s}_0) + \ln\frac{\mathrm{P}_0}{\mathrm{P}_1}$ 이다. 따라서 최적의 결정 규칙은 관찰값 벡터와 가중벡터 $\mathbf{w}$의 내적의 형태이고 그 결과값을 스칼라 문턱값 τ와 비교한다. 만약에 문턱값을 넘으면 수신기는 1이 전송된 것으로 결정하고, 그렇지 않으면 0이 전송된 것으로 결정한다.

이진 통신에서 사전 확률은 일반적으로 같다($\mathrm{P}_1 = \mathrm{P}_0 = 1/2$). 또한 만약 두 개의 신호가 대칭성을 만족해서 직교형태 $\mathbf{s}_i^T\mathbf{C}_{\boldsymbol{N}}^{-1}\mathbf{s}_i$ 가 같으면, 문턱값 τ는 0이 되고 (7.44)의 $\mathbf{w}^T\boldsymbol{x}$의 내적의 부호만 판단하면 된다. (이것은 그림 7.2의 그림과 같은 신호에 해당.)

잡음의 표본들이 상관이 없으면 중요하고 특수한 경우가 된다. 이것을 "백색잡음" 경우라고 한다. 이 경우에는 잡음의 공분산행렬이 다음과 같은 형태가 된다.

$$\mathbf{C}_{\boldsymbol{N}} = \begin{bmatrix} \sigma_o^2 & 0 & \cdots & 0 \\ 0 & \sigma_o^2 & \cdots & 0 \\ \vdots & \vdots & & \vdots \\ 0 & 0 & \cdots & \sigma_o^2 \end{bmatrix} = \sigma_o^2\mathbf{I}$$

여기서 σ_o^2은 잡음의 한 표본의 분산이다. 이 경우에 최적 수신기에서 식 (7.45)의 가중벡터는 신호 벡터의 차이값에 비례한다.

$$\mathbf{w} = \frac{1}{\sigma_o^2}(\mathbf{s}_1 - \mathbf{s}_0)$$

따라서 $\tau = 0$일 때 (7.44)의 결정규칙은 다음과 같이 $\boldsymbol{x}$와 신호벡터의 내적 두 개를 비교하는 것으로 해석할 수 있다.

$$\mathbf{s}_1^T\boldsymbol{x} \underset{H_0}{\overset{H_1}{\gtrless}} \mathbf{s}_0^T\boldsymbol{x} \tag{7.46}$$

이 절을 마치기 전에 더 언급해야 할 것이 있다. $\boldsymbol{x}$가 정규 랜덤벡터이므로 최적 결정규칙에서 계산되는 다음 값은 정규랜덤변수이다.

$$Y = \mathbf{w}^T\boldsymbol{x}$$

따라서 스칼라 값 Y는 3.8.1절에서 설명한 검출 문제의 모든 가정을 만족하고, 오차 확률과 관련되어 거기서 유도된 결과들이 이 사례에 직접 적용된다.

7.5.2 레이더/소나 목표탐색

3.8.2절에서 소개된 레이더나 소나의 목표탐색 문제는 이진 디지털 통신 문제와 많은 특징이 같다. 검출되어야 할 신호는 목표물이 존재할 때 알려진 파형이 목표로부터 확산이나 반사되어 나타난다. 또 다시 최적의 결정 규칙은 두 개의 가설을 포함하는 우도비 검정을 포함한다.

$$\mathrm{H}_1: \quad \boldsymbol{X} = \mathbf{s} + \boldsymbol{N} \quad \text{목표가 존재 (잡음이 더해짐)}$$

$$\mathrm{H}_0: \quad \boldsymbol{X} = \boldsymbol{N} \qquad \text{목표가 없음 (오직 잡음만)}$$

보통은 두 개의 가설에 대한 사전확률은 응용에서 알려지지 않고(혹은 별로 의미가 없다), 검출 확률을 최대화하면서 오경보 확률을 낮추도록 우도비 검정의 문턱값을 선택한다(3장의 3.8.2절 참조). 이 문제에서 두 가설의 조건부 밀도함수는 다음과 같다.

$$\begin{aligned} f_{\boldsymbol{X}|\mathrm{H}_1}(\boldsymbol{x}|\mathrm{H}_1) &= \frac{1}{(2\pi)^{\frac{K}{2}}|\mathbf{C}_{\boldsymbol{N}}|^{\frac{1}{2}}} \exp -\tfrac{1}{2}(\boldsymbol{x}-\mathbf{s})^T \mathbf{C}_{\boldsymbol{N}}^{-1}(\boldsymbol{x}-\mathbf{s}) \\ f_{\boldsymbol{X}|\mathrm{H}_0}(\boldsymbol{x}|\mathrm{H}_0) &= \frac{1}{(2\pi)^{\frac{K}{2}}|\mathbf{C}_{\boldsymbol{N}}|^{\frac{1}{2}}} \exp -\tfrac{1}{2}\boldsymbol{x}^T \mathbf{C}_{\boldsymbol{N}}^{-1}\boldsymbol{x} \end{aligned} \tag{7.47}$$

이 경우에 (7.47)을 (7.43)에 대입하고 간단히 하면 다음과 같은 최적 결정규칙이 된다.

$$\boxed{\mathbf{w}^T\boldsymbol{x} \underset{H_0}{\overset{H_1}{\gtrless}} \tau'} \tag{7.48}$$

여기서 $\mathbf{w}$는 가중벡터이고 다음과 같다.

$$\mathbf{w} = \mathbf{C}_{\boldsymbol{N}}^{-1}\mathbf{s} \tag{7.49}$$

τ'은 검출확률과 오경보 확률 간에 균형을 맞춰줄 문턱값으로 선택된다. (비율 $\mathrm{P}_0/\mathrm{P}_1$은 무시된다.)

또 다시 백색잡음의 경우에는 중요하고 실제적인 단순화가 이루어진다. 이 경우에 가중벡터는 신호의 상수배가 된다.

$$\mathbf{w} = \frac{1}{\sigma_o}\mathbf{s}$$

이 때 수신기는 때때로 "상관 수신기"라고 불린다. (7.48)의 좌변의 내적이 알려진 신호와 수신된 관찰값과의 "상관"이기 때문이다.

또 다른 특별히 간편한 수신기는 임펄스 응답이 시간 반전된 신호가 되는 필터를 만드는 것으로 구현할 수 있다. 이런 구현을 "정합필터(matched filter)"라고 하는데 그림 7.3에 나타내었다. 정합필터에 의해 수행되는 입력과 반전된 신호의 합성곱 식 (7.44)의 내적을 구현하고, 이 값은 문턱값과 비교된다.

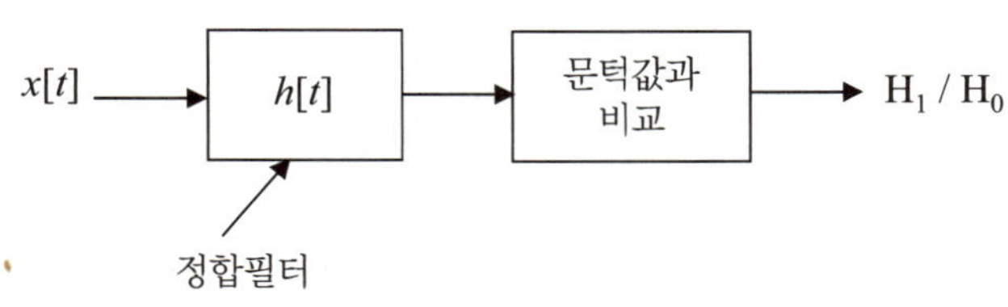

그림 7.3 최적 검출기의 정합필터 구현

정합필터로 구현하면 한 가지 장점이 더 있다. 내적을 계산하기 위해서 신호가 도착될 시간을 알 필요가 없다. 필터는 관찰값 열을 연속적으로 처리한다. 신호가 도착하여 출력이 문턱값을 넘도록 만들면, 검출을 선언한다. 더구나 추정된 신호의 도착시간은 정합필터가 최대 출력이 나오는 시점과 일치한다. 이런 원리는 모든 레이더와 소나 시스템에 사용된다.

7.5.3 패턴 인식

정규 랜덤벡터를 포함하는 최적 결정의 가장 일반적인 경우는 서로 다른 평균 벡터와 공분산행렬을 가진 관찰량의 경우이다. 이런 예로 서로 다른 1차와 2차 모멘트 통계량을 갖는 랜덤 신호의 표본을 관찰할 때를 들 수 있다.[3] 통계적 패턴 인식은 일반적인 분류 문제를 다룬다. 관찰벡터 $\boldsymbol{x}$를 만들고 (2개 종류의 경우) 이것이 종류 $1(\mathrm{H}_1)$에 속하는지 혹은 종류 $0(\mathrm{H}_0)$에 속하는지 판단한다.

만일 관찰된 두 종류가 사전확률 P_i를 가지며 조건부 밀도함수가 $f_{\boldsymbol{X}|\mathrm{H}_i}(\boldsymbol{x}|\mathrm{H}_i)$ $(i=1,0)$이라면, 오류확률을 최소화하는 결정 규칙은 다시 한 번 다음과 같은 우도비 검정이다.

$$\frac{f_{\boldsymbol{X}|\mathrm{H}_1}(\boldsymbol{x}|\mathrm{H}_1)}{f_{\boldsymbol{X}|\mathrm{H}_0}(\boldsymbol{x}|\mathrm{H}_0)} \underset{H_0}{\overset{H_1}{\gtrless}} \frac{\mathrm{P}_0}{\mathrm{P}_1} \tag{7.43}$$

정규분포의 경우에는 각 종류의 조건부 밀도함수는 다음과 같은 형태가 된다.

$$f_{\boldsymbol{X}|\mathrm{H}_i}(\boldsymbol{x}|\mathrm{H}_i) = \frac{1}{(2\pi)^{\frac{K}{2}}|\mathbf{C}_i|^{\frac{1}{2}}} \exp -\tfrac{1}{2}(\boldsymbol{x}-\mathbf{m}_i)^T\mathbf{C}_i^{-1}(\boldsymbol{x}-\mathbf{m}_i) \qquad i=1,0 \tag{7.50}$$

여기서 $\mathbf{m}_i$와 $\mathbf{C}_i$는 종류의 평균벡터와 공분산행렬이다.

(7.50)을 (7.43)에 대입하고 로그를 취하면 다음과 같은 결정 규칙이 된다.

$$(\boldsymbol{x}-\mathbf{m}_1)^T\mathbf{C}_1^{-1}(\boldsymbol{x}-\mathbf{m}_1) - (\boldsymbol{x}-\mathbf{m}_0)^T\mathbf{C}_0^{-1}(\boldsymbol{x}-\mathbf{m}_0) + \ln\frac{|\mathbf{C}_1|}{|\mathbf{C}_0|} \underset{H_0}{\overset{H_1}{\lessgtr}} 2\ln\frac{\mathrm{P}_1}{\mathrm{P}_0} \tag{7.51}$$

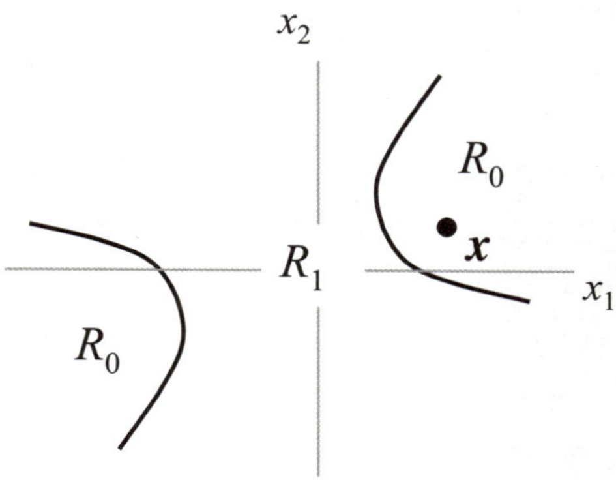

그림 7.4 관찰벡터 $\boldsymbol{x}$가 영역 R_0에 속하는 2차분류기의 결정 경계를 보여준다. ($\boldsymbol{x}$가 영역 R_0에 들어가면 가설 H_0가 선택된다.) 이 예의 R_0의 경우처럼 하나의 영역이 두 개 이상의 부분영역으로 구성될 수도 있다.

---

3) 랜덤 신호는 전자공학의 여러 분야에서 나타나며 2부에서 자세히 설명한다.

이것을 **2차분류기**(quadratic classifier)라고 부른다.[4)] 이 분류기는 관찰벡터의 공간을 그림 7.4와 같은 2차식 경계를 갖는 두 개의 영역으로 나눈다. 한 영역에 들어가는 관찰벡터를 종류 1이라고 하고 그 나머지 영역에 들어가는 관찰벡터를 종류 0이라고 한다.

몇 가지 설명을 정리하면 다음과 같다.

1. 왼 쪽의 항 $(\boldsymbol{x} - \boldsymbol{m}_i)^T\mathbf{C}_i^{-1}(\boldsymbol{x} - \boldsymbol{m}_i)$는 **마할라노비스**(Mahalanobis) (제곱) 거리라고 부른다. 각 항은 공분산으로 정규화된 관찰벡터 $\boldsymbol{x}$가 평균벡터로부터 떨어진 "거리"를 계산한다. (스칼라인 경우에는 표준편차 단위로 측정된 평균까지의 거리(제곱)을 나타낸다.)
2. 관찰벡터의 성분이 서로 상관이 없으면 공분산행렬이 대각이고 결정 규칙은 적당한 문턱값에 대한 유클리드 거리를 비교하는 것이 된다.
3. 공분산행렬이 단위행렬이면 결정 규칙은 7.5.1절의 이진 통신에서 유도한 (7.44) 식의 형태로 간단해진다. 패턴 인식에서 이 결정규칙을 **선형분류기**(linear classifer)라고 부른다.
4. 관찰값들이 서로 상관이 없고 공분산이 단위행렬이면 결정 규칙은 (7.46)처럼 두 개의 평균벡터 $\mathbf{m}_i$의 내적을 비교하는 것이 된다.

2차분류기는 두 개의 종류의 분포가 정규분포이면 최적의 결정규칙이 되지만 정규분포라는 가정이 성립하지 않더라도 꽤 잘 작동한다. 흥미로운 최적의 성질을 (7.51)의 기댓값을 취하고 정보이론의 잘 알려진 부등식을 적용하면 얻을 수 있다. 이를 통해 관찰값이 종류 1에 속하면 (7.51)의 부등식은 H_1이라고 알려주며, 관찰값이 종류 0에 속하면 H_0라고 알려줌을 증명할 수 있다. 따라서 분포에 무관하게 결정규칙 식 (7.51)은 "평균적으로" 올바른 결정을 한다.

7.5.4 벡터 양자화(Vector quantization)

랜덤 입력의 양자화

디지털 신호처리 분야에서 연속시간 신호는 아날로그-디지털(A/D) 변환기 혹은 ADC에 의해서 디지털 수열로 변환된다(그림 7.5(a) 참조). ADC의 입력은 연속 파형이지만 출력은 이진수의 수열이다.

변환은 그림 7.5(b)에서 보듯이 3단계로 이루어진다. 신호는 우선 시간 축에서 표본추출된다. 다음에 표본 X는 유한한 단계의 값으로 양자화되고, 양자화된 값 $\hat{X}$는 이진수로 사상된다. 이 중에서 양자화는 가장 중요한 단계이다.

양자화기의 입력/출력 특성은 그림 7.6에 보여진다. x축은 양자화 간격으로 구분된다. 입력 신호가 i번째 간격 $x_{i-1} < x \leq x_i$에 속하면 양자화기의 출력은 r_i이다. r_i값은 **재생 수준**(reconstruction level)이라고 부르는데, 그 이유는 이 값으로 신호를 (근사적으로) 재생할 수 있기 때문이다.

4) 부등식과 사전확률의 비가 반대인 것에 주의하라.

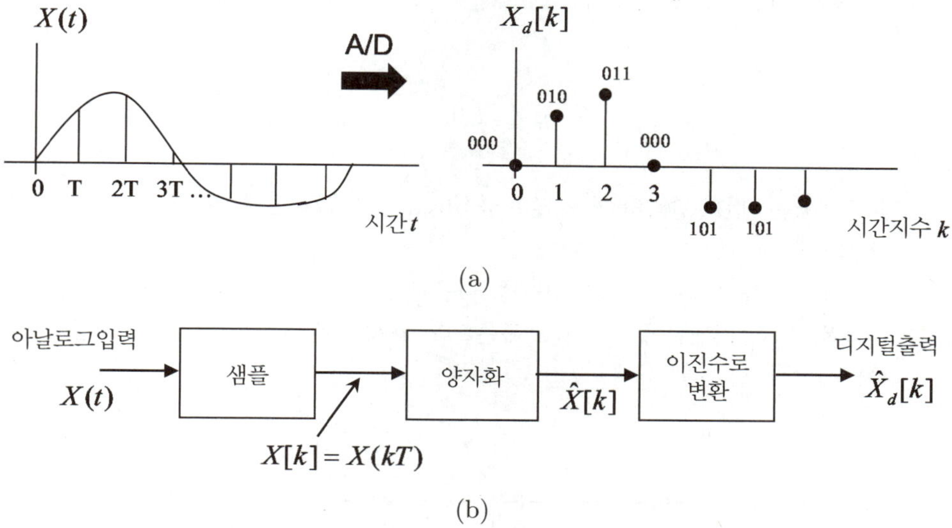

그림 7.5 아날로그 디지털 변환 (a) ADC의 입력과 출력 (b) 변환기의 블럭다이어그램. 대괄호는 이산시간 신호를 뜻한다.

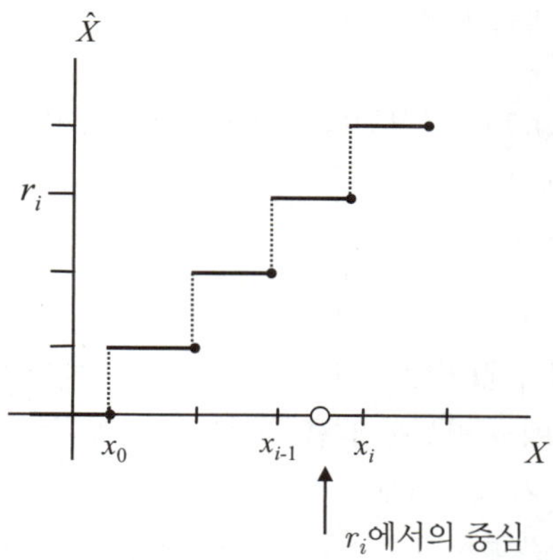

그림 7.6 양자화기의 입력/출력 특성. 흰 점은 간격의 중심을 뜻한다.

재생 수준을 어떻게 결정할 것인지의 문제가 발생한다. 신호가 i번째 간격에 있을 때 오차를 $x - r_i$로 정의하자. 그러면 평균제곱오차(mean-square error)를 최소화하도록 r_i를 선택할 수 있다. 모든 간격에 대한 다음의 합을 **왜곡**(distortion)이라고 부른다.

$$D = \sum_i \int_{x_{i-1}}^{x_i} (x - r_i)^2 f_X(x)dx$$

여기서 f_X는 X의 확률밀도함수이다.

최적의 재생 수준 r_i을 찾기 위해서 미분하고 그 값을 0으로 놓는다. 그러면 다음 조건을 얻는다.

$$r_i = \int_{x_{i-1}}^{x_i} x f_X(x)dx \qquad \text{모든 } i\text{에 대해서}$$

따라서 r_i는 r번째 간격의 평균 혹은 중심(centroid)으로 선택해야 한다. 모든 간격에서 f_X가 상수라면 r_i는 간격의 중점이 된다.

재생 수준을 결정했으므로 양자화를 다음과 같은 방식으로 볼 수 있다. 그림 7.7에 보이는 것처럼 X축은 경계점이 x_i인 셀로 구분된다. 재생 수준은 셀의 중간이며 하얀 점으로 표시된다.

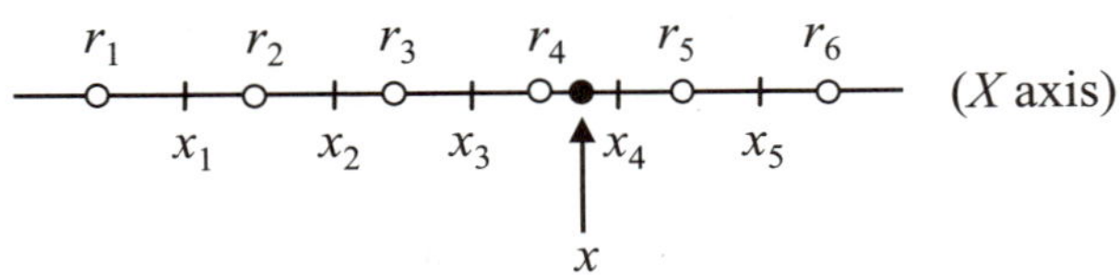

그림 7.7 스칼라 입력의 양자화

특정한 값 x가 i번째 셀에 속하면 r_i값으로 사상된다. (그림에서 $i = 4$이다.) 재생 수준은 x가 가장 가까운 곳으로 사상되도록 선택된다.

랜덤벡터의 양자화

앞 절에서 신호는 시간의 함수인 스칼라 값이었다. 현대 기술에서는 벡터값인 신호를 쉽게 찾을 수 있다. 예를 들면, 디지털 이미지에서 픽셀은 3개의 색상성분 (적, 녹, 청) 혹은 다른 표현의 집합으로 표현된다[3]. 따라서 모든 픽셀은 3개의 성분을 가진 벡터로 표현된다.

또 다른 예로, 디지털 오디오 신호는 하나 이상의 이진수의 수열를 갖는 경우가 있다. 스테레오 사운드에서는 왼쪽과 오른쪽 채널이 있어서 표본값들을 이차원 벡터로 생각할 수 있다. 입체 음향에서는 더 많은 채널이 있고 더 많은 차원을 갖는다.

신호가 스칼라 값이더라도 한 번에 데이터 블럭을 처리하는 것도 자주 있는 일이다. 한 블럭에 K개의 표본이 있다면 이것을 K–차원 벡터로 생각할 수 있다. 데이터 압축은 저장과 전송량을 상당히 줄일 수 있으며 벡터 "양자화"는 이 기술에서 중요한 부분이다.

벡터 양자화에 들어있는 개념은 세부적으로는 복잡하지만 쉽게 이해될 수 있다. 그림 7.8은 2차원의 경우를 보여준다.

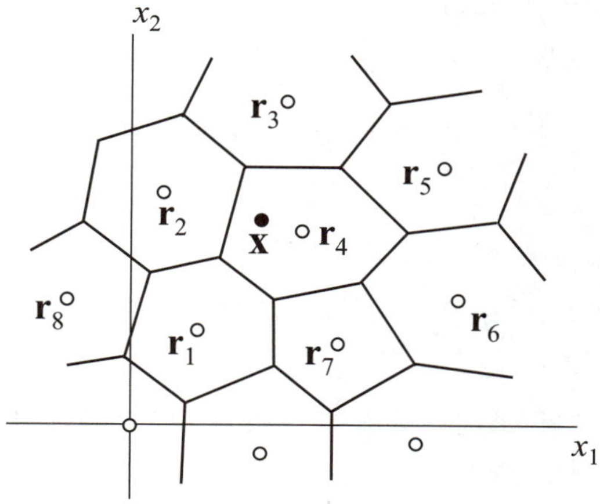

그림 7.8 이차원에서의 벡터 양자화의 셀과 코드어. 벡터 $\mathbf{x}$는 코드어 $\mathbf{r}_4$에 사상된다.

벡터공간은 중점이 $\mathbf{r}_i$인 (흰 점) 겹치지 않는 셀로 구분된다. $\mathbf{x}$와 같은 임의의 벡터는 그것이 포함된 셀의 중점으로 대체됨으로써 "양자화"된다. $\mathbf{r}_i$는 2차원 재생 수준이고 "코드어"라고 부른다. 이런 코드어의 완전한 집합을 "코드북"이라고 부른다.

그림 7.8의 셀 경계가 불규칙하므로 관찰값 $\mathbf{x}$가 어느 셀에 속하는지 판단하는 것은 어려워 보인다. 하지만 두 셀의 경계는 두 개의 중점에서 같은 거리에 있는 점의 궤적이다. 따라서 벡터공간에서 "거리"를 잴 수 있으면 $\mathbf{x}$는 관찰값에서 가장 가까운 중점이 있는 셀에 속한다. 벡터 양자화에 관한 문헌에서 벡터공간의 점들 사이의 거리를 **"왜곡"**이라고 하며, 앞에서 언급한 마할라노비스 거리를 포함해서 몇 가지 다른 왜곡의 측도가 존재한다.

코드북의 훈련과 개발

벡터 양자화를 위한 코드북을 개발하는 것은 이론적으로는 어려운 작업이다. 일차원의 경우에 셀의 경계는 미리 결정되고 표현 수준은 각 영역의 중점으로 선택된다. 2차원의 경우에도 비슷하게 할 수 있지만 재생 수준은 매우 임의적이 되며, 더 높은 차원에서는 접근 방법을 찾기 어렵다. 더구나 코드어는 전체 평균 왜곡을 최소화하도록 선택되어야 한다.

실제적인 해결책은 훈련 데이터를 이용하는 것이다. 훈련 데이터는 궁극적으로 처리하기 원하는 데이터를 대표하는 실제 데이터의 표본들이다. 훈련 데이터를 적절히 선정하면 데이터의 점들은 벡터공간에서 자연스러운 그룹 혹은 "군집(cluster)"을 형성하기 때문에 새로운 데이터를 작은 왜곡으로 표현할 수 있다. 이들 군집의 중점이 코드어로 사용된다. **군집화**(clustering) 과정에서 훈련을 위한 잘 알려진 반복 알고리즘에는 "K-평균" 알고리즘, Linde-Buzo-Gray 알고리즘[4], 일반화된 Lloyd 알고리즘[5]이 있다. 알고리즘의 핵심적인 절차는 다음과 같다 [6, p. 218].

1. 표본들을 임의로 군집에 할당하거나, 또는 임의로 군집의 중점들을 정하고 표본들을 가장 가까운 군집의 중점에 할당한다.
2. 각 군집의 중심(표본 평균)을 계산한다.

3. 표본들을 가장 가까운 평균의 군집에 재할당한다.
4. 표본들의 분류가 변하지 않으면 중지하고, 그렇지 않으면 단계 2로 간다.

이 알고리즘에 군집을 나누거나 합쳐서 데이터가 더 잘 적합되도록 다양한 추가적인 단계와 휴리스틱을 추가할 수 있다.

7.6 요약

랜덤 신호의 표본들과 같이 연관된 랜덤변수의 집합은 랜덤벡터로 다룬다. 이렇게 하면 행렬대수의 잘 알려진 결과를 적용해서 랜덤변수를 표현하고, 표기를 단순화 하며, 분석에 도움을 줄 수 있다. 이 장에서는 랜덤벡터를 소개한다.

랜덤벡터는 구성 성분인 랜덤변수들의 결합 분포와 밀도함수로 나타낸다. 많은 응용에서 1차와 2차 모멘트만을 다룬다. 랜덤벡터의 평균은 벡터이지만 상관과 공분산은 행렬이다. 이들 값들은 벡터 성분들의 2차까지의 모든 모멘트를 표현한다. 평균벡터와 상관행렬 혹은 공분산행렬은 매개변수가 사전에 알려지지 않았을 때는 표본 데이터로부터 추정한다.

응용에서 랜덤벡터는 다양한 종류의 변환을 하게 된다. 이동과 선형 변환은 행렬 표기를 사용하면 랜덤벡터의 모멘트에 적용하기가 쉽다. 비선형 변환을 확률밀도함수에 적용하는 것은 어렵지만 일부의 경우에는 가능하다. 다변량 정규밀도함수는 평균벡터와 공분산행렬에 의해서 완전히 규정되기 때문에 특별히 흥미롭고 중요하다. 이 경우 이동과 선형변환에 대해 모멘트를 쉽게 계산할 수 있고 변환 후 정규분포성질이 유지된다.

많은 공학적 응용은 랜덤벡터를 이용해서 표현되는데, 몇 가지를 이 장에서 소개했다. 3장에서 소개한 신호 검출 응용의 경우 수신 신호의 다중 표본들이 사용될 때 더 현실적인 맥락에서 문제를 살펴볼 수 있다.

참고문헌

[1] Charles W. Therrien. *Discrete Random Signals and Statistical Signal Processing.* Prentice Hall, Inc., Upper Saddle River, New Jersey, 1992.

[2] Wilfred Kaplan. *Advanced Calculus.* Addison-Wesley, Reading, Massachusetts, fifth edition, 2003.

[3] William K. Pratt. *Digital Signal Processing: A System Design Approach.* John Wiley & Sons, New York, second edition, 1991.

[4] Y. Linde, A. Buzo, and R. M. Gray. An algorithm for vector quantizer design. *IEEE Transactions on Communication*, COM-26.

[5] Allen Gersho and Robert M. Gray. *Vector Quantization and Signal Compression.* Kluwer, Boston, 1992.

[6] Charles W. Therrien. *Decision, Estimation, and Classification: An Introduction to Pattern Recognition and Related Topics.* John Wiley & Sons, New York, 1989.

연습문제

랜덤벡터와 분석

7.1 두 랜덤변수 X_1과 X_2의 결합 PDF가 다음과 같을 때

$$f_{X_1X_2}(x_1, x_2) = \begin{cases} 1/12 & -1 \le x_1 \le 1,\ -3 \le x_2 \le 3 \\ 0 & \text{그 외} \end{cases}$$

(a) 랜덤변수의 1차 모멘트를 구하고 벡터 표기로 나타내라.
(b) 상관행렬을 구하라.
(c) 공분산행렬을 구하라.

7.2 상관행렬에 대한 (7.20)의 추정이 불편임을 보여라.

7.3 공분산행렬에 대한 (7.21)의 추정이 불편임을 보여라.

7.4 (7.19)에서 (7.21)을 이용해서 공분산행렬에 대한 추정을 (7.22)의 형태로 만들 수 있음을 보여라.

7.5 다음 데이터에 대해서 표본평균, 표본 상관행렬, 표본 공분산행렬(7.21)을 구하라.

$$X_1 = \begin{bmatrix} 1 \\ 1 \end{bmatrix} \quad X_2 = \begin{bmatrix} 1 \\ 2 \end{bmatrix} \quad X_3 = \begin{bmatrix} 2 \\ 0 \end{bmatrix} \quad X_4 = \begin{bmatrix} 0 \\ 1 \end{bmatrix}$$

(7.22)를 사용해서 결과를 검증하라.

7.6 (a) 아래 랜덤벡터에 대한 평균벡터와 상관행렬은 무엇인가?

$$\boldsymbol{X} = \begin{bmatrix} X_1 \\ X_2 \end{bmatrix}$$

여기서 X_1과 X_2는 다음과 같이 묘사된다.

$$f_{X_1X_2}(x_1, x_2) = \begin{cases} 1 & 0 \le x_1 \le 1,\ 0 \le x_2 \le 2(1-x_1) \\ 0 & \text{그 외} \end{cases}$$

(b) 공분산행렬은 무엇인가?

7.7 정규 랜덤벡터 $\boldsymbol{X}$의 평균벡터와 공분산행렬이 다음과 같을 때

$$\mathbf{m}_{\boldsymbol{X}} = \begin{bmatrix} 1 \\ 1 \end{bmatrix} \qquad \mathbf{R}_{\boldsymbol{X}} = \begin{bmatrix} 4 & -1 \\ -1 & 3 \end{bmatrix}$$

(a) 공분산행렬 $\mathbf{C}_{\boldsymbol{X}}$를 계산하라.
(b) 상관계수 $\rho_{X_1X_2}$는 무엇인가?
(c) $\boldsymbol{X}$에 대한 정규 밀도함수의 공분산행렬의 역행렬의 식을 구하라.

7.8 정규 랜덤벡터가 상관이 없는 성분을 가질 때, 다변량정규 밀도함수는 일차원 정규 밀도의 곱으로 나타낼 수 있다는 것을 보여라.

변환

7.9 공분산행렬에 대한 (7.16)의 정의를 이용하여 선형변환이 $\boldsymbol{Y} = \mathbf{A}\boldsymbol{X}$라고 할 때 다음을 보여라.

$$\mathbf{C}_{\boldsymbol{Y}} = \mathbf{A}\mathbf{C}_{\boldsymbol{X}}\mathbf{A}^T$$

이번에는 $\mathbf{C}_{\boldsymbol{Y}} = \mathbf{R}_{\boldsymbol{Y}} - \mathbf{m}_{\boldsymbol{Y}}\mathbf{m}_{\boldsymbol{Y}}^T$ 관계와 (7.28)과 (7.29)를 이용해서 증명을 반복하라. 정방행렬 $\mathbf{A}$에 대해서 $|\mathbf{R}_{\boldsymbol{Y}}| = |\mathbf{A}|^2|\mathbf{R}_{\boldsymbol{X}}|$ 임을 보여라. (기호 $|\cdot|$는 행렬식을 뜻한다.)

7.10 한 쌍의 랜덤변수 X_1과 X_2는 다음과 같이 정의된다.

$$X_1 = 3U - 4V$$
$$X_2 = 2U + V$$

여기서 U와 V는 평균이 0이고 분산이 1인 독립인 랜덤변수이다.

(a) 다음 식의 A를 구하라.

$$\begin{bmatrix} X_1 \\ X_2 \end{bmatrix} = A \begin{bmatrix} U \\ V \end{bmatrix}$$

(b) 랜덤벡터 $\boldsymbol{X}$의 $\mathbf{R}_{\boldsymbol{X}}$와 $\mathbf{C}_{\boldsymbol{X}}$는 무엇인가?

(c) X_1과 X_2의 평균과 분산은 무엇인가?

(d) 상관 $\mathcal{E}\{X_1X_2\}$은 무엇인가?

7.11 $\mathcal{E}\{U\} = 1$이고 $\mathcal{E}\{V\} = -1$일 때 연습문제 7.10을 반복하라. 나머지 모든 것은 같다.

7.12 랜덤벡터 $\boldsymbol{X}$는 독립인 성분을 갖는다. 모든 성분은 지수 PDF $\lambda e^{-\lambda x_i}u(x_i)$를 갖는다. 여기서 u는 단위 계단함수이다. 다음의 변환을 적용할 때

$$\boldsymbol{Y} = A\boldsymbol{X} \quad \text{여기서} \quad A = \frac{1}{\sqrt{2}}\begin{bmatrix} 1 & -1 \\ 1 & 1 \end{bmatrix}$$

(a) $f_{\boldsymbol{X}}(x)$를 구하고 x-평면에서 그려라.

(b) $f_{\boldsymbol{X}}(\boldsymbol{y})$를 구하고 y-평면에서 그려라. 밀도함수가 0이 아닌 영역을 표시하라.

(c) $\boldsymbol{Y}$의 성분이 서로 상관이 없는가? 그 이유를 설명하라.

상호상관과 공분산

7.13 두 개의 랜덤벡터의 상호상관행렬과 상호공분산행렬이 (7.40)의 관계를 만족함을 보여라. $\boldsymbol{Y} = \boldsymbol{X}$에 대해서 결과를 적용하고 (7.18)을 증명하라.

7.14 $\boldsymbol{X}$와 $\boldsymbol{Y}$가 차원이 같은 두 개의 랜덤벡터라고 할 때 합은 다음과 같다.

$$\boldsymbol{Z} = \boldsymbol{X} + \boldsymbol{Y}$$

(a) 어떤 조건하에서 $\boldsymbol{Z}$의 상관행렬이 $\boldsymbol{X}$와 $\boldsymbol{Y}$의 상관행렬의 합이 되는가?

(b) 어떤 조건하에서 $\boldsymbol{Z}$의 공분산행렬이 $\boldsymbol{X}$와 $\boldsymbol{Y}$의 공분산행렬의 합이 되는가?

7.15 랜덤벡터 $\boldsymbol{Y}$가 다음과 같이 정의된다고 하자.

$$\begin{bmatrix} Y_1 \\ Y_2 \end{bmatrix} = \begin{bmatrix} 3 & 2 & 1 \\ 1 & -2 & 1 \end{bmatrix} \begin{bmatrix} X_1 \\ X_2 \\ X_3 \end{bmatrix}$$

$\boldsymbol{X}$의 상관행렬은 다음과 같다.

$$\mathbf{R}_{\boldsymbol{X}} = \begin{bmatrix} 9 & 3 & 1 \\ 3 & 9 & 3 \\ 1 & 3 & 9 \end{bmatrix}$$

(a) $\boldsymbol{Y}$에 대한 상관행렬 $\mathbf{R}_{\boldsymbol{Y}}$를 구하라.

(b) 상호상관행렬 $\mathbf{R}_{\boldsymbol{XY}}$를 구하라.

힌트: $\mathbf{R}_{\boldsymbol{XY}} = E\{\boldsymbol{XY}^T\}$에 $\boldsymbol{Y}=\mathbf{A}\boldsymbol{X}$를 대입하고 단순화한다.

7.16 만일 $f_{\boldsymbol{XY}}(\boldsymbol{x}, \boldsymbol{y}) = f_{\boldsymbol{X}}(\boldsymbol{x})\, f_{\boldsymbol{Y}}(\boldsymbol{y})$라면 랜덤벡터는 독립이다. $\boldsymbol{X}$와 $\boldsymbol{Y}$가 독립이면 상관이 없음을 보여라.

신호처리에 응용

7.17 신호 검출 문제에서 신호 벡터가 다음과 같이 5개의 표본으로 구성되어 있다.

$$\mathbf{s} = \tfrac{1}{3}\begin{bmatrix} 1 & 2 & 3 & 2 & 1 \end{bmatrix}^T$$

잡음 표본들은 상관이 없고 분산이 $\sigma_o^2 = 1$이고 평균은 0이다.

(a) 신호의 사전확률이 $\mathrm{P}_1 = 2/3$이라면 결정 규칙의 식을 구하라.

(b) 만일 $\mathrm{P}_1 = 1/2$이면 결과는 어떻게 바뀌는가?

7.18 대수적 단순화를 이용해서 (7.43)의 최적 결정 규칙이 (7.44)로 축소될 수 있음을 보이고 문턱값 τ에 대한 식을 유도하라.

7.19 공분산행렬 $\mathbf{C}_1$과 $\mathbf{C}_0$가 같으면, 2차분류기 (7.51)은 선형 형태로 축소됨을 보여라.

$$\mathbf{w}^T\boldsymbol{x} \underset{H_0}{\overset{H_1}{\gtrless}} \tau$$

여기서 $\mathbf{w}$는 적절한 가중벡터이고 τ는 문턱값이다. 2차원의 경우에 결정 경계의 형태를 그려라.

7.20 검출 문제에서 신호벡터가 다음과 같다.

$$\mathbf{s} = \begin{bmatrix} 2 & 2 \end{bmatrix}^T$$

잡음은 평균이 0이고 공분산행렬은 다음 형태이다.

$$\mathbf{C}_{\boldsymbol{N}} = \sigma^2 \begin{bmatrix} 1 & \rho \\ \rho & 1 \end{bmatrix}$$

여기서 $\sigma^2 = 2$이고 $\rho = 1/\sqrt{2}$이다.

(a) 매개변수 $\eta = \ln(\mathrm{P}_0/\mathrm{P}_1)$의 함수로 결정 규칙의 식을 구하라.

(b) 신호가 없을 때 수신 벡터의 밀도함수에 대한 등고선은 다음과 같다.

$$f_{\boldsymbol{X}|\mathrm{H}_0}(\boldsymbol{x}|\mathrm{H}_0) = f_{X_1X_2|\mathrm{H}_0}(x_1, x_2|\mathrm{H}_0) = \text{상수}$$

(7.47)로부터 이것은 다음과 같다.

$$\boldsymbol{x}^T\mathbf{C}_{\boldsymbol{N}}^{-1}\boldsymbol{x} = \text{상수}$$

이 등고선을 x_1, x_2 평면에 그려라. 여기서 상수를 1로 놓을 수 있다.

힌트: 등고선의 식을 간단히 하기 위해서 좌표 시스템을 변환 $y_1 = (x_1 + x_2)/\sqrt{2}$ 와 $y_2 = (x_2 - x_1)/\sqrt{2}$ 에 의해서 회전한다(즉, y_1과 y_2가 새로운 좌표축이 된다).

(c) 신호가 존재할 때 X의 밀도에 대한 등고선을 그려라.

힌트: 등고선의 형태는 평균벡터만큼 이동한 것을 제외하면 유사하다.

(d) 평면에서 H_1과 H_0의 결정영역 간의 결정 경계는 다음 식으로 정의된다.

$$\mathbf{w}^T\boldsymbol{x} = \tau$$

여기서 w와 τ는 7.5.1절에 있다. $\eta = 0$, $\eta = 1/2$, $\eta = -1/2$일 때, 결정 경계를 x_1, x_2 평면에 그려라. 결정 경계가 두 개의 정규 밀도함수와 연관되기 때문에, η을 변경하여 오경보 확률과 검출 확률간의 이득 관계를 조정함을 관찰하라.

7.21 벡터 양자화 알고리즘의 5개의 코드어가 아래와 같다. 5개의 코드어에 해당하는 셀을 그려라. 관찰값 $\boldsymbol{x} = [\ 2 \quad 3\ ]^T$은 어느 코드어에 속하는가?

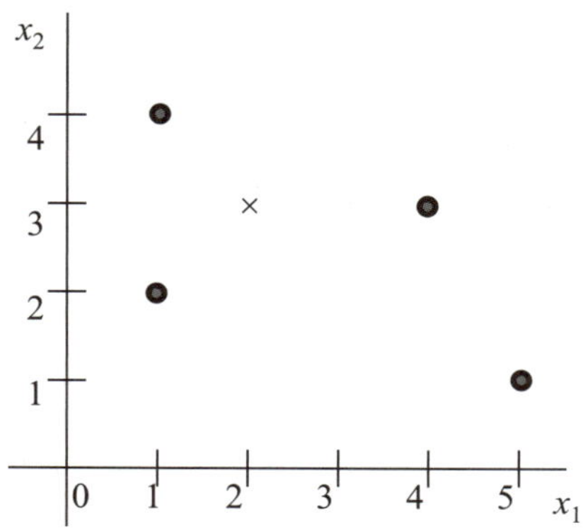

컴퓨터 프로젝트

프로젝트 7.1

이 프로젝트에서 이차원 정규분포 데이터의 매개변수(평균과 분산)를 추정하고 밀도함수의 등고선도를 그린다. 교재에 포함된 데이터 파일 x01.dat, x02.dat, x03.dat에는 256개의 이차원 정규랜덤벡터의 값이 있다. 파일에서 k번째 줄에는 k번째 랜덤벡터 실현값이 있다.

$$\mathbf{x}^{(k)} = \begin{bmatrix} x_1^{(k)} & x_2^{(k)} \end{bmatrix}^T$$

평균벡터와 공분산벡터의 추정은 7.2.2절의 (7.19)와 (7.22)의 공식을 이용해서 구할 수 있다.
세 개의 데이터 집합에 대해서 다음을 수행하라.

1. 위의 공식을 이용해서 평균벡터와 공분산행렬을 추정하라. 매개변수 m_1, m_2, σ_1, σ_2, c_{12}, ρ 의 값을 구하여 표로 정리하라.

2. 데이터의 산포도를 그려라. 벡터를 x_1, x_2 평면에 연결 선 없이 점으로 그려라.

3. 밀도함수의 등고선은 다음 조건에 의해 정의된다.

$$f_{\boldsymbol{X}}(\boldsymbol{x}) = \text{상수}$$

정규분포의 경우에는 등고선은 타원이다(5장의 5.4절 참조). 데이터를 표현하는 그림에 정규밀도함수의 등고선을 나타내는 타원을 그려라. 상수를 적절히 선택하고 대부분의 데이터가 타원 안에 있음을 확인하라.

4. 모든 데이터 집합에 대해서 타원의 모양과 방향이 무엇을 의미하는지 설명하라.

매틀랩 프로그래밍 노트

교재의 소프트웨어 패키지에 있는 "plotcov" 함수를 사용해서 그릴 수 있다. 2개의 표준편차 값을 설정하라.

프로젝트 7.2

컴퓨터 프로젝트 3.2는 검출 문제를 다룬다. 전송된 "신호"는 잡음하에서 관찰된 하나의 값 (A)이다. 이 프로젝트에서는 더 현실적인 검출 문제를 다루는데, 신호는 전체 값들의 수열이다. 신호는 다음과 같은 이산시간 수열로 나타낸다.

$$s[k] = A\cos(2\pi k/12) \qquad k = 0, 1, \ldots, 11$$

여기서 진폭 A는 후에 주어진다.
7.5절의 절차를 따라 12-차원 벡터 s을 만들어 정규분포 잡음 하에서 전송한다. 잡음은 평균이 0이고 다음과 같은 자기상관 함수를 갖는다.

$$R_N[l] = 2 \cdot (0.85)^{|l|} \qquad -\infty < l < \infty$$

공분산행렬 C_N의 요소는 $c_{ij} = R_N[|i-j|] = 2 \cdot (0.85)^{|i-j|}$이다.

1. 공분산행렬과 역행렬의 식을 구하라.

2. $\mathrm{P}_0 = \mathrm{P}_1 = \frac{1}{2}$일 때 최적 결정 규칙 (7.44)에서 최적 가중벡터 w와 문턱값 τ를 구하라. 가중벡터는 신호진폭 A에 의존하는 값임을 확인하라.

3. $t = \mathbf{w}^T \boldsymbol{X}$일 때, t는 정규 랜덤변수임을 확인하라. (이유를 설명하라.) 가설 H_0와 H_1에 대해서 t에 대한 PDF를 그려라. A=2를 가정하라.

4. $p_{fa} = 0.01$이 되도록 τ를 설정하라. A=2일 때 p_d에 해당하는 값은 무엇인가? $p_D \geq 0.95$가 되기 위해서 A는 어떤 값이어야 하는가?

5. 마지막 단계의 A의 값에 대해서, 문턱값 τ을 적절한 값들로 설정함으로써 ROC를 그려라.

PART 2

랜덤과정 입문

8 랜덤과정

이 장은 랜덤과정의 기본을 소개한다. 앞 장에서 불확실성이 시간과 관련되지는 않았다. 신호, 잡음, 동적 시스템 등을 포함하는 응용에서는 발생하는 현상이 시간에 의존한다는 것을 고려해야 한다. 따라서 우리의 확률 모델도 시간 의존성을 고려하기 위해서 확장될 필요가 있다. 랜덤변수에서 랜덤과정으로 확장할 때 몇 가지 새로운 개념과 도구가 필요하다. 이 장에서는 이들 도구를 소개한다.

이 장은 기본적인 정의와 예제를 소개하고 앙상블 개념과 랜덤과정의 성질과 종류를 설명한다. 이 장은 랜덤과정을 기본적인 확률적 관점에서 설명하는데 치중하고, 상관과 전력스펙트럼 밀도에 대한 설명은 나중 장으로 미룬다.

이 장은 공학적 응용에 중요한 잘 알려진 랜덤과정들에 대해서도 간단히 설명한다. 이산시간과 연속시간 과정을 다루지만 의도한 바를 유지하기 위해서 기초적인 수준을 넘지는 않는다. 랜덤과정에 대한 더 자세한 내용은 이어지는 장에서 소개한다.

8.1 서론

전자공학과 컴퓨터공학에서 시간의 랜덤함수인 현상을 자주 마주치게 된다. 전기폭풍이 발생할 때 전력선의 전압, 휴대폰이나 무선 전송에서 신호의 강도, 인터넷 서버에 들어오는 패킷의 수, 특정 웹 페이지의 "히트" 수 등이 이런 예이다. 이런 랜덤 현상들은 **랜덤과정**(stochastic process 또는 random process)으로 모델링된다. 어떤 현상은 진짜 "랜덤(random)"하다고 할 수는 없지만 확률모델을 사용하는 것이 유용할 수 있다.[1] 예를 들어, 메시지에 있는 비트열들은 분명한 의미를 가지고 있지만 랜덤과정으로 처리된다. 이것의 결정적 모델은 사용하기에는 너무 복잡하기 때문이다.

8.1.1 랜덤과정 모델

확률론에 의한 관점에서 보면, 랜덤과정 모델은 랜덤변수와 유사하다. 랜덤변수는 표본공간의 사건을 실직선 상의 한 점으로 사상하는 것이고, 랜덤과정은 표본공간을 시간 종속적인 함수들이 있는 함수공간으로(그림 8.1 참조) 사상하는 것이다.[2]

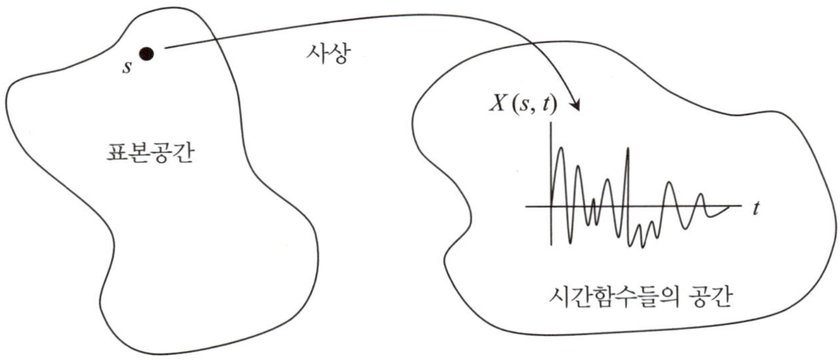

그림 8.1 랜덤과정 모델

다른 말로하면, 랜덤과정 $X(s,\ t)$는 시간 t와 랜덤 실험 s의 결과에서 사상되는 함수들의 집합이다. 랜덤과정 $X(s,\ t_1)$는 시간 $t = t_1$에서 표본을 취한 랜덤변수를 나타낸다. 결과적으로 랜덤과정은 랜덤변수들의 연속체라고 생각할 수 있다.

8.1.2 랜덤과정의 유형

1) 웹스터 사전에는 "random"을 "정해진 계획, 목적 혹은 패턴이 없는 것"이라고 정의하고 있는데, 현대적 의미와도 크게 차이나지 않는다.

2) 랜덤과정이 공간적인 매개변수나 공간적 매개변수의 집합에 의존할 수는 있지만, 랜덤과정의 독립변수는 일반적으로 시간이다. 공간적인 랜덤과정을 "랜덤 필드"라고 부른다.

랜덤변수에 의해서 값이 취해질 때와 같이 랜덤과정에 의해 취해지는 값은 연속이거나 이산일 수 있다. 또한, 시간 함수의 도메인도 연속이거나 이산일 수 있다. 따라서 4가지 유형의 랜덤과정이 가능하다. 각 유형의 예를 살펴보자.

사운드

음성, 음악, 잡음을 포함하는 자연적인 사운드는 진동의 압력이 공기나 혹은 다른 매체를 통과하면서 생기는 현상이다. 사운드는 연속시간 매개변수의 함수이고 압력 값은 실수이다. 물리적 세상에서 측정되는 대부분의 랜덤과정들은 사운드처럼 **연속**적인 시간의 함수이고 **연속**적인 실수 값을 취한다.

디지털 오디오

디지털 오디오는 정 반대에 해당한다. 디지털 오디오는 이진수의 수열로 표현되며, 읽혀지고 변환되어 컴퓨터, 휴대폰, CD 재생기 혹은 기타 장치에 의해서 자연적인 사운드가 된다. 디지털 (N-비트) 오디오는 **이산**적인 시간에 (2^N개)의 **이산**적인 값을 취하는 랜덤과정으로 모델링 될 수 있다.

네트워크 트래픽

저장-전송(store-and-forward) 방식 디지털 네트워크에 있는 한 노드에 패킷이 도착하는 것을 생각해보자. 노드가 바쁠 때 패킷이 도착하면 대기열에 놓이게 되고, 대기열의 길이는 (시간에 대해서) 랜덤과정이다. 시간에 따라서 패킷이 도착하거나 떠나기 때문에 이 과정은 연속 시간에서 정의된다. 이 과정은 **연속** 시간에 정의되지만 취하는 값은 **이산** 정수 값이다.

시계열

모든 이산적인 랜덤과정이 전자공학과 컴퓨터공학에서만 나타나는 것은 아니다. 통계학에서는 시계열 분석이라는 주제로 알려진 이산 랜덤과정을 오랫동안 연구해왔다([1,2] 참조). 시계열의 예는 해마다 곡물 수확량, 강우량, 주식시세, 은행계좌의 잔액 등이다. 이런 시계열은 **연속**적인 값을 취하지만, 과정은 시간에 대해 **이산**적이다. 데이터를 생산하는 측정이 이산적인 시간에 일어나고, 측정 시간 사이에는 측정이 없거나 의미가 없다. 시계열에서 이루어진 많은 연구의 결과를 신호처리와 같은 공학분야에 직접 적용할 수 있고, 그 반대도 가능하다. 따라서 최근의 연구는 두 분야에 모두 적용될 수 있다.

보통 문헌에서, 랜덤과정 $X(s,\ t)$에서 변수 s를 떼어내고 간단히 $X(t)$로 표기한다. 종속성을 표시해야할 특별한 이유가 없으면 이 책에서도 이 관습을 따를 것이다. 또한 시간 변수가 이산이면 랜덤과정 표시에서 $X[t]$나 $X[k]$처럼 대괄호를 사용할 것이다. 연속값 과정과 이산값 과정을 구별하기 위해 사용하는 특별한 기호는 없으나 응용에 따라 분명하게 구별된다.

8.1.3 랜덤과정으로서의 신호

랜덤과정은 신호와 잡음의 연구에 많이 사용된다. 많은 신호들은 아날로그 형태로 발생한다. 예를 들어 마이크나 카메라로 수집하는 사운드와 빛은 본래 아날로그 값이다. 디지털 처리의 많은 장점 때문에, 아날로그 신호는 디지털 형태로 변환된다. 빛의 경우에는 이 변환이 (디지털) 카메라에서 일어난다. 사운드의 경우에는 그림 8.2에 보인 것처럼 아날로그-디지털 변환기(ADC)가 사용된다.

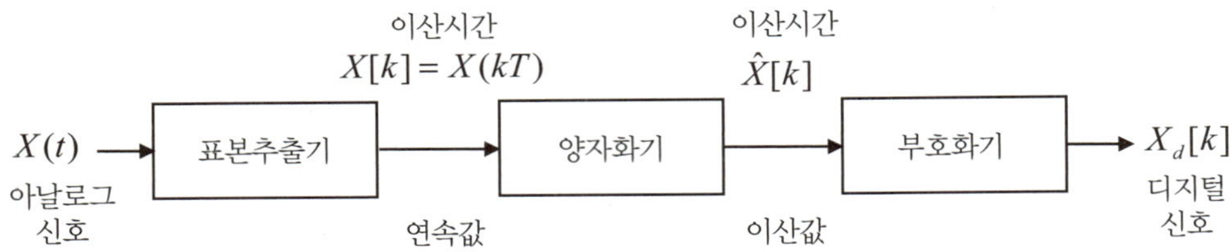

그림 8.2 아날로그-디지털 변환기의 블럭도

아날로그-디지털 변환기에서 두 개의 주요 블럭이 표본추출기와 양자화기이다. 입력 $X(t)$는 연속시간 연속값 신호이다. 시간과 값이 무한 정밀도를 갖는다. 표본추출기의 출력은 이산시간 연속값 신호이다. 양자화기는 표본의 값을 무한 정밀도로 받아서 유한한 값으로 근사시킨다. 다음에는 부호화기를 통해서 양자화된 표본값들이 이진 수열로 변환된다. 따라서 이산시간 이산값인 디지털 신호가 된다.

양자화를 거친 디지털 표현은 아날로그 신호의 근사값이다. 이는 유한한 오차 혹은 "잡음"이 아날로그 파형을 디지털 형태로 변환하는 과정에서 추가됨을 뜻한다. 비록 디지털화된 신호는 완전히 결정적이지만 디지털화 과정에서 생긴 근사화 잡음은 랜덤과정이다. (양자화기와 잡음에 관한 자세한 내용은 7장과 부록 D에 나와있다.)

문헌에서 랜덤과정(random process)과 랜덤 신호(random signal)는 같은 의미로 사용되기도 한다. 주파수나 위상에서 파형에 불확실성이 보이는 전기 신호를 랜덤과정이라고 말할 수도 있겠으나, 이 용어를 사용할 때는 주의를 해야한다. 랜덤과정이 가능한 실험 결과를 표현하는 함수들의 집합에 근거한 추상화라는 것을 명심해야 한다. 반면에 랜덤 신호는 랜덤과정의 하나의 **실현**(realization)이라고 간주할 수 있다.

8.1.4 연속 대 이산

앞으로는 연속시간과 이산시간 랜덤과정을 모두 다룰 것이다. 두 유형 모두 전자공학과 컴퓨터 공학자에게 흥미로운 주제에서 나타난다. 랜덤과정의 값이 연속인지 이산적인지는 응용에 따라 분명해지기 때문에 값에 대한 표현은 생략하고, 랜덤과정에서 "연속"은 연속시간임을 뜻하고 "이산"은 이산시간임을 뜻한다.

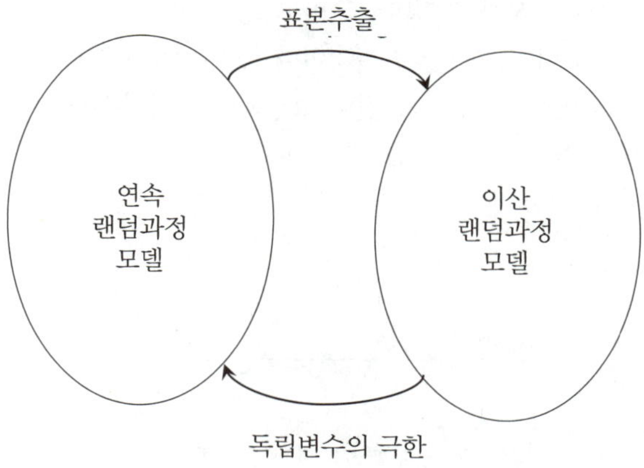

그림 8.3 연속시간과 이산시간 랜덤과정의 관계

그림 8.3은 연속과 이산 랜덤과정 간의 관계를 보여준다. 많은 이산 랜덤과정은 연속과정에서 표본을 취함으로써 얻어지기 때문에, 연속 랜덤과정에서 사용하던 모델과 방법들에 대해 표본화된 버전에서도 대응하는 모델과 방법들을 유도할 수 있다. 그러나 모든 이산 랜덤과정이 연속인 짝을 가지는 것은 아니다. 일부 연속 랜덤과정은 이산 랜덤과정의 표본추출율을 아주 높인 극한의 경우로 정의하는 것이 가능하다. 물리적인 세계에서 양자적 본성이 실세계의 현상의 순수 연속 모델에 반하기 때문에 이산 랜덤과정 모델이 더 근본적이라고 말할 수 있다. 하지만 두 가지 경우 모두를 다루면서 적절한 수학적 도구를 개발하는 것은 유용하다. 물리 세계의 측정과 관련된 문제의 측면에서는 연속적인 모델이 전형적으로 필요하다. 하지만 관찰값을 처리하는 것과 관련된 측면에서는, 이산적인 모델이 현대적인 디지털 신호 처리 방법을 가장 잘 표현한다.

8.2 랜덤과정의 특성

이 절의 결과와 설명은 연속과 이산 랜덤과정 모두에 적용된다. 하지만 중복을 피하기 위해서 $X(t)$의 표기를 연속 과정과 관련된 것으로 사용하고 랜덤과정의 그림을 연속적인 곡선으로 그릴 것이다. 특정한 결과가 이산의 경우에 적용되지 않을 때에는 분명하게 언급을 할 것이기 때문에 혼란은 없을 것이다.

8.2.1 앙상블의 개념

앞 절에서 랜덤과정을 시간 t와 랜덤실험의 결과 s의 함수로 나타나는 함수들 $X(s,\ t)$의 모임으로 정의했다. 이런 함수들의 집합을 **앙상블**(ensemble)이라고 부른다. 앙상블의 멤버를 **표본함수**(sample functions) 혹은 **실현**(realization)이라고 부른다. 이상적으로는 앙상블이 무한

개의 표본함수들로 구성될 수 있다. 그림 8.4에 보이듯이, 앙상블은 두 개의 방향이 있다. 하나는 시간축이고 나머지 하나는 실현축이다. 실현 s가 고정되고 하나의 표본함수가 있으면 시간축을 따라갈 수 있다. 반대로, 시간이 고정되면 랜덤변수의 다양한 값에 해당하는 시간 표본들의 모임을 얻을 수 있다.

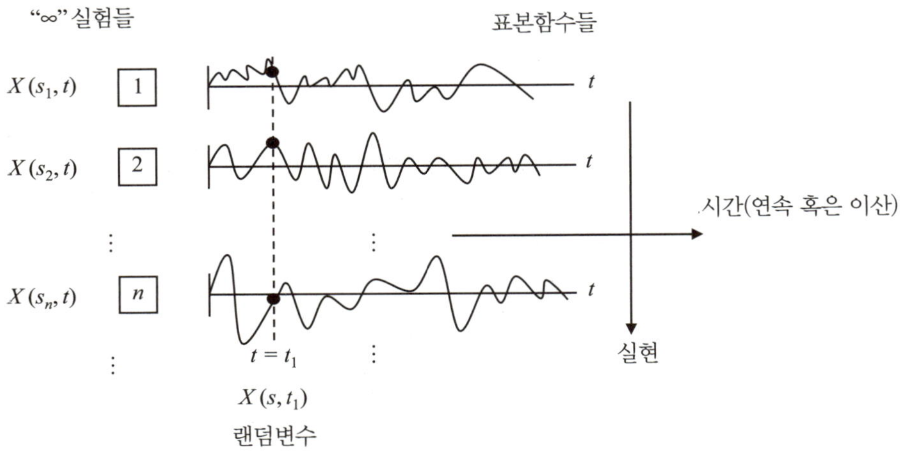

그림 8.4 랜덤과정을 나타내는 앙상블의 그림

랜덤과정의 어떠한 표본도 랜덤변수이기 때문에, 랜덤과정은 이론적으로 무한한 개수의 랜덤변수의 연속체라고 간주할 수 있다. 앞 장에서 보았듯이 랜덤변수는 누적분포함수(CDF)와 확률밀도함수(PDF) 혹은 확률질량함수(PMF)로 특징을 나타낼 수 있다. 이는 랜덤과정의 모든 시간대의 표본이 CDF와 PDF(혹은 PMF)를 갖는다는 것을 말한다.

PDF의 표기법이 CDF나 PMF와 비슷하기 때문에 PDF로 설명한다. 랜덤과정 $X(t)$의 하나의 표본이 $X(t_0)$라고 하면, 이 표본의 PDF는 시간 $t=t_0$에서의 랜덤과정의 PDF이며 $f_{X(t_0)}(x_0)$라고 표기한다. 간단히 표시하기 위해서 x_0를 생략할 수도 있으며, 그러면 $f_{X(t_0)}$가 된다. 이런 생각을 시간 t_0와 t_1의 표본에도 확장하면 이들 표본의 결합 PDF를 $f_{X(t_0)X(t_1)}(x_0, x_1)$라고 쓸 수 있다. 여기서 다시 간단한 표기를 위해서 x_0와 x_1을 생략할 수 있다.

이 과정은 $X(t)$의 어떤 개수의 표본에 대해서도 자연스럽게 일반화된다. 표본 시간을 $t_i = t_0 + \tau_i$, $i = 1, \ldots, n$이라고 하자. 여기서 τ_i는 첫 번째 표본을 기준으로 한 표본 시간이다. 그러면 n+1표본에 대한 CDF와 PDF는 $F_{X(t_0)X(t_0+\tau_1)\cdots X(t_0+\tau_n)}(x_0, x_1, \ldots, x_n)$와 $f_{X(t_0)X(t_0+\tau_1)\cdots X(t_0+\tau_n)}(x_0, x_1, \ldots, x_n)$라고 쓸 수 있다.

CDF와 PDF의 형태는 랜덤과정에 대한 중요한 정의를 도출한다. PDF를 사용하여 설명하면 다음과 같다.

> 만약 모든 n에 대해서 PDF $f_{X(t_0)}$와 결합 PDF $f_{X(t_0)X(t_0+\tau_1)\cdots X(t_0+\tau_n)}$가 시작 시간 t_0와 독립이면 이 랜덤과정은 (엄격한 의미의) **정상**(stationary)이다.

PDF를 PMF나 CDF로 대체해도 동등한 정의를 얻을 수 있다. 위의 정의는 정상 랜덤과정의 확률적 성질이 표본이 시간 축상의 다른 점 (t_0)에서 시작해도 변하지 않는다는 것을 나타낸다. 중요한 것은 표본들 간의 상대적인 거리 즉, 표본들간의 간격이 그대로 유지되는 것이다. 정상성은 중요한 성질인데, 이것이 없다면 데이터를 처리하는 모든 알고리즘은 시작 시점에 의존해야 되기 때문이다.

8.2.2 시간 평균과 앙상블 평균: 에르고딕성질

랜덤과정의 시간 표본들 $X(t_0), X(t_1), \ldots$은 랜덤변수이기 때문에, 기댓값 계산을 이용해서 통계적 평균을 계산할 수 있다. 예를 들면, 시간 t_0에서 랜덤과정의 평균은 다음과 같다.

$$m_X(t_o) = \mathcal{E}\{X(t_o)\}$$

기댓값 계산은 시간 t_0에서 $X(t)$의 PDF를 이용해서 다음처럼 계산된다.

$$\mathcal{E}\{X(t_o)\} = \int_{-\infty}^{\infty} x f_{X(t_o)}(x)dx$$

적분은 "합"으로 간주될 수 있으므로, 기댓값은 "앙상블들에 대한" 평균으로 해석할 수 있다. 다른 말로하면, 앙상블을 구성하는 여러 표본 함수들을 평균한 것이다. 평균은 그것을 계산하기 위해서 선택한 시간의 함수이다.

앙상블 평균을 구하는 것이 가능하지 않으면, 랜덤과정의 하나의 실현을 가지고 시간에 대한 평균을 분석할 수도 있다. 이것을 "**시간평균**(time average)"이라고 부른다. 랜덤과정 $X(t)$의 시간평균은 다음과 같이 정의된다.

$$\langle x(t)\rangle = \lim_{T\to\infty}\frac{1}{2T}\int_{-T}^{T} x(t)dt \tag{8.1}$$

여기서 $x(t)$는 랜덤과정 $X(t)$의 하나의 특정 표본 함수이다. 각괄호 $\langle\ \rangle$는 식의 우변에 규정된 연산을 나타내며, 다른 시간평균을 표시하는데에도 사용될 수도 있다. 예를 들어, 두 개의 랜덤과정 $X(t)$와 $Y(t)$ 간의 시간평균 상관은 다음과 같이 계산된다.

$$\langle x(t)y(t)\rangle = \lim_{T\to\infty}\frac{1}{2T}\int_{-T}^{T} x(t)y(t)dt$$

이산 랜덤과정 $X[k]$의 경우에, 시간평균은 다음과 같다.

$$\langle x[k] \rangle = \lim_{K\to\infty} \frac{1}{2K} \sum_{k=-K}^{K-1} x[k]$$

이것은 (8.1)과 유사하다.

기댓값과 시간 기반 평균을 그림 8.4에 보이듯이 앙상블의 문맥에서 생각하는 것이 도움이 된다. 앞에서 언급했듯이 기댓값 $\mathcal{E}\{\cdot\}$ (혹은 통계적 평균)은 앙상블에 대한 평균으로 생각할 수 있다. 반면에, 시간평균 $\langle\cdot\rangle$은 시간 축상에서 계산된다. 이 경우에는 (전체 앙상블이 아니고) 오직 하나의 표본 평균만 사용할 수 있다고 가정한다.

시간 평균의 결과값이 어떤 의미에서 앙상블 평균과 동등하다면 앙상블 평균을 대체할 수 있다. 이런 특성을 **에르고딕성질**(ergodicity)이라고 한다. 모든 랜덤과정이 에르고딕성질을 가지는 것은 아니다. 다음 예제에서 확인할 수 있다.

예제 8.1

다음 랜덤과정에서

$$X(t) = A$$

A는 ± 1을 값으로 갖는 이진 랜덤변수이다. 이 랜덤과정의 평균은 다음과 같다.

$$\mathcal{E}\{A\} = \frac{1}{2}(+1) + \frac{1}{2}(-1) = 0$$

이 랜덤과정의 표본 함수는 두 개의 값: +1이나 −1을 크기로 갖는 "DC" 파형이다. 각 표본 함수는 시간에 대해 상수 함수이다. 이런 표본 함수의 앙상블이 주어지면, 랜덤과정의 통계적 평균은 (위에서 계산한 대로) 0이다.

이 랜덤과정의 시간평균을 계산하기 위해서 주어진 함수가 $x(t)=A$라고 가정하자. 그러면 이 함수의 시간평균은 다음과 같다.

$$\langle x(t) \rangle = \lim_{T\to\infty} \frac{1}{2T} \int_{-T}^{T} x(t)dt = A \lim_{T\to\infty} \frac{1}{2T} \int_{-T}^{T} dt = A$$

A는 +1이나 −1이고 0이 될 수 없기 때문에, 시간−평균과 통계적 평균은 같지 않다. 결과적으로 이것은 에르고딕 랜덤과정이 아니다.

많은 실제적으로 중요한 랜덤과정은 적어도 일부 모멘트에 한해서는 에르고딕성질을 만족한다. 통계적 평균과 시간 평균이 같은 랜덤과정을 **"평균 에르고딕"**이라고 부른다. 이것을 다음 예제에서 보인다.

예제 8.2

다음 랜덤과정에서

$$X(t) = A\sin(\omega t + \Theta)$$

A와 ω는 알려진 매개변수이고 Θ는 간격 $-\pi$에서 π 사이의 균일 랜덤변수이다. 이 랜덤과정의 평균은 다음과 같다.

$$\begin{aligned} m_X(t) &= \mathcal{E}\{X(t)\} = \int_{-\pi}^{\pi} A\sin(\omega t + \theta) f_\Theta(\theta) d\theta \\ &= \frac{A}{2\pi}\int_{-\pi}^{\pi} \sin(\omega t + \theta) d\theta = 0 \end{aligned}$$

Θ의 PDF는 $f_\Theta(\theta) = 1/2\pi$, $-\pi \le \theta \le \pi$이고, 사인파의 한 주기에 대한 적분은 0이다. 따라서 $X(t)$는 0−평균 랜덤과정이다.
표본 함수 $x(t)$의 시간평균은 다음과 같다.

$$\bar{m}_X = \langle x(t) \rangle = \lim_{T\to\infty} \frac{1}{2T}\int_{-T}^{T} x(t)dt = \lim_{T\to\infty} \frac{A}{2T}\int_{-T}^{T} \sin(\omega t + \theta)dt = 0$$

우변에서 적분이 유한한 값이기 때문에 극한은 0이다. m_X와 $\bar{m}_X$가 같기 때문에 랜덤과정은 에르고딕이다.

앞의 예는 랜덤과정의 평균을 이용해서 에르고딕성질의 개념을 설명하였다. 실제적으로 2차 모멘트와 더 높은 차수가 에르고딕 성질을 갖는다면 아주 유용하다. 2차 모멘트의 통계적 평균을 시간 평균으로 대체할 수 있으면 랜덤과정은 **상관 에르고딕**(correlation ergodic)이다. 모든 차수의 통계적 모멘트가 시간 평균으로 대체될 수 있으면 **엄격한 에르고딕**(strictly ergodic)이다. 특히 중요한 값은 다음 장에서 설명할 **자기상관**(autocorrelation)이고 시간적인 형태는 다음과 같다.

$$\langle x(t)x(t-\tau) \rangle = \lim_{T\to\infty} \frac{1}{2T}\int_{-T}^{T} x(t)x(t-\tau)dt$$

이 값은 시간 't'와 시간 '$t-\tau$'의 표본들 간의 상관을 측정한다. 시간 변수에 대한 평균이기 때문에 에르고딕성질과는 무관하며, 랜덤과정이 정상과정이 아니면 의미도 없다.

8.2.3 일반 랜덤과정과 예측가능 랜덤과정

8.1절에서 랜덤과정의 도메인과 값이 연속이냐 이산이냐에 따라서 4가지 부류로 구별되는 것을 설명하였다. 이런 분류와 더불어 랜덤과정의 또 다른 특징을 여기서 설명한다.

일반적으로 전기신호는 결정적이거나 랜덤 신호(과정)로 구분된다. 결정적 신호의 매개변수는 완전히 알려지기 때문에 신호값에 모호성이 없다. 랜덤신호는 랜덤과정의 실현으로서 일반

(regular) 혹은 예측가능(predictable)으로 나뉘어 진다. 이들 간의 차이를 설명하기 위해서 예를 보이는 것으로 충분하다.

예측가능 랜덤과정에서는 하나 이상의 매개변수가 랜덤변수이지만 신호의 형태 자체는 결정적이다. 예를 들어, 다음 신호에서

$$X(t) = A\sin(2\pi ft + \theta)$$

f와 θ는 알려진 상수이고, A는 랜덤변수이다. 이 신호는 랜덤과정의 설명과 들어 맞는다. 하지만 몇 개의 표본들을 관찰하면, 모든 시간에서 신호를 정확히 알 수 있다. 따라서 예측가능 랜덤과정의 다른 값들은 알려진 과거의 값들로부터 오차없이 추정될 수 있다.[3] 그림 8.5(a)는 진폭이 랜덤변수인 앙상블의 두 멤버를 보여준다. 그림 8.5(b)는 위상이 랜덤변수인 앙상블의 두 멤버를 보여준다. 만약 이들 경우에 완전한 앙상블을 보게 된다면, 모양은 비슷하지만 랜덤변수(예로 A나 A')에 의해서 다른 값을 갖는 다양한 파형을 보았을 것이다.

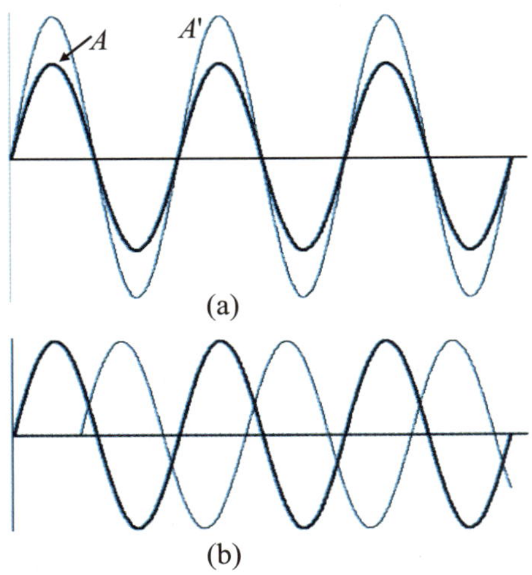

그림 8.5 예측가능한 랜덤과정의 예 (a) 진폭이 랜덤변수 (b) 위상이 랜덤변수

3) 예측가능 랜덤과정의 완전한 설명은 이 책의 수준을 넘는다. 하지만 예측가능은 평균제곱 오차 혹은 여러 다른 확률 측도의 개념을 이용해서 수학적으로 정확한 값으로 얻을 수 있다.

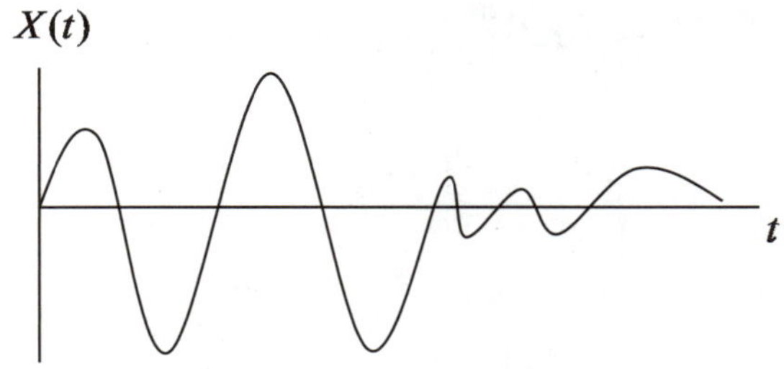

그림 8.6 정규적인 랜덤과정의 실현 (예측불가능)

일반 랜덤과정의 파형에는 정해진 모양이 없으며, 알려진 과거의 값으로부터 오차없이 과정값을 예측할 수 없다. 그림 8.6은 일반 랜덤과정의 실현을 보여준다. 표본 함수가 매끈해 보이지만, 일반 랜덤과정은 분석의 관점에서는 아주 나쁘게 거동할 수 있다. 앙상블에 있는 다른 실현의 파형은 비슷해 "보이지만" 자세히 보면 아주 다르다. 전기적 잡음과 음성의 일부분은 일반 랜덤과정의 예이다.

8.2.4 주기적 랜덤과정

많은 랜덤과정은 주기적 형태를 보인다. 이런 주기성은 잡음에서 신호를 분리하는 것과 같은 예에서 유용하다. 주기성을 나타낼 많은 방법이 있지만, 분포가 모든 독립변수에 대해 주기적일 때 랜덤과정이 주기적이라고 정의한다.

> 다음 조건을 만족하는 값 P가 존재할 때, 랜덤과정이 **엄격히 주기적**(strictly periodic)이라고 한다.
>
> 조건: PDF가 모든 n과 모든 정수 집합 $k_0, k_1, \ldots k_n$에 대해서
>
> $$f_{X(t_0)X(t_1)\cdots X(t_n)} = f_{X(t_0+k_0P)X(t_1+k_1P)\cdots X(t_n+k_nP)}$$

다른 형태의 주기성은 이 조건의 특수한 경우이다. 예를 들어 신호가 주기적 정상(cyclostationarity)인 경우는 위의 정의에서 정수들이 $k_0 = k_1 = \ldots = k_n = k$을 만족할 때 발생한다.

랜덤과정이 주기적이기 위해서 정상일 필요는 없다. 하지만, 만일 랜덤과정이 정상이면 주기성의 조건은 시간 변수 $\tau_1, \tau_2, \ldots \tau_n$ 에만 적용된다(pp284–285 참조).

8.3 자주 쓰는 이산 랜덤과정

이 절에서는 몇 가지 잘 알려진 이산 랜덤과정과 그 응용에 대해서 설명한다. 더 자세한 내용은 이 책의 후반부에 또 나온다.

이산 랜덤과정은 초급 수준에서 설명하기 더 쉽기 때문에 먼저 다룬다. 연속 랜덤과정은 다음 절에서 다룬다. 이 절들은 이 책의 나머지 부분에서 수행되는 분석을 위한 디딤돌 역할을 한다.

8.3.1 베르누이과정

가장 간단한 형태의 랜덤과정중의 하나는 독립적인 표본의 데이터 열 $X[k]$로 표현된다. 값은 1과 -1을 가지며 확률은 각각 p와 $1-p$이다. 이것을 베르누이과정이라고 부르고, 전형적인 실현이 그림 8.7에 보인다.

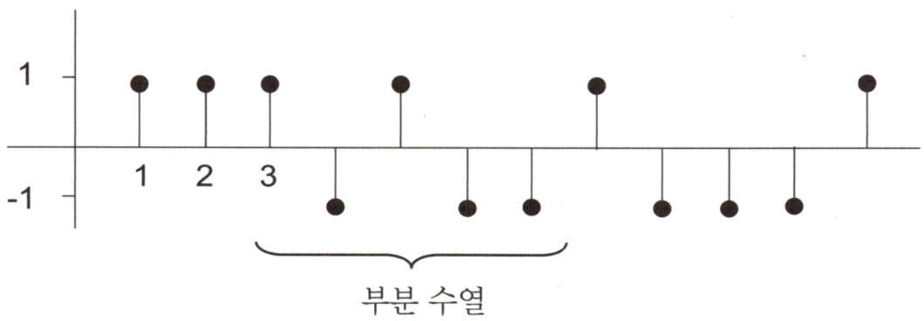

그림 8.7 베르누이 랜덤과정인 표본 함수

베르누이과정은 동전 던지기에서 앞면을 1로 뒷면을 -1로 혹은 반대로 함으로써 만들 수 있다. 이 과정이 매우 간단하지만 이진 데이터전송, 오류, 또는 다른 이진 사건을 위한 합리적인 모델이 될 수 있다. 매개변수 p가 $\frac{1}{2}$이면 베르누이과정은 "이진 백색잡음"이라고 불린다.

베르누이과정이 정상이고 에르고딕인 것을 쉽게 알 수 있다. 정상성을 증명하기 위해서는 베르누이 과정의 부분 순차열의 확률을 쉽게 알 수 있음을 주목하라. 예를 들어, 부분 수열 $\{+1, -1, +1, -1, -1\}$이 임의의 위치에서 시작한 것이라고 하자. 이 부분 수열의 확률은 다음과 같다.

$$\Pr[+1,-1,+1,-1,-1] = p\cdot(1-p)\cdot p\cdot(1-p)\cdot(1-p) = p^2(1-p)^3$$

다섯 개의 연속된 값의 확률은 수열의 어디에 있든지 분명히 독립이다. 모든 부분 수열의 확률도 이런 방식으로 계산할 수 있고, 시작 위치와 무관하다. 따라서 이 랜덤과정은 (엄격한) 정상이다.

이 과정의 에르고딕성질은 적절한 수학적 정의없이는 증명하기가 다소 어렵다. 하지만 그림

8.4에서 묘사된 베르누이과정 수열의 앙상블을 생각해보자. 1과 −1이 앙상블의 아래위 방향과 (시간적으로) 앙상블의 수평 방향에서 독립적으로 나타나므로, 통계적 평균과 시간적 평균은 같은 값이 될 것이다.

베르누이 랜덤과정의 표본의 모멘트는 다음과 같다.

$$\mathcal{E}\{X[k]\} = 2p - 1 \quad \text{그리고} \quad \text{Var}\,[X[k]] = 4p(1-p) \tag{8.2}$$

(9장의 예제 9.12 참조). $p = \frac{1}{2}$이면 평균은 0이고 분산은 1이다.[4)] 베르누이과정의 흥미있는 사용 예는 비매개변수 검출(non−parametric detection) 분야이다. 이 경우에는 랜덤 신호의 부호 (+ 혹은 −)만이 관찰되고 신호의 수열은 베르누이과정으로 모델링 된다. 다음 예제에서 이 과정을 다룬다[3].

예제 8.3

계수과정(counting process)은 베르누이과정에서 시작 시간에서부터 주어진 시간 k까지 양수의 개수를 세는 랜덤과정이다. 시작 시간을 i=1이라고 하면 다음을 얻는다.

$$Y[k] = \sum_{i=1}^{k} \tfrac{1}{2}(X[i]+1)$$

$X[i]$가 +1의 값을 갖는 시간은 합에서 1에 해당하는 항이고 $X[i]$가 −1이면 해당하는 항은 0이다. 따라서 $Y[k]$는 i=1에서 i=k까지의 수열에서 양수의 개수에 해당한다.

계수과정은 **부호검정**(sign test[4])으로 알려진 비매개변수 신호 검출 과정 모델링에 사용된다. 이 검정에서 양의 값 신호가 평균 0인 잡음이 섞여 관찰된다. 아래 그림을 보라. 검정을 통해 신호가 존재하는지 감지하는 것이 목적이다.

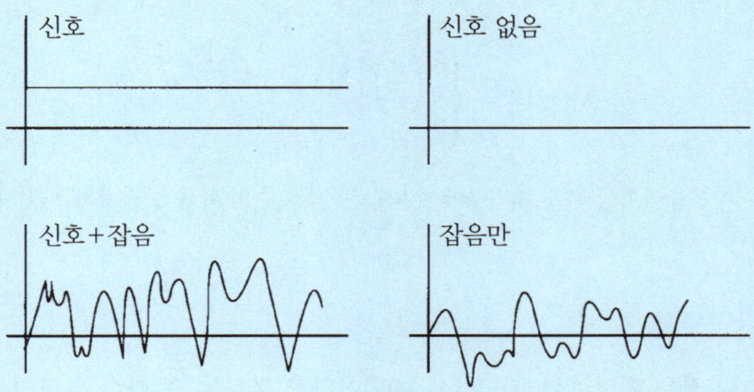

검출 절차에서 다양한 통계적 특성을 갖는 잡음 과정에 대해 타당성을 유지하기 위해서, 검출기에서 관찰값의 부호만 사용한다. 아래 그림에서 이것을 보인다.

4) 베르누이 랜덤과정은 1과 0 대신에 1과 −1의 값을 가지는 것으로 정의되기 때문에 평균과 분산이 이 책의 앞에서 정의된 베르누이 랜덤변수의 경우와는 다르다.

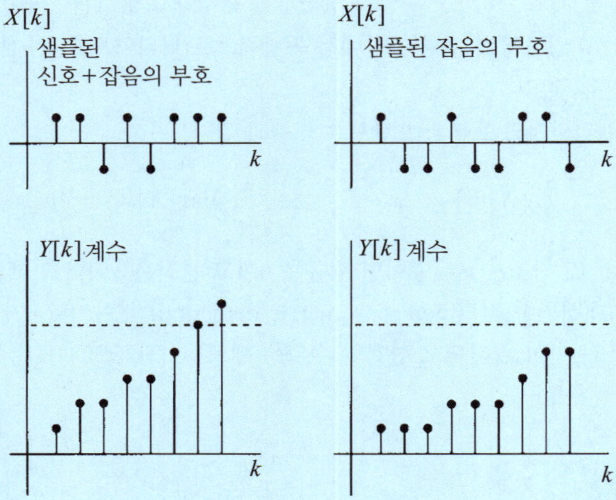

수신된 고정된 수의 관찰값들에 대해서, 신호가 존재하면 더 많은 양의 값들이 있을 것이고, 신호가 존재하지 않으면 비슷한 개수의 양의 값과 음의 값이 있을 것으로 기대할 수 있다. 양의 값들의 개수인 계수과정은 (점선으로 보이는) 문턱값과 비교되어 감지가 결정된다.

계수과정은 랜덤 시간에 발생하는 계단들의 집합처럼 보인다. 시간 k에 $Y[k]$는 0에서 k 사이의 어떤 정수값도 가질 수 있다. 이 랜덤과정의 확률분포를 계산하기 위해서 $Y[k]$가 어떤 값 n과 같다고 하자. 이것은 $i=1$에서 $i=k$ 사이에 n개의 양의 값과 $k-n$개의 음의 값이 있다는 것을 뜻한다. 순서는 상관없다. 양의 값과 음의 값의 조합의 수는 이항계수로 다음과 같이 주어진다.

$$\binom{k}{n} = \frac{k!}{n!(k-n)!}$$

따라서 다음과 같다.

$$\Pr\left[Y[k]=n\right] = \begin{cases} \binom{k}{n} p^n (1-p)^{k-n} & n = 0, 1, \ldots, k \\ 0 & \text{그 외} \end{cases}$$

이것은 이항분포이며[5], 특정 시간 k에 문턱값을 넘은 수의 확률을 결정하는데 사용된다.

8.3.2 랜덤보행

베르누이과정은 **랜덤보행**(random walk)이라고 부르는 또 다른 유형의 이산 랜덤과정의 기초가 된다. 랜덤보행은 다음과 같이 정의된다.

$$X[k] = X[0] + \sum_{i=1}^{k} B[i] \qquad k > 0 \tag{8.3}$$

5) 제3장의 식 (3.5)에서 k와 n을 서로 교환.

여기서 $X[0]$는 초기조건이고 $B[k]$는 베르누이과정으로서 +1과 −1의 값을 가지며 확률은 p와 $1-p$이다.

랜덤보행의 값은 일정 시간마다 현재 위치에서 +1 혹은 −1 만큼 임의로 이동하는 직선상의 한 점의 위치로 생각할 수 있다. 시간 0에 좌표 $X[0]$에서 시작했다면, 시간 k에는 k번의 임의적 이동을 하여 좌표가 $X[k]$가 된다. 그림 8.8은 랜덤보행 $X[k]$의 전형적인 일부분과 베르누이과정 $B[k]$를 보여준다.

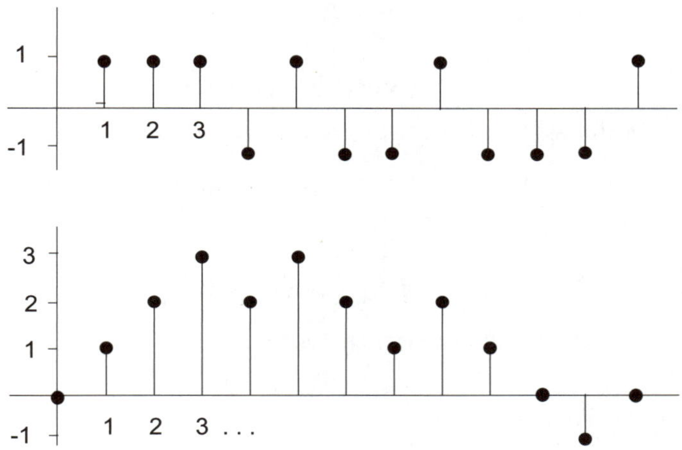

그림 8.8 랜덤보행의 일부와 해당하는 베르누이과정

랜덤보행의 평균과 분산은 $B[k]$의 독립성과 베르누이과정의 결과 식 (8.2)를 이용하면 쉽게 계산할 수 있다. $X[0]=0$이라고 가정하면 평균은 다음과 같다.

$$\mathcal{E}\{X[k]\} = \sum_{i=1}^{k} \mathcal{E}\{B[i]\} = (2p-1)\cdot k \tag{8.4}$$

또한 분산은 다음과 같다.

$$\mathrm{Var}\,[X[k]] = \sum_{i=1}^{k} \mathrm{Var}\,[B[i]] = 4p(1-p)\cdot k \tag{8.5}$$

$p \neq \frac{1}{2}$이면 랜덤보행의 평균과 분산은 k에 비례한다. $p = \frac{1}{2}$이면 (이진 백색잡음과정) 평균은 0이고 분산은 k와 같다. 분산이 모든 경우에 시간 지표 k에 의존하므로 이 과정은 비정상(non-stationary) 과정이다. 그래도 랜덤보행은 많은 통계적 분야에 뿐만 아니라 또한 나중에 나올 전기전자시스템에서 잡음을 묘사할 때 기본적인 과정이다.

8.3.3 IID 랜덤과정

독립이고 동일한 분포(IID)를 갖는 랜덤변수의 수열은 베르누이과정보다 좀 더 일반적인 이산 랜덤과정이 된다. 이 과정은 정상이고 에르고딕이다. 만일 랜덤과정이 이산 PMF $\mathrm{f}_X[x]$를 갖는다면 이 값들의 어떠한 수열의 확률도 다음과 같이 곱으로 쓸 수 있다.

$$\Pr[x_1, x_2, x_3 \cdots] = \mathrm{f}_X[x_1]\mathrm{f}_X[x_2]\mathrm{f}_X[x_3]\cdots$$

여기서 대괄호는 이산시간 과정 $X[k]$가 이산적인 값을 갖는다는 것을 나타낸다. 비슷하게, 만일 과정이 연속적인 값을 갖는다면 PDF를 다음과 같이 쓸 수 있다.

$$f_X(x_1)f_X(x_2)f_X(x_3)\cdots$$

IID 랜덤과정의 예로는 아날로그 신호를 양자화할 때 발생하는 오차 열이다(그림 8.2 참조). 양자화 오차 $X[k]-\hat{X}[k]$는 일반적으로 균일분포 랜덤변수로 모델링된다. 따라서 양자화기의 출력은 다음과 같이 쓸 수 있다.

$$\hat{X}[k] = X[k] + W[k]$$

여기서 $W[k]$는 균일분포를 갖는 IID 랜덤과정으로 양자화 잡음이라고 부른다(부록 D 참조).

8.3.4 마르코프과정 (이산)

랜덤보행은 "상태기반" 랜덤과정으로 생각할 수 있다. $k>1$에 대해 (8.3)에서 다음과 같이 쓸 수 있다.

$$X[k] = X[k-1] + B[k] \tag{8.6}$$

$X[k]$를 시간 k에서 과정의 **상태**(state)라고 하자. 그러면 식에서, 시간 k에서 과정의 상태는 시간 $k-1$에서의 상태에 단계 (± 1)을 더한 것과 같다.

식 (8.6)에서 $B[k]$가 임의의 분포를 갖는 IID 랜덤과정이라고 약간 더 일반화 하면, 랜덤과정의 강력한 모델인 **마르코프과정**(Markov process)을 얻는다.

마르코프과정은 다음 성질을 갖는다.

$$\Pr[X[k]|X[[k-1]X[k-2]\cdots X[0]] = \Pr[X[k]|X[[k-1]] \tag{8.7}$$

즉, 이 과정은 과거의 모든 역사가 주어졌을 때의 현재 값 $X[k]$의 확률이 바로 이전(previous)의 값이 주어졌을때의 $X[k]$의 확률과 같은 값을 준다. 이전의 값은 모든 과거의 정보를 요약하는데, 이것이 "상태"라고 불리는 이유이다.

식 (8.6)이 마르코프 성질을 갖는 것을 보기 위해서, $X[k-1]$을 값을 알면 $X[k-2]$와 X의 이전 값들이 $X[k]$에 영향을 미치지 않는다는 것만 관찰하면 된다. 그러므로, X의 조건부 분포는 다음과 같이 쓸 수 있다.

$$F_X(x_k|x_{k-1}) = F_B(x_k - x_{k-1})$$

여기서 F_B는 B에 대한 분포이다. 따라서 과정에 대한 완전한 통계적 설명이 가능하다.

상태기반 모델은 위성추적 시스템에서 음성 모델링까지 모든 종류의 공학적 응용에서 나타난다. 클로드 섀넌(Claude Shannon)은 통신 이론에 마르코프 모델을 적용했으며, 영어 단어를 이용하여 흥미로운 예제를 소개하였다[5, 6]. 단어들은 영어에서 상대적으로 나타나는 빈도와 같은 확률로 독립적으로 선택되었으며, 결합되어 "문장"을 이루는데 그 결과는 다음과 같다.

> REPRESENTING AND SPEEDILY IS AN GOOD APT OR COME CAN DIFFERENT NATURAL HERE HE THE A IN CAME THE TO OF TO EXPERT GRAY COME TO FURNISHES THE LINE MESSAGE HAD BE THESE.

이들 단어의 열은 의미도 없을 뿐만 아니라 이상하다. 일상에서는 "THE"와 "TO"를 같이 붙이지 않기 때문이다. 만약에 단어들이 마르코프과정에서처럼 이전 단어에 의존적인 확률로 선택된다면 다음과 같은 "문장"이 된다.

> THE HEAD AND IN FRONTAL ATTACK ON AN ENGLISH WRITER THAT THE CHARACTER OF THIS POINT IS THEREFORE ANOTHER METHOD FOR THE LETTERS THAT THE TIME OF WHO EVER TOLD THE PROBLEM FOR AN UNEXPECTED.

결과는 아직도 별 의미를 갖지 않지만 더 영어 문장처럼 보인다. 이 연구는 문장을 만들기 위한 단어열의 생성을 고려하지는 않았다. 이산 신호를 형성하는 수열에 마르코프과정을 적용하여 모델링하면 실세계에서 측정된 신호와 비슷하게 만들 수 있다. 이것이 이 예제의 요점이다.

8.4 자주 쓰는 연속 랜덤과정

앞에서 이산시간 랜덤과정에 대해서 알아보았고 여기서는 중요한 연속시간 랜덤과정을 살펴본다. 이들 연속 랜덤과정은 이산과정을 작은 시간 증분에 대해 관찰하고 증분을 0으로 줄이는 극한 논증을 포함함을 알 수 있을 것이다.

8.4.1 위너과정

전자시스템에서 발생하는 잡음의 한 유형은 분자 수준에서 전자의 이동에 의해서 발생한다. 물리적인 관점에서 이 과정에 대한 간단한 설명은 부록 D에 있다. 노버트 위너(Norbert Wiener)는 브라운 운동을 연구했다. 액체 표면에 묶여 있는 작은 입자는 액체 분자의 연속적인 충돌로 인해서 랜덤 운동을 한다는 것이다. 여기서 위너과정[6)]으로 부르는 랜덤과정이 만들어졌으며 잡음 모델에 사용된다. 위너과정은 랜덤보행에서 표본들 간의 시간 간격을 0으로 보내는 극한으로 정의된다.

단계의 크기 s, 파라미터 $p=\frac{1}{2}$인 랜덤보행(1차원에서 한 입자의 운동을 나타냄)을 살펴봄으로써 위너과정을 시작하자. 각 시간 구간에 랜덤과정은 확률 $p=\frac{1}{2}$로 $\pm s$ 만큼 값이 증가하거나 감소한다. 연속시간을 가정하고 $t=k\Delta$로 표현되는 아주 작은 시간 증분 Δ를 고려하자. 그러면 과정은 다음과 같다.

$$X(t)=X(k\Delta)=\sum_{i=1}^{k} s\,\zeta[i]\;; \qquad k>0 \tag{8.8}$$

여기서 과정은 $t=k=0$에서 시작된다고 가정한다. 랜덤보행의 분석으로부터 이것의 평균은 0이고 분산은 다음과 같이 주어진다.

$$\mathrm{Var}\,[X(k\Delta)]=s^2k=\frac{s^2t}{\Delta} \tag{8.9}$$

간격 Δ가 0에 가까워지고, 단계의 크기 s가 0에 가까워짐에 따라, 동시에 비율 s^2/Δ는 상수 ν_0에 가까워진다고 가정하면 다음을 얻는다.

$$\mathrm{Var}\,[X(t)]=\lim_{\Delta\to 0}\frac{s^2t}{\Delta}=\nu_o t \tag{8.10}$$

극한의 형태로 얻어진 이 과정을 **위너과정**(Wiener process)이라고 부른다. $X(t)$가 많은 IID 랜덤변수의 합이므로, 중심극한정리에 의해서 $X(t)$는 다음의 정규밀도함수가 된다.

$$f_{X(t)}(x)=\frac{1}{\sqrt{2\pi\nu_o t}}e^{-x^2/2\nu_o t} \tag{8.11}$$

이 과정의 임의의 개수의 표본들은 결합 정규분포를 갖는다. 예를 들어, 두 개의 표본 $X(t_1)$와 $X(t_2)$, $t_1<t_2$에 대해 다음을 고려하자.

$$v=c_1X(t_1)+c_2X(t_2)$$

6) 위너-레비과정(Wiener-Levy process), 브라운 운동 과정, 확산과정으로도 불린다.

여기서 c_1과 c_2는 실수이다. 새로운 랜덤변수는 식 (8.8)을 이용해서 다음과 같이 쓸 수 있다.

$$\begin{aligned} v &= c_1 \sum_{i=1}^{k_1} s\zeta[i] + c_2 \sum_{i=1}^{k_2} s\zeta[i] \\ &= (c_1 + c_2) \sum_{i=1}^{k_1} s\zeta[i] + c_2 \sum_{i=k_1+1}^{k_2} s\zeta[i] \end{aligned}$$

여기서 $k_1 = t_1/\Delta$이고 $k_2 = t_2/\Delta$이다. 첫 번째 합에 있는 항은 두 번째 합에 있는 항들과는 서로 독립이다. 따라서 이들 두 합은 독립이며, 각각 중심극한정리에 의해서 정규분포를 갖는다. v가 두 개의 독립적인 정규 랜덤변수의 합이기 때문에 이것도 정규이다. 어떠한 상수 c_1과 c_2에 대해서도 이것이 성립하므로 $X(t_1)$과 $X(t_2)$는 결합정규 랜덤변수이다[7, p. 218]. 유사한 논리로 위너과정의 어떠한 표본들도 결합정규이다. 이런 과정을 **가우스 랜덤과정**(Gaussian random process)이라고 부른다. 위너과정의 분산이 t에 의존하기 때문에 위너과정은 비정상이다.

8.4.2 가우스 백색잡음

위너과정 자체는 통신과 신호처리 분에에서 많은 사용예를 찾을 수 없다. 시간에 대해서 이 과정을 미분하면, 이 분야와 전자공학의 다른 분야에서 많은 사용 예를 찾을 수 있다. 이 과정을 **가우스 백색잡음**(Gaussian white noise)이라고 부른다. 가우스 백색잡음은 위너과정을 미분해서 얻지만, 실세계에서 나타나는 신호들에 대한 이상적인 모델이다. "잡음"이라는 용어는 이 과정이 바람직하지 않은 것이라는 느낌을 줄 수도 있지만, 백색잡음은 다른 많은 유형의 랜덤 신호들의 선형 시스템 모델에서 입력으로 나타난다. 자연에서 나타나는 백색잡음은 온도에 의존한다. 따라서 열잡음이라고 말하기도 한다. 이에 대해서는 [8]에 자세히 언급되어 있다. 물리적인 관점에서 백색잡음에 대한 간단한 설명은 부록 D에 나와있다.

백색잡음의 정규분포 성질은 위너과정의 정규분포 성질에서 파생된다. 미분과 같은 선형 연산은 정규분포 성질을 유지한다. 가우스 백색잡음에 대한 설명은 랜덤 신호의 분석을 다루는 다음 제9장과 제10장에서 계속된다.

8.4.3 기타 가우스과정

위너과정의 유도에 포함된 절차는 비정상 과정을 만드는 반면에 안정된 선형 필터에 임펄스 과정을 가하는 것으로 수정할 수도 있다. 실제 필터의 응답 시간은 전하의 도착 시간에 비하면 길기 때문에 필터의 효과는 적분과 같다. 필터의 출력은 많은 수의 랜덤변수의 합과 같고, 따라서 결합 정규분포를 갖는다. 자세한 내용은 [3]에 나와 있으며, 신호를 가우스 랜덤과정으로 모델링하는 내용을 담고 있다.

8.4.4 푸아송과정

앞에서 설명한 가우스 랜덤과정은 시간 표본들이 아주 가깝게 위치해도 다른 시간의 표본에 대해서 다른 값들을 취할 수 있다. 이런 랜덤과정은 시간에 대해서 연속적으로 변해가는 것으로 볼 수 있다.

이와 다른 유형의 연속 랜덤과정으로 계단 모양을 가진 **푸아송과정**(Poisson process)이 있다. 푸아송과정의 전형적인 표본 함수는 그림 8.9에 보인다. $X(t)$는 시간 축의 어느 점에서나 +1의 값만큼 변할 수 있지만 나머지 장소에서는 일정하다. 어느 시점에서 랜덤과정의 값을 "상태"라고 부른다.

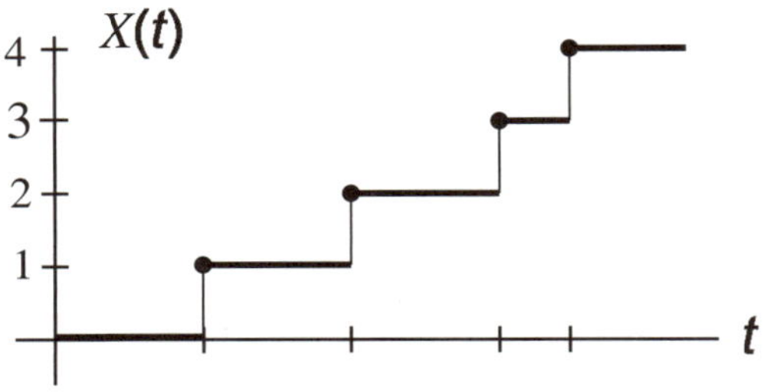

그림 8.9 푸아송 계수과정의 표본 함수 (실현)

푸아송랜덤과정은 전화 통화, 이메일 서버에 메시지 도착, 프린터 요청 등과 같은 랜덤 사건의 발생을 모델링하는데 널리 사용된다. 과정 $X(t)$는 주어진 시작 시간부터 사건의 수를 센다. 이것은 예제 8.3에서 설명한 이산 계수과정과 비슷하다. 차이점은 여기서는 시간축의 어느 점에서도 값을 바꿀 수 있다는 것이다. 11장에서 이 과정에 대해서 자세히 설명한다. "도착" 확률이 매개변수 λ에 기반한다. 도착 사이의 시간, 주어진 시간동안에 발생한 사건의 수, 그 밖의 많은 성질을 잘 알려진 절차를 통해서 구할 수 있다.

모델을 수정하면 서비스 시설에 있는 창구직원, 컴퓨터 프린터, 메일 전달 시스템 등의 "서비스 시간"의 길이를 설명하는데 사용할 수 있다. 이런 모델은 컴퓨터 네트워크에서 트래픽을 설명하는 대기행렬시스템의 기본적인 형태가 된다.

관련된 과정으로, 그림 8.10은 두 개의 상태를 가진 "랜덤 전신파(random telegraph wave)"이라고 알려진 과정의 예를 보여준다. 한 쌍의 푸아송 모델에 따라서 연속 시간 축에서 랜덤 시간에 "켜지고" (+1) "꺼진다" (−1). 이 과정의 이름이 예전의 통신을 연상시키지만, 현대의 정보와 전자 시스템의 많은 응용에 적용된다.

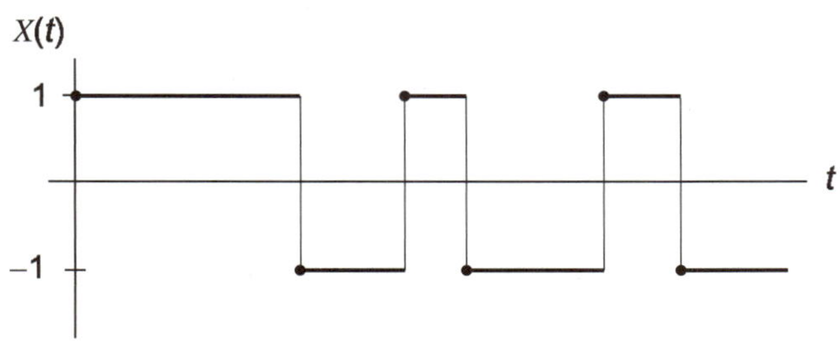

그림 8.10 랜덤 전신파

8.4.5 마르코프체인(연속)

마르코프체인(chain)은 셀수 있는 상태의 집합을 가진 마르코프과정으로 정의된다. 한 상태에서 다른 상태로의 전이는 상태 전이 확률들의 집합으로 정의된다. 비록 마르코프체인이 이산 시간과 연속 시간 랜덤과정 모두에서 가능하지만, 컴퓨터 네트워크에서 사용되는 모델은 대기행렬이론에 근거하고 연관된 랜덤과정은 연속이다.

연속시간 마르코프체인에서 상태 전이는 시간 축에서 어느 지점에서도 발생할 수 있으며, 전이의 확률은 새로운 상태에 의해서 정의된다. 상태 전이는 푸아송과정의 집합으로 정의된다. 위에서 설명한 랜덤 전신 파형은 두 개의 상태를 가진 간단한 연속시간 마르코프 과정의 예이다. 그림 8.11은 푸아송 모델에 따라 발생한 전이가 상태를 +1이나 −1 만큼 증가 혹은 감소시키는 보다 일반적인 과정을 보여준다.

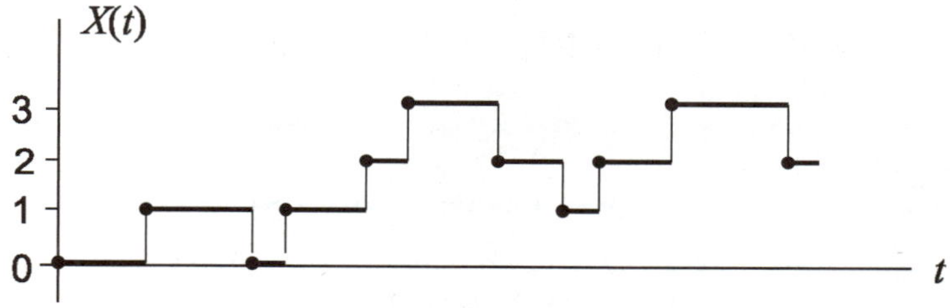

그림 8.11 푸아송 전이를 가진 마르코프체인의 표본 함수

큐잉(대기행렬)시스템의 일반적인 분석에서 마르코프와 푸아송 랜덤과정은 서로 보완적으로 결합되어 시스템에 대한 통계적이고 동적인 성질을 설명한다. 성능의 척도에는 평균 큐(대기열)의 길이, 대기시간, 시스템에서 요청의 수, 서비스 시간들이 있다. 이 중요한 주제는 11장에서 좀 더 자세히 다룬다.

8.5 요약

이 장에서는 랜덤과정의 이론을 소개한다. 랜덤변수는 표본공간에서 실수로의 사상을 나타내고, 랜덤과정은 앙상블로 알려진 함수들의 공간으로의 사상을 나타낸다. 랜덤과정은 연속 혹은 이산 시간에서 정의될 수 있다. 두 경우 모두 확률적인 관점에서 표본들의 결합 분포로 설명할 수 있다.

많은 유형의 전기 신호들은 랜덤과정으로 특징을 나타낼 수 있다. 랜덤과정은 통계적인 특성이 시간에 따라 변하지 않으면 (엄격한 의미의) 정상이라고 말한다. 이것은 이용할 수 있는 어떤 일관성을 부여한다. 예를 들어, 비행하는 물체의 운동은 결정적이지 않을 수 있지만, 다른 시스템이 그 물체를 추적할 수 있도록 하는 일관성있는 평균 특성을 갖는다.

정상 랜덤과정은 에르고딕일 수도 있다. 이 경우 통계적 평균은 시간적인 평균으로 대체될 수 있다. 앙상블에 근사적인 독립적인 표본 함수들을 얻기 어렵기 때문에, 에르고딕 성질을 보이는 랜덤과정은 많은 분야의 실험에서 중요하다. 랜덤과정은 주기적인 성질을 보일 수도 있고 전체가 예측가능일 수도 있다.

많은 연속 랜덤과정과 이산 랜덤과정을 이 장에서 개론적으로 설명하였다. 이 중에는 잡음을 모델화하는 과정이 있다. 잡음은 대부분의 실세계 시스템에서 나타난다. 잡음은 아날로그 전자 시스템에서 열적 동요나 디지털 시스템에서 양자화 오차로 인해서 발생한다. 잡음이 없다면 거리에 상관없이 우주의 어느 곳으로도 자유롭게 통신할 수 있었을 것이다. 그러나 사실상 잡음이 없는 세상은 상상할 수 없는데, 마찰이 없는 세상을 상상하는 것과 같다.

이 장의 마지막 주제는 이 책의 뒷 부분에서도 다루는 마르코프와 푸아송과정을 다룬다. 이 과정은 컴퓨터 시스템, 특히 컴퓨터 네트워크 분석에 중요하다. 최근에는 디지털 시스템과 디지털 통신이 세계적으로 널리 사용되고 있기 때문에 더 중요하다.

참고문헌

[1] George E. P. Box and Gwilym M. Jenkins. *Time Series Analysis: Forecasting and Control.* Holden-Day, Oakland, California, revised edition, 1976.

[2] David R. Brillinger. *Time Series: Data Analysis and Theory.* Holden-Day, Oakland, California, expanded edition, 1981.

[3] Charles W. Therrien. *Discrete Random Signals and Statistical Signal Processing.* Prentice Hall, Inc., Upper Saddle River, New Jersey, 1992.

[4] J. D. Gibson and J. L. Melsa. *Introduction to Nonparametric Detection with Applications.* Academic Press, New York, 1975.

[5] Claude E. Shannon. A mathematical theory of communication. *Bell System Technical Journal*, 27(3):379–422, July 1948. (See also [6].).

[6] Claude E. Shannon and Warren Weaver. *The Mathematical Theory of Communication.* University of Illinois Press, Urbana, IL, 1963.

[7] Athanasios Papoulis and S. Unnikrishna Pillai. *Probability, Random Variables, and Stochastic Processes.* McGraw-Hill, New York, fourth edition, 2002.

[8] Wilbur B. Davenport, Jr. and William L. Root. *An Introduction to the Theory of Random Signals and Noise.* McGraw-Hill, New York, 1958.

연습문제

랜덤과정

8.1 아래에 음성 신호와 무음 신호에 해당하는 파형이 있다. 두 개의 파형을 관찰하고 이들이 랜덤과정이 될 수 있는지 언급하라. 그 이유를 설명하라.

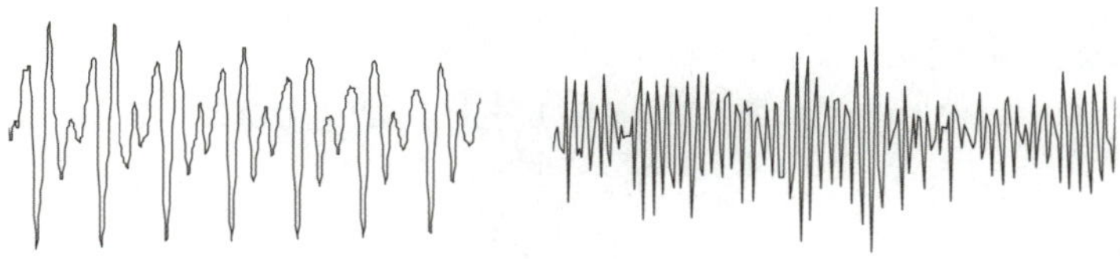

8.2 다음 파형에 대해서 문제 8.1을 반복하라.

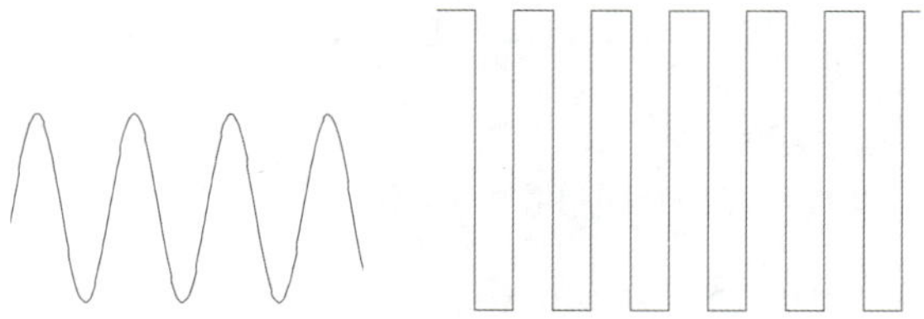

8.3 디지털 오디오 패킷이 저장-전송 패킷교환 네트워크를 통해서 전송될 때, 대기열의 길이에 의해서 오디오의 품질이 어떻게 영향을 받는지 설명하라.

8.4 패킷이 네트워크 노드에 도착하는 시나리오를 고려하자. 어떻게 패킷의 도착간격 시간이 랜덤과정이 될 수 있는지 설명하라. 이것이 노드의 대기열의 길이에 어떻게 영향을 주는가?

8.5 신호등 앞에 서 있는 교통량을 관찰하는 랜덤 실험을 가정하자.

(a) 신호등에 서 있는 줄의 길이가 어떻게 랜덤과정이 될 수 있는지 설명하라. 이 랜덤과정의 성질을 시간과 크기의 관점으로 설명하라.

(b) 이 실험에서 다른 어떤 양이 랜덤과정이 될 수 있는가? 간단히 설명하라.

8.6 랜덤과정의 (신호) $X(t)$에서 표본을 취하고 4단계의 양자화기로 근사되어 0, 1, 2, 3의 값을 출력한다. 표본 $X_0 = X[k_0] = X(k_0 T)$의 PDF가 다음과 같다.

$$f_{X_0}(x_0) = \begin{cases} \frac{1}{2}(2-x), & 0 \le x \le 2 \\ 0, & \text{그 외} \end{cases}$$

이산 출력 표본 $\hat{X}[k_0]$의 PMF를 구하고 그려라.

8.7 랜덤과정 $X(t)$가 -1.6 볼트에서 1.6 볼트의 입력 범위를 가지며 8단계의 양자화기를 갖는 아날로그 디지털 변환 시스템에 의해서 디지털화된다. 시스템에서 양자화 잡음 $W_q[k]$는 다음과 같다.

$$f_{W_q}(w_q) = \begin{cases} \frac{4}{\Delta^2}\left(w_q + \frac{\Delta}{2}\right), & -\frac{\Delta}{2} \le w_q \le 0 \\ \frac{4}{\Delta^2}\left(\frac{\Delta}{2} - w_q\right), & 0 \le w_q \le \frac{\Delta}{2} \\ 0, & \text{그 외} \end{cases}$$

(a) 랜덤과정의 표본이 주어졌을 때, 양자화 오차가 $\frac{\Delta}{4}$를 넘을 확률은 얼마인가?

(b) 양자화 잡음의 평균과 분산을 결정하라.

랜덤과정의 구별

8.8 랜덤과정 $X(t)$는 아래의 4개의 동등한 확률의 표본 함수들로 이루어진 유한한 크기의 앙상블로 정의된다.

$$\begin{aligned} x_1(t) &= -2u(t); \\ x_2(t) &= \cos 5\pi t u(t); \\ x_3(t) &= u(t); \\ x_4(t) &= 2\sin(6\pi t + 0.2)u(t) \end{aligned}$$

(a) 앙상블을 그려라.
(b) t=0.2일 때, 표본공간을 결정하라.

8.9 랜덤과정 $X(t)$의 3개의 표본을 $X(t_0)$, $X(t_1)$, $X(t_2)$라고 하자. 3개의 표본들이 모두 독립이고 범위 [−1, 3]에서 균일 분포이다. 이 과정의 PDF의 무엇인가?

8.10 복소수 랜덤과정이 다음과 같다.

$$X(t) = Ae^{-j\omega t}$$

진폭 A는 아래의 PDF를 갖는 랜덤변수이다.

$$f_A(a) = \begin{cases} 1+a & -1 \le a \le 0 \\ 1-a & 0 \le a \le 1 \end{cases}$$

이것은 평균 에르고딕 랜덤과정인가?

8.11 랜덤과정 $X(t)$는 다음과 같이 정의된다.

$$X(t) = A$$

여기서 A는 −1, 0, 1의 3개의 값을 동일한 확률로 가질 수 있는 랜덤변수이다.
(a) 이 랜덤과정의 대표적인 표본 함수를 그려라.
(b) 이것은 평균 에르고딕 랜덤과정인가?

8.12 문제 8.11에서 정의된 랜덤과정이 정규적인가 예측가능인가? 설명하라.

8.13 랜덤과정 $X(t) = A\cos(2\pi F t)$이고 F는 1200에서 1203 Hz 범위의 균일 랜덤변수이다. 이것이 정규적인가 예측가능인가? 그 이유를 설명하라.

이산 랜덤과정

8.14 유사 베르누이랜덤과정이 다음과 같이 정의된다.

$$X[k] = \begin{cases} +2 & \text{확률 } p \\ -1 & \text{확률 } 1-p \end{cases}$$

(a) $X(t)$의 전형적인 표본 함수를 그려라.
(b) 평균과 분산을 계산하라. 이 값들이 k와는 무관한가?
(c) 정상 과정인가?
(d) 평균 에르고딕인가?

8.15 이산시간 랜덤과정 $X[k]$가 다음과 같이 정의된다.

$$Y[k] = \sum_{i=0}^{k} X[i]$$

여기서 $X[k]$는 문제 8.14에서 정의된 과정이다.
(a) $X[k]$의 전형적인 실현을 그려라.
(b) 해당하는 $Y[k]$의 실현을 그려라.
(c) p=0.48이고 k=4일 때 $Y[k]$의 평균과 분산을 결정하라.

8.16 이산시간 랜덤과정 $X[k]$가 다음과 같이 정의된다.

$$X[k] = \sum_{i=0}^{k} B[i]$$

여기서 $B[k]$는 이진 백색잡음($p = \frac{1}{2}$인 베르누이과정)이다. 이 과정 $X[k]$는 이산위너과정 (discrete Wiener process)이다.
(a) 이진백색잡음의 전형적인 실현을 그려라.
(b) 해당하는 이산위너과정의 실현을 그려라.
(c) k=5일 때, 이산위너과정의 평균과 분산을 결정하라.

8.17 이산시간 랜덤과정 $Y[k]$는 다음과 같이 또 다른 랜덤과정의 연속적인 표본들의 합으로 정의된다.

$$Y[k] = X[k] + X[k-1]$$

여기서 $X[k]$는 문제 8.14에서 정의된 랜덤과정이다.
(a) $Y[k]$의 전형적인 표본 함수를 그려라.
(b) $Y[k]$의 표본의 확률질량함수를 결정하라.
(c) $Y[k]$의 평균과 분산을 구하라.
(d) $Y[k]$가 평균 에르고딕인가?

8.18 이산 랜덤과정이 다음과 같이 정의된다.

$$X[k] = A\cos(\omega_0 k + \phi)$$

여기서 ϕ는 $-\pi$에서 π 범위의 균일랜덤변수이다.
(a) $X[k]$의 전형적인 표본 함수를 그려라.
(b) 평균과 분산이 상수인가(즉, k와 무관한가)?
(c) $X[k]$가 정상인가?

(d) 평균 에르고딕인가?

8.19 다음의 이산 랜덤과정이 있다.

$$X[k] = A\cos(\omega_0 k)$$

여기서 A는 정규랜덤변수이고 평균이 m_A이고 분산이 σ_A^2 이다.

(a) $X[k]$의 전형적인 표본 함수를 그려라.

(b) 평균과 분산이 상수인가(즉, k와 무관한가)?

(c) $X[k]$가 정상인가?

(d) 평균 에르고딕인가?

8.20 어느 특정 시간 k_0에 베르누이과정의 표본이 +1의 값을 갖는 것으로 관찰되었다. 추가적으로 +1이 2개 더 나타날 때까지 기다리는 시간 j의 분포는 무엇인가?

8.21 랜덤과정의 진동수를 구별하는 통상적인 방법은 주어진 간격의 시간에 “0-교차”의 개수를 세는 것이다. 이산시간 신호나 수열에서 “0-교차”는 수열이 양수에서 음수로 바뀌거나 반대일 때로 정의할 수 있다.

시간 구간 $[0,\ N-1]$에서 베르누이 수열을 고려하자. 이 시간 구간에서 0개의 0-교차와 1개의 0-교차 확률은 얼마인가? 간격 길이 L에서 k개의 0-교차의 확률을 $k-1$개의 0-교차의 확률을 이용해서 되돌림 공식으로 작성하라.

연속 랜덤과정

8.22 어떤 위너과정의 PDF가 다음과 같다.

$$f_{X(t)}(x) = \frac{1}{\sqrt{8\pi t}} \exp\left(-\frac{x^2}{8t}\right)$$

(a) 이 랜덤과정의 2개의 표본 $X(1.2)$과 $X(1.6)$이 주어질 때, 이들의 결합 PDF를 구하라.

(b) 이 두 표본에 근거한 상관행렬을 구하라(7장 7.2절 참조).

8.23 문제 8.22에 있는 2개의 랜덤변수를 더해서 새로운 랜덤변수를 만든다. 새로운 랜덤변수의 PDF를 구하라.

8.24 신호등 앞에 자동차가 남–북간 도로에서는분당 10대의 비율로 도착하고, 동–서간 도로에서는 분당 5대의 비율로 도착한다. 실험을 계수과정으로 처리한다.

(a) 각 경우에 계수과정의 전형적인 실현을 그려라.

(b) 어느 방향의 도로에 녹색등을 더 오래 켜 놓아야 하는가? 설명하라.

8.25 문제 24의 실험에서, 신호등의 모든 방향에서 차가 도착하고 모든 방향으로 나가는 것을 고려하자. 해당하는 마르코프과정의 실현을 그려라.

8.26 복사 상점에서 손님이 컬러복사기를 사용하면 분당 \$1의 비율로 이득을 보고, 복사기가 놀고 있으면 분당 \$0.50의 비율로 손해를 본다. 평균적으로 컬러복사기가 사용될 확률은 0.40이다.

(a) 2개의 상태 랜덤과정의 전형적인 실현을 그려라.
(b) 하루 15시간 동안에, 복사 상점은 시간당 얼마의 이득을 얻나?

8.27 문제 8.22의 위너과정에서 새로운 랜덤변수가 다음과 같이 정의된다.

$$U = c_2 X(t_2) - c_1 X(t_1)$$

여기서 t_1=1.2초, t_2=1.6초이고, c_1과 c_2는 실수이다.
(a) U는 정규랜덤변수인가?
(b) U의 평균과 분산을 구하라.

잡음 소스(부록 D 참조)

8.28 열적 잡음 소스의 잡음 전력이 −120 dBm 이다. 잡음 전력은 와트(Watt)로 얼마인가?

8.29 전력증폭기가 17℃에서 작동하고 10kHz의 대역폭을 갖는다.
(a) 열적 잡음 전력은 몇 dB인가?
(b) 내부 저항이 100 오옴이고 부하 저항이 100 오옴일 때, rms 잡음 전압을 구하라.
(c) 증폭되는 신호가 완벽한 사인파이고 진폭이 3mV이라면, 신호가 증폭기를 떠날 때 SNR은 얼마인가?

8.30 N단계 양자화기를 고려하자. 양자화기의 입력은 사인파이고 최대 진폭이 A이다. 반올림에 의한 양자화 오차는 다음 PDF로 특성이 나타난다.

$$f_E(e) = \left\{ \frac{2}{\Delta}\left(1 - \frac{2}{\Delta}|e|\right) \qquad -\frac{\Delta}{2} \le e \le \frac{\Delta}{2}, \right.$$

(a) 양자화 오차의 평균과 분산을 결정하라.
(b) 신호대 양자화 잡음을 dB로 표현하는 식을 구하라.
(c) 원하는 SQNR이 적어도 80dB라면, 얼마나 많은 비트를 사용해야 하는가?

컴퓨터 프로젝트

프로젝트 8.1

이 프로젝트에서는 여러 랜덤과정의 표본 함수들을 만들 것이다.

1. 다음과 같은 유형의 랜덤과정에 대한 표본 함수들을 만들어라. 각 표본 함수의 크기는 500 혹은 더 적은 데이터를 갖는다.
(a) 베르누이 랜덤과정. 베르누이(이진) 랜덤과정에 의한 값은 −1과 +1이다. 값이 +1일 확률은 0.52로 주어진다.
(b) 이항 랜덤과정. 베르누이 시행의 횟수가 n=12로 주어진다. 이항 랜덤변수의 값은 0과 1을 값으로 갖는 베르누이 랜덤변수의 n번의 시행에서 나타나는 1의 횟수로 정의된다. 베르누이 시행에서 매개변수 p는 p=0.49라고 하자.

(c) 균일 랜덤과정. 랜덤과정의 값의 범위는 −1에서 +2 사이이다.

(d) 정규 랜덤변수의 평균 m=1.2이고 분산 $\sigma^2 = 1.6$이다.

2. 3개의 표본 함수에 대한 앙상블로 랜덤과정을 그려라. 결과에 대해서 설명하라.

프로젝트 8.2

(a) 이산 위너과정($p = \frac{1}{2}$인 랜덤보행)의 전형적인 표본 함수 (수열)를 만들고 그려라. 과정은 k=0에서 시작하고 초기 값 $x[0]$=1, $x[0]$=0, $x[0]$=−1의 확률은 같다고 가정한다. 적어도 50개의 시간 표본을 사용하여 앙상블의 멤버를 몇 개 그려라. 이들 수열에 대한 시간적 평균을 계산하고, 양수나 음수 값이 오래 나타나면 평균값이 0과 아주 달라지게 됨을 관찰하라.

(b) 이산 위너과정의 100개의 실현을 만들고 그리지는 말아라. "앙상블에 대해 아래위로" 평균함으로써 평균값 $m[k]=E\{X[k]\}$를 추정하고, 이 함수를 그려라. 앙상블 평균이 0에 가까운가?

(c) p=0.8인 랜덤보행에 대해서 위의 (b)를 반복하라.

프로젝트 8.3

임의의 수열 $x[k]$는 다음 차분방정식에 의해서 생성된다.

$$x[k] = \alpha\, x[k-1] + b[k]$$

여기서 α는 상수이고, $b[k]$는 이진백색잡음 열이며 −1과 +1을 같은 확률로 갖는다.
α =0.95, 0.7, −0.95에 대해서 랜덤 수열의 표본 50개를 만들고 그려라. 이 3개의 랜덤 수열에서 어떤 차이점을 발견했는가? 만일 $|\alpha| > 1$이면 어떻게 되는가?

9 시간 영역에서의 랜덤 신호

주어진 랜덤과정은 n차원 결합 확률밀도함수에 의해 구별될 수 있다. 여기서 n은 선택한 샘플들의 수이다. 이런 구별은 항상 실용적이지 않으며 여러 공학 문제들을 해결하는 데 있어서 반드시 필요하지도 않다. 그렇지만, 랜덤과정의 1차 모멘트와 2차 모멘트는 대부분의 공학 문제에 대해 랜덤과정의 부분적인 특성을 제공해준다.

이 장은 시간영역에서 랜덤 신호들의 1차 모멘트와 2차 모멘트에 대해 집중한다. 랜덤 신호들에 대한 다양한 2차 모멘트 양들이 정의되고 넓은 의미의 정상성의 개념(모멘트의 정상성)이 설명된다. 그리고 복소 랜덤신호들이 소개된다.

이런 주제들 이후에 2차 모멘트 양들과 그들의 성질이 이산 랜덤 신호에 대해 설명된다. 이런 이산적인 형태들이 근본적으로 새로운 개념을 가져오지는 못하지만 현대 전자 시스템이 실제로 디지털 신호처리를 사용하기 때문에 그것들을 명확하게 설명하는 것이 도움이 된다.

이 장에서 후반부에는 랜덤신호가 선형시스템과 시간영역에 주는 영향을 다룬다. 연속시간 및 이산시간의 신호와 시스템 역시 포함된다. 마지막으로, 시스템 식별과 최적필터링 문제들에 대한 응용을 언급하면서 이 장을 마치게 된다.

9.1 랜덤과정의 1차와 2차 모멘트

1차 모멘트와 2차 모멘트를 이용해서 랜덤 신호를 특징짓는 것은 크게 의미 있는 일이다. 사실, 가우스 랜덤과정에 있어서는 그런 모멘트들이 반드시 필요하다. 이장에서는 랜덤과정의 모멘트가 정의되고 토의된다. 1차 모멘트는 랜덤과정의 평균인데 이미 앞 장에서 소개되었다. 2차 모멘트는 샘플 사이의 상관을 표현하는 함수로서 여러 가지 다른 형태로 소개된다.

9.1.1 평균과 분산

랜덤과정 $X(t)$의 평균은 $m_X(t)$로 표시되며 아래 식으로 정의된다.

$$m_X(t) = \mathcal{E}\{X(t)\} \tag{9.1}$$

여기서 기댓값은 랜덤변수 $X(t)$의 확률밀도함수에 의해 정의된다.

$$\mathcal{E}\{X(t)\} = \int_{-\infty}^{\infty} x f_{X(t)}(x) dx$$

평균은 반드시 상수일 필요는 없고 시간의 함수가 될 수도 있다는 사실에 유의하라. 이것은 $f_{X(t)}$ 자신이 시간의 함수가 될 수 있기 때문에 가능한 일이다. 앞 장의 8.2.2절에서 언급한 바와 같이 $m_X(t)$는 시간의 특정한 점에서 앙상블 평균의 결과로 간주될 수 있기 때문이다.

랜덤과정의 분산도 비슷한 방법으로 정의된다.

$$\sigma_X^2(t) = \mathcal{E}\left\{((X(t) - m_X(t))^2\right\} \tag{9.2}$$

여기서 기댓값은 $X(t)$의 확률밀도함수로 정의된다. 평균과 분산은 다음 식으로 정리된다.

$$\sigma_X^2(t) = \mathcal{E}\left\{X^2(t)\right\} - m_X^2(t) \tag{9.3}$$

여기서 $\mathcal{E}\left\{X^2(t)\right\}$는 랜덤과정의 2차 모멘트이다.

9.1.2 자기상관 함수와 자기공분산 함수

랜덤과정의 하나 이상의 표본이 표시될 때, 표본들의 상관 또는 공분산을 취급할 필요를 느끼게 된다. 다음의 두 샘플 $X(t_1)$과 $X(t_0)$를 생각해보자. 이 표본들의 상관은 다음 식으로 주어진다.

$$\mathcal{E}\{X(t_1)X(t_0)\} = \int_{-\infty}^{\infty}\int_{-\infty}^{\infty} x_1 x_0 f_{X(t_1)X(t_0)}(x_1, x_0) dx_1 dx_0$$

여기서 기댓값은 표본들의 결합 확률밀도함수를 이용하여 정의된다.
t_1을 시간축에 임의의 점으로 잡고 t_0를, τ가 표본들 사이의 간격일 때, $t_1 - \tau$로 잡아보자. (그림 9.1 참조). 그러면 앞 식에 표현된 상관은 다음 식으로 쓸 수 있다.

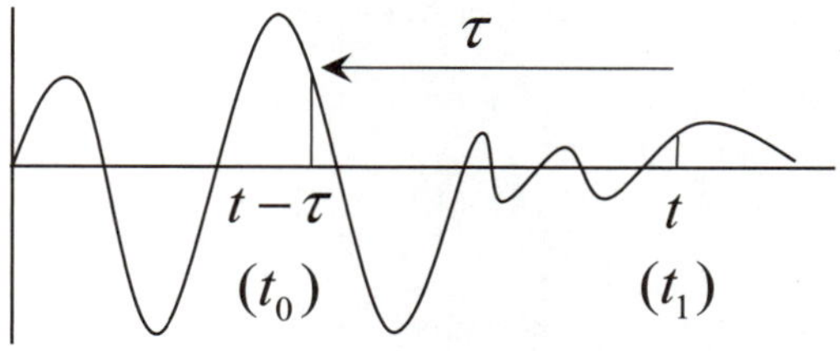

그림 9.1 자기상관 함수에서의 변수 t와 τ의 관계

$$R_X(t,\tau) \stackrel{\text{def}}{=} \mathcal{E}\{X(t)X(t-\tau)\} \tag{9.4}$$

$R_X(t,\ \tau)$는 랜덤과정의 **자기상관(autocorrelation) 함수**로 불린다. 변수 τ는 지연(lag)으로 불리며 식 (9.4)는 자기상관 함수의 **시간지연**(time-lag) 형태라고 불린다.[1]

자기상관 함수는 랜덤과정에서 두 점이 서로 통계적으로 얼마나 밀접한 관계를 가지는 지의 측도이다. 자기상관이 높은 경우 거리 τ에 의해 분리된 두 점들이 비슷한 값들을 가지는 경향이 있고, 자기상관이 낮은 경우에는 이 두 점은 유사성이 거의 없다고 볼 수 있다. 지연 τ가 0인 경우 두 개의 선택점들이 동일하여 자기상관 함수는 다음과 같이 시간 t에서의 신호의 평균전력을 나타낸다.

$$R_X(t,0) = \mathcal{E}\{X^2(t)\} \tag{9.5}$$

랜덤과정 $X(t)$의 **자기공분산**(autocovariance) 함수는 다음과 같이 $X(t)$와 $X(t-\tau)$의 결합 중심모멘트로 정의된다.

$$C_X(t,\tau)) = \mathcal{E}\{(X(t)-m_X(t))(X(t-\tau)-m_X(t-\tau))\} \tag{9.6}$$

여기서 $m_X(t)$와 $m_X(t-\tau)$는 각각 시간 t와 $t-\tau$에서의 랜덤과정의 평균값이다.
$\tau = 0$일 때 자기공분산 함수는 랜덤과정의 분산과 동일하다. 즉,

$$\sigma_X^2(t) = C_X(t,0) \tag{9.7}$$

일반적으로 분산은 표본추출 시간 t에 종속될 수 있다는 점에 유의하라.

제5장의 식 (5.28)로부터 자기상관 함수와 자기공분산 함수는 다음 관계를 가진다.

$$\boxed{C_X(t,\tau) = R_X(t,\tau) - m_X(t)m_X(t-\tau)} \tag{9.8}$$

자기상관 함수와 자기공분산 함수는 임의의 크거나 혹은 작은 값이 될 수 있기 때문에 어떤 경우에는 랜덤과정의 상관이 높은지 혹은 낮은지를 결정하는 것이 매우 어려울 수 있다. 제5장의

1) 자기상관함수를 $R_X(t_1,\ t_0)$로 쓰는 것이 일반적이다. 시간지연 형태는 우리의 목적에 보다 편리한 방법이다.

식 (5.29)와 마찬가지로 랜덤과정의 상관계수 $\rho_X(t, \tau)$는 $X(t)$와 $X(t-\tau)$ 사이의 정규화된 공분산으로 정의된다. 즉,

$$\rho_X(t,\tau) = \frac{C_X(t,\tau)}{\sigma_X(t)\sigma_X(t-\tau)} \tag{9.9}$$

상관계수의 범위는 다음 식으로 제한된다.

$$-1 \leq \rho_X(t,\tau) \leq 1$$

그러므로 상관계수는 비교 분석에서 사용하기에 더 적당하다고 볼 수 있다.

다음의 예제는 전형적인 랜덤과정의 1차 모멘트와 2차 모멘트를 계산하는 문제이다.

예제 9.1

제8장의 예제 8.2의 랜덤과정을 생각해보자.

$$X(t) = A\sin(\omega t + \Theta)$$

여기서 A와 ω는 알려진 매개변수들인 반면에 Θ는 $-\pi$에서 π까지의 범위인 균일 랜덤변수이다. 앞에서 증명한 것과 같이 이 랜덤과정의 평균은 아래와 같이 주어진다.

$$\begin{aligned} m_X(t) &= \mathcal{E}\{X(t)\} = \int_{-\pi}^{\pi} A\sin(\omega t+\theta) f_\Theta(\theta)d\theta \\ &= \frac{A}{2\pi}\int_{-\pi}^{\pi} \sin(\omega t + \theta)d\theta = 0 \end{aligned}$$

$X(t)$의 자기상관 함수는 아래와 같이 주어진다.[2)]

$$\begin{aligned} R_X(t,\tau) &= \mathcal{E}\{X(t)X(t-\tau)\} = \int_{-\infty}^{\infty} A\sin(\omega t+\theta)A\sin(\omega(t-\tau)+\theta)f_\Theta(\theta)d\theta \\ &= A^2\int_{-\pi}^{\pi} \sin(\omega t+\theta)\sin(\omega(t-\tau)+\theta)\frac{1}{2\pi}d\theta \end{aligned}$$

$$\begin{aligned} R_X(t,\tau) &= \frac{A^2}{2\pi}\int_{-\pi}^{\pi}\frac{1}{2}[\cos\omega\tau - \cos(\omega(2t-\tau)+2\theta)]d\theta \\ &= \frac{A^2}{2}\cos\omega\tau - \underbrace{\frac{A^2}{4\pi}\int_{-\pi}^{\pi}\cos(\omega(2t-\tau)+2\theta)d\theta}_{0} = \frac{A^2}{2}\cos\omega\tau \end{aligned}$$

마지막 결과가 t에 대해 종속적이지 않으므로, 자기상관 함수는 시작점에 대해 독립적이고 단순하게 $R_X(\tau)$로 쓸 수 있다. 이것의 중요성이 다음 절에 설명된다.

2) 삼각함수의 공식이 세번째 열에서 사용된다. 또한 적분이 변수 θ에 대해 행해진다는 사실을 기억하라.

평균이 0이므로, 자기공분산 함수는 자기상관 함수와 동일하다. (식 (9.8) 참조)
평균전력과 분산은 아래와 같이 주어진다.

$$\sigma_X^2 = R_X(\tau)\big|_{\tau=0} = \frac{A^2}{2}$$

상관계수 $\rho_X(\tau)$는 식 (9.9)로부터 다음과 같이 계산된다.

$$\rho_X(\tau) = \frac{C_X(\tau)}{\sigma_X \cdot \sigma_X} = \frac{(A^2/2)\cos\omega\tau}{A/\sqrt{2} \cdot A/\sqrt{2}} = \cos\omega\tau$$

이것은 상관계수의 범위조건 $-1 \le \rho_X(\tau) \le 1$을 만족한다.

9.1.3 광의의 정상성

만일 랜덤과정의 통계적인 성질이 시간에 따라 변하지 않는다면 그 랜덤과정은 정상(stationary)이라고 한다. 이 성질은 여러 실제 공학 문제들에서 중요하다. 이미 8장에서 소개한 엄격한 의미의 정상성은 분포함수나 밀도함수의 지식을 필요로 하는 강력한 성질이다. 랜덤과정의 모든 경우의 결합 분포함수나 밀도함수가 시간에 대해 종속적이지 않으면 엄격한 의미의 정상이라고 하는 사실을 상기하라.

그러나 공학에서 실제적으로 관심 있는 대부분의 문제에서 랜덤과정의 1차 모멘트(평균)와 2차 모멘트(자기상관 함수)만을 취급한다. 그러므로, 이런 모멘트들이 시간에 독립적이라면 실용적으로 매우 유용하다. 이 성질이 **광의의 정상성**(wss, wide-sense stationarity)으로 불려지며, 정의는 아래와 같다.

> 랜덤과정이 만일 평균이 상수, 즉 $m_X(t) = m_X$이고, 자기상관 함수가 오직 지연(lag)의 함수, 즉 $R_X(t, \tau) = R_X(\tau)$이면 광의의 정상(wss)이라고 한다.

이런 양들이 시간에 대해 종속이 아니므로 이 과정의 임의의 점에서 시작하는 것이 가능하고 평균과 상관의 동일한 값을 찾는 것이 가능하다. 2차의 엄격한 의미의 정상성은 광의의 정상(wss)이지만 그 역은 참이 아니다.

위의 정의를 만족하는 랜덤과정의 자기공분산 함수와 상관계수 역시 시간에 대해 독립적이기 때문에 변수 t를 생략할 수 있으며 표 9.1에 다양한 식을 요약해 놓았다.

랜덤과정이 광의의 정상인지 아닌지를 판별하기 위하여 예제 9.1과 같은 과정으로 논의해보자. 첫째로 평균을 계산하면 예제 9.1과 같이 0으로 계산되어 이 랜덤과정은 광의의 정상성의 첫번째 검정을 통과한다. (wss조건이 평균이 0인 것을 요구하지 않음에 유의하라. 이 조건은 단지 평균이 상수임을 요구한다) 그 다음 자기상관 함수를 계산하여 시간변수 t에 대해 종속적인지 아닌지를 판단한다. 이 예제에서는 자기상관 함수가 오직 지연 τ에 대해 종속적인 것으로 나타났다. 이 랜덤과정은 두 가지 검정을 통과하였으므로 광의의 정상과정이다.

양	정의
평균	$m_X = \mathcal{E}\{X(t)\}$
자기상관 함수	$R_X(\tau) = \mathcal{E}\{X(t)X(t-\tau)\}$
자기공분산 함수	$C_X(\tau) = \mathcal{E}\{(X(t) - m_X)(X(t-\tau) - m_X)\}$
관계	$C_X(\tau) = R_X(\tau) - m_X^2$
상관계수	$\rho_X(\tau) = \dfrac{C_X(\tau)}{C_X(0)}$

[표 9.1] 광의의 정상 랜덤과정에 대한 정의와 상호관계

다른 예제를 살펴보자.

예제 9.2

랜덤과정이 다음과 같이 정의된다.

$$X(t) = A\cos\omega t$$

여기서 A는 평균이 0이고 분산이 σ^2인 정규 랜덤변수이며 ω는 알려진 매개변수이다.
이 랜덤과정의 평균은

$$m_X(t) = \mathcal{E}\{A\cos\omega t\} = \mathcal{E}\{A\}\cos\omega t = 0$$

평균이 상수이므로 $X(t)$는 광의의 정상성에 대한 첫 번째 검정을 통과했다.
자기상관 함수는 다음과 같이 계산된다.

$$\begin{aligned} R_X(t,\tau) &= \mathcal{E}\{X(t)X(t-\tau)\} = \mathcal{E}\{(A\cos\omega t)(A\cos\omega(t-\tau))\} \\ &= \mathcal{E}\left\{A^2\right\}(\cos\omega t\cos\omega(t-\tau)) = (\sigma^2/2)(\cos\omega(2t-\tau) + \cos\omega\tau) \end{aligned}$$

자기상관 함수가 t와 τ에 대해 종속이므로 이 과정은 두 번째 검정을 통과하는데 실패했고 따라서 광의의 정상이 아니다.

예제 9.1의 랜덤과정은 균일한 랜덤 위상을 가지고 있어 광의의 정상으로 나타난다. 만일 균일 분포의 랜덤 위상이 예제 9.2의 과정에 부가되면 어떤 일이 일어나는지 살펴보자.

예제 9.3

랜덤과정이 다음 식으로 표현된다.

$$X(t) = A\cos(\omega t + \Theta)$$

여기서 A는 평균이 0이고 분산이 σ^2인 정규 랜덤변수이며 Θ는 $-\pi$에서 π까지 균일한 분포를 가진 독립적인 랜덤변수이다.

A와 Θ가 독립적인 랜덤변수이므로, 다음과 같이 평균을 계산할 수 있다.

$$m_X(t) = \mathcal{E}\{A\cos(\omega t + \Theta)\} = \mathcal{E}\{A\}\mathcal{E}\{\cos(\omega t + \Theta)\} = 0$$

그러므로 $X(t)$는 정상성에 대한 첫 번째 검정을 통과했다.

자기상관 함수는 다음과 같이 계산된다.

$$\begin{aligned} R_X(t,\tau) &= \mathcal{E}\{X(t)X(t-\tau)\} = \mathcal{E}\{(A\cos(\omega t + \Theta))\,(A\cos(\omega(t-\tau) + \Theta)\} \\ &= \mathcal{E}\{A^2\}\,\frac{1}{2}\mathcal{E}\{\cos\omega\tau + \cos(2\omega t - \omega\tau + 2\Theta)\} \\ &= \frac{\sigma^2}{2}\left[\cos\omega\tau + \int_{-\pi}^{\pi}\cos(2\omega t - \omega\tau + 2\theta)\frac{1}{2\pi}d\theta\right] = \frac{\sigma^2}{2}\cos\omega\tau \end{aligned}$$

자기상관 함수가 오직 지연 τ에 대해 종속이므로 이 랜덤과정은 광의의 정상이다.

이 세개의 예제를 통해 정현파가 포함된 정상성에 대해서는 균일 분포의 랜덤 위상이 중요하다는 것을 알 수 있다.

랜덤과정이 일반적으로 광의의 정상이라고 말하는 것은 아니다. 예를 들어, 음성신호들은 광의의 정상이 아니다. 그러나 음성신호 같은 대부분의 랜덤과정은 짧은 시간 동안 광의의 정상과정으로 간주될 수 있고, 그 기간동안 wss의 분석방법이 반복적으로 적용될 수 있다. 이 장의 나머지 부분은 광의의 정상과정을 취급하는 것으로 가정한다. 만약 그 가정이 잘못되었다면 분석의 결과가 시간에 대해 종속적으로 나타날 것이다.

9.1.4 자기상관 함수의 성질

광의의 정상과정 $X(t)$의 자기상관 함수 $R_X(\tau)$와 자기공분산 함수 $C_X(\tau)$는 표 9.1에 정리되어 있다. 두 함수 모두 공학응용에 있어서 중요한 성질들을 보여 주고 있다. 이 성질들의 일부를 증명 없이 아래에 열거한다. 이런 성질들이 $R_X(\tau)$에 대해 진술되어 있지만 $C_X(\tau)$인 경우에도 마찬가지로 적용된다.

1. $\tau = 0$인 점은 자기상관 함수의 원점으로 간주되며 R_X는 원점에서 엄밀하게 양수이다. 즉,

$$R_X(0) > 0 \tag{9.10}$$

$R_X(0)$는 신호의 평균전력을 나타낸다. (식 (9.5)참조) 비슷하게, $C_X(0)$는 엄격하게 양수이며 분산을 나타낸다. (식 (9.7)참조)

2. 자기상관 함수는 $\tau = 0$일 때 최대값을 가지며 크기는 $R_X(0)$에 의해 제한된다. 즉,

$$|R_X(\tau)| \leq R_X(0) \tag{9.11}$$

3. 자기상관 함수는 원점에 대해 우대칭이다.

$$R_X(\tau) = R_X(-\tau) \tag{9.12}$$

4. 자기상관 함수는 양의 준정부호(positive semidefinite)함수이며 수학적으로는 다음 식으로 표현된다.

$$\int_{-\infty}^{\infty}\int_{-\infty}^{\infty} a(t_1)R_X(t_1 - t_0)a(t_0)dt_1 dt_0 \geq 0 \tag{9.13}$$

여기서 $a(t)$는 임의의 실 함수이다.

비록 성질 3과 4가 마지막에 포함되었지만 가장 기본적인 성질이다. 특별히 성질 4는 성질 2를 함축하고 성질 2는 성질 1을 함축한다. (이 성질의 증명은 연습문제 9.7에 나타나있다) 성질 3과 4는 자기상관 함수의 필요충분성질이다. 만약 함수가 성질 2와 성질 3을 만족한다 하더라도 성질4를 만족하지 않는 한 유효한 자기상관 함수가 될 수가 없다. 한편 4개의 성질 중 단 1개라도 만족하지 않는다면 제안된 함수는 유효하지 않다. 성질 4는 이 장의 뒷부분 즉, 랜덤과정의 전력(power)과 관련있는 부분에서 설명된다.

다음의 예제는 이런 성질들을 어떻게 검사하는지 보여준다.

예제 9.4

다음의 함수들이 유효한 자기상관 함수들이라고 주장되었다.

(a) $R_X(\tau) = A\sin\omega\tau$ (b) $R_X(\tau) = A\cos\omega\tau$ (c) $R_X(\tau) = Ae^{|\tau|}$ (d) $R_X(\tau) = A\delta(\tau)$

각 성질들을 검사하여 확인해 보자. A와 ω는 양의 실수 매개변수이며 δ는 단위 임펄스이다.

(a) 이 함수는 식 (9.12)의 우대칭 성질을 만족하지 않는다. 또한 식 (9.10)과 식 (9.11) 역시 만족하지 않는다. 그러므로 이 함수는 유효한 자기상관함수가 아니다.
(b) 이 함수는 식 (9.12)의 우대칭 성질을 만족한다. 또한 식 (9.10)과 식 (9.11) 역시 만족하지만 이것들은 필요조건이지 충분조건은 아니다. 그러므로 이 함수가 식 (9.13)을 만족하는지를 증명해야만 한다. 우선

$$\int_{-\infty}^{\infty}\int_{-\infty}^{\infty} a(t_1)A\cos\omega(t_1-t_0)\,a(t_0)dt_1dt_0 \geq 0$$

에서 적분을 계산하기 위해 다음의 삼각항등식을 사용해보자.

$$\cos\omega(t_1-t_0) = \cos\omega t_1\cos\omega t_0 - \sin\omega t_1\sin\omega t_0$$

오른쪽의 첫 번째 항을 취해서 중적분 안에 대입하여 정리하면 아래의 식이 되며

$$\int_{-\infty}^{\infty}\int_{-\infty}^{\infty} a(t_1)A\cos\omega t_1\cos\omega t_0\,a(t_0)\,dt_1dt_0 =$$

$$A\left(\int_{-\infty}^{\infty} a(t_1)\cos\omega t_1\,dt_1\right)\left(\int_{-\infty}^{\infty} a(t_0)\cos\omega t_0\,dt_0\right) = A\left(\int_{-\infty}^{\infty} a(t_1)\cos\omega t_1\,dt_1\right)^2$$

이것은 양의 값을 갖는다. 비슷하게 중적분 안에 사인 항들을 대입하면 같은 결론에 도달하게 된다. 전체 적분은 두 양의 항들의 합이 되므로 양의 준정부호 성질을 만족하고 따라서 (b)의 경우는 유효한 자기상관 함수이다.

(c) 이 함수는 두 번째 성질 식 (9.11)을 만족하지 않는다. 그러므로 이 함수는 유효한 자기상관 함수가 아니다.

(d) 단위임펄스함수는 식 (9.12)의 대칭성을 만족하며 또한 식 (9.10)과 식 (9.11) 역시 만족한다. 이 함수가 식 (9.13)의 양의 준정부호 성질을 만족하는지를 보기 위하여 직접 대입하여 유도한다.

$$\int_{-\infty}^{\infty}\int_{-\infty}^{\infty} a(t_1)A\delta(t_1-t_0)\,a(t_0)dt_1dt_0 =$$

$$A\int_{-\infty}^{\infty} a(t_0)\left(\int_{-\infty}^{\infty} a(t_1)\delta(t_1-t_0)dt_1\right)dt_0 = A\int_{-\infty}^{\infty} a^2(t_0)dt_0 > 0$$

이 조건이 만족되므로, 임펄스 함수는 유효한 자기상관 함수이다.

9.1.5 백색잡음의 자기상관 함수

앞 절의 마지막 예제에 소개되었던 자기상관 함수 $A\delta(l)$는 매우 중요한 과정, 즉, 가우스 백색잡음에 속한다. 앞 장 8장(8.4.2절)에서 소개되었던 과정 즉, 위너 과정의 형식적인 도함수로 얻어지는 가우스 백색잡음 과정은 이 특별한 자기상관 함수를 가진다.

매개변수 ν_o를 가진 위너과정 $X(t)$의 두 점 사이의 상관을 생각해보자. 만일 $t_1 < t_2$인 두 시간의 점 t_1과 t_2을 선택하면 상관은 다음 식으로 정리된다.

$$\mathcal{E}\{X(t_1)X(t_2)\} = \mathcal{E}\{X(t_1)X(t_1)\} + \mathcal{E}\{X(t_1)[X(t_2)-X(t_1)]\}$$

첫 번째 항은 t_1에서의 과정의 분산, 즉, $\nu_o t_1$ (식(8.10) 참조)이다. 두 번째 항은 t_1까지 발생하는 미세한 사건들이 $t_2 - t_1$ 사이에 발생하는 사건들에 대해 독립적이기 때문에 0이다. 그러므로 $t_1 < t_2$일 때 $\mathcal{E}\{X(t_1)X(t_2)\} = \nu_o t_1$이며, 비슷한 방법으로 $t_2 < t_1$일 때 $\mathcal{E}\{X(t_1)X(t_2)\} = \nu_o t_2$이다. 요약하면 다음과 같이 간결한 관계식으로 표현된다.

$$\boxed{\mathcal{E}\{X(t_1)X(t_2)\} = \nu_o \min(t_1, t_2) \qquad \text{위너 과정}} \tag{9.14}$$

다음으로 $W'(t)$과정을 위너 과정의 도함수의 근사로 생각해보자.

$$W'(t) \stackrel{\text{def}}{=} \frac{X(t+\Delta t) - X(t)}{\Delta t} \tag{9.15}$$

여기서 Δt는 매우 작지만 t안에서 유한한 양의 변화값이다. 이 과정의 극한형이 백색잡음과정이라는 것을 증명할 것이다.

이 새로운 과정의 자기상관 함수는 다음과 같이 정의된다.

$$\mathcal{E}\{W'(t)W'(t-\tau)\} = \mathcal{E}\left\{\frac{[X(t+\Delta t)-X(t)][X(t-\tau+\Delta t) - X(t-\tau)]}{(\Delta t)^2}\right\} =$$

$$\frac{\mathcal{E}\{X(t+\Delta t)X(t-\tau+\Delta t) - X(t)X(t-\tau+\Delta t) - X(t+\Delta t)X(t-\tau) + X(t)X(t-\tau)\}}{(\Delta t)^2}$$

분자의 4개의 항들은 식 (9.14)를 이용해 계산된다. 이 결과를 계산하기 위해 4개의 항들과 합들이 서로 다른 조건의 지연변수 τ에 대해 정리되어 있다. τ의 음의 값들에 대한 결과들이 비슷한 방법으로 구해진다.

조건	항1	항2	항3	항4	결과
$\tau = 0$	$\frac{\nu_o(t+\Delta t)}{\Delta t^2}$	$-\frac{\nu_o t}{\Delta t^2}$	$-\frac{\nu_o t}{\Delta t^2}$	$\frac{\nu_o t}{\Delta t^2}$	$\frac{\nu_o}{\Delta t}$
$0 \le \tau \le \Delta t$	$\frac{\nu_o(t+\Delta t)}{\Delta t^2}$	$-\frac{\nu_o t}{\Delta t^2}$	$-\frac{\nu_o(t-\tau)}{\Delta t^2}$	$\frac{\nu_o t}{\Delta t^2}$	$\frac{\nu_o}{\Delta t}\left(1 - \frac{\tau}{\Delta t}\right)$
$\tau > \Delta t$	$\frac{\nu_o(t-\tau+\Delta t)}{\Delta t^2}$	$-\frac{\nu_o(t-\tau+\Delta t)}{\Delta t^2}$	$-\frac{\nu_o(t-\tau)}{\Delta t^2}$	$\frac{\nu_o(t-\tau)}{\Delta t^2}$	0

나중의 편의를 위해 매개변수 $\nu_o = N_o/2$로 표시한다. 그러므로, 자기상관 함수는 다음 식으로 표현되며 그림 9-2(a)에 나타나있다.

$$R_{W'}(\tau) = \begin{cases} \frac{N_o}{2\Delta t}\left(1 - \frac{|\tau|}{\Delta t}\right) & |\tau| \le \Delta t \\ 0 & \text{그 외} \end{cases}$$

Δt가 0에 접근할 때

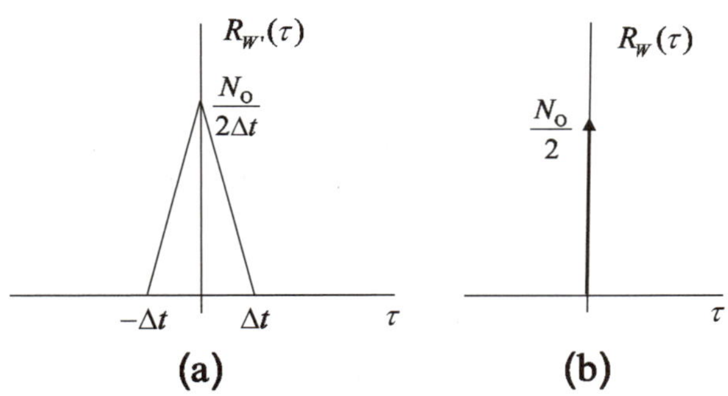

그림 9.2 백색잡음의 자기상관 함수 (a) 작은 Δt에 대한 근사 (b) 극한형태 $(N_o/2)\delta(\tau)$

$R_W(\tau)$는 백색잡음과정의 자기 상관함수가 된다.

$$R_W(\tau) = \frac{N_o}{2}\delta(\tau) \tag{9.16}$$

이 그림이 그림 9.2(b)에 그려져 있다.

이 자기상관 함수는 시간변수에 대해서는 종속이 아니며 오직 지연변수 τ에 대해서만 종속되어있다는 사실에 유의하라. 더욱이, 이 가우스 백색잡음 과정은 위너과정의 평균이 0이므로 평균이 0이 된다. 그러므로, 가우스 백색잡음과정은 광의의 정상 랜덤과정이다. 또한, 백색잡음과정의 분산 $R_W(0)$는 무한대이다. 다시말해, 이상적인 백색잡음과정은 무한대의 전력을 가진다. 이 부분에 관해서는 다음 장(9장)에서 랜덤과정의 주파수영역 특성부분에서 더 자세히 다룰 것이다.

9.2 상호상관

두 개 혹은 그 이상의 랜덤과정을 해석하는 것은 상호상관의 개념을 포함한다. 가장 일반적인 경우로 시작하면 $X(t)$와 $Y(t)$의 랜덤과정에 대한 **상호상관**(cross-correlation) 함수를 다음과 같이 정의한다.

$$R_{XY}(t,\tau) = \mathcal{E}\{X(t)Y(t-\tau)\}$$

여기서 기대값은 $X(t)$와 $Y(t)$에 대해 취해진다. 상호상관 함수는 시간 t에서의 X의 한 점과 앞선 시간 $t-\tau$(τ가 음수이면 뒤진 시간)에서의 Y의 한 점을 비교한다. 다음 예제가 그 내용을 설명한다.

예제 9.5

다음의 두 랜덤과정을 생각해보자.

$$\begin{aligned} X(t) &= A\sin(\omega t+\Theta) + B\cos(\omega t) \\ Y(t) &= B\cos(\omega t) \end{aligned}$$

여기서 A와 ω는 알려진 매개변수인 반면에 Θ는 $-\pi$와 π 사이에서 균일분포를 가지는 랜덤변수이며 B는 평균이 2이고 분산이 3인 정규 랜덤변수이다. 랜덤변수 Θ와 B는 독립으로 가정한다. 상호상관 함수는 다음 식으로 주어진다.

$$\begin{aligned} R_{XY}(t,\tau) &= \mathcal{E}\{X(t)Y(t-\tau)\} = \mathcal{E}\{([A\sin(\omega t+\Theta)+B\cos(\omega t)]\,B\cos(\omega(t-\tau))\} \\ &= \mathcal{E}\left\{A\sin(\omega t+\Theta)B\cos\omega(t-\tau) + B^2\cos\omega t\cos\omega(t-\tau)\right\} \end{aligned}$$

Θ와 B가 독립이기 때문에 다음 식을 얻는다.

$$R_{XY}(t,\tau) = A\mathcal{E}\{\sin(\omega t+\Theta)\}\mathcal{E}\{B\}\cos\omega(t-\tau) + \mathcal{E}\left\{B^2\right\}\cos\omega t\cos\omega(t-\tau)$$

$\mathcal{E}\{\sin(\omega t+\Theta)\}=0$ 이기 때문에 첫 번째 항은 0이며 B 의 2차 모멘트는 $\mathcal{E}\{B^2\}=\text{Var}[B]+m_B^2=7$이다. 따라서

$$R_{XY}(t,\tau)=7\cos(\omega t)\cos(\omega t-\tau)$$

자기상관에서와 같이 만일 R_{XY}가 절대시간 t에 대해 종속적이지 않다면 유용하다. (앞의 예제의 경우는 성립하지 않는다) 정의는 다음과 같다.

두 랜덤과정이 다음이 성립할 때 **결합적으로 광의의 정상**(jointly wide sence stationary)이라고 불린다.

1. $X(t)$와 $Y(t)$는 각각 광의의 정상이다.
2. 상호상관이 오직 지연의 함수이다 : $R_{XY}(t,\ \tau)=R_{XY}(\tau)$

다음 예제는 어떻게 결합적으로 광의의 정상과정 여부를 확인하는지를 보여준다.

예제 9.6

다음의 두 랜덤과정을 생각해보자.

$$\begin{aligned} X(t) &= A\sin\omega t+B\cos\omega t \\ Y(t) &= A\sin\omega t-B\cos\omega t \end{aligned}$$

여기서 ω는 상수이며 A와 B는 평균이 0이고 분산이 σ^2인 상관이 없는 랜덤변수들이다. $X(t)$와 $Y(t$)가 결합적으로 광의의 정상 과정인지를 조사해보자. 평균값들은 0이기 때문에 자기상관 함수가 오직 τ의 함수인지를 확인해보면 된다.

$X(t)$의 자기상관 함수는 다음 식으로 주어진다.

$$\begin{aligned} R_X(t,\tau)=\mathcal{E}\{X(t)X(t-\tau)\} &= \mathcal{E}\{A^2\}\sin\omega t\sin\omega(t-\tau)+\mathcal{E}\{AB\}(\ \cdots\ ) \\ &\quad +\mathcal{E}\{AB\}(\ \cdots\ )+\mathcal{E}\{B^2\}\cos\omega t\cos\omega(t-\tau) \end{aligned}$$

$\mathcal{E}\{AB\}=\mathcal{E}\{A\}\mathcal{E}\{B\}=0$ 이므로 교차항들은 없어진다.

$$\begin{aligned} R_X(t,\tau) &= \sigma^2\sin\omega t\sin\omega(t-\tau)+\sigma^2\cos\omega t\cos\omega(t-\tau) \\ &= \sigma^2\cos(\omega t-\omega(t-\tau))=\sigma^2\cos\omega\tau \end{aligned}$$

자기상관 함수가 τ에만 종속되므로 $X(t)$는 다음을 갖는 광의의 정상과정이다.

$$R_X(\tau)=\sigma^2\cos\omega\tau$$

비슷한 절차를 적용하면 $Y(t)$도 다음을 갖는 광의의 정상과정인 것을 증명할 수 있다.

$$R_Y(\tau) = \sigma^2 \cos \omega\tau$$

각 과정이 각각 광의의 정상과정임을 확인했으므로, 이제 다음과 같이 상호상관 함수를 계산해보자.

$$\begin{aligned} R_{XY}(t,\tau) = \mathcal{E}\{X(t)Y(t-\tau)\} &= \mathcal{E}\left\{A^2\right\}\sin\omega t \sin\omega(t-\tau) - \mathcal{E}\{AB\}(\ \cdots\ ) \\ &\quad +\mathcal{E}\{AB\}(\ \cdots\ ) - \mathcal{E}\left\{B^2\right\}\cos\omega t \cos\omega(t-\tau) \\ &= \sigma^2(\sin\omega t \sin\omega(t-\tau) - \cos\omega t \cos\omega(t-\tau)) \\ &= -\sigma^2\cos(\omega t + \omega(t-\tau)) = -\sigma^2\cos\omega(2t-\tau)) \end{aligned}$$

이 식은 t와 τ 모두 종속적이므로 두 랜덤과정들은 결합적으로 광의의 정상과정이 아니다.

앞 예제는 두 과정이 개별적으로는 광의의 정상과정이지만 결합적으로 광의의 정상과정은 아닐 수 있음을 보여준다. 하나의 예제를 더 생각해보자.

예제 9.7

예제 9.6에 주어진 랜덤과정을 조금 수정하여 만든 두 개의 새로운 랜덤과정을 생각해보자.

$$\begin{aligned} X(t) &= A\sin\omega t + B\cos(\omega t) \\ Y(t) &= B\sin\omega t - A\cos(\omega t) \end{aligned}$$

여기서 ω는 상수이며 A와 B는 평균이 0이고 분산이 σ^2인 상관이 없는 랜덤변수이다. $X(t)$와 $Y(t)$의 자기상관 함수는 앞의 예제와 같다. 즉,

$$R_X(\tau) = \sigma^2\cos\omega\tau \quad \text{와} \quad R_Y(\tau) = \sigma^2\cos\omega\tau$$

그러므로, 이 과정들은 각각 광의의 정상과정이다.
상호상관 함수는 다음과 같이 주어진다.

$$\begin{aligned} R_{XY}(t,\tau) &= \mathcal{E}\{X(t)Y(t-\tau)\} \\ &= \mathcal{E}\{AB\}(\ \cdots\ ) - \mathcal{E}\left\{A^2\right\}\sin\omega t\cos\omega(t-\tau) \\ &\quad +\mathcal{E}\left\{B^2\right\}\cos\omega t \sin\omega(t-\tau) - \mathcal{E}\{AB\}(\ \cdots\ ) \\ &= -\sigma^2(\sin\omega t\cos\omega(t-\tau) - \cos\omega t\sin\omega(t-\tau)) = -\sigma^2\sin\omega\tau \end{aligned}$$

여기서 곱셈 항 $\mathcal{E}\{AB\}$은 없어진다. 랜덤과정이 각각 광의의 정상과정이고 상호상관함수는 오직 τ에 관해 종속적이므로 X와 Y는 결합적으로 광의의 정상과정이다.

$X(t)$와 $Y(t)$가 결합적으로 광의의 정상과정일 때, 상호상관 함수는 다음 식과 같이 정의된다.

$$\boxed{R_{XY}(\tau) = \mathcal{E}\{X(t)Y(t-\tau)\}} \qquad (9.17)$$

또한, 랜덤과정에 대한 **상호공분산**(cross-covariance) 함수는 다음 식으로 정의된다.

$$\boxed{C_{XY}(\tau) = \mathcal{E}\{(X(t) - m_X)(Y(t-\tau) - m_Y)\}} \qquad (9.18)$$

상호상관 함수와 상호공분산 함수는 다음과 같은 관계를 가진다.

$$\boxed{C_{XY}(\tau) = R_{XY}(\tau) - m_X m_Y} \qquad (9.19)$$

상호상관 함수들을 논의할 때 정의 안의 첨자의 순서가 중요하다는 것을 유의하라! 식 (9.17)에서의 $X(t)$와 $Y(t)$의 역할을 바꾸면 다음 식으로 바뀌게 된다.

$$R_{YX}(\tau) = \mathcal{E}\{Y(t)X(t-\tau)\}$$

이 식은 $R_{XY}(\tau)$와 같지 않다. 그대신 정의에 의해 두 상호상관 함수들은 다음 관계를 가진다.

$$R_{YX}(\tau) = R_{XY}(-\tau) \qquad (9.20)$$

상호상관에 관한 몇 가지 사실을 언급하고자 한다. 첫 번째로 두 가지 통상적 용어를 정의한다.

- 랜덤과정 $X(t)$와 $Y(t)$가 $R_{XY}(\tau) = 0$인 경우 직교라고 한다.
- 랜덤과정 $X(t)$와 $Y(t)$가 $C_{XY}(\tau) = 0$인 경우 상관이 없다라고 한다.

식 (9.19)에서 X와 Y가 상관이 없을 때 R_{XY}는 평균들의 곱과 같다. 사실, 상관이 없음은 조건 $R_{XY}(\tau) = m_X m_Y$에 의해 정의될 수 있다. 한편 랜덤과정 X와 Y가 모든 조합의 결합밀도함수들이 그들의 주변 밀도함수들의 곱과 같다면 독립이다. 이 조건은 역시 R_{XY}는 평균들의 곱이라는 의미를 함축한다. 그러므로, 독립인 과정들은 상관이 없지만 상관이 없는 과정들은 반드시 독립이지는 않다.[3]

마지막으로, 상호상관 함수에 대한 통상적인 상한을 생각해 보자.

$$\begin{aligned} |R_{XY}(\tau)| &\le \sqrt{R_X(0)R_Y(0)} && \text{(a)} \\ |R_{XY}(\tau)| &\le \tfrac{1}{2}(R_X(0) + R_Y(0)) && \text{(b)} \end{aligned} \qquad (9.21)$$

윗 식 (a)는 잘 알려진 코시-슈바르츠 부등식이다. (제 6장의 6.1.4절 참조) 아랫 식 (b)의 증명은 연습문제 9.12로 남겨놓는다. 이런 상한은 아래 예제에서 설명된다.

3) 가우스 과정의 경우는 예외이다.

예제 9.8

예제 9.7에 묘사된 랜덤과정을 생각해보자. 상관함수들은 아래와 같다.

$$R_X(\tau) = \sigma^2 \cos\omega\tau\,, \quad R_Y(\tau) = \sigma^2 \cos\omega\tau\,, \quad R_{XY}(\tau) = -\sigma^2 \sin\omega\tau$$

그러므로, $R_X(0) = R_Y(0) = \sigma^2$이며 $|R_{XY}(\tau)| = \sigma^2 \sin\omega\tau$이다.
$R_{XY}(\tau)$가 식 (9.21)을 만족하는지를 확인해보자.
식 (9.21) (a)의 양변에 대입하면 $\sigma^2|\sin\omega\tau| \le \sigma^2$가 되고, 이 식은 $|\sin\omega\tau| \le 1$로 축소된다.
식 (9.21) (b)의 양변에 대입하면 $\sigma^2|R_{XY}(\tau)| \le \frac{1}{2}(2\sigma^2)$ 혹은 $|\sin\omega\tau| \le 1$이 된다.
그러므로, 상호상관 함수는 두 상한을 만족한다.

9.3 복소 랜덤과정

신호처리와 통신공학에 종사하는 전기전자 공학자들은 일반적으로 "복소 포락선 표기법"이라 불리는 방법을 이용하여 문제들을 모델링한다. 이 방법의 기원을 조사할 필요는 없지만 협대역 통신 수신기가 '동상(in-phase)성분'(반송자에 대해)과 '직교(quadrature)성분'으로 알려진 신호의 두 부분을 취급한다는 것을 언급한다. 이런 분석에서 이 성분들이 복소신호의 실부와 허부로 표현된다. 복소 랜덤신호는 다음과 같이 표현된다.

$$X(t) = X_r(t) + \jmath X_i(t)$$

여기서 $j = \sqrt{-1}$이고 X_r과 X_i는 각각 실부와 허부이다.

복소 랜덤 신호들을 모든 실부와 허부에 대한 결합분포와 밀도들을 이용하여 완전하게 해석할 수 있다. 다행히도, 대부분의 실제적인 문제에 있어 단지 1차 모멘트와 2차 모멘트를 이용하는 것으로 충분하다.

9.3.1 복소과정에 대한 자기상관 함수

랜덤 신호가 복소수일 때 상관의 정의는 조금 수정된다. wss 복소신호의 자기상관 함수는 다음 식으로 정의된다.

$$R_X(\tau) = \mathcal{E}\{X(t)X^*(t-\tau)\} \tag{9.22}$$

여기서 *는 공액복소수(complex conjugate)이다.

정의에서 공액복소수를 사용하는 이유는 다음과 같다. 식 (9.22)의 자기상관 함수는 전개에 의해 아래 식으로 표현할 수 있는 복소 양이다.

$$R_X(\tau) = (R_{X_r}(\tau) + R_{X_i}(\tau)) + \jmath(R_{X_iX_r}(\tau) - R_{X_rX_i}(\tau))$$

여기서 오른쪽 항들은 랜덤 신호의 성분에 대한 실수 자기상관 함수와 상호상관 함수들이다. 대부분의 통신 시스템에서 취급하는 신호들은 $R_{Xr}(\tau) = R_{Xi}(\tau)$와 $R_{XiXr}(\tau) = -R_{XrXi}(\tau)$같은 대칭성을 가진다. 그러므로, 필요한 상관항들은 식 (9.22)의 복소 자기상관 함수로부터 $R_r = R_i = \frac{1}{2}\mathrm{Re}\, R_X$와 $R_{ri} = -R_{ir} = \frac{1}{2}\mathrm{Im}\, R_X$를 관찰함으로써 추출할 수 있다. 사실, 공액연산이 식 (9.22)의 정의에서 없어지면, 이런 대칭성 하에서 그 결과는 항상 0이 된다.[4] (확인해 보라!)

복소 랜덤과정의 자기상관 함수는 다음 예제에 설명되어 있다.

예제 9.9

다음의 복소 랜덤과정을 생각해보자

$$X(t) = Ae^{j\omega t}$$

여기서 A는 평균이 μ이고 분산이 σ^2인 정규 랜덤변수인 반면에 ω는 확정된 매개변수이다. 이 랜덤과정의 평균은 다음과 같이 주어진다.

$$m_X(t) = \mathcal{E}\{X(t)\} = \mathcal{E}\{A\}\, e^{j\omega t} = \mu e^{j\omega t}$$

평균은 $e^{j\omega t}$에 대해 종속적이며, 따라서 랜덤과정은 $\mu = 0$이 아닌 경우 광의의 정상이 아니라는 사실에 유의하라. $\mu = 0$이라고 가정하고 계속 진행하자. 자기상관 함수는

$$\begin{aligned} R_X(t,\tau) &= \mathcal{E}\{X(t)X^*(t-\tau)\} = \mathcal{E}\left\{Ae^{j\omega t}Ae^{-j\omega(t-\tau)}\right\} \\ &= \mathcal{E}\left\{A^2\right\} e^{j\omega\tau} = \sigma^2 e^{j\omega\tau} \end{aligned}$$

여기서 $\mu = 0$라고 가정하면 $\mathcal{E}\left\{A^2\right\} = \sigma^2$이다. 자기상관 함수는 실부와 허부를 가지는 복소수라는 사실에 유의하라. 즉,

$$R_X(\tau) = \sigma^2 \cos\omega\tau + \jmath\sigma^2 \sin\omega\tau$$

이 식은 오일러공식 $e^{j\phi} = \cos\phi + j\sin\phi$로부터 유도될 수 있다. 평균이 0이며 자기상관함수가 τ에 대해 종속이므로 이 랜덤과정은 광의의 정상이다.

이 예제에서 평균이 정상성을 결정하는 중요한 요소였다. 실제로 종종 시간에 따라 변하는 평균을 제거하고, 평균이 0인 광의의 정상인 랜덤과정으로 수정하여 분석과 설계를 수행한다.

4) 대칭성을 만족하지 않는 경우에 관한 신호처리 분야의 몇 개의 논문들이 있다. 그러나 여기서의 논의 수준을 벗어나며 많은 경우에 있어서 식 (9.22)의 사용은 유효하다.

다음의 두 예제는 복소 랜덤과정에서의 대칭의 역할을 보여준다.

예제 9.10

다음과 같은 복소 랜덤과정을 생각해보자.

$$Z(t) = X(t) - jY(t)$$

여기서 $X(t) = A\cos\omega t$, $Y(t) = B\sin\omega t$이며, A와 B는 분포를 모르는 랜덤변수들이다. 이 랜덤과정의 평균은 다음과 같으며 명백하게 시간의 함수이다.

$$m_Z(t) = \mathcal{E}\{Z(t)\} = \mathcal{E}\{A\}\cos\omega t - j\mathcal{E}\{B\}\sin\omega t$$

자기상관 함수는 다음과 같이 주어진다.

$$\begin{aligned} R_Z(t,\tau) &= \mathcal{E}\{Z(t)Z^*(t-\tau)\} = \mathcal{E}\{[X(t) - jY(t)][X(t-\tau) + jY(t-\tau)]\} \\ &= R_X(t,\tau) + jR_{XY}(t,\tau) - jR_{YX}(t,\tau) + R_Y(t,\tau) \end{aligned}$$

여기서 오른쪽 항들은 실수 자기상관 함수와 X와 Y에 대한 상호상관 함수이다. 즉,

$$\begin{aligned} R_X(t,\tau) &= \mathcal{E}\{X(t)X(t-\tau)\} = \mathcal{E}\left\{A^2\right\}\cos\omega t\cos\omega(t-\tau) \\ R_{XY}(t,\tau) &= \mathcal{E}\{X(t)Y(t-\tau\} = \mathcal{E}\{AB\}\cos\omega t\sin\omega(t-\tau) \\ R_{YX}(t,\tau) &= \mathcal{E}\{Y(t)X(t-\tau)\} = \mathcal{E}\{AB\}\sin\omega t\cos\omega(t-\tau) \\ R_Y(t,\tau) &= \mathcal{E}\{Y(t)Y(t-\tau)\} = \mathcal{E}\left\{B^2\right\}\sin\omega t\sin\omega(t-\tau) \end{aligned}$$

이 4개의 식을 R_Z에 대한 식에 대입하고 정리하면 다음 식이 된다.

$$\begin{aligned} R_Z(t,t-\tau) &= \mathcal{E}\left\{A^2\right\}\cos\omega t\cos\omega(t-\tau) + \mathcal{E}\left\{B^2\right\}\sin\omega t\sin\omega(t-\tau) \\ &\quad +j\left(\mathcal{E}\{AB\}\cos\omega t\sin\omega(t-\tau) - \mathcal{E}\{AB\}\sin\omega t\cos\omega(t-\tau)\right) \end{aligned}$$

자기상관 함수도 평균과 같이 t의 함수가 되므로 이 과정은 정상과정이 아니다.

비록 앞 예제에 묘사된 일반적인 랜덤과정이 광의의 정상이 아니라 하더라도, 만약 랜덤변수가 어떤 기준을 만족한다면 $Z(t)$를 광의의 정상으로 만들 수 있다. 만약 랜덤변수 A와 B가 평균이 0이라면 $Z(t)$의 평균은 0이 되지만 그것만으로는 충분하지 않다. 2차 모멘트에 관한 조건이 다음 예제에서 설명된다.

예제 9.11

예제 9.10에 소개된 복소 랜덤과정을 다시 생각해보자

$$Z(t) = X(t) - jY(t)$$

여기서 $X(t) = A\cos\omega t$, $Y(t) = B\sin\omega t$이며, A와 B는 미지의 분포의 랜덤변수이다. 그러나 랜덤변수 A와 B가 각각 평균이 0이고 동일한 전력 $\mathcal{E}\{A^2\} = \mathcal{E}\{B^2\} = P_o$를 가진다고 가정해보자.

이런 조건에서는 예제 9.10에서 계산된 자기상관함수가 다음 식과 같이 된다.

$$\begin{aligned} R_Z(t, t-\tau) &= P_o[\cos\omega t\cos\omega(t-\tau) + \sin\omega t\sin\omega(t-\tau)] \\ &\quad + j\mathcal{E}\{AB\}[\cos\omega t\sin\omega(t-\tau) - \sin\omega t\cos\omega(t-\tau)] \\ &= P_o(\cos(\omega t - \omega(t-\tau)) + j\mathcal{E}\{AB\}(\cos(\omega t - \omega(t-\tau)) \end{aligned}$$

여기서 삼각항등식이 두번째 줄에 사용되었다. 허수항은 랜덤변수가 상관이 없는 경우, 즉 $\mathcal{E}\{AB\} = 0$이면 없어진다. 따라서 다음 식만 남게 된다.

$$R_Z(\tau) = P_o\cos\omega\tau$$

위 내용을 요약하면 랜덤과정 $Z(t)$는 A와 B가 동일한 2차 모멘트를 가지면서 평균이 0이면서 상관이 없는 랜덤변수들인 경우 광의의 정상과정이 된다.

9.3.2 상호상관, 상호공분산, 성질

2개의 결합적으로 정상인 복소 랜덤과정에 대한 상호상관 함수는 댜음과 같이 식 (9.22)와 비슷하게 정의된다.

$$R_{XY}(\tau) = \mathcal{E}\{X(t)Y^*(t-\tau)\} \tag{9.23}$$

상호공분산 함수는 X와 Y의 평균을 빼는 정의로 표현된다.

복소 랜덤과정에 관련된 몇 개의 통계적인 양들과 성질들이 표 9.2에 정리되어 있다. 이 식들은 공액복소 기호를 없애면 실수 랜덤과정에 적용될 수 있다는 점에서 이전 식들을 대신한다.

9.4 이산 랜덤과정

이산 랜덤과정은 연속 랜덤 신호를 샘플링하거나 이산 형태인 규칙적인 간격에서 행해진 측정을 통해 생성된다. 이산 랜덤과정의 여러 예가 8장에서 인용되었다. 여기서도 이런 과정의 1차 모멘트와 2차 모멘트가 랜덤과정 분석의 기본 도구이다.

양	정의
평균	$m_X = \mathcal{E}\{X(t)\}$
자기상관 함수 상호상관 함수	$R_X(\tau) = \mathcal{E}\{X(t)X^*(t-\tau)\}$ $R_{XY}(\tau) = \mathcal{E}\{X(t)Y^*(t-\tau)\}$
자기공분산 함수 상호공분산 함수	$C_X(\tau) = \mathcal{E}\{(X(t)-m_X)(X(t-\tau)-m_X)^*\}$ $C_{XY}(\tau) = \mathcal{E}\{(X(t)-m_X)(Y(t-\tau)-m_Y)^*\}$
상호관계	$C_X(\tau) = R_X(\tau) - \|m_X\|^2$ $C_{XY}(\tau) = R_{XY}(\tau) - m_X m_Y^*$
상관계수	$\rho_X(\tau) = \dfrac{C_X(\tau)}{C_X(0)} \qquad \|\rho(\tau)\| \le 1$
성질	
대칭성†	$R_X(\tau) = R_X^*(-\tau)$ $R_{XY}(\tau) = R_{YX}^*(-\tau)$
평균전력	$R_X(0) \ge 0$
분산	$\sigma_X^2 = C_X(0) \ge 0$
크기상한†	$\|R_X(\tau)\| \le R_X(0)$
양의 준정부호성†	$\int_{-\infty}^{\infty}\int_{-\infty}^{\infty} a(t_1)R_X(t_1-t_0)a^*(t_0)dt_1dt_0 \ge 0$ 임의의 $a(t)$에 대해

†공분산에도 동일하게 적용됨

[표 9.2] 복소 wss 랜덤과정에 대한 정의와 성질

이산 랜덤과정 $X[k]$의 평균은 단순히 기댓값이며 일반적으로 시간 지표 k의 함수이다. 즉,

$$m_X[k] = \mathcal{E}\{X[k]\} \tag{9.24}$$

이산 자기상관 함수는 시간 k에서의 랜덤과정의 표본과 시간 $k-l$에서의 표본을 비교하는데 복소 랜덤과정에 대하여는 다음 식으로 정의된다.

$$R_X[k,l] = \mathcal{E}\{X[k]X^*[k-l]\} \tag{9.25}$$

여기서 l은 이산 지연값을 나타낸다. (만일 랜덤과정이 실수이면 공액복소표시는 없어진다)

이산 랜덤과정에서 모멘트들이 시간변수 k에 종속적이 아닌것이 광의의 정상과정이될 필요충분 조건이다. 이 경우, 평균은 상수 m_X로 표현되며 자기상관 함수는 $R_X[l]$로 표현된다.

이런 모멘트들이 단순한 랜덤과정에 있어서 어떻게 계산되는 지를 보기 위해 8.3.1절에 소개된 베르누이 과정을 생각해보자.

예제 9.12

베르누이 과정 $X[k]$는 확률 p일 경우는 +1을 취하고 확률 $1-p$일 경우는 -1을 취한다.
베르누이 과정의 평균은

$$m_X[k] = \mathcal{E}\{X[k]\} = +1 \cdot p + (-1) \cdot (1-p) = 2p - 1$$

$l \neq 0$인 경우, 자기상관 함수는 다음 식으로 표현된다.

$$\begin{aligned} R_X[k,l] = \mathcal{E}\{X[k]X^*[k-l]\} &= (+1)(+1) \cdot p^2 + (+1)(-1) \cdot p(1-p) \\ &+ (-1)(+1) \cdot (1-p)p + (-1)(-1) \cdot (1-p)^2 \\ &= (2p-1)^2 \end{aligned}$$

$l = 0$인 경우, $X[k]$와 $X[k-l]$은 같은 점이므로

$$R_X[k,0] = \mathcal{E}\left\{X^2[k]\right\} = (+1)^2 \cdot p + (-1)^2 \cdot (1-p) = 1$$

자기상관 함수가 지연 l에는 종속이지만 시간 k에 대해서는 독립이므로 베르누이 과정은 광의의 정상과정이다.
자기상관 함수가 아래 그려져 있다. $l \neq 0$인 경우 $R_X[l]$은 평균제곱이라는 점에 유의하라. 또한, $p = 0.5$일 때, 평균은 0이며 $R_X[l] = \delta[l]$이다.

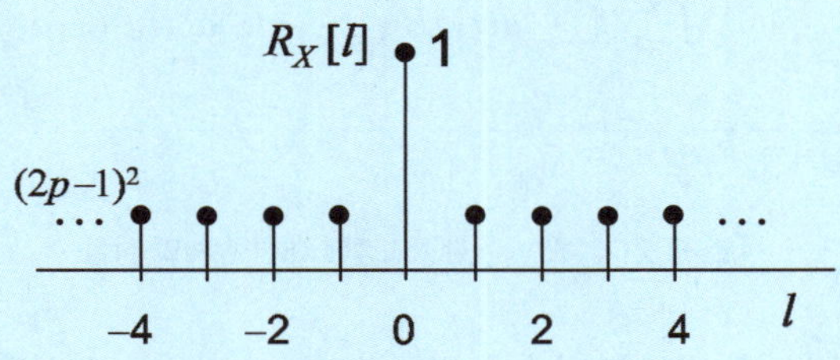

그러므로 자기상관 함수는 원점에서 1이며 원점을 제외한 나머지 점에서는 0이다. 이런 형태의 자기상관 함수를 가진 평균 0인 랜덤과정을 이산 백색잡음과정이라고 한다. $p = 0.5$인 베르누이 과정은 때때로 "이진 백색잡음"이라고 한다.

여러 가지 이산 2차 모멘트 양들이 연속 랜덤변수에 대해 정의된 양들과 유사한 방법으로 정의된다. 예를 들어, 이산 광의의 정상과정에 대한 자기공분산 함수는 다음과 같이 정의된다.

$$C_X[l] = \mathcal{E}\{(X[k] - m_X)(X[k-l] - m_X)^*\} \tag{9.26}$$

이는 또한 다음 식을 만족한다.

$$C_X[l] = R_X[l] - m_X m_X^* \tag{9.27}$$

만일 마지막 공식이 예제 9.12의 베르누이 과정에 적용된다면 공분산함수는 원점을 제외한 나머지에서는 0이고 원점에서는

$$C_X[0] = 1 - (2p-1)^2 = 4p(1-p)$$

인데, 이것은 베르누이 과정의 분산이다.

베르누이 과정은 연속시간 함수로부터 유래되지 않는 이산 랜덤과정의 예이다. 이산시간 신호가 연속시간 과정에서 표본들을 취함으로서 생성될 때 상관과 공분산함수는 연속시간의 해당 함수의 표본들로 나타난다. 다시 말해, 만일 $X(t)$가 자기상관 함수 $R_X(\tau)$인 랜덤과정이며 $X(t)$가 이산시간 수열 $X[k] \stackrel{\text{def}}{=} X(kT)$를 얻기 위해 시간 간격 T마다 표본추출된다면 $X[k]$는 이산 자기상관 함수 $R_X[l] = R_X(lT)$를 가진다.

이산 랜덤과정에 대한 표 9.2의 대응표가 다음 쪽에 주어진다. 표에 관해 몇 가지 요점을 정리한다.

- 모든 함수에서 이산시간 수열임을 표현하기 위해 대괄호가 사용된다.
- 광의의 정상성이 가정되었고 따라서 1차 모멘트가 상수이며 상관함수는 오로지 지연(l)에 종속된다.
- 일반적으로 모든 함수들은 복소수이다. 실수 랜덤과정에 대한 동등한 공식들은 공액표시를 제거함으로써 얻을 수 있다.
- 평균전력 $R_X[0]$과 분산 $C_X[0]$같은 매개변수들은 항상 실수이며 양의 값이다.
- 양의 준정부호성은 이중적분 대신에 이중합산으로 표현된다. 임의의 수열 a는 R_X가 실수인 경우 실수가 되어야 한다.

양	정의
평균	$m_X = \mathcal{E}\{X[k]\}$
자기상관 함수 상호상관 함수	$R_X[l] = \mathcal{E}\{X[k]\, X^*[k-l]\}$ $R_{XY}[\tau] = \mathcal{E}\{X[k]\, Y^*[k-l]\}$
자기공분산 함수 상호공분산 함수	$C_X[l] = \mathcal{E}\{[X[k]-m_X]\,[X[k-l]-m_X]^*\}$ $C_{XY}[l] = \mathcal{E}\{[X[k]-m_X]\,[Y[k-l]-m_Y]^*\}$
상호관계	$C_X[l] = R_X[l] - \lvert m_X\rvert^2$ $C_{XY}[l] = R_{XY}[l] - m_X m_Y^*$
상관계수	$\rho_X[l] = \dfrac{C_X[l]}{C_X[0]} \quad \lvert\rho[l]\rvert \le 1$
성질	
대칭성†	$R_X[l] = R_X^*[-l]$ $R_{XY}[l] = R_{YX}^*[-l]$
평균전력	$R_X[0] \ge 0$
분산	$\sigma_X^2 = C_X[0] \ge 0$
크기상한†	$\lvert R_X[l]\rvert \le R_X[0]$
양의 준정부호†	$\sum_{k_1=-\infty}^{\infty} \sum_{k_0=-\infty}^{\infty} a[k_1] R_X[k_1-k_0] a^*[k_0] \ge 0$ 임의의 $a[k]$에 대해

† 공분산에도 동일하게 적용됨

[표 9.3] 이산시간 wss 랜덤과정에 대한 정의와 성질

이산 랜덤과정에 대한 단순한 모델로 지수 공분산 함수를 예로 들어보자. 표 9.3에 정의된 몇 가지 항목을 예로 들어 설명한다.

예제 9.13

광의의 정상 이산시간 랜덤과정 $X[k]$가 다음과 같은 평균과 자기상관 함수를 가진다.

$$m_X = 3 \qquad R_X[l] = 9 + 4e^{-0.2|l|}$$

자기공분산 함수는 식 (9.27)을 이용하여 다음과 같이 계산된다.

$$C_X[l] = R_X[l] - m_X^2 = 9 + 4e^{-0.2|l|} - 3^2 = 4e^{-0.2|l|}$$

자기상관 함수와 자기공분산 함수가 아래 그려져 있다. 두 함수가 우대칭이며 또한 원점에서 양의 값을 가지고 $l = 0$인 경우 최대값을 가지는 것을 보여준다.

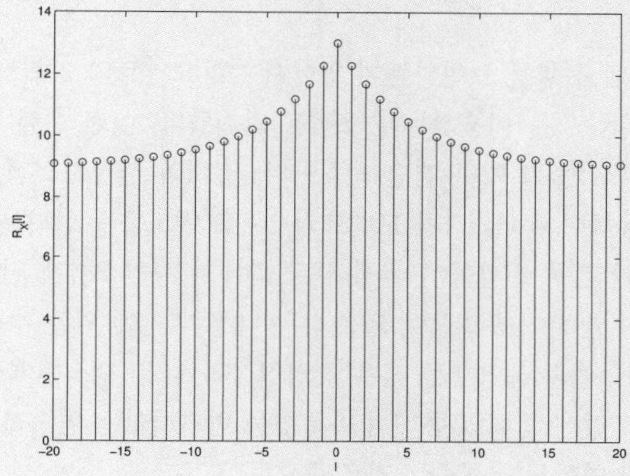

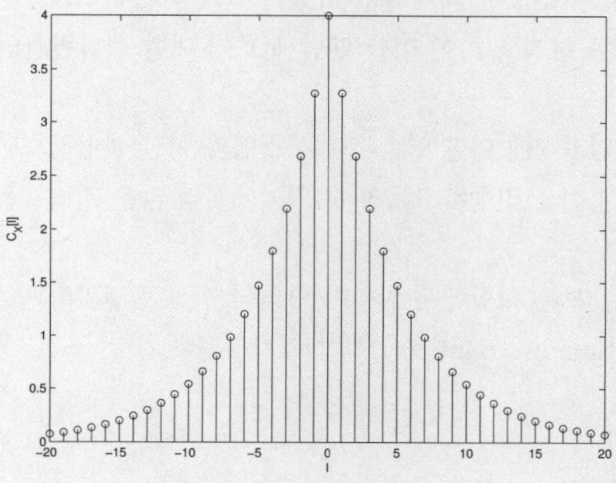

이제 시간 위의 두 점 $k = 5$와 $k = 8$을 고려하여, 두 샘플 $X[5]$와 $X[8]$에 대한 몇 개의 매개변수를 계산해보자.

평균이 시간의 함수가 아니므로 두 샘플의 평균은 같다. 즉, $m_X = 3$이다.

두 샘플의 분산도 동일하며 $C_X[0] = 4$이다. (표 9.3을 참조하라)

상관계수는 다음 식으로 주어진다.

$$\rho_X[l] = \frac{C_X[l]}{C_X[0]} = \frac{4\,e^{-0.2|l|}}{4} = e^{-0.2|l|}$$

2개의 시간 샘플에 대한 지연이 8−5 = 3이므로 상관계수는 다음과 같다.

$$\rho_X[3] = e^{(-0.2)(3)} = 0.5488$$

9.5 선형시스템에 의한 변환

이 장에서는 랜덤 신호를 표현하는데 있어서 1차 모멘트와 2차 모멘트, 예를 들어 평균, 상관 함수, 공분산 함수들을 이용하는데 초점을 맞춰왔다. 이런 랜덤 신호들이 선형시스템의 입력일 때 이 시스템의 출력 역시 랜덤 신호이다. 입력과 선형시스템 매개변수의 1차 모멘트와 2차 모멘트를 이용하여 출력의 1차 모멘트와 2차 모멘트를 표현하는 것은 매우 중요하다.

몇몇의 연속적인 선형 변환들이 실제 상황 속에서 자연스럽게 일어난다. 예를 들어 해양학의 경우 바다의 한 부분에서 만들어진 소리는 다른 위치에 있는 수중청음기로 전파되고 연구를 위해 저장된다. 종종 해양생물 혹은 해양잡음과 같은 생성원에서의 소리는 랜덤과정으로 표현할 수 있다. 해양은 입력의 통계적인 특성을 변화시키는 연속적인 선형시스템으로 표현될 수 있는데, 이것의 영향을 이해하는 것은 중요하다.

이산 선형변환들이 신호를 처리하는데 있어서 가장 자주 쓰인다. 그러므로, 정보를 추출하고 처리를 최적으로 하기 위하여 이산 랜덤 신호에 대한 선형변환의 효과를 이해하는 것은 필수적이다.

이 절에서는 랜덤과정에 대한 연속 선형시스템과 이산 선형시스템의 효과를 다룬다. 지금은 시간 영역에서의 분석을 진행하고 주파수 영역에서의 많은 기법들은 다음 장에서 자세하게 설명될 것이다.

여기서 토의되는 모든 사항에서 입력이 광의의 정상 랜덤과정으로 가정고 시스템은 선형 시불변(LTI, linear time-invariant) 시스템으로 가정된다. 이런 조건 아래에서는 출력 역시 광의의 정상과정이다.

9.5.1 연속신호와 시스템

선형 시불변 시스템이 그림 9.3에 나타나 있는데 여기서 $X(t)$는 입력이며 $Y(t)$는 출력이다.

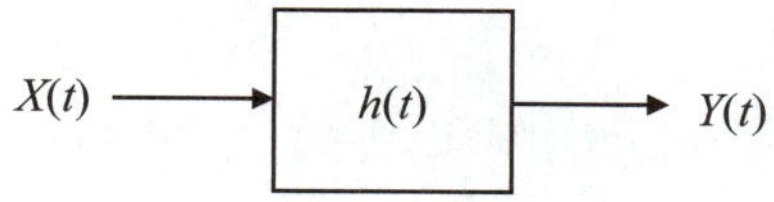

그림 9.3 랜덤과정이 입력인 선형 시불변 시스템

박스 안에 인쇄된 $h(t)$는 임펄스응답으로 불리며 완벽하게 선형시스템을 묘사한다. 랜덤 신호처럼 임펄스응답은 복소수가 될 수는 있지만 랜덤은 아니다!

선형시스템의 출력은 적분에 의해 다음 식으로 주어진다.

$$Y(t) = \int_{-\infty}^{\infty} h(\lambda)X(t-\lambda)\, d\lambda \tag{9.28}$$

이 식은 합성곱 적분으로 알려져 있다.[5] 이 계산 자체가 합성곱으로 불리며 관례적으로 다음 식으로 표시된다.

$$Y(t) = h(t) \circledast X(t)$$

"임펄스응답"이란 말은 입력이 단위임펄스함수 $\delta(t)$일 때 시스템 출력이 $h(t)$가 됨을 나타낸다.

9.5.2 모멘트의 변환

출력 평균

시스템 출력의 평균값은 식 (9.28)에 기댓값을 적용함으로써 쉽게 구할 수 있다. 즉,

$$m_Y = \mathcal{E}\{Y(t)\} = \mathcal{E}\left\{\int_{-\infty}^{\infty} h(\lambda)X(t-\lambda)\, d\lambda\right\} = \int_{-\infty}^{\infty} h(\lambda)\mathcal{E}\{X(t-\lambda)\}\; d\lambda$$

인데 이는

$$\boxed{m_Y = m_X \int_{-\infty}^{\infty} h(\lambda)\, d\lambda} \tag{9.29}$$

을 준다. 이 값은 상수이다. 이 식은 시불변 시스템에 대해 중요한 사실을 함축하고 있다 : 만일 입력의 평균이 0이면 출력의 평균도 0이다.

다음 예제가 출력평균의 계산 예를 보여줄 것이다.

5) 합성곱은 제5장에서 소개되었다. (5.5.2절 참조)

6) 이 함수는 예제 9.15에 그려져 있다.

예제 9.14

다음과 같은 임펄스응답을 가진 선형시스템을 생각해보자.[6)]

$$h(t) = e^{-2t}u(t)$$

이 임펄스응답에 랜덤과정 $X(t) = 2 + 5\sin(\omega t + \Theta)$이 통과된다. 여기서 Θ는 $-\pi$에서 π까지의 균일랜덤변수이고 ω는 알려진 매개변수이다.
입력 랜덤과정의 평균은

$$m_X = \mathcal{E}\{2 + 5\sin(\omega_0 t + \theta)\} = 2 + 5\mathcal{E}\{\sin(\omega_0 t + \theta)\} = 2$$

여기서 정현파의 기댓값은 0이라는 사실을 관찰하라. (예제 9.1 참조)
출력 랜덤과정의 평균은 식 (9.29)로부터 다음과 같다.

$$m_Y = 2\int_0^{\infty} e^{-2\lambda}\, d\lambda = 2\left.\frac{e^{-2\lambda}}{-2}\right|_0^{\infty} = 1$$

입출력 상호상관 함수

시스템 출력과 입력의 상호상관 함수는 다음과 같이 정의된다.

$$R_{YX}(\tau) = \mathcal{E}\{Y(t)X^*(t-\tau)\}$$

식 (9.28)의 $Y(t)$를 대입하면 다음과 같은 식을 얻는다.

$$\begin{aligned} R_{YX}(\tau) &= \mathcal{E}\left\{\left(\int_{-\infty}^{\infty} h(\lambda)X(t-\lambda)\, d\lambda\right) X^*(t-\tau)\right\} \\ &= \int_{-\infty}^{\infty} h(\lambda)\mathcal{E}\{X(t-\lambda)X^*(t-\tau)\}\, d\lambda \end{aligned}$$

광의의 정상 랜덤과정 안의 임의의 두 시점에 대하여 다음과 같이 쓸 수 있다는 사실을 주목하라.[7)]

$$\mathcal{E}\{X(t_1)X^*(t_0)\} = R_X(t_1 - t_0)$$

위의 식을 적용하면 다음을 얻는다.

$$R_{YX}(\tau) = \int_{-\infty}^{\infty} h(\lambda)R_X(\tau-\lambda)\, d\lambda$$

이 식은 시스템의 임펄스응답과 입력의 자기상관 함수와의 합성곱으로 다음과 같이 표현될 수 있다.

7) t와 τ에 의한 자기상관 함수의 앞에서의 정의에 따른다.

$$\boxed{R_{YX}(\tau) = h(\tau) \circledast R_X(\tau)} \tag{9.30}$$

다음의 예제는 시스템 입력이 백색잡음일 때 상호상관 함수를 결정한다.

예제 9.15

예제 9.14의 시불변 시스템을 생각해보자. 입력이 다음과 같은 자기상관 함수를 가지는 백색잡음으로 가정하자

$$R_X(\tau) = \frac{N_0}{2}\delta(\tau)$$

시스템의 임펄스응답과 입력의 자기상관 함수가 아래 그림에 그려져 있다.

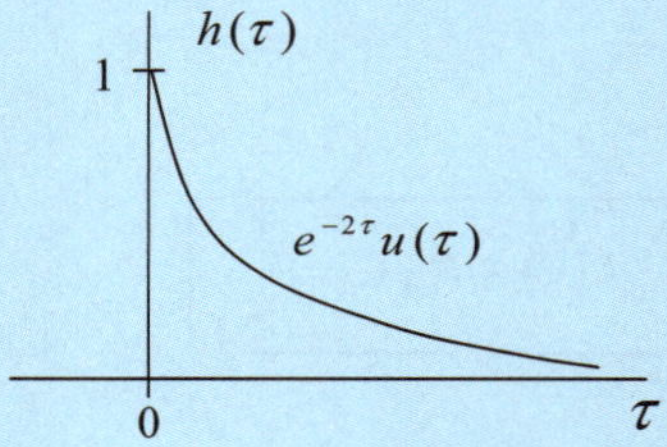

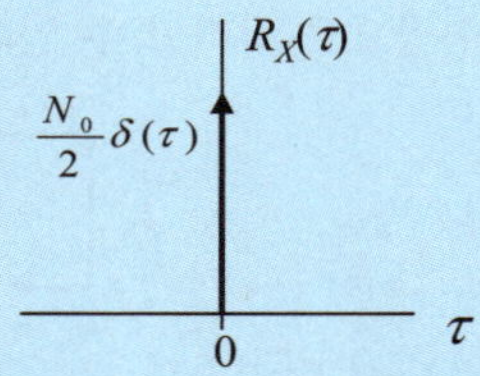

식 (9.30)으로부터, 상호상관 함수 $R_{YX}(\tau)$은 다음과 같다.[8)]

$$R_{YX}(\tau) = h(\tau) \circledast R_X(\tau) = \left(e^{-2\tau}u(\tau)\right) \circledast \left(\frac{N_0}{2}\delta(\tau)\right) = \frac{N_0}{2}e^{-2\tau}u(\tau)$$

식 (9.20)으로부터 상호상관 함수 $R_{XY}(\tau)$는 다음과 같다.

$$R_{XY}(\tau) = R_{YX}(-\tau) = \frac{N_0}{2}e^{2\tau}u(-\tau)$$

다음의 그림은 이 두 상호상관 함수들의 모양을 보여준다.

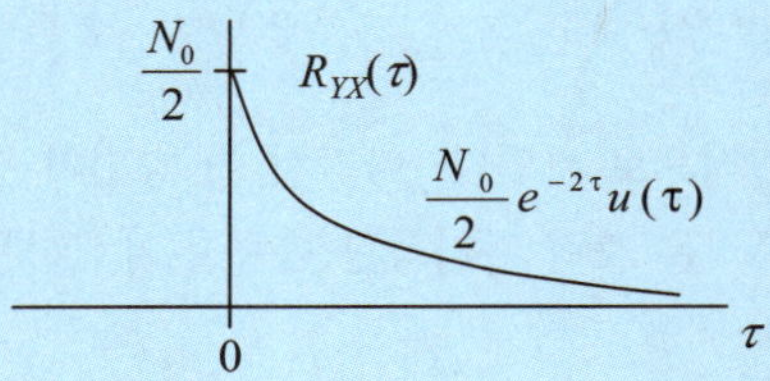

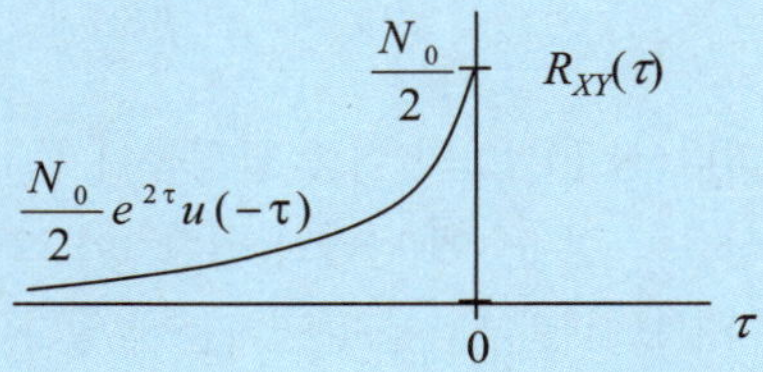

앞의 예제에서 $R_{YX}(\tau)$는 단지 시스템 임펄스응답의 크기조정으로 나타났다는 사실에 주목하

8) 임펄스함수와 합성곱을 하면, 원 함수가 그대로 남는다.

라. 이것은 미지의 시스템의 임펄스응답을 결정하는데 사용될 수 있는 중요한 결과이다. 일반적인 절차는 9.6.1절에 소개될 것이다.

출력 자기상관 함수

시스템 출력의 자기상관 함수 $R_Y(\tau)$는

$$R_Y(\tau) = \mathcal{E}\{Y(t)Y^*(t-\tau)\}$$

이다. 첫 번째 $Y(t)$에 식 (9.28)을 대입하면 다음 식을 얻는다.

$$\begin{aligned} R_Y(\tau) &= \mathcal{E}\left\{\left(\int_{-\infty}^{\infty} h(\lambda)X(t-\lambda)\, d\lambda\right) Y^*(t-\tau)\right\} \\ &= \int_{-\infty}^{\infty} h(\lambda)\mathcal{E}\{X(t-\lambda)X^*(t-\tau)\}\, d\lambda = \int_{-\infty}^{\infty} h(\lambda)R_X(\tau-\lambda)\, d\lambda \end{aligned}$$

이것을 합성곱으로 정리할 수 있다. 즉,

$$\boxed{R_Y(\tau) = h(\tau) \circledast R_{XY}(\tau)} \tag{9.31}$$

식 (9.30)을 다시 정리하면

$$R_{XY}(\tau) = R^*_{YX}(-\tau) = h^*(-\tau) \circledast R^*_X(-\tau)$$

이 되는데, 이 결과를 식 (9.31)에 대입하고 $R^*_X(-\tau) = R_X(\tau)$임을 관찰하면 다음과 같이 원하는 공식을 만들 수 있다.

$$\boxed{R_Y(\tau) = h(\tau) \circledast h(-\tau) \circledast R_X(\tau)} \tag{9.32}$$

이 결과식은 다음과 같은 적분형으로도 쓸 수 있다.

$$R_Y(\tau) = \int_{-\infty}^{\infty}\int_{-\infty}^{\infty} h(\lambda)h(\mu)R_X(\tau-\lambda+\mu)\, d\lambda\, d\mu$$

그러나 식 (9.32)의 이중 합성곱이 좀 더 직관적으로 보인다. 따라서 이 방법이 강조된다. 이 연산은 그림 9.4에 나타나 있다. 이 그림의 목적은 출력 자기상관 함수를 계산하는 방법을 제안하기보다는 개념을 설명하는데 있다.

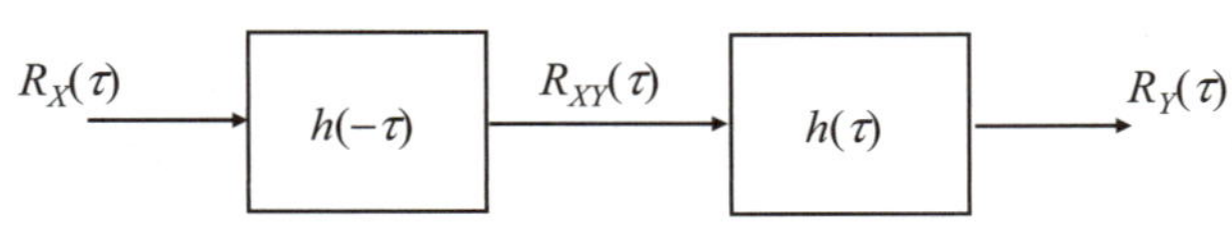

그림 9.4 시스템과 입력 자기상관 함수(전력 스펙트럼밀도)에 의한 출력 자기상관 함수의 개념도

상호공분산 함수 및 출력 자기공분산 함수의 표현은 상관함수에 대한 것과 동일하다. (결국, 공분산함수는 평균이 제거된 랜덤과정의 상관함수와 같다). 공분산에 관련된 유용한 식들이 표 9.4에 나열되어 있다.

양	정의
상호공분산 함수	$C_{YX}(\tau) = h(\tau) \circledast C_X(\tau)$ $C_{XY}(\tau) = h^*(-\tau) \circledast C_X(\tau)$
출력 자기공분산 함수	$C_Y(\tau) = h(\tau) \circledast C_{XY}(\tau)$ $C_Y(\tau) = h(\tau) \circledast h^*(-\tau) \circledast C_X(\tau)$
상호관계	$C_{YX}(\tau) = R_{YX}(\tau) - m_Y m_X^*$ $C_{XY}(\tau) = R_{XY}(\tau) - m_X m_Y^*$ $C_Y(\tau) = R_Y(\tau) - \|m_Y\|^2$

[표 9.4] 선형 시불변 시스템에 관련된 공분산함수

이 절에서 유도한 방법을 이용하여 계산하는 예제로 끝을 맺는다.

예제 9.16

다음과 같은 임펄스응답을 가지는 예제 9.14의 선형시스템을 생각해보자.

$$h(t) = e^{-2t}u(t)$$

시스템 입력은 부가된 평균 $m_X = \sqrt{2}$ 를 갖고 자기상관 함수가 아래와 같은 백색잡음이다.

$$R_X(\tau) = 2 + 3\delta(\tau)$$

여기서 출력평균과 상호상관 함수, 출력 자기상관 함수를 구할 것이다. 임펄스응답과 입력 자기상관 함수는 아래 그림에 나타나 있다.

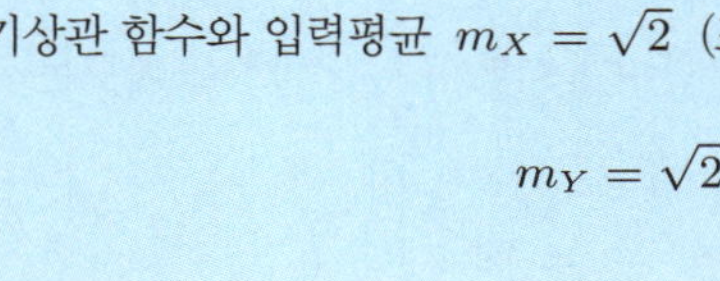

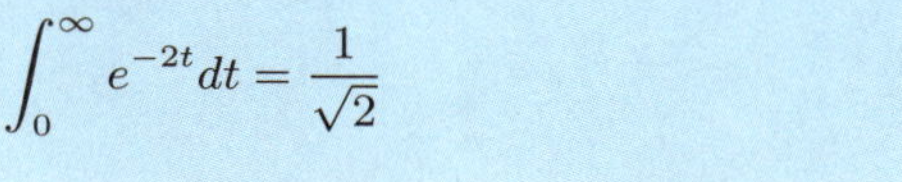

자기상관 함수와 입력평균 $m_X = \sqrt{2}$ (표 9.4 참조)으로부터 출력평균은

$$m_Y = \sqrt{2}\int_0^{\infty} e^{-2t}dt = \frac{1}{\sqrt{2}}$$

이고 입력 자기공분산 함수는 다음과 같이 주어진다.

$$C_X(\tau) = R_X(\tau) - m_X^2 = 3\,\delta(\tau)$$

상호공분산 함수는

$$C_{YX}(\tau) = h(\tau) \circledast C_X(\tau) = \left(e^{-2\tau}u(\tau)\right) \circledast 3\,\delta(\tau) = 3\,e^{-2\tau}u(\tau)$$

이고, 대응하는 상호상관 함수는 다음과 같으며 아래 그림으로 표현된다.

$$R_{YX}(\tau) = C_{YX}(\tau) + m_Y m_X = 3e^{-2\tau}u(\tau) + 1$$

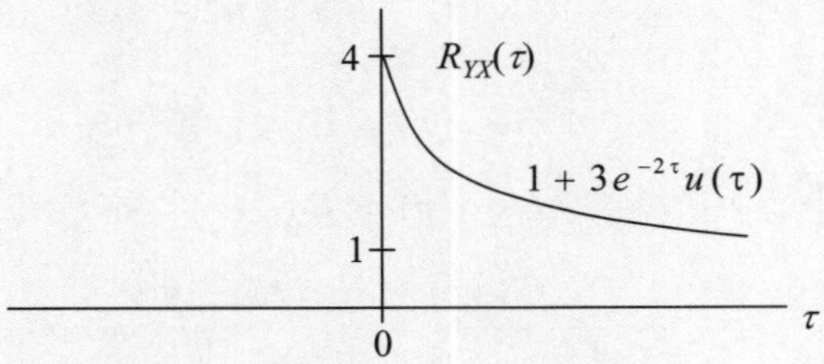

또한,

$$C_{XY}(\tau) = C_{YX}(-\tau) = 3\,e^{2\tau}u(-\tau)$$

$$R_{XY}(\tau) = C_{XY}(\tau) + m_X m_Y = 3e^{2\tau}u(-\tau) + 1$$

가 되고 상호상관 함수의 그림은 아래와 같다.

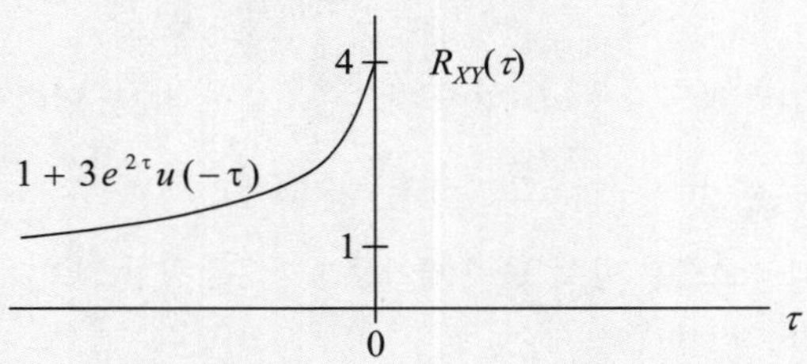

지금부터는 출력 $Y(t)$와 관련된 2차 모멘트에 대한 계산을 생각해보자. 쉽게 구하기 위해 먼저 출력 자기공분산 함수를 구해보자.

$$C_Y(\tau) = h(\tau) \circledast C_{XY}(\tau) = e^{-2\tau}u(\tau) \circledast 3e^{-2\tau}u(\tau) \circledast e^{2\tau}u(-\tau)$$

위의 합성곱은 두 개의 경우로 나누어서 계산된다.

1. 첫 번째 경우 ($\tau \geq 0$)
아래 그림은 이 경우의 그림을 보여준다. 두 번째 함수가 어떻게 시간 방향을 바꾸는 지를 유의하라.

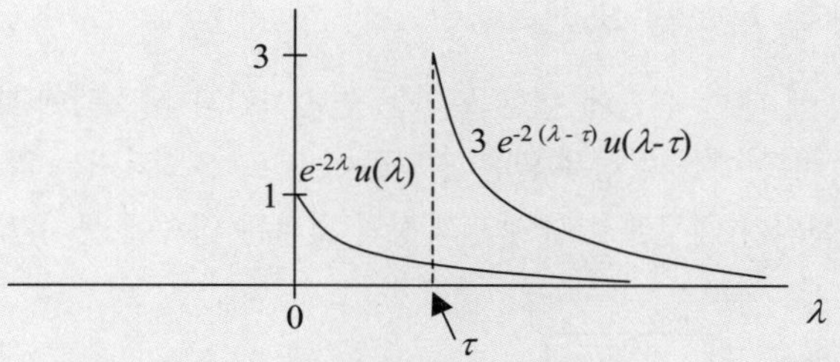

적분의 값은 다음과 같다.

$$C_Y(\tau) = 3\int_{\tau}^{\infty} e^{-2\lambda}e^{-2(-\tau+\lambda)}d\lambda = 3e^{2\tau}\frac{e^{-4\lambda}}{-4}\bigg|_{\tau}^{\infty} = \frac{3}{4}e^{-2\tau}$$

2. 두 번째 경우 ($\tau \leq 0$)
아래 그림은 이 경우의 그림을 보여준다. 대응하는 적분값은 다음과 같이 계산된다.

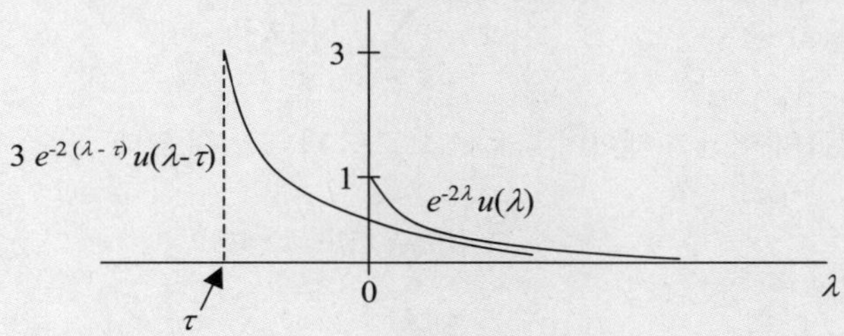

$$C_Y(\tau) = 3\int_{0}^{\infty} e^{-2\lambda}e^{-2(-\tau+\lambda)}d\lambda = 3e^{2\tau}\frac{e^{-4\lambda}}{-4}|_0^{\infty} = \frac{3}{4}e^{2\tau}$$

두 가지 경우의 결과를 결합하면 다음의 출력 공분산 함수가 된다.

$$C_Y(\tau) = \frac{3}{4}e^{-2|\tau|}$$

출력 자기상관 함수는 다음과 같이 주어진다.

$$R_Y(\tau) = C_Y(\tau) + m_Y^2 = \frac{3}{4}e^{-2|\tau|} + \frac{1}{2}$$

출력 자기상관 함수가 아래에 그려져 있다.

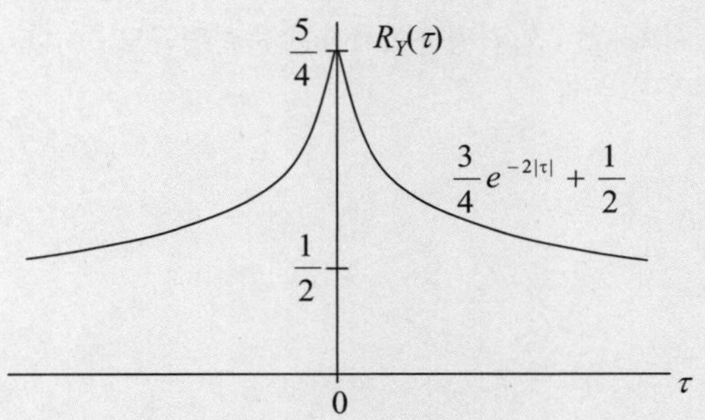

명백하게, 출력 자기상관 함수는 우대칭이며 필요조건 $|R_Y(\tau)| \leq R_Y(0)$을 만족한다.

9.5.3 이산신호, 시스템, 모멘트

이산 랜덤과정에 대한 변환에 대한 논의는 연속시간과 시스템에 대한 앞 절의 논의를 밀접하게 따라간다. 비록 이산의 경우 많은 결과들이 따로 유도되지는 않지만, 신호처리의 대부분이 디지털로 실행되기 때문에 이산 랜덤과정의 결과는 연속에 못지않게 중요하다.

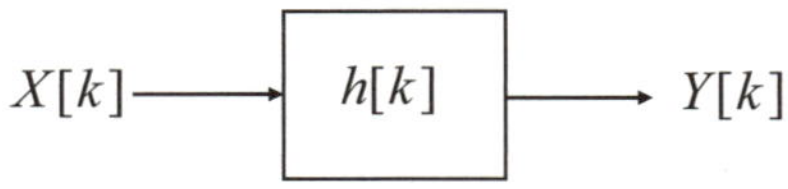

그림 9.5 랜덤 입력과 출력 수열이 있는 이산 선형 시불변 시스템

그림 9.5는 랜덤 입력 $X[k]$와 출력 $Y[k]$가 있는 이산 선형 시불변 시스템을 보여준다.[9] 박스 안은 이산 임펄스응답 수열 $h[k]$로 명명된다. 시스템 출력은 다음과 같이 주어진다.

$$Y[k] = \sum_{i=-\infty}^{\infty} h[i]X[k-i] \tag{9.33}$$

이 식은 합성곱의 이산 형태이며 다음 식으로도 나타낼 수 있다.

$$Y[k] = h[k] \circledast X[k] \tag{9.34}$$

출력평균

이산시스템의 출력평균은 식 (9.33)의 양변에 기댓값을 취함으로써 쉽게 계산된다.

$$\mathcal{E}\{Y[k]\} = \sum_{i=-\infty}^{\infty} h[i]\mathcal{E}\{X[k-i]\}$$

즉,

$$\boxed{m_Y = m_X \sum_{i=-\infty}^{\infty} h[i]} \tag{9.35}$$

연속 선형시스템에서와 같이 입력평균이 0이면 출력평균도 0이다. 다음 예제는 출력평균의 계산을 보여준다.

9) 선형 이동불변 시스템으로도 불린다.

예제 9.17

유한 임펄스응답(FIR) 선형시스템은 다음 식으로 표현된다.

$$Y[k] = 0.5X[k] + 0.2X[k-1]$$

시스템 입력의 평균이 $m_X = 2$일 때 출력의 평균을 계산해보자.
이 시스템의 임펄스응답은

$$h[k] = \begin{cases} 0.5 & k=0 \\ 0.2 & k=1 \\ 0 & \text{그 외} \end{cases}$$

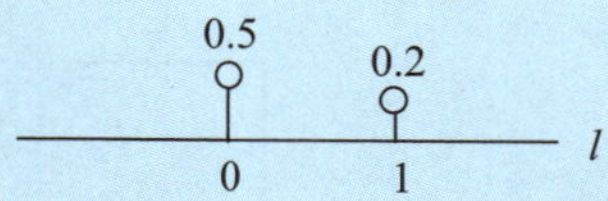

혹은 $h[k] = 0.5\delta[k] + 0.2\delta[k-1]$이다. 식 (9.35)로부터 출력의 평균은 다음과 같다.

$$m_Y = 2\,(0.5+0.2) = 2 \times 0.7 = 1.4$$

이 예제에서 출력평균은 다음과 같이 차분방정식에 직접 기댓값을 취하여 얻을 수 있다는 사실에 유의하라.

$$\mathcal{E}\{Y[k]\} = 0.5\mathcal{E}\{X[k]\} + 0.2\mathcal{E}\{X[k-1]\}$$

이 식으로 계산하면 동일한 결과를 얻는다.

상관함수

상관함수의 계산을 해보자. 그림 9.6은 입력 $X[k]$와 출력 $Y[k]$와 또 다른 랜덤과정 $V[k]$가 있는 선형시스템을 보여준다.

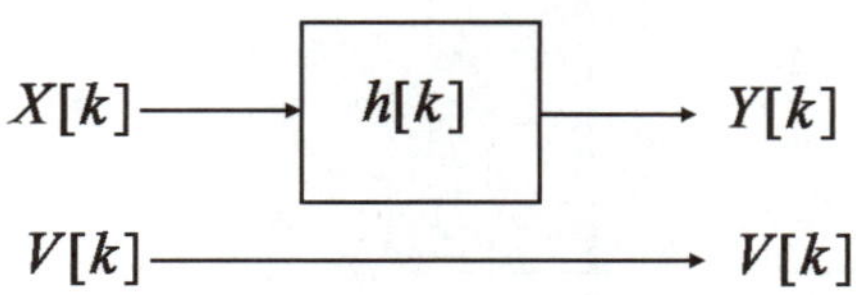

그림 9.6 세 번째 랜덤과정이 주어진 선형시스템

입출력 관계를 나타내주는 식 (9.34)으로 시작하면 다음 식을 쉽게 증명할 수 있다.

$$\boxed{R_{YV}[l] = h[l] \circledast R_{XV}[l]} \tag{9.36}$$

이 식은 임의의 랜덤과정 $V[k]$에 대해 유효하다. (문제 9.26 참조)

특별한 경우로 $V=X$로 놓으면

$$R_{YX}[l] = h[l] \circledast R_X[l] \tag{9.37}$$

가 되고, $V=Y$로 놓으면

$$R_Y[l] = h[l] \circledast R_{XY}[l] \tag{9.38}$$

를 얻는다. 마지막 두 식에 $R_{XY}[l] = R^*_{YX}[-l]$의 관계를 결합하면 다음 식이 유도된다.

$$\boxed{R_Y[l] = h[l] \circledast h[-l] \circledast R_X[l]} \tag{9.39}$$

식 (9.39)은 축약된 공식이다. 합성곱은 계산순서에 관계없이 가능하다는 것을 명심하라. 식 (9.37)로 시작해서 결과를 반전시키고 그 다음 식 (9.38)을 적용하면 더 쉬울 수 있다. 다음 예제가 그 과정을 보여준다.

예제 9.18

예제 9.17에서 사용되었던 임펄스응답이 있는 시스템을 고려해보자

$$h[k] = \begin{cases} 0.5 & k=0 \\ 0.2 & k=1 \\ 0 & \text{그 외} \end{cases}$$

이 시스템이 다음과 같은 자기상관 함수를 가지는 이산 랜덤과정에 의해 구동된다고 가정해 보자.

$$R_X[l] = \delta[l+1] + 2\delta[l] + \delta[l-1]$$

위의 두 함수를 그리면 다음과 같다.

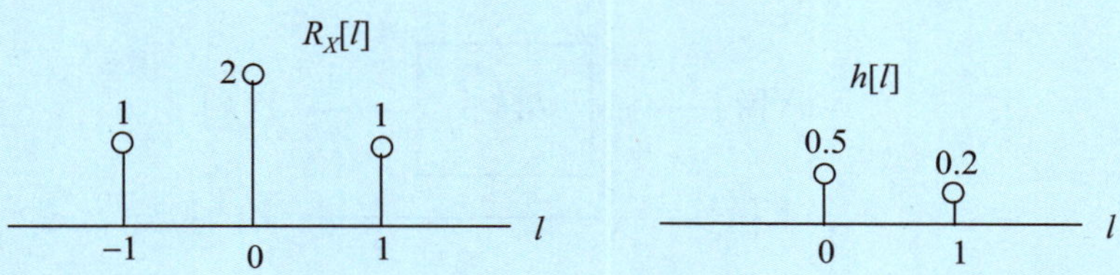

상호상관 함수 $R_{YX}[l]$이 식 (9.37)로부터 먼저 계산되는데 직접 임펄스들과 임펄스들을 합성곱함으로써 구해진다.

$$\begin{aligned} R_{YX}[l] = h[l] \circledast R_X[l] &= \big(0.5\delta[l] + 0.2\delta[l-1]\big) \circledast \big(\delta[l+1] + 2\delta[l] + \delta[l-1]\big) \\ &= 0.5\delta[l+1] + 1.2\delta[l] + 0.9\delta[l-1] + 0.2\delta[l-2] \end{aligned}$$

이 결과의 그림은 아래에 나타나 있다.

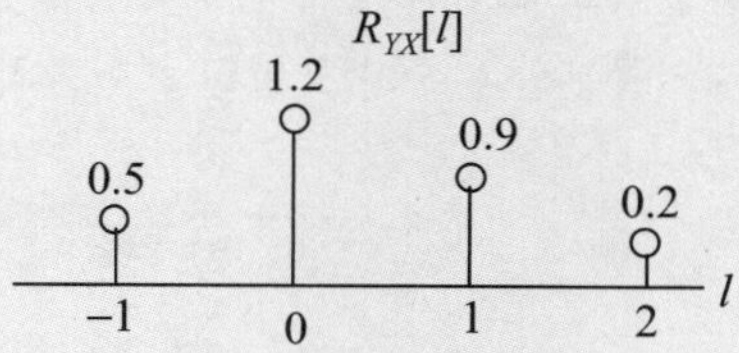

다른 상호상관함수 $R_{XY}[l]$은 다음과 같이 계산된다.

$$R_{XY}[l] = R_{YX}[-l] = 0.2\delta[l+2] + 0.9\delta[l+1] + 1.2\delta[l] + 0.5\delta[l-1]$$

이 결과의 그림은 아래와 같다.

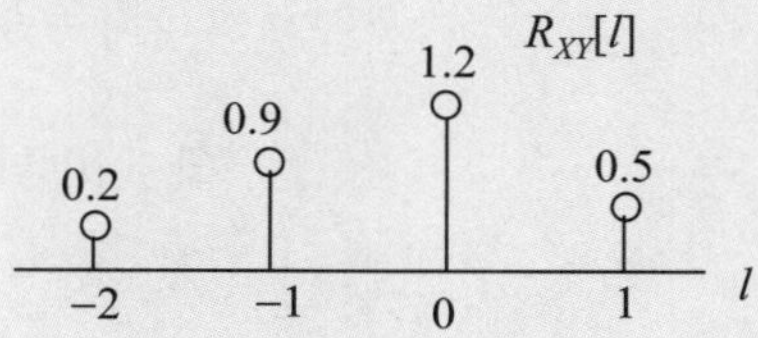

결국, 출력 자기상관 함수는 이 상호상관함수와 임펄스응답을 합성곱함으로써 계산된다.

$$R_Y[l] = h[l] \circledast R_{XY}[l] = \sum_{i=-2}^{1} R_{XY}[i]h[l-i]$$

여기서는 그래프를 이용한 방법이 사용되었다. 아래에 $l=-2$와 $l=-1$에 대해 합에서의 두 함수가 그려져 있고 해당되는 출력 자기상관 함수 값이 표시되어 있다.

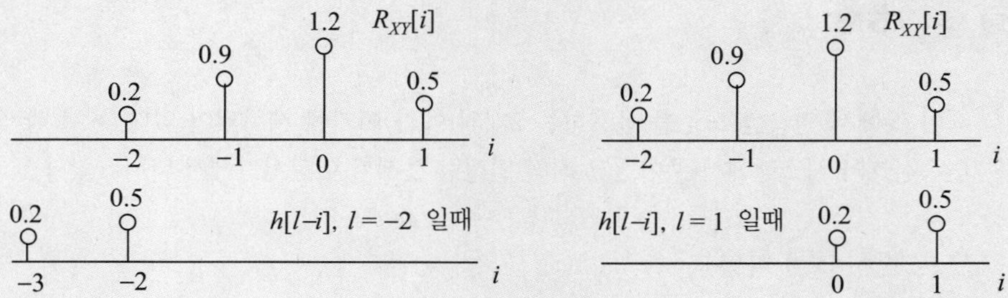

$R_Y[-2] = 0 \times 0.2 + 0.2 \times 0.5 = 0.10$ $\qquad$ $R_Y[1] = 1.2 \times 0.2 + 0.5 \times 0.5 = 0.49$

나머지 출력 자기상관 함수값도 비슷하게 계산된다.
전체 출력 자기상관 함수는 아래와 같다.

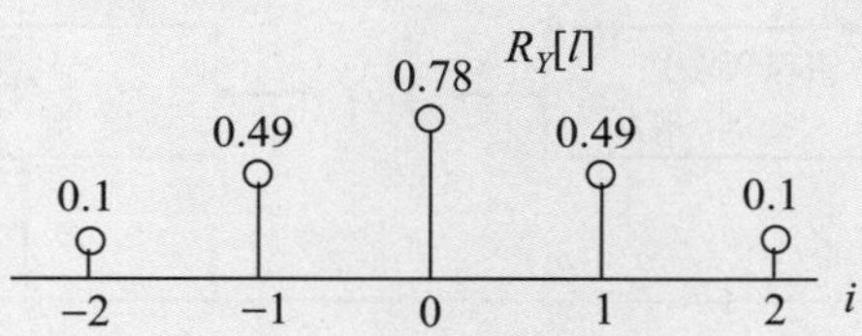

관찰에 의해 $R_Y[l]$은 우대칭이며 모든 l값에 대해 $|R_Y[l]| \le R_Y[0]$이다.

공분산함수

이산 공분산 함수들은 본질적으로 이산 상관 함수와 동일한 규칙들을 따른다 [1, 2]. 상호공분산 함수와 출력 자기공분산 함수가 포함된 표현들의 요약이 표 9.5에 나타나 있다.

양	정의
상호공분산 함수	$C_{YX}[l] = h[l] \circledast C_X[l]$ $C_{XY}[l] = h^*(-l) \circledast C_X[l]$
출력 자기공분산 함수	$C_Y[l] = h[l] \circledast C_{XY}[l]$ $C_Y[l] = h[l] \circledast h^*[-l] \circledast C_X[l]$
상호관계	$C_{YX}[l] = R_{YX}[l] - m_Y m_X^*$ $C_{XY}[l] = R_{XY}[l] - m_X m_Y^*$ $C_Y[l] = R_Y[l] - \|m_Y\|^2$

[표 9.5] 선형 시불변 시스템에 관련된 이산 공분산 함수

표의 처음 4개의 식은 상관함수와 관련된 식들을 생각나게 한다.

9.6 응용

이 장에서 언급한 도구를 응용하는 2개의 예가 여기에 제시되어 있다. 시스템 식별 문제가 연속신호와 시스템에서 주어졌고 최적 필터링 문제가 이산시간에서 나타나있다.

9.6.1 시스템 식별

시스템 식별은 9.5.2절에서 논의된 입출력 상호상관함수를 이용해 미지의 시스템의 임펄스 응답 $h(t)$를 결정하는 방법이다. 그림 9.7은 이 시스템 식별의 개략도를 보여준다.

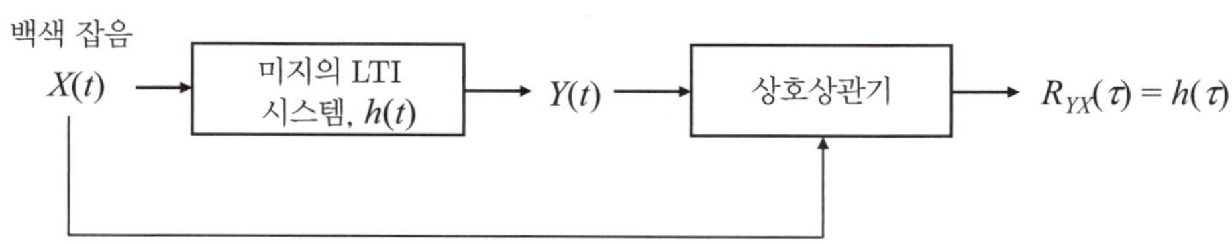

그림 9.7 미지의 시스템의 시스템 식별 개략도

미지의 시스템에 $N_0/2 = 1$을 가지는 백색잡음이 입력으로 가해질 때, 즉,

$$R_X(\tau) = \delta(\tau)$$

일 때 출력 $Y(t)$와 입력 $X(t)$사이의 상호상관 함수가 식 (9.30)으로부터 다음과 같이 결정된다.

$$R_{YX}(\tau) = h(\tau) \circledast R_X(\tau) = h(\tau) \circledast \delta(\tau) = h(\tau) \tag{9.40}$$

그림 9.7에서 상호상관기는 $R_{YX}(\tau)$를 계산하거나 추정하는데 사용되며 $R_{YX}(\tau)$는 시스템 임펄스응답과 동일하다.

이 방법은 임펄스응답을 결정하는데 있어서 임펄스함수를 직접 입력으로 가하는 방법보다 훨씬 유용하며 더 실제적이다. 이상적으로, 임펄스함수는 무한대의 크기를 가지면서 넓이는 0 이므로 임펄스함수를 발생시키는 것이 사실상 불가능하다. 이 논의를 위하여 임펄스함수와 매우 흡사한, 폭이 매우 좁고 크기가 매우 큰 펄스를 발생하는 것이 가능하다고 가정해보자. 그런 파형은 입력이 적용될 때 시스템에 과도한 압력을 유발시킬 수 있다. 그러나 백색잡음을 이용하는 경우, 백색잡음이 훨씬 부드러운 입력이기 때문에 이 문제를 훨씬 완화시킬 수 있다.

9.6.2 최적 필터링

최적 필터링문제[10]는 그림 9.8에 잘 나타나있다. 랜덤 신호 $D[k]$가 발생되어 수신기에 도착한다. 경로를 따라서 다양한 종류의 잡음과 간섭이 존재하므로 수신기에서의 신호 $X[k]$는 처음에 송신된 신호와 정확하게 일치하지 않는다. 그러므로 수신기는 선형필터를 이용하여 $X[k]$를 원래 신호 $D[k]$에 아주 가까운 결과를 얻도록 하는 역할을 수행한다. 선형필터의 출력은 신호의 추정값이며 $\hat{D}[k]$로 표시한다.

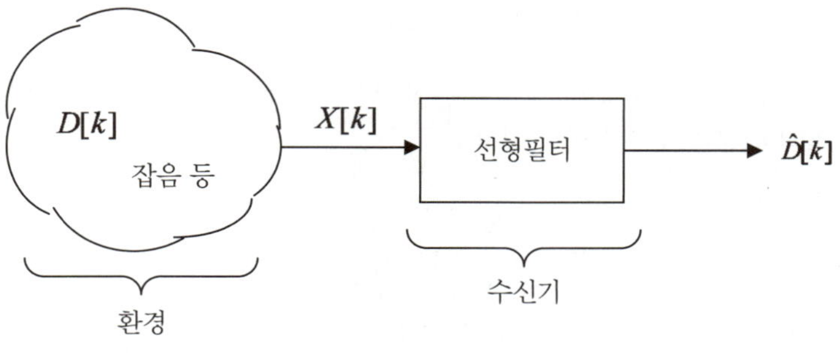

그림 9.8 최적 필터링의 개념

10) 또한 노버트 위너[1894-1964]의 업적을 기리어 위너필터링 문제라고도 부른다.

여기서 오차 $\mathcal{E}[k] = D[k] - \hat{D}[k]$의 평균제곱값(mean squared value)이 최소가 되도록 최적의 필터 계수를 구하는 것이 필요하다.

필터는 매개변수 a_i의 집합을 가진 유한 임펄스응답(FIR) 선형시스템이다. 유도를 가능한 간단하게 하기 위해 필터의 차수는 2차로 하고 구체적으로 다음과 같은 식으로 가정한다.

$$\hat{D}[k] = a_0 X[k] + a_1 X[k-1]$$

오차는 다음 식으로 주어진다.

$$\mathcal{E}[k] = D[k] - \hat{D}[k] = D[k] - a_0 X[k] - a_1 X[k-1] \tag{9.41}$$

여기서 반면에 최소가 되어야할 양은 $\mathcal{E}\{\mathcal{E}^2[k]\}$이다.

평균제곱오차를 최소로 하기 위해 계수는 도함수를 취하여 구할 수 있다.

$$\frac{\partial}{\partial a_i}\left(\mathcal{E}\{\mathcal{E}^2[k]\}\right) = \mathcal{E}\left\{2\mathcal{E}[k]\frac{\partial \mathcal{E}[k]}{\partial a_i}\right\} = -2\mathcal{E}\{\mathcal{E}[k]X[k-i]\} = 0 \qquad i = 0, 1 \tag{9.42}$$

여기서 편미분과 기댓값이 서로 교환되었고, 식 (9.41)로부터 $\frac{\partial \mathcal{E}[k]}{\partial a_i} = -X[k-i]$이다. 식 (9.42)의 마지막 부분은 **"직교성의 원리"**로 알려져 있다. 평균제곱 오차를 최소로하기 위해 오차 $\varepsilon[k]$는 반드시 $X[k]$에 직교해야한다는 개념이 직교성의 원리이다.[11] 이제 식 (9.42)에 식 (9.41)을 대입하면 다음의 조건식이 주어진다.

$$\mathcal{E}\{(D[k] - a_0 X[k] - a_1 X[k-1])X[k-i]\} = 0 \qquad i = 0, 1$$

기댓값을 취하고 항들을 다시 정리하면

$$R_X[i]a_0 - R_X[i-1]a_1 = R_{DX}[i] \qquad i = 0, 1 \tag{9.43}$$

i=0일 때와, i=1일 때에 대해 쓰면 식 (9.43)은 2개의 필터 매개변수 a_0와 a_1에 대해 풀 수 있는 다음과 같은 연립방정식이 된다.

$$\begin{aligned} R_X[0]a_0 \quad + \quad R_X[-1]a_1 \quad &= \quad R_{DX}[0] \\ R_X[1]a_0 \quad + \quad R_X[0]a_1 \quad &= \quad R_{DX}[1] \end{aligned}$$

명백하게, 이 절차는 많은 매개변수를 가진 유한 임펄스응답 필터로 일반화될 수 있으며 그 결과 방정식은 역행렬을 이용하여 풀 수 있다.

최적 필터에 의해 생성된 평균제곱 오차에 대한 식을 유도해보자. 식 (9.41)을 제곱하고 기댓값을 취해 평균제곱 오차를 만들면 다음 식과 같이 된다.

11) 5장의 5.3.1절과 표 5.3의 직교성의 논의를 참조하라

$$MSE = \mathcal{E}\{\mathcal{E}^2[k]\} = \mathcal{E}\left\{\mathcal{E}[k]\Big(D[k] - a_0X[k] - a_1X[k-1]\Big)\right\} = \mathcal{E}\{\mathcal{E}[k]D[k]\}$$

여기서 X를 포함한 항들은 식 (9.42)의 직교 성질 때문에 없어진다.

다시 한 번 식 (9.41)을 위 식에 대입하고 기댓값을 취하면 다음 식과 같이 된다.

$$MSE = R_D[0] - a_0R_X[0] - a_1R_X[1] \tag{9.44}$$

이 식이 최적 필터에 의해 생성된 평균제곱 오차(MSE)이며 필터의 성능 척도가 된다.

최적 필터가 어떻게 적용되는지를 보여주기 위해 2개의 예제를 생각해보자. 이 예제에서 다소 높은 차수의 필터가 사용되며 위의 공식들이 일반화될 것이다.

예제 9.19

실수 랜덤 신호 $S[k]$가 신호와 상관이 없는 백색잡음 $N[k]$와 더해졌다고 가정해 보자. 관찰된 수열은 다음 식으로 주어진다.

$$X[k] = S[k] + N[k]$$

여기서 $R_S[l] = 2(0.8)^{|l|}$ 과 $R_N[l] = 2\delta[l]$ 이다.

현재값과 두 개의 과거값을 이용하여 $S[k]$를 추정하려고 한다.

이 문제에 있어서 원하는 신호 $D[k]$는 $S[k]$가 되고 최적의 필터는 다음과 같은 형태를 가진다.

$$\hat{D}[k] = a_0X[k] + a_1X[k-1] + a_2X[k-2]$$

앞의 유도식을 따라 최적필터에 대한 식과 평균제곱식을 구할 수 있다.

$$\begin{bmatrix} R_X[0] & R_X[-1] & R_X[-2] \\ R_X[1] & R_X[0] & R_X[-1] \\ R_X[2] & R_X[1] & R_X[0] \end{bmatrix} \begin{bmatrix} a_0 \\ a_1 \\ a_2 \end{bmatrix} = \begin{bmatrix} R_{DX}[0] \\ R_{DX}[1] \\ R_{DX}[2] \end{bmatrix} \qquad MSE = R_D[0] - \sum_{i=0}^{2} a_iR_X[i]$$

필요한 상관함수들은 다음과 같다.

$$R_D[l] = R_S[l] = 2(0.8)^{|l|}$$

$$R_{DX}[l] = \mathcal{E}\{S[k]X[k-l]\} = \mathcal{E}\{S[k]\big(S[k-l] + N[k-l]\big)\} = R_S[l] = 2(0.8)^{|l|}$$

$$R_X[l] = \mathcal{E}\{\big(S[k] + N[k]\big)\big(S[k-l] + N[k-l]\big)\} = R_S[l] + R_N[l] = 2(0.8)^{|l|} + 2\delta[l]$$

여기서 S와 N의 곱의 항들은 신호와 잡음이 서로 상관이 없으므로 소거된다.

필요한 수치값들은

$$R_D[0] = 2$$

$$R_X[0] = 4.00 \qquad R_X[1] = R_X[-1] = 1.60 \qquad R_X[2] = R_X[-2] = 1.28$$

$$R_{DX}[0] = 2.00 \qquad R_{DX}[1] = 1.60 \qquad R_{DX}[2] = 1.28$$

이고, 필터 매개변수들에 대한 방정식은 다음과 같다.

$$\begin{bmatrix} 4.00 & 1.60 & 1.28 \\ 1.60 & 4.00 & 1.60 \\ 1.28 & 1.60 & 4.00 \end{bmatrix} \begin{bmatrix} a_0 \\ a_1 \\ a_2 \end{bmatrix} = \begin{bmatrix} 2.00 \\ 1.60 \\ 1.28 \end{bmatrix}$$

역행렬을 이용하여 이 식을 풀면 $a_0 = 0.3824$, $a_1 = 0.2000$, $a_2 = 0.1176$ 이다.
평균제곱 오차는 다음과 같다.

$$\begin{aligned} MSE &= R_D[0] - \sum_{i=0}^{-} a_i R_X[i] \\ &= 2.000 - 0.3824 \cdot 4.00 - 0.2000 \cdot 1.60 - 0.1176 \cdot 1.28 \\ &= 0.7647 \end{aligned}$$

이 예제를 조금 수정하면 잡음이 있는 경우의 랜덤 신호의 예측 문제로 바꿀 수 있다.

예제 9.20

예제 9.19와 동일한 3개의 관측을 이용해 두 시점 앞서 신호열을 추정하는 문제를 생각해보자. 이 문제에서 $D[k] = S[k+2]$이며

$$\begin{aligned} R_{DX}[l] &= \mathcal{E}\{S[k+2]X[k-l]\} = \mathcal{E}\{S[k+2](S[k-l] + N[k-l])\} \\ &= R_S[l+2] = 2(0.8)^{|l+2|} \end{aligned}$$

이다. 이것을 계산하면

$$R_{DX}[0] = 1.280 \qquad R_{DX}[1] = 1.024 \qquad R_{DX}[2] = 0.8192$$

을 준다. $R_D[l]$과 $R_X[l]$은 예제 9.19와 동일한 것을 알 수 있다.
따라서 필터 매개변수들에 대한 방정식은

$$\begin{bmatrix} 4.00 & 1.60 & 1.28 \\ 1.60 & 4.00 & 1.60 \\ 1.28 & 1.60 & 4.00 \end{bmatrix} \begin{bmatrix} a_0 \\ a_1 \\ a_2 \end{bmatrix} = \begin{bmatrix} 1.280 \\ 1.024 \\ 0.8192 \end{bmatrix}$$

이 되고 이 식을 풀면

$$a_0 = 0.2447 \qquad a_1 = 0.1280 \qquad a_2 = 0.07529$$

을 준다. 이 경우 평균제곱 오차는 다음과 같다.

$$\begin{aligned} MSE &= R_D[0] - \sum_{i=0}^{2} a_i R_X[i] \\ &= 2.000 - 0.2447 \cdot 1.280 - 0.1280 \cdot 1.024 - 0.07529 \cdot 0.8192 \\ &= 1.494 \end{aligned}$$

이것은 앞의 예제의 평균제곱 오차보다 대략 2배 정도 크다 이것은 두시점 앞의 신호의 예측은 현재 값의 추정보다 정확도가 상당히 떨어지게 되는 것을 의미한다.

9.7 요약

이 장에서는 랜덤 신호의 표현과 시간영역에서의 여러 랜덤과정에 초점을 맞추었다. 1차 모멘트와 2차 모멘트를 이용한 통상적 분석과정이 앞에서 설명되었다. 이 장은 단일 랜덤과정에 대한 평균, 상관함수, 공분산함수 등을 정의하면서 시작된다. 그 다음 광의의 정상과정의 중요한 개념이 소개되면서 평균과 상관의 시불변성이 설명된다. 그리고 자기상관 함수와 자기공분산 함수의 성질들이 열거된다. 이런 일련의 논의들이 상호상관 함수와 상호공분산 함수를 통하여 2개의 랜덤과정의 2차 모멘트로 확대된다.

또한 이 장에서는 복소 랜덤과정과 그 분석에 적용되는 특별한 조건들이 소개된다. 또한 이 산랜덤과정에 관한 병렬적 논의들이 뒤에 나타난다.

마지막 주제로 어떻게 랜덤과정이 선형시스템에 의해 영향을 받는지를 고려한다. 이것은 선형시스템이 정보를 추출하거나 필요에 의해 랜덤과정을 적합하게 변환시킬 수 있기 때문에 중요한 주제이다. 이 장은 마지막으로 랜덤과정의 2개의 중요한 응용인 시스템 식별과 최적 필터링에 관하여 설명하면서 마치게 된다.

참고문헌

[1] Charles W. Therrien. *Discrete Random Signals and Statistical Signal Processing*. Prentice Hall, Inc., Upper Saddle River, New Jersey, 1992.

[2] Henry Stark and John W. Woods. *Probability, Random Processes, and Estimation Theory for Engineers*. Prentice Hall, Inc., Upper Saddle River, New Jersey, third edition, 2002.

연습문제

랜덤과정의 1차 모멘트와 2차 모멘트

9.1 다음의 랜덤 신호 $X(t) = A + \cos(\omega t + \Phi)$, 여기서 Φ는 $-\pi$에서 π까지 균일 랜덤변수이며 A는 상수일 때 다음 문제를 구하라.

(a) 평균 $X(t)$

(b) $X(t)$의 자기상관 함수

(c) $X(t)$의 자기공분산 함수

9.2 어떤 신호가 평균 $\mathcal{E}\{X(t)\} = 2$이며 자기상관함수 $R(t, \tau) = 4 + e^{-0.5|\tau|}$인 연속 가우스 랜덤과정 $X(t)$에 의해 모델링된다.

(a) 공분산함수 $C(t, \tau)$를 구하라

(b) $X(t)$의 분산을 구하라

(c) 단일 샘플 $X(t_0)$에 대한 확률밀도함수를 표시하라

(d) 두 샘플 $X(t_1)$와 $X(t_0)$가 $t_1 = 7$이고 $t_0 = 3$일 때 결합 확률밀도함수를 구하라

9.3 $X(t) = A \cos \omega t + B$인 랜덤과정이 있다. 여기서 A는 평균이 0이고 분산이 2인 가우스 랜덤변수이며 B는 평균이 4이고 분산이 3인 가우스 랜덤변수이다. A와 B는 독립이며 ω=0.10π이다.

(a) $X(t)$의 평균을 구하라

(b) $X(t)$의 자기상관 함수를 구하라

(c) $X(2)$의 1차 모멘트와 2차 모멘트를 구하라.

9.4 랜덤과정의 평균과 자기공분산 함수가 다음과 같이 주어질 때

$$m(t) = 0; \quad C_X(t, \tau) = \cos(\pi\tau).$$

(a) 두 점 $t_1 = 3.1$과 $t_0 = 1.8$에 대한 지연 τ를 구하라.

(b) 평균과 상관값을 구하라

(c) 상관계수를 구하라

(d) 평균 총 전력을 구하라

(e) $X(t)$의 실효값(평균 제곱의 제곱근)을 구하라.

9.5 주어진 랜덤과정 $X(t) = A \cos(\omega t + \phi)$이 있다. 여기서 A는 2와 5사이에 균일하게 분포된 랜덤변수이며 ϕ와 ω는 상수이다. 다음 사항들을 구하라.

(a) $X(t)$의 평균

(b) $X(t)$의 자기상관함수

(c) $X(t)$는 광의의 정상과정인가? 간단하게 설명하라.

9.6 다음의 두 과정이 (1) 광의의 정상 혹은 (2) 평균 에르고딕인지 아닌지를 서술하시오. A와 Φ는 독립적인 랜덤변수이며 여기서 A는 레일리 분포를 가지며 Φ는 $[-\pi, \pi]$에서 균일한 분포를 가진다.

(a) $X(t) = A \cos(\omega t + \Phi)$

(b) $X(t) = A \cos(\omega t + 0.2\pi)$

9.7 식 (9.13)의 양의 준정부호 조건은 식 (9.11)의 $|R_X(\tau)| \leq R_X(0)$ 성질을 의미한다는 것을 증명하라. 힌트 : $a(t) = \delta(t) \pm \delta(t - \tau)$로 선택하라

9.8 랜덤과정 $X(t)$의 평균과 자기상관 함수가 아래와 같이 주어진다.

$$m(t) = 1 \text{ 이고 } R_X(t, \tau) = 1 + 3\cos(2\pi\tau)$$

(a) 주어진 두 점 $t_1 = 1.6$과 $t_0 = 1.0$에서 상관계수를 구하라

(b) 다음 벡터에 대응하는 이 랜덤과정의 2×2 공분산 행렬을 구하라.

$$\boldsymbol{X} = \begin{bmatrix} X(1.0) \\ X(1.6) \end{bmatrix}$$

행렬의 모든 원소는 숫자이어야 한다.

9.9 어떤 신호가 평균 $\mathcal{E}\{X(t)\} = 0$ 이며 자기상관 함수 $R(t, \tau) = e^{-500|\tau|}$인 연속 가우스 랜덤과정 $X(t)$에 의해 모델링이 된다.

(a) 이 신호는 광의의 정상인가?

(b) $X(t)$의 분산을 구하라. 이것은 t의 함수인가?

(c) 단일 샘플 $X(t_0)$에 대한 확률밀도함수를 표시하라.

상호상관 함수

9.10 두 개의 랜덤과정 $X(t)$와 $Y(t)$가 독립이며 결합 광의의 정상이다.

(a) 만일 $Z(t) = X(t) + Y(t)$로 정의되면 $Z(t)$는 광의의 정상인가?

(b) 만일 $Z(t) = X(t)Y(t)$로 정의되면 $Z(t)$는 광의의 정상인가?

9.11 상호공분산 함수 $C_{YX}(\tau)$ 가 표 9.4에 주어진 다음 식으로 나타남을 증명하라.

$$C_{YX}(\tau) = R_{YX}(\tau) - m_Y m_X$$

9.12 랜덤과정 $Z(t) = X(t) \pm Y(t-\tau)$ 을 만들고 $R_Z(0)$를 계산하여 식 (9.21)의 (b) 부등식을 증명하라

복소 랜덤과정

9.13 복소 연속 랜덤 신호가 다음과 같이 정의된다.

$$X(t) = \mathrm{A}e^{\jmath(\omega t + \Phi)}$$

여기서 A와 ω는 상수 매개변수이며 Φ는 $[-\pi, \pi]$에서 균일하게 분포되는 랜덤변수이다.

(a) 평균 $\mathcal{E}\{X(t)\}$를 구하라.

(b) 복소 랜덤과정에 대한 자기공분산 함수가 $C(t, \tau) = \mathrm{Cov}\left[X(t), X^*(t-\tau)\right]$으로 정의된다면 이 과정의 자기공분산 함수를 구하라.

(c) $\mathrm{Cov}\left[X(t), X(t-\tau)\right]$를 구하라. (공액가 없는 경우)

9.14 복소 연속 랜덤과정이 다음과 같이 정의된다.

$$X(t) = Ae^{\jmath(\omega_o t + \Phi)} + W(t)$$

여기서 A와 Φ는 실수의 매개변수이며 ω_0는 알려진 각주파수이며 $W(t)$는 $R_W(\tau) = \frac{1}{2}\delta(\tau)$의 자기상관 함수를 가지는 정상의 평균이 0인 백색잡음과정이다. $W(t)$는 매개변수 A, Φ와 독립적이라고 가정한다. 다음과 같은 조건에서 각각 $X(t)$의 자기상관 함수를 구하라.

(a) Φ=0이며 A는 매개변수 $\alpha = \frac{1}{2}$인 레일리 랜덤변수인 경우

(b) Φ가 $[-\pi, \pi]$에서 균일 랜덤변수이며 $A = 1/\sqrt{2}$인 경우

(c) Φ가 $[-\pi, \pi]$에서 균일 랜덤변수이며 A는 $\alpha = \frac{1}{2}$인 레일리 랜덤변수이고 A와 Φ가 서로 독립인 경우

(d) 위의 (b)와 같은 조건이며 $W(t)$가 자기상관 함수 $R_W(\tau) = \frac{1}{2}e^{-|\tau|}$를 갖는 경우

이산 랜덤과정

9.15 베르누이 과정의 정의가 다음과 같다.

$$X[k] = \begin{cases} +1, \text{ 확률 } p\text{로} \\ -1, \text{ 확률 } 1-p\text{로} \end{cases}$$

이 과정의 연이은 값인 $X[k], X[k+1], X[k+2]\ldots$ 들이 독립이다.

(a) 이 과정의 평균 $\mathcal{E}\{X[k]\}$과 분산 Var$[X[k]]$을 구하라. 이 랜덤과정은 정상적인가?

(b) 이 과정의 자기상관 함수 $R[k, l]$과 자기공분산 함수 $C[k, l]$를 구하라. 이 랜덤과정은 정상인가?

9.16 $X[k]$는 이진 백색잡음 과정이다 ($p = \frac{1}{2}$인 베르누이 과정)

(a) 이 랜덤과정의 평균은?

(b) 이 랜덤과정의 자기상관 함수는?

(c) 이 랜덤과정의 공분산 함수는?

(d) 만일 새로운 랜덤과정이 다음과 같은 차분방정식으로 표현된다면 이 과정 $Y[k]$의 평균은?

$$Y[k] = X[k] - X[k-1]$$

(e) 과정 $Y[k]$의 자기상관 함수는?

9.17 8장의 문제 8.15에 정의되어 있는 랜덤과정을 생각해보자.

(a) 이 과정 $Y[k]$의 평균과 분산을 구하라. 이 결과들은 시간 지표 k에 대해 종속적인가?

(b) $p = \frac{1}{2}$인 특별한 경우에 평균과 분산은 k에 대해 종속적인가?

9.18 두 개의 이산 랜덤과정 $X[k]$와 $Y[k]$의 자기상관 함수들이 각각 그려져 있다.

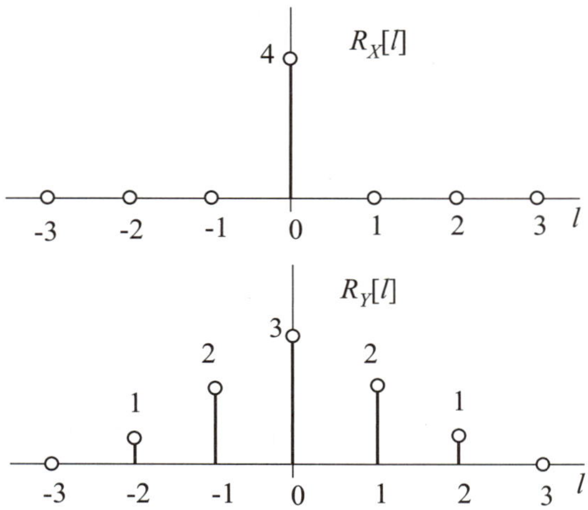

(a) 이 두 개의 자기상관 함수들이 각각 자기상관 함수로서의 자격이 있는가?

(b) 어느 과정이 평균전력이 더 큰가?

9.19 이산시간 랜덤과정 $X[k]$가 다음과 같이 정의된다.

$$X[k] = 2W[k] - 3W[k-1] + W[k-2]$$

여기서 $W[k]$는 평균이 0이고 자기상관 함수가 $R_W[l] = \delta[l]$인 광의의 정상 백색잡음 과정이다.

(a) 이 과정 $X[k]$의 평균과 자기상관 함수를 구하라. 이 과정은 정상인가? 만일 그렇다면 지연변수 l에 관하여 자기상관 함수를 표현해보고 l축에 $R_X[l]$을 그려라.

(b) 다른 랜덤과정이 다음과 같이 정의된다.

$$Y[k] = W[k] - 2W[k-1]$$

$Y[k]$의 자기상관 함수를 구하고 X와 Y에 대한 상호상관함수를 구하라. 두 개의 랜덤과정이 결합적으로 정상인가? 만일 그렇다면 모든 상관함수를 지연변수 l에 관하여 표현하라.

9.20 $X[k]$는 이산시간 선형 시불변시스템의 입력이다. $X[k]$의 평균은 0이며 자기상관 함수는 $R_X[l] = \delta[l]$이다. 이런 자기상관 함수를 가진 평균 0인 과정을 이산시간 백색잡음으로 부른다.

선형 시스템은 다음과 같은 임펄스응답을 가지고 있다.

$$h[k] = 2\delta[k] - 3\delta[k-1] + \delta[k-2]$$

이 시스템의 출력은 랜덤과정 $Y[k]$이다.

(a) 입력과 출력의 상호상관 함수 $R_{XY}[l]$을 구하라.

(b) 출력의 자기상관 함수 $R_Y[l]$을 구하라.

(c) 만일 입력의 평균이 0이 아니고 2.5일때 출력의 평균 m_Y를 구하라.

9.21 상호공분산함수 $C_{XY}[l]$이 다음과 같이 주어졌을 때

$$C_{XY}[l] = R_{XY}[l] - m_X m_Y$$

출력 자기공분산 함수 $C_Y[l]$이 표 9.5에 주어진 다음 식과 같음을 증명하라.

$$C_Y[l]) = R_Y[l] - m_Y^2$$

9.22 이산시간 랜덤과정 $Y[k]$의 자기상관 함수의 추정량이 다음 식과 같다.

$$\hat{R}_X^{(N)}[l] = \frac{1}{N-l} \sum_{k=0}^{N-l-1} X[k]X[k+l]$$

여기서 N은 추정에 사용된 시간 표본의 수이다. (자기상관 함수에 이미 대문자를 사용해 왔기 때문에 추정값에 N를 사용하고 N에 대한 종속성을 표시하기 위해 윗첨자로 사용한다)

(a) 이 추정량이 불편인가? 점근적 불편인가? 아니면 둘 다 아닌가?

(b) 다음 추정량은 어떤가?

$$\hat{R}_X^{(N)'}[l] = \frac{1}{N} \sum_{k=0}^{N-l-1} X[k]X[k+l]$$

선형시스템의 응답

9.23 선형 시불변 시스템의 임펄스응답 $h(\tau)$와 이 시스템의 입력에서 랜덤과정 $X[k]$의 자기상관 함수는 각각 다음과 같다.

$$h(\tau) = e^{-2t}u(t)$$
$$R_X(\tau) = \begin{cases} 2-|\tau| & -2 \le \tau \le 2 \\ 0 & \text{그 외} \end{cases}$$

상호상관 함수 $R_{YX}(\tau)$를 구하고 그려라.

9.24 연속시간 선형시스템에 대한 입력은 자기상관 함수 $R_X(\tau) = 5\delta(\tau)$인 백색잡음 과정이다. 이 시스템의 임펄스응답은

$$h(t) = e^{-at}u(t)$$

이다. 여기서 a는 고정된 양의 결정 매개변수이며 $u(t)$는 단위계단함수이다.

(a) 입력의 평균이 0이라는 가정아래 출력 자기상관 함수를 구하라. $-\infty < \tau < \infty$인 구간에서 자세히 설명하라.

(b) 만일 입력의 기댓값이 2이면 출력의 평균은?

9.25 연속시간 백색잡음이 아래에 나타난 연속시간 시스템에 적용된다.
입력 $W(t)$의 평균은 0이고 자기상관 함수는 $R_W(\tau) = \delta(\tau)$이다.

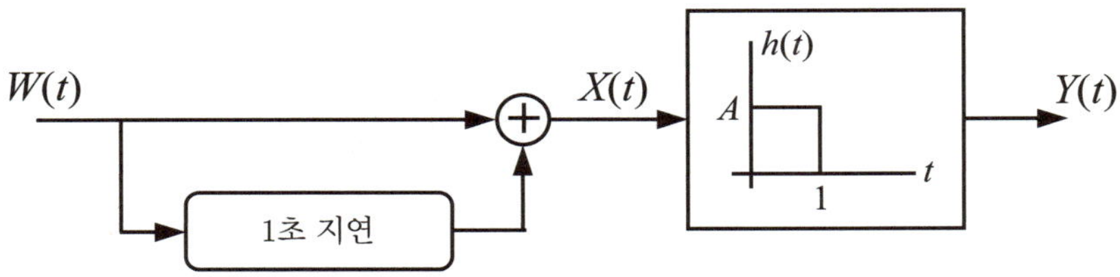

(a) $X(t)$는 무엇인가? 자기상관 함수 $R_X(t_1, t_0)$는? $X(t)$는 정상인가?

(b) 출력신호 $Y(t)$의 자기상관 함수는 무엇인가?

9.26 그림 9.6에 나타난 상황에 대해 식 (9.36)의 결과, $R_{YV}[l] = h[l] \circledast R_{XV}[l]$을 유도하라.

9.27 이산시간 선형 시불변시스템에 대한 입력 랜덤과정 $X[k]$가 평균이 0이고 자기상관 함수 $R_X[l] = 2\delta[l]$이다. 시스템 출력이 $Y[k]$이고 시스템의 임펄스응답은 다음과 같다.

$$h[k] = \delta[k] - 2\delta[k-1]$$

(a) 출력 자기상관 함수 $R_Y[l]$을 구하고 그려라.

(b) 시스템 출력의 분산을 구하라

9.28 연습문제 9.18을 다시 생각해보자. 만약 $X[k]$가 입력이었고 $Y[k]$가 시스템의 출력이었다면 이 관계를 준 선형 시불변 시스템의 임펄스응답 $h[k]$는 어떻게 되겠는가?

컴퓨터 프로젝트

프로젝트 9.1

데이터 패키지로부터 데이터집합 s00.dat, s01.dat, s02.dat 그리고 s03.dat들이 4개의 서로 다른 랜덤 신호의 파형을 나타낸다 이 프로젝트에서는 이런 신호들에 대한 자기상관 함수를 조사할 것이다.

1. 시간에 대해 각 신호를 그려라. 한 페이지에 2개의 그림을 그리고 가로방향으로 그림을 그리는 것을 추천한다. 각 랜덤 신호가 높은 상관인지 낮은 상관인지 혹은 음의 상관인지를 진술하라.

2. 각 과정의 평균을 구하라; 그 결과는 0에 가깝게 될 것이다.

3. 각 과정의 자기상관 함수를 구하고 $-128 \le l \le 127$인 범위에서 그려라. 추정된 자기상관 함수에 기초하여 각 신호의 자기상관 함수를 비교하라. 단계 1의 상관에 관한 추측과 잘 부합하는지 비교해보라.

매틀랩 프로그래밍 노트

소프트웨어 패키지로부터 데이터를 구하기 위해 MATLAB 함수 'getdata'를 사용하라. MATLAB 함수 'xcorr'가 자기상관 함수를 추정하기 위해 사용될 수 있다.

프로젝트 9.2

이 프로젝트는 임의로 선택한 랜덤과정들을 발생시키고 분석할 수 있다.

1. 자신이 선택한 여러 랜덤과정들의 실현을 생성시켜라. (적어도 광의의 정상성을 갖는 2개의 다른 랜덤과정에 대하여 적용해보라) 이런 랜덤과정들은 반드시 이산시간 랜덤과정이어야 하지만 이산값이나 연속값을 가질 수 있다.

2. 생성시킨 각 랜덤과정에 대해 랜덤과정을 간단히 설명하고 이론적인 평균과 자기상관 함수가 무엇인지 나타내라.

3. 데이터의 평균과 자기상관 함수 혹은 자기공분산 함수를 구하고 이 결과가 이론적인 결과와 잘 맞는지를 비교하라. 간단한 토의를 첨부하라.

매틀랩 프로그래밍 노트

MATLAB 함수 'rand'와 'randn'가 균일 랜덤변수 혹은 정규 랜덤변수의 상관이 없는 수열을 생성하는데 사용될 수 있다. MATLAB 함수 'xcorr'가 자기상관함수를 추정하기 위해 사용될 수 있다.

프로젝트 9.3

이 프로젝트는 상호상관접근법을 이용해 미지의 선형 시불변 시스템의 식별을 수행한다. 식별하고자 하는 이산시간 시스템이 다음과 같은 전달함수를 갖고 있다.

$$H(z) = \frac{0.50 - 1.32z^{-1} + 0.82z^{-2}}{1 + 1.75z^{-1} + 0.89z^{-2}}$$

1. $0 \le k \le 127$의 범위에서 위 시스템의 임펄스응답 $h[k]$를 구하고 그려라.
2. 분산이 1인 백색 가우스 수열인 입력 $X[k]$의 10000샘플을 생성시켜라. 처음의 100 샘플만 도시하라.
3. 입력 수열의 자기상관 함수를 구하고 $-128 \le k \le 127$인 범위에서 자기상관 함수를 그려라. 입력 수열이 백색잡음의 자기상관 함수를 가지는지를 확인하라.
4. 입력 $X[k]$와 함께 "미지의 시스템"의 출력 $Y[k]$를 생성하라. $Y[k]$와 $X[k]$의 상호상관 함수 $R_{YX}[l]$을 구하라.
5. $0 \le k \le 127$인 범위에서 상호상관 함수 $R_{YX}[l]$을 그리고, 전에 구했던 시스템의 임펄스응답과 비교해 보라.
6. 입력 수열의 길이 1,000개와 100,000개에 대해 각각 단계 2부터 단계 5까지 반복하라.

매틀랩 프로그래밍 노트

MATLAB 함수 'filter' (신호처리 툴박스(tool box))가 단계 1의 임펄스응답을 계산하기 위해 사용될 수 있다. MATLAB 함수 'xcorr'가 자기상관 함수와 상호상관 함수를 구하기 위해 사용될 수 있다.

프로젝트 9.4

데이터 패키지의 수열 s00.dat는 가우스 백색잡음의 표본함수이다. 수열 s01.dat는 랜덤 신호의 표본함수이다.

최적 필터링 문제를 생각해보자. 관측된 신호는 다음과 같다.

$$X[k] = S[k] + \sigma_o N[k]$$

여기서 $S[k]$는 원하는 신호(즉 $D[k] = S[k]$)이며 $N[k]$는 잡음이다.

매개변수 σ_0는 신호대 잡음비에서 결정된다. 즉,

$$\text{SNR} = 10\log_{10}\frac{R_S[0]}{\sigma_o^2}$$

또한 S와 N은 통계적으로 독립임을 가정한다.

1. 두개의 데이터에 대해, 지연 $l = 15$까지의 자기상관 함수를 추정하고 출력하고 그려라.
2. SNR이 0dB일 때의 σ_0값을 구하라.
3. 예제 9.19의 절차를 따라서, 계수가 2, 4, 8, 16개일 때의 최적 필터에 대한 방정식을 각각 구하고 해를 구하라. 또한, 각 경우에 대해 평균제곱오차를 구하라. 이 값들을 표로 만들어라.
4. 4가지 경우에 대해, 추정값 $\hat{D}[k]$를 생성하기 위하여 수열 $X[k]$를 필터하라. 예를 들어 계수가 2개인 필터링 방정식은 다음과 같다.

$$\hat{D}[k] = a_0 X[k] + a_1 X[k-1]$$

   (X_0가 첫 번째 샘플이고 $X[-1]$, $X[-2]$, …는 0으로 가정한다.)

5. 원래 신호 $S[k]$와 잡음을 더한 신호 $X[k]$와 추정값 $\hat{D}[k]$를 4개의 필터에 대해 각각 그려라. 각 필터의 성능에 대해서도 평가하라.

매틀랩 프로그래밍 노트

소프트웨어 패키지로부터 데이터를 구하기 위해 MATLAB 함수 'getdata'를 사용하라. MATLAB 함수 'xcorr'가 자기상관 함수를 추정하기 위해 사용될 수 있다. 또한, MATLAB 함수 'filter'(신호 처리 툴박스(toolbox))가 단계 4의 데이터를 필터링하기 위해 사용될 수 있다.

10 주파수영역에서의 랜덤 신호

지금까지 랜덤과정의 논의는 시간의 함수로서의 랜덤과정에 초점을 맞춰왔다. 예를 들어, 평균과 자기상관 함수는 랜덤과정의 시간영역 특성을 제공해 준다. 결정적 신호와 그것을 처리하는 시스템들은 시간영역에서 뿐만 아니라 주파수영역에서도 분석방법이 잘 확립되어 있다. 이 장의 목적은 주파수영역에서 사용되는 도구들을 개발하여 랜덤 신호의 표현을 완결하는 데 있다.

이 장은 주파수영역에서 랜덤 신호의 기본적인 표현 역할을 하는 전력스펙트럼 밀도를 정의하면서 시작된다. 그 후에 전력스펙트럼 밀도의 성질들이 시간영역에서의 랜덤과정의 성질로부터 유도되며 또한 두개의 랜덤과정의 결합특성을 설명하기 위한 전력스펙트럼 밀도함수가 소개된다.

그 다음 백색잡음과 대역 제한된 백색잡음이 주파수영역에서 논의된다. 백색잡음은 시간영역과는 달리 주파수영역에서는 매우 유용하면서도 복잡하지 않은 표현방법을 가지고 있다.

그 다음은 주파수영역에서의 랜덤 신호에 대한 선형변환의 논의가 있으며 변환을 묘사하는 공식들이 해당되는 시간영역 공식들과 푸리에변환의 성질들로부터 쉽게 유도된다.

또한 이산 랜덤과정과 시스템에 대한 여러 개념과 공식들이 유도된다. 여기서 유도된 공식들은 상세하게는 연속시간 경우와 다르지만 대부분의 최근 기기들이 디지털 신호처리를 사용하기 때문에 매우 중요하다.

이 장의 마지막 절은 두개의 중요한 응용분야에서 주파수영역의 사용법을 예시한다. 아날로그 혹은 연속시간 개념의 일부가 사용되는 디지털통신의 응용이 제공되는데 여기서는 비록 전송되는 정보가 디지털이라 하더라도 송신기는 아날로그 장치이므로 아날로그 스펙트럼 분석이 적합하다. 그 다음은 디지털 스펙트럼 영역에서 최적 필터링이 소개된다. 최적 필터링은 이미 9장에서 언급된 시간영역에서의 최적 필터링 응용과 비교된다.

10.1 전력스펙트럼 밀도함수

랜덤 신호의 분석은 주파수영역에서의 결정적(deterministic) 신호의 분석과 마찬가지로 푸리에변환과 그것의 여러 가지 중요한 성질에 기초를 두고 있다. 독자들은 참고문헌[1] 정도의 푸리에 변환과 그것의 성질에 대해 잘 안다고 가정한다.

10.1.1 정의

광의의 정상 랜덤과정 $X(t)$를 생각해보자. 즉, 평균 m_X는 일정하고 자기상관함수 $R_X(\tau)$는 오직 시간지연 τ의 함수이다. $X(t)$의 **전력스펙트럼 밀도함수**(PSD, power spectral density)는 자기상관 함수의 푸리에변환으로 정의된다. 즉,

$$\boxed{S_X(f) = \mathcal{F}\{R_X(\tau)\} = \int_{-\infty}^{\infty} R_X(\tau)e^{-j2\pi f\tau}d\tau} \tag{10.1}$$

여기서 $\mathcal{F}\{\}$는 푸리에변환 연산을 의미하며 f는 주파수영역 변수이다.

자기상관 함수는 푸리에 역변환 $\mathcal{F}^{-1}\{\}$에 의해 전력스펙트럼 밀도로부터 구해질 수 있다. 즉,

$$R_X(\tau) = \mathcal{F}^{-1}\{S_X(f)\} = \int_{-\infty}^{\infty} S_X(f)e^{j2\pi f\tau}df \tag{10.2}$$

그러므로 자기상관 함수와 전력스펙트럼 밀도함수는 서로 푸리에변환 쌍을 이룬다. 결정적 신호의 경우 주어진 신호의 푸리에변환을 구하고 그 다음에 진폭스펙트럼 밀도를 결정하는 것은 통상적인 방법이다. 반대로 랜덤 신호의 경우 전력스펙트럼 밀도함수는 소위 2차 모멘트인 자기상관 함수에 기초를 둔다. 결과적으로, 전력스펙트럼 밀도함수는 2차 모멘트 양으로 간주될 수 있다.

자기상관 함수와 자기공분산 함수가

$$R_X(\tau) = C_X(\tau) + |m_X|^2$$

의 관계를 가지므로 푸리에 변환을 취해서 다음의 결과를 얻는다(제 9장의 표 9.2 참조).

$$S_X(f) = \mathcal{F}\{C_X(\tau) + m_X^2\} = \mathcal{F}\{C_X(\tau)\} + |m_X|^2\delta(f)$$

여기서 주파수에서의 임펄스함수, 즉 델타함수는 상수의 푸리에변환을 취한 결과와 같다. 전력스펙트럼 밀도는 두 부분으로 나누어지는데 첫 번째 부분은 공분산에 기인하며, 반면에 두 번째 부분은 0 주파수에서의 전력, (즉 신호의 직류성분)을 의미한다. 랜덤 신호가 직류성분(0이 아닌 평균)을 가질 때는 선형 연산을 수행할 때 자주 제거되었다가 나중에 추가된다.

10.1.2 전력스펙트럼 밀도의 성질

전력스펙트럼 밀도의 성질들은 관련된 자기상관 함수들의 성질들로부터 유도된다(표 9.2 참조). 이런 성질들의 일부를 여기에 간단한 설명과 함께 언급한다.

1. 랜덤과정의 평균전력이 $\mathcal{E}\{|X(t)|^2\} = R_X(0)$ 임을 상기해보자.
   그러므로, $\tau = 0$ 에서의 식 (10.2)는 다음 식으로 변형된다.

$$R_X(0) = \mathcal{E}\{|X(t)|^2\} = \int_{-\infty}^{\infty} S_X(f)df \tag{10.3}$$

   즉, 랜덤과정의 평균전력은 전력스펙트럼 밀도의 면적으로부터 얻어진다. 평균전력이 시간영역에서 자기상관 함수의 단일 값으로 얻어지는 반면에 주파수영역에서는 모든 주파수에 대해 퍼져있다. 이것이 $S_X(f)$를 전력스펙트럼 밀도로 부르는 이유이다. 전력스펙트럼 밀도(PSD)의 단위는 $[watt/hertz]$이다.

2. 실수 랜덤과정의 자기상관 함수는 우대칭성을 가지고 있다. (즉, $R_X(\tau) = R_X(-\tau)$) 따라서, 전력스펙트럼 밀도는 실수값을 갖는 우함수이다.[1)]
   이것을 증명하기 위해 식 (10.1)로부터 시작해보자.

$$\begin{aligned} S_X(f) &= \int_{-\infty}^{\infty} R_X(\tau)(\cos 2\pi f\tau - j\sin 2\pi f\tau)\ d\tau \\ &= \int_{-\infty}^{\infty} R_X(\tau)\cos 2\pi f\tau\ d\tau \end{aligned} \tag{10,4}$$

   여기서 허수 항은 기(odd)대칭성 때문에 0이 된다. 식 (10.4)로부터 R_X가 실수가 1일 때 전력스펙트럼 밀도가 우함수라는 것이 쉽게 증명된다. 즉,

$$S_X(f) = S_X(-f)$$

3. 자기상관 함수의 양의 준정부호성질로부터 (표 9.2 참조) 해당하는 전력스펙트럼 밀도가 비음(non-negative) 것을 쉽게 증명할 수 있다. 즉,

$$\boxed{S_X(f) \geq 0} \tag{10.5}$$

   이 식에 대한 증명은 이 장에서 후에 제공될 예정이다.

위에서 언급한 성질들이 앞으로 두개의 예제를 통해 설명된다.

---

1) 실수 성질은 R_X가 우함수이기 때문에 발생한다; 우함수 성질은 R_X가 실수이기 때문에 발생한다.

예제 10.1

예제 9.1의 실수 랜덤과정은 $m_X = 0$ 이고 다음과 같은 자기상관 함수를 갖는다.

$$R_X(\tau) = \frac{A^2}{2}\cos\omega_0\tau$$

여기서 상수 $\omega_0 = 2\pi f_0$ 가 도입됐는데, 푸리에변환 변수 f와 구별하기 위해 f_0로 첨자가 첨가되었다.

이 랜덤과정의 전력스펙트럼 밀도는 다음과 같다.

$$\begin{aligned} S_X(f) &= \mathcal{F}\{R_X(\tau)\} = \frac{A^2}{2}\mathcal{F}\{\cos 2\pi f_0\tau\} \\ &= \frac{A^2}{4}\left(\int_{-\infty}^{\infty} e^{-j2\pi(f-f_0)\tau}d\tau + \int_{-\infty}^{\infty} e^{-j2\pi(f+f_0)\tau}d\tau = \frac{A^2}{4}\delta(f-f_0) + \frac{A^2}{4}\delta(f+f_0)\right. \end{aligned}$$

전력스펙트럼 밀도는 명백하게 우함수이며 $(S_X(f) = S_X(-f))$ 음수가 아니다. (모든 f의 값에 대해 $S_X(f) \geq 0$)

시간영역과 주파수영역에서 평균제곱값(평균전력)을 구해 이 결과를 서로 비교해 보자.

자기상관함수로부터 $\mathcal{E}\{X^2(t)\} = R_X(0) = A^2/2$이다.

식 (10.3)으로부터, 스펙트럼밀도를 적분함으로써 아래 식을 얻을 수 있다.

$$\int_{-\infty}^{\infty} S_X(f)df = \frac{A^2}{4}\underbrace{\int_{-\infty}^{\infty}\delta(f-f_0)df}_{1} + \frac{A^2}{4}\underbrace{\int_{-\infty}^{\infty}\delta(f-f_0)df}_{1} = \frac{A^2}{2}$$

이제 어떤 특이점도 포함하지 않는 예제를 생각해 보자. 이 형태는 자주 어떤 종류의 랜덤과정에 대한 단순한 모델을 제공해준다.

예제 10.2

랜덤과정의 자기상관 함수가 다음과 같은 지수형일 경우를 생각해보자.

$$R_X(\tau) = 5e^{-\alpha|\tau|}$$

여기서 α는 $\alpha > 0$인 실수 매개변수이며 함수는 아래와 같이 그려진다.

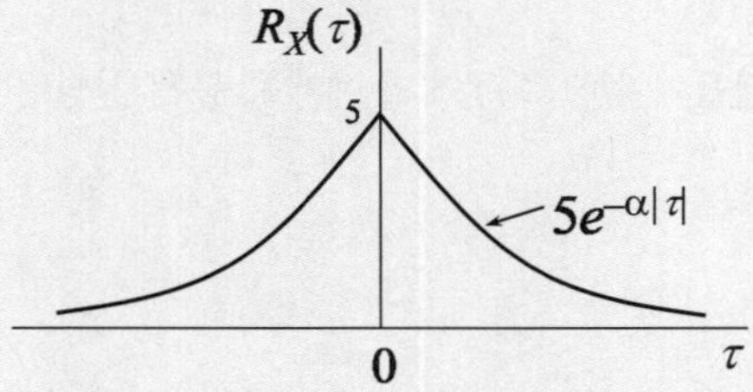

이것의 전력스펙트럼 밀도를 구해보자. 식 (10.1)로부터

$$\begin{aligned} S_X(f) &= \mathcal{F}\{R_X(\tau)\} = 5\int_{-\infty}^{\infty} e^{-\alpha|\tau|}e^{-j2\pi f\tau}d\tau \\ &= 5\int_{-\infty}^{0} e^{\alpha\tau}e^{-j2\pi f\tau}d\tau + 5\int_{0}^{\infty} e^{-\alpha\tau}e^{-j2\pi f\tau}d\tau \\ &= 5\int_{-\infty}^{0} e^{(\alpha-j2\pi f)\tau}d\tau + 5\int_{0}^{\infty} e^{-(\alpha+j2\pi f)\tau}d\tau \\ &= \frac{5}{\alpha-j2\pi f} + \frac{5}{\alpha+j2\pi f} = \frac{10\alpha}{\alpha^2+4\pi^2 f^2} \end{aligned}$$

이 함수는 f의 2차 유리다항식이다. 아래 그림은 전력스펙트럼 밀도함수를 보여준다.

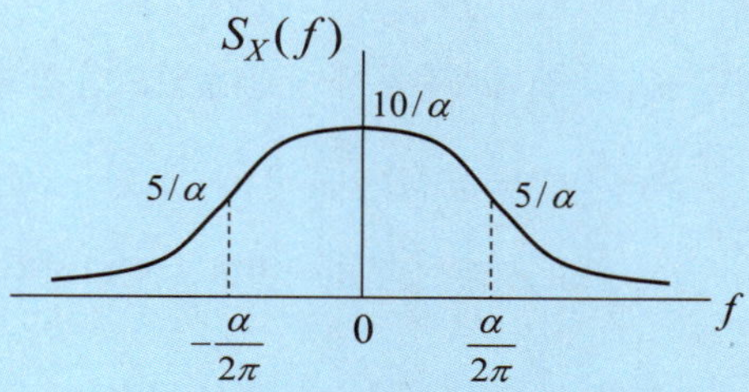

여기서 전력스펙트럼 밀도 $S_X(f)$는 위에서 언급한 세 가지 성질을 가지는 것을 알 수 있다.

예제 10.2는 이 랜덤과정에 관한 몇 가지 중요한 점을 설명해준다. 전력스펙트럼 밀도는 랜덤과정에서의 전력이 주파수 전체에 분포되어 있으며 전력밀도가 좀 더 낮은 주파수에서 높다는 것을 명백하게 보여준다. 이것은 정현파의 양과 음의 주파수에 대응하는 오직 2개의 점에 전력이 집중되어 있는 예제 10.1과 대조가 된다.

시간영역에서 예제 10.2의 매개변수 α는 랜덤과정의 상관성을 제어한다. 즉 α가 클 때에는 자기상관 함수가 급격하게 떨어진다. 이것은 고정된 지연 τ에서의 점들이 α가 클 때 훨씬 적은 상관성을 가진다는 것을 의미한다. 또한, α가 큰 값들은 시간에 대해 흔들림이 커지고 그 결과 좀 더 높은 주파수 성분을 가지게 된다. 전력스펙트럼 밀도는 이 내용을 확인해준다. 만약 α가 크다면 $f = \pm\alpha/2\pi$ 에 있는 두개의 전력의 1/2이 되는 점들이 바깥 쪽으로 움직여 대역폭을 증가시킨다.

10.1.3 상호전력스펙트럼 밀도

2개의 결합적으로 광의의 정상 랜덤과정 $X(t)$와 $Y(t)$의 **상호전력스펙트럼** 밀도함수(cross-power spectral density function)는 다음 식으로 정의된다.

$$S_{XY}(f) = \mathcal{F}\{R_{XY}(\tau)\} = \int_{-\infty}^{\infty} R_{XY}(\tau)e^{-j2\pi f\tau}d\tau \tag{10.6}$$

X와 Y를 교환한 상호전력스펙트럼밀도 $S_{YX}(f)$도 비슷하게 정의되며 다음 식을 만족한다.

$$S_{YX}(f) = S_{XY}^*(f) \tag{10.7}$$

일반적으로, 두개의 상호전력스펙트럼 밀도함수들은 $R_{XY}(\tau)$ 가 실수라 하더라도 복소수 함수이다. (예제 10.3 참조). 상호전력스펙트럼 밀도함수의 크기는 두개의 랜덤과정의 상호상관이 어떻게 주파수에 대해 분포하는지를 보여준다. 만일 상호전력스펙트럼의 크기가 어떤 주파수영역에서는 높고 다른 주파수영역에서는 낮다면 거기에는 높은 크기의 스펙트럼 영역에 기인하는 공통 원인이 존재할 수 있다.

결합적으로 광의의 정상인 랜덤과정의 상호전력스펙트럼 밀도에 관한 몇 가지 사실들은 다음과 같다.

1. 만일 두개의 랜덤과정이 직교하면 상호상관 함수들은 0이며 다음을 준다.

$$S_{XY}(f) = \mathcal{F}\{R_{XY}(\tau)\} = 0$$

2. 만일 평균 m_X와 평균 m_Y의 랜덤과정들이 상관이 없으면 상호공분산 함수는 다음과 같다.

$$S_{XY}(f) = \mathcal{F}\{R_{XY}(\tau)\} = m_X m_Y \ \delta(f) \tag{10.8}$$

이는 $R_{XY}(\tau) = m_X m_Y$이고 상수의 푸리에변환은 델타함수라는 사실로부터 얻어진다.

예제 10.3

9장의 예제 9.7에 이미 구해진 실수 랜덤과정의 상호상관 함수는 다음과 같다.

$$R_{XY}(\tau) = -\sigma^2 \sin\omega_0\tau$$

여기서 $\omega_0 = 2\pi f_0$이다. 식 (10.6)으로부터 상호전력스펙트럼 밀도는 다음과 같다.

$$\begin{aligned} S_{XY}(f) &= \mathcal{F}\{R_{XY}(\tau)\} = -\sigma^2\mathcal{F}\{\sin\omega_0\tau\} \\ &= j\frac{\sigma^2}{2}\int_{-\infty}^{\infty} e^{-2\pi(f-f_0)\tau}d\tau - j\frac{\sigma^2}{2}\int_{-\infty}^{\infty} e^{-2\pi(f+f_0)\tau}d\tau \\ &= j\frac{\sigma^2}{2}\delta(f-f_0) - j\frac{\sigma^2}{2}\delta(f+f_0) \end{aligned}$$

이 경우 $S_{XY}(f)$는 순허수이다.

또한 다른 상호전력스펙트럼 밀도함수도 구할 수 있다. 랜덤과정은 실수이기 때문에 $R_{YX}(\tau) = R_{XY}(-\tau) = \sigma^2\sin\omega_0\tau$이다. 상호전력스펙트럼 밀도 $S_{YX}(f)$는 아래와 같이 계산된다.

$$\begin{aligned} S_{YX}(f) &= \mathcal{F}\{R_{YX}(\tau)\} = \sigma^2\mathcal{F}\{\sin\omega_0\tau\} \\ &= -j\frac{\sigma^2}{2}\delta(f-f_0) + j\frac{\sigma^2}{2}\delta(f+f_0) \end{aligned}$$

S_{XY}와 S_{YX}가 식 (10.7)의 공액 관계를 만족하는 것을 주의하라. 즉, $S_{XY}(f)$는 $S_{YX}(f)$의 복소 공액(complex conjugate)이다.

10.2 백색잡음

10.2.1 가우스 백색잡음의 스펙트럼 표현

연속시간 백색잡음의 개념은 이 책의 여러 곳에서 시간영역 관점에서 논의되었다. 8장에서 위너과정은 전자시스템에서 전자들의 랜덤 운동에 대한 모델로서 사용되었다는 사실을 기억해보자. 위너과정은 평균이 0인 가우스 랜덤과정으로, 그것의 시간에 대한 도함수는 잡음에 대한 수학적 모델로 사용된다. 가우스 백색잡음의 기원은 부록 D에서 물리적인 관점에서 더 자세히 논의된다.

9장에서 위너모델에 기초를 둔 백색잡음 과정의 자기상관 함수가 다음 식과 같이 유도되었다.

$$R_W(\tau) = \frac{N_o}{2}\delta(\tau) \tag{10.9}$$

여기서 2는 나중의 편의상 매개변수 N_o와 함께 포함되었다. 이것에 푸리에 변환을 취하여 얻은 전력스펙트럼 밀도는 상수가 된다.

$$S_W(f) = \frac{N_o}{2} \qquad f\text{의 모든 값에 대해} \tag{10.10}$$

그림 10.1에 자기상관 함수와 전력스펙트럼 밀도가 그려져 있다.

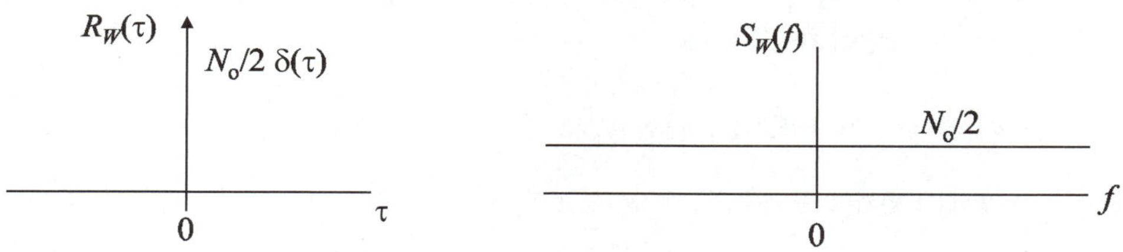

그림 10.1 백색잡음의 자기상관 함수와 전력스펙트럼 밀도

개념적으로, 백색잡음은 전체 주파수 스펙트럼에 존재하는 편평한 전력스펙트럼 밀도를 가지고 있다. 이것은 물리적인 백색광과 유사한데, 이 백색광은 대체로 같은 비율로 모든 자연색을 포함하고 있다. 편평한 스펙트럼을 가지지 않는 랜덤과정을 일반적으로 "유색"(colored)이라 한다. 예제 10.2의 전력스펙트럼 밀도는 유색 랜덤과정의 밀도이다.

이미 전력스펙트럼 밀도의 단위가 [watt/herz]라고 밝혔다. 그러므로 백색잡음 매개변수 N_o도 같은 단위를 가지고 있다. 그림 10.1의 전력스펙트럼 밀도의 적분이 무한대이므로 백색잡음은 무한대의 전력을 가진다. 이것은 시간영역 관점에서 전력은 $R_W(0) = \infty$라는 사실과 일치 한다(임펄스는 원점에서 ∞이다). 또한, 백색잡음의 두개의 표본이 얼마나 가깝게 위치하는가에 관계없이 상관이 없으므로 백색잡음은 모든 가능한 주파수에서 전력을 가진다고 결론을 내릴 수 밖에 없다.

넓게 응용되는 예제 중에 정현파에 백색 가우스 잡음이 더해지는 경우, 예를 들어 수신기에서 관찰된 통신신호들과 레이더 파형을 생각해보자. 대부분의 경우, 정현파는 원하는 신호인 반면에 부가된 잡음은 원치 않는 신호이다. 다음의 두개의 예제는 정현파에 잡음이 더해진 경우를 다룬다. 여기서의 목적은 잡음에 오염된 신호로부터 원하는 신호를 추출하는 데 있다.

예제 10.4

백색잡음에 더해지는 랜덤 위상을 가진 정현파로 구성되어있는 다음과 같은 랜덤과정을 생각해보자.

$$X(t) = A\sin(\omega_0 t + \Theta) + W(t)$$

여기서 A와 $\omega_0 = 2\pi f_0$는 상수인 반면에 Θ는 $-\pi$부터 π 구간의 균일 랜덤변수이다. $W(t)$는 $N_o/2$의 전력스펙트럼 밀도를 가지는 백색잡음이며 Θ와 $W(t)$는 상관이 없는 것으로 가정된다. 즉,

$$\mathcal{E}\{A\sin(\omega_0 t + \Theta)W(t)\} = \mathcal{E}\{A\sin(\omega_0 t + \Theta)\}\mathcal{E}\{W(t)\} = 0$$

(두 항 모두 평균이 0인 사실에 유의하라)
$X(t)$의 자기상관 함수는 다음과 같이 계산된다.

$$\begin{aligned} R_X(\tau) &= \mathcal{E}\{X(t)X(t-\tau)\} \\ &= \mathcal{E}\{[A\sin(\omega_0 t + \Theta) + W(t)]\,[A\sin(\omega_0(t-\tau) + \Theta) + W(t-\tau)]\} \\ &= A^2\mathcal{E}\{\sin(\omega_0 t + \Theta)\sin(\omega_0(t-\tau) + \Theta)\} + \mathcal{E}\{W(t)W(t-\tau)\} \end{aligned}$$

여기서 교차항들은 Θ와 $W(t)$가 상관이 없으므로 사라진다. 예제 9.1의 결과를 이용하면 첫 번째 항은 다음과 같이 간단하게 된다.

$$A^2\mathcal{E}\{\sin(\omega_0 t + \Theta)\cdot\sin(\omega_0(t-\tau) + \Theta)\} = \frac{A^2}{2}\cos\omega\tau$$

반면에 두 번째 항은 백색잡음의 자기상관 함수이므로 다음과 같다.

$$\mathcal{E}\{W(t)W(t-\tau)\} = \frac{N_0}{2}\delta(\tau)$$

이 식들을 $R_X(\tau)$에 대한 식에 대입하면

$$R_X(\tau) = \frac{A^2}{2}\cos\omega\tau + \frac{N_0}{2}\delta(\tau)$$

$X(t)$의 전력스펙트럼 밀도는 다음과 같이 얻어진다.

$$\begin{aligned} S_X(f) &= \mathcal{F}\{R_X(\tau)\} = \frac{A^2}{2}\mathcal{F}\{\cos\omega\tau\} + \frac{N_0}{2}\mathcal{F}\{\delta(\tau)\} \\ &= \frac{A^2}{4}\delta(f-f_0) + \frac{A^2}{4}\delta(f+f_0) + \frac{N_0}{2} \end{aligned}$$

아래 그림은 $X(t)$의 전력스펙트럼 밀도를 보여준다. $N_0/2$의 크기의 편평한 선은 소위 잡음 층(noise floor)으로 불린다. 보는 바와 같이, 정현파를 표현하는 2개의 임펄스들이 잡음을 초과해서 $\pm f_o$ 주위에 무한히 좁은 협대역을 형성한다. 잡음을 줄이기 위해 필터링하지 않는다면, 수신기

총 잡음전력은 무한대인 반면에 신호전력은 유한하기 때문에 신호를 검출하는 것이 불가능하다.[2)]

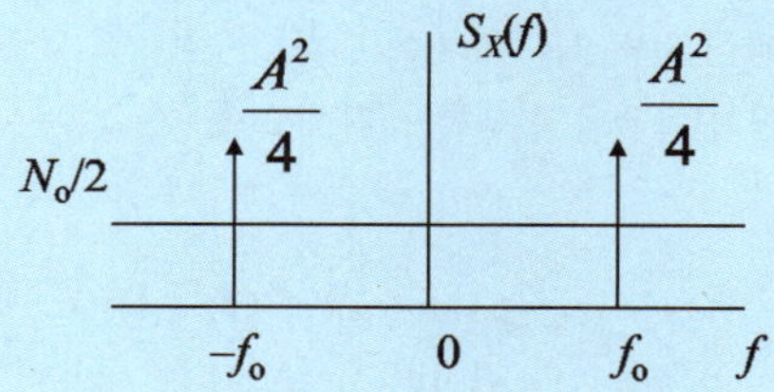

신호를 검출하는 다른 접근법이 다음 예제에 설명되어 있다.

예제 10.5

종종 디지털 통신 같은 응용에서 수신기는 전송된 신호파형을 알고 있다. 알려지지 않은 것은 미리 정의된 집합 중의 어떤 전송파형이 주어진 심볼주기동안 전송되었는 가이다. 이 시나리오는 다음 그림에 요약된다.

수신된 신호에 잡음이 더해지고, 기준신호는 전송 신호에 대한 수신기의 지식을 나타낸다. 수신신호로부터 원하는 정현파를 추출하기 위하여 수신신호와 기준신호의 상호상관 함수가 계산된다.

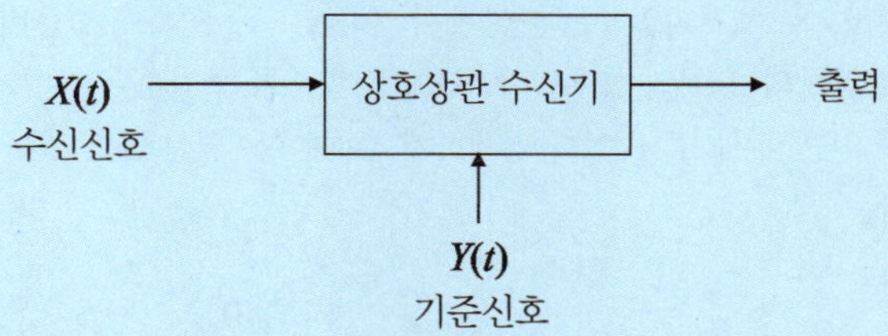

좀 더 구체적으로, 송신기는 논리값 1과 논리값 0을 표현하는 2개의 신호 중 하나를 보낸다고 가정해보자.[3)]

$$\text{논리 } 1 \;\Rightarrow\; A\sin(\omega_0 t + \Theta)$$
$$\text{논리 } 0 \;\Rightarrow\; 0 \text{ (전송된 것이 아무것도 없다)}$$

이제 2가지 경우를 생각해 보자. 첫 번째 정현파가 존재하지 않는 경우를 생각해보자(논리 0인 경우). 수신단에서는 다음과 같은 랜덤과정을 가진다.

$$\begin{aligned} X(t) &= W(t) \\ Y(t) &= A\sin(\omega_0 t + \Theta) \end{aligned}$$

여기서 $W(t)$는 백색잡음이며 상호상관 함수는 다음과 같다.

---

2) 실제로는 $\pm f_o$에 중심을 가지는 협대역 필터가 S/N비를 원하는 수준까지 증가시키기 위해 사용된다.

3) 이 형태의 모델은 레이더에 의한 목표검출을 표현하는 데에도 쓰여질 수 있다.(제 7장 참조)

$$R_{XY}(\tau) = A\mathcal{E}\{W(t)\sin(\omega_0(t-\tau)+\Theta)\} = 0$$

왜냐하면 Θ와 $W(t)$는 상관이 없기 때문에 0이 된다.

두 번째 경우로 논리값 1이 전송됐을 경우를 생각해보자. 이 경우는 수신단의 신호가 다음과 같이 주어진다.

$$\begin{aligned} X(t) &= A\sin(\omega_0 t+\Theta) + W(t) \\ Y(t) &= A\sin(\omega_0 t+\Theta) \end{aligned}$$

상호상관함수는 다음과 같다.

$$\begin{aligned} R_{XY}(\tau) &= A^2\mathcal{E}\{\sin(\omega_0 t+\Theta)\sin(\omega_0(t-\tau)+\Theta)\} + A\mathcal{E}\{\sin(\omega_0 t+\Theta)W(t-\tau)\} \\ &= \frac{A^2}{2}\cos\omega\tau \end{aligned}$$

(두 번째 항은 신호와 잡음이 상관이 없으므로 0이 된다.)

이 경우에 상호전력스펙트럼 밀도는 다음과 같다.

$$\begin{aligned} S_{XY}(f) &= \mathcal{F}\{R_X(\tau)\} = \frac{A^2}{2}\mathcal{F}\{\cos\omega\tau\} \\ &= \frac{A^2}{4}\delta(f-f_0) + \frac{A^2}{4}\delta(f+f_0) \end{aligned}$$

잡음이 전체적으로 제거되었다는 사실에 유의하라. 즉, 신호 대 잡음비의 결과는 무한대이다!

다음 그림은 $X(t)$와 $Y(t)$의 상호전력스펙트럼 밀도를 보여준다. 상호상관 접근을 이용한 신호 추출은 자기상관 접근(예제 10.4) 보다 명백하게 우수하다. 훨씬 좋은 성능의 이유는 기준 신호를 사용했기 때문이다.

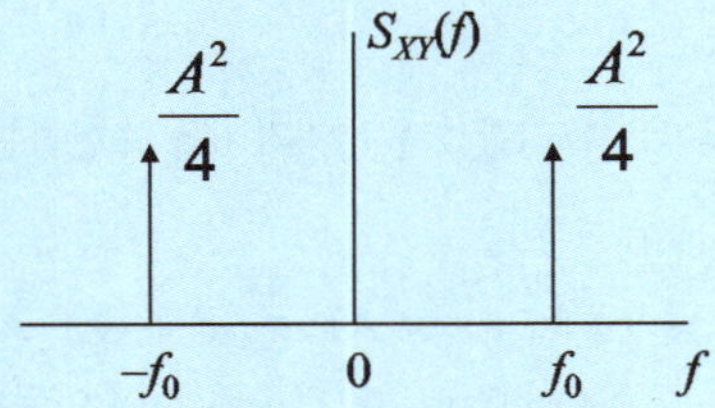

10.2.2 대역제한 백색잡음

비록 백색잡음이 이론적으로는 중요하지만 실제로는 실현이 불가능하다. 그림 10.1과 식 (10.3)은 백색잡음이 무한대의 전력을 가진 것을 보여준다. 즉,

$$\int_{-\infty}^{\infty} S_X(f)df = \infty$$

이 식으로부터 무한대의 전력을 가진 백색잡음이 실현 가능하지 않다는 것을 이해하게 된다. 따라서, 실제로는 다음 식과 같이 유한한 밴드의 주파수에 대해서 백색잡음을 정의하는 것이 필요하게 된다.

$$S_W(f) = \begin{cases} \dfrac{N_o}{2} & -B \le f \le B \\ 0 & \text{그 외} \end{cases} \tag{10.11}$$

이 백색잡음의 수정된 형태가 **대역이 제한된 백색잡음**(bandlimited white noise)이라고 불리며 B는 일반적으로 **절대 대역폭**으로 불린다. 그림 10.2는 대역제한된 백색잡음의 전력스펙트럼 밀도를 나타낸다

실제로 관심있는 거의 모든 물리적 시스템에 유한한 대역폭을 가지므로 대역제한된 백색잡음 이 분석을 위해 백색잡음을 대신할 수 있다.

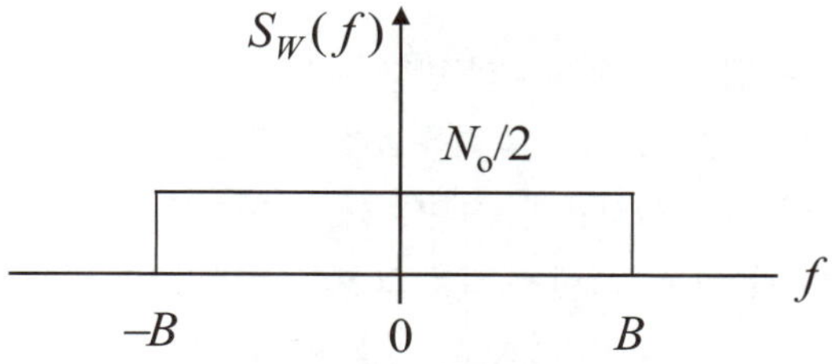

그림 10.2 대역제한된 백색잡음의 전력스펙트럼 밀도

대역제한된 백색잡음의 자기상관함수는 다음과 같다.

$$\begin{aligned} R_W(\tau) &= \mathcal{F}^{-1}\{S_W(f)\} = \frac{N_0}{2}\int_{-B}^{B} e^{j2\pi f\tau}df \\ &= \frac{N_0}{2\pi\tau}\frac{e^{j2\pi B\tau} - e^{-j2\pi B\tau}}{2j} = N_0 B\frac{\sin 2\pi B\tau}{2\pi B\tau} \end{aligned} \tag{10.12}$$

그림 10.3은 대역제한된 백색잡음의 자기상관 함수를 보여준다.

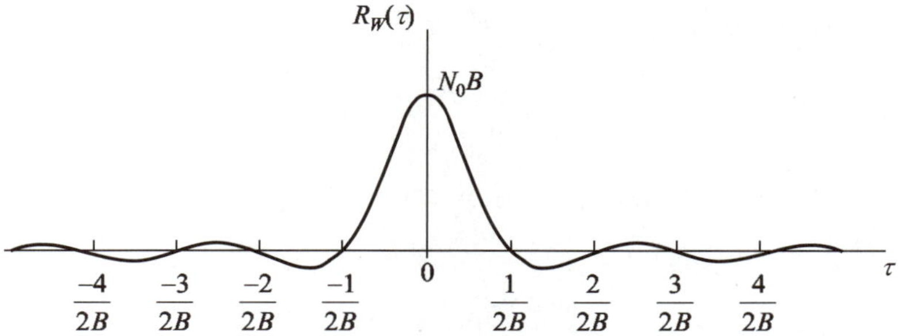

그림 10.3 대역제한된 백색잡음의 자기상관 함수

자기상관함수는 $\tau = 0$에서 최대값 $R_W(0) = N_0B$를 가지며, $\tau = k/2B$인 점에서는 0이다. (여기서 k는 0이 아닌 모든 정수이다) $W(k)$의 평균이 0이며

$$R_W(\tau) = \mathcal{E}\{W(t)W(t-\tau)\} = 0 \quad \tau = \frac{k}{2B} \text{ 일때}$$

이므로 대역제한된 백색잡음의 샘플들이 τ의 특별한 값에 대해서만 상관이 없다. 이제 여기서 그림 10.3과 그림 10.1을 비교해보자. 즉, 대역제한된 백색잡음과 τ의 모든 값에서 상관이 없으며 무한대의 대역폭을 가지는 이론적 백색잡음과 비교해보자. B가 무한대로 가면 그림 10.3의 자기상관 함수의 $(\sin x)/x$의 모양이 임펄스함수로 접근할 것이다. 다시말하면, 절대 대역폭 B가 무한대로 접근하면 대역제한된 백색잡음이 이론적인 백색잡음으로 접근할 것이다.

10.3 선형시스템에 의한 변환

선형 시불변 시스템에 의한 신호의 변환은 시스템의 주파수응답에 의한 주파수영역에서 표현된다. 그러므로, 선형시스템의 출력을 포함한 평균과 스펙트럼밀도가 주파수응답으로 표현될 수 있는 사실이 별로 놀라운 일은 아니다. 다행히도 시간영역에서 주어진 1차 모멘트와 2차 모멘트 사이의 관계를 유도하는 일은 그렇게 어렵지 않다.

선형 시불변 시스템의 주파수응답은 복소 지수입력($e^{j2\pi f}$)에 대한 시스템응답을 측정하며 시스템 임펄스응답의 푸리에변환으로 주어진다. 특별히, 임펄스응답 $h(t)$와 주파수응답 $H(f)$의 관계는 다음과 같이 정의된다.

$$H(f) = \int_{-\infty}^{\infty} h(t) e^{-2\pi f t} dt \tag{10.13}$$

이 정의로 평균, 출력 전력스펙트럼 밀도, 선형시스템의 입력과 출력 사이의 상호전력스펙트럼 밀도를 유도할 수 있다.

10.3.1 출력 평균

앞의 장에서 입력 $X(t)$와 출력 $Y(t)$의 선형 시불변 시스템의 출력 평균은 다음 식으로 표현될 수 있음을 보였다.

$$m_Y = m_X \int_{-\infty}^{\infty} h(t) dt \qquad \text{(9.5.2절 참조)}$$

여기의 적분은 $f = 0$에서 식 (10.13)의 주파수 응답을 계산한 것과 같으므로 다음 관계식을 얻는다.

$$m_Y = m_X H(0) \tag{10.14}$$

이 관계식은 평균이 랜덤과정의 직류성분이며 $H(0)$가 $f = 0$(직류)에서 시스템의 이득을 표현하기 때문에 놀랄만한 일은 아니다.

10.3.2 전력스펙트럼 밀도함수

이제 랜덤과정의 선형변환에 관련된 스펙트럼 밀도함수를 생각해보자.

그림 10.4는 임펄스응답 $h(t)$와 주파수응답 $H(f)$와 관련된 선형 시불변 시스템을 보여준다. 입력 X와 출력 Y는 시간영역에서 합성곱으로 나타난다. 그림은 또한 다양한 상관함수들과 변환과 관련된 전력스펙트럼을 보여준다.

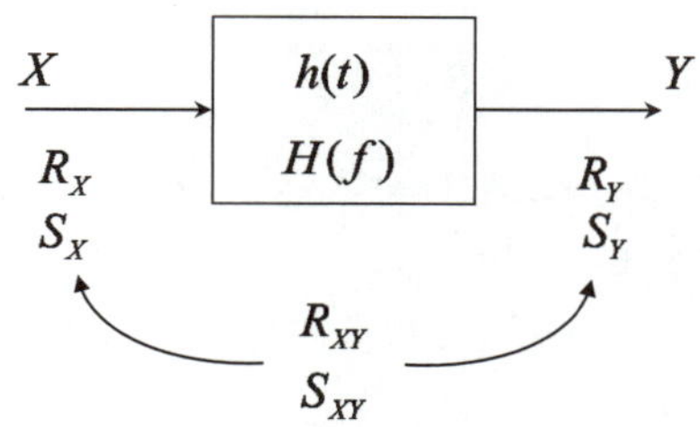

그림 10.4 선형시스템과 관련된 2차 모멘트들

표 10.1의 왼쪽 열은 제 9장에서 유도된 상관함수들 사이의 관계들이 나열되어 있다. 표의 오른쪽 열은 푸리에변환의 잘 알려진 성질들로부터 유도된 주파수영역에서의 대응하는 관계들이다[1]. 예를 들어, R_{XY}의 경우, 임펄스응답의 공액(conjugation)과 반전(reversal)이 주파수응답의 공액에 대응되었고 또한 시간영역의 합성곱이 주파수영역에서는 곱이 되었다.

시간	주파수
$R_{YX}(\tau) = h(\tau) \circledast R_X(\tau)$	$S_{YX}(f) = H(f)S_X(f)$
$R_{XY}(\tau) = h^*(-\tau) \circledast R_X(\tau)$	$S_{XY}(f) = H^*(f)S_X(f)$
$R_Y(\tau) = h(\tau) \circledast h^*(-\tau) \circledast R_X(\tau)$	$S_Y(f) = H(f)H^*(f)S_X(f)$

[표 10.1] 선형변환에 대한 시간영역과 주파수영역의 관계

아마도 이 표 10.1에서 가장 많이 사용되는 관계는 맨 마지막 식이며 보통 다음과 같이 표시한다.

$$\boxed{S_Y(f) = |H(f)|^2 S_X(f)} \tag{10.15}$$

여기서 $H(f)H^*(f) = |H(f)|^2$이다.

다음 예제는 식 (10.15)를 이용한 출력 전력스펙트럼 밀도의 계산을 보여준다.

예제 10.6

제 9장의 예제 9.16은 임펄스응답은

$$h(t) = e^{-2t}u(t)$$

이고 평균이 0이 아닌 백색잡음의 자기상관 함수가 다음 식과 같다.

$$R_X(\tau) = 2 + 3\delta(\tau)$$

예제 9.16에서 출력 자기상관 함수는 시간영역에서 합성곱을 이용하여 구하는데 그 결과는 다음 식과 같다.

$$R_Y(\tau) = \frac{3}{4}e^{-2|\tau|} + \frac{1}{2}$$

주어진 결과로부터 출력 전력스펙트럼 밀도는 R_Y의 푸리에변환을 취함으로써 직접 구해질 수 있다. 그러나 예시를 위해 주파수영역에서 이 문제 접근해 보자. (이 방법이 더 쉽다.)
임펄스응답 $h(t) = e^{-2t}u(t)$인 시스템의 전달함수는 다음과 같은 잘 알려진 형태로 주어진다.[4)]

$$H(f) = \frac{1}{2 + j2\pi f}$$

또한 입력 전력스펙트럼 밀도는 다음과 같다.

$$S_X(f) = \mathcal{F}\{R_X(\tau)\} = \mathcal{F}\{3\delta(\tau) + 2\} = 3 + 2\delta(f)$$

그러므로, 식 (10.15)는 다음 식으로 된다.

$$\begin{aligned} S_Y(f) &= |H(f)|^2 S_X(f) = H(f)H^*(f)S_X(f) \\ &= \left(\frac{1}{2 + j2\pi f}\right)\left(\frac{1}{2 - j2\pi f}\right)(3 + 2\delta(f)) = \frac{3}{4}\left(\frac{1}{1 + \pi^2 f^2}\right) + \frac{1}{2}\delta(f) \end{aligned}$$

식 (10.15)의 개념을 잘 이해하기 위하여 그래프로 설명하는 것이 유용하다. 다음 예제는 이 기법을 잘 설명해준다.

예제 10.7

대역통과 시불변 시스템의 크기응답이 다음과 같이 주어진다.

$$H(f) = \begin{cases} 1 & 200\text{ Hz} \le f \le 300\text{ Hz 일때} \\ 0 & \text{그 외} \end{cases}$$

시스템응답과 시스템의 입력으로 가해진 랜덤과정의 전력스펙트럼 밀도, 출력 전력스펙트럼 밀도가 그림에 나타나 있다. 출력 전력스펙트럼 밀도는 식 (10.15)를 그래프에 적용하여 구할 수 있다. 시스템응답은 크기가 1이므로, 제곱을 해도 모양은 변하지 않는다. 입력 전력스펙트럼 밀도 $S_X(f)$에 시스템응답 크기의 제곱을 곱함으로써 그림에서 보여주는 바와 같이 출력 전력스펙트럼 $S_Y(f)$를 구할 수 있다.

---

4) 이 결과는 식 (10.13)으로부터 쉽게 유도될 수 있다.

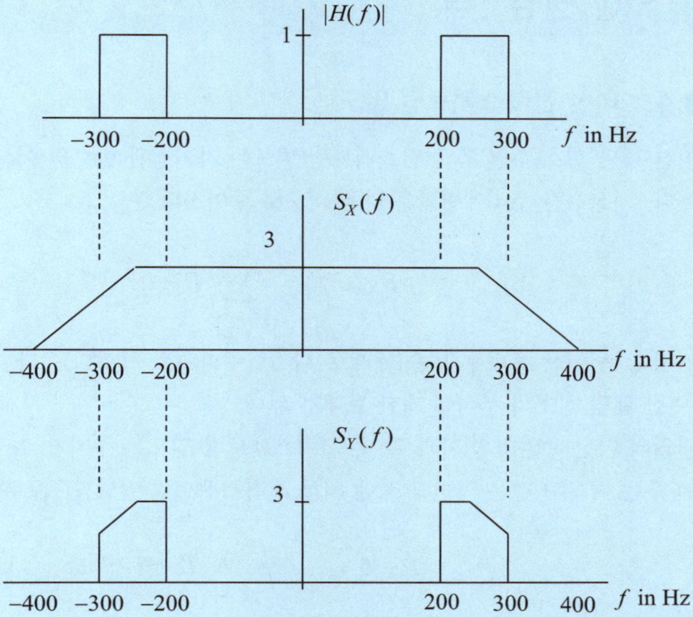

앞의 예제는 다음과 같은 중요한 결과에 대한 증명을 암시해 준다.

$$S_X(f) \geq 0, \text{ 모든 } f\text{에 대하여}$$

이 식은 식 (10.5)에 증명 없이 나타났었고 증명은 아래와 같다.

주파수축에 $S_X < 0$인 영역이 있다고 가정해 보자. 그 영역에 꼭 맞춘 협대역 필터를 만들고 (10.15)를 적용하면

$$S_Y(f) = |H(f)|^2 S_X(f)$$

가 되어 출력 전력스펙트럼 밀도 영역내 모든 점에서 $S_Y(f)$는 0이거나 음이 된다. 만약 식 (10.3)과 같이 적분을 하게 되면

$$\text{평균전력 } = \mathcal{E}\{|Y(t)|^2\} = \int_{-\infty}^{\infty} S_Y(f)df < 0$$

을 얻는다. 그러나 랜덤과정의 평균전력은 음이 될 수 없다! 수학적으로, 제곱의 기댓값 즉, $\mathcal{E}\{|Y(t)|^2\}$은 결코 음수가 될 수 없다. 그러므로 식 (10.5)는 유효하다.

10.4 이산 랜덤 신호

10.4.1 이산 전력스펙트럼 밀도

이산 랜덤 신호(수열)의 전력스펙트럼 밀도는 자기상관 함수의 이산시간 푸리에변환으로 정의된다. 이산시간 푸리에변환은 다음 식으로 주어진다.[5)]

$$S_X(e^{j\omega}) = \sum_{l=-\infty}^{\infty} R_X[l]e^{-j\omega l} \tag{10.16}$$

여기서 ω는 이산 주파수 변수(때때로 디지털주파수로 불린다)이다. 위 함수는 주파수영역에서 이산 랜덤 신호의 분석에 대한 토대가 된다.

임의의 이산 수열의 변환과 같이, 전력스펙트럼 밀도는 주기가 2π인 주기함수이다. 자기상관 함수는 다음과 같은 역변환 식에 의해 전력스펙트럼 밀도함수로부터 복원될 수 있다.

$$R_X[l] = \frac{1}{2\pi}\int_{-\pi}^{\pi} S_X(e^{j\omega})e^{j\omega l}d\omega \tag{10.17}$$

다음 예제를 생각해보자.

예제 10.8

랜덤과정의 단순하지만 유용한 모델중 하나가 다음과 같은 지수 자기상관함수를 갖는다. (예제 9.13 참조)

$$R_X[l] = Ca^{|l|}$$

여기서 a와 C는 $0 < a < 1$이며 $C > 0$인 실수 매개변수이다. 이 이산 자기상관 함수 역시 예제 10.2에서 토의했던 함수와 유사한 연속적인 지수 상관함수를 샘플링해서 얻을 수 있다.
이산 전력스펙트럼 밀도는 식 (10.16)에 의해 계산되며 합을 2개의 항으로 분리시킬 수 있다.

$$S_X(e^{j\omega}) = C\sum_{l=-\infty}^{\infty} a^{|l|}e^{-j\omega l} = C\sum_{l=-\infty}^{-1} a^{-l}e^{-j\omega l} + C\sum_{l=0}^{\infty} a^{l}e^{-j\omega l}$$

오른쪽 끝의 항은 기하급수의 공식을 이용해 닫힌 형태로 만들 수 있다. 즉,

$$C\sum_{l=0}^{\infty} a^{l}e^{-j\omega l} = C\frac{1}{1-ae^{-j\omega}}$$

5) $S_X(e^{j\omega})$의 표기법이 문헌에서 보통 사용되며 이산 랜덤과정의 전력스펙트럼 밀도를 다루고 있음을 분명하게 나타낸다; 그러나, 몇몇 저자들은 $S_X(\omega)$로 줄여서 쓰기도 한다.

그 앞의 항은 수학적인 계산을 좀 하면 다음과 같이 유도된다.

$$C \sum_{l=-\infty}^{-1} a^{-l} e^{-j\omega l} = C \frac{ae^{j\omega}}{1 - ae^{j\omega}}$$

그러므로 이런 항들의 합인 전력스펙트럼 밀도는 다음과 같다.

$$S_X(e^{j\omega}) = C \frac{1}{1 - ae^{-j\omega}} + C \frac{ae^{j\omega}}{1 - ae^{j\omega}} = \frac{C(1-a^2)}{(1 - ae^{-j\omega})(1 - ae^{j\omega})}$$

이 식은, 항들을 곱하고 오일러공식을 이용하여 다음과 같이 간단하게 줄일 수 있다.

$$S_X(e^{j\omega}) = \frac{C(1-a^2)}{1 + a^2 - 2a\cos\omega}$$

$C = 1$이고 $a = 0.8$일 때의 함수의 그림이 아래에 나타나있다. 스펙트럼은 매개변수 a가 양수인 경우에는 저역통과 필터를 나타낸다.

주기성분으로부터 발생하는 임펄스들을 제외하고 이산 랜덤과정의 전력스펙트럼 밀도가 ω의 연속함수라는 사실을 관찰하라[2]. 분석 도중 스펙트럼이 고속 푸리에변환(FFT)을 이용하여 샘플될 수도 있지만, 함수 그 자체는 연속이다.

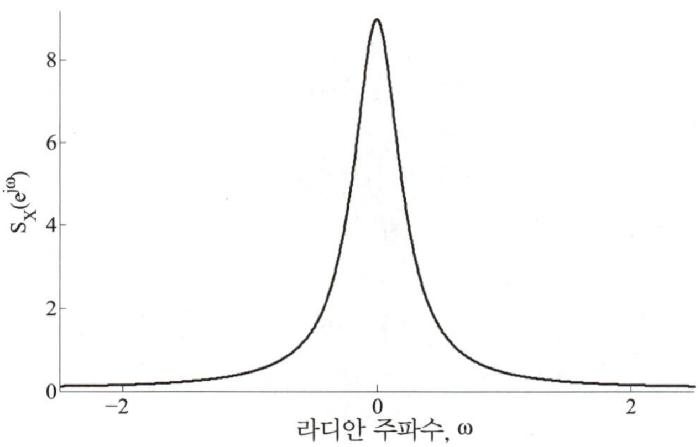

랜덤과정의 평균전력은 식 (10.17)에 $l = 0$을 대입하여 구한다.

$$R_X[0] = \mathcal{E}\{|X[k]|^2\} = \frac{1}{2\pi} \int_{-\pi}^{\pi} S_X(e^{j\omega}) d\omega \tag{10.18}$$

이 식은 이산 랜덤과정의 평균전력이 주파수영역의 한 주기에 퍼져있음을 보여주는데, 그 이름에 부합된다.

이산시간 PSD(전력스펙트럼 밀도)의 성질은 적분구간이 $-\infty \sim \infty$에서 $-\pi \sim \pi$로 바뀐 것만 제외하고는 10.1.2절에 소개되었던 연속시간 전력스펙트럼 밀도의 성질과 동일하다. 이

산 PSD를 표본 추출된 연속 랜덤과정의 스펙트럼에 관련시킬 때

$$\omega = 2\pi fT$$

와 같이 대체해야 한다. 여기서 T는 시간영역에서의 샘플 사이의 간격이며 진폭을 T에 의해 크기조정한다.

10.4.2 디지털시스템에서의 백색잡음

이산 랜덤과정을 논할 때 백색잡음을 간단하게 논의하는 것이 필요하다. 첫째로, $R_X[l] = \delta[l]$인 임의의 랜덤 수열(여기서 $\delta[l]$은 이산시간 임펄스[6] 혹은 단위 샘플 함수)을 "백색"과정 혹은 간단하게 "백색잡음"이라고 부른다.

특별히, 독립적이며 동일 분포인(IID) 랜덤변수 열은 분포에 관계없이 백색 스펙트럼이다. 그런 랜덤과정을 백색잡음의 연속적인 형태와 구별하기 위해 **디지털 백색잡음**이라고 명명하자. 식 (10.16)에 이 임펄스함수를 대입하면 디지털 백색잡음의 교차스펙트럼 밀도가 상수가 된다. 즉,

$$R_X[l] = \delta[l] \quad \Longleftrightarrow \quad S_X(e^{j\omega}) = 1 \tag{10.19}$$

디지털 백색잡음은 다양한 입력으로부터 발생할 수 있다. 앞의 장들에서 어떻게 가우스 백색잡음과 다른 가우스 과정들이 실생활에서 발생되는지를 보였다. 만약 가우스 백색잡음이 표본추출 되면 그 결과는 역시 백색이며 가우스이다. 반면에, 만약 양자화잡음이 근본적인 원인이라면 부가잡음은 백색이지만 균일분포를 갖는다. (부록 D를 참조하라)

이제 가우스 잡음과 10.2.2절에서 논의된 대역제한 백색잡음이 어떻게 관계를 가지는지 좀 더 논의해보자. 대부분의 결정적 신호나 랜덤 신호가 좀 높은 추출율로 샘플링이 되면 표본들로부터 재생될 수 있는 반면에 연속 백색잡음은 그것이 불가능하다. 왜냐하면 정의에 의해 무한대의 대역폭을 가지기 때문이다. 예를 들면, 샘플링정리의 대역제한 요구를 만족시키지 못한다[2]. 그 결과, 이산시스템의 분석을, 그림 10.2와 10.3에 나타난 스펙트럼과 자기상관함수를 가지는 대역제한된 백색잡음으로 제한할 필요가 있다. 그림 10.5는 대역제한된 백색잡음과정을 시간간격 $T = 1/2B$로 표본추출하여 얻어진 이산 자기상관함수와 PSD 함수를 보여준다.

6) 대괄호는 이산시간 임펄스를 연속시간 임펄스 $\delta(t)$와 구별하기 위해 사용된다.

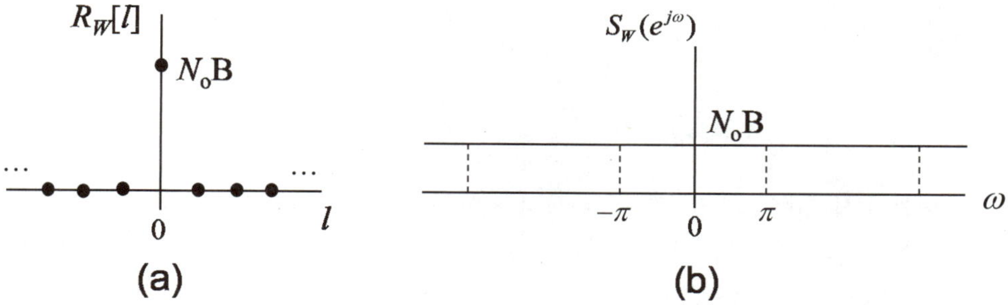

그림 10.5 디지털 백색잡음 (a) 자기상관 함수 (b) 전력스펙트럼 밀도

표본들이 그림 10.3에서 정확히 영이 되는 점에서만 추출되어 그림 10.5(b)의 이산시간 자기상관 함수가 $l = 0$에서만 유일하게 영이 아닌 값을 가짐을 주목하라. 그림 10.5(b)에 나타난 전력스펙트럼 밀도는 그림 10.2의 대역제한된 백색잡음의 스펙트럼의 크기조정된 복제물이다. 그러나, 표본추출된 시간함수에서 기인한 임의의 스펙트럼과 마찬가지로 주기 2π인 주기함수이다.

이산의 경우 평균전력은 $R_X[0] = N_o B$로 주어지며 이것은 대역폭과 그림 10.2의 전력스펙트럼 밀도함수의 곱이다. 잡음의 대역폭이 $2B$이며 $N_o/2$와 곱을 함으로써 2의 인자를 제거할 수 있기 때문에, 잡음밀도 매개변수를 $N_o/2$로 선택하는 이유가 명백해진다.

만약 잡음 대역폭이 실제의 신호의 대역폭을 초과한다면, 촘촘하게 샘플링(T=1/4B)하는 것이 더 많은 잡음이 겹쳐지기 때문에 좋지 않다. 이것은 공학자들이 만약 잡음의 대역폭이 신호의 대역폭을 초과할 때 신호를 샘플링하기 전에 왜 저역통과 에어라이징제거(lowpass anti-aliasing) 필터를 사용하는 지를 설명해 준다.

10.4.3 이산 선형시스템에 의한 변환

랜덤 입력 X에 대한 이산 선형시스템의 응답 Y가 이산 합성곱으로 다음과 같이 주어진다는 사실을 상기해보자.

$$Y[k] = h[k] \circledast X[k] = \sum_{i=-\infty}^{\infty} h[i]X[k-i] \tag{10.20}$$

여기서 $h[k]$는 시스템 임펄스 응답이다. 여기서 입력 X와 출력 Y를 가진 시스템과 V가 세 번째 랜덤과정임을 보여주는 제 9장의 그림 9.6에 관해 생각해보자. 거기서 상관함수 R_{XV}와 R_{YV}는 다음과 같은 합성곱의 관계임을 보였다.

$$R_{YV}[l] = h[l] \circledast R_{XV}[l]$$

이 식은 편의를 위해서 식 (9.36)을 다시 사용했는데 식 (10.20)과 유사하다. 이 식의 양변에 푸리에 변환을 취하면 다음과 같이 주파수영역에서의 관계를 구할 수 있다.

$$S_{YV}(e^{j\omega}) = H(e^{j\omega})S_{XV}(e^{j\omega}) \tag{10.21}$$

$$H(e^{j\omega}) = \sum_{k=-\infty}^{\infty} h[k]e^{-j\omega k} \tag{10.22}$$

여기서 식 (10.22)의 $H(e^{j\omega})$는 선형시스템의 이산시간 주파수응답이다.

식 (10.21)은 주파수영역에서의 여러 관계에 대한 기본식이다. 가장 중요한 결과들이 표 10.2에 나열되어 있다.

주파수영역
$S_{YX}(e^{j\omega}) = H(e^{j\omega})S_X(e^{j\omega})$
$S_Y(e^{j\omega}) = H(e^{j\omega})S_{XY}(e^{j\omega})$
$S_{XY}(e^{j\omega}) = H^*(e^{j\omega})S_X(e^{j\omega})$
$S_Y(e^{j\omega}) = H(e^{j\omega})H^*(e^{j\omega})S_X(e^{j\omega})$

[표 10.2] 이산 선형시스템에 의한 주파수영역 변환

표의 첫 번째와 두 번째 식은 식 (10.21)의 특별한 경우로 $V = X$로 또한 $V = Y$로 각각 치환함으로써 얻을 수 있다. 세 번째 식은 첫 번째 식에 푸리에 변환 항등관계를 적용하여 얻을 수 있으며, 마지막 식은 가장 많이 알려진 식으로 두 번째 식과 세 번째 식을 결합하여 얻어지고 다음과 같이 쓸 수 있다.

$$\boxed{S_Y(e^{j\omega}) = |H(e^{j\omega})|^2 S_X(e^{j\omega})} \tag{10.23}$$

이 절은 간단한 다음 예제를 함께 풀면서 결론을 짓는다.

예제 10.9

1차 선형 디지털 필터가 매개변수 $0 < a < 1$인 임펄스응답 $h[k] = a^k u[k]$를 가지고 있다. 주파수응답은 다음과 같다.

$$H(e^{j\omega}) = \frac{1}{1 - ae^{-j\omega}}$$

시스템의 입력이 매개변수 $N_0 = 1$인 백색잡음일 때 출력 전력스펙트럼밀도와 입출력 상호전력스펙트럼을 구해보자. 출력 전력스펙트럼밀도는 다음과 같이 주어진다.

$$S_Y(e^{j\omega}) = |H(e^{j\omega})|^2 S_X(e^{j\omega}) = \left(\frac{1}{1-ae^{-j\omega}}\right)\cdot\left(\frac{1}{1-ae^{+j\omega}}\right)\cdot 1 = \frac{1}{1+a^2-2a\cos\omega}$$

스펙트럼은 양의 실수이며 $a = 0.8$일 때 다음과 같이 나타난다.

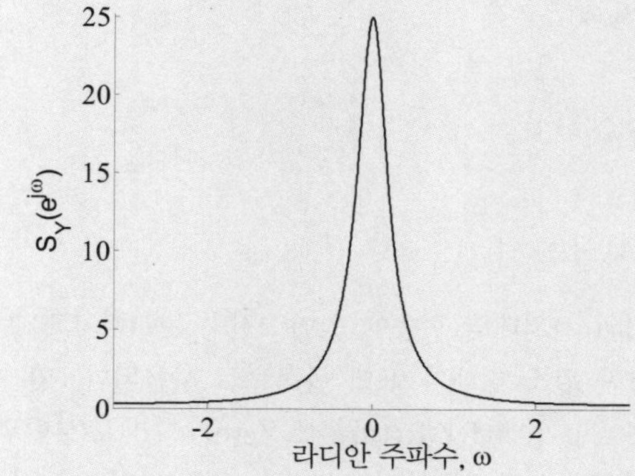

상호전력스펙트럼은 다음 식으로부터 구해진다.

$$S_{YX}(e^{j\omega}) = H(e^{j\omega})S_X(e^{j\omega}) = \frac{1}{1-ae^{-j\omega}}$$

이 식은 복소수이며 시스템 주파수응답과 동일하다.
상호전력스펙트럼은 크기응답과 위상응답이 각각 다음과 같이 주어진다.

$$|S_{YX}(e^{j\omega})| = \frac{1}{\sqrt{1+a^2-2a\cos\omega}} \qquad \angle S_{YX}(e^{j\omega}) = -\tan^{-1}\left(\frac{a\sin\omega}{1-a\cos\omega}\right)$$

$a = 0.8$일 때 이 식들이 다음에 그려져 있다.

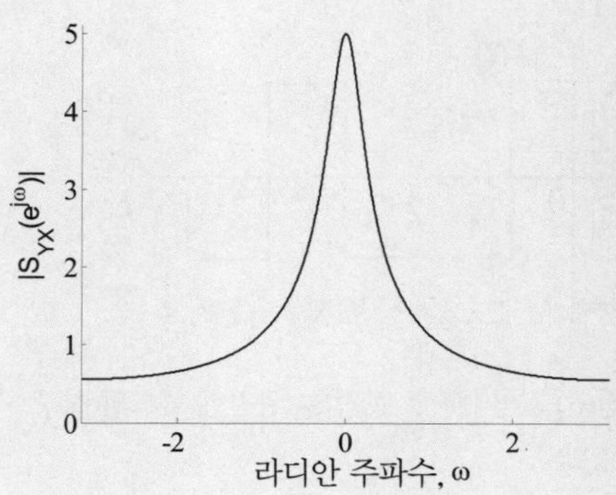

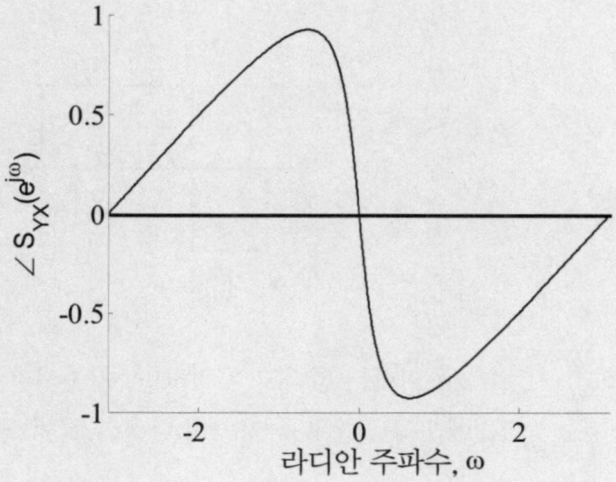

이 예제를 마치기 전에 예제 10.8의 자기상관 함수의 스펙트럼과 예제 10.9의 전력스펙트럼 S_X를 비교해 보는 시간을 가져보자. 크기요소만 제외하고는 두 개의 스펙트럼은 동일하다는 사실에 유의하라! 이것은 지수 자기상관 함수와 지수 임펄스응답을 가진 시스템이 매우 밀접한 관계를 가지고 있다는 사실을 보여준다. 특별히, 지수 자기상관 함수를 가진 랜덤과정이 백색잡음과 함께 지수 임펄스응답을 가진 시스템을 구동시킴으로써 발생될 수 있다.

10.5 응용

10.5.1 디지털 통신

2진 데이터의 기저대역 전송에 있어 2진수 논리값 1과 논리값 0은 전기펄스를 이용해 표현된다. 다양한 펄스 형태가 표현 목적으로 사용된다. 몇 개의 예를 들면, 극성 NRZ(Non Return to Zero), 양극 RZ(Return to Zero), 그리고 분할위상(Manchester) 등이다. 일반적으로, 이런 파형들은 준랜덤(semi-random) 2진 파형으로 언급된다. 2진수가 랜덤하게 발생되는 주어진 수열은 대응하는 펄스파형 또한 랜덤이다. 다음의 예제는 극성 신호방식에 대한 준랜덤 2진 파형의 자기상관함수와 전력스펙트럼밀도를 다룬다.

예제 10.10

극성 신호방식에서 논리값 1은 크기 A의 양이 전압에 의해 표현되며 논리값 0은 크기 $-A$의 음의 전압에 의해 표현된다. 각 2진수의 지속기간은 T_b이다. 다음 그림은 2진 수열 0 1 1 0 1 0 0 1 0에 대한 파형을 보여준다.

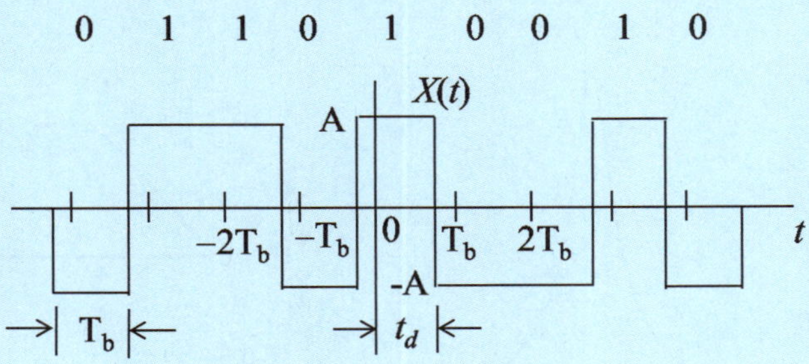

펄스 동기화는 없다고 가정하면, 기준시간 점($t = 0$)에 관한 첫 번째 완전한 펄스의 시작시간이 $[0, T_b]$에서 균일분포를 가지며 다음과 같이 표현된다.

$$f_{T_d}(t_d) = \begin{cases} \dfrac{1}{T_b}, & 0 \le t_d \le T_b \\ 0, & \text{그 외} \end{cases}$$

1과 0의 발생이 거의 동일하다고 가정해보자. 즉, 임의의 비트구간 동안에 펄스크기가 동일 확률로 $\pm A$이다. 또한 각 비트구간별 그 발생이 독립이다. 따라서 과정의 평균은

$$m_X(t) = \mathcal{E}\{X(t)\} = 0$$

이다. 또한 자기상관 함수는 다음과 같다.

$$R_X(t,\tau) = \mathcal{E}\{X(t)X(t-\tau)\}$$

시간지연 τ의 2가지 경우 즉, $|\tau| > T_b$와 $|\tau| < T_b$ 일 때의 자기상관 함수를 구해보자.
$|\tau| > T_b$인 경우, 랜덤변수 $X(t)$와 $X(t-\tau)$는 서로 다른 비트구간에서 발생하며 서로 독립적이다. 그 결과는 다음과 같다.

$$R_X(t,\tau) = \mathcal{E}\{X(t)X(t-\tau)\} = \mathcal{E}\{X(t)\}\mathcal{E}\{X(t-\tau)\} = 0$$

$\tau < T_b$이고 $t_d > T_b - |\tau|$인 경우, 랜덤변수들은 서로 다른 비트구간에 발생하며 위의 결과와 같이 자기상관함수는 0이다.
$0 \le |\tau| < T_b$이고 $0 \le t_d < T_b - |\tau|$인 경우 랜덤변수들은 동일한 비트구간 안에서 발생한다. 그러므로, 아래와 같이 조건부 기댓값으로 표현할 수 있다.

$$\begin{aligned} R_X(t,t-\tau|t_d) &= \mathcal{E}\{X(t)X(t-\tau) \mid t_d < T_b - |\tau|\} \\ &= \begin{cases} A^2, & 0 < |\tau| < T_b \text{ 와 } 0 < t_d < T_b - |\tau| \\ 0, & \text{그 외} \end{cases} \end{aligned}$$

자기상관 함수는 t_d에 관한 위의 항들에 기댓값을 취함으로써 구해진다.

$$\begin{aligned} R_X(t,t-\tau) &= \mathcal{E}\{R_X(t,t-\tau|t_d)\} = \int_{-\infty}^{\infty} \mathcal{E}\{R_X(t,t-\tau|t_d)\}\, f_{T_d}(t_d)\, dt_d \\ &= \frac{1}{T_b}\int_0^{T_b-|\tau|} A^2\, dt_d \qquad 0 \le |\tau| < T_b \\ &= \frac{A^2}{T_b}(T_b - |\tau|) \qquad 0 \le |\tau| < T_b \end{aligned}$$

자기상관 함수가 오직 τ에 대해 종속되므로, 이 랜덤과정은 정상이다.
그러므로, 다음과 같이 간단하게 표현할 수 있다.

$$R_X(\tau) = \begin{cases} A^2\left(1 - \dfrac{|\tau|}{T_b}\right) & \text{for } 0 \le |\tau| < T_b \\ 0 & \text{그 외} \end{cases}$$

자기상관 함수의 그림이 아래에 나타나있다. 이 펄스 파형의 자기상관함수가 삼각형의 모습을 가진 것에 유의하라.

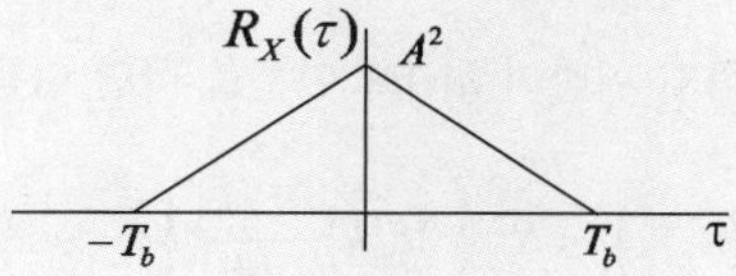

$X(t)$의 전력스펙트럼 밀도는 이 자기상관 함수를 푸리에변환을 시킴으로써 구해지며 다음 식으로 주어진다. (연습문제 10.4 참조)

$$S_X(f) \quad = \quad \mathcal{F}\{R_X(\tau)\} = A^2 T_b \left(\frac{\sin \pi f T_b}{\pi f T_b}\right)^2$$

$(\sin z/z)^2$의 모양을 가진 전력스펙트럼 밀도가 아래에 그려져 있다.

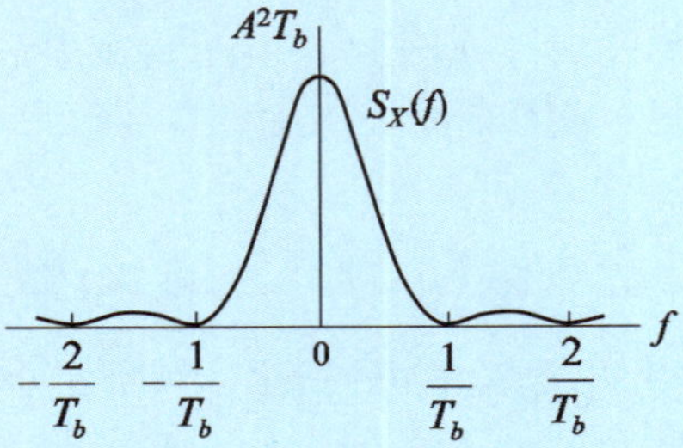

기저대역통신에서, 전력스펙트럼 밀도의 첫 번째 0 대역폭(the first null bandwidth)은 전송에서 서로 다른 펄스들을 평가할 때 성능지수로 사용된다. 그림으로부터 극성 신호방식의 첫 번째 0 대역폭은 $1/T_b$이다.

만일 극성 신호의 비트주기가 1msec이면 첫 번째 0 대역폭은 1kHz이다. 다시 말해, 극성 신호방식을 사용하여 1000[비트/초]를 전송하기 위해서는 첫 번째 0 대역폭이 1kHz가 필요하다.

10.5.2 주파수영역에서의 최적 필터링

9.6.2절에 매개변수 a_i의 유한한 집합에 의해 표현되는 유한 임펄스응답(FIR) 선형시스템과 함께 최적 필터링의 문제가 논의되었다. 그 개념이 제 9장의 그림 9.8에 잘 나타나 있다. 자 이제 최적 필터링 문제로 돌아가서 임펄스응답의 개수를 양쪽 방향으로 무한대로 확장하고 주파수영역에서 분석해보자. 임펄스응답의 개수가 ∞인 필터를 무한 임펄스응답(IIR) 필터라고 한다. 이 필터는 입력수열의 과거와 미래값 모두에 작용하므로 비인과적(noncausal)이다.

원하는 신호의 추정은 시간영역에서 합성곱으로 다음 식과 같이 표현될 수 있다.

$$\hat{D}[k] = \sum_{i=-\infty}^{\infty} h[i]x[k-i]$$

여기서 $h[i]$는 임펄스응답의 수열이다. 추정에서의 오차는 다음 식과 같다.

$$\mathcal{E}[k] = D[k] - \hat{D}[k] = D[k] - \sum_{i=-\infty}^{\infty} h[i]X[k-i] \tag{10.24}$$

평균제곱오차를 최소로 하기 위하여 $h[l]$로 미분을 하면 다음과 같다.

$$\frac{\partial}{\partial h[l]}\left(\mathcal{E}\left\{\mathcal{E}^2[k]\right\}\right) = \mathcal{E}\left\{2\mathcal{E}[k]\frac{\partial \mathcal{E}[k]}{\partial h[l]}\right\} = -2\mathcal{E}\left\{\mathcal{E}[k]X[k-l]\right\} = 0 \tag{10.25}$$

식 (10.25)의 맨 오른쪽 조건은 직교성의 원리를 표현한다. 식 (10.24)를 식 (10.25)에 대입하고 기댓값을 취하면 아래 식으로 표현된다.

$$\mathcal{E}\left\{\left(D[k]-\sum_{i=-\infty}^{\infty} h[i]X[k-i]\right)X[k-l]\right\}=R_{DX}[l]-\sum_{i-\infty}^{\infty} h[i]R_X[l-i]=0$$

마지막으로, 합성곱과 자기상관 함수를 푸리에변환하면 주파수영역에서는 곱과 전력스펙트럼 밀도로 바뀌게 되며 다음 식을 준다.

$$S_{DX}(e^{\jmath\omega})-H(e^{\jmath\omega})S_X(e^{\jmath\omega})=0$$

그러므로 최적 필터의 상응하는 해는 다음과 같다.

$$\boxed{H(e^{\jmath\omega})=\frac{S_{DX}(e^{\jmath\omega})}{S_X(e^{\jmath\omega})}} \tag{10.26}$$

이 절을 예제 9.19와 비슷한 문제를 풀면서 정리해 보자. 신호 대 잡음비에 대한 조건은 예제 9.19와 같지만 여기서는 비인과 필터를 사용하며 그 필터를 주파수영역에 적용해본다.

예제 10.11

비인과 필터를 이용해 백색잡음 하에서의 실수 랜덤 신호의 값을 추정해보자. 관찰된 수열은 다음 식으로 주어진다.

$$X[k]=S[k]+N[k]$$

여기서 $R_S[l]=2(0.8)^{|l|}$과 $R_N[k]=2\delta[k]$이며 N은 S와 서로 상관이 없다.
신호와 잡음은 상관이 없으므로, 다음을 얻는다. (예제 9.19 참조)

$$R_{DX}[l]=R_S[l] \text{ 그리고 } R_X[l]=R_S[l]+R_N[l]$$

따라서 주파수 영역에서는 다음과 같다.

$$S_{DX}(e^{\jmath\omega})=S_S(e^{\jmath\omega}) \quad \text{그리고} \quad S_X(e^{\jmath\omega})=S_S(e^{\jmath\omega})+S_N(e^{\jmath\omega}) \text{ 이며}$$

신호는 지수 자기상관 함수를 가지기 때문에 전력스펙트럼 밀도는 예제 10.8에서 유도된 형태를 가지는 반면에 잡음의 전력스펙트럼 밀도는 상수($S_N=2$)이다.
식 (10.26)에 필요한 항들은 다음과 같이 계산된다.

$$S_{DX}(e^{\jmath\omega})=S_S(e^{\jmath\omega})=\frac{2(1-(0.8)^2)}{(1-0.8e^{-\jmath\omega})(1-0.8e^{\jmath\omega})}=\frac{0.72}{(1-0.8e^{-\jmath\omega})(1-0.8e^{\jmath\omega})}$$

$$S_X(e^{\jmath\omega})=\frac{0.72}{(1-0.8e^{-\jmath\omega})(1-0.8e^{\jmath\omega})}+2=\frac{3.2(1-0.5e^{-\jmath\omega})(1-0.5e^{\jmath\omega})}{(1-0.8e^{-\jmath\omega})(1-0.8e^{\jmath\omega})}$$

식 (10.26)으로부터

$$H(e^{j\omega}) = \frac{0.72}{(1-0.8e^{-j\omega})(1-0.8e^{j\omega})}\cdot\frac{(1-0.8e^{-j\omega})(1-0.8e^{j\omega})}{3.2(1-0.5e^{-j\omega})(1-0.5e^{j\omega})}$$
$$= \frac{0.225}{(1-0.5e^{-j\omega})(1-0.5e^{j\omega})}$$

이것을 간단히 하면 최적필터는 위상이 0이며 크기는 $\frac{0.225}{1.25-\cos\omega}$인 것을 알 수 있다.

위의 예제의 필터 성능과 예제 9.19의 유한 임펄스응답의 필터 성능을 비교해 보는 것은 흥미있는 일이다. 불행하게도, 평균제곱오차의 계산은 이 책의 수준을 넘는 수리적인 방법을 포함하므로 여기서는 결과만 나열한다. 참고문헌[2]에서 제시한 방법으로 최적 비인과 필터의 평균제곱오차를 계산해보면 0.6이고, 예제 9.19의 FIR필터는 0.7647의 평균제곱오차를 가진다.

10.6 요약

이 장은 주파수영역에서의 랜덤 신호의 해석과 표현에 집중한다. 제9장의 시간영역에서 다루었던 주제들과 기법들이 제10장의 주파수영역에서 재공식화 되었다.

분석의 도구는 전력스펙트럼 밀도와 상호전력스펙트럼 밀도이며 이것은 각각 자기상관 함수와 상호상관 함수의 푸리에변환이다. 이런 함수들은 시간영역으로부터 물려받은 성질들과 함께 앞에서 소개되었다.

다음 절은 백색잡음과 대역제한된 백색잡음을 랜덤과정으로 논한다. 백색잡음은 전력이 주파수 전체에 걸쳐 편평하게 퍼져 있는 랜덤과정으로 이로부터 그 이름이 유래되었다. 백색잡음의 주파수영역 표현은 다소 직관적이며, 이 과정이 시간영역에서 처음 소개되었을 때 발생했던 여러 가지 어려움을 해소해 준다.

그 다음에는 선형 시불변 시스템에 의한 랜덤과정의 변환이 토의된다. 제9장에 주어진 시간영역의 결과로부터 주파수영역의 결과가 자연스럽게 얻어진다. 즉, 시간영역에서 시스템 임펄스응답과의 합성곱으로 표현되는 상관함수에 관한 연산이, 주파수영역에서는 시스템 주파수응답과 전력스펙트럼 밀도의 곱의 연산으로 변환된다.

이 장의 처음 3개의 절에서의 주제는 연속적인 랜덤 신호들과 연속 선형시스템이다. 그 다음에는 이산 랜덤 신호와 시스템을 취급한다. 두개의 서로 다른 경우에 대한 토의와 명시적인 공식을 통하여 유사점과 차이점이 분명해진다.

이 장은 주파수영역 방법의 두 가지 응용을 다루면서 끝을 맺는다. 이 중 하나는 연속시간에서 공식화되는 반면에 나머지는 이산시간에서 수행된다. 디지털 통신 문제는 연속시간 개념의 응용으로 다루어지고, 반면에 최적 필터 문제는 이산시간의 응용으로 설명된다.

참고문헌

[1] Alan V. Oppenheim and Alan S. Willsky. *Signals and Systems*. Prentice Hall, Inc., Upper Saddle River, New Jersey, second edition, 1997.

[2] Charles W. Therrien. *Discrete Random Signals and Statistical Signal Processing*. Prentice Hall, Inc., Upper Saddle River, New Jersey, 1992.

연습문제

전력스펙트럼 밀도

10.1 제 9장의 문제 9.2에 주어진 가우스 랜덤과정의 자기상관 함수를 생각해보자. 이 함수의 전력스펙트럼 밀도 $S_X(f)$를 구하라.

10.2 제 9장의 문제 9.4에 랜덤과정의 자기상관 함수를 구하고 대응하는 전력스펙트럼 밀도를 계산하라.

10.3 제 9장의 문제 9.8에 주어진 랜덤과정 $X(t)$의 자기상관 함수를 구하고 전력스펙트럼 밀도 $S_X(f)$를 구하라.

10.4 예제 10.10에 나타난 삼각형모양의 자기상관 함수의 푸리에변환이 아래 식으로 주어지는 것을 증명하라.

$$S_X(f) = A^2 T_b \left(\frac{\sin \pi f T_b}{\pi f T_b} \right)^2$$

힌트 : 폭이 T_b인 사각펄스 $p(t)$의 푸리에 변환을 생각해보자. 중첩 $p(t) \circledast p(-t)$는 예제 안의 $R_X(\tau)$와 비슷한 삼각파이다. $S_X(f)$를 구하기 위해 합성곱에 대한 푸리에 변환의 성질을 사용하라.

10.5 2진 랜덤 신호의 자기상관 함수가 다음과 같이 주어진다.

$$R_X(\tau) = e^{-2|\tau|}$$

(a) 전력스펙트럼 밀도가 다음 식으로 주어짐을 증명하라.

$$S_X(f) = \frac{1}{1 + \pi^2 f^2}$$

(b) 신호의 평균전력은 얼마인가?

(c) 신호가 다음과 같은 주파수응답을 가진 필터를 통과한다.

$$H(f) = \begin{cases} 2 & |f| \le 1 \\ 0 & \text{그 외} \end{cases}$$

출력 전력스펙트럼 밀도 $S_Y(f)$를 그려라.

(d) 필터출력의 평균전력을 구하라. 답은 올바른 적분구간을 포함한 적분 형태로 표시해도 좋다.

10.6 랜덤과정의 상호상관함수가 다음과 같이 주어진다.

$$R_{XY}(\tau) = 5e^{-\tau}u(\tau) + 2$$

상호전력스펙트럼 밀도 $S_{XY}(f)$를 구하라.

선형시스템의 응답

10.7 제9장의 문제 9.24에 대하여 다음 질문에 답하라. (입력의 평균은 0으로 가정한다)

(a) 시스템의 주파수응답 $H(f)$는?

(b) $S_X(f)$를 구하기 위해 제 9장의 문제 9.24에서 계산한 것과 같이 $R_Y(\tau)$의 푸리에변환을 구하라.

(c) (b)의 결과를 확인하기 위해 공식 $S_Y(f) = |H(f)|^2 S_X(f)$를 사용하라.

(d) 출력에 대해 계산된 자기상관 함수 $R_Y(\tau)$로부터 평균 출력전력 $\mathcal{E}\{Y^2(t)\}$을 구하라.

(e) 전력스펙트럼 밀도를 주파수에 대해 $-\infty \sim \infty$까지 적분함으로써 평균 출력전력을 구하라. 이 부분에 대해 정적분 표를 사용해보라.

10.8 주파수 레벨이 $N_o/2 = 3$인 백색 가우스 잡음이 이상적인 대역통과 필터로 입력된다. 대역통과 필터응답이 아래와 같다.

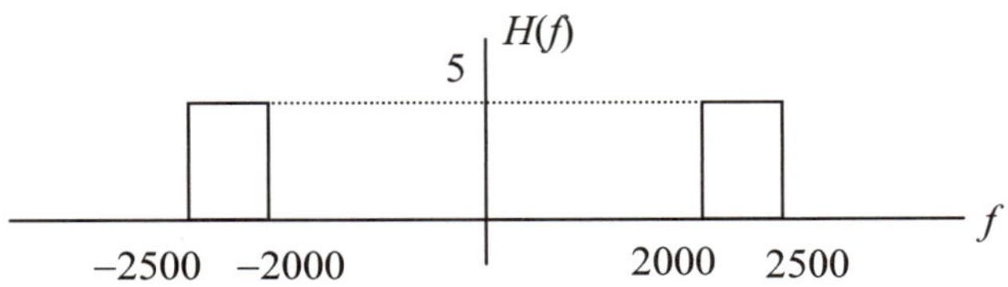

(a) 입력 신호의 전력스펙트럼 밀도함수를 구하고 그려라.

(b) 출력 전력스펙트럼 밀도는 무엇인가? (그래프를 그려라)

(c) 출력 전력을 계산하라.

10.9 연습문제 10.8에 나타난 필터를 생각해 보자. 필터의 입력이 다음과 같이 주어진다.

$$X(t) = 2\cos(4400\pi t + \Phi) + W(t)$$

여기서 $W(t)$는 주파수 레벨이 $N_o/2 = 4$인 백색 가우스 잡음이고 Φ는 $[-\pi, \pi]$ 범위에서 균일분포를 가진다. $W(t)$와 Φ는 독립이라고 가정한다.

(a) 입력 전력스펙트럼 밀도함수를 구하고 그려라.

(b) 출력 전력스펙트럼 밀도를 그려라.

(c) 출력 신호 대 잡음비를 dB로 표시하라.

10.10 다음과 같은 임펄스응답 함수를 가지는 선형 시불변 시스템을 고려해보자.

$$h(t) = 3e^{-2t}u(t).$$

이 시스템은 다음과 같은 전력스펙트럼 밀도함수를 가지는 랜덤과정에 의해 구동된다.

$$S_X(f) = 16 \text{ Watts/Hz}.$$

(a) 시스템 출력의 평균을 구하라.

(b) 시스템 출력의 분산을 구하라.

(c) 시스템의 입력 $X(t)$가 백색 가우스 과정이다. 이 경우 출력 Y의 확률밀도함수를 표시하라.

10.11 선형시스템이 임펄스응답 $h(t) = e^{-at}u(t)$에 의해 표현된다. 입력이 다음과 같은 자기상관 함수를 가지는 백색잡음과정이다.

$$R_X(\tau) = \frac{N_o}{2}\delta(\tau).$$

(a) 출력 랜덤과정이 상관함수 $R_Y(\tau)$를 구하라.

(b) 입력의 전력스펙트럼 밀도함수를 구하라.

(c) 출력의 전력스펙트럼 밀도함수를 구하라.

(d) 출력의 총 평균전력을 구하라.

10.12 제9장의 문제 9.25에 나타난 시스템을 생각해보자. 입력 $X(t)$는 평균이 0이고 $R_W(\tau) = \delta(\tau)$이다.

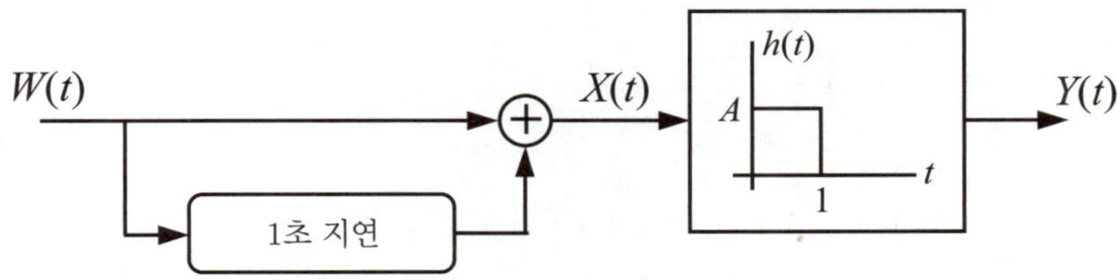

(a) 임펄스응답 $h(t)$에 대응하는 주파수응답 $H(f)$를 구하라.

(b) 전력스펙트럼 밀도 $S_X(f)$를 구하라.

(c) 출력 전력스펙트럼 밀도 $S_Y(f)$를 구하라. 가능한 가장 간단한 형태로 표시하라.

10.13 어떤 신호가 평균이 0이고 자기상관 함수가 $R(\tau) = e^{-500|\tau|}$인 연속 가우스 랜덤과정 $X(t)$에 의해 모델링이 된다.

(a) 랜덤과정 $X(t)$의 전력스펙트럼 밀도를 구하라.

(b) 신호 $X(t)$가 다음과 같은 주파수응답을 가지는 저역통과 필터에 입력이 된다.

$$H(f) = \begin{cases} Ae^{-j0.2f} & -500 \le f \le 500 \text{ (Hz)} \\ 0 & \text{그 외} \end{cases}$$

여기서 A는 상수이다. 출력신호의 전력스펙트럼 밀도함수를 구하고 그려라.

10.14 예제 10.16에 주어진 출력 전력스펙트럼 밀도가 다음과 같다.

$$S_Y(f) = \frac{3}{4}\left(\frac{1}{1+\pi^2 f^2}\right) + \frac{1}{2}\delta(f)$$

이것이 아래에 주어진 자기상관 함수를 직접 푸리에변환을 해서 얻을 수 있음을 증명하라.

$$R_Y(\tau) = \frac{3}{4}e^{-2|\tau|} + \frac{1}{2}$$

이산 랜덤 신호

10.15 이산 랜덤과정의 자기상관 함수가 다음 식으로 주어진다.

$$R_X[l] = 0.3\delta[l+2] + 2\delta[l+1] + 5\delta[l] + 2\delta[l-1] + 0.3\delta[l-2]$$

(a) 전력스펙트럼 밀도 $S_X(e^{j\omega})$를 구하고 그려라.
(b) 이 전력스펙트럼 밀도는 유효한가?

10.16 제 9장의 문제 9.20에 관해 다음 질문에 답하라. (입력의 평균은 0으로 가정한다)
(a) 시스템의 주파수응답 $H(e^{j\omega})$는?
(b) 자기상관 함수 $R_Y[l]$의 이산시간 푸리에변환인 출력 전력스펙트럼 밀도함수 $S_Y(e^{j\omega})$를 구하라.
(c) $S_Y(e^{j\omega}) = |H(e^{j\omega})|^2 S_X(e^{j\omega})$의 공식을 이용하여 (b)번 문제의 결과를 확인해보라.
(d) $S_Y(e^{j\omega})$가 실수이며 모든 ω의 값에 대해 양수임을 증명하라.

10.17 다음의 이산 랜덤과정의 전력스펙트럼 밀도가 유효한지 혹은 그렇지 않은지를 진술하라. 만약 유효하지 않는 경우는 그 이유를 말하라.

(a) $S_X(e^{j\omega}) = e^{-\frac{\omega^2}{2}}$
(b) $S_X(e^{j\omega}) = e^{\sin\omega}$
(c) $S_X(e^{j\omega}) = \sqrt{\cos\omega}$
(d) $S_X(e^{j\omega}) = 0.2 + 0.8(1+\cos\omega)$
(e) $S_X(e^{j\omega}) = \dfrac{\sin\omega}{\omega^3}$
(f) $S_X(e^{j\omega}) = \delta_c(e^{j\omega} - 1)$

10.18 다음의 자기상관 함수가 유효한지 혹은 그렇지 않은지를 진술하라. 만약 유효하지 않은 경우는 그 이유를 말하라.

(a) $R_X[l] = (\sin l)^2$
(b) $R_X[l] = 1 - u[l-4] - u[-4-l]$
(c) $R_X[l] = \begin{cases} \cos l & -\pi < l < \pi \\ 0 & \text{그 외} \end{cases}$
(d) $R_X[l] = \dfrac{1}{|l|!}$

10.19 다음의 상관함수에 대응하는 전력스펙트럼 밀도함수를 구하고 이 함수들이 실수이고 음수가 아님을 증명하라.

(a) $R_X[l] = \begin{cases} 3 - |l| & -3 \le l \le 3 \\ 0 & \text{그 외} \end{cases}$
(b) $R_X[l] = 2(-0.6)^{|l|} + \delta[l]$

10.20 어떤 랜덤변수가 다음과 같이 정의된다.

$$X[k] = A\cos\omega_o k + W[k]$$

여기서 A는 평균이 0이고 분산이 σ_A^2인 정규 랜덤변수이며 $W[k]$는 A와 독립이고 분산이 σ_w^2인 백색잡음 과정이다.

(a) $X[k]$의 자기상관 함수를 구하라.

(b) $X[k]$의 전력스펙트럼을 정의할 수 있을까? 만약 그렇다면 전력스펙트럼 밀도함수는?

(c) 정현파가 $[-\pi, \pi]$에서 균일분포를 가지는 랜덤 위상일 때의 경우에 (a), (b)를 반복하라.

10.21 선형 시불변 시스템 FIR 필터가 다음 식과 같은 임펄스응답을 가진다.

$$h[k] = \delta[k] - \frac{1}{2}\delta[k-1] + \frac{1}{4}\delta[k-2]$$

이 필터는 분산이 σ_o인 백색잡음 과정 $X[k]$에 의해 구동된다.

(a) 출력의 자기상관 함수 $R_Y[l]$을 구하라.

(b) 출력 전력스펙트럼 밀도함수 $S_Y(e^{j\omega})$를 구하라.

10.22 주어진 인과 선형 시불변 시스템이 다음과 같은 차분방정식에 의해 표현된다.

$$Y[k] = 0.2Y[k-1] + X[k]$$

(a) 입력이 분산이 1인 백색잡음일 때 출력의 상관함수 $R_Y[l]$를 구하라.

(b) 출력 전력스펙트럼 밀도 $S_Y(e^{j\omega})$를 구하라.

(c) 입력이 평균이 0이고 자기상관 함수가 아래 식과 같을 때 출력의 전력스펙트럼 밀도 $S_Y(e^{j\omega})$를 구하라.

$$R_X[l] = 2(0.5)^{|l|}$$

컴퓨터과제

과제 10.1

이 프로젝트에서는 주어진 두개의 수열에 대한 자기상관 함수와 상호상관 함수뿐만 아니라 전력스펙트럼 밀도와 상호전력스펙트럼 밀도함수도 계산하게 된다. 또한 실험결과와 이론 결과를 비교할 것이다.

1. 다음 이산 시간수열을 생성하라.

$$\begin{aligned} y[k] &= 5\cos(0.12\pi k + 0.79) \\ x[k] &= y[k] + 7w[k] \\ &\quad (0 \le k \le 199) \end{aligned}$$

여기서 $w[k]$는 평균이 0이며 분산이 1인 백색 가우스 잡음 열이다. $x[k]$의 신호 대 잡음비는 얼마인가?

2. $-100 \le l \le 100$에 대해 자기상관 함수 $R_X[l]$을 구하라. 추정량을 사용하라.

3. 자기상관함수의 이산푸리에변환(DFT)인 전력스펙트럼 밀도의 추정값을 구하라. $y[k]$, $x[k]$, $R_X[l]$과 전력스펙트럼 밀도(반드시 실수이어야 한다)를 그려라. 동일한 페이지 안에 이 모든 양들을 그려라. 그림에서 적당한 값으로 축을 표시하라.
4. $-100 \leq l \leq 100$에 대해 상호상관함수를 구하라. $R_{XY}[l]$의 이산 푸리에변환인 상호전력스펙트럼 밀도함수의 추정값을 구하라. $y[k]$, $x[k]$, $R_{XY}[l]$와 상호전력스펙트럼 밀도함수의 크기를 동일한 페이지에 그려라.
5. 이론적인 값들과 계산된 양들을 비교해보라.

매틀랩 프로그래밍 노트

MATLAB 함수 "xcorr"는 자기상관 함수와 상호상관 함수를 추정하기 위해 사용될 수 있다. "unbiased" 선택사양을 사용하라. MATLAB "fft"함수는 이산 푸리에 변환(DFT)을 위해 사용될 수 있다.

과제 10.2

제 9장의 컴퓨터 프로젝트 9.3은 미지의 시스템 식별을 조사한다. 그 절차는 시간영역에서 백색잡음 입력을 이용하여 수행된다. 이 프로젝트에서 동일한 문제가 주파수영역에서 수행된다.

1. 미지의 시스템의 전달함수에 관한 프로젝트 9.3에 대해 생각해보자. 시스템의 주파수 응답은 $z = e^{-j\omega}$를 대입함으로써 얻어진다. 주파수응답 $|H(e^{j\omega})|$의 크기를 구하고 그려라. 주파수응답을 그리기 위해서 적어도 256개의 주파수 샘플을 사용하라.
2. 단위 분산 백색 가우스 수열인 입력 $X[k]$의 10000개의 샘플을 생성하고 입력수열이 백색잡음에 대한 자기상관 함수를 가진다는 것을 검증하기 위해 $-128 \leq l \leq 127$일 때 자기상관 함수 $R_X[l]$을 그려라.
3. 입력 $X[k]$와 함께 미지의 시스템의 출력 $Y[k]$를 생성하라. $0 \leq l \leq 127$에 대해 상호상관 함수 $R_{YX}[l]$을 구하라. 또한, 상호상관 함수의 푸리에변환인 상호전력 스펙트럼 밀도의 크기를 계산하고 그린 후 이것을 단계 1에서 구한 주파수응답의 크기와 비교해보라.
4. 길이 1,000개와 100,000개의 입력수열에 대해 단계2부터 단계5까지 반복하라.

매틀랩 프로그래밍 노트

단계1에서 주파수응답을 계산하기 위해 MATLAB함수 "freqz"를 쓸 수 있다. MATLAB함수 "xcorr"는 자기상관함수와 상호상관함수를 추정하기 위해 사용될 수 있다. "unbiased"선택사양을 사용하라. MATLAB함수 "fft"는 이산 푸리에변환을 위해 사용될 수 있다.

11 마르코프, 푸아송, 대기행렬 과정

11.1 푸아송 모델

11.2 이산시간 마르코프 체인

11.3 연속시간 마르코프 체인

11.4 기본 대기행렬 이론

11.5 요약

이 장에서는 두 가지 특별한 형태의 랜덤과정, 즉, 마르코프와 푸아송 과정과 그것의 대기행렬 시스템에의 응용을 다룬다. 이 두 랜덤과정의 특징은 이미 앞의 장들에서 보였는데 이 마지막 장에서는 이 랜덤과정들에 대한 지식을 한데 모으고 조금 더 확장시키고자 한다. 특별히, 여기에서는 랜덤 서비스 요청과 서비스 시간으로 특징지어지는 시스템을 분석하기 위한 이론과 기법들이 논의될 것이다. 그러한 시스템의 예는 다중사용자나 다중프로세서 컴퓨터 운영체계, 컴퓨터 망, 스위치, 라우터 등에서의 트래픽을 들 수 있다.

이 장은 몇 개의 기본 정리들로부터 유도되는 푸아송 과정에 대하여 설명하는 것으로부터 시작된다. 이 랜덤과정은 이전에 언급되었던 다양한 형태의 랜덤변수들과 관련이 있다. 그 다음에는, 8장에서 소개되었던 마르코프체인의 이산형에 대하여 설명한다. 이 랜덤과정은 그 과정의 미래의 확률적 거동을 결정하는 "상태(state)"를 가지고 있고, 시간에 따라 진화하는 많은 실제 과정들을 모델링하는 데에 유용하다. 마르코프와 푸아송과정은 결합되어 연속시간 마르코프체인이 된다. 이 랜덤과정 역시, 상태에 의하여 특징지어질 수 있으나 상태전이는 랜덤으로 푸아송 모델에 따라, 임의의 시간 (즉, 특정한 간격의 이산 점이 아닌 시간)에 일어날 수 있다. 이 결합된 모델은 위에 기술한 컴퓨터나 망의 문제들을 표현하는 데에 필요하다.

다음으로는, 앞에서 확립된 도구와 개념을 바탕으로 대기행렬 이론이 소개된다. 이는 확률과 통계이론의 한 분야로 결합된 시스템에 대한 분석 방법을 취급한다. 특히, 대기행렬 모델은 시스템의 메시지 트래픽 정보를 기술하고, 다양한 운영 조건 하에서 서비스 시간을 추정하거나, 지연시간을 예측하고, 필요한 자원을 추정하는데 (혹은 재앙을 미리 예측하는 데에) 사용된다. 현대의 컴퓨터 망에 관한 연구는 최소한 대기행렬 시스템에 관한 기초적인 이해를 필요로 한다.

11.1 푸아송 모델

이 책의 앞선 장에서, 우리는 “사건”의 도착를 다루는 랜덤변수들의 몇 가지 확률분포 형태를 접했다. 이들의 기본개념에 대하여 복습해 보자.

1. 푸아송 확률질량함수(PMF) (3장)는 기간 t의 연속 시간 안에 도착하는 이산 사건들 (전화 호출, 프린트 작업, 웹페이지 상에서의 “접속(hits)”등)의 개수 K를 규정할 수 있는 방법으로 소개되었다. 이러한 사건들의 도착율을 λ로 가정하면, 푸아송 PMF의 매개변수는 $\alpha = \lambda t$로 주어진다.
2. 지수 확률밀도함수(PDF) (3장)는 다음 사건까지의 대기시간(waiting time), 또는 동등하게, 연속되는 두 사건의 도착간격시간 T를 규정하기 위해 소개되었다. 따라서, T는 연속 랜덤변수 이다.
3. 5장에서, 얼랑 PDF는 K번째 사건이 발생하기까지 걸린 전체 대기시간 $T = T_1 + T_2 + \ldots + T_K$를 위해 유도되었다. 단, 여기서 1차 도착간격시간 T_i는 지수 확률 분포를 가지는 것으로 가정한다.

   이들 모든 분포들은 사건 도착에 관한 하나의 확률모델과 관련이 있으며 다른 측면들을 반영한다. 이 모델을 푸아송 모델이라 부른다.

11.1.1 푸아송 모델의 유도

푸아송 모델은 길이 Δ_t의 매우 작은 시간증분에 의하여 정의된다. 이들 시간구간 내의 사건들은 서로 독립으로 간주되고, 더욱이, $\Delta_t \rightarrow 0$로 수렴할 때, 시간구간 내에 한 사건이 일어날 확률은 시간구간의 길이에 비례한다, 즉, 확률은 $\lambda\Delta_t$이다. 또한, 이 짧은 시간구간 안에서 한 개 이상의 사건이 일어날 확률은 실질적으로 0 이다. 이러한 공리는 표 11.1에 정리되었다.

1. 겹치지 않은 시간구간들 안에 일어난 사건들은 서로 독립이다.
2. $\Delta_t \rightarrow 0$ 일 때,
   (a) $\Pr[\Delta_t$ 내에 1개 사건$] = \lambda\Delta_t$
   (b) $\Pr[\Delta_t$ 내에 1개 이상 사건$] \approx 0$
   (c) $\Pr[\Delta_t$ 내에 사건 0개$] = 1 - \lambda\Delta_t$

[표 11.1] 푸아송 모델을 위한 공리들

이 모델을 개발하기 위한 과정으로, 다음과 같이 정의한다.

$$\mathrm{P}[K;T] \overset{\text{정의}}{=} \Pr[\text{시간 } T\text{안에 K개의 도착}] \tag{11.1}$$

혼합괄호는 이들 양이 이산과 연속 랜덤변수의 함수임을 보여주기 위하여 사용되었다. $\mathrm{P}[K;T]$는 K의 함수로 간주될 때 이산특성을 가지고 T에 대하여 도시될 때는 연속함수이다.

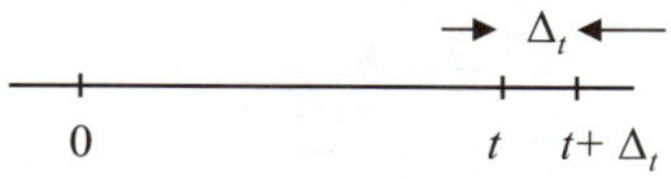

그림 11.1 사건도착과 시간구간

이제, 그림11.1에 표시된 시간구간에 대하여 생각해 보자. 총 확률의 원리와 겹치지 않은 간격들 안에서의 사건들이 서로 독립이라는 사실을 이용하면, 다음과 같은 수식을 쓸 수 있다.

$$\mathrm{Pr}[\text{시간 } t+\Delta_t \text{ 내 } k\text{개 사건}] = \mathrm{Pr}[\text{시간 } t \text{내 } k-1\text{개}] \cdot \mathrm{Pr}[\text{시간 } \Delta_t \text{ 내 } 1\text{개}]$$

$$+ \mathrm{Pr}[\text{시간 } t\text{내 } k\text{개}] \cdot \mathrm{Pr}[\text{시간 } \Delta_t \text{ 내 } 0\text{개}]$$

(11.1)의 표기법과 표 11.1의 확률로부터 이것을 다음과 같이 쓸 수 있다.

$$\mathrm{P}[k;t+\Delta_t) = \mathrm{P}[k-1;t)\cdot\lambda\Delta_t + \mathrm{P}[k;t)\cdot(1-\lambda\Delta_t)$$

다시 정리해서, 수식을 Δ_t로 나누고 $\Delta_t \to 0$로 보내면, 다음을 얻는다.

$$\lim_{\Delta_t\to 0}\frac{\mathrm{P}[k;t+\Delta_t)-\mathrm{P}[k;t)}{\Delta_t} + \lambda\mathrm{P}[k;t) = \lambda\mathrm{P}[k-1;t)$$

즉,

$$\frac{d\mathrm{P}[k;t)}{dt} + \lambda\mathrm{P}[k;t) = \lambda\mathrm{P}[k-1;t) \qquad (11.2)$$

이는, 흥미롭게도 연속변수 t에 대한 미분방정식이면서 이산변수 k에 대한 차분 방정식이다. 이 방정식의 해는 다음 식을 (11.2)에 직접 대입하여 검증함으로써 얻을 수 있다.

$$\mathrm{P}[k;t) = \frac{(\lambda t)^k e^{-\lambda t}}{k!} \qquad t \ge 0,\ k = 0,1,2,\ldots \qquad (11.3)$$

이 해는 또한 다음과 같은 초기조건을 만족해야 한다.[1)]

$$\mathrm{P}[k;0) = \begin{cases} 1 & k=0 \\ 0 & k>0 \end{cases}$$

식 (11.3)은 푸아송 모델의 본질이다. 이것의 함축적 의미는 아래에서 논의된다.

1) 대부분의 미분이나 차분방정식은 해를 "추정"하고 그 추정형태가 맞는 가를 검증하여 구한다. 이때, 필요한 상수값들은 초기값을 대입함으로 얻어진다. 이 경우, 초기값이란, 길이 0의 시간구간 안에 0개의 사건이 일어날 확률이 1 이라는 것과 또한 1개 이상의 사건이 일어날 확률은 0인 것을 뜻한다.

사건 도착수에 관한 확률분포

임의의 고정된 시간구간 t에 대하여, 해당 시간구간 내에 도착한 사건의 개수 k의 확률은 (11.3)에 의하여 주어진다. 이때, K를 랜덤변수라고 하면, 이것의 PMF는 다음과 같다.

$$\mathrm{f}_K[k] = \frac{(\lambda t)^k e^{-\lambda t}}{k!} \qquad k = 0, 1, 2, \ldots \tag{11.4}$$

이는 3장 (3장의 (3.8)식 참조) 에 주어진, 매개변수 $\alpha = \lambda t$를 가진 푸아송 PMF와 같다. 따라서, 3장에 처음 소개된 푸아송 확률질량함수는 바로 앞에서 유도된 푸아송 모델에 기반한 것이다.

도착간격 시간의 확률분포

푸아송 모델의 k번째 도착시간에 관한 확률밀도함수는 다음과 같이 유도될 수 있다. 시간 T를 k번째 사건까지의 대기시간을 표현하는 랜덤변수라 하자. 이때 짧은 시간구간 $(t, t+\Delta_t)$ 안에 T가 존재할 확률은 다음과 같이 주어진다.

$$\Pr[t < T \leq t + \Delta_t] = f_T(t)\Delta_t$$

단, $f_T(t)$는 T에 관한 확률밀도함수이다. 이제 그림 11.1을 다시 참조하자. 만약 T가 t와 같다면, 이것은 곧, 그림에 표현된 대로 Δ_t 만큼의 시간구간 안에 k번째 사건이 일어났다는 것을 의미한다. 다시 말해서, k–1 번째 사건이 $(0, T]$ 구간 안에 일어나고, 또 다른 하나의 사건이 구간 Δ_t 안에 다시 일어난 것을 말한다. 이러한 상황이 일어날 확률은 다음과 같다.

$$P_r[\text{시간 } t\text{내 } k\text{–1개}] \cdot P_r[\ \Delta_t\text{내 1개}] = \mathrm{P}[k-1; t) \cdot \lambda\Delta_t = \frac{(\lambda t)^{(k-1)} e^{-\lambda t}}{(k-1)!}\lambda\Delta_t$$

단, (11.3)이 마지막 단계에 사용되었다. 이들 마지막 두 수식은 같은 사건에 대한 확률이므로, 이들의 값은 서로 같게 놓을 수 있고, 따라서 공통항인 Δ_t은 생략할 수 있다. 이와 같이, 대기시간에 관한 확률밀도함수는 다음과 같이 주어진다.

$$f_T(t) = \frac{\lambda^k t^{k-1} e^{-\lambda t}}{(k-1)!}; \qquad t \geq 0 \tag{11.5}$$

이 식은 바로 5장 ((5.57) 참조)에 소개된 얼랑 밀도함수 이다.

푸아송 모델에 관한 논의를 마무리 짓기 전에, $k = 1$ 일 때, (11.5)는 다음과 같은 지수밀도함수로 간략화 할 수 있음을 주목하라.

$$f_T(t) = \lambda e^{-\lambda t}; \qquad t \geq 0 \tag{11.6}$$

그러므로, 푸아송 모델의 첫 번 째 도착간격 시간은 실제로 지수확률 분포를 가진다. 또한, 평균(mean) 도착간격 시간은 $\mathcal{E}\{T\} = 1/\lambda$ 으로 주어진다. (제4장, 예제4.7 참조)

11.1.2 푸아송과정

푸아송과정으로 알려진 랜덤과정은, $t=0$로 정해진 임의의 시점부터 일어나는 사건들의 수를 세는 과정이다.[2] 이 랜덤과정은 시간 동질적(time-homogeneous)이다. 따라서, 시간의 시작점이 어디에 있는 가는 상관없다. 만약 푸아송과정이 $N(t)$로 주어진다면, 이때 전형적인 실현은 그림 11.2와 같다. 이 과정은 시간에서는 연속이고, 그 값은 이산값을 가진다.

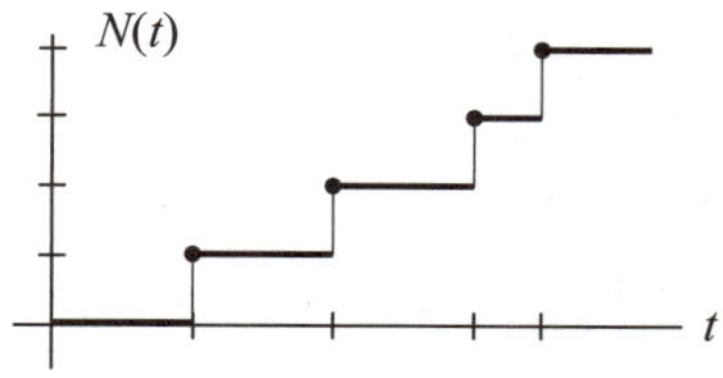

그림 11.2 푸아송과정의 실현

이 랜덤과정은, 겹쳐지지 않은 구간들 안에서 일어난 사건들은 서로 독립이라는 사실과 어떤 시점에서 $N(t)=k$의 값을 가질 확률은 푸아송 PMF (11.4)에 의하여 주어진다는 사실에 의하여 완전하게 묘사된다.

이러한 푸아송과정이 정상 랜덤과정이 아니라는 것은 쉽게 알 수 있다. 무엇보다도 PMF (11.4)가 시간 (t) 의 함수이다. 즉, 이 함수는 엄밀한 의미의 정상조건을 만족하지 못한다. 또한, PMF의 평균과 분산이 모두 매개변수 $\alpha=\lambda t$와 같다. (4장 예제4.8 참조) 즉, 평균과 분산 모두 시간변동(time-varying)이다.

11.1.3 푸아송과정의 응용: 랜덤 전신신호

푸아송과정에 관련된 정상과정의 전통적인 예는 랜덤 전신신호이다. 이 신호의 전형적인 구성형태는 그림 11.3과 같다. 신호값은 $+1$ 혹은 -1 값을 가지고, 랜덤 시간에 그 값이 바뀐다: 이들 변화 시간, 혹은 "0 교차점(zero crossing)"은 매개변수 λ를 가지는 푸아송과정으로 표현될 수 있다. 최근 디지털 변조기법들이 주를 이루고, 이러한 랜덤과정이 통신모델로서 이전보다 덜 중요하게 여겨지고 있는 추세이기는 하나, 그럼에도 불구하고, 다른 많은 응용분야가 생겨나고 있다. 한 예로, 랜덤 사건의 도착횟수를 세는 이진 등록기의 숫자는 이 모델을 따른다. 그러나, 전통적으로 이 랜덤과정은 0과 1 대신에 ±1의 값을 가지는 것으로 가정한다.

---

2) 이 후부터는, "t"는 랜덤변수 T의 실현이라기 보다는 연속 랜덤과정의 시간지표로 간주된다.

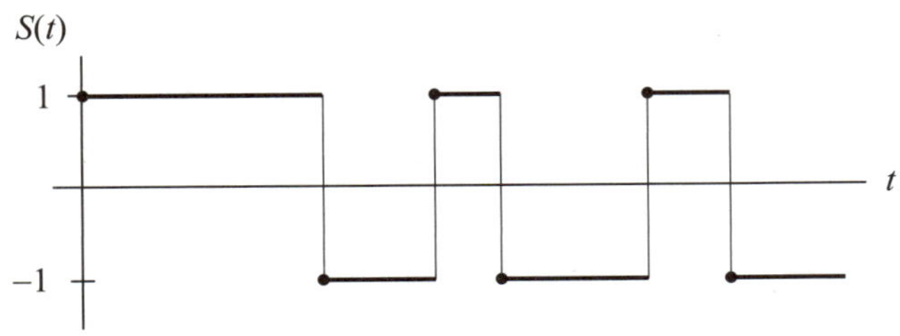

그림 11.3 랜덤 전신신호

확률적 서술

어떠한 랜덤과정이 시간 $t = 0$에서 시작하고 그 시작시간에 $+1$ 혹은 -1의 값을 가질 초기 확률이 다음과 같이 주어졌다.

$$\begin{array}{ll} \Pr[S(0)=+1] = p & \text{(a)} \\ \Pr[S(0)=-1] = 1-p & \text{(b)} \end{array} \tag{11.7}$$

임의의 다른 시간대에 대하여는, 다음과 같이 기술된다.

$$\begin{aligned} \Pr[S(t)=+1] \;&=\; \Pr[\text{even}\,|\,S(0)=+1]\cdot\Pr[S(0)=+1] \\ &\quad + \Pr[\text{odd}\,|\,S(0)=-1]\cdot\Pr[S(0)=-1] \end{aligned} \tag{11.8}$$

단, “even”과 “odd”는 각각 시간구간 $(0,\ t]$ 안에 사건도착(0 교차점) 횟수가 짝수개와 홀수개라는 것을 표현한다. 마찬가지로,

$$\begin{aligned} \Pr[S(t)=-1] \;&=\; \Pr[\text{odd}\,|\,S(0)=+1]\cdot\Pr[S(0)=+1] \\ &\quad + \Pr[\text{even}\,|\,S(0)=-1]\cdot\Pr[S(0)=-1] \end{aligned} \tag{11.9}$$

이제, 시간구간 내에 k 개의 사건이 일어날 확률은 푸아송 PMF식 (11.4)에 의하여 주어지고, 이 함수는 $S(0)$의 값에 종속되지 않는다. 그러므로,

$$\begin{aligned} \Pr[\text{even}\,|\,S(0)=\pm1] \;&=\; \Pr[\text{even}] \\ &= \sum_{k\ \text{even}} \mathrm{f}_K[k] = e^{-\lambda t}\sum_{k\ \text{even}}\frac{(\lambda t)^k}{k!} \end{aligned} \tag{11.10}$$

무한합의 계산을 위해서, 지수함수에 대한 테일러급수를 도입하면 다음과 같다.

$$e^{\lambda t} = \sum_{k=0}^{\infty}\frac{(\lambda t)^k}{k!} \quad \text{과} \quad e^{-\lambda t} = \sum_{k=0}^{\infty}\frac{(-\lambda t)^k}{k!}$$

이들 두 함수의 합은 급수내의 짝수 항을 두 번 더하는 꼴이 되므로, 결과적으로 식 (11.10)은 다음과 같이 표현될 수 있다.

$$\begin{aligned} \Pr[\text{even}\,|\,S(0)=\pm1] \;&=\; \Pr[\text{even}] \\ &= e^{-\lambda t}\left(\frac{e^{\lambda t}+e^{-\lambda t}}{2}\right) = \tfrac{1}{2}\left(1+e^{-2\lambda t}\right) \end{aligned} \tag{11.11}$$

마찬가지로, 두 테일러급수의 차이는 홀수 항을 두 번 더하는 꼴이 되어, 다음과 같이 된다.

$$\begin{aligned}\Pr[\text{odd}\,|\,S(0)=\pm 1] &= \Pr[\text{odd}] \\ &= e^{-\lambda t}\left(\frac{e^{\lambda t}-e^{-\lambda t}}{2}\right)=\tfrac{1}{2}\left(1-e^{-2\lambda t}\right)\end{aligned} \tag{11.12}$$

식 (11.7), 식 (11.11)과 식 (11.12)를 식 (11.8)과 식 (11.9)에 대입하면, 다음의 두 식을 얻는다.

$$\begin{aligned}\Pr[S(t)=+1] &= \tfrac{1}{2}\left(1+e^{-2\lambda t}\right)\cdot p+\tfrac{1}{2}\left(1-e^{-2\lambda t}\right)\cdot(1-p) \\ \Pr[S(t)=-1] &= \tfrac{1}{2}\left(1-e^{-2\lambda t}\right)\cdot p+\tfrac{1}{2}\left(1+e^{-2\lambda t}\right)\cdot(1-p)\end{aligned}$$

혹은

$$\begin{aligned}\Pr[S(t)=+1] &= \tfrac{1}{2}+(p-\tfrac{1}{2})\,e^{-2\lambda t} \quad \text{(a)} \\ \Pr[S(t)=-1] &= \tfrac{1}{2}-(p-\tfrac{1}{2})\,e^{-2\lambda t} \quad \text{(b)}\end{aligned} \tag{11.3}$$

이때, 만약 $p \neq \frac{1}{2}$이면, $S(t)$에 대한 확률은 시간변동이 되고 따라서 랜덤과정은 정상과정이 아니게 된다는 것에 유의하자. 그런데 이러한 시간변동은 일시적이고, t가 커지면서 점차적으로 사라지게 된다. 그러므로, $\Pr[S(t) = +1]$과 $\Pr[S(t) = -1]$ 둘 다, 안정상태(steady-state)값인 $\frac{1}{2}$로 수렴하게 된다. 실제로, 만약 $p = \frac{1}{2}$이거나 $t \to \infty$면, 랜덤과정은 엄격한 의미의 정상과정이 된다. 이 경우, 임의의 두 개의 다른 시점 t_1과 t_0에서 얻은 표본들은 서로 독립이고, 확률 $\Pr[+1] = \Pr[-1] = \frac{1}{2}$을 갖는다.

평균과 상관함수

랜덤 전신신호에 관하여 좀 더 살펴보기 위하여, 신호의 평균과 자기상관 함수를 계산해 보자. $S(t)$가 단지 두 개의 가능한 값만을 가지기 때문에 평균값의 계산은 (11.13)을 이용하여 바로 구할 수 있다:

$$\begin{aligned}m_S(t) &= \mathcal{E}\{S(t)\}=(+1)\cdot\Pr[S(t)=+1]+(-1)\cdot\Pr[S(t)=-1] \\ &= (+1)\cdot\left[\tfrac{1}{2}+(p-\tfrac{1}{2})\,e^{-2\lambda t}\right]+(-1)\cdot\left[\tfrac{1}{2}-(p-\tfrac{1}{2})\,e^{-2\lambda t}\right] \\ &= (2p-1)e^{-2\lambda t}\end{aligned}$$

따라서, 평균값은 $p = \frac{1}{2}$때 0 이 된다: 그 외의 경우는 시간변동 값을 가지나 t가 커짐에 따라 점차 0에 수렴한다.

자기상관 함수를 계산하기 위하여서는, 두 개의 시점 t_1과 t_0를 고려한다. 이들 두 개 시점에 대한 랜덤과정의 상관함수는 $\mathcal{E}\{S(t_1)S(t_0)\}$의 계산에 의하여 구해진다. 이제, 랜덤변수 X를 곱셈 $X = S(t_1)S(t_0)$로 정의하자. 이 때, X는 단지 +1과 −1 값만을 가질 수 있는 것에 유의한다. 따라서, 다음과 같이 쓸 수 있다.

$$\mathcal{E}\{S(t_1)S(t_0)\}=\mathcal{E}\{X\}=(+1)\cdot\Pr[X=1]+(-1)\cdot\Pr[X=-1]$$

이제, $t_1 > t_0$라고 가정하면, X는 시간구간 $(t_0, t_1]$ 내에 사건이 짝수 개 존재할 때 1의 값을 가지고, 그렇지 않으면 -1의 값을 가진다. 따라서, 마지막 수식은 다음과 같이 다시 쓰여 질 수 있다.

$$\mathcal{E}\{S(t_1)S(t_0)\} = \mathcal{E}\{X\} = (+1)\cdot \Pr[\text{even}] + (-1)\cdot \Pr[\text{odd}]$$

시간구간 $(t_0, t_1]$ 내의 사건이 짝수 개나 홀수 개가 존재할 확률은 $t = t_1 - t_0$로 치환된 수식 (11.11)과 (11.12)에 의하여 표현되고, 이들을 대입한 수식은 다음과 같다.

$$\mathcal{E}\{S(t_1)S(t_0)\} = (+1)\tfrac{1}{2}\left(1 + e^{-2\lambda(t_1-t_0)}\right) + (-1)\tfrac{1}{2}\left(1 - e^{-2\lambda(t_1-t_0)}\right) = e^{-2\lambda(t_1-t_0)}$$

만약 $t_1 < t_0$ 라면, t_1과 t_0가 서로 맞교환된 형태로 표현된다. 결과적으로, 자기상관 함수 $R_S(t,\tau) = \mathcal{E}\{S(t)S(t-\tau\}$는 이는 마지막 수식 안에 있는 변수를 대체하여 다음과 같이 얻어진다.

$$R_S(t,\tau) = \mathcal{E}\{S(t)S(t-\tau)\} = e^{-2\lambda|\tau|} \tag{11.14}$$

여기서 시점의 순서에 따라 τ에 절대값이 취해진다.

자기상관함수는 단지 시간지연값 τ에만 의존하기 때문에, 평균이 0인 조건 하에서 랜덤 전신신호는 넓은 의미의 정상과정이다.[3] 다음 그림 11.4는 자기상관 함수를 도시한 것이다.

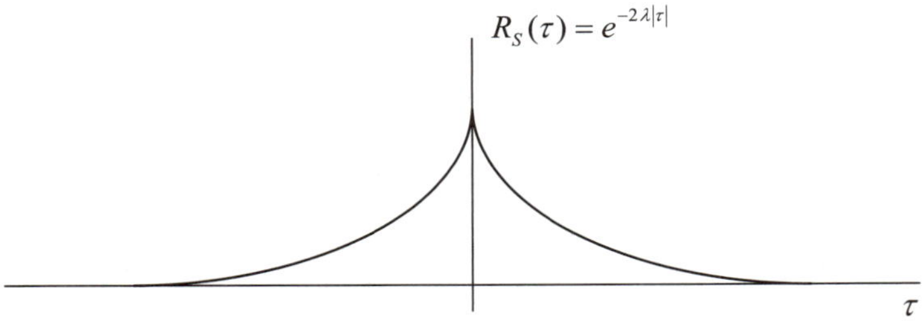

그림 11.4 랜덤 전신신호의 자기상관 함수

11.1.4 푸아송과정에 대한 추가설명

푸아송모델에 관한 주목할 만한 사실 중 하나는 바로 두 개의 독립인 푸아송과정들의 합은 또 다른 푸아송과정이 된다는 것이다. 다음의 예들을 살펴보자.

3) 실제로, 동일한 조건 하에서 이 랜덤과정은 엄격한 의미의 정상과정임을 관찰한 바 있다. 식 (11.13) 뒤의 설명을 참조하라.

예제 11.1

"badticket.com"이라는 웹사이트에 접속한 고객은 두 개의 군, 즉, 록 콘서트 표를 사기 위해 대기하는 사람들과 클래식음악 표를 사기 위해 대기하는 사람들 군으로 이루어졌다고 가정한다. 이 때, 두 군은 각각 도착율 λ_1과 λ_2을 가지는 독립 푸아송과정으로 표현할 수 있다. 따라서, 고객 전체(음악적 취향에 무관)는 도착율 $\lambda = \lambda_1 + \lambda_2$을 가지는 푸아송과정을 형성하는 것을 알 수 있다.

이들 두 과정이 독립이고, 각각 푸아송과정이므로, 겹치지 않은 시간구간 위에 정의된 사건들 또한 독립이다. 이러한 상황은 표 11.1에 적은 첫 번째 요구사항을 만족시키는 것이다. 이제 작은 시간구간 Δ_t에 대하여 생각해 보자. 만일 단지 하나의 사건이 구간 안에 발생했다면, 이는 한 사람의 클래식 고객이 아닌 록 고객이 존재하거나, 혹은 록 고객 없이 한 사람의 클래식 고객이 존재한다는 의미이다. 이러한 사건의 확률은 다음과 같다.

$$\begin{aligned}\Pr[\text{고객 1명}] &= \lambda_1\Delta_t \cdot (1-\lambda_2\Delta_t) + \lambda_2\Delta_t \cdot (1-\lambda_1\Delta_t) \\ &= (\lambda_1+\lambda_2)\Delta_t + \mathcal{O}(\Delta_t^2)\end{aligned}$$

단, $\mathcal{O}(\Delta_t^2)$는 Δ_t^2에 비례하고, $\Delta_t \to 0$ 때 무시할 수 있을 만큼 작아지는 항을 말한다.

시간구간 Δ_t 내에 둘 또는 그 이상의 고객이 접속할 확률은, Δ_t 내에 하나의 록 고객과 또 다른 클래식 고객이 함께 접속하는 경우를 제외하고는, 푸아송과정의 성질 상 0이다. 그런데, 두 푸아송과정은 서로 독립이기 때문에, 다른 두 군의 동시접속 확률은, 마찬가지로 Δ_t^2에 비례하고 $\Delta_t \to 0$ 때 무시할 수 있을 만큼 작아지는 값을 가지는 $(\lambda_1\Delta_t)(\lambda_2\Delta_t)$로 주어진다. 그러므로, 다음과 같은 결과를 얻을 수 있다.

$$\begin{aligned}\Pr[\text{고객 1명}] &= (\lambda_1+\lambda_2)\Delta_t \\ \Pr[\text{고객 1명 초과}] &\approx 0 \\ \Pr[\text{고객 0명}] &= 1-(\lambda_1+\lambda_2)\Delta_t\end{aligned}$$

이는 바로 도착율 $\lambda_1 + \lambda_2$를 갖는 푸아송과정을 정의한다.

베르누이과정과의 관계

푸아송과정은 또한 베르누이과정의 극한의 경우로 설명할 수 있다. 앞의 8장에서, 베르누이과정은 확률 p로 1의 값과 확률 $1-p$로 -1값을 가지는 랜덤과정으로 정의되었다. 이제 이것을 조금 발전시키기 위해, 편의상 1과 -1값 대신에 1과 0의 값을 가지는 것으로 생각하자. 이 두 형태 모두, 베르누이과정의 시간표본들은 독립이다.

이제, 길이 t의 연속시간구간에 대하여, 이 구간이 N개의 짧은 구간 $\Delta_t = t/N$로 나뉘어졌다고 가정하자. 모든 사건들은 표 11.1의 공리를 따라 발생한다고 하자. 사건의 도착을 1로 미도착을 0으로 연계시키면, N개의 시간구간 상에서 다음의 확률을 갖는 베르누이과정을 정의할 수 있다.

$$p = \lambda\Delta_t = \frac{\lambda t}{N}$$

이러한 N개의 연이은 시간구간에서 k개의 사건이 일어날 확률은, 위의 확률 p를 가지는 이항 PMF에 의하여 주어진다. (제3장 (3.5)식 참조) 즉,

$$\Pr[k \text{ 개의 사건}] = \binom{N}{k}\left(\frac{\lambda t}{N}\right)^k \left(1-\frac{\lambda t}{N}\right)^{N-k}$$

이 식을 재정리하고 $N \to \infty$ 때의 극한을 취하면

$$\lim_{N\to\infty}\binom{N}{k}\cdot\left(\frac{\lambda t}{N-\lambda t}\right)^k \cdot \left(1-\frac{\lambda t}{N}\right)^N \tag{11.15}$$

이다. 여기서

$$\binom{N}{k} = \frac{N(N-1)\cdots(N-k+1)}{k!}$$

이므로

$$\binom{N}{k}\left(\frac{\lambda t}{N-\lambda t}\right)^k = \frac{(\lambda t)^k}{k!}\cdot\frac{N(N-1)\cdots(N-k+1)}{(N-\lambda t)^k} \to \frac{(\lambda t)^k}{k!}$$

여기서 마지막 부분은 $N \to \infty$ 일 때의 극한값이다. 이제 식 (11.15)의 마지막 항은 잘 알려진 극한값[4], 즉 $e^{-\lambda t}$이다. 그러므로 (11.15)식의 수렴값은 (11.3)식과 같은 다음 식이 된다.

$$\frac{(\lambda t)^k}{k!}\cdot e^{-\lambda t} = \frac{(\lambda t)^k e^{-\lambda t}}{k!}$$

11.2 이산시간 마르코프체인

8장에서는 마르코프체인의 개념이 소개되었고, 마르코프체인은 유한 상태 집합을 가지는 마르코프과정으로 정의되었다. 본 절에서는 좀 더 자세한 마르코프체인에 대한 분석이 이루어진다. 먼저 이산시간 마르코프체인에 대하여 설명하고, 다음 절에서 이 장에서 계속 사용될 연속시간 마르코프체인에 대하여 설명할 것이다.

11.2.1 정의와 동적방정식

마르코프체인은 이산 집합 내의 값을 취하는 랜덤과정으로 생각할 수 있다. 단순성을 위해 보통 정수값 0, 1, 2, ..., $q-1$ (q 값은 무한값일 수도 있다.) 중에서 값을 갖는다. 전형적인 이산시간 마르코프체인의 실현은 그림 11.5와 같다. 마르코프체인은 각 시점 'k'에서 음이 아닌 정수값 i를 가진다.

4) 일반적인 형태는 $\lim_{N\to\infty}\left(1+\frac{a}{N}\right)^N = e^a$이다. 참고문헌 [1]의 471쪽을 참조.

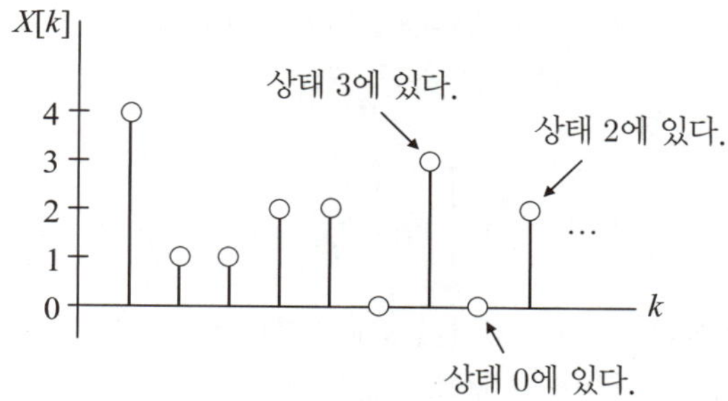

그림 11.5 전형적인 마르코프체인의 실현

$X[k]=i$라고 표기할 때, 마르코프체인은 "상태(state) i"에 있다고 말한다.

마르코프체인은 또한 그림 11.6에 보여진 것 같은 상태도로 표현될 수 있다.

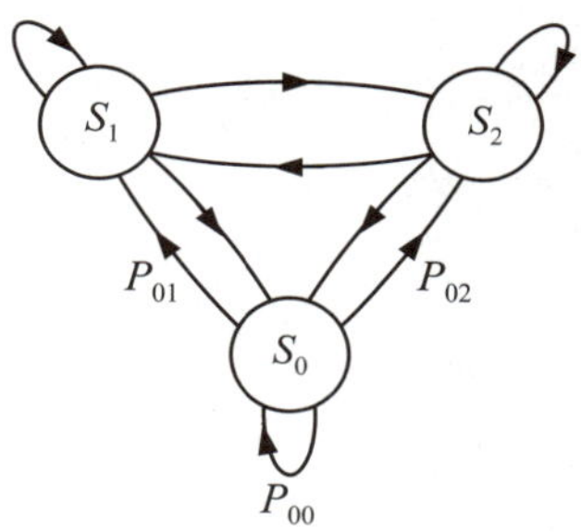

그림 11.6 마르코프체인의 상태도

가능한 상태들은 "원"으로 표현하고, 가능한 상태들 간의 전이는 화살표를 가지는 가지로 표현된다.

마르코프체인은 다음의 **상태 확률**(state probability)들의 집합과

$$p_i[k] \overset{\text{정의}}{=} \Pr[X[k]=i] = \Pr[\text{시간 } k\text{에서의 상태 } i] \tag{11.16}$$

아래의 **상태 천이확률**(state transition probabilities) 집합으로 정의된다.

$$\begin{aligned} P_{ij} &\overset{\text{정의}}{=} \Pr\left[X[k+1]=j \mid X[k]=i\right] \\ &= \Pr[\text{상태 } i\text{로 부터 상태 } j\text{로의 천이}] \end{aligned} \tag{11.17}$$

이때, P_{ij}는 시간에 대해 상수라고 가정한다.

마르코프체인의 시간성질은 이들 두 형태의 확률값 들을 가지고 표현할 수 있다. 예를 들어, 그림 11.6을 참조하면, 우리는 다음 수식을 만들 수 있다.

$$p_0[k+1] = P_{00}\cdot p_0[k] + P_{10}\cdot p_1[k] + P_{20}\cdot p_2[k]$$

이 수식은, 시간 $k+1$에 상태 0에 있을 확률은, 시간 k에 상태 i에 있을 확률과 상태 i로 부터 상태 0로 천이될 확률을 곱한 것들의 합과 같다는 것을 나타내고 있다. [이것은 정확하게

총 확률의 원리를 나타내는 것임을 명심하라!] 이때, 모든 상태들에 대한 해당 방정식들은 다음과 같이 행렬방정식으로 쓸 수 있다.

$$\begin{bmatrix} p_0[k+1] \\ p_1[k+1] \\ p_2[k+1] \end{bmatrix} = \begin{bmatrix} P_{00} & P_{10} & P_{20} \\ P_{01} & P_{11} & P_{21} \\ P_{02} & P_{12} & P_{22} \end{bmatrix} \begin{bmatrix} p_0[k] \\ p_1[k] \\ p_2[k] \end{bmatrix}$$

이러한 과정으로부터, 어떠한 유한값 q개의 상태를 가지는 마르코프체인에 관한 방정식의 집합이라도 다음의 행렬 표기법으로 표현할 수 있다.

$$\mathbf{p}[k+1] = \mathbf{P}^T \mathbf{p}[k] \tag{11.18}$$

여기서

$$\mathbf{p}[k] = \begin{bmatrix} p_0[k] \\ p_1[k] \\ \vdots \\ p_{q-1}[k] \end{bmatrix} \tag{11.19}$$

은 상태확률들의 벡터이고, $\mathbf{P}$는 상태 천이행렬이다.

$$\mathbf{P} = \begin{bmatrix} P_{00} & P_{01} & \cdots & P_{0,q-1} \\ P_{10} & P_{11} & \cdots & P_{1,q-1} \\ \vdots & \vdots & \cdots & \vdots \\ P_{q-1,0} & P_{q-1,1} & \cdots & P_{q-1,q-1} \end{bmatrix} \tag{11.20}$$

이때, 천이행렬은 식 (11.18)에서는 전치행렬 형태로 나타나는 것에 유의하라.[5] 또한, 천이행렬의 각 행은 특정 상태에 조건을 준 조건부 확률들로 이루어진 것에 유의하라 (식 (11.17) 참조); 따라서, 천이행렬의 각 행의 합은 1이 된다.

11.2.2 고차 천이확률

시간 k에서 어떤 이산시간 마르코프체인의 해당 상태들에 대한 확률값 $\mathbf{p}[k]$들을 알고 있다고 하자. 식 (11.18)에 의하여, ℓ 번의 천이 후에 상태확률의 벡터를 구하면 다음과 같다.

$$\mathbf{p}[k+\ell] = \underbrace{\mathbf{P}^T\mathbf{P}^T \cdots \mathbf{P}^T}_{\ell\text{ 번}} \mathbf{p}[k] = (\mathbf{P}^\ell)^T \mathbf{p}[k]$$

행렬 $\mathbf{P}^\ell$은 ℓ 차 천이행렬이라 부른다. 또한 이 행렬의 원소들, $P_{ij}^{(\ell)}$ 은 다음과 같이 해석된다.

$$P_{ij}^{(\ell)} = \Pr\Big[X[k+\ell] = j \,\Big|\, X[k] = i\Big] \tag{11.21}$$

---

5) 만약 천이행렬을 식(11.20) 행렬의 전치행렬로 정의한다면 더욱 간단할 지도 모른다. 그러나, 실제로 확률에 관한 문헌들에서는 상태확률들의 벡터를 행벡터로 정의하고 있고, 식(11.18)를 왼쪽의 행벡터와 오른쪽의 행렬 $\mathbf{P}$의 곱으로 쓰고 있기 때문에, 이 책에서도 천이행렬의 표준적 정의를 따랐다. [2,3,4,5]

다시 말해서, $P_{ij}^{(\ell)}$는 ℓ번의 천이에서, 상태 i로부터 j로 천이되는 확률이다. 이때 $P_{ij}^{(\ell)} \neq (P_{ij})^{\ell}$ 임에 유의하라. 즉, ℓ차 천이확률값은 P_{ij}를 ℓ번 곱해 얻어진 값이 아니라, 오히려, 천이행렬 $\mathbf{P}$ 자신을 ℓ번 곱하여 얻어진 행렬의 원소를 의미한다.

좀 더 고차 천이확률을 이해하기 위하여, 그림11.6의 상태도를 이용하여, 두 번의 천이 후에 상태 0으로부터 상태 1에 도달할 확률인 $P_{01}^{(2)}$을 구해보자. 가능한 상태들의 천이순서와 그들의 확률은 다음과 같이 구해진다.

상태 천이순서	확률
$0 \to 0 \to 1$	$P_{00} \cdot P_{01}$
$0 \to 1 \to 1$	$P_{01} \cdot P_{11}$
$0 \to 2 \to 1$	$P_{02} \cdot P_{21}$

따라서, 상태 0을 출발해서 천이 두 번 후에, 상태 1에 도달할 확률은 이들 확률의 합이 된다.

$$P_{01}^{(2)} = P_{00} \cdot P_{01} \; + \; P_{01} \cdot P_{11} \; + \; P_{02} \cdot P_{21}$$

이는 아래와 같은 곱 행렬 $\boldsymbol{P}^2$의 첫 번째 행과 두 번째 열의 원소이다.

$$\mathbf{P}^2 = \mathbf{P} \cdot \mathbf{P} = \begin{bmatrix} P_{00} & P_{01} & P_{02} \\ \times & \times & \times \\ \times & \times & \times \end{bmatrix} \begin{bmatrix} \times & P_{01} & \times \\ \times & P_{11} & \times \\ \times & P_{21} & \times \end{bmatrix}$$

즉, 첫 번째 행렬의 첫째 행과 두 번째 행렬의 두 번째 열을 곱하여 얻어진다. (×는 다른 원소값들을 나타낸다.) 따라서, 2차 천이확률들의 전체 집합은 행렬 $\mathbf{P}^2$을 구함으로 얻을 수 있다.

고차 천이행렬은 **채프먼-콜모고로프**(Chapman-Kolmogorov) 방정식으로 알려진 마르코프체인의 기본결과를 유도하는 데에 사용될 수 있다 [6]. 행렬 $\mathbf{P}^{\ell}$이 다음과 같이 분해된다고 하자.

$$\mathbf{P}^{\ell} = \mathbf{P}^{r}\,\mathbf{P}^{(\ell-r)} \tag{11.22}$$

여기서 r은 0부터 ℓ까지의 임의의 정수이고, $\mathbf{P}^{r}$과 $\mathbf{P}^{(\ell-r)}$는 각각 r차, $(\ell-r)$차 천이행렬이다. 이 행렬의 곱을 원소들로 표현하면 다음과 같다.

$$\boxed{P_{ij}^{(\ell)} = \sum_{m=1}^{q-1} P_{im}^{(r)} P_{mj}^{(\ell-r)} \qquad 0 < r < l} \tag{11.23}$$

이 방정식은, ℓ번의 천이 후에 상태 “i”로부터 “j”로 움직일 확률은 r번의 천이에 의해 상태 “i”로부터 각각의 다른 상태로 움직일 확률과 이들 각 중간상태로부터 $\ell - r$번의 천이에 의해 상태 “j”로 움직일 확률을 곱한 것들의 합과 같다는 것을 의미한다. 이러한 기본원리가 (11.22)에서 행렬의 곱의 형태로 간결하게 표현된다.

11.2.3 극한 상태확률

마르코프체인에 관한 것 중 가장 관심있는 부분은, 시간 "k"가 점점 커질 때, 상태확률들은 어떠한 값으로 수렴하게 될까 하는 부분이다. 그림 11.7에는 간단한 2개의 상태로 이루어진 마르코프체인의 효과를 보여주고 있다. 그림 안의 표는 $k=0$ 부터 6까지의 상태확률값들을 순서대로 적은 것이다.

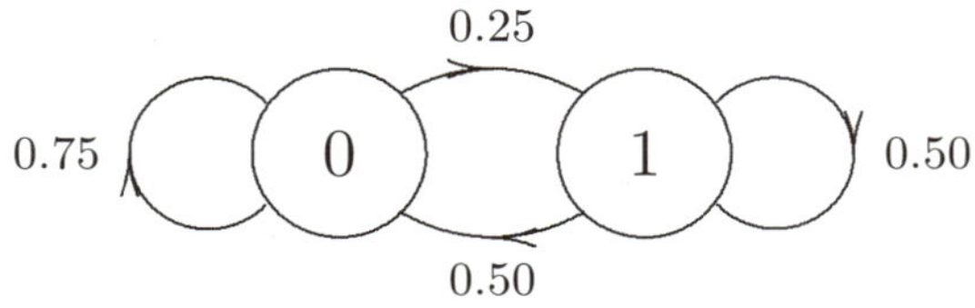

k	0	1	2	3	4	5	6
$p_0[k]$	0.500	0.625	0.656	0.664	0.666	0.667	0.667
$p_1[k]$	0.500	0.375	0.344	0.336	0.334	0.333	0.333

그림 11.7 2개의 상태로 이루어진 마르코프체인의 상태확률들의 변화

초기 상태확률 $p_0[0]=p_1[0]=0.5$로 시작해서, 단지 5번의 천이 만에 시스템이 안정상태 조건에 맞는 확률 $\bar{p}_0=0.667$과 $\bar{p}_1=0.333$에 도달하였다. 이들 확률을 **극한 상태확률**(limiting state probablity)이라 한다. 이 값들은 초기조건 $p_0[0]$과 $p_1[0]$과는 서로 독립이다. 이때,

$$\bar{\mathbf{p}}=\lim_{k\to\infty}\mathbf{p}[k]=\lim_{k\to\infty}(\mathbf{P}^k)^T\mathbf{p}[0] \tag{11.24}$$

임에 유의하라. 따라서, 극한 상태가 존재한다는 것은 ℓ차 천이행렬 $\mathbf{P}^\ell$ 또한 극한값에 접근한다는 사실을 말해 준다. 위의 수식에서 $\bar{\mathbf{p}}$가 마치 초기 랜덤벡터인 $\mathbf{p}[0]$에 의존하는 것으로 나타났지만, 사실은 그렇지 않다. 왜냐하면, $\mathbf{P}^\ell$ 행렬의 모든 행들은 $\ell\to\infty$ 때, 다 같아지기 때문이다. (이 사실을 증명하는 것은 흥미로운 연습문제가 될 것이다.) 위 예제에서, 천이행렬들을 나열하면 다음과 같다.

$$\mathbf{P}=\begin{bmatrix}0.75 & 0.25\\ 0.5 & 0.5\end{bmatrix};\quad \mathbf{P}^2=\begin{bmatrix}0.688 & 0.312\\ 0.625 & 0.375\end{bmatrix};\quad \mathbf{P}^3=\begin{bmatrix}0.672 & 0.328\\ 0.656 & 0.344\end{bmatrix};$$

$$\mathbf{P}^4=\begin{bmatrix}0.668 & 0.332\\ 0.664 & 0.336\end{bmatrix};\quad \mathbf{P}^5=\begin{bmatrix}0.667 & 0.333\\ 0.666 & 0.334\end{bmatrix};\quad \mathbf{P}^6=\begin{bmatrix}0.667 & 0.333\\ 0.667 & 0.333\end{bmatrix}\cdots$$

여기서 행렬이 단 몇 번의 천이에 의해 극한값에 접근한다는 것과 모든 열의 원소들이 극한 상태확률인 $\bar{p}_0$와 $\bar{p}_1$로 같아진다는 것이 분명히 관찰된다. 이러한 조건 하에서, 식(11.24)에 의하여 계산된 $\bar{\mathbf{p}}$는 오른쪽 항에 있는 어떠한 초기 랜덤벡터 $\mathbf{p}[0]$에 대하여서도 같은 값을 가진다.

극한 상태확률을 찾기 위해서는, 단지 해당 극한값이 존재할 때, 다음의 관계가 성립하는 것

에 유의할 필요가 있다. 즉, $k \to \infty$ 일 때,

$$\mathbf{p}[k+1] \to \mathbf{p}[k] \to \bar{\mathbf{p}}$$

그러므로, 식 (11.18)은 다음과 같이 된다.

$$\bar{\mathbf{p}} = \mathbf{P}^T \bar{\mathbf{p}} \quad \text{혹은} \quad (\mathbf{P}^T - \mathbf{I})\bar{\mathbf{p}} = \mathbf{0} \tag{11.25}$$

식 (11.25)는 $\bar{\mathbf{p}}$가 단지 상수배까지만 결정된다는 것을 말한다; 즉, $\bar{\mathbf{p}}$가 이 방정식의 해라면, 그때 $c\bar{\mathbf{p}}$ 역시 해가 된다. 단, c는 임의의 상수 값이다. 이제 남은 조건은 $\bar{\mathbf{p}}$의 원소들의 합이 1이 되는 것이고, 이 조건은 유일 해를 보장한다.

$$\sum_{i=0}^{q-1} \bar{p}_i = 1 \tag{11.26}$$

다음의 예제는 극한 상태확률을 찾는 과정을 잘 보여주고 있다.

예제 11.2

0과 1의 값을 가지는 임의의 이진 수열이 그림11.7에 보여진 것과 같이 마르코프체인으로 모델화되었다. 천이행렬이 다음과 같이 주어졌을 때,

$$\mathbf{P} = \begin{bmatrix} 0.75 & 0.25 \\ 0.5 & 0.5 \end{bmatrix}$$

0이 다섯 번 반복될 확률과 1이 연속해서 다섯 번 나올 확률을 찾고자 한다.

수열이 랜덤 시간에 관찰될 때, 첫 이진수의 확률은 극한 상태확률이 된다. 이들 확률값은 식 (11.25)에 의하여 찾을 수 있다. 즉,

$$\begin{bmatrix} -0.25 & 0.50 \\ 0.25 & -0.50 \end{bmatrix} \begin{bmatrix} \bar{p}_0 \\ \bar{p}_1 \end{bmatrix} = \begin{bmatrix} 0 \\ 0 \end{bmatrix}$$

또한 식 (11.26)에 의해,

$$\bar{p}_0 + \bar{p}_1 = 1$$

이들 두 방정식의 해는 $\bar{p}_0 = 2/3$과 $\bar{p}_1 = 1/3$이다. 연속으로 0이 다섯 번 나올 확률은

$$(\tfrac{2}{3})(0.75)^4 = 0.211$$

이고, 연속으로 1이 다섯 번 나올 확률은 다음과 같다.

$$(\tfrac{1}{3})(0.5)^4 = 0.021$$

이제, 이들 결과를 동일한 극한 상태확률을 가지는 베르누이과정에서의 연속발생 확률과 비교해 보자. 베르누이과정에서 연속으로 다섯 번 0이 나올 확률은,

$$(\tfrac{2}{3})^5 = 0.132$$

반면, 연속으로 다섯 번 1이 나올 확률은,

$$(\tfrac{1}{3})^5 = 0.004$$

이다. 예상했던 대로, 이들 확률값들은 마르코프체인에서의 해당 확률에 비하여 매우 작은 값이다. 베르누이과정에서는 연이은 값들은 서로 독립적으로 일어난다는 가정을 가지고 있기 때문에, 결과적으로 연속적으로 일어날 수 있는 확률이 작은 것이다.

11.3 연속시간 마르코프체인

랜덤 트래픽(random traffic)이나 랜덤 서비스시간(random service time)에 의하여 특징지을 수 있는 시스템에 대한 기본 모델은, 푸아송과정과 마르코프체인의 개념을 결합시킴으로써 얻어질 수 있다. 그 결과인, 연속시간 마르코프체인은 컴퓨터 망이나 다른 시스템에서의 트래픽에 대한 많은 표준 모델의 기본이 된다.

11.3.1 단순 서버 시스템

그림 11.8의 단순 서버 시스템을 살펴보자.

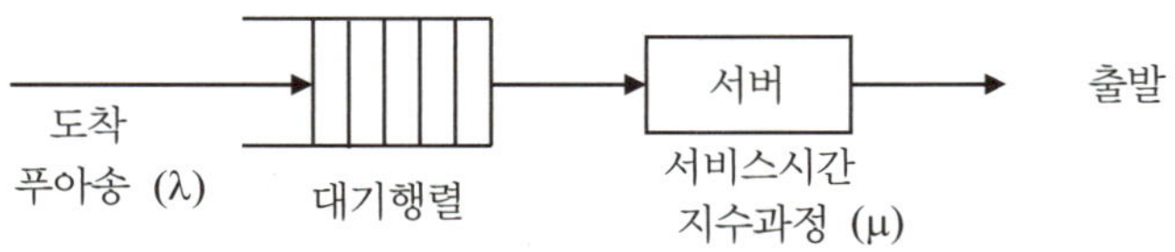

그림 11.8 단순 대기행렬 시스템

익숙한 적용사례를 보기위해서, 매표소에서 표를 사는 고객 모델에 대하여 생각해 보자. 고객이 줄을 서서 한 번에 한 사람씩 서비스를 받고, 새로운 고객이 도착하면 줄의 맨 뒤에 서는 시스템을 생각한다. 이러한 시스템은 보통 **대기행렬 시스템**(queuing system) 혹은 대기행렬 모델이라고 불리워지고, 이 시스템을 다루는 수학은 **대기행렬 이론**(queuing theory)이라는 이름으로 알려져 있다. 당연히 이 모델은 매표소 상황이외에도 다른 많은 경우에 중요하게 사용될 수 있는데, 예를 들어, 그림11.8의 모델은 컴퓨터나 컴퓨터 망에 연결된 프린터에 보내진 출력요청 신호의 모델으로도 생각할 수 있다. 여기서 서비스 요청은 고객의 대기 열과 비슷한 전자 대기행열에 놓여지고 먼저 들어온 순서대로(first-in first-out) 한 번에 하나씩 처리된다. 이와 같은 시스템에서는, 도착과 서버 둘 모두 종종 푸아송모델에 의하여 묘사된다. 즉, 도착은 도착율 λ를 가진 푸아송이고 따라서 도착간격 시간은 지수 랜덤변수이다. 이 때, 서비스시간은 마찬가지로 매개변수 μ(평균 서비스시간은 $1/\mu$)를 가지는 지수 랜덤변수로 가정할 수 있다.

그림11.8의 간단한 대기행렬 모델은 그림 11.9의 상태도를 가지는 마르코프체인으로 설명될 수 있다. 여기서 상태는 시스템 안에 있는 고객들의 숫자를 나타낸다 (대기행렬에 있는 고객들 + 서비스 받는 고객).

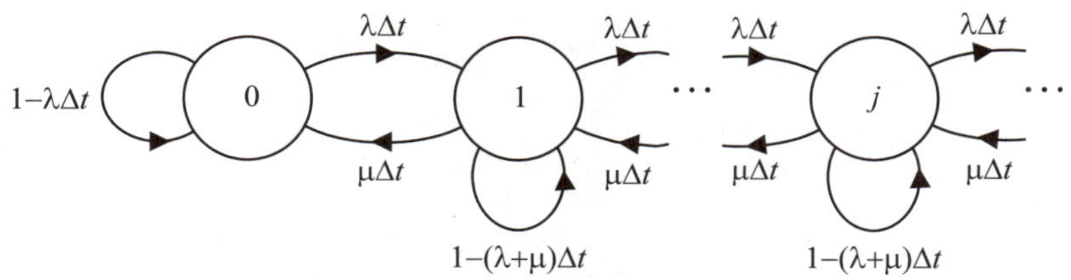

그림 11.9 간단한 대기행렬 시스템의 상태도

그러나, 이산시간 마르코프체인과 달리, 상태천이는 임의의 시간에 일어날 수 있음에 유의하자. 푸아송모델에 의하면, 임의의 작은 시간구간 Δ_t 안에 새로운 고객이 확률 $\lambda\Delta_t$로 도착한다. 즉, 어떠한 상태가 j에서 $j+1$로 확률 $\lambda\Delta_t$를 가지고 바뀐다. 마찬가지로, 서비스는 임의의 작은 시간구간 Δ_t 안에 확률 $\mu\Delta_t$ 로 끝나며, 상태를 j에서 $j-1$로 바꾼다. 상태천이의 확률 값들은 합해서 1이 되어야 하므로, 상태 0을 제외한 모든 상태에 대하여 그 상태에 그대로 머물 확률은 $1-(\lambda+\mu)\Delta_t$로 계산된다.

그림11.9의 모델과 같은 상태도를 가진 마르코프체인은 "생성소멸(birth and death)"과정으로 알려져 있다. 상태천이가 단지 왼쪽, 혹은 오른쪽 바로 옆 상태와의 사이에서만 일어나기 때문에, 이러한 모델은 공동체 안에서의 출생과 사망 때문에 일어나는 인구변화를 표현하는 데에 사용되어져 왔다. 또한 이러한 생성소멸 모델은 대부분의 서비스 시스템의 대기행렬을 표현한다.

상태는 이산집합을 가지고 있지만, 반면에 천이는 임의의 시점에서 일어날 수 있는 랜덤과정을 **연속시간 마르코프체**인(continuous-time Markov Chain)이라 한다. 단순 서버 시스템에서의 고객 숫자 $N(t)$는 바로 그러한 랜덤과정이다. 전형적인 실현이 그림 11.10에 그려져 있다.

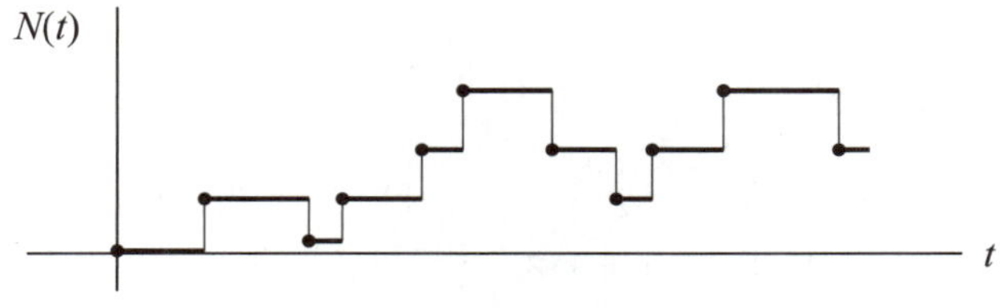

그림 11.10 시스템 안의 고객숫자를 나타내는 랜덤과정(연속시간 마르코프체인)

대기행렬에 있는 고객의 숫자와 서비스 중인 고객의 숫자 (서버의 상태) 역시 연속시간 마르코프체인이다. 여기의 단일서버 시스템에서, 서버의 상태는 0 혹는 1이다. 대기행렬에 고객이 없는 경우의 서버과정은 그림 11.11에 나타내었다.

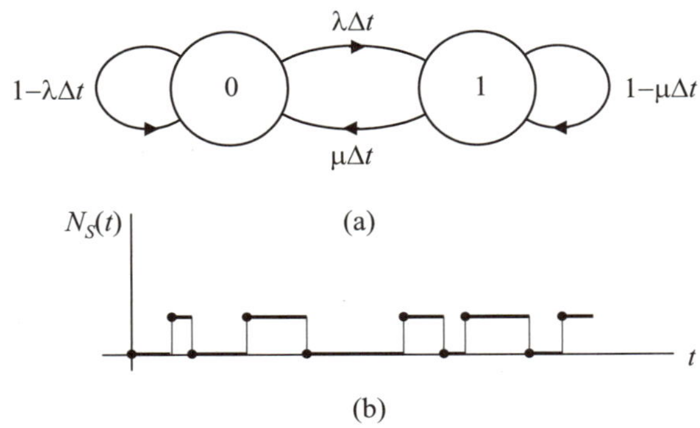

그림 11.11 서버를 나타내는 랜덤과정 (a) 상태도 (b) 전형적인 마르코프체인의 실현

11.3.2 연속시간 마르코프체인의 분석

지금까지는 연속시간 마르코프체인에 대한 기본 개념을 소개하였고, 이제는 몇가지 일반적인 특성과 분석을 위한 도구들에 관하여 이야기하자. 랜덤과정 $N(t)$는, 확률 $r_{ij}\Delta_t$로 상태 i로부터 상태 j로 천이되도록 만드는 천이율 r_{ij}에 의하여 특성이 정해진다. 그림 11.9의 경우에 모든 천이율들은 λ 혹은 μ의 값을 가진다. 그러나 좀 더 일반적인 상황에서는, 상태도와 천이율이 상당히 다를 수 있다. 따라서, 연속시간 마르코프체인을 표현하는 데에는 **천이도** (transition diagram)로 알려진 수정된 상태도를 사용하는 것이 보편적이다. 그러한 그림에는 단지 천이율 만이 (구간 Δ_t는 제외) 표기되고 자기순환(self loop)은 제외된다. 단일서버 과정을 위한 천이도는 그림 11.12에 보여진다. (그림 11.11(a)와 비교)

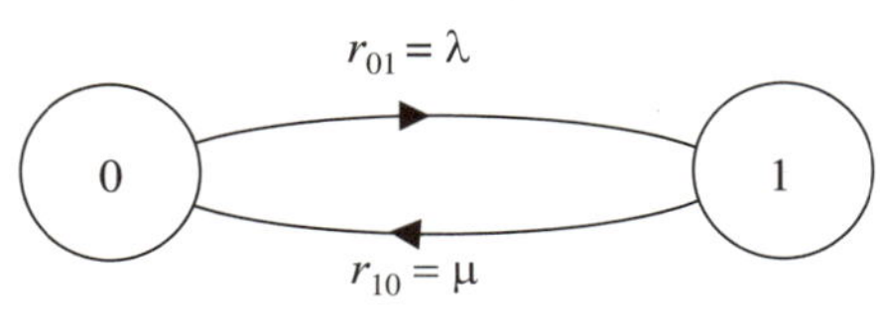

그림 11.12 서버과정을 위한 전이도

이제, $0, 1, \ldots, q-1$로 정의된 q개의 상태를 가진 일반적인 마르코프체인 $N(t)$의 변동과정을 나타내는 방정식들을 개발해 보자. 전형적인 상태 j는 그림 11.13에 보여지는 것 같이, 여러 개의 다른 상태들로 천이되어 나가든가 혹은 다른 상태들로부터 천이되어 들어왔다. 이때, 천이율 r_{ij}는 상태 j로 들어오는 천이를, 천이율 r_{ji}는 j로부터 나가는 천이를 표현하는

것에 유의하자. 이제 랜덤과정의 시간변동 상태확률 $p_i(t)$를 다음과 같이 정의한다.

$$p_i(t) = \Pr[N(t) = i] \quad i = 0, 1, \ldots, q-1 \tag{11.27}$$

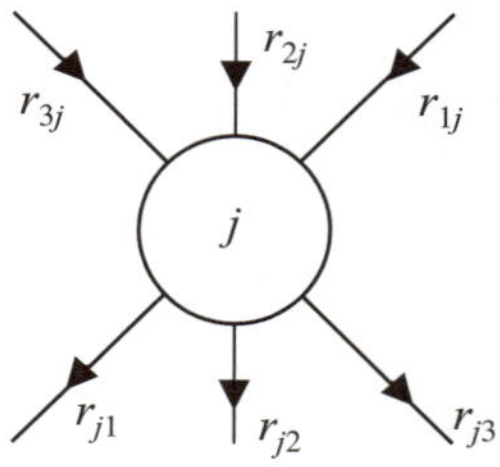

그림11.13 일반적인 마르코프체인의 전형적 상태

그러면 특정 상태 j에 대한 수식은 다음과 같다.

$$p_j(t+\Delta_t) = \sum_{\substack{i=0 \\ i \neq j}}^{q-1} r_{ij}\Delta_t \cdot p_i(t) + \left(1 - \sum_{\substack{i=0 \\ i \neq j}}^{q-1} r_{ji}\Delta_t\right) p_j(t)$$

이 수식에서 첫 번째 합의 항들은 상태 j로 들어오는 천이들을 나타내고, 반면 두 번째 합에 있는 항들은 상태 j로부터 나가는 천이들을 나타낸다. 따라서 괄호 안의 항은 "자기순환"의 확률들을 표현하게 되는데, 이것은 천이도 안에는 명시적으로 표시되지 않은 항이다. 이 수식을 다시 정리하고 전체를 Δ_t로 나누면 다음과 같다.

$$\frac{p_j(t+\Delta_t) - p_j(t)}{\Delta_t} = \sum_{\substack{i=0 \\ i \neq j}}^{q-1} r_{ij} p_i(t) - \left(\sum_{\substack{i=0 \\ i \neq j}}^{q-1} r_{ji}\right) p_j(t)$$

이제 $\Delta_t \to 0$ 로의 극한을 취하면

$$\boxed{\frac{dp_j(t)}{dt} = \sum_{i=0}^{q-1} r_{ij} p_i(t) \qquad j = 0, 1, \ldots, q-1} \tag{11.28}$$

을 얻는다. 여기서 r_{jj}는 다음과 같이 정의한다.

$$r_{jj} \stackrel{\text{def}}{=} -\sum_{\substack{i=0 \\ i \neq j}}^{q-1} r_{ji} \tag{11.29}$$

식 (11.28)이 바로 연속시간 마르코프체인을 위한 **채프먼-콜모고로프 방정식**이다. 이 방정식은 확률 $p_i(t)$를 계산할 수 있는 1차 미분방정식들이 연립된 집합이라 할 수 있다. 고급 선형대수 기법이 요구되는 이 방정식을 푸는 대신에, 시간불변의 상수값으로 수렴하는 극한 상태 확률을 구하는 안정상태 조건을 살펴보는 것이 더 유용할 수 있다. 이산시간 마르코프체인의

경우에서와 같이, 그러한 극한 상태확률의 유무는 상태도의 토폴로지나, 혹은 동등하게, 채프먼-콜모고로프 방정식의 행렬형태에서의 고유값(eigenvalues)에 의존한다. 이제부터 이러한 극한 상태확률들이 실제로 존재한다고 가정하자.

극한 조건 하에서는 다음 식을 가진다.

$$\lim_{t\to\infty} p_j(t) \to \bar{p}_j \text{ 와 } \frac{dp_j(t)}{dt} \to 0$$

그러므로, (11.28)은 다음과 같이 쓸 수 있다.

$$\sum_{i=0}^{q-1} r_{ij}\bar{p}_i = 0 \qquad j = 0, 1, \ldots, q-1$$

이제, 합의 식으로부터 j 번째 항을 바깥으로 끄집어 내고, r_{jj} 대신에 (11.29)식을 대입하면,

$$\sum_{\substack{i=0\\ i\neq j}}^{q-1} r_{ij}\,\bar{p}_i - \left(\sum_{\substack{i=0\\ i\neq j}}^{q-1} r_{ji}\right)\bar{p}_j = 0$$

혹은,

$$\boxed{\bar{p}_j \sum_{\substack{i=0\\ i\neq j}}^{q-1} r_{ji} = \sum_{\substack{i=0\\ i\neq j}}^{q-1} \bar{p}_i\, r_{ij} \qquad j = 0, 1, \ldots, q-1} \tag{11.30}$$

을 얻는다. 방정식 11.30은 전체 균형 방정식(global balance equations)으로 알려진 식이다. 이 방정식은 극한 상태 조건 하에서, 상태 j 의 확률과 그 상태에서 나가는 천이율의 합을 곱한 값이, 다른 상태들의 확률과 상태 j 로 들어가는 천이율을 곱한 값들의 합과 같다는 것을 말한다. 또한 이 원리은 모든 상태 j 에 대하여 성립하여야 한다. 전체 균형 원리는 그림 11.14에 묘사되었다. 여기서 가지 상의 화살표 방향들은 상태로 들어가는, 혹은 상태로부터 나가는 천이방향을 나타낸다.

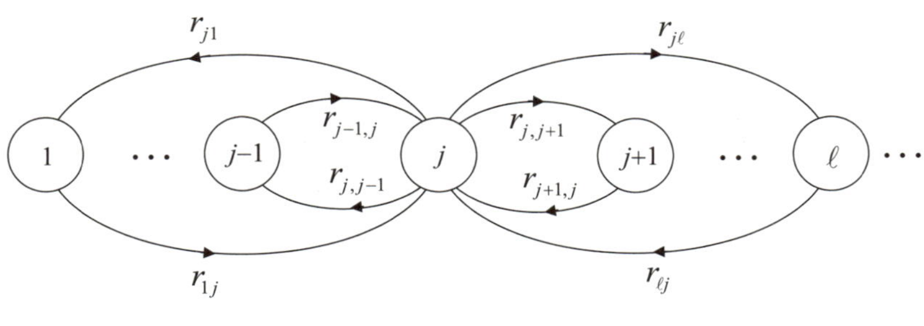

그림 11.14 전체 균형 원리를 나타내는 천이율도

전체 균형 방정식 식(11.30) 만으로는 극한 상태확률들을 계산하는 데에 충분하지 않다. 실제로, 아래 예제에 설명되어진 대로, 한 개의 방정식은 쓸데없이 중복된 식이다. (이 방정식들의 집합은 이산시간 경우의 식(11.25)와 닮은 꼴이다.) 따라서, $\bar{p}_i$를 구하기 위해서는, 한 가지 조건이 더 필요하다. 즉,

$$\sum_{i=0}^{q-1} \bar{p}_i = 1 \tag{11.31}$$

이제, 예제와 함께 그 과정을 설명해 보자.

예제 11.3

아래에 보여지는 4-상태 생성소멸 과정을 살펴보자.

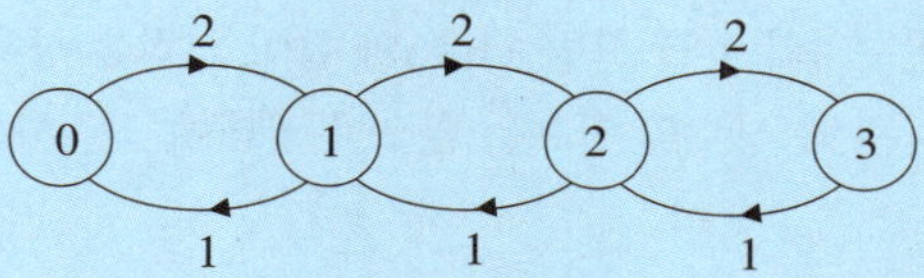

인접한 상태로 들어가고 나오는 천이율들은 모두 동일하다.
이제 이 과정에 대한 전체 균형 방정식 (11.30)은 다음과 같이 쓰여질 수 있다.

$$\begin{aligned}
\text{상태 0: } \bar{p}_0 \cdot 2 &= \bar{p}_1 \cdot 1 \\
\text{상태 1: } \bar{p}_1(2+1) &= \bar{p}_0 \cdot 2 + \bar{p}_2 \cdot 1 \\
\text{상태 2: } \bar{p}_2(2+1) &= \bar{p}_1 \cdot 2 + \bar{p}_3 \cdot 1 \\
\text{상태 3: } \bar{p}_3 \cdot 1 &= \bar{p}_2 \cdot 2
\end{aligned}$$

이들 방정식은 다시 하나의 행렬방정식으로 정리될 수 있다.

$$\begin{bmatrix} 2 & -1 & 0 & 0 \\ -2 & 3 & -1 & 0 \\ 0 & -2 & 3 & -1 \\ 0 & 0 & -2 & 1 \end{bmatrix} \begin{bmatrix} \bar{p}_0 \\ \bar{p}_1 \\ \bar{p}_2 \\ \bar{p}_3 \end{bmatrix} = \begin{bmatrix} 0 \\ 0 \\ 0 \\ 0 \end{bmatrix}$$

왼쪽 행렬의 행렬식(determinant) 값은 0 이다. (이는 각 열의 합이 모두 0이 되기 때문이다.) 따라서 확률 $\bar{p}_i$는 단지 상수배까지만 결정될 수 있고, 전체 균형 방정식들 중 하나는 쓸데없이 중복된 것임을 알 수 있다. 따라서,

$$\bar{p}_0 + \bar{p}_1 + \bar{p}_2 + \bar{p}_3 = 1$$

의 조건식 (11.31)이 유일 해를 구하기 위하여 필요하다. 만약 이 식으로 전체 균형 방정식들 중 하나(즉, 첫째식)를 대체한다면, 앞의 행렬방정식은 다음과 같이 된다.

$$\begin{bmatrix} 1 & 1 & 1 & 1 \\ -2 & 3 & -1 & 0 \\ 0 & -2 & 3 & -1 \\ 0 & 0 & -2 & 1 \end{bmatrix} \begin{bmatrix} \bar{p}_0 \\ \bar{p}_1 \\ \bar{p}_2 \\ \bar{p}_3 \end{bmatrix} = \begin{bmatrix} 1 \\ 0 \\ 0 \\ 0 \end{bmatrix}$$

이제 이 방정식을 풀어 다음의 확률들을 구한다.

$$\bar{p}_0 = 1/15 \quad \bar{p}_1 = 2/15 \quad \bar{p}_2 = 4/15 \quad \bar{p}_3 = 8/15$$

11.3.3 생성소멸과정에 대한 특수한 조건

전 절에서 논의된 극한 상태확률을 구하는 과정은 이러한 극한값이 존재하는 어떠한 환경에 대하여서도 적용되는 일반적인 방법이다. 생성소멸과정의 경우(대기행렬에 관한 모델과 같은), 전체 균형방정식은 더욱 간단한 방정식들의 집합으로 간략화될 수 있다. 이러한 특수한 경우에, 매개변수 λ와 μ를 그림 11.15와 같이 인접한 상태로 들어가거나 나오는 천이율로 표현하자. λ와 μ은 꼭 상수일 필요는 없으나 상태에 의존하는 값인 것에 유의하라.

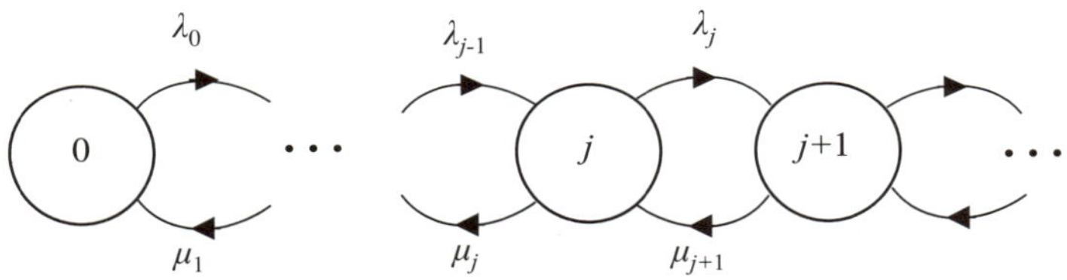

그림 11.15 생성소멸과정의 천이들

생성소멸과정을 위한 전체 균형방정식은 다음과 같은 조건식으로 대체될 수 있다.

$$\bar{p}_j\lambda_j = \bar{p}_{j+1}\mu_{j+1} \qquad j = 0, 1, \ldots, q-2 \tag{11.32}$$

이는 안정 상태에서는, 상승과 하강 천이 확률들이 모두 같다는 것을 말한다 (그림 11.15 참조). 어떻게 조건 (11.32)가 만들어질 수 있는 가를 보기위해, 그림 11.15에 있는 첫 번째 세 개의 상태를 위한 전체 균형방정식 (11.30)을 기술해 보자.

$$\begin{aligned} \bar{p}_0\lambda_0 &= \bar{p}_1\mu_1 \\ \bar{p}_1(\lambda_1 + \mu_1) &= \bar{p}_0\lambda_0 + \bar{p}_2\mu_2 \\ \bar{p}_2(\lambda_2 + \mu_2) &= \bar{p}_1\lambda_1 + \bar{p}_3\mu_3 \\ &\vdots \end{aligned}$$

첫번째 방정식은 이미 (11.32)에 기술된 것이다. 이제 첫번째 방정식의 오른쪽 항과 왼쪽 항을 서로 바꾸고, 두번째 방정식에서 빼면, 다음과 같은 식이 된다.

$$\bar{p}_1\lambda_1 = \bar{p}_2\mu_2$$

이 수식은 (11.32)의 형식과 같고, 두번째 방정식을 대체하게 된다. 이제 이 두번째 방정식의 양쪽 항을 서로 바꾸고, 또 다시 세번째 방정식으로부터 빼면, 다음 식을 얻는다.

$$\bar{p}_2\lambda_2 = \bar{p}_3\mu_3$$

이러한 과정을 모든 방정식들이 위와 같이 (11.32)의 형식으로 얻어질 때까지 계속한다.

따라서 생성소멸과정의 극한 상태확률은, 임의의 $\bar{p}_{j+1}$에 대한 방정식 (11.32)로부터 얻은 다음 순환 식과 관계식 (11.31)에 의해 계산될 수 있다.

$$\bar{p}_{j+1} = \frac{\lambda_j}{\mu_{j+1}}\bar{p}_j \qquad j = 0, 1, \ldots, q-2 \tag{11.33}$$

이 계산과정은 다음의 예제에 잘 나타나 있다.

예제 11.4

예제11.3의 문제를 생각해 보자. 이 예제에 포함된 천이율도로부터 식 (11.33)은 다음과 같이 계산된다.

$$\begin{aligned}\bar{p}_1 &= 2\bar{p}_0\\ \bar{p}_2 &= 2\bar{p}_1 = 4\bar{p}_0\\ \bar{p}_3 &= 2\bar{p}_2 = 8\bar{p}_0\end{aligned}$$

이 방정식들을 (11.31)에 대입하면,

$$\bar{p}_0 + 2\bar{p}_0 + 4\bar{p}_0 + 8\bar{p}_0 = 1$$

혹은

$$\bar{p}_0 = \frac{1}{1+2+4+8} = \frac{1}{15}$$

이 된다. 이제, 다른 확률들도 구하면, 전에 구한 값들과 같이,

$$\bar{p}_1 = 2/15 \qquad \bar{p}_2 = 4/15 \qquad \bar{p}_3 = 8/15$$

이 된다.

11.4 기본 대기행렬 이론

이 장에서는 대기행렬 시스템으로 알려진 시스템을 소개한다. 시스템은 많은 분야에 적용될 수 있지만, 전자 및 컴퓨터공학자들은 특별히 이 시스템을 적용하여 컴퓨터 시스템과 컴퓨터 망의 트래픽 조건을 모델화하는 데에 관심을 가져왔다.

이 장에서 다루게 되는 대기행렬 시스템의 가장 일반화된 형태가 그림11.16에 보여진다. 이 형태의 시스템은, 문헌에서 M/M/K/C 대기행렬 시스템으로 알려진 것이다.

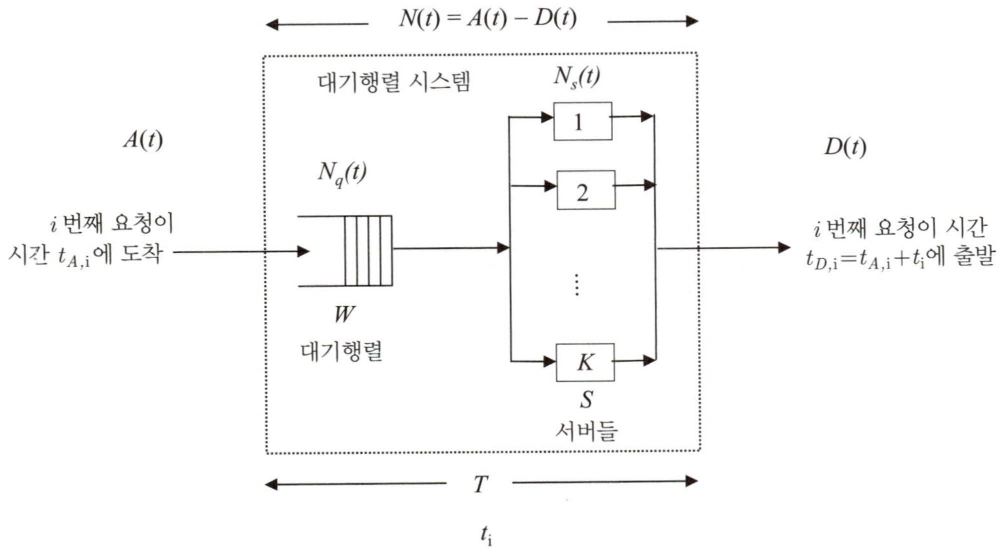

그림 11.16 M/M/K 대기행렬 시스템

여기서, M은 "마르코프(Markov)"를 뜻하고, 도착과 서비스 과정들을 묘사한다. K는 서버의 개수, C는 시스템의 용량, 즉 서버의 개수 더하기 대기행렬의 최대 허용길이를 뜻한다.

그림에서 $A(t)$와 $D(t)$는, 푸아송 도착과 출발 과정을 뜻한다. 또한, 추가적인 랜덤변수들과 푸아송 랜덤과정들을 다음과 같이 정의한다.

W	대기시간 (대기행렬 안에서의)	$N_q(t)$	대기행렬 안에 있는 요청 개수
S	서비스시간	$N_s(t)$	서비스 중인 요청 개수
T	시스템 내에서 소비된 총 시간	$N(t)$	시스템 내의 요청 개수

[표 11.2] 대기행렬 시스템에 대한 랜덤변수들과 과정들의 정의

이 변수들은 다음의 관계식을 만족한다. (그림 11.16 참조)

$$T = W + S \tag{11.34}$$

그리고,

$$N(t) = N_q(t) + N_s(t) \tag{11.35}$$

다음 절들은 대기행렬 시스템에 관련된 주제들을 소개한다. 더 자세하고 깊이 있는 내용들은 이 주제를 중심으로 다루고 있는 몇 개의 참고문헌들을 참조하기 바란다. (예를 들어, [2,3,4])

11.4.1 단일서버 시스템

첫째로 대기행렬의 길이에 아무런 제약이 없는 단일서버 시스템에 관하여 생각해 보자. 이 시스템에서 도착과정은 매개변수 λ의 푸아송과정이고, 서비스과정은 매개변수 μ의 푸아송과정으로 가정한다. 다시 말해서, 서비스시간은 평균 서비스시간 $1/\mu$의 지수 랜덤변수이다. 이러한 시스템을 M/M/1/∞, 혹은 간단히 M/M/1 대기행렬 시스템이라 한다.

시스템 내의 요청개수는 그림 11.17안에 보여진 것 같이 무한 생성소멸과정에 의하여 설명될 수 있다.

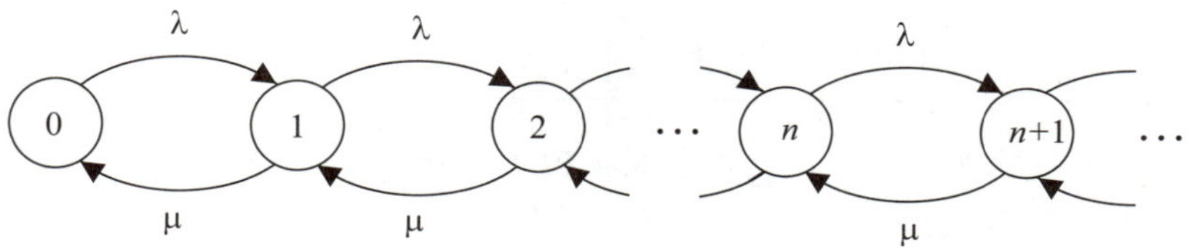

그림 11.17 M/M/1/∞ 시스템내의 요청개수에 대한 생성소멸과정 모델

이제, 임의 시간 t에서 시스템 내 요청들의 개수를 나타내는 랜덤변수 N의 PMF를 구해보자. 먼저 다음과 같이 정의한다.

$$\mathrm{f}_N[n] = \Pr[N(t) = n] = \bar{p}_n \tag{11.36}$$

단, $\bar{p}_n$는 상태 n의 극한 상태확률을 나타낸다. 극한 상태확률을 찾기 위해서는 11.3.3절에 소개된 과정을 따른다. 우선 다음의 새로운 매개변수를 정의한다.

$$\rho = \frac{\lambda}{\mu} \tag{11.37}$$

이 변수는 **트래픽강도**(traffic intensity) 혹은 **이용률**(utilization factor)라고 불리는 것인데, 시스템이 얼마나 바쁜 가와 관계가 있다. 식(11.33)에 이 정의를 사용하면, 극한 상태확률은 다음의 관계식이 된다.

$$\bar{p}_{j+1} = \rho\,\bar{p}_j \qquad j = 0, 1, 2, \ldots$$

이때, 이 식을 $j = 0$으로 시작해서 계속해서 순환 방식으로 적용하면 다음의 일반적인 표현을 얻는다.

$$\bar{p}_n = \rho^n \bar{p}_0 \qquad n = 0, 1, 2, \ldots \tag{11.38}$$

상태 0에서의 확률 $\bar{p}_0$를 찾기 위해서는, 확률들의 합은 1이 된다는 것과 식 (11.31)에 주어진 조건식을 적용하여 구한다. 즉,

$$\sum_{n=0}^{\infty} \rho^n \bar{p}_0 = \bar{p}_0 \sum_{n=0}^{\infty} \rho^n = \bar{p}_0 \frac{1}{1-\rho} = 1 \tag{11.39}$$

여기서 $\rho < 1$이라는 가정 하에, 무한 기하급수 공식을 사용한다. (이 가정은 매우 중요하다. $\rho \geq 1$의 경우, 도착율 λ가 서비스율 μ보다 같거나 크다는 것을 의미하고, 결과적으로 시스템이 물리적으로나 수학적으로나 고장나기 때문이다.) 마지막 방정식을 풀면 다음과 같은 결과를 얻는다.

$$\bar{p}_0 = 1 - \rho$$

마지막으로, 식 (11.38)에 이 식을 적용하고, 식 (11.36)의 결과를 치환하면, 최종적인 원하는 표현을 얻는다.

$$\boxed{\mathrm{f}_N[n] = \bar{p}_n = (1-\rho)\rho^n \qquad n = 0, 1, 2, \ldots} \tag{11.40}$$

이때, N은 매개변수 $p = 1 - \rho$의 (형식 0) 기하 랜덤변수임을 주목하라. 그것의 분포는 그림 11.18에 그려져 있다.

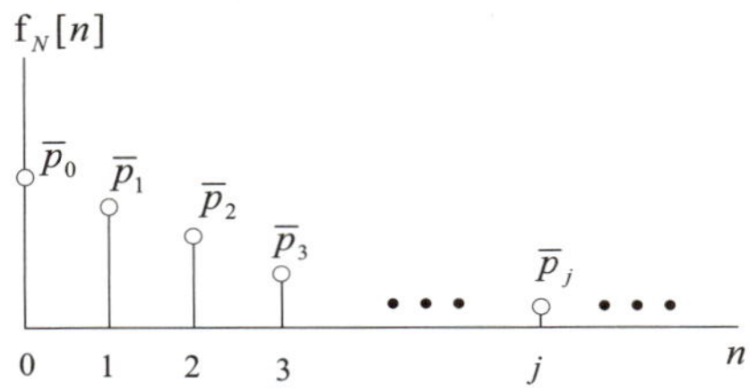

그림 11.18 M/M/1/∞ 시스템 내의 요청개수에 대한 PMF

시스템 내 요청개수에 관한 두 가지 중요한 결과는 다음과 같다.

긴 대기행렬의 확률

방금 유도된 PMF를 사용하여, 시스템 내의 요청개수가 임의의 정해진 값 n에 도달하거나 넘칠 확률을 계산하는 것이 가능하다. 우선

$$\begin{aligned} \Pr[N < n] &= \sum_{j=0}^{n-1}(1-\rho)\rho^j = (1-\rho)\sum_{j=0}^{n-1}\rho^j \\ &= (1-\rho)\frac{1-\rho^n}{1-\rho} = 1 - \rho^n \end{aligned}$$

~~(11.40)~~

이다. 여기서 유한 기하급수 공식을 사용하였다. 따라서 요청개수가 정해진 수 n과 같거나 더 큰 확률은 다음과 같다.

$$\Pr[[N \geq n] = \rho^n \tag{11.41}$$

시스템 내 요청의 평균 개수

시스템 내 요청의 평균 개수는 기하 PMF의 평균에 의하여 구해진다. 따라서 (제4장 문제 4.24 참조)

$$\mathcal{E}\{N(t)\} = \frac{\rho}{1-\rho} \tag{11.42}$$

이다. 그림 11.19에 그려진 이 결과는, 대기행렬의 평균길이는 이용률 ρ가 1에 가까워짐에 따라 점점 더 빠르게 증가하는 것을 보여준다.

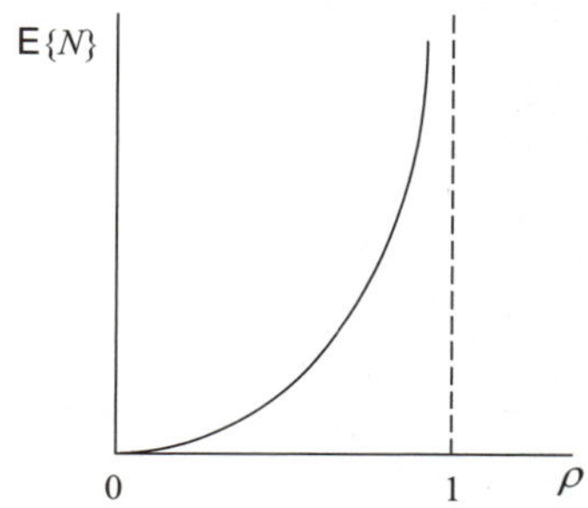

그림 11.19 이용률 ρ의 함수인, M/M/1/∞ 시스템 내 평균 요청 개수

이 공식들의 유용성을 말해줄 몇 가지 예제를 들어보자.

예제 11.5

어떤 프린터 서버에 작업이 분 당 3개로 도착하고, 반면 한 번의 작업을 출력하는데 소요되는 평균 출력 시간은 15초이다. 이때, 대기행렬에 9개 이상의 요청이 있을 확률은 얼마인가? 만약 도착율이 두 배로 되고 평균 서비스시간이 반으로 줄어든다면, 이 확률은 바뀔 것인가?

첫째, 모든 정보는 같은 단위로 표기되어야 한다. 즉, 이 경우에

$$\begin{aligned}
&\lambda = 3 \text{ [분당 일의 개수]} \\
&\mu = 60/15 = 1/0.25 = 4 \text{ [분당 일의 개수]} \\
&\rho = \lambda/\mu = 0.75
\end{aligned}$$

대기행렬에 9개 이상의 요청이 있을 확률은 시스템 내에는 10개 이상의 요청이 있을 확률을 말한다. 따라서, 식 (11.41)로부터,

$$\Pr[[N \geq 10] = \rho^{10} = (0.75)^{10} = 0.056$$

이 확률은, 도착율이 두 배가 되고 평균 서비스시간이 반으로 줄어들어도 바뀌지 않는다.

예제 11.6

앞의 예제에서 시스템 내에 존재하는 요청들의 평균 개수는 얼마인가? 또 만일 분당 3개의 요청이 도착하는 도착율을 가진다면, 시스템 내 요청의 평균 개수가 2 이하로 유지되기 위하여 요구되는 최소 평균 서비스시간은 얼마인가?

시스템 내 요청의 평균 개수는 식(11.42)에 의하여 다음과 같이 구하여 진다.

$$\mathcal{E}\{N(t)\} = \frac{\rho}{1-\rho} = \frac{0.75}{1-0.75} = 3$$

시스템 내 요청의 평균 개수를 2 이하로 유지하기 위한 조건은,

$$\mathcal{E}\{N(t)\} = \frac{\rho}{1-\rho} \leq 2$$

따라서, ρ에 대해 풀면,

$$\rho \leq 2/3$$

이때, $\rho = \lambda/\mu = 3/\mu$ 이므로, 평균 서비스시간은 다음을 만족시켜야 한다.

$$1/\mu \leq 2/9\,(\text{분})$$

즉, 평균 서비스시간은 $13\frac{1}{3}$초 이하이어야 한다.

11.4.2 리틀의 공식

리틀의 공식(Littles formula) [8]은 시스템 내 요청의 기댓값과 한번의 요청이 시스템 내에서 소비하는 평균시간과의 관계를 결정한다. 리틀의 결과는 다음과 같이 기술할 수 있다.

안정상태에 도달한 시스템에 대하여, 시스템 내 요청들의 평균 개수는 다음과 같이 주어진다.

$$\mathcal{E}\{N(t)\} = \lambda\mathcal{E}\{T\} \tag{11.43}$$

여기서, λ는 도착율이고, $\mathcal{E}\{T\}$은 시스템 내에서 소비된 평균시간이다.

리틀의 결과는, 그것이 대기행렬 과정의 구체적인 특성에 의존하지 않으면서도, 많은 경우에 적용된다는 점에서 매우 강력하다. 완전히 엄밀한 증명은 논의의 범주를 벗어나지만, 몇 가지 주요 아이디어는 여기에서 다루고 자 한다.

일련의 전형적인 요청들이 그림 11.20(a)에 나타나 있다. i 번째 요청의 도착시간($t_{A,i}$)은 수평막대의 시작점을 나타내고 요청의 출발은 막대의 끝점에 의하여 나타내진다. 또한 막대의

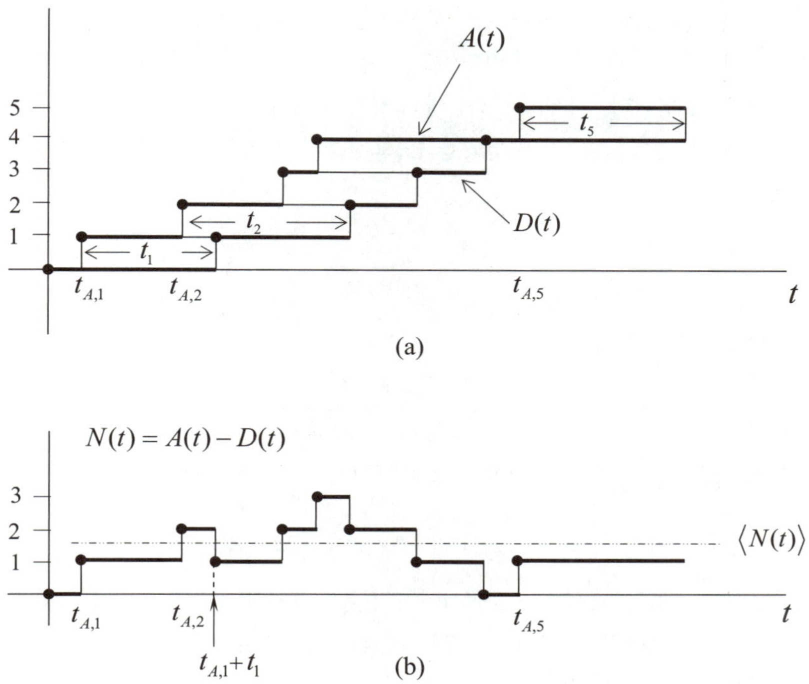

그림 11.20 대기행렬 시스템의 과정들. (a) 도착과 출발 과정들 (b) 시스템 내 요청들

길이는 i 번째 요청이 시스템 내에서 소비하는 전체시간을 나타낸다. 따라서 i 번째 요청의 출발시간은 $t_{D,i} = t_{A,i} + t_i$로 주어진다. 그림에서 위로 차곡차곡 쌓인 막대들의 형태에서, 임의 시간 t에 위쪽 둘레선은 그때까지 도착들의 전체 개수 $A(t)$를 표현하고, 아래쪽 둘레선은 출발들의 전체 개수 $D(t)$를 표현하고 있다. 두 둘레선들 간의 차이

$$N(t) = A(t) - D(t)$$

는 시간 t에서 시스템 내 요청들의 개수를 뜻한다. 이 값은 그림 11.20(b)에 도시되었다. 여기서 $A(t)$나 $D(t)$ 그 어느 것도 전혀 감소하지 않기 때문에, 둘 다 정상 랜덤과정이 아니라는 것을 관찰할 수 있다. 그러나, 대부분의 상황에 있어, 차이값 $N(t)$는 정상 랜덤과정이다. 실제로, 이 조건은 리틀의 공식을 위한 요구조건이 된다. 식 (11.43)에 의하여 주어진 기댓값 $\mathcal{E}\{N(t)\}$은 시간에 독립임을 관찰하라.

증명을 시작하기 위해서, 그림 11.20(b)에 도시된 과정 $\langle N(t)\rangle$의 시간평균을 생각해보자. 정의에 의하여, 임의의 상한 $t_{\max}$까지의 시간평균은

$$\langle N(t)\rangle = \frac{1}{t_{\max}}\int_0^{t_{\max}} N(t)dt = \frac{1}{t_{\max}}\int_0^{t_{\max}} (A(t) - D(t))dt = \frac{1}{t_{\max}}\sum_{i=1}^{A(t_{\max})} t_i \quad (11.44)$$

마지막 단계는 매우 중요하다. 잘 살펴보면, $A(t) - D(t)$의 적분 값은 그림11.20(a)에 있는 위쪽과 아래쪽 둘레선 사이의 영역이고, 이는 단순히 시스템 내 요청들에 의하여 소비되는 시간 t_i 들의 합과 같다. 이제, 시스템 내 요청들에 의하여 소비되는 평균 시간에 대해 살펴보자. $A(t_{\max})$는 시간 $t_{\max}$ 까지 발생한 모든 요청들의 전체 개수이기 때문에, 평균시간은 다음과 같다.

$$\bar{t} = \frac{1}{A(t_{\max})} \sum_{i=1}^{A(t_{\max})} t_i$$

마지막으로, 도착률의 추정은

$$\hat{\lambda} = \frac{A(t_{\max})}{t_{\max}}$$

과 같이 할 수 있다. 이들 마지막 두 식을 식 (11.44)와 함께 결합하면, 다음 식을 얻는다.

$$\langle N(t) \rangle = \hat{\lambda}\, \bar{t}$$

만약 $N(t)$이 에르고딕성질을 갖고 (여기서는 증명하지 않는다), $t_{\max}$가 충분히 큰 값을 가지면, $\hat{\lambda} \to \lambda$로 접근하고 $\langle N(t) \rangle$와 $\bar{t}$는 각각의 기댓값에 수렴한다. 따라서 식 (11.43)을 얻는다. 이것이 증명의 핵심이다.

리틀의 결과는 또한 다른 시스템 변수들에도 적용될 수 있는데, 특별히, 다음 식들을 증명하는 것이 가능하다.

$$\begin{aligned} \mathcal{E}\{N_q(t)\} &= \lambda \mathcal{E}\{W\} \quad \text{(a)} \\ \mathcal{E}\{N_s(t)\} &= \lambda \mathcal{E}\{S\} \quad \text{(b)} \end{aligned} \tag{11.45}$$

식 (11.45)가 식 (11.34), 식 (11.35)와 결합될 때, 그 결과는 식 (11.43)이 된다.

이러한 기댓값들에 대한 조금 자세한 설명을 M/M/1 시스템에 대하여 해보도록 하자. 첫째, 임의의 서비스와 서비스시간이 기댓값 $\mathcal{E}\{S\} = 1/\mu$를 가진 지수 랜덤변수이기 때문에, 따라서, 식(11.45)(b)로부터,

$$\mathcal{E}\{N_s(t)\} = \lambda/\mu = \rho \tag{11.46}$$

를 얻는다. 시스템 내 평균 소비시간을 계산하기 위하여, 리틀의 공식 식 (11.43)에 식 (11.42)을 대입하면 다음 식과 같이 된다.

$$\mathcal{E}\{T\} = \frac{1}{\lambda}\mathcal{E}\{N\} = \frac{1}{\lambda}\frac{\rho}{1-\rho} = \frac{1}{\mu - \lambda} \tag{11.47}$$

단, 식 마지막 항은, $\rho = \mu/\lambda$를 대입하고 간단히 한 것이다.

마지막으로, 식 (11.35)를 식 (11.42), 식 (11.46)과 함께 고려하면, 다음 관계가 얻어진다.

$$\mathcal{E}\{N_q(t)\} = \mathcal{E}\{N(t)\} - \mathcal{E}\{N_s(t)\} = \frac{\rho}{1-\rho} - \rho = \frac{\rho^2}{1-\rho} \tag{11.48}$$

이제, 리틀의 공식 식 (11.45)(a)을 적용하고, 간략히 하면,

$$\mathcal{E}\{W\} = \frac{1}{\lambda}\frac{\rho^2}{1-\rho} = \frac{\lambda}{\mu(\mu-\lambda)} \tag{11.49}$$

이들 다양한 결과들을 편의를 위하여 정리하면 표 11.3이 된다.

$$\xrightarrow{\lambda}$$

$\mathcal{E}\{W\} = \dfrac{\lambda}{\mu(\mu-\lambda)}$	$\mathcal{E}\{N_q(t)\} = \dfrac{\rho^2}{1-\rho}$
$\mathcal{E}\{S\} = 1/\mu$	$\mathcal{E}\{N_s(t)\} = \rho$
$\mathcal{E}\{T\} = \dfrac{1}{\mu-\lambda}$	$\mathcal{E}\{N(t)\} = \dfrac{\rho}{1-\rho}$

[표 11.3] M/M/1/∞ 대기행렬시스템 내에 포함된 양에 대한 기댓값과 관계식들. 오른쪽 열에 있는 양들은 왼쪽 열의 양들에 λ값을 곱하는 리틀의 공식을 적용하여 얻어진다. $\rho = \lambda/\mu$이다.

시스템 내 요청의 개수인 $\mathcal{E}\{N(t)\}$와 시스템 내에서 각 요청이 소비하는 평균시간인 $\mathcal{E}\{T\}$는 시스템의 조건이나 성능을 평가하는 데에 특별히 중요한 양들이다.

이제 리틀의 공식과 표11.3의 결과들을 활용하는 예제를 보자.

예제 11.7

예제11.5에서 설명한 프린터를 생각해 보자. 표 11.3으로부터, 시스템 내에서 소모된 평균시간은 다음과 같이 계산된다.

$$\mathcal{E}\{T\} = \frac{1}{\mu-\lambda} = \frac{1}{4-3} = 1[\text{분}]$$

이 결과값은 또한 리틀의 공식을 적용하여도 다음과 같이 계산될 수 있다. 예제 11.6에서, $\mathcal{E}\{N(t)\} = 3$으로 계산되었고, 이 결과를 리틀의 공식 (11.43)에 $\lambda = 3$과 같이 적용하면

$$3 = 3 \cdot \mathcal{E}\{T\}$$

그러므로, 앞에서와 마찬가지로 $\mathcal{E}\{T\} = 1$을 얻는다.

이제 표 11.3에 있는 다른 양들을 계산해 보자. 대기행렬 길이에 대한 기댓값은 다음과 같이 주어진다.

$$\mathcal{E}\{N_q(t)\} = \frac{\rho^2}{1-\rho} = \frac{(0.75)^2}{1-0.75} = 2.25\,[\text{요청들}]$$

서비스 중인 작업의 개수에 대한 기댓값은 $\mathcal{E}\{N_s(t)\} = \rho = 0.75$이다. 따라서 시스템 내 작업의 개수에 대한 기댓값은 $\mathcal{E}\{N(t)\} = 2.25 + 0.75 = 3$이 된다. 이는 예제 11.6에서 얻은 결과와 같은 값이다. 대기행렬 내 평균대기시간은

$$\mathcal{E}\{W\} = \frac{\lambda}{\mu(\mu-\lambda)} = \frac{3}{4(4-3)} = 0.75\,[\text{분}]$$

따라서 시스템 내에서 소모되는 1분의 전체 평균시간은, 대기행렬 내에서의 기다리는 시간 0.75분과 0.25 ($1/\mu$)분의 서비스 받는 시간으로 구성된다.

시스템 내에서 소비되는 평균시간은 가끔 평균서비스시간의 단위로 측정되기도 한다. 식 (11.47)을 사용하여, M/M/1/∞ 시스템에 대한 측도를 구하면 다음과 같다.

$$\frac{\mathcal{E}\{T\}}{1/\mu} = \frac{\mu}{\mu-\lambda} = \frac{1}{1-\rho}$$

이를 $\rho = 0.75$인 앞의 예제에 적용하면, 각 요청들이 시스템 내에서 소모하는 평균시간은 1/(1−0.75) = 4 [평균서비스시간]이 된다.

11.4.3 유한용량 단일서버 시스템

어떤 경우에 있어서는, 서비스 시스템이 시스템 내에 가능한 요청들의 개수에 제한을 두는 것을 고려해야 하는 경우도 있다. 즉, 시스템이 유한용량을 가지는 경우다. 예를 들어, 컴퓨터나 컴퓨터 망 시스템에서, 유한한 양의 저장용량이 대기행렬에 배정될 수 있다. 만약 이 저장용량이 충분히 커서 용량을 초과할 확률이 작다면, M/M/1/∞ 모델로 시스템을 묘사하기에 충분하다. 그러나 만약에 저장용량을 초과할 확률이 커지면 그때는 유한용량을 가진 모델, 소위 M/M/1/C 대기행렬 모델에 의하여 시스템을 표현하는 것이 필요하다. (이 시스템의 상태 전이도는 그림 11.21에 나타내었다.) 이 모델에서, 대기행렬은 길이 C−1을 넘을 수 없다. 즉, 시스템은 최대 C개의 요청을 포함할 수 있다. 시스템이 다 차면 요청들은 거부당한다.

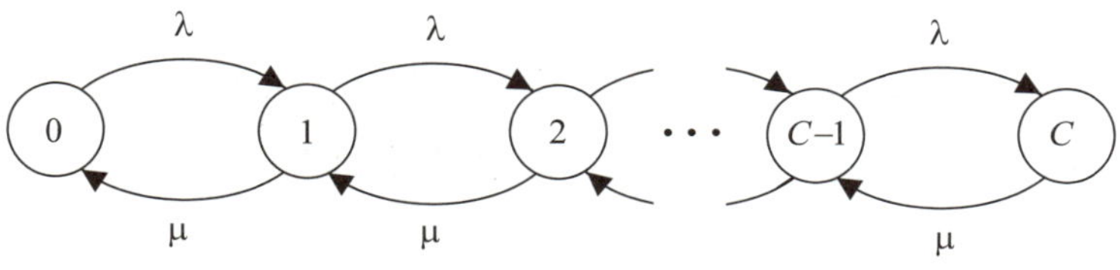

그림 11.21 유한용량 C를 가진 M/M/1 시스템의 생성소멸과정 모델

시스템 내 요청들의 개수 분석

요청들의 개수에 대한 PMF를 계산하는 것은, $\bar{p}_0$를 결정하는 식(11.39)에서 합의 상한값이 ∞에서 C로 바뀐 것을 제외하고는 11.4.1절에 있는 과정과 동일하다. 이러한 수정효과는 결과적으로 다음 식으로 나타난다.

$$\bar{p}_0 = \frac{1-\rho}{1-\rho^{C+1}} \tag{11.50}$$

$$\boxed{f_N[n] = \frac{1-\rho}{1-\rho^{C+1}}\,\rho^n \qquad n = 0, 1, 2, \ldots, C} \tag{11.51}$$

이때, 매우 큰 트래픽강도에 대하여, 즉 $\rho \to 1$일 때, ρ^n 항은 영향력이 적고, 따라서, 확률분포는 $0 \le n \le C$ 구간에서 $f_N[n] = 1/(C+1)$을 가지는 이산 균일 PMF에 접근한다.

다른 대기행렬 시스템과 마찬가지로, 시스템 내의 평균 요청개수는 중요한 척도이다. 이 요청들의 평균개수에 관한 표현은 확률생성함수에 의하여 가장 쉽게 구할 수 있다 (연습 문제 11.32 참조). 결과는 다음과 같다.

$$\mathcal{E}\{N(t)\} = \frac{\rho}{1-\rho} - \frac{(C+1)\rho^{C+1}}{1-\rho^{C+1}}; \quad 0 < \rho < 1 \tag{11.52}$$

첫번째 항은 M/M/1/∞ 시스템에 대한 결과이고 ($C \to \infty$로 하여 표 11.3과 비교), 반면 두번째 항은 유한길이 대기행렬에 의하여 줄어든 값을 표현한다. $\rho = 1$일 때, 확률분포는 균일분포이고, $\mathcal{E}\{N(t)\} = C/2$의 값을 얻는다.

C에 대한 $\mathcal{E}\{N\}$의 그래프가 몇 개의 선택된 ρ값에 대하여 그림 11.22에 주어졌다.

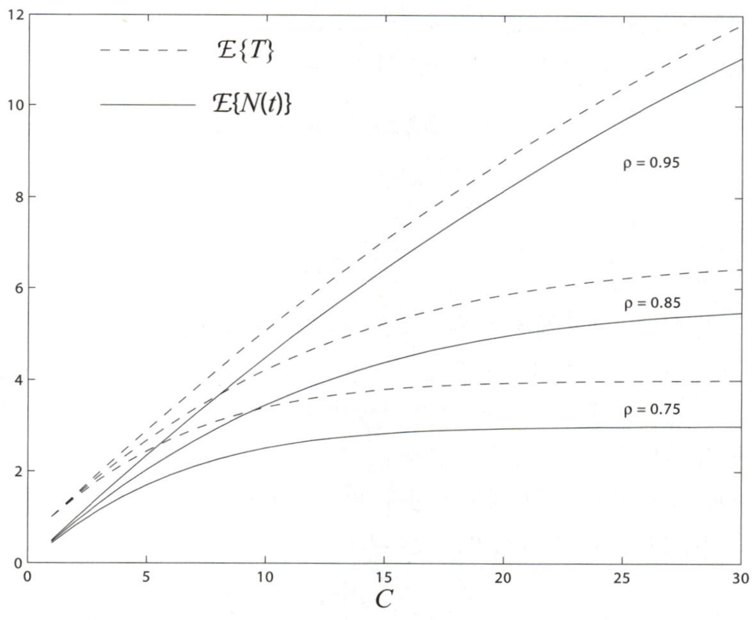

그림 11.22 용량 C에 대한 M/M/1/C 시스템 내 요청들의 평균개수 (실선)와 시스템 내에서 소비된 평균시간 (평균 서비스시간 단위) (점선)

ρ의 값이 0.75와 0.85 때, 시스템 내 요청의 평균개수는 각각 3.0 과 5.67 에 도달하여 수평이

되는 것을 관찰할 수 있다. 이 들 값들은 무한용량의 시스템에서의 값들에 해당하고, 표11.3에 주어진 공식으로부터 계산된다. 그러나, 매우 높은 트래픽강도에 해당하는 $\rho = 0.95$에 대하여서는, 시스템 내 요청의 평균개수가 그림에 나타난 것과 같이 용량 C의 1부터 30까지 구간에서 거의 선형적으로 증가하는 것을 볼 수 있다. 궁극적으로 요청의 평균개수는, 시스템의 용량이 증가함에 따라 19 정도에서 수렴값을 가지게 되나, 이를 위해서는 시스템 용량 C의 값이 100 이상이 되어야 한다.

시스템 내 요청들이 소비하는 평균시간

하나의 요청이 시스템 내에서 소비하는 평균시간을 계산하기 위해서, 먼저 실제로 시스템으로 들어가는 요청들의 과정을 살펴보아야만 한다. 이때, 시스템이 다 찼으면, 즉, $N(t) = C$가 되면, 요청들은 시스템 내로 들어갈 수 없고 반드시 되돌아가야 한다는 것에 유념하라. 이러한 사건들의 확률을 P_b로 정의한다. 되돌아 갈 확률은 (11.51)에 의하여 다음과 같이 구해진다.

$$P_b = \Pr[N(t) = C] = \mathrm{f}_N[C] = \frac{1-\rho}{1-\rho^{C+1}}\,\rho^C \qquad (11.53)$$

임의의 작은 시간증분 $\Delta_t \to 0$때, 하나의 요청이 도착하고 되돌아 갈 확률은 다음과 같다.

$$(\lambda\Delta_t)\cdot P_b = (\lambda P_b)\Delta_t$$

그러므로, 되돌아 간 요청들은 율 $\lambda_b = \lambda P_b$을 가진 푸아송과정을 이룬다. 마찬가지로, 하나의 요청이 도착하고 되돌아 가지 않을 확률은 다음과 같다.

$$(\lambda\Delta_t)P_a = (\lambda P_a)\Delta_t$$

단, $P_a = 1 - P_b$이다. 식(11.53)으로부터

$$P_a = 1 - \frac{1-\rho}{1-\rho^{C+1}}\,\rho^C = \frac{1-\rho^C}{1-\rho^{C+1}} \qquad (11.54)$$

그러므로, 시스템에 실제로 들어온 요청들도 도착율 $\lambda_a = \lambda P_a$를 가지는 푸아송과정이 되어, 이 두 부분 과정들을 합하면 도착율 $\lambda = \lambda_a + \lambda_b$을 가지는 원래의 도착과정을 이루게 된다.

그러나, 시스템 내에서 하나의 요청이 소비하는 평균시간은 단지 시스템에 실제로 들어가는 요청들 만에 의존하여 계산된다. 따라서, 우리는 λ_a를 **유효도착율**(effective arrival rate), λ_b를 **후퇴율**(back-off rate)이라고 부른다. 따라서, 하나의 요청이 시스템 내에서 소모하는 평균시간은 리틀의 공식을 이용하여 다음과 같이 구해진다.

$$\mathcal{E}\{T\} = \frac{\mathcal{E}\{N\}}{\lambda_a} = \frac{\mathcal{E}\{N\}}{\lambda P_a} \qquad (11.55)$$

단, $\mathcal{E}\{N\}$은 식(11.52)로 부터 온 것이고 P_a는 식(11.54)로 부터 온 것이다. 평균시간(평균서비스시간 단위로)은, 그림11.22의 점선으로 표기된 것 같이, 시스템 용량 C의 함수로 나타난다. 이때, $C \to \infty$면, 시스템 내 요청의 평균개수와 시스템 내의 평균시간 간의 비율이 트

래픽강도 ρ와 같아지게 된다.

11.4.4 다중서버 시스템

11장의 마지막 절에서는, 다시 그림 11.16에 표기된 K개의 서버를 가진 대기행렬 시스템의 일반적인 경우에 대하여 생각해 본다. 시스템의 분석을 시작하기 위하여, 우선 K개의 서버 중 k개가 작동 중이라고 가정하자. 이들 k개의 서버 중 하나가 시간구간 $(t, t+\Delta_t)$ 내에 작업을 마칠 확률은 $\mu\Delta_t$이다. 서버들이 각각 독립적으로 작동하기 때문에, 서버중 어느 하나가 작업을 마칠 확률은

$$\mu\Delta_t + \mu\Delta_t + \cdots + \mu\Delta_t = (k\mu)\Delta_t \tag{11.56}$$

가 된다. 이러한 시스템의 천이도가 그림 11.23에 묘사되었다.

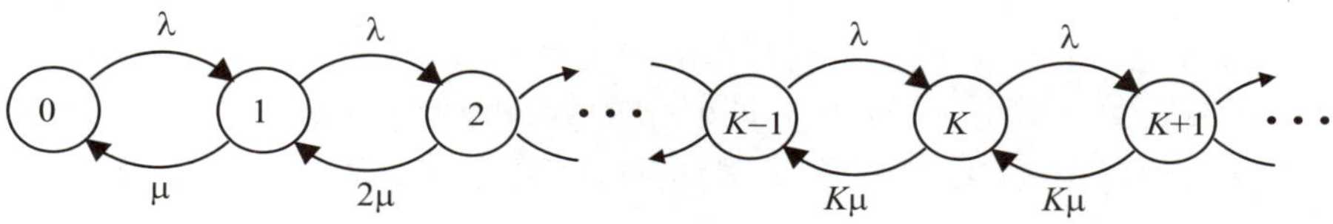

그림 11.23 M/M/K/∞ 다중서버 시스템에 대한 천이도

이때, 처음 K개 상태들에 대한 후진 천이확률들은 서로 같지 않고 $k = 1, 2, \ldots, K-1$에 대하여 $k\mu$에 비례한 값을 가진다. 이는 위의 (11.56)식의 결과이다. 남은 상태들에 대한 후진 천이확률은 $K\mu$에 비례한다.

11.3.3절에 논의된 것에 의하여, M/M/K 시스템의 극한상태확률은 다음의 조건들을 만족시켜야 한다.

$$\begin{aligned} \bar{p}_0\lambda &= \bar{p}_1\mu \\ \bar{p}_1\lambda &= \bar{p}_2 2\mu \\ &\vdots \\ \bar{p}_{K-1}\lambda &= \bar{p}_K K\mu \\ &\vdots \end{aligned}$$

순환 방식으로 이 방정식을 풀면 다음의 표현으로 귀결된다.[6]

6) 자세한 내용은 연습문제(문제11.33)로 남겨놓는다.

$$\bar{p}_n = \begin{cases} \dfrac{K^n \rho^n}{n!}\bar{p}_0 & 0 \le n < K \\ \dfrac{K^K \rho^n}{K!}\bar{p}_0 & K \le n < \infty \end{cases} \tag{11.57}$$

단, K 서버 시스템의 매개변수 ρ는 다음의 값으로 재정의 하는 것이 편리하다.

$$\rho = \frac{\lambda}{K\mu} \tag{11.58}$$

여기서, $\sum_{n=0}^{\infty} \bar{p}_n = 1$의 조건을 고려하면, 상태 영의 확률은 다음과 같이 얻어진다.

$$\bar{p}_0 = \left[\sum_{n=0}^{K-1} \frac{1}{n!}K^n\rho^n + \frac{K^K\rho^K}{K!(1-\rho)}\right]^{-1} \tag{11.59}$$

이제 모든 극한 상태확률들은 식 (11.57)과 식 (11.59)으로부터 계산될 수 있다.

도착된 임의의 요청이, 모든 서버가 작동 중이어서 대기행렬 상에서 기다려야만 할 확률은 매우 중요한 성능 측도가 된다. 이 확률은 Pr[대기행렬]로 표기되고, 다음과 같이 주어진다.

$$\Pr[\text{대기행렬}] = \Pr[N \ge K] = \sum_{n=K}^{\infty} \bar{p}_n \tag{11.60}$$

이제 식 (11.57)을 살펴보면, $n \ge K$에 대하여 다음과 같이 쓸 수 있다.

$$\bar{p}_n = \rho^{n-K}\bar{p}_K \qquad n \ge K \tag{11.61}$$

여기서

$$\bar{p}_K = \frac{K^K\rho^n}{K!}\bar{p}_0 \tag{11.62}$$

이다. 이제 식 (11.60)은 다음과 같이 된다.

$$\Pr[\text{대기행렬}] = \bar{p}_K \sum_{n=K}^{\infty} \rho^{n-K} = \bar{p}_K \frac{1}{1-\rho} \tag{11.63}$$

이제 식 (11.63)에 식 (11.62)와 식 (11.59)을 대입하면, 공식

$$\Pr[\text{대기행렬}] = \mathcal{C}(K,\rho) = \frac{\dfrac{K^K\rho^K}{K!(1-\rho)}}{\left[\displaystyle\sum_{n=0}^{K-1} \frac{1}{n!}K^n\rho^n + \frac{K^K\rho^K}{K!(1-\rho)}\right]} \tag{11.64}$$

을 얻는다. 이 공식은 **얼랑 C 공식**으로 알려져 있다.

논의될 마지막 성능 측도는 대기행렬 상의 평균 요청개수이다. 이 책에서의 표기대로 N을 시스템 내의 요청들의 개수라고 하면, $N \le K$에 대하여 대기행렬 내 요청개수 N_q는 0 이고, 반면에 $N > K$에 대하여서는 $N_q = N - K$가 된다. 따라서, 대기행렬 상의 평균 요청개수는 다음과 같다.

$$\mathcal{E}\{N_q\} = \sum_{n=K+1}^{\infty}(n-K)\bar{p}_n = \sum_{n=K+1}^{\infty}(n-K)\rho^{n-K}\bar{p}_K = \bar{p}_K\sum_{k=0}^{\infty}k\rho^k$$

여기서 식을 간단히 하기 위하여 식 (11.61)이 사용되었다. 이제 가장 오른쪽 항을 다음과 같이 쓸 수 있음을 관찰하자.

$$\bar{p}_K\sum_{k=0}^{\infty}k\rho^k = \left(\frac{\bar{p}_K}{1-\rho}\right)\sum_{k=0}^{\infty}k(1-\rho)\rho^k$$

식 (11.63)과 식 (11.64)로부터, 괄호 안에 있는 항들은 바로 $C(K,\rho)$이 됨을 알 수 있다. 또한 나머지 합의 부분은, 기하 랜덤변수의 평균값 $\rho/(1-\rho)$가 된다. 이러한 관찰로부터, 대기행렬 상의 평균 요청개수에 대한 수식은 다음과 같이 된다.

$$\mathcal{E}\{N_q\} = \frac{\rho}{1-\rho}\mathcal{C}(K,\rho) \tag{11.65}$$

이 식은 우리가 원하는 마지막 표현식이다.

이러한 표현과 평균 서비스시간 $\mathcal{E}\{S\} = 1/\mu$를 리틀의 공식과 함께 사용하여, M/M/K 시스템에 대한 많은 다른 평균값들을 계산할 수 있다. 이들을 표 11.4에 기술하였다.

$$\xrightarrow{\lambda}$$

$\mathcal{E}\{W\} = \dfrac{\mathcal{C}(K,\rho)}{K\mu+\lambda}$	$\mathcal{E}\{N_q(t)\} = \dfrac{\rho}{1-\rho}\mathcal{C}(K,\rho)$
$\mathcal{E}\{S\} = 1/\mu$	$\mathcal{E}\{N_s(t)\} = K\rho$
$\mathcal{E}\{T\} = \dfrac{\mathcal{C}(K,\rho)}{K\mu+\lambda} + \dfrac{1}{\mu}$	$\mathcal{E}\{N(t)\} = \dfrac{\rho}{1-\rho}\mathcal{C}(K,\rho) + K\rho$

[표 11.4] M/M/K/∞ 대기행렬 시스템에 관계되는 기댓값들과 관계식들. 오른쪽 열의 양과 λ값을 리틀의 공식에 적용하여 계산하면 왼쪽 열의 양을 얻는다. 여기서 $\rho = \lambda/K\mu$이다.

다음의 예제는 다중서버 시스템에 관하여 본 절에서 설명한 이론들을 적용한 예이다.

예제 11.8

어떤 중소기업에 대한 기술적 지원으로 세 명의 기술자가 작업 중이다. 지원에 대한 요청은 현재 대기행렬 상에 있고 다음 번 가능한 기술자의 지원서비스를 기다리고 있다. 고객의 지원요청이 시간당 15번 정도로 요청되고 있고, 고객이 지원받는 시간은 평균 10분이라고 가정한다. 이때, 대기행렬의 평균길이는 얼마인가? 또한 고객이 대기행렬 상에서 기다려야하는 평균 대기시간은 얼마인가?

도착율은 $\lambda = 15/60 = 0.25$[지원요청/분]. 평균 서비스시간은 $1/\mu = 10$[분] 이다. 그러므로, 이용률은 $\rho = \lambda/K\mu = (0.25/3)10 = 5/6$이 되고, 따라서, 대기행렬 확률은 얼랑 C 공식 (11.64)을 사용하여 다음과 같이 구해진다.

$$\mathcal{C}(K,\rho) = \frac{\dfrac{3^3\left(\frac{5}{6}\right)^3}{3!(1-\frac{5}{6})}}{\left[\displaystyle\sum_{n=0}^{3}\frac{1}{n!}3^n\left(\tfrac{5}{6}\right)^n + \frac{3^3\left(\frac{5}{6}\right)^3}{3!(1-\frac{5}{6})}\right]} \approx 0.7022$$

이때, 대기행렬 길이의 기댓값은 (11.65)에 의하여 얻어진다.

$$\mathcal{E}\{N_q\} = \frac{\frac{5}{6}}{1-\frac{5}{6}}\,0.7022 \approx 3.5\,[\text{고객}]$$

또한, 대기행렬 상에서의 평균 대기시간은 표11.4로부터 계산될 수 있다.

$$\mathcal{E}\{W\} = \frac{\mathcal{C}(K,\rho)}{K\mu+\lambda} = \frac{0.7022}{3/10+0.25} = 1.28\,[\text{분}]$$

대략, 1분 16초가 된다.

11.5 요약

마르코프와 푸아송 모델은 전자 및 컴퓨터 공학 분야의 많은 실용적 문제들에서 일어난다. 푸아송 모델의 다양한 양상들은 이미 이전 장들에 소개되었다. 이 장에서는 이들 모든 아이디어를 모아서 푸아송과정으로 알려진 하나의 랜덤과정의 내용으로 정리하였다. 이들 과정은 도착확률이 $\lambda\Delta_t$이면서, 중첩되지 않은 시간구간 사이에서는 독립인 사건들에 의해 정의된다. (표11.1 참조). 길이 t의 고정시간구간에 도착한 사건들의 개수는 매개변수 $\alpha = \lambda t$의 푸아송 PMF로 표현되고, 연속되는 사건들 사이의 도착간격 시간 T는 지수 PDF로 표현된다.

마르코프 랜덤과정은, 과정 내의 랜덤변수들의 조건을 단순히 바로 앞선 랜덤변수로 한정하기 때문에 많은 실제 적용분야의 데이터를 표현할 수 있는 유용한 모델이다. 이러한 마르코프 과정이 (유한 혹은 무한) 이산 값들을 가질 때, 이 과정을 마르코프체인이라고 한다. 이산시간 마르코프체인은 대수적으로 상태천이행렬로 표현되고, 기하적으로는 상태도로 표현된다. 초기 상태확률들이 주어졌을 때, 모든 상태들의 확률은 시간의 함수로 계산될 수 있다. 대부분의 관심 경우에 있어서, 이 상태확률은 소위 "극한 상태확률"이라 부르는 극한값으로 수렴한다.

연속시간 마르코프과정은 분석이 더 어려운 과정인데, 이 장에서 논의된 연속시간 마르코프 과정은 푸아송 모델에 기반한 것들에 국한한다. 이러한 모델 안의 "사건들"은 상태도로 표현될 수 있는, 상태천이들이다. 이들 시간-의존(time-dependent) 상태확률들은 연립 1차 미분방정식을 만족시키므로 이 방정식의 해로 구할 수 있다. 그러나 다행스럽게도, 이러한 완벽한 시간의존적 지식이 많은 통상적인 공학적 적용에 꼭 필요하지는 않지만 대신에 극한 상태확률을 구하여 사용할 수 있다. 이 확률은 "전체 균형방정식(global balance equations)'으로 불리우는 연립 대수 방정식으로부터 구할 수 있다. 이 방정식은, 마르코프 모델이 "생성소멸"과정의 형태를 가질 때 더욱 간략화 될 수 있다. 대부분의 대기행렬 시스템의 경우가 이러한 경우이다.

대기행렬 시스템은 서비스를 위한 "요청"의 랜덤 도착과 랜덤 길이의 서비스시간에 의하여 특정지어질 수 있다. 이때, 도착해서 즉각적으로 서비스 받을 수 없는 요청들은 대기행렬에 쌓이게 된다. 우리는 M/M/K/C 대기행렬 시스템으로 알려진 몇 개의 시스템들을 소개하였다. 이 이름에서, 두 개의 M은 마르코프(푸아송) 도착과 서비스 모델을 뜻하고, K는 시스템 내의 서버의 개수를 뜻하고, C는 시스템의 용량을 뜻하는데, 이들은 서버의 개수와 대기행렬의 최대허용 길이에 의해 결정된 값들이다. 이 중에서 M/M/1/∞, M/M/1/C, M/M/K/∞ 시스템들이 자세하게 설명되었다. 리틀의 공식은, 시스템 내 요청들의 평균개수와 시스템 내에서 하나의 요청이 소비하는 평균시간과의 관계를 나타내는 강력한 도구로 만들어졌다. 이 장에서 언급된 이러한 도구들을 사용하여, 컴퓨터, 전화시스템, 컴퓨터 망 같은 중요한 공학 시스템들을 여러 다양한 트래픽 조건 하에서 성능 분석할 수 있다. 또한 평균 지연시간, 대기행렬의 평균길이 등과 같은 성능 측도들이 이 장에서 언급한 기법들에 의해 계산되고 도시된다.

참고문헌

[1] Ross L. Finney, Maurice D. Weir, and Frank R. Giordano. *Thomas' Calculus*. Addison-Wesley, Reading, Massachusetts, tenth edition, 2001.

[2] Leonard Kleinrock. *Queueing Systems - Volume I: Theory*. John Wiley & Sons, New York, 1975.

[3] Leonard Kleinrock. *Queueing Systems - Volume II: Computer Applications*. John Wiley & Sons, New York, 1976.

[4] Howard M. Taylor and Samuel Karlin. *An Introduction to Stochastic Modeling*. Academic Press, New York, third edition, 1998.

[5] Sheldon M. Ross. *Introduction to Probability Models*. Academic Press, New York, eighth edition, 2002.

[6] Alvin W. Drake. *Fundamentals of Applied Probability Theory*. McGraw-Hill, New York, 1967.

[7] Donald Gross and Carl M. Harris. *Fundamentals of Queueing Theory*. John Wiley & Sons, New York, third edition, 1998.

[8] J. D. C. Little. A proof of the queueing formula $L = \lambda W$. *Operations Research*, 9:383–387, 1961.

연습문제

푸아송 모델

11.1 월요일 아침에 스노클 병장의 컴퓨터에 도착하는 이메일은 평균 10분 간격의 도착시간을 가지는 푸아송과정으로 가정한다.

(a) 만약 그가 정확하게 아침 8시에 컴퓨터를 켰을 때, 아무런 새로운 메일을 발견하지 못했다면, 8시 10분까지도 새로운 메일이 없을 확률은 얼마인가?

(b) 8시 10분까지 한 개보다 많은 메일을 받을 확률은 얼마인가? 또한 8시 15분까지에는 어떠한가?

11.2 늦은 오후에 교정으로부터 학생기숙사로 운영하는 버스의 도착은 평균 30분 간격의 도착시간을 가지는 푸아송과정으로 가정한다. 정확하게 오후 4시 29분에 버스가 도착한 상황을 고려하자.

(a) 4시 30분에 도착한 한 학생이 버스를 놓쳤다. 학생기숙사로 가는 다음 버스를 기다려야하는 시간의 기댓값은 얼마인가?

(b) 4시 52분에 아직 다음 버스는 오지 않았고, 또 다른 한 학생이 정류장에 왔다. 이들 두 학생이 다음버스를 위해 기다려야 하는 시간의 기댓값은 얼마인가?

11.3 두 대의 프로젝터의 전구가 동시에 작동을 시작했다. 하나는 3600시간의 평균 작동수명을 가지고 있고, 반면 다른 하나는 5400시간의 평균 작동수명을 가지고 있다.

(a) 짧은 수명을 가지고 있는 전구가 긴 수명을 가지고 있는 전구보다 먼저 수명을 다 할 확률은 얼마인가?

(b) 만약 짧은 수명의 전구 값이 1달러이고 긴 수명의 전구 값이 1.45달러라면, 어느 전구를 쓰는 것이 더 이득이 되는가? 즉, 어느 전구를 선택하는 것이 전구 구입비의 기댓값을 가장 낮추는 일인가?

(c) 수명이 짧은 전구의 가격이 1달러로 정해진 상황에서 긴 수명의 전구의 가격은 최대 얼마로 책정될 수 있겠는가?

11.4 스파나겔 홀에 설치된 엘리베이터들은 평균 하루에 1번 고장 난다. (단 고장간격시간은 지수확률 분포를 가진다고 가정한다.)

(a) 하루에 한번 고장이 날 확률은 얼마인가?

(b) 8일 동안에 8번 고장 날 확률은 얼마인가?

(c) 8번째 고장이 날 때 까지 걸리는 시간 W의 기댓값은 얼마인가?

11.5 앱 서버가 받는 요청수가 초당 10번의 요청을 가진 푸아송모델으로 이루어진다고 가정한다.

(a) 서버가 250ms 동안 작동하지 않았다고 가정하자. 서버의 비작동 기간 동안, 어느 사용자도 접속에 실패하지 않았을 확률은 얼마인가?

(b) 어느 일 분 동안에, 두 번의 정지가 일어났다고 가정하자: 0부터 10ms 사이에 한번, 12,780부터 12,930ms 사이에 또 한번 일어났다. 이때, 첫 번째 정지 기간 동안 한 번의 요청 시도가 발생하고, 두 번째 정지 동안에는 아무런 요청 시도도 일어나지 않을 확률은 얼마인가?

(c) 서버가 임의의 0.5초 기간 동안에 6번의 요청 시도를 받게 될 확률은 얼마인가?

11.6 어떤 인터넷 라우터가 두 개의 다른 광섬유 케이블로부터 데이터 열을 받는다. 이들 매체로부터 도착하는 데이터들은 각각 독립이고 매개변수 α[패킷/초(pps)] 와 β[패킷/초]를 갖는 푸아송과정으로 간주한다.

(a) 시간구간 t초 동안, 라우터에 도착하는 전체 패킷개수의 PMF를 구하라.

(b) 두 번째 데이터 열 (즉 β[패킷/초]를 가지는 데이터 열)의 도착간격 시간의 확률밀도함수(PDF)를 구하라.

11.7 10번가 샌드위치 판매점에 도착한 고객들은 두 종류로 나뉜다. J타입의 고객들은 “조스”샌드위치를 주문하는 사람들이고, T타입의 고객들은 저지방 참치 샌드위치를 주문하는 사람들이다. 가게 주인은 점심시간 한 시간 전에 이미 이들 두 타입의 고객들이 각각 $\lambda_J = 24$[소비자들/시간]와 $\lambda_T = 12$[소비자들/시간]의 도착율을 가지는 독립 푸아송과정들로 모델화 할 수 있다는 것을 알고 있다고 가정하자. 조스 샌드위치를 좋아하는 고객들은 절대로 저지방 참치 샌드위치를 주문하지 않는다. 그 반대도 마찬가지다.

(a) 만약 임의의 랜덤 시간 t에 도착한 어떤 고객이 있을 때, 이 고객이 조스 샌드위치를 시킬 확률은 얼마인가? (즉, J타입의 고객일 확률은 얼마인가?)

(b) 어떤 고객이 막 들어와서 조스를 시켰다고 하자. 이때, 저지방 참치 샌드위치를 주문할 다음 고객의 도착까지의 시간의 기댓값은 얼마인가?

(c) 이 판매점이 20분 동안 정확하게 5개의 조스 샌드위치와 3개의 저지방 참치 샌드위치를 팔 확률은 얼마인가?

(d) 고객들 간의 평균 도착간격 시간은 얼마인가? 이때 두 연속된 고객들이 같은 타입의 고객들일 필요는 없다.

(e) 서로 다른 샌드위치를 주문하는 고객들 사이의 평균 간격시간(즉, J타입과 T타입 사이, 혹은 T타입과 J타입의 고객들 사이 구간시간의 기댓값)은 얼마인가?

(f) 만약 조스 샌드위치가 3달러, 저지방 참치 샌드위치가 3.5달러에 팔린다면, 이 판매점의 한 시간 당 벌어들이는 전체 매출의 기댓값은 얼마인가?

11.8 골드러쉬 마을 안의 캘리포니아 대중교통은 예전 같지 않다. 로스엔젤레스, 샌프란시스코, 콜로라도주 두랜고로 가는 버스들의 도착은 각각 3, 2, 5[버스들/하루]의 도착율을 가지는 독립 푸아송과정으로 가정한다.

(a) 당신이 로스엔젤레스로 가는 버스를 막 놓쳤다고 가정했을 때, 다음에 오는 버스가 또한 로스엔젤레스로 가는 버스일 확률은 얼마인가?

(b) 만약 로스엔젤레스로 가는 버스가 샌프란시스코에 정차한다면, 샌프란시스코까지 데려다 줄 다음번 버스를 기다리는 대기시간의 기댓값은 얼마인가?

이산시간 마르코프 체인

11.9 어떤 이진 랜덤과정 $X[k]$가 $+1$과 -1의 두 가지 값을 가지고, 아래의 상태도를 가지는 마르코프체인으로 표현된다.

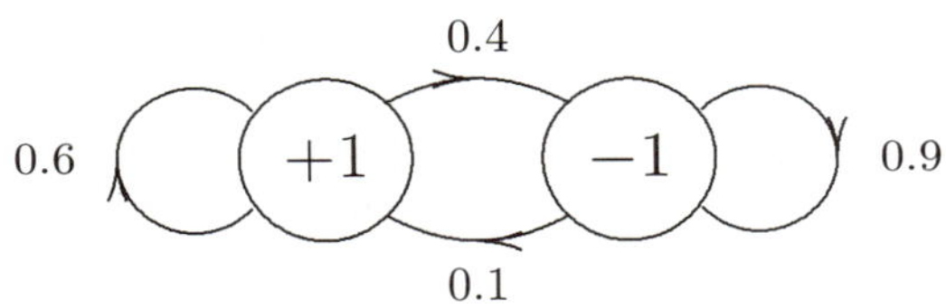

(a) 이 랜덤과정의 천이행렬을 구하라.

(b) 이 과정이 현재 $+1$ 상태에 있을 때, 지금부터 3번의 전이후 -1상태로 될 확률은 무엇인가?

(c) $X[k]=-1$로 주어졌을 때, $X[k+3]=-1$이 될 확률은 얼마인가?

(d) 이 랜덤과정의 극한 상태확률을 구하라.

(e) 이 과정이 랜덤 시간 "k"에 시작하여 관찰될 때, 계속해서 열 번의 $+1$의 상태가 될 확률은 얼마인가? 또한 열 번의 -1의 상태가 반복될 확률은 얼마인가?

(f) 이 마르코프 과정과 같은 극한 상태확률을 가지는 베르누이과정의 경우에 대해, (e)의 확률 값 들을 구하라.

11.10 랜덤보행으로 알려진 이산시간 랜덤과정이 다음과 같은 방정식으로 정의되었다.

$$Y[k] = \begin{cases} Y[k-1]+1 & \text{, 확률 } p\text{일때} \\ Y[k-1]-1 & \text{, 확률 } 1-p\text{일때} \end{cases}$$

(a) 랜덤보행에 대한 상태천이도를 그려라. 단, 상태 "i"는 조건 $Y[k]=i$를 만족시키는 것으로 정의하고, 천이확률을 표기하라.

(b) 이 랜덤보행의 극한 상태확률이 존재하는가? 존재한다면, 그 값은 무엇인가?

11.11 어떤 이진 메시지의 비트가 아래의 상태도를 가지는 2-상태 마르코프과정으로 모델화 되었다.

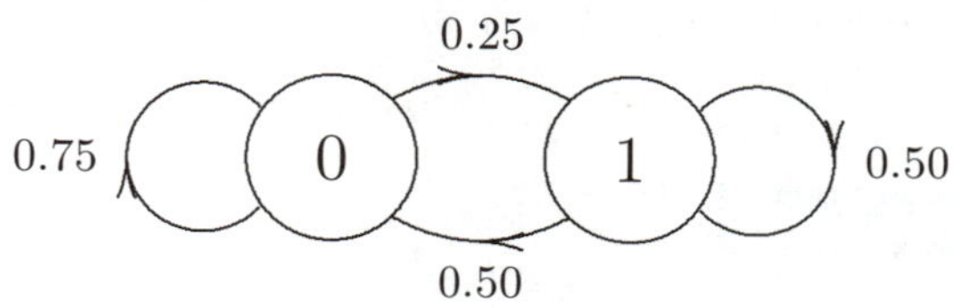

(a) 천이행렬을 구하라.

(b) 메시지의 첫 번째 비트가 0으로 주어졌을 때, 세 번째 비트 역시 0 이 될 확률은 무엇인가?

(c) 만약, 메시지가 시작되고 오랜 시간을 기다린 후에 랜덤로 어떤 비트를 관찰하였다면, 관찰된 비트값이 0 일 확률은 무엇인가?

11.12 이산시간 마르코프체인에서, $p_{00} = 0.3$, $p_{11} = 0.6$ 일 때,

(a) 상태천이행렬을 구하라.

(b) 상태천이도를 그려라.

(c) 극한 상태확률을 구하라.

11.13 $p_{01} = 0.6$, $p_{10} = 0.3$인 이산시간 마르코프체인에서,

(a) 극한 상태확률을 구하라.

(b) 8번 계속해서 0 이 나올 확률을 구하라.

(c) 8번 계속해서 1 이 나올 확률을 구하라.

(d) (a)에서 구한 값과 같은 극한상태 확률값을 가지는 베르누이과정을 고려하고, 이 베르누이과정에 대한 (b), (c)의 값을 구하라.

11.14 연습문제11.13을 참조하여,

(a) 3번의 1이 나온 후에 계속해서 5번의 0이 나올 확률을 구하라.

(b) (a)에서 구한 확률값과 같은 극한 상태확률을 가지는 베르누이과정을 고려하고, 그 베르누이과정에 대한 (a)의 값을 구하라.

11.15 아래의 상태도를 가지는 이산시간 마르코프체인에 대하여,

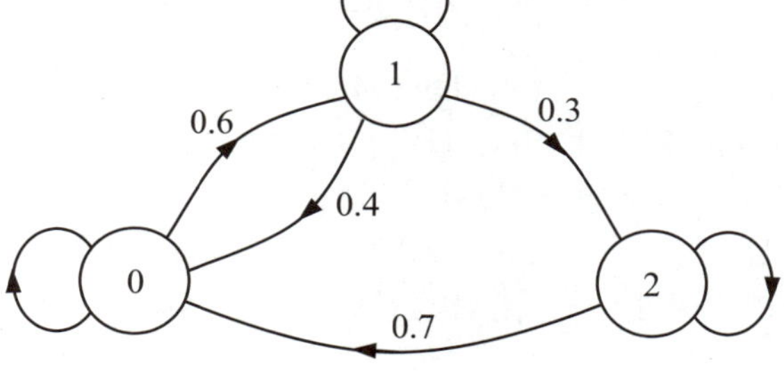

(a) 상태도의 자기순환에 해당 천이확률을 구하여 채우라.

(b) 천이행렬을 구하라.

(c) 0,0,0 혹은 1,1,1 혹은 2,2,2 의 열 중에서 어느 상태 열이 가장 높은 확률을 가지는가? 그 값은 얼마인가?

연속시간 마르코프체인

11.16 천이율 $r_{01} = 4$, $r_{02} = 5$, $r_{12} = 5$, $r_{10} = 3$, $r_{20} = 2$, $r_{21} = 2$의 값을 갖는 3−상태 연속시간 마르코프체인에 대하여,

(a) 과정에 대한 천이율도를 그려라.

(b) 과정에 대한 극한상태 확률값 p_0, p_1, p_2을 구하라.

11.17 4개의 상태를 가지는 연속시간 마르코프체인에서, 다음과 같이 천이율이 주어졌다. $r_{01} = 2$, $r_{10} = 3$, $r_{02} = 1$, $r_{12} = 1$, $r_{21} = 2$, $r_{23} = 2$, $r_{31} = 2$, $r_{32} = 3$

(a) 상태천이도를 그려라.

(b) 극한 상태확률을 구하라.

11.18 말(speech) 송신을 위한 통신네트워크의 동작특성을 공부하기 위하여, 화자의 행위가 아래의 그림과 같이 마르코프체인으로 모델화 되었다. 각 상태에 대한 해석은 다음과 같다. 상태 0은 아무 소리 없는 상태를 나타내고, 상태 1은 무성음, 상태 2는 유성음을 나타낸다. 천이율은 $r_{01} = 1$, $r_{10} = 1.5$, $r_{12} = 2$, $r_{21} = 3$으로 주어졌다.

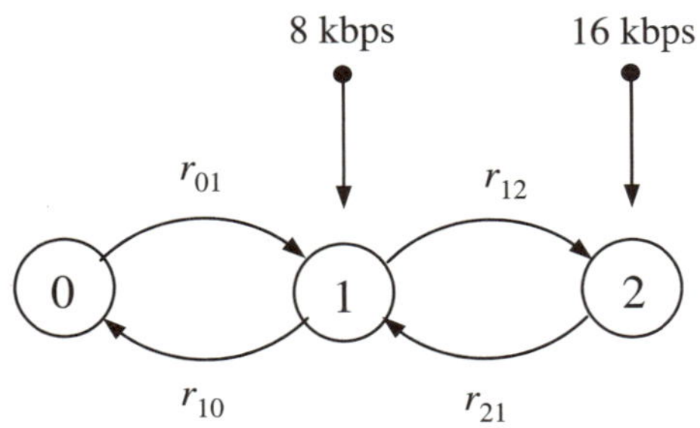

(a) 이 모델의 극한상태 확률을 구하라.

(b) 만약에 무성음은 8kbps의 속도로 송신되고, 유성음은 16kbps의 속도로 송신된다면, 이 때, 이 송신기에 의하여 만들어지는 평균비트율은 얼마인가?

11.19 Yoohoo는 인터넷 트래픽 모니터링 서비스인데, 이 서비스는 주어진 앱 포털사이트에 단독 접속된 횟수를 계수한다. 이러한 단독 접속 도착이 도착율 λ를 가지는 푸아송과정이라고 하면,

(a) 이 랜덤과정의 상태천이도를 그려라.

(b) 4시간 동안에, 접속횟수가 12번일 확률은 무엇인가? 단, $\lambda = 2$[접속/시간]이다.

(c) 마르코프체인에 대한 극한상태 확률을 구할 수 있는가? 설명하라.

기본 대기행렬 이론

11.20 M/M/1 대기행렬 시스템에서, 도착율은 100[패킷/초] 이고 서비스율은 120[패킷/초] 이다. 이 시스템의 이용률(utilization)을 구하라.

11.21 임의의 M/M/1 대기행렬 시스템에서, 도착율은 $\lambda = 4$[초$^{-1}$]이고 서비스율은 $\mu = 5$[초$^{-1}$]이다.
(a) 이용률 ρ를 구하라.
(b) 확률 $p_{10} = \Pr[N(t) > 10]$의 값을 구하라.
(c) 시스템내에서 소비하는 평균시간 $\mathcal{E}\{T\}$은 얼마인가? 또한 대기행렬 상에서 소비하는 평균대기시간은 얼마인가?
(d) $p_{10} \le 10^{-2}$이 되기 위하여서는, 도착율이 어떻게 되어야만 하는가? 또한 새로운 도착율에서의 ρ의 값과 $\mathcal{E}\{T\}$의 값은 얼마인가?
(e) $p_{10} \le 10^{-2}$을 얻기 위하여, 어떻게 서비스율을 바꾸어야 하는가? 이 새로운 서비스율에 대한 ρ와 $\mathcal{E}\{T\}$의 값은 무엇인가?

11.22 이메일 메시지가 평균 분당 30 메시지의 율로 메일서버에 도착하고 있다. 또한 서버가 작동하여 메시지를 재분배하는 데에 걸리는 평균 시간은 750 [ms]이다.
(a) 임의의 시간에 대기행렬 상에서 대기하는 메시지 개수 $N(t)$의 기댓값은 얼마인가?
(b) 하나의 메시지가 도착할 때부터 그 것이 재분배되는 시간까지 소비하는 평균 시간은 얼마인가?
(c) 만약 메시지의 도착율이 두배가 된다면, 즉, 분당 60 메시지로 증가된다면, (a) 항과 (b) 항의 답이 어떻게 바뀌어야 하는가?

11.23 어떤 컴퓨터에서의 동작방해(Interrupt)가 초당 10개의 율로 일어난다. 또한 이러한 동작방해를 위한 평균 서비스시간은 0.05초이다.
(a) 대기행렬에 대한 통계값 $\mathcal{E}\{N(t)\}$와 $\mathcal{E}\{T\}$을 구하라.
(b) 만약 $\mathcal{E}\{T\}$값을 반으로 줄이기를 원한다면, 평균서비스시간은 얼마가 필요한가? 이 경우에, $\mathcal{E}\{N(t)\}$의 값은 얼마가 되는가?

11.24 다음의 두가지 상황을 고객이 소비해야 할 평균시간과 연관 지어 비교하라.
(a) 단지 두 명의 출납계원이 일하고 있는 작은 은행에 고객이 서비스를 받기 위하여 두 줄(대기행렬) 중 하나를 선택하여 서 있다. 한번 줄을 선택하여 서 있게 되면, 다른 줄로는 바꾸지 않는다고 생각한다. 또한 두 명의 직원의 일처리 능력은 똑같다; 즉, 각 직원의 평균서비스 시간은 같고 그 값은 μ이다.
(b) 고객이 도착하면, 두 직원 앞에 한 줄로 서서 서비스를 기다린다. (앞의 항과 같은 직원들로 가정한다.) 줄의 맨 앞에 서 있는 고객이 다음 서비스 가능한 직원에게 가서 서비스를 받는다.

11.25 M/M/1 대기행렬 시스템을 고려하자. 시스템에의 도착은 $\lambda = 20$ [패킷/초(pps)]의 푸아송 모델로 표현되고, 이 시스템의 서비스율은 25[pps]이다.
(a) 이 시스템은 안정적인가? 이용율 ρ의 값을 구하라.
(b) 상태확률이 $p_k = \rho p_{k-1},\ k \ge 1$로 주어질 때, p_0를 구하라.
(c) 시스템 내 패킷들의 평균개수는 얼마인가?

(d) 시스템 내에서의 소비하는 평균시간은 얼마인가?
(e) 평균 대기행렬 지연시간은 얼마인가?
(f) 대기행렬 상의 패킷들의 개수를 구하라.

11.26 도착율 100[패킷/초]과 서비스율 120[패킷/초]를 가지는 4−상태 대기행렬 시스템 (M/M/1/3)을 고려하자.
(a) 이 시스템의 극한 상태확률을 구하라.
(b) 시스템 내의 패킷들의 평균 개수를 계산하라.
(c) 대기행렬 상의 패킷들의 평균 개수는 얼마인가?

11.27 어떤 M/M/1/3 시스템에서, 도착들은 $\lambda = 150$[요청/초]의 도착율을 가지는 푸아송이다.
(a) 상태천이도를 그려라.
(b) 극한 상태확률을 구하라.
(c) 만약 p_1과 p_2가 각각 상한값 $p_1 = 4/15$와 $p_2 = 2/15$을 가진다면, 평균서비스율 μ는 얼마여야 하는가?

11.28 대기행렬 시스템에 트래픽이 매개변수 $\lambda = 24$[pps]를 가지는 푸아송과정의 형태로 도착한다.
(a) 평균서비스율 36[pps]의 M/M/1 시스템을 가정할 때, 시스템 내에서의 평균 지연시간은 얼마인가?
(b) 실제로 대기행렬 시스템이 두 개의 똑같은 평행 대기행렬로 이루어졌다고 생각하고, 입력 트래픽이 두 개의 대기행렬에 똑 같이 나뉘어져 들어간다. 이 때, 평균서비스율이 대기행렬 당 18[pps]라면, 시스템 내에서의 평균 지연시간은 얼마인가?
(c) 각 서버의 평균서비스율이 18[pps]인 M/M/2 시스템을 고려하자. 이 시스템 내에서의 평균 지연시간은 얼마인가?

11.29 스파나겔 홀의 형광등 전구는 매주 2개 꼴로 끊어진다. (한 주는 5일의 일하는 날로 구성되고 주말에 형광등이 나갈 확률은 무시할 수 있다고 가정한다. 따라서, 주말은 완전히 고려하지 않는다.) 일반적으로 형광등이 끊어진 후 새로운 형광등으로 교체되는 데에 걸리는 시간은 평균 이틀이 걸린다. 단 한 사람이 이들 전구를 교체한다. 만약 그가 전구를 교체하러 나간 사이, 또 다른 요청이 들어온다면, 그 요청은 대기행렬 상에 있게 되고, 먼저 들어온 요청에 대하여 먼저 서비스되는 원칙이 지켜진다.
(a) 임의의 시간에 스피나겔 홀 안에서 동시에 작동하지 않는 형광등의 평균 개수는 얼마인가?
(b) 전구가 나가는 즉시 보고를 한다고 가정할 때, 전구가 교체될 때 까지, 거의 다 썼거나 깜박이는 형광등이라도 참고 써서 상황을 모면해야 하는 평균 대기시간은 얼마인가?

11.30 네트워크 프린터 서버에 들어오는 요청들은 푸아송과정으로 모델화되고, 도착율은 3[요청/분]이다. 프린터는 매우 빠르고, 이 들 출력요청 중 하나를 출력하는 데 요구되는 평균시간은 10초이다. 출력시간은 요청의 개수들과는 독립적인 지수랜덤변수로 표현된다.
(a) 세 번째 출력요청 때까지 경과시간의 기댓값은 얼마인가?
(b) 시스템이 무한히 긴 대기행렬도 감당할 수 있다고 가정할 때, 하나의 출력요청이 도착했을 때, 대기행렬 상에 아무런 요청도 존재하지 않을 확률은 얼마인가? (이 문제에 대한 대답에는 주의 요망!)

(c) 모든 실제 시스템은 반드시 유한용량 C를 가진다. 만약 시스템 (프린터와 그의 대기행렬을 포함하는)이 완전히 꽉 차게 되면, 요청들은 다음과 같은 메시지와 함께 사용자에게 되돌아가게 된다: "프린터 BUSY: 다음에 다시 시도해 주십시오."이 때, 만약 요청들이 도착 후 되돌아갈 확률이 0.001보다 작게 되려면, K의 최소값은 얼마가 되어야 하는가?

11.31 전기컴퓨터공학과 주 컴퓨터실에 있는 칼라프린터는 평균고장시간(Mean Time to Failure: MTF)이 11일이다. 또한, 고장 신고에 의한 정보처리부서(코드05)의 평균응답시간(Mean Time to Response: MTR)은 2일이다. 또한 이 둘은 모두 푸아송 모델에 의하여 표현될 수 있다고 가정한다. 즉, 프린터의 고장시간이 변수 $\lambda = 1/11$를 가지는 지수랜덤변수이고, 서비스시간 역시 변수 $\mu = 1/2$를 가지는 지수랜덤변수라고 가정한다. 이 때, 정보처리부서의 기사가 도착하자마자 프린터는 곧바로 다시 작동한다고, 즉, 기사가 기계를 고치는 동안의 부가적인 대기시간은 없다고 가정하자. 이러한 상황은 아래와 같이 두 개의 상태를 가진 연속시간 마르코프체인에 의하여 표현될 수 있다.

상태 0: 프린터가 작동 중

상태 1: 프린터가 고장

프린터가 작동하는 혹은 작동하지 않는 극한 상태확률값 $\bar{p}_0$, $\bar{p}_1$은 얼마인가?

11.32 어떤 이산랜덤변수에 해당하는 확률생성함수(PGF)가 4장의 식(4.231)에 의하여 주어졌다.

(a) 유한용량 대기행렬 시스템의 확률분포(11.51)에 대한 PGF가 다음과 같이 주어짐을 증명하라.

$$G_N(z) = \frac{1-(\rho z)^{C+1}}{1-\rho z}\,\bar{p}_0$$

단, $\bar{p}_0$는 식(11.50)에 주어진 것이다.

(b) 이 식을 사용하여, 확률분포의 평균이 식 (11.52)와 같이 얻어짐을 보여라.

11.33 어떻게 식 (11.57)이 그 앞의 생성소멸과정의 조건들로부터 얻어질 수 있는지 증명하라. 또한, 극한상태 확률들의 합이 1이 된다는 것으로부터, K−서버 경우의 $\bar{p}_0$에 대한 표현인 식(11.59)를 유도하라.

11.34 예제 11.8에서, 적어도 한명의 기사는 일을 하지 않아도 될 확률을 구하라.

11.35 예제 11.8에서, 한명의 기사가 커피를 위한 휴식을 갖기 위해 나가서 오랜 시간동안 돌아오지 않았다. 이 사건이 어떻게 서비스를 요청한 고객이 경험하게 될 평균 대기시간을 변화시키는가?

11.36 K개의 서버를 가지고 대기행렬이 없는 임의의 대기행렬 시스템을 고려한다. 다시 말해서, 만약 요청이 도착하고 모든 서버들이 바쁘면, 이들 요청들은 되돌려 보내진다. 이때, 도착한 요청이 되돌아가게 될 확률이 다음의 수식과 같이 주어짐을 증명하라.

$$\bar{p}_K = \mathcal{B}(K,\rho) = \frac{(K\rho)^K/K!}{\sum_{n=0}^{K}(K\rho)^n/n!}$$

이 수식은 얼랑 B 공식으로 알려진 수식이다.

힌트: 시스템에 대한 천이도를 그리는 것으로부터 시작하라.

컴퓨터과제

과제 11.1

이 프로젝트에서는, 0과 1로 이루어진 랜덤 수열을 생성하고, 그들의 상대 빈도를 계산한다. 또한 0과 1이 독립적으로 일어나는 경우와 종속성이 간단한 마르코프모델에 의하여 주어진 경우를 비교하게 된다.

1. 매개변수 $p = 0.5$의 값을 가지는 베르누이 PMF로부터 0과 1의 값들이 독립적으로 선택되어 만들어지는 이진수열을 컴퓨터로 생성하고 이를 도시하라. 이 경우를 경우 A라 부르자. $N = 50$인 연속적인 이진열을 도시하고, 마찬가지의 실험을 반복한다: 즉, 다른 50개의 수열을 만들고 그것이 첫 번째 것과 다른 것임을 확인하라.
2. 1항의 1단계 실험을 반복하되, 이번에는 베르누이 확률분포의 매개변수 p를 0.8로 변경하라. 이 경우를 경우 B라 부르자. 다시 두 개의 실현된 수열을 그리고, 그들이 서로 다름을 확인한다. 경우 A와 B는 각각 매개변수 p의 값이 다른 베르누이랜덤과정을 나타낸다.
3. 이제 숫자들이 더 이상 독립이 아니라고 가정한다; 특별히 0과 1의 수열이 아래의 그림과 같은 상태도를 가진 마르코프체인에 의하여 만들어진 수열이라 생각한다.

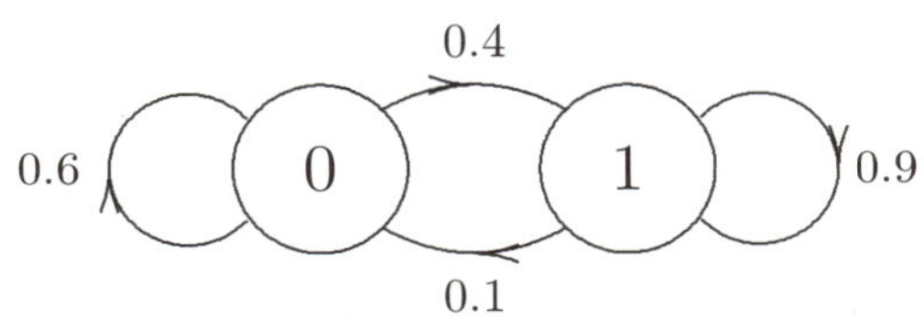

상태확률의 초기값이 $\mathbf{p}[0] = [0.5 \quad 0.5]^T$인, 이진데이터의 마르코프 모델에 대해 $N = 50$의 수열을 도시하라. 이것을 경우 C라 부르자. 이 단계를 반복하되 다른 초기값을 가진 경우를 고려한다; 특별히, $\mathbf{p}[0] = [0.2 \quad 0.8]^T$를 갖는 50개의 이진숫자로 이루어진 또 다른 실현을 도시하라. 이를 경우 D라 부른다.

4. 이제, A, B, C, D 모든 경우에 대해서, N개의 포인트로 구성된 수열을 만든다. 이들 수열을 보고서에 도시하려고 하지 말라. A부터 D까지의 각 수열에 대하여, 상대 빈도를 계산해서, 수열 내의 0과 1의 확률을 추정하라. 즉, 길이 N의 주어진 수열에 대하여, 1의 상대빈도는, 수열 내에 나타난 1의 개수를 N으로 나눈 값이다. 결과값을 $N = 50$, 100, 1000, 10,000에 대하여 구하고 이를 표로 정리하라.
5. 경우 A부터 D 까지, 0과 1의 상대빈도들을 비교하라. 비슷한 상대빈도를 가지고 있는 수열들의 특징들 간에 관찰되는 차이점이 있는가? 모니터에 그려진 그림을 살펴보고, 이 질문에 더 좋은 해답을 얻기 위해 더 긴 수열 중 일부를 확대하여 살펴보라.
6. 초기조건 $\mathbf{p}[0] = [0.8 \quad 0.2]^T$의 마르코프체인에 대한 0과 1의 상대빈도를 계산하고, 그것을 위의 경우 C와 D와 비교하라. 이것은 마르코프체인의 어떠한 성질을 이야기해 주고 있는가?

7. 이 마르코프체인의 극한상태 확률을 구하고 이 값들을 상대빈도 결과값들과 비교하라.

매틀랩 프로그래밍 노트

랜덤 이진 수열을 생성하는 것에 대하여서는 프로젝트 2.1에 대한 프로그래밍 유의점을 참조하라.

과제 11.2

이 프로젝트에서는, M/M/1 대기행렬 시스템에 관하여 모의실험하고 공부할 것이다.

1. 도착률 λ와 서비스율 μ를 가지는 M/M/1 패킷 대기행렬 시스템을 고려하자. $\lambda = 0.1$[패킷/밀리초]와 $\mu = 0.125$[패킷/밀리초]를 가지는 시스템에 대하여, 시스템 내의 패킷의 평균개수(추정치)를 계산하고 시스템 내와 대기행렬 내에서 패킷들이 소비하는 평균시간을 계산하라.

2. 다음의 단계들에 의하여 이 M/M/1 대기행렬 시스템을 컴퓨터 모의실험하라.

(a) 도착과정 $A(t)$는, 1을 패킷이 도착한 상황을 표현하는 것으로 하여 0과 1들의 수열로 실현할 수 있다. 단, 주어진 1 [밀리초]의 시간 안에, 단지 하나의 도착 만이 일어나는 것으로 가정한다. 또한 도착간격시간 (두개의 연속된 도착 사이의 시간)은 매개변수 λ의 지수랜덤변수로 정의한다.

(b) 출발과정 $D(t)$을 생성하라. 각 도착하는 패킷은 대기행렬시스템에 의하여 서비스된다: 서비스 시간은 매개변수 μ의 지수 랜덤변수로 정의한다. 임의의 주어진 시간에, 시스템은 먼저 도착한 패킷을 먼저 서비스하는 원칙으로 한 번에 한 개의 패킷만을 서비스할 수 있다. 추가적인 패킷들은 서비스를 받기 위하여 대기행렬 상에 대기해야 한다. 만약 서비스 받기 위하여 대기하는 패킷이 없다면, 서버는 다음 패킷이 도착할 때까지 작동을 정지하고 쉬게 된다.

(c) 다음의 양들을 측정하라.

i. 도착과정과 출발과정 간의 차로서의 시스템 내 패킷 개수 $N(t)$: $N(t) = A(t) - D(t)$. 밀리초 단위의 시간단위를 사용하라.

ii. 시스템 내 i번째 패킷에 의하여 소비된 시간, $t_i = t_{Ai} - t_{Di}$, 단 t_{Ai}는 i번째 패킷의 도착시간이고, t_{Di}는 같은 패킷의 출발시간을 뜻한다.

(d) 200 밀리초 동안의 모의실험 기간 (200개의 점들)에 대하여 다음의 것들을 도시하라.

i. 같은 그래프 상에 시간 t 대비 도착과정 $A(t)$와 출발과정 $D(t)$.

ii. 시간 대비 시스템 내 패킷의 개수 $N(t)$.

iii. i번째 패킷의 도착시간 t_{Ai} 대비 해당 패킷에 의하여 소비된 전체시간 t_i의 그래프

3. 모의실험과 단계 2(c)에서 측정한 결과로부터, 시간평균값 $\overline{N} = \langle N(t) \rangle$과 시스템 내에서 K개의 패킷들에 의하여 소비된 평균시간 $\bar{t} = 1/K \sum_{i=1}^{K} t_i$을 구하라. 또한 이들을 단계 1에서 구한 해당 이론값들 $\mathcal{E}\{N(t)\}$과 $\mathcal{E}\{T\}$와 비교하라. 이 계산들을 모의실험 기간 200, 1000, 10,000, 100,000 과 1,000,000 [밀리초]에 대하여 반복 실행하라.

4. 모의실험 시간구간 10,000[밀리초]에 대해 $\mu = 0.10$로 고정시키고 λ값을 0.01의 증가율로 0.005부터 0.095까지 변화시키면서, 단계 2(a), 2(b)와 2(d)를 반복 수행하라. 각 경우에 대하여, 단계 3에서와 같이 $\overline{N}$과 $\bar{t}$를 계산하라. $\rho = \lambda/\mu$의 함수로서의 $\overline{N}$과 $\bar{t}$를 도시하라. 이 들 실험결과가 리틀의 법칙을 잘 따르는 지 검증하라.

매틀랩 프로그래밍 노트

소프트웨어 패키지 안의 "expon"함수는 지수랜덤변수를 생성하는데 사용될 수 있다.

PART

3

부록

A 조합론의 기초

조합론(개체들의 배열을 세는 방법)의 구성요소들은 확률의 여러 문제들에 나타난다. 이들 주제에 대한 고급 지식들이 확률을 공부하는 데에 꼭 필요한 것은 아니지만, 약간의 초보적인 지식은 필수적이다. 이 부록에는, 책의 주요 내용들을 위해 필요한 최소한의 것들만 추려서 수록하였다.

A.1 곱규칙

이 주제의 논의를 시작하기 위하여, 16개의 기호들 0, 1, 2, 3, 4, 5, 6, 7, 8, 9, A, B, C, D, E, F 을 사용하는 16진법의 4-숫자 계산 문제를 생각해 보자. 전형적인 16진법 숫자는

06FF

이다. 이때, 이 숫자들을 만드는 데 있어서, 첫 번째 숫자의 선택은 16가지 중 하나이고, 두 번째 숫자 역시 16가지 중 하나, 등등 이 된다. 그러므로, 가능한 16진법의 4-숫자의 개수는 다음과 같다.

$$16 \cdot 16 \cdot 16 \cdot 16 = 16^4 = 65{,}536$$

이러한 계산의 배경이 되는 원리는 **곱규칙**이라고 알려져 있고 많은 유사한 경우에 적용된다. 이러한 원칙의 가장 일반적인 형태는 다음과 같다.

> k개 요소로 이루어진 (k-쌍) 열을 형성하기 위한 실험에서, i번째 요소의 선택 가능 개수가 N_i개라고 할 때, 만들어질 수 있는 서로 다른 k-쌍의 개수는 $\prod_{i=1}^{k} N_i$이다.

위의 예와 같은 많은 적용들에 있어서, 모든 요소에 대한 선택가능 개수는 같다(즉, N_i=N). 이 경우, 서로 다른 k-쌍들의 가능한 개수는 간단히 N^k 로 구해진다.

이제 좀 더 복잡한 예제를 살펴보자.

예제 A.1

어떤 디지털 논리회로가 4개의 입력을 가지고 있다. 얼마나 많은 다른 불(Boolean) 함수들을 4개 입력 논리회로가 실현할 수 있을까?

이 질문에 좀 더 일반적인 대답을 하기 위하여, 먼저 입력들의 개수를 n이라고 정의하자. 이 때, 논리회로의 입출력 관계는 소위 "진리 표(truth table)"에 의하여 표현될 수 있다. 이는 n=4 경우에 대하여 아래의 그림에 잘 나타나 있다.

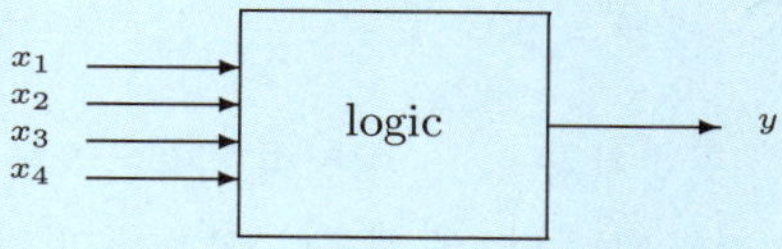

x_1	x_2	x_3	x_4	y
0	0	0	0	Φ
0	0	0	1	Φ
0	0	1	0	Φ
0	0	1	1	Φ
0	1	0	0	Φ
0	1	0	1	Φ
0	1	1	0	Φ
0	1	1	1	Φ
1	0	0	0	Φ
1	0	0	1	Φ
1	0	1	0	Φ
1	0	1	1	Φ
1	1	0	0	Φ
1	1	0	1	Φ
1	1	1	0	Φ
1	1	1	1	Φ

1과 0들은 입력들의 조합을 표현하고, Φ는 구현되어 지는 함수 값들에 따라 0 이나 1로 표현된다. 이때 이 표에는 모두 16개의 행이 존재하는 것에 유의하라. 그것은 4개의 입력과 각 입력값 (0 혹은 1)에 대한 2가지 가능한 선택이 존재하기 때문이다. 따라서, 곱규칙을 적용하면, 표 안의 행들(입력들)의 모두 2^4=16가지 결합 방법이 존재한다. 일반적으로, n개의 입력을 가진 논리함수의 경우, 진리표 안에 2^n개 행이 존재한다. 이것은 이 예제에서 곱규칙의 첫 번째 적용사례이다.

이제 가장 중요한 질문을 생각해 보자: 즉 얼마나 많은 함수들의 존재가 가능할까? 함수를 정의함에 있어서, 진리표의 각 행에 대한 출력 y는 0이거나 1 중에서 선택되어진다. 만약 k=2^n이 진리표의 행들의 개수라면, 가능한 함수의 개수는 2^k이거나 2^{2^n}이 된다. 이것은 곱규칙의 두 번째 적용 예이다. 그러므로, 4개의 입력을 가진 논리회로는 $2^{2^4} = 2^{16} = 65,536$ 개의 가능한 다른 함수들을 구현할 수 있다.

A.2 순열

관련된 문제는 다음과 같다. 여덟 명의 사람들이 여덟 개 의자가 있는 차를 타려고 한다. 사람들을 앉히기 위한 얼마나 많은 다른 방법들이 존재할까?

이 문제에 답을 얻기 위해, 먼저 운전자를 선정하기 위하여 8가지의 선택이 존재한다는 것에 유의하자. 일단 운전자가 결정되면, 누가 "shotgun", 즉, 앞자리 승객석에 앉을 것인가에 대한 7가지의 선택이 가능하다. 그 다음에는, 운전자 바로 뒷 자석에 누가 앉을 것인가에 대한 6가지 선택이 존재하고... 등등. 따라서, 곱규칙에 따라서, 탑승자 좌석을 선정하는 방법의 가짓수는 다음과 같다.

$$8 \cdot 7 \cdot 6 \cdot 5 \cdot 4 \cdot 3 \cdot 2 \cdot 1 = 8! = 40,320$$

(놀랍게도 큰 숫자이다!)

이들 탑승자들의 특별한 구성방법을 **순열**(permutation)이라 부른다. 만약에 N명의 탑승자(와 N 개의 자리) 가 있을 때, 순열의 값은 다음과 같이 주어진다.[1)]

$$P^N = N! \tag{A.1}$$

이 문제의 변형으로, 열 명의 가능한 탑승자가 있고, 여전히 좌석은 8개 밖에 없다고 가정하자. 이 때, 사람들을 구성하는 방법의 수는 (두 사람을 제외하고) 다음과 같다.

$$10 \cdot 9 \cdot 8 \cdot 7 \cdot 6 \cdot 5 \cdot 4 \cdot 3 = 1{,}814{,}400$$

이 계산은 다음과 같이 표현된다.

$$\frac{10!}{2!} = 1,814,400$$

이러한 구성 방법은, N개의 물건으로부터 한 번에 하나씩 k개를 택하는 순열이라고 말한다. 이러한 순열값은 다음과 같은 공식에 의하여 구해진다.

$$\boxed{P_k^N = \frac{N!}{(N-k)!}} \tag{A.2}$$

이 문제의 기본 성질을 전 절에서 설명한 문제와 비교하는 것은 흥미로운 일이다. 많은 확률에 관한 공부에 있어서, 일반적으로 여기에 설명한 문제들은 항아리(단지)로부터 색깔 공들을 꺼내는 문제로 설명되곤 한다. 즉, 항아리에 담겨있는 공들은 구별하기 쉽게 모두 다른 색깔을 가지고 있다. 앞 절에서 설명한 문제의 형태는, 하나의 공이 선택되면, 다른 공을 항아리에 다시 채워 넣는 경우이다. 따라서, 선택할 수 있는 전체 숫자는 매번 꺼낼 때 마다 항상 N개로 고정되어 남아있게 된다. 그러나, 여기에서 설명한 순열의 문제에 있어서는, 공은 항아리에 다시 채워지지 않는다. 따라서, 선택할 수 있는 경우의 수는 매번 공을 꺼낼 때 마다, 하나씩 감소한다. 이러한 추론법 때문에, 조합론 수학자들은 이런 류의 문제들을 각각, "대체 표본추출(sampling with replacement)" 또는 "비대체 표본추출(sampling without replacement)"이라 부른다.

보통 개수 만큼의 물건에 대한 순열이라도 매우 큰 값을 가진다. 다음의 미술에 관한 예제를 살펴보자.

---

1) 여기에서 P 표시의 윗 첨자 N은 단지 순열값의 순서를 가르키는 것이지, 임의의 숫자 P의 N제곱을 의미하는 것은 아니다.

예제 A.2

추상파 화가 존슨 폴카도는 그가 가지고 있는 50가지 다른 색깔의 페인트 통들 중에서 하나의 페인트 통을 선택하는 것으로 하루의 일과를 시작한다. 이 페인트는 랜덤으로 캔버스 위에 칠해지고 말려지게 된다. 그런 후에 그는 다시 또 다른 색깔을 선택하여, 첫 번째 색깔이 칠해진 위에 덧칠하고, 일을 마칠 때 까지 같은 일을 반복한다. 이때 그가 한 시간에 단지 한 색깔만을 칠한다고 가정하자. 만약 그가 지금 35세이고, 일년 내내 매일같이 하루에 12시간을 일한다면, 어느 날 사용된 임의의 색깔 열이 다시 반복될 수 있을 만큼 오랫동안 살 수 있을까?

가능한 12개 색깔의 열들의 개수는 다음과 같이 주어진다.

$$P_{12}^{50} = \frac{50!}{(50-12)!} = 50 \cdot 49 \cdot \cdots \cdot 39 \approx 1.01 \times 10^{19}$$

만약 존슨이 현재 35세이고 105세까지 살 수 있다고 가정하면, 그가 계속해서 매일같이 페인팅 할 수 있는 날들은 모두 $70 \cdot 365 = 25{,}550$이다. (단, 그가 윤년의 윤일에는 쉰다고 가정한다.) 따라서, 이 숫자는 가능한 색깔 열의 개수에는 턱 없이 못 미치는 숫자이므로, 그가 한 번 사용한 색깔 열의 조합은 확률적으로는 결코 반복되어지지 않을 것이다.

A.3 조합

마지막으로 언급될 주제는 조합 이라는 것인데. 아마도 다른 주제들 보다 더 많이 사용되어지는 중요한 결과이기도 하고, 또한 설명하기에 조금은 더 복잡한 내용일 수도 있다.

N개의 이진 값 정보를 송신하는 경우, "이 전송된 N 비트 정보 중에서 k개의 오차가 일어날 수 있는 서로 다른 경우의 수는 얼마인가?" 라는 질문을 던져보자. 이 질문에 답하기 위하여, 마치 오차가 색깔 있는 화살을 오차를 일으키는 비트들을 향해 쏘고 있는 작은 악마에 의하여 일어나는 것처럼 생각해 보자. (아래의 그림 참조) 이 악마는 활의 명수이고, 따라서 특별한 비트를 쏘겠다고 마음만 먹으면, 절대로 실수하는 법이 없다. 이때, 악마가 전통 안에 k개의 화살을 가지고 있고 그 각각의 화살은 구별이 가능하도록 다른 색깔을 가지고 있다고 가정하자. (이러한 형태의 운영방법은 NTSC(Never Twice the Same Color?)라고 알려진 방법인데, 이는 미국에서 이전에 쓰던 아날로그 텔레비전의 표준을 연상시킨다.)

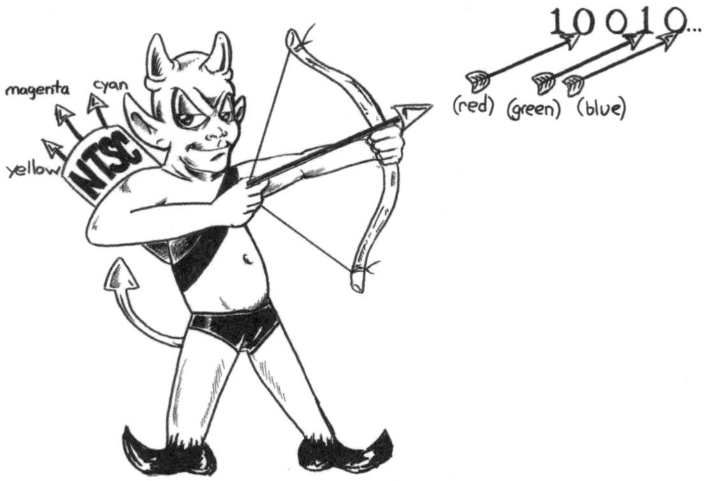

만약 악마가 k개의 오차를 일으키기로 마음먹었다면, N 비트 중에 k개의 화살을 맞힐 방법의 개수는 (A.2)식에 주어졌다. 좀 더 자세하게 설명하면, 만약 N=5 비트이고 악마가 k=3 오차를 만들었다면, 이 때, 가능한 개수는 다음과 같다.

$$P_3^5 = \frac{5!}{(5-3)!} = 60$$

이제 우리는 이 숫자가 너무나도 큰 수라는 것을 보게 될 것이다. 이것을 살펴보기 위해, 화살들이 빨강(R), 초록(G), 파랑(B) 색깔들의 화살들이라고 가정하자. 만약 k=3 오차들을 가진 모든 경우들을 적는다면, 이들 중 하나는 (예를 들어) 다음과 같은 것일 수 있다.

Φ R Φ G B

여기서, Φ 는 아무런 오차가 일어나지 않은 것을 뜻하고, R, G, B 는 그 비트가 해당되는 색깔의 화살에 의하여 오차가 일어난 비트라는 것을 뜻한다. 그러나 이때 같은 위치에 다른 색깔의 화살이 꽂힌 경우들이 존재하는데, 이들을 모으면 다음과 같다.

Φ R Φ B G
Φ G Φ R B
Φ G Φ B R
Φ B Φ R G
Φ B Φ G R

그리고 이들은 (A.2)에 주어진 식에 의하여 계산된 개수 안에 포함된다.

만약 우리가 단순히 오차 만을 생각한다면, 이들 조합들 모두는 다 동등하다. 다시 말해서, 화살의 색깔들은 아무런 상관이 없다; 즉 하나의 화살에 맞으면 색깔과는 상관없이 오차인 것이다. 그러므로, (A.2)에 의하여 얻은 값은 결과적으로 너무 많이 고려된 것이다. 이러한 과다 계수의 인자는 색깔들의 순열값이다; 위의 경우, k=3으로부터, 3!=6가지 색깔 순열값을 얻는다. (위의 예에서 이 결과를 확인하라!) 따라서, N=5이고 k=3일 때, 오차들의 실제 개수는,

$$P_3^5/3! = \frac{5!}{2!\,3!} = 10$$

이 된다. 일반적인 결과는 다음의 식으로 주어진다.

$$\boxed{C_k^N = \binom{N}{k} = \frac{N!}{k!(N-k)!}}$$

이는 N개의 물건 중 한번에 k개를 선택하는 **조합**(Combinations)의 개수를 나타낸다. $\binom{N}{k}$ 은 **이항 계수**(binomial coefficient)라고 하고, 전형적으로 "N에서 k개의 선택(N choose k)" 으로 읽는다. 이것은 많은 다른 문제들에 적용될 수 있는데, N개 비트 중 k개의 오차가 일어날 수 있는 경우의 수로 개념을 잡을 수 있다.

예제 A.3

기술자가 단락회로 테스트를 위해 6개의 도선으로 이루어진 케이블을 조사하고 있다. 만약에 이 기술자가 계속해서 가능한 모든 한 쌍의 선들 간의 단락을 조사한다면, 이 케이블에 대하여 얼마나 많은 테스트가 이루어져야 할 까?

필요한 테스트의 수는 6개의 선 중에서 한번에 2개의 선을 선택하는 조합의 수이거나, 혹은 6개 도선으로 이루어진 세트로부터 2개의 도선을 선택하는 방법의 수이다. 이 숫자는 다음과 같다.

$$C_2^6 = \binom{6}{2} = \frac{6!}{2!\,4!} = \frac{6 \cdot 5}{2} = 15$$

B 단위 임펄스

단위 임펄스는 공학에서 가장 자주 사용되지만, 자주 잘못 이해되고 있는 개념이기도 하다. 물리적 적용에 있어서는 그 근거가 잘 정리된 것에 반해, 수학자들 사이에서는, 분포와 일반함수 이론을 통하여 적절한 근거가 주어질 때까지는, 그냥 흥미로운 아무 영향력 없는 함수였다. (참고문헌 [1,2] 참조) 이러한 단위 임펄스 함수는 시스템 이론에 있어 매우 중요할 뿐 아니라, 또한 공학적 견지에서 랜덤변수를 공부하는 데 있어 매우 중요하게 응용된다. 이 부록에서는 아직 다른 과목에서 단위 임펄스를 "함수"로서 접해 보지 못한 학생들을 위하여 이 함수에 대한 소개를 제공한다. 참고문헌 [3]과 [4]는 공학적인 입장에서 좀 더 심도 있는 논의를 하고 있다.

B.1 임펄스함수

공학과 물리를 공부하는데 있어, 가끔은 아주 짧은 시간기간 동안에 전달되는 유한 에너지를 고려하여야 하는 상황들이 있다. 예를 들어 전자 카메라 플레시를 생각해 보자. 플레시 전구에 의하여 생성된 빛은 굉장히 밝지만 단지 순간적인 짧은 동안만 존재하게 되고, 이때, 카메라의 초점평면에 도달한 빛의 세기는 노출 시간 동안 합쳐지게 된다. 이러한 빛의 세기는 그림 B.1에 나타낸 것과 같이 모델화 될 수 있다. 비록 플레시 출력이 정확한 사각 펄스함수는 아닐지라도, 카메라는 초점평면에 도달한 빛들의 통합된 전체 양에 반응하기 때문에, 모양은 그렇게 중요한 문제는 아니다.

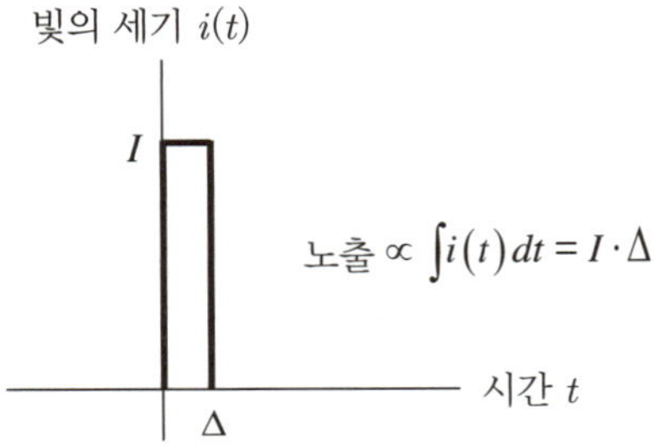

그림 B.1 전자 카메라 플레시에 사용되는 광펄스의 모델

또 다른 예로서, 자동차의 충돌 테스트를 생각해 보자. 자동차가 임의의 속도 v로 고정된 단단한 벽을 향해 돌진한다고 하자. 자동차가 벽에 부딪치는 순간, 속도는 0이 되므로, 순간적인 운동량의 변화가 생긴다. 뉴톤의 법칙에 의해, 이 운동량의 변화량은 자동차가 벽에 부딪치는 순간에 가해진 힘에 의하여 만들어지는 것이다. 이렇게 짧은 순간에 존재하는 힘일 지라도 매우 큰 값임에 틀림없다. 시간에 대한 힘의 적분이 이 상황에 나타난 운동량의 유한한 변화를 야기하기 때문이다. 실제로 차에 가해지는 임펄스은 엄청나게 크다!

다른 상황들과 마찬가지로, 이러한 상황에서는 극도로 좁지만 원점에서의 값이 충분히 커서 적분값이 유한 양수값, 말하자면 1의 값을 가지는, 그러한 펄스 류의 함수 $g_\Delta(x)$를 다루는 것이 필요하게 된다. 이렇게 실제적인 경우의 확실한 적용사례를 가지고 있는 이러한 함수는 확률을 포함한 전자공학의 다른 분야에서도 매우 중요하다. 그림 B.2는 이러한 펄스 류의 함수를 정의하는 몇가지 가능한 방법들을 보여준다.

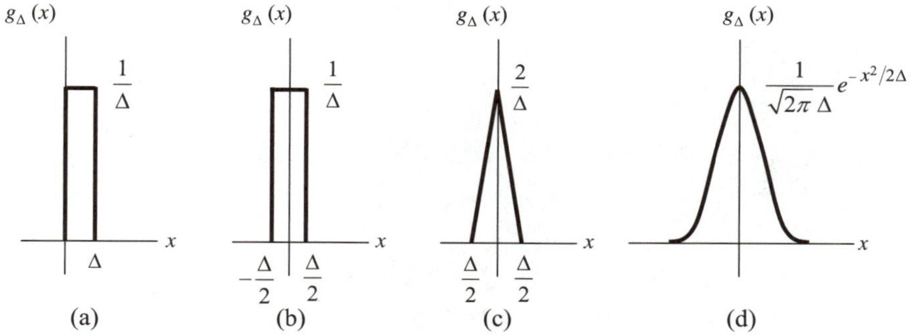

그림 B.2 단위 임펄스의 다양한 근사함수들 (a) 사각펄스 (b) 중앙사각펄스. (c) 삼각펄스 (d) 가우스 펄스

이 모든 경우에 있어, 펄스들은 모두 면적 1을 가지고, 이는 다음과 같이 쓸 수 있다.

$$\lim_{\Delta \to 0} \int_{-\infty}^{\infty} g_\Delta(x)dx = 1 \tag{B.1}$$

Δ가 0에 가까워질수록, 상세한 펄스모양은 궁극적으로는 상관없게 된다. 공학에서는, $\Delta \to 0$일때 함수 $g_\Delta(x)$ 의 이상적인 극한형태로 **단위임펄스**(unit impulse) $\delta(x)$를 고려한다. 즉, 다음과 같이 쓸수 있다.

$$\delta(x) = \lim_{\Delta \to 0} g_\Delta(x)$$

그러나, 이 "함수"는 한 점 (x=0)에서만 0이 값을 갖고, 그 값은 무한대이기 때문에 오해의 여지가 있다.[1)] 따라서, 좀 더 정확한 표현은 (B.1)식에 의하여 주어진다. 즉, 극한 형태는 위에서 어느 것이나 사용하고 다음과 같은 식을 사용하여 단위 임펄스(함수)을 정의한다.

$$\int_{-\infty}^{\infty} \delta(x)dx = 1 \tag{B.2}$$

그래프에서 임펄스함수는 그림 B.3과 같이, 원점에서 위를 가리키는 굵은 화살표로 표현된다.

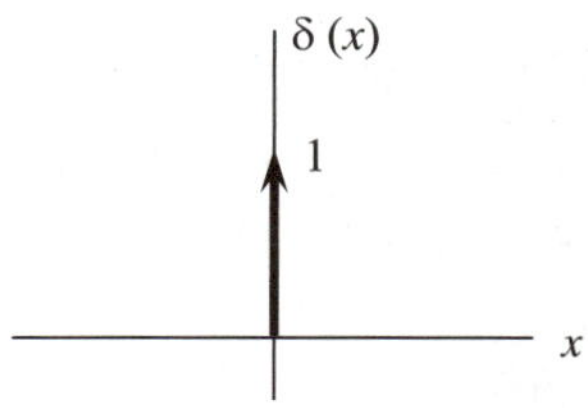

그림 B.3 단위 임펄스의 그래프

1) 작고한 샘 메이슨 교수는 이전에 한 M.I.T 공대학생이 남겼다는 다음과 같은 말을 인용하곤 했다고 전해진다. "임펄스는 원점을 제외한 모든 곳에서는 너무 작아서 볼 수 없고 원점에서는 너무 커서 역시 볼 수 없다는 말입니까? 다시 말해서, 아예 그 신호를 볼 수 없겠군요. 적어도 저는 볼 수 없습니다."

이때, 선택적으로 화살표 옆에 쓰여 지는 숫자 “1”은 적분값을 나타낸다. 즉, 임펄스은 면적 1을 가진다는 것을 뜻한다.

B.2 성질

비록 임펄스 함수가 수학적 정의에 들어맞는 진짜 함수는 아닐지라도, 마치 하나의 적합한 함수인 것처럼 다루어질 수 있다. 이는 임펄스(함수)를 공학적으로 적용하는데 매우 편리하게 해 준다. 예를 들어, 크기조정된 임펄스(a scaled impulse), 즉, 면적 A를 가진 임펄스는 간단히 다음과 같이 표현된다.

$$A\delta(x)$$

그림 B.3과 같은 그래프 표현에서도, 면적 A를 가진 크기조정된 임펄스를 표기하기 위하여서는, 화살표 옆에 값 1 대신에 A를 써 주면 된다.

임펄스가 또한 x축으로 이동하여 생길 수도 있는데, 예를 들어, 다음 수식

$$2.5\delta(x) + 1.5\delta(x-2)$$

는 그림 B.4와 같이 나타난다.

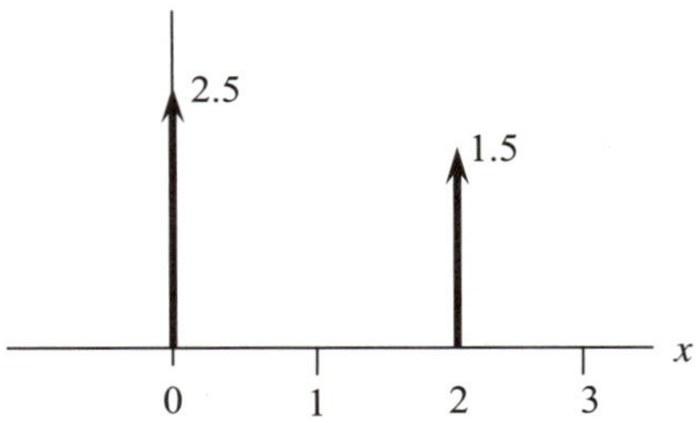

그림 B.4 다른 면적을 가지는 두 개의 임펄스함수

이것은, x=2의 점으로 이동한 두 번째 임펄스를 가진 두 개의 크기조정된 임펄스의 집합이다. 그래프 표현에서는, 그림에서처럼, 면적의 차이를 화살표의 높이를 다르게 하여 표현하는 것이 일반적이다. 만약에 $-2.5\delta(x)$와 같이 음수 값 임펄스함수의 경우에는, 가끔 아래쪽으로 향하는 화살표를 사용하기도 한다. 이들 모든 표현이 편리하기는 하지만, 실제적으로 임펄스의 실제 높이는 무한대이므로 이런 식으로 그림으로 표현될 때, 화살표의 길이에 따라 잘못 오해되지 않도록 유의하는 것이 중요하다.

임펄스함수의 가장 중요한 성질들 중 하나는 바로 “뽑는 성질(sifting property)”이라고 알려진 특성이다. 임의의 함수 $f(x)$에 대하여, 다음과 같은 수식을 쓸 수 있다.

$$f(x) = \int_{-\infty}^{\infty} f(\xi)\delta(\xi - x)d\xi \qquad \text{(B.3)}$$

이 수식은 적어도 불연속이 아닌 점 x에 대하여 성립한다.[2] 이 식은 처음 보면 당황스러우나 그림 B.5에 의하여 피적분함수가 임시 변수 ξ의 함수로 그려지는 것으로 쉽게 표현될 수 있다.

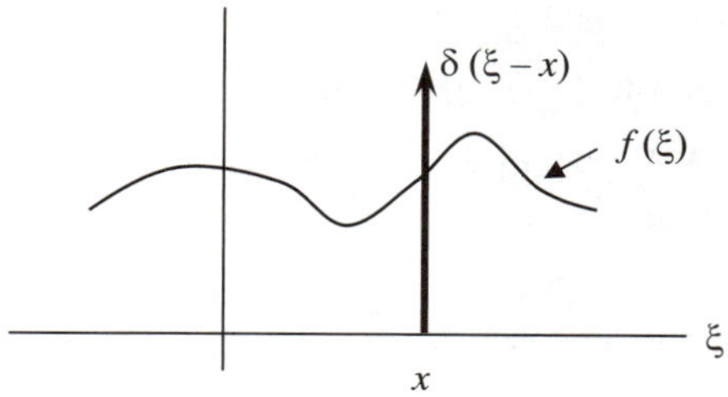

그림 B.5 임펄스함수의 "거름" 특성을 나타내는 그림

여기서 함수 $f(\xi)$와 임펄스 $\delta(\xi-x)$의 곱은 $\xi=x$인 점을 제외하고는 모든 곳에서 0이다. 이 점에서는 임펄스함수는 함수의 값, 즉 $f(x)$의 값에 의하여 크기조정된다. 이 때, 적분값은 바로 $f(x)$의 값과 같은 값인 크기조정된 임펄스의 면적이 된다. 식 (B.3)의 유용성은 당장은 분명하지 않지만 임펄스을 포함하는 적분을 단순화하는 데에 매우 중요한 식이다.

언급되어야 할 마지막 특성은 단위임펄스(함수)은 단위 계단함수의 형식적인 도함수로 간주될 수 있다는 것이다. 일반적으로 $u(x)$로 표기되는 단위 계단함수는 다음의 식에 의하여 정의되고, 그림 B.6과 같이 그려질 수 있다.

$$u(x) = \begin{cases} 1 & x \geq 0 \\ 0 & x < 0 \end{cases} \qquad \text{(B.4)}$$

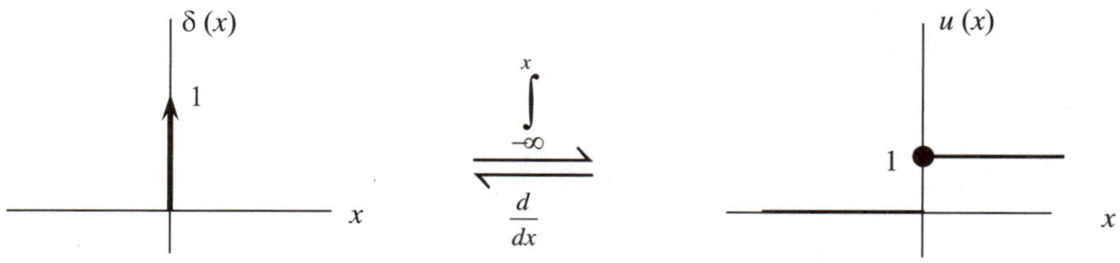

그림 B.6 단위 계단함수의 도함수로서의 임펄스

그림 B.6으로부터, $u(x)$는 다음의 관계식을 만족시키는 것을 볼 수 있다.

2) 불연속성은 적분의 해석에서 불일치 문제를 야기한다. 통상적인 뽑는 성질의 사용에서는 보통 무시되지만, 이 문제를 알고 있는 것이 유용하다.

$$u(x) = \int_{-\infty}^{x} \delta(\xi) d\xi \tag{B.5}$$

특별히, 상한값 x의 임의의 음수값에 대해서는 (B.5)의 적분값은 0이 되고, 반면에 임의의 양수값에 대하여 적분값은 1이 된다. 애매한 것은 x=0일 때 인데, 이때는 일반적으로는 계단함수가 오른쪽으로부터의 연속이라고 정의하여 값을 1로 정한다. 단위 임펄스의 적분이 단위 계단함수가 되므로 단위 임펄스는 단위 계단함수의 도함수로 간주된다.

이 관계식은 함수가 단순한 불연속성을 가진 경우로 일반화될 수 있다. 3장에서는 어떻게 이러한 불연속성이 있는 누적분포함수가 해당 위치에서 임펄스를 가지는 확률밀도함수를 산출하는지에 관하여 논의하였다.

참고문헌

[1] M. J. Lighthill. *An Introduction to Fourier Analysis and generalized Functions.* Cambridge University Press, New York, 1959.

[2] A. H. Zemanian. *Distribution Theory and Transform Analysis.* McGraw-Hill Book Company, New York, 1955.

[3] Athanasios Papoulis. *Signal Analysis.* McGraw-Hill, New York, 1977.

[4] William McC. Siebert. *Circuits, Signals, and Systems.* McGraw-Hill, New York, 1986.

C 오차 함수

"오차" 함수는 다음과 같이 정의된다.

$$\text{erf}(x) = \frac{2}{\sqrt{\pi}} \int_0^x e^{-z^2} dz \quad ; \quad 0 \le x < \infty$$

이 함수는 정규 밀도함수의 적분값을 구하는 데 사용되는 Q 함수의 대용으로 사용될 수 있다. 이 함수는 기본 통계학을 공부하는 데 있어서는 더 보편적인 함수인데 다음 쪽에 있는 표에 계산되어 있고, 프로그래밍 언어를 위한 많은 소프트웨어 라이브러리에 포함되어 있다. 이 오차함수는 표준 수학함수로 MATLAB에서도 제공된다: 반면에 Q 함수는 단지 통신(communication) 툴박스(toolbox)에서만 제공되어 지고 있다.[1] 오차함수는 Q 함수와 아래 표에 있는 표준화된 CDF 함수와 비교될 수 있다.

함수	대칭 관계
$\text{erf}(x) = \frac{2}{\sqrt{\pi}} \int_0^x e^{-z^2} dz$	$\text{erf}(-x) = -\text{erf}(x)$
$Q(x) = \frac{1}{\sqrt{2\pi}} \int_x^\infty e^{-\frac{z^2}{2}} dz$	$Q(-x) = 1 - Q(x)$
$\Phi(x) = \frac{1}{\sqrt{2\pi}} \int_{-\infty}^x e^{-\frac{z^2}{2}} dz$	$\Phi(-x) = 1 - \Phi(x)$

표 C.1 정규 밀도의 적분값을 구하기 위한 함수들

아래의 두 개의 일반적 확률들은 평균 μ와 분산 σ^2을 가진 정규 랜덤변수에 관한 것이다.

$$\Pr[X > x] = \frac{1}{\sqrt{2\pi\sigma^2}} \int_x^\infty e^{-(z-\mu)^2/2\sigma^2} dz \iff \tfrac{1}{2}\left[1 - \text{erf}\left(\frac{x-\mu}{\sqrt{2}\sigma}\right)\right] \qquad (\text{C.1})$$

$$\Pr[X \le x] = \frac{1}{\sqrt{2\pi\sigma^2}} \int_{-\infty}^x e^{-(z-\mu)^2/2\sigma^2} dz \iff \tfrac{1}{2}\left[1 + \text{erf}\left(\frac{x-\mu}{\sqrt{2}\sigma}\right)\right] \qquad (\text{C.2})$$

마지막 수식은 X에 대한 CDF를 나타낸다.

1) 또한 MATLAB에서는 다음과 같은 여오차함수(complementary error function)가 제공되는데, 이 함수는 문헌 상에는 별로 많이 쓰여지는 함수는 아니다.

$$\text{erfc}(x) = \frac{2}{\sqrt{\pi}} \int_x^\infty e^{-z^2} dz$$

오차함수 값들의 표

x	erf(x)	x	erf(x)	x	erf(x)	x	erf(x)
0.00	0.00000	0.40	0.42839	0.80	0.74210	1.20	0.91031
0.01	0.01128	0.41	0.43797	0.81	0.74800	1.21	0.91296
0.02	0.02257	0.42	0.44747	0.82	0.75381	1.22	0.91553
0.03	0.03384	0.43	0.45689	0.83	0.75952	1.23	0.91805
0.04	0.04511	0.44	0.46623	0.84	0.76514	1.24	0.92051
0.05	0.05637	0.45	0.47548	0.85	0.77067	1.25	0.92290
0.06	0.06762	0.46	0.48466	0.86	0.77610	1.30	0.93401
0.07	0.07886	0.47	0.49375	0.87	0.78144	1.35	0.94376
0.08	0.09008	0.48	0.50275	0.88	0.78669	1.40	0.95229
0.09	0.10128	0.49	0.51167	0.89	0.79184	1.45	0.95970
0.10	0.11246	0.50	0.52050	0.90	0.79691	1.50	0.96611
0.11	0.12362	0.51	0.52924	0.91	0.80188	1.55	0.97162
0.12	0.13476	0.52	0.53790	0.92	0.80677	1.60	0.97635
0.13	0.14587	0.53	0.54646	0.93	0.81156	1.65	0.98038
0.14	0.15695	0.54	0.55494	0.94	0.81627	1.70	0.98379
0.15	0.16800	0.55	0.56332	0.95	0.82089	1.75	0.98667
0.16	0.17901	0.56	0.57162	0.96	0.82542	1.80	0.98909
0.17	0.18999	0.57	0.57982	0.97	0.82987	1.85	0.99111
0.18	0.20094	0.58	0.58792	0.98	0.83423	1.90	0.99279
0.19	0.21184	0.59	0.59594	0.99	0.83851	1.95	0.99418
0.20	0.22270	0.60	0.60386	1.00	0.84270	2.00	0.99532
0.21	0.23352	0.61	0.61168	1.01	0.84681	2.05	0.99626
0.22	0.24430	0.62	0.61941	1.02	0.85084	2.10	0.99702
0.23	0.25502	0.63	0.62705	1.03	0.85478	2.15	0.99764
0.24	0.26570	0.64	0.63459	1.04	0.85865	2.20	0.99814
0.25	0.27633	0.65	0.64203	1.05	0.86244	2.25	0.99854
0.26	0.28690	0.66	0.64938	1.06	0.86614	2.30	0.99886
0.27	0.29742	0.67	0.65663	1.07	0.86977	2.35	0.99911
0.28	0.30788	0.68	0.66378	1.08	0.87333	2.40	0.99931
0.29	0.31828	0.69	0.67084	1.09	0.87680	2.45	0.99947
0.30	0.32863	0.70	0.67780	1.10	0.88021	2.50	0.99959
0.31	0.33891	0.71	0.68467	1.11	0.88353	2.55	0.99969
0.32	0.34913	0.72	0.69143	1.12	0.88679	2.60	0.99976
0.33	0.35928	0.73	0.69810	1.13	0.88997	2.65	0.99982
0.34	0.36936	0.74	0.70468	1.14	0.89308	2.70	0.99987
0.35	0.37938	0.75	0.71116	1.15	0.89612	2.75	0.99990
0.36	0.38933	0.76	0.71754	1.16	0.89910	2.80	0.99992
0.37	0.39921	0.77	0.72382	1.17	0.90200	2.85	0.99994
0.38	0.40901	0.78	0.73001	1.18	0.90484	2.90	0.99996
0.39	0.41874	0.79	0.73610	1.19	0.90761	2.95	0.99997

설명을 위하여, 3장의 예제 3.12를 다시 한 번 반복해 보고 오차함수에 의하여 구해보자.

예제 C.1

레이더 수신기가 (대상물체로부터의 반사에 의한) 신호와 잡음의 합과 같은 전압 V를 관측하고 있다. 즉,

$$V = s + N$$

신호 s가 상수이고, 잡음 N은 평균 μ=0와 분산값 σ^2=4(mv^2)을 가진 정규 랜덤변수이다. 또한 레이더는 전압 V가 2[V]보다 높아지면 물체를 감지할 수 있다고 가정하자. 물체가 레이더로부터 일정한 거리에 떨어져 있을 때, 신호 s값은 3[V]와 같다. 이 레이더가 물체를 감지할 확률은 얼마인가?

이 예제에서의 전압 V는 평균 μ=s=3의 값과 분산 σ^2=4를 가지는 정규 랜덤변수이다. 물체가 감지될 확률은 다음 수식에 의해 주어진다.

$$\begin{aligned} \Pr[V > 2] &= \tfrac{1}{2}\left[1 - \operatorname{erf}\left(\frac{2-3}{\sqrt{2}\cdot 2}\right)\right] \\ &= \tfrac{1}{2}\left[1 + \operatorname{erf}\left(\frac{1}{2\sqrt{2}}\right)\right] = \tfrac{1}{2}(1 + 0.3829) = 0.6915 \end{aligned}$$

(여기서 오차함수의 값을 계산하기 위해, MATLAB을 사용하였다.)

D 잡음원

전형적으로 잡음은 원하지 않는 랜덤과정이다. 전자시스템의 작동에 간섭을 일으키는 잡음은 다양한 원인으로부터 생겨난다; 대부분의 원인들은 제한된 스펙트럼 범위 내에서 잡음을 발생시킨다. 결과적으로, 관심의 대상인 잡음은 전자시스템이 작동하는 주파수 범위에 종속된다. 디지털 시스템과 마찬가지로 아날로그 시스템도 다른 방식으로 잡음에 의하여 방해를 받는다. 먼저 아날로그 시스템에 대한 잡음의 근원들에 대하여 설명하고, 이어서 양자화 잡음에 관한 것과 디지털 시스템에 있어서의 잡음의 근원에 관하여 설명한다.

주어진 잡음의 파형이 상관관계가 있는지 없는지는 그 잡음의 전력스펙트럼 밀도함수의 성질에 달려있다. 만약 전력스펙트럼 밀도가 관심 있는 주파수대역 전체에서 상대적으로 편평하면, 잡음이 상관이 없는 관계(uncorrelated)에 있다고 말한다. 만약에 상관이 없는에 더하여 평균도 0이면, 이러한 잡음은 백색(white) 잡음이 된다는 것을 기억하자. 기본적으로 비 상관 잡음은 두가지 형태가 존재한다: 외부 잡음와 내부 잡음이 그것이다. 검토 중인 시스템의 외부로부터 유입된 잡음은 외부 잡음이라고 한다. 우리는 이러한 외부 잡음의 생성이나 전력스펙트럼 밀도를 조정할 수는 없다. 단지 외부 잡음으로부터 시스템을 보호하기 위한 노력을 할 뿐이다. 대기잡음, 외계잡음과 인공잡음 등이 이러한 외부로부터 만들어진 잡음의 예이다. 시스템의 작동 주파수 대역에 따라서, 각각 이들 잡음은 시스템 디자인이나 성능 분석하는 데 있어 중요한 논제가 될 수 있다.

검토하는 시스템 내부의 장치나 회로에 의하여 발생되는 잡음은 내부 잡음이라고 부른다. 내부 잡음을 완벽하게 제거할 수는 없다. 그러나 검증된 디자인 기술을 적용하고, 적절한 장치들을 선택함으로써 그 영향을 어느 정도 누그러뜨릴 수는 있다. 전자 산탄잡음, 과잉 잡음, 통과시간 잡음과 열 잡음 등이 두드러진 내부 잡음들의 예이다. 모든 이 네 가지 형태의 잡음들은 전자 장치 내에서 전류 운반자들의 이동의 결과로 얻어지는 것들이다. 트랜지스터 같은 전자 소자의 동작은 전자와 홀(holes)로 알려진 소립자 운반자의 움직임에 의존한다. 과잉 잡음과 통과시간 잡음은, 전자 산탄잡음이나 열 잡음이 매우 심도 있게 연구되어진 것에 반해, 거의 연구가 이루어지지 않았다. 이들 내부 잡음원 들은 아날로그 시스템의 장애 요인들이다.

디지털 시스템에서는, 양자화 잡음이 시스템의 성능을 저하시키는 유력한 잡음이다. 양자화 잡음은 아날로그에서 디지털로 변환하는 과정에서 행하는 반올림 잡음 때문에 생겨진다. 이 부록에서는, 아날로그와 디지털 시스템에서의 잡음의 대표적 근원으로서의 열 잡음과 양자화 잡음에 관하여 각각 다룰 것이다.

D.1 열 잡음

열 잡음(thermal noise)은 열 교란에 의하여 야기되는 도체 내의 전자들의 랜덤한 움직임에 의해 생성된다. 열 잡음은 또한 브라운 잡음, 존슨 잡음, 혹은 백색 가우스 잡음 등으로 불리워 진다.

도체 안에 흐르는 전류는 전자의 움직임의 결과이다. 그러나 전자의 흐름은 결정적이 아니고 랜덤하다. 전자들이 도체를 통하여 움직임에 따라 분자들과 함께 충돌하고, 따라서 전기적 방해의 짧은 펄스들을 발생시킨다. 이들 전자 속도의 실효값(rms)은 절대 온도에 비례하는 것으로 알려져 있다; 또한 열 잡음에 의하여 저항의 단자들을 가로질러 나타나는 평균제곱 전압 밀도는 다음과 같은 식으로 주어진다.

$$\mathcal{E}\left\{V_T^2\right\} = 2\kappa TR \quad \text{volts}^2/\text{hz} \tag{D.1}$$

단 T는 절대온도 캘빈의 단위로 표시된 온도이고, R은 옴으로 표시된 저항값, 그리고 κ는 볼츠만 상수, 1.38×10^{-23} [주울/캘빈단위 온도] [1] 이다.

예제 D.1

내부저항 1000Ω을 가지고 5 MHz의 대역폭 위에 300° K의 온도로 동작하는 전자소자를 생각해 보자. 이때 다음과 같이 이 소자의 단자들 간 잡음전압의 실효값을 결정할 수 있다.
(D.1)으로부터, 1000Ω짜리 저항에 걸리는 평균제곱 전압밀도값은 다음과 같이 주어진다.

$$\mathcal{E}\left\{V_T^2\right\} = 2\kappa TR = 2\times1.38^{-23}\times300\times1000 = 8.28\times10^{-18} \quad \text{volts}^2/\text{Hz}$$

이때 이 저항의 단자 간 전압의 실효값은 다음과 같다.

$$\sqrt{\mathcal{E}\{V_T^2\}\,(2B)} = \sqrt{8.28\times10^{-18}\times2\times5\times10^6} = 9.0995\times10^{-6} \quad \text{volts}$$

단, B는 Hz 단위의 대역폭이다.
보통, 대역폭의 정의는 단지 스펙트럼 범위의 양수 측만을 나타내므로, 위의 $2B$의 값은 스펙트럼의 양수 측과 음수 측을 모두 계산한 것이다.

어떻게 위의 공식이, 이 책에서 공부한 잡음의 전력스펙트럼 밀도 $S_W(f)$와 관계가 있는 것인지를 보기위하여, 저항 R이 열 잡음의 근원인 그림 D.1의 회로도를 생각해 보자.

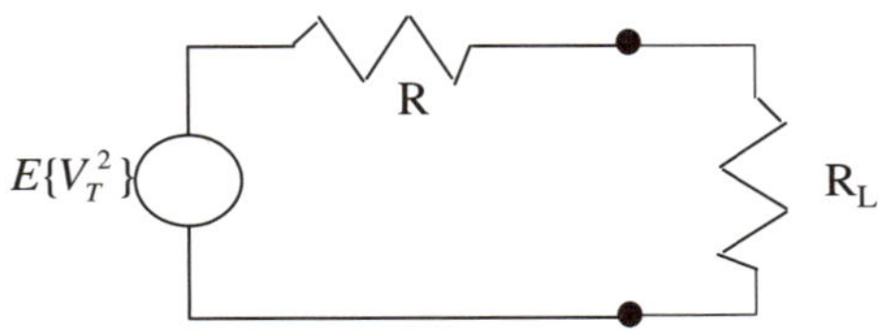

그림 D.1 평균제곱 전압 스펙트럼 밀도 $E\{V_T^2\}$와 내부저항 R을 가지고 있는 열 잡음원

그렇게 생성된 평균제곱 전압 스펙트럼 밀도는 부하 저항 R_L에 전달된다. 이때 전원의 전력 스펙트럼 밀도는 다음과 같이 주어진다.

$$S_S(f) = \frac{\mathcal{E}\{V_T^2\}}{R+R_L} = \frac{2\kappa TR}{R+R_L}$$

잘 알려진 사실은 최대 전력스펙트럼 밀도는 부하저항 값이 전원 저항과 같아질 때, 즉 $R=R_L$ 때 부하에 전달된다는 것이다. 결론적으로, 전원 저항 R과 부하저항 R_L은 전력스펙트럼 밀도를 똑 같이 나누게 된다. 이러한 조건 하에서, 부하저항에 전달된 전력스펙트럼 밀도 (또한 허용 전력스펙트럼 밀도로도 알려져 있다)는 전원에 의하여 생성된 값의 반이다.

$$S_W(f) = \frac{1}{2}S_S(f) = \frac{1}{2}\frac{2\kappa TR}{2R} = \frac{\kappa T}{2} = \frac{N_o}{2}\text{watts/Hz}$$

이때, N_0에 의하여 백색잡음의 전력스펙트럼 밀도를 표현하는 것이 통상적이기 때문에, $N_o = \kappa T$이 된다.

예제 D.2

예제 D.1의 전자 소자에 대하여 허용 전력스펙트럼 밀도의 값과 생성된 허용 평균 잡음 전력을 결정하자.

소자 내에서 생성된 열 잡음의 전력스펙트럼밀도는 식(D.2)로부터 다음과 같이 얻는다.

$$S_W(f) = \frac{N_o}{2} = \frac{\kappa T}{2} = \frac{1.38\times10^{-23}\times300}{2} = 2.07\times10^{-21}\ \text{watts/Hz}$$

이로부터, $N_o = 4.14\times10^{-21}$ 이 된다.

이때, 허용 평균 잡음 전력은

$$\begin{aligned} P_N &= \int_{-B}^{B} S_W(f)df = \frac{N_o}{2}(2B) = N_o B \\ &= 2.07\times10^{-21}\times10^{7} = 2.07\times10^{-14}\ \text{watts} \end{aligned}$$

허용 평균 전력은 저항 값에 의존하지 않고, 온도와 대역폭이 관계된 매개변수 임에 유념하라.

이제 완벽하게 깨끗한 정현파가 그림 D.2에 나타낸 것과 같은 열 잡음원을 가진 전자소자로 보내진다고 가정하자. 소자의 출력단자에서, 신호는 이제 열 잡음이 더해져 주어진다.

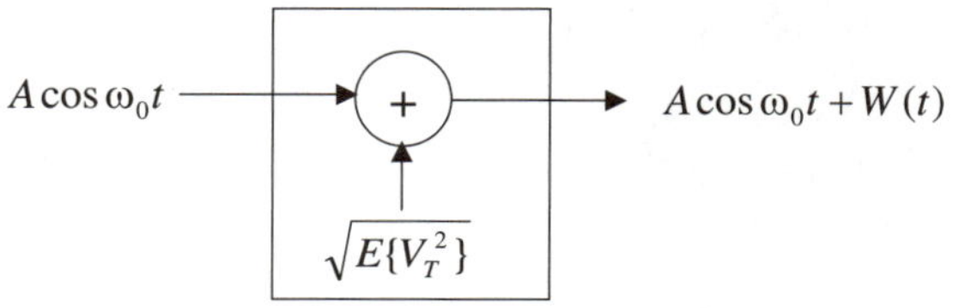

그림 D.2 전자 소자 내의 열 잡음원에 의하여 더해진 잡음 그림

이제 데시벨 단위의 신호 대비 잡음비(SNR)를 신호 전력 대 평균 잡음 전력의 로그 비율로 정의하자.

$$\mathrm{SNR_{dB}} = 10\log_{10}\frac{P_S}{P_N}$$

단, P_S는 정현파의 신호 전력이고, 즉,

$$P_S = \frac{A^2}{2}$$

P_N은 (위의) 평균 잡음 전력이다. 이들을 (D.3)에 대입하여 정리하면 다음과 같다.

$$\mathrm{SNR_{dB}} = 10\log_{10}\frac{A^2}{2}\frac{1}{N_o B} = 10\log_{10}\frac{A^2}{2N_o B}$$

입력 SNR은 무한대인데 반해 출력 SNR은 유한이다. 이는 신호품질의 저하가 있었음을 의미하는 것이다.

예제 D.3

예제 D.2에서 소자에 들어가는 입력 신호를 $3\cos\omega_o t$ 로 가정하고 계속하여 살펴보자. (D.3)으로부터 소자의 출력에서의 SNR은 다음과 같이 구해진다.

$$\mathrm{SNR_{dB}} = 10\log_{10}\frac{A^2}{N_o \cdot 2B} = 10\log_{10}\frac{9}{4.14\times 10^{-21}\times 10^{7}} = 17.4\mathrm{dB}$$

이 정도의 신호의 질 저하는 심각하기는 하나 참을 만한 정도이다. 이 경우의 신호는 정현파이기 때문에, 잡음전력이 대역폭에 따라 선형적으로 증가하므로, 대역폭을 좁히는 것에 의하여 SNR을 증가시킬 수 있다.

D.2 양자화 잡음

대부분의 관심 신호들은 원래는 아날로그 형태이나, 디지털과정, 저장, 그리고 전송 등에서의 많은 이점 때문에 디지털로 변환된다. 디지털화는 아날로그 신호 표본의 반올림이나 절삭 등을 요구하게 된다. 반올림(절삭)은 정확성의 상실을 야기시키고, 이는 신호에 잡음을 가하는 것과 마찬가지다. 이러한 근사 오차를 **양자화 잡음**(quantization noise) 혹은 디지털화 잡음이라 부른다.

그림 D.3은 양자화 잡음이 생기는 양자화기 블럭을 보여주는 디지털화 과정의 블럭도이다.

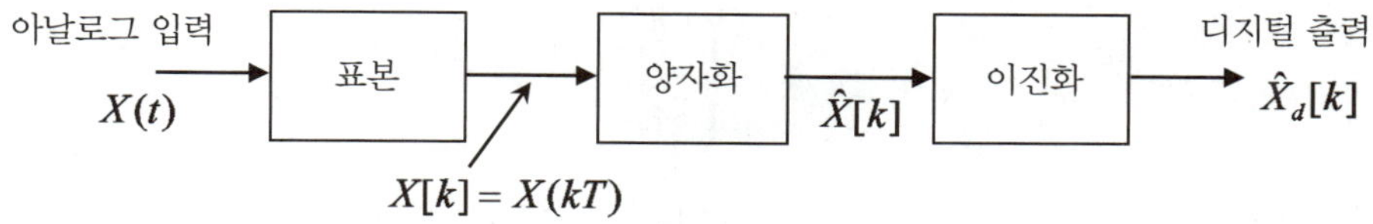

그림 D.3 아날로그 신호의 디지털 화

그림 D.4는 전형적인 양자화기의 전달 특성을 보여준다.

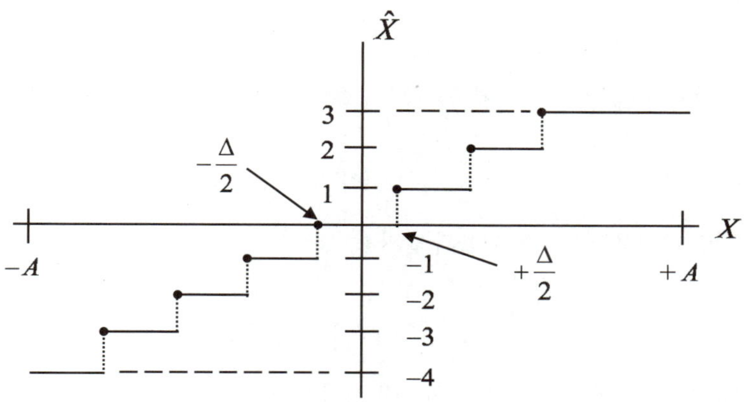

그림 D.4 입력 구간 $-A$ 부터 $+A$를 가지는 양자화기

임의의 시간 k에 양자화기에 입력되는 연속 크기의 입력은 $X(k)$로 정의하고, 반면 해당 출력 값은 $\hat{X}[k]$로 한다. 주어진 입력표본 $X[k]$에 대한, 양자화된 출력 표본 $\hat{X}[k]$는 다음과 같이 표현된다.

$$\hat{X}[k] = X[k] + W_q[k]$$

여기서 $W_q[k]$는 양자화(반올림) 오차를 나타내는 랜덤변수이다. 입력 구간 $-\frac{\Delta}{2} \leq X < \frac{\Delta}{2}$에 대하여, 해당 출력 값 $\hat{X}$은 0이다. 단, Δ는 단계크기(step size)라 부른다. 만약 입력의 활동 영역(dynamic range)이 $2A$, 즉, $-A$부터 A까지 이면, 이 때, 단계크기는 다음과 같이 주어진다.

$$\Delta = \frac{2A}{N}$$

단, N은 2의 지수값이 되는, 양자화기 내의 단계들의 숫자이다. 특별히,

$$N = 2^b$$

로 가정하자. 단, b는 부호기에 사용되는 비트 수이다.

양자화 오차 $W_q[k]$는 IID이고 균일 확률분포를 가지는 것으로 가정한다.

$$f_{W_q}(w_q) = \begin{cases} \dfrac{1}{\Delta} & -\frac{\Delta}{2} \le X_c < \frac{\Delta}{2} \\ 0 & \text{그 외} \end{cases}$$

$W_q[k]$의 평균은 0이고, 분산은 다음과 같이 주어진다. (4장의 4.2.1절 참조)

$$\sigma^2_{W_q} = \frac{\Delta^2}{12}$$

이때 $\Delta=2A/2^b$를 위의 식에 대입하면, 다음 식이 된다.

$$\sigma^2_{W_q} = \frac{A^2}{3 \times 2^{2b}} \tag{D.4}$$

양자화 잡음이 IID라고 가정했으므로, 이 랜덤과정은 백색이고 전력스펙트럼 밀도는,

$$S_{W_q}(e^{j\omega}) = \frac{A^2}{3 \times 2^{2b}}$$

이고 해당 자기상관 함수는 다음과 같다.

$$R_{W_q}[l] = \frac{A^2}{3 \times 2^{2b}}\,\delta[l]$$

따라서, 양자화 잡음 전력은 다음과 같이 주어진다.

$$P_Q = R_{W_q}[0] = \frac{A^2}{3 \times 2^{2b}}$$

이때, 디지털화 되는 신호가 크기 A와 전력 $P_S=A^2/2$를 가진 순수 정현파(즉, 잡음이 섞이지 않은)라고 가정하자. 따라서, 디지털화 후의 신호는 이제 잡음이 섞인 정현파와 같다. 그러므로 신호 대 양자화 잡음비(SQNR)는 다음과 같다.

$$\begin{aligned} \text{SQNR}_{\text{dB}} &= 10\log_{10}\frac{P_S}{P_Q} = 10\log_{10}\left(\frac{A^2}{2}\cdot\frac{3 \times 2^{2b}}{A^2}\right) \\ &= 10\log_{10}1.5 + 2\,b\log_{10}2 = 1.76 + 6.02\,b \end{aligned} \tag{D.5}$$

이 값을 근사하면,

$$\text{SQNR}_{\text{dB}} \approx 6b \text{ dB}$$

이 되어, 대략 "비트 당 6 dB"로 사용되어 진다.

예제 D.4

주어진 A/D 변환기가 8 비트의 해상도를 가지고 있다. 이 때, 데시벨 단위로 신호 대 양자화 잡음비(SQNR)의 상한값이 $SQNR_{dB}$=48[dB]으로 주어진다. 즉, 아무런 다른 잡음이 없는 상태에서 디지털화 때문에 SNR이 무한대에서 48 dB로 저하되었다.

어떤 적용분야에서, 대략 SQNR의 값이 72 dB로 요구되었다고 가정하자. 그렇다면, A/D 변환기는 적어도 12 비트의 해상도를 가져야 할 것이다.

참고문헌

[1] Wilbur B. Davenport, Jr. and William L. Root. *An Introduction to the Theory of Random Signals and Noise.* McGraw-Hill, New York, 1958.

찾아보기

ㅇ

ㅈ

ㅊ

■ 총 감수자

윤복식 홍익대학교 공과대학 기초과학과 교수

■ 번 역 진

윤동원 한양대학교 공과대학 융합전자공학부 교수
변윤식 인천대학교 공과대학 전자공학과 교수
조위덕 아주대학교 정보통신대학 전자공학과 교수
최윤식 연세대학교 공과대학 전기전자공학부 교수
최종필 한국산업기술대학교 공과대학 컴퓨터공학부 교수
황승훈 동국대학교 공과대학 전자전기공학부 교수

전기전자 컴퓨터 공학을 위한

확률과 랜덤과정

발행일 | 2020년 2월 28일
저 자 | Charles W. Therrien · Murali Tummala
역 자 | 윤복식 · 변윤식 · 윤동원 · 조위덕 · 최윤식 · 최종필 · 황승훈 공역
발행인 | 문정임
발행처 | 학산미디어
기 획 | 이덕선
표 지 | 강정자
편 집 | 강정자
주 소 | 서울특별시 노원구 동일로245가길 41
전 화 | 02-935-0670 / 010-3223-7340
팩 스 | 02-932-0670
이메일 | sorgento2000@hanmail.net
등록번호 | 제 25100-2011-000001호
ISBN | 979-11-85294-29-2 93410
정 가 | 32,000원

이 도서의 국립중앙도서관 출판시도서목록(CIP)은
서지정보유통지원시스템 홈페이지(http://seoji.nl.go.kr)와
국가자료공동목록시스템(http://www.nl.go.kr/kolisnet)에서
이용하실 수 있습니다.(CIP제어번호: CIP2020005550)

Q 함수 표

x	$Q(x)$	x	$Q(x)$	x	$Q(x)$	x	$Q(x)$
0.00	5.0000E-01	1.00	1.5866E-01	2.00	2.2750E-02	5.00	2.8665E-07
0.02	4.9202E-01	1.02	1.5386E-01	2.05	2.0182E-02	5.10	1.6983E-07
0.04	4.8405E-01	1.04	1.4917E-01	2.10	1.7864E-02	5.20	9.9644E-08
0.06	4.7608E-01	1.06	1.4457E-01	2.15	1.5778E-02	5.30	5.7901E-08
0.08	4.6812E-01	1.08	1.4007E-01	2.20	1.3903E-02	5.40	3.3320E-08
0.10	4.6017E-01	1.10	1.3567E-01	2.25	1.2224E-02	5.50	1.8990E-08
0.12	4.5224E-01	1.12	1.3136E-01	2.30	1.0724E-02	5.60	1.0718E-08
0.14	4.4433E-01	1.14	1.2714E-01	2.35	9.3867E-03	5.70	5.9904E-09
0.16	4.3644E-01	1.16	1.2302E-01	2.40	8.1975E-03	5.80	3.3157E-09
0.18	4.2858E-01	1.18	1.1900E-01	2.45	7.1428E-03	5.90	1.8175E-09
0.20	4.2074E-01	1.20	1.1507E-01	2.50	6.2097E-03	6.00	9.8659E-10
0.22	4.1294E-01	1.22	1.1123E-01	2.55	5.3861E-03	6.10	5.3034E-10
0.24	4.0517E-01	1.24	1.0749E-01	2.60	4.6612E-03	6.20	2.8232E-10
0.26	3.9743E-01	1.26	1.0383E-01	2.65	4.0246E-03	6.30	1.4882E-10
0.28	3.8974E-01	1.28	1.0027E-01	2.70	3.4670E-03	6.40	7.7688E-11
0.30	3.8209E-01	1.30	9.6800E-02	2.75	2.9798E-03	6.50	4.0160E-11
0.32	3.7448E-01	1.32	9.3418E-02	2.80	2.5551E-03	6.60	2.0558E-11
0.34	3.6693E-01	1.34	9.0123E-02	2.85	2.1860E-03	6.70	1.0421E-11
0.36	3.5942E-01	1.36	8.6915E-02	2.90	1.8658E-03	6.80	5.2310E-12
0.38	3.5197E-01	1.38	8.3793E-02	2.95	1.5889E-03	6.90	2.6001E-12
0.40	3.4458E-01	1.40	8.0757E-02	3.00	1.3499E-03	7.00	1.2798E-12
0.42	3.3724E-01	1.42	7.7804E-02	3.05	1.1442E-03	7.10	6.2378E-13
0.44	3.2997E-01	1.44	7.4934E-02	3.10	9.6760E-04	7.20	3.0106E-13
0.46	3.2276E-01	1.46	7.2145E-02	3.15	8.1635E-04	7.30	1.4388E-13
0.48	3.1561E-01	1.48	6.9437E-02	3.20	6.8714E-04	7.40	6.8092E-14
0.50	3.0854E-01	1.50	6.6807E-02	3.25	5.7703E-04	7.50	3.1909E-14
0.52	3.0153E-01	1.52	6.4255E-02	3.30	4.8342E-04	7.60	1.4807E-14
0.54	2.9460E-01	1.54	6.1780E-02	3.35	4.0406E-04	7.70	6.8033E-15
0.56	2.8774E-01	1.56	5.9380E-02	3.40	3.3693E-04	7.80	3.0954E-15
0.58	2.8096E-01	1.58	5.7053E-02	3.45	2.8029E-04	7.90	1.3945E-15
0.60	2.7425E-01	1.60	5.4799E-02	3.50	2.3263E-04	8.00	6.2210E-16
0.62	2.6763E-01	1.62	5.2616E-02	3.55	1.9262E-04	8.10	2.7480E-16
0.64	2.6109E-01	1.64	5.0503E-02	3.60	1.5911E-04	8.20	1.2019E-16
0.66	2.5463E-01	1.66	4.8457E-02	3.65	1.3112E-04	8.30	5.2056E-17
0.68	2.4825E-01	1.68	4.6479E-02	3.70	1.0780E-04	8.40	2.2324E-17
0.70	2.4196E-01	1.70	4.4565E-02	3.75	8.8417E-05	8.50	9.4795E-18
0.72	2.3576E-01	1.72	4.2716E-02	3.80	7.2348E-05	8.60	3.9858E-18
0.74	2.2965E-01	1.74	4.0930E-02	3.85	5.9059E-05	8.70	1.6594E-18
0.76	2.2363E-01	1.76	3.9204E-02	3.90	4.8096E-05	8.80	6.8408E-19
0.78	2.1770E-01	1.78	3.7538E-02	3.95	3.9076E-05	8.90	2.7923E-19
0.80	2.1186E-01	1.80	3.5930E-02	4.00	3.1671E-05	9.00	1.1286E-19
0.82	2.0611E-01	1.82	3.4380E-02	4.10	2.0658E-05	9.10	4.5166E-20
0.84	2.0045E-01	1.84	3.2884E-02	4.20	1.3346E-05	9.20	1.7897E-20
0.86	1.9489E-01	1.86	3.1443E-02	4.30	8.5399E-06	9.30	7.0223E-21
0.88	1.8943E-01	1.88	3.0054E-02	4.40	5.4125E-06	9.40	2.7282E-21
0.90	1.8406E-01	1.90	2.8717E-02	4.50	3.3977E-06	9.50	1.0495E-21
0.92	1.7879E-01	1.92	2.7429E-02	4.60	2.1125E-06	9.60	3.9972E-22
0.94	1.7361E-01	1.94	2.6190E-02	4.70	1.3008E-06	9.70	1.5075E-22
0.96	1.6853E-01	1.96	2.4998E-02	4.80	7.9333E-07	9.80	5.6293E-23
0.98	1.6354E-01	1.98	2.3852E-02	4.90	4.7918E-07	9.90	2.0814E-23

역 Q 함수 표

l	$x=Q^{-1}(10^{-l})$	l	$x=Q^{-1}(10^{-l})$	l	$x=Q^{-1}(10^{-l})$	l	$x=Q^{-1}(10^{-l})$
1	1.2816	7	5.1993	13	7.3488	19	9.0133
2	2.3263	8	5.6120	14	7.6506	20	9.2623
3	3.0902	9	5.9978	15	7.9413	21	9.5050
4	3.7190	10	6.3613	16	8.2221	22	9.7418
5	4.2649	11	6.7060	17	8.4938	23	9.9730
6	4.7534	12	7.0345	18	8.7573	24	10.1990

오차함수의 표

x	erf(x)	x	erf(x)	x	erf(x)	x	erf(x)
0.00	0.00000	0.40	0.42839	0.80	0.74210	1.20	0.91031
0.01	0.01128	0.41	0.43797	0.81	0.74800	1.21	0.91296
0.02	0.02257	0.42	0.44747	0.82	0.75381	1.22	0.91553
0.03	0.03384	0.43	0.45689	0.83	0.75952	1.23	0.91805
0.04	0.04511	0.44	0.46623	0.84	0.76514	1.24	0.92051
0.05	0.05637	0.45	0.47548	0.85	0.77067	1.25	0.92290
0.06	0.06762	0.46	0.48466	0.86	0.77610	1.30	0.93401
0.07	0.07886	0.47	0.49375	0.87	0.78144	1.35	0.94376
0.08	0.09008	0.48	0.50275	0.88	0.78669	1.40	0.95229
0.09	0.10128	0.49	0.51167	0.89	0.79184	1.45	0.95970
0.10	0.11246	0.50	0.52050	0.90	0.79691	1.50	0.96611
0.11	0.12362	0.51	0.52924	0.91	0.80188	1.55	0.97162
0.12	0.13476	0.52	0.53790	0.92	0.80677	1.60	0.97635
0.13	0.14587	0.53	0.54646	0.93	0.81156	1.65	0.98038
0.14	0.15695	0.54	0.55494	0.94	0.81627	1.70	0.98379
0.15	0.16800	0.55	0.56332	0.95	0.82089	1.75	0.98667
0.16	0.17901	0.56	0.57162	0.96	0.82542	1.80	0.98909
0.17	0.18999	0.57	0.57982	0.97	0.82987	1.85	0.99111
0.18	0.20094	0.58	0.58792	0.98	0.83423	1.90	0.99279
0.19	0.21184	0.59	0.59594	0.99	0.83851	1.95	0.99418
0.20	0.22270	0.60	0.60386	1.00	0.84270	2.00	0.99532
0.21	0.23352	0.61	0.61168	1.01	0.84681	2.05	0.99626
0.22	0.24430	0.62	0.61941	1.02	0.85084	2.10	0.99702
0.23	0.25502	0.63	0.62705	1.03	0.85478	2.15	0.99764
0.24	0.26570	0.64	0.63459	1.04	0.85865	2.20	0.99814
0.25	0.27633	0.65	0.64203	1.05	0.86244	2.25	0.99854
0.26	0.28690	0.66	0.64938	1.06	0.86614	2.30	0.99886
0.27	0.29742	0.67	0.65663	1.07	0.86977	2.35	0.99911
0.28	0.30788	0.68	0.66378	1.08	0.87333	2.40	0.99931
0.29	0.31828	0.69	0.67084	1.09	0.87680	2.45	0.99947
0.30	0.32863	0.70	0.67780	1.10	0.88021	2.50	0.99959
0.31	0.33891	0.71	0.68467	1.11	0.88353	2.55	0.99969
0.32	0.34913	0.72	0.69143	1.12	0.88679	2.60	0.99976
0.33	0.35928	0.73	0.69810	1.13	0.88997	2.65	0.99982
0.34	0.36936	0.74	0.70468	1.14	0.89308	2.70	0.99987
0.35	0.37938	0.75	0.71116	1.15	0.89612	2.75	0.99990
0.36	0.38933	0.76	0.71754	1.16	0.89910	2.80	0.99992
0.37	0.39921	0.77	0.72382	1.17	0.90200	2.85	0.99994
0.38	0.40901	0.78	0.73001	1.18	0.90484	2.90	0.99996
0.39	0.41874	0.79	0.73610	1.19	0.90761	2.95	0.99997